〔清〕吴其濬 著

植物名實圖攷

上册

中華書局

圖書在版編目(CIP)數據

植物名實圖考/(清)吴其濬著. —北京:中華書局,
2018.7(2022.3 重印)
ISBN 978-7-101-13214-4

Ⅰ.植… Ⅱ.吴… Ⅲ.植物-圖譜 Ⅳ.Q949-64

中國版本圖書館 CIP 數據核字(2018)第 087460 號

(本書係用商務印書館舊型重印)

責任編輯:朱兆虎

植物名實圖考
(全二册)
〔清〕吴其濬 著
*
中華書局出版發行
(北京市豐臺區太平橋西里 38 號 100073)
http://www.zhbc.com.cn
E-mail:zhbc@zhbc.com.cn
北京瑞古冠中印刷廠印刷
*
850×1168 毫米 1/32 · 32¼印張 · 4 插頁 · 710 千字
2018 年 7 月北京第 1 版 2022 年 3 月北京第 4 次印刷
印數:5401-6900 册 定價:88.00 元

ISBN 978-7-101-13214-4

出版說明

本書共收植物一千七百十四種，分爲：穀類、蔬類、山草、隰草、石草、水草、蔓草、芳草、毒草、羣芳、果類、木類等十二類型，合三十八卷。對於每種植物的形色、性味、用途和產地，叙述頗詳，幷附有插圖；尤其着重植物的藥用價值，以及同物異名或同名異物的考訂。凡前代本草書籍已有記載的植物，都註出見於何書及其品第（神農本草經和名醫別錄把植物分成上中下三品）；對於藥用植物，則分別說明它的治症和用法。本書所收列的品種，以產地而論，廣及全國大部省分；而所參考的材料，包括經史子集四部，從古代文獻直到當時人的著作，達八百餘種之多。作者綜合了過去學者的研究成果，進一步有所發展和提高，有些處補充了前人的說法，有些處糾正了古書中的錯誤，提出不少的創見，可以說是我國十九世紀的一部科學價值很高的植物學專書。德人 Emil Bretschneider 在他所著的中國植物學文獻評論一書（一八七〇年出版）中，曾對此書作了很高的評價，認爲其中附圖，刻繪極爲精審；並且說，其中最精確的，往往可賴以鑒定科或目。他曾採取蜀黍、粱、薯蕷、蘩蔴、商陸、佛手柑、鉄樹果、椰子等八幅重雕，用連史紙拓印，附在書末。

作者吳其濬字瀹齋，別號雩婁農，河南固始人，生於一七八九年（清乾隆五十四年），卒於一八四七年（清道光二十七年），五十八歲。一八一七年（清嘉慶二十二年）中一甲一名進士（狀元），做過翰林院修撰，湖北、江西學政，兵部侍郎，湖南、湖北、雲南、貴州、福建、山西等省的巡撫或總督。

清史稿卷三八七，清史列傳卷三八，國朝耆獻類徵卷二〇四都有傳。陸應穀的序文說他「宦跡半天下」，並沒有誇大。

本書的特點值得着重指出的有以下幾方面：

一、作者既不是單憑文獻材料，作一些煩瑣的、文字上的考證；也不囿於前人的說法，是古非今；而主要是以實物的觀察爲依據，然後拿文字記載來相互印證。作者對於只靠耳食、不由目驗的研究方法，曾提出尖銳的批評。如穬麥條：「天工開物謂穬麥獨產陝西，一名青稞，卽大麥，隨土而變，皮成青黑色，此則糅雜臆斷，不由目睹也。」蔊菜條：「江西志以朱子供蔬，遂矜爲奇品，云生源頭至潔之地，不常有，亦耳食之論」。甘草條：「爾雅翼云：不惟葉似荷，古之蓮字亦通於蘦。則直以音聲相通，不復顧形實之迴別矣。廣雅疏證斥沈（括）說之非，而以圖經諸說爲皆不足信，經生家言，墨守故訓，固與辨色、嘗味、起疴、肉骨者，道不同不相謀也。」

關於作者觀察實物的情形，我們在本書裏可以找到很多的證據。他對於植物標本的採集是經常的，而不是偶然的，每到一處就廣爲搜羅。甚至在途旅之中，也時刻留意於周圍所見的草木。有時因爲季節的關係，某一種植物標本未能得到，過了許多年想起來還耿耿於懷，引以爲憾。他這種從實際出發、勤懇認眞的研究態度，不但在十九世紀的學者中，非常難能可貴，就是在今天來說，也是值得學習的。現在略舉幾個例子：

黨參條：「余飭人於深山掘得，蒔之盆盎，亦易繁衍。細察其狀，頗似初生苜蓿，而氣味則近黄耆。」

雷公鑿條：「此草根葉與老鴉蒜圖符，而生麥田中，鄉人所以飼畜，其性無毒。余嘗之，味亦淡，荒年掘食，當卽是此，斷非石蒜。」

鬼臼條：「此草生深山中，北人見者甚少……余於途中，適遇山民擔以入市，花葉高大，遂亟圖之。」

豆葉菜條：「廬山有豆葉坪，實產此菜。余過廬山，遣力往取之，道中不得烹飪，覩其形不知其味，可謂食肉不食馬肝。」

油頭菜條：「嶺南之鹺與牢盆，擅薪油鹽餔之利，五嶺之間一都會也。余屢至，皆以深冬，山燒田萊，搜採少所得，至今耿耿。」

從上面的例證我們可以看出，作者對於學術研究是相當地嚴肅認眞，本書所以能獲得高度的成就，是和他的治學態度分不開的。

二、作者是善於向勞動人民學習的，而且他認爲農民、牧童對於五穀草木的知識，確比一般士大夫豐富得多，因此必須「多識下問」。如黍條：「北方以麥與粱爲常餐，黍稷則鄉人之食，士大夫或未嘗果腹，卽官燕薊者偶食之，亦誤以爲黃粱耳。余詢於輿臺者如此。他日學稼，尙諏於老農。」薇條：「此菜亦有結實、不結實二種。結實者豆可茹，不結實者莖葉可茹，余得之牧豎云。」又蕪菁條：「後人乃以根葉强別，兼明書不知其誤，而博引以實之，何未一詢老圃？」

三、有許多可疑的植物，雖經過研究比較，作者還是不能完全肯定的，一概都不下結論。書中這種情形是不算少的，大致可分爲以下四類：(一)形狀、性味相似而名稱不同；(二)名稱相同而形狀、性味幷不完全一樣；(三)以所見實物與文獻記載印證，似是而非；(四)有些植物，作者確曾親見，而人皆不識，過去本草中也無記載。例如卷十一蛇含，卷十二金盞草，卷十五八字草，卷十八鹿耳菜，卷十九癩蝦蟇，卷二十湖南馬兜鈴、黃藥子等，都屬於上述情形的。這一部分，固然可以說是作者鑽研不够深入的地方；但反過來說，也足以說明他不以主觀見解妄加揣測，正是實事求是的精神，科學的研究態度。作者在卷三錦葵條曾明確表示說：「若據所見的斷物之有無，其必爲穆王之化人而後可。」又卷二十黃藥子條：「滇南又別有黃藥……即湖南之野山藥。其白藥子，亦謂之黃藥，皆別圖。凡以著其物狀，而附以俚醫之說，以見一物名同實異。不敢盡以古方所用必即此藥，以貽害後世，庶合闕如之義云爾。」這兩段話也等於是他自己的聲明。

本書雖有上面所說的優點，但也還存在着一些缺點。茲就我們整理時所見到的，分爲內容方面的，以及材料編排方面的兩類，說明於後：

內容方面：

一、作者受了時代條件的限制，而且又是「狀元」出身，做過侍郎、巡撫、總督等高級官吏，所以他的思想，幷沒有脫離當時士大夫階級的思想範疇。反映在這本書裏的，就是常常在分析植物形態、性味或用途時，夾雜一大段陳腐的議論。這些議論或爲策論式的文字，或爲韻文；或以植物比人，或借題發揮他的「政治」見解以及「修身處世」之道，與植物本身關係很少，甚至全不相干的。這一部分，陸應穀在序文中曾贊揚說：「由此以窺先生之學之全與政之善，將所謂醫國甦民者，莫不咸在；僅目爲炎黃之功臣，則猶淺矣……余不敏，嘗傳言焉，頗識其用意所在……」但在今天看來，這正是本書的主要缺點。如藊豆、野黍、蘘荷、黄耆、甘遂、萎蕤、木蓮、土茯苓、木鼈子、何首烏等條，都有長短不等的議論；而蕪菁、王不留行、射干、千里及、使君子諸條，都有長篇的詩、賦。這類情形在書中屢見不鮮，不再一一列舉了。

二、本書材料的繁簡是很不均匀的，雖然有些植物，附有連篇累牘的考證；但也有許多條，僅有寥寥兩三行的文字，而且是從前人著作中抄錄下來的。例如卷五、卷十二，很多條都是照抄救荒本草，殊少作者的見解。又如卷十三黄花地錦苗、野麻菜、千年矮、小無心菜、小蓼花，卷十四苦芺、馬鞭草、龍常草、狗舌草、鬼鍼草、轂精草、胡盧巴，卷十六酢漿草、骨碎補、鳳了草、垣衣，卷十八昆布、海藴、海帶等，都是十分簡略的。

三、無名植物共有十八種，計卷十：三種；卷十三：六種；卷十五：四種；卷十九：三種；卷二十一：二種。這些條都有文、有圖而無名。

四、對於引書書名的稱謂，有若干處不很一致，容易使人誤解。如圖經、宋圖經雜用，而實際上都是指圖經本草而言；滇南本草，又常常稱爲滇本草。

五、引書的錯誤。例如卷八龍膽：「本經中品」，應作「本經上品」；卷二十四雲實：「本經下品」應作「本經上品」；卷二十二豬魁：「本經下品」，應作「別錄下品」；卷三十三桑上寄生：「別錄中品」，應作「本經上品」等。

材料編排方面的：

一、作者除圖考以外，另有長編，乃是原始材料的彙集，該書將諸家説法按條羅列，體例與圖考迥殊。我們在整理時發現圖考有幾處，可能是誤將長編材料羼入。如卷一蜀黍即稷辯一文之末，所列齊民要術、説文及漢儒諸説；卷二山黑豆後引古今注等一段；卷二十五芸條「宋梅堯臣……」以下；卷二十六南天竹，自「李衎竹譜……」以下，都和全書體例不合，可能是屬於長編部分的材料。

二、卷二十三蔓草及毒草之間，忽夾入芳草十一種，頗爲混亂。這十一種植物，按本書體例，應併入卷二十五。

三、卷一湖南稷子之末，自「烏臺筆補」以下至「所收當何如耶」一百五十餘字，全是關於稻的記載，應列稻條之後。卷二十三辛夷，自「余由豫章泝湘」起，至「亦不盡知其爲族類也」一百餘字，全是講的茶花，與本條無關，當是誤入。

四、名稱相同的條目，重見疊出的有三十種。其中金絲杜仲、欒華、樺木、蕤核、紫羅花、草石蠶六種，文字説明的内容相同，插圖形象却不一致。其餘都是同名異物，或屬於一類，或不屬於一類（據作者的分類）。按本書體例，同名異物而類別一樣的植物，應當在一個標題之下分列，如山海棠、過路黄、附地葉，都是這樣做的。根據這一原則，上述重出的條目，有許多可以合併。

五、卷八杏葉沙參、細葉沙參、卷十二野西瓜苗，卷二十三小雞藤、透骨鑽、珠子參，均有圖、有目而無文。另外也有個别的植物，幷列兩個圖的，文字説明中旣無交代，圖上也沒有註明二者的區別（如卷十一虎杖）。

以上的缺點，有一部分固然當由作者負責，但也有一部分應該歸咎於整理人的粗心（如長編材料的誤入，湖南稷子條、辛夷條的錯亂）。這部書（連長編在内）是在作者逝世後的第二年，由陸應穀代爲刻印，吳其濬本人幷未能看到它的出版。因此本書是否爲吳氏的定稿，還是一個疑問。倘使原稿能由作者親手作最後的整理，以上的錯誤應該可以避免或減少。

本書的版本有以下幾種：

一、一八四八年（淸道光二十八年）陸應穀太原府署序刻本，可稱爲初刻本。

二、一八八〇年（淸光緒六年）山西濬文書局重印本，卽利用初刻本原版重印。重印時，因爲少數舊版散失，補充了一小部分新版；書首多了曾國荃的一篇序，內容和初刻本完全相同。

三、一九一九年山西官書局重印本，比第一次重印本又補充了一些新版。

四、本館一九一九年排印本。

五、日本明治間印本。

六、一九一五年雲南圖書館重印本，書首有由雲龍先生重刻植物名實圖考序，以及伊藤圭介重修植物名實圖考序（五、六兩種本子我館未見）。

此次重版，以本館一九一九年排印本爲底本，據一八八〇年第一次重印本校勘。除舊本排印上的錯誤已予改正外，並校補了一些原書的脫誤。例如大麻條月令「以犬嘗麻」誤作「以麻嘗犬」，「白大豆」標題誤作「大白豆」，靑稞條拉撒誤作拉撤，苦菜條程瑤田誤作程瑤圃，榕條蘇子瞻誤作蘇子美；大麻條食醫心鏡脫去「食」字，莾草條宋圖經脫去「圖」字等。我們所發現的引書錯誤，以及有圖無文各條，都分別加了校註。此外對於侮辱少數民族和農民起義領袖的字句，也作了個別的刪改，但只限於極少的幾處。全書加了新式標點，書末另編植物名稱、人名、地名、引書索引四種，用四角號碼檢字法排列，以便檢查。至於索引的編製方法，在索引前另有說明。

本書長編部分，共收植物八百三十八種，以品種數目來說，比圖考少了一半左右，但大量輯集了前人有關的材料，也是一部關於植物研究的重要參考書。這一部分，我們準備也用新式標點後排印出版。

商務印書館 一九五六年三月

植物名實圖考敍

易曰：「天地變化，草木蕃」，明乎剛交柔而生根荄，柔交剛而生枝葉，其蔓衍而林立者，皆天地至仁之氣所隨時而發，不擇地而形也。故先王物土之宜，務封殖以宏民用，豈徒入藥而已哉！衣則麻桑，食則麥菽，茹則蔬果，材則竹木；安身利用之資，咸取給焉。羣天下不可一日無，則植物較他物爲特重；其名昉於周禮，其實載在本經。采其實，斯著其名，三百六十品中，殆無虚列。嗣是別錄、圖經，代有增益；綱目晚出，稱引尤繁。顧其書類皆旁及五材，兼收十劑，胎卵溼化，紛然並陳；求其專狀草木，成一家言，如賈思勰之要術，周憲王之救荒，殊不易得。豈其識有所短，而材力有未逮歟？抑拘於其業，囿於其方，未嘗游觀宇宙之賾，品彙之廡，而知其切於民生日用者，至利且便也？瀹齋先生具希世才，宦跡半天下，獨有見於兹，而思以愈民之瘼。所讀四部書，苟有涉於水陸草木者，靡不剬而緝之，名曰長編。然後乃出其生平所耳治目驗者，以印證古今。辨其形色，別其性味，看詳論定，摹繪成書。此植物名實圖考所由包孕萬有、獨出冠時，爲本草特開生面也。夫天下名實相副者尠矣，或名同而實異，或實是而名非。先生於是區區者，且決疑糾誤，毫髮不少假；等而上之，有關於人治之大，其綜核當何如耶？讀者由此以窺先生之學之全、與政之善，將所謂醫國甦民者，莫不咸在；僅目爲炎黄之功臣，則猶淺矣。若夫登草木、削昆蟲，仿貞白、千金翼方之作，爲微生請命，則尤其發乎至仁，而以天地之心爲心也。然則是書之益，又可量哉！余不敏，嘗傳言焉，頗識其用意所在，故序刻之以廣其傳。

道光二十有八年歲次戊申三月清明後五日蒙自陸應穀題於太原府署之退思齋

植物名實圖考總目

第一卷　穀類二十七種

第二卷　穀類二十六種

第三卷 蔬類四十六種

第四卷 蔬類三十三種

第五卷　蔬類六十七種

第九卷　山草類六十一種

第十卷　山草類五十種

第十一卷　隰草類五十五種

第十二卷　隰草類六十七種

第十三卷　隰草類四十六種

第十四卷　隰草類六十八種

第十五卷　隰草類五十一種

第十六卷　石草類六十四種

第十七卷　石草類三十四種

第十七卷　水草類十種

第十八卷　水草類二十七種

第十九卷　蔓草類五十三種

第二十卷　蔓草類四十六種

第二十一卷　蔓草類四十三種

第二十二卷　蔓草類四十種

第二十三卷　蔓草類五十四種

第二十二卷　芳草類十一種

第二十三卷　毒草類十一種

第二十四卷　毒草類三十三種

第二十五卷　芳草類六十種

第二十六卷　羣芳類二十七種

第二十七卷　羣芳類二十七種

第二十八卷　羣芳類二十八種

第二十九卷　羣芳類三十一種

第三十卷　羣芳類二十九種

第三十一卷　果類五十七種

第三十三卷　木類五十四種

第三十六卷　木類五十一種

第三十七卷　木類三十一種

第三十八卷　木類三十九種

植物名實圖考卷之一

穀類

胡麻

胡麻即巨勝，本經上品，今脂麻也。昔有黑、白二種，今則有黄、紫各色。宜高阜沙壖，畏潦，油甘、用廣，其枯餅亦可糞田養魚。葉曰

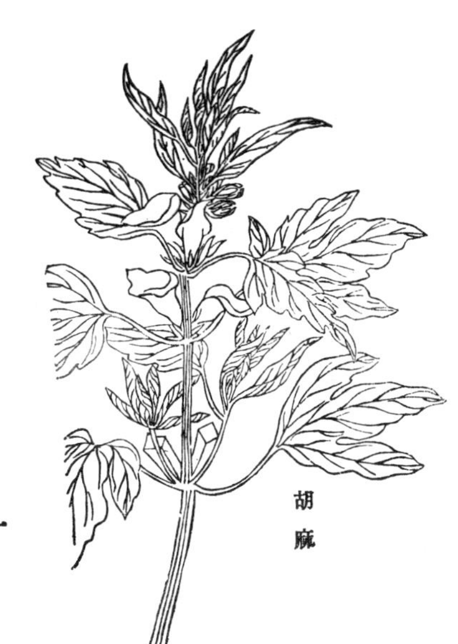

青蘘，花與稭皆入用。

雩婁農曰：「一飯胡麻幾度春」，此道人服食耳，非朝饔而夕飧也。東坡服胡麻賦序，謂夢道士以茯苓燥，尚雜胡麻食之，且云，世間人鬬服脂麻以致神仙必大笑。然其性實熱，宋人說部有謂久服巨勝乃至發狂欲殺人，其烈同於丹石，則蘇子之言，亦未可盡信。獨其功用至廣，充腹耐饑。飴餌得之則生香，腥羶得之則解穢；以爲油則性寒去毒，而藥物恃以爲調；其枯美田疇，亦可救荒。說者云：大宛之種，隨張騫入中國，其語無所承，然宜暵而畏濕特甚。元人賦云：「六月亢旱，百稼稿乹；有物沃然，秀於中田；是爲胡麻，外白中元」。又俗言芝麻有八拗：謂雨暘時薄收，大旱方大熟，開花向下，結子向上，炒焦壓榨，才得生油，膏車則滑，鑽鍼乃澀。觀此數端，可知其性。

大麻 大麻，本經上品。救荒本草謂之山絲苗，葉可食，一名火麻，雄者爲枲。又曰牡麻雌者爲苴麻，花曰麻蕡。又曰麻勃麻仁爲服食藥，葉、根、油皆入用。滇黔大麻，經冬不摧，皆盈拱把。

雩婁農曰：麻爲穀屬；舊說皆以爲大麻。陶隱居叔爲胡麻，而宋應星遂謂詩書之麻，或其種已滅。火麻子粒，壓油無多，皮爲粗惡布，無當於穀，斯言過矣。月令：「以犬嘗麻」，周禮：「朝事之籩，其實䵚蕡。」蕡爲枲實，亦曰苴，豳風：「九月叔苴，食我農夫。」說文作萉，或作黂；其無子者爲牡麻。大抵古人食貴滑，麻子甘潤，南齊書紀陳皇后生高帝乏乳，夢人以兩甌麻粥與之，覺而乳足，則齊時尚以爲飯食。食醫心鏡亦云：麻子仁粥治風水腰重等疾，研汁入粳米煮粥，下葱椒鹽豉食之。蓋麻子不以入食，始於近代；若其衣被之功，則與苧並行。周官專設典枲以隸冢宰，績麻、漚麻，婦子所事。三代以前，卉服未盛，蠶織外，舍麻固無以爲布。聖人以純爲儉，蓋級絲之功，省於緝縷。後世棉利興，不復致精於麻，豈古之布必粗惡哉！今之治苧葛者，纖細乃能納之筒中，紡麻者何獨不能？夫一物之微，而衣人食人如此，何乃屛之粒食之外？詩云：「雖有絲麻，無棄菅蒯」，昔與絲伍，今乃芥視。又苘麻利重，競植於田，而斯麻播植益稀，物理盛衰，良可增慨。古之物不如今之細，古之拙不如今之巧，而天地之生物，亦日出不窮，移人情而省人功者，凡物皆然。執今人之所嗜，以訂古人之所食，是猶以不火食之蠻貊而較中國鼎火烹飪之劑也，豈有合歟？

薏苡

薏苡仁，本經上品。江西、湖南所產頗多。北地出一種草子，卽圖經所云小兒以線穿如貫珠爲戲者，蓋雷斆所謂穤米也，與薏苡仁相似，不可食。

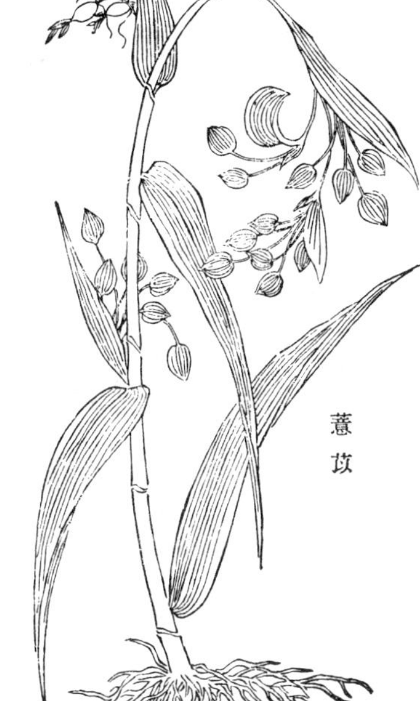

薏苡

零婁農曰：薏苡明珠，去瘴癘而來萋斐，然服食幾何，乃以車載耶？五嶺間種之爲田，余擲之廡砌，輒秀而實，非難植者。帝王世紀載有莘氏呑薏苡而生禹，此與芣苢宜男之說相類。逸周書西戎獻桴苡，其實若李。今南方候暖，薏苡高如木，實形似李，但小耳。說詩者或以桴苡爲芣苢，然二者今皆爲孕婦禁方矣。

赤小豆

赤小豆

赤小豆，本經中品。古以爲辟瘟良藥，俗亦爲餛沙餡，色黯而紫。醫肆以相思子半紅半黑者充之，殊誤人病。

白綠小豆

花小豆　赤小豆以入藥特著，其白綠二種，亦可同米爲飯，雲南呼爲飯豆，貧者煮食，不糝米也。其形微同蔾豆，而齊近方然，唯赤者作飯，色、味、香皆佳。又有羊眼豆、菝科豆，色綠有黑暈；又彬豆，色褐；螞蚱眼，色黃白，皆小豆類。

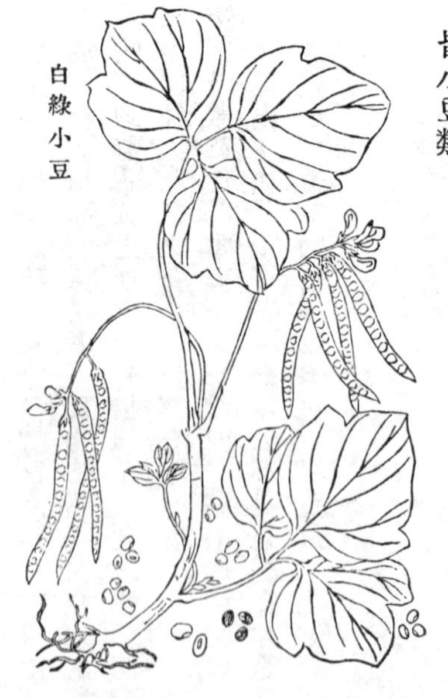
白綠小豆

大豆

大豆，本經中品，葉曰藿，莖曰萁，有黃、白、黑、褐、青斑數種。其嫩莢有毛，花亦有紅、白數色，豆皆視其色以供用。

雩婁農曰：古語稱菽，漢以後方呼豆，五穀中功兼羹飯者也。黑者服食，棧中上料；若青、黃、白皆資世用。夫飯菽配鹽，炊萁煎藿，食我農夫，獨殷北地。而倉卒濕薪，饑寒俱解；咄嗟煮末，奢靡相高；沙缾翠釜，同此酥腴耳。淮南製腐，理宜必祭，清吏所甘，同乎宰羊。若浸沐生蘖，未原其始，大豆黃卷，或權輿焉。明陳嶷豆芽賦曰：有彼物兮，冰肌玉質，子不入於汚泥，根不資於扶植。金芽寸長，珠蘂雙粒；匪綠匪青，不丹不赤；白龍之鬚，春蠶之蟄。信哉斯言，無慙其實。

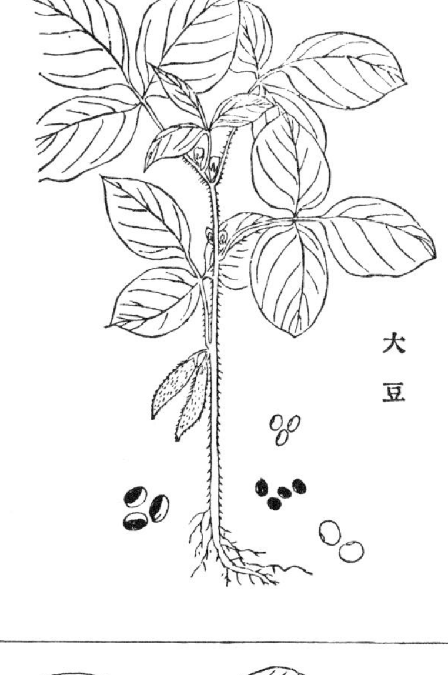
大豆

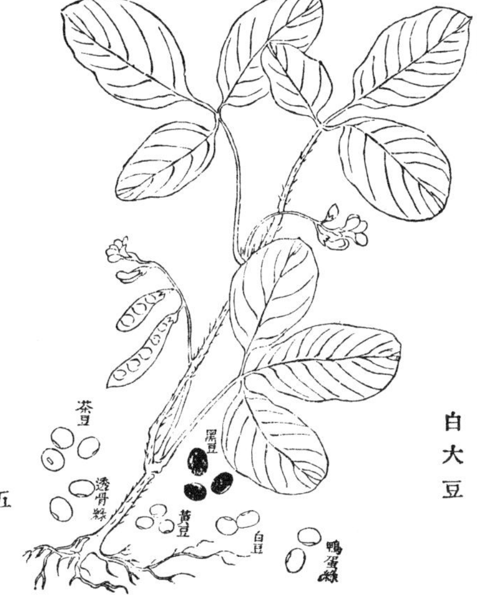

白大豆

白大豆

大豆，昔人多以爲卽黃豆，然自是兩種。大豆花如藊豆，有黃白各色，豆有白者、黃者、綠者、褐者、黑者。綠有透骨、鴨蛋等名。市中以爲烘青豆者是褐者，俗曰茶豆，形長圓，大抵皆炒以爲茶素。種者皆於蜀秫隙地植之，不似黃豆用廣。黃豆今俗呼毛豆，種植極繁；始則爲蔬，繼則爲糧，民間不可一日缺者。其花極小，豆色黃，或有黑臍，形微扁，亦有大、小、早、遲各種。聚而觀之，乃能詳辨。

粟

粟，別錄中品。諸說卽粱之細粒者一類，而種各異。固始通呼寒粟，耐旱而遲收。凡畏水之地，伏潦後始種之。北地惟以粱與粟爲粥飯，故獨得穀名。齊民要術謂今人專以稷爲穀，具載晚、早數十種，有赤粟、白粟、蒼白稷諸名，則名粟者卽稷矣。爾雅注以江東呼粟爲粢釋稷，謂粟爲稷，其來已古。考說文，嘉穀實曰粟，蓋兼禾黍。今之粟專屬此種，與古異，其種名尤繁。北諺曰：

粟

「百歲老農，不識穀種」，爲粱、粟言也。俗語簡質，渾曰小米，而穀種益難辨，姑以俗之呼粟者圖之。既與粱有別，而方言無呼此爲稷者；泥古則不能通俗，故仍標粟名。

小麥

小麥，別錄中品。廣雅云：大麥牟也，小麥來也；土燥亦燥，土濕亦濕。南北不同，故貴賤異。

雩婁農曰：此物大熱，何故食之？此西方人語，本草無是說也。近世醫者，多以麥性燥，戒病者勿食。北人渡江，三日不餐麵，即覺骨懈筋弛，夫豈有患熱者哉？大抵穀種皆藉熱蒸而成，稻之新也，濕熱尤甚；風戾而稟之，經時即平和滋益矣。北之麥、南之稻，人所賴以生，然稻能久藏，所耗少，麥經歲則蟲生，其色黑，故俗呼曰牛。簸揚輙減十之二三，穀之飛亦爲蠱爲麥筮也。三十年之蓄，尙稻而不尙麥者以此。余旣爲麥雪謗，而並及之。

小麥

大麥

大麥，別錄中品。陶隱居謂爲稞麥，唐本草遂云出關中，即青稞麥，本草拾遺巳斥之。今青

大麥

稞出西北塞外，性黏尤寒，與大麥異種。大麥北地爲粥極滑，初熟時用碾半破，和餹食之，曰碾黏子；爲麵、爲餳、爲酢、爲酒，用至廣。大、小麥用殊而苗相類，大麥葉肥，小麥葉瘦；大麥芒上束，小麥芒旁散。諺曰：穀三千，麥六十。得時之麥，粒逾六十，此其數矣。

穬麥

穬麥，別錄中品，蘇恭以爲大麥，陳藏器以爲麥殼，圖經以爲有大、小二種，言人人殊。今山西多種之，與大麥無異。熟時不用打碾，仁卽離殼；但仁外有薄皮如麩，打不能去。山西通志：穬麥皮肉相連似稻，土人謂之草麥，造麵用之，亦有碾其皮以食者。考齊民要術，穬麥、大麥類，早晚無常。九穀考以爲大麥之別種，是也。說文：穬，芒粟也。麥爲芒穀，不應此種獨名穬。西北志書多載露仁麥，似卽穬麥。又或以爲青稞，說文：稞，穀之善者，一曰無皮穀。青稞與穬麥迥異，然皆不需碾打而殼自落，疑穬麥卽稞麥一聲之轉，而青稞以色青獨著。唐書謂吐蕃出青稞，而齊民要術已有青稞之名，與穬麥用同。蓋外國方言皆無正字，如山西之呼莜、呼油，皆本蒙古人語；而作唐書者以中國之產譯爲青稞，非必來自外國也。天工開物謂穬麥獨產陝西，一名青稞，

即大麥，隨土而變，皮成青黑色。此則糅雜臆斷，不由目覩也。

粱

粱，别錄中品。種有黄、白、青各色。蘇頌謂粟、粱一類；粟雖粒細，而功用無别，是以粒大者爲粱；細者爲粟。李時珍謂穗大而毛長、粒粗者爲粱，穗小而毛短、粒細者爲粟，其説相符。然二者迥别，而種尤繁，今北地通呼穀子，亦有粘、不粘之分。氾勝之書粱爲秫，粟也。西北皆呼小米，固始呼粟爲野人毛，正肖其形，其稈爲秫，牧者以其豐歉爲繁羸也。雩婁農曰：穀粟皆粒食總名，周禮注以粟爲稷，齊民要術從之，蓋以稷爲穀長，故獨以粟名。後世以穀爲粱，以粟爲粱之細穗者，此自俗間稱謂，不可以訂古經也。秫爲粱粟之黏者，説文以爲稷，爾雅注以爲粟，圖經以爲黍，古今注以爲稻，説各不同。按糯爲稻之黏者，而他穀之黏者亦多曰糯，即藥草亦然，則秫似亦可通稱也。

粱

藊豆

藊豆，别錄中品，即蛾眉豆。白藊豆入藥用，餘皆供蔬。或云：病瘧者食之即發，蓋即陶隱居所謂患寒熱者不可食之義。

雩婁農曰：藊豆供蔬、供餌，佳矣。觀其矮棚浮綠，纖蔓縈紅；麂眼臨溪，蛩聲在户。新苞總角，彎莢學眉；萬景澄清，一芳摇漾。楊誠齋詩：「白白紅紅偏豆花」，秋郊四眄，此焉情極。若

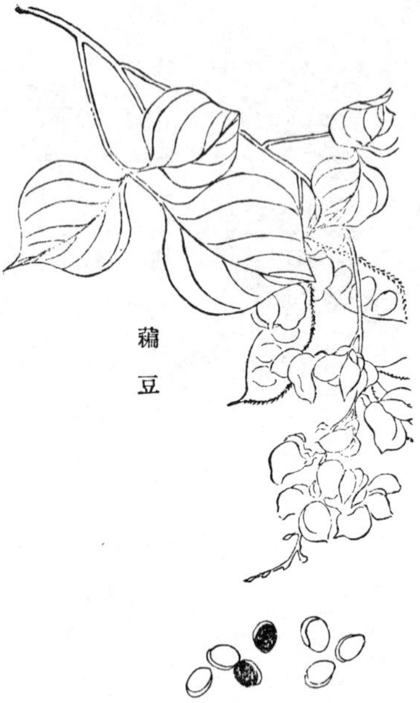

乃淒霖莓長，淸飈簭隕，破茆零落，亂葦欹横。斷橋潰港，枯樹孤根，無數牽纏，有限條達，裍花色涴，餘莢棱高，豆葉黄、野離離，當此之時，何以堪之！夫繁華滿徑，易於推排；冷秀棲園，難爲淡泊。天寒翠袖，倚竹獨憐；陌暖金鉤，採桑成曲。況復秋蓴漸老，頙豆將萁，除架何時，抛藤焉往？蟲聲不去，雀意何如，縱此流連，豈殊寂寞哉！

穭豆

黍

黍，別錄中品。有丹黍、黑黍及白、黄數種，其穗長而疎，多磨以爲餻。苗可爲帚，京師所謂黍子條帚也。

雩婁農曰：黍稷盛於西北河南，朔已不徧植，江左南渡，議禮諸家，固無由覩其狀而嚌其味也。

黍

內則：「飯黍稷稻粱」，黍至黏，近世亦不甚以爲飯，而糗餌粉餈則資之。我朝祀事，薦黍薦稷，尙方有打漿餻，糜之、擣之，法如餈。白者比玉、黃者侔金。五月五日薦角黍，以黍作之，不用糯也。丹黍秬黍，北方亦種之，而黃白者用廣。稷有赤、白、黃、黑數種，而種黃色者多。京師有攤於案而負以售者，計錢多少削之，呼曰切餻，蓋以黍與豇豆和合爲之。稷則通呼爲穈，亦曰穄，黃者獨曰黃米，與唐本草符。民間以爲飯，且釀，又摶爲饅首而空其中，形如鐘，曰黃米麵窩窩，皆畿輔之製也。黍稷雖相類，然黍穗聚而稷穗散，亦以此別。大抵南方以稻，北方以麥與粱爲常餐，黍稷則鄉人之食，士大夫或未嘗取以果腹，即官燕薊者偶食之，亦誤認爲黃粱耳。余所詢於輿臺者如此，他日學稼，尙諏於老農。

說文：黍，禾屬而黏者也，故黏字從黍。黏，或曰䵒，說文引左氏「不義不昵」作不䵒，黏也，今謂物之膠滯者爲膩，當作䵒。又作⿰黍刃。爾雅：⿰黍刃，膠也，注：膠，黏⿰黍刃，疏引方言⿰黍刃⿰女攵黏也。釋文：女一切，則音同。䵒，集韻音刃，俗謂物之相凝著曰濘，宜作⿰黍女。⿰女攵或作⿰黍攵，音汝，今乳鉢宜作此字。又曰⿰黍丑，集韻：黏也。今通作紐，餄餹有紐勁，字宜作此字。又曰⿰黍旦，集韻音護，黏也。今糊字俗作去聲讀，宜作此字。又曰⿰黍斤，廣韻音謹，黏也。與⿰黍刃音相近。又曰⿰黍尼，當與䵒字通。類篇：乃禮切，玉篇：黏也。又曰⿰黍古，說文：黏也，集韻音胡，一曰煮黍米及麵爲⿱⿲弓古弓鬲，則餬口之餬可通。或作粘，黏糊、⿰麥胡⿰黍胡、粰⿰黍孚。又曰⿰黍朱、曰⿰黍㐱⿰黍多、或作⿱敄黍。曰⿰黍居、曰黐、所以黏鳥。曰⿰黍卷，音搏，義同。曰黐，凡黏之字皆從黍，則穀屬黏者無逾於黍矣。其異名則曰穈、說文，穄也。曰⿱臤黍，冀州謂之堅，集韻作⿱緊黍。皆穄也，而從黍，則洵黍類矣。說文：⿰黍卑，黍屬，似稻者爲稗，則⿰黍卑其野黍歟？其潰葉曰⿰黍畐，說文：治黍禾豆下潰葉也，音菔，或音愎。其疏長之貌曰

⿰黍兼，集韻音鬑，黍、禾疏貌。其香氣曰⿰黍必，與馝同，而香本字從黍，則黍爲穀之最馨者歟？其豉皮爲⿰黍皮，其不黏則曰⿰黍易，音曬。觀從黍之字與音，則其形狀、性味，不亦瞭然不紊哉？說文：黎，履黏也。作履黏以黍米，則古用黍黏，正如今人以麥麪爲黏。

稷

稷，別錄下品，陶隱居云稷米，亦不識。此北穀，蘇恭始以穄爲稷。朱子釋詩經，稷小於黍。各說以粘者爲黍，不粘者爲穄，姑以穄圖之。直隸人謂黍稈生而有毛，穄稈無毛，其色於根苗可辨。穄亦有粘者，特不似黍之極黏耳。近世九穀考、廣雅疏證皆以高粱爲稷，比音櫛字，創博無前，已錄入長編，以廣異聞。但閎儒博辨之學，與習俗相沿之語，不妨並存。穄音近稷，農家久不知稷，但知有穄，高粱則不聞呼稷也。黍性固粘而粗於粱，穄小於黍而粗於黍，山西以米爲餅，祇呼爲黃，以售於市，或漉粉以漿衣，蓋穀之賤者，謂之疏食亦宜。又湖南有一種稷子，其形似稗，與黍、穄、粱、粟皆不類。通志據畫墁錄以爲粟，殆宋時以舊說謂稷爲粟，故載筆仍曰粟耳。今湘人皆曰稷，無呼粟者。北方之稼，遺種江湘，正如宋蔡唐之裔，播遷湖黔，禮失求野，此其類與？但古書不詳稷之狀，究未敢遽信無差，仍別圖湖南稷子，以俟博考。

稷

湖南稷子

湖南稷子　湖南沿湖田多種稷，五月上旬，即可收穫，伏漲未來，澤農賴之。其苗實似北地水稗，俗皆呼稷，或稷踰江而變。

雩婁農曰：湖南志謂湘中舊不蒔雜穀，遇旱潦無稻，民即無食。有駐兵其地者，令民納芻，必以粟稈，相率渡湖赴襄樊，僦載以來，費且重勞。乃致其種漫布於磽确瀉渙，而供其禾藁焉，蓋以爲厲民也。後歲凶，遂藉以充腸而免道殣。今瀕洞庭、近牂牁，水無防、山無泉者皆蒔之，其穗與北地粱、粟稍異，蓋人力不專也。夫民可與樂成，難與慮始，非嚴其罰則令不行，令行而游移牽掣，則民得其擾而不得其利。褚衣冠、伍田疇，不及三年而易相，則東里終爲蠆尾矣。江南沮洳，水耕刀耨而藝粱、粟者不乏收；然則河北高卬之田，既宜麥菽矣，其汚邪水潦所鍾，獨不可以江南之種種之乎？元時於畿甸開渠灌田，其利甚鉅，明季以轉漕厮留，議復故蹟，有倡爲風水之説者，

湖南稷子

事遂寢。今涞水、潞水、灤水、洺水之傍，皆有引以稼下地者，擴而行之，不在人爲哉！李元則守長沙，令民納粟米稈草，事見畫墁錄。又曰：至今湖南無荒田，粟米妙天下。

烏臺筆補：范陽督亢舊陂，歲收稻數十萬石。

燕山叢錄：房山石窩稻色白，味香美，爲飯雖

盛暑經數宿不餲。遵化州志：稻有東方稻、雙芒稻、虎皮稻，糯有旱糯、白糯、黄糯。河間府志：隋時滄州魯城縣地生野稻水穀二千餘頃，燕魏民就食之。邢臺志：稻有紅口芒稻。廣平府志：府西引滏水灌田，白粲不減江浙，按畿輔通志所載如此。今稻田益擴矣，瀛莫之間，是生旅稻，鍾水阜物，陂而稼之，所收當何如耶？

稻

稻，別錄下品，曰糯、曰粳、曰秈。凡宜稻之區，種類輒別；志乘所紀，不可殫悉。然細者粒光，粗者毛長，早者耐旱，晚者廣收，其大較也。

粳，中品。

雩婁農曰：本經不載稻，別錄列下品。說文：沛國謂糯爲稻，蓋糯性滯，不易消，故養生者愼食之。抑大河以北宜麥粟，民有終身不嘗稻者，性亦弗喜。中原九穀並用，江以南則唯稻是飫，注本草者，以粳與秈皆附於稻爲下品，殆未解古人意歟？然生民一詩，述后稷之穡，曰荏菽、曰禾役、曰麻麥、曰秬秠、曰穈芑，而獨不及稌稻，豈粒食之始，尙鈌水耕火耨邪？抑下地之稼，其性果出黍稷下耶？雖然稻味至美，故居憂者弗食。膏粱厭飫，則精力委薾。君子欲志氣清明，固宜尙粗糲而屏滑甘。別錄廁稻於下品，夫亦謂所以交於神明者，非食味之道也。

天工開物云：五穀遺稻者，以古昔著書聖賢，皆在西北。按職方氏，幷州宜五種，幽州宜三種，鄭康成注皆云黍、稷、稻。雍州、冀州獨宜黍、稷。然豳風穫稻，豐年多稌，汧渭之間，未嘗無滮池也。今渭南韓城爲關中上腴。史記河渠書，鄭國鑿涇溉鹵澤之田，徐伯穿渭通漕，肥地得穀；而河東守番係言引汾溉皮氏、汾陰下，引河溉汾陰、蒲坂下，實爲山西水利之始。舊志聞喜、臨汾、文水產粳糯，今太原、晉水、趙城、霍泉，稻田尤饒；其緣滹沱、汾、澮州

稻

縣，及沃泉、曲沃以泉得名。濫泉，清源等處皆平地湧泉。澗溪灟汋，無不穿地廝渠。而塞外天鎮、陽高、大同，亦間引溜灌注，勺澤蹄涔，惜如甘醴。然歲常苦暵，夏潦未降，經瀆千里，輒不能濡軌。惟漳、沁所從來者高，難溉爲利。聞河内舊有沁渠，昔西門豹引漳灌鄴，或疑沙壖地不可爲稼，蓋未知西北所溉者，大抵麥、菽、禾、黍，如澆園蔬。俗曰：飲田不盡，稻生止水也。蒲解間往往穿井作輪車，駕牛馬以汲，殆井渠之遺？然不宜稻。

雀麥　雀麥，唐本草始著錄。救荒本草圖説極晰，與燕麥異，前人多合爲一種。按爾雅：蘥，雀麥，説文作爵麥，別無異名；郭注乃以爲即燕麥。今

雀麥

燕麥附莖結實，離離下垂，尙似青稞。雀麥一莖十餘，小穗，乃微似穄。二種皆與麥同時，而葉相似，其實殊非麥類。唐本草僅以催乳錄之，又云一名燕麥，他方衹云雀麥。古謂食燕麥令人脚弱，其性蓋下行。但旅生穀實熟卽落，故古歌云：「道傍燕麥，何嘗可穫」。醫者取其易生易落，以治難產，則二種應可通用。或謂七發：「穱麥服處」，卽此雀麥，段氏說文注已駁之。

青稞

青稞卽莜麥，一作油麥。本草拾遺謂青稞似大麥，天生皮肉相離，秦隴以西種之是也。山西、蒙古皆產之，形如燕麥，離離下垂，耐寒遲收，收時苗葉尙有青者。雲南近西藏界亦產；或卽呼爲燕麥。麗江志誤以爲雀麥。維西聞見錄：青稞質類麰麥，莖葉類黍，耐霜雪，阿墩子及高寒之地皆種之，經年一熟；七月種，六月穫，夷人炒而舂麪，入酥爲糌粑。今山西以四、五月種，七、八月收，其味如蕎麥而細，耐饑，窮黎嗜之。性寒，

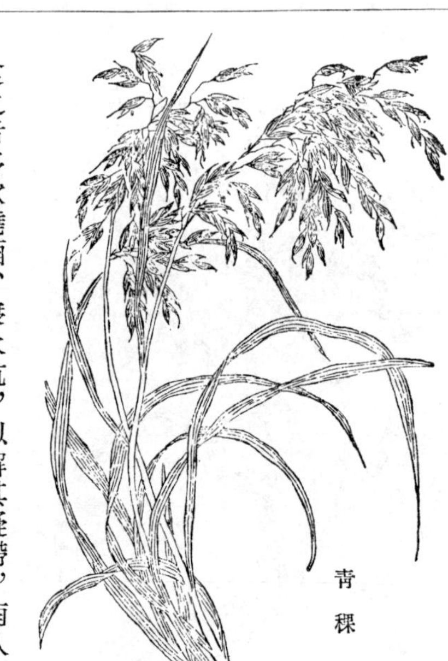
青稞

食之者多飲燒酒、寢火炕，以解其凝滯，南人在西北者不敢餌也。將熟時，忽有稞粒皆黑者，俗名厭麥；亟拔去，否則雜入種中，來歲與豆同畦，則豆皆華而不實，老農謂厭麥能食豆云。滇南麗江府粉爲乾餱，水調充服。考唐書，吐蕃出青稞麥。西藏記，拉撒穀屬產青稞，亦釀酒，淡而微酸，名曰喑其。裏塘臺地寒，不產五穀，喇嘛皆

由中甸、麗江攜青稞售賣，則沿西内外產青稞者良多。唐本草注誤以大麥爲青稞，宜爲陳藏器所訶。山西志但載油麥，咸陽志謂大麥露仁者爲青稞，皆不如維西聞見録之詳核也。

東廧

東廧，本草拾遺始著録。相如賦：東廧雕胡；魏書烏丸傳：地宜東廧似穄；廣志：東廧粒如葵子，苗似蓬，色青黑，十一月熟，出幽、涼、幷、烏丸地。臣伏讀聖祖御製幾暇格物編：沙蓬米，凡沙地皆有之，鄂爾多斯所產尤多。枝葉叢生如蓬，米似胡麻而小，性暖益脾胃，易於消化，好吐者食之多有益。作爲粥，滑膩可食，或爲米，可充餅餌茶湯之需，向來食之者少。自朕試用之，知其宜人，今取之者衆矣。仰見神武遠敷，翠華所屆，仰觀俯察，纖芥不遺。遂使窮塞小草，上登玉食，媲后菲飲，豳風勤稼，千載符節。小臣備員山右，得覩此穀，時際豐盈，民少擷摭。考保德州志，產登相子，沙地多生，一名沙米，作羹甚美。又天祿識餘云：遼史，西夏出登相，今甘、涼、銀夏之野，沙中生草，子細如罌粟，堪作飯，俗名登粟，皆東廧也。然則今之沙蓬米，卽古東廧。爰繪斯圖，恭録聖製，俾撫斯民者，知沙漠寒朔，亦有良產，勿躭膏粱，罔知艱難云爾。

東廧

黎豆

黎豆或作狸豆，本草拾遺始著録。按爾雅：欇，虎櫐；注：今虎豆，纏蔓林樹而生，莢有毛刺，江東呼欙欇。陳藏器謂子作狸首文，人炒食之；陶隱居所謂黎豆，即此。細核其形，蓋即固始所呼巴山虎豆也。細蔓攀援，花大如藊豆花，四五莢同生一處，長瘦如菉豆莢，豆細長如鼠矢而不尖，滇南即呼爲鼠豆，蓋肖形也。有白、紅、黑花各種，花者褐色黑斑，殆即陳氏所云狸首文

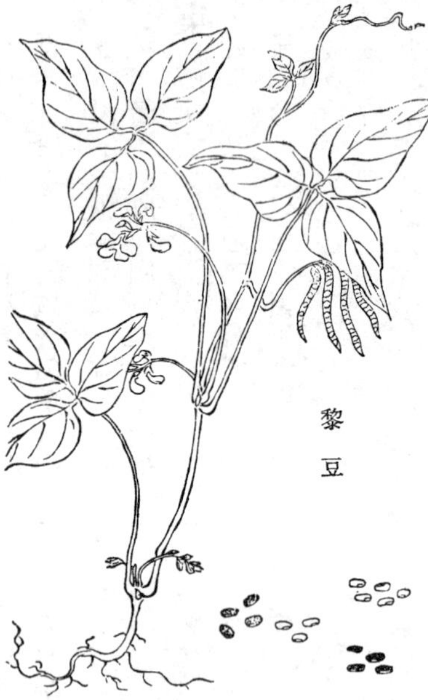

黎豆

也。俗以紅黑豆和米爲粥，碾破爲餛沙餡，白花者爲豆芽；恐亦小豆別種，本野生而後種植耳。李時珍以櫐訛爲狸，余謂古人謂黑爲黎，而色雜亦曰黎。天將昕曰黎明，則明暗甫分也；面目曰黎黑，則赤與黑兼滯也。牛之雜文曰犂牛。犂、黎字古通用，文雜而色必晰，故物之劃然者亦曰犂。然則豆之文駁而分明者，名之曰黎亦宜。書注黎民、青黎皆訓黑，秦改黎民爲黔首，其義正同。孔傳則訓衆，黎明或作遲明。漢書注黎訓比，是皆異義。爾雅正義引古今注虎豆一名虎沙，似狸豆而大；又云：郭注山海經以櫐爲虎豆、狸豆之屬。狸豆一名黎豆，虎豆則虎櫐也，蓋一類以大、小色紋異名。

綠豆

綠豆，開寶本草始著錄。高阜旱田種之，遲早皆以六十日而收。豆用甚廣，又爲解毒、去熱良藥。

雩婁農曰：菉豆不見於古字，或作綠，亦侔其色。農桑通訣：北方用最多，爲粥、爲飯、爲餌、爲

綠豆

炙、爲粉、爲麪，濟世之良穀也，南方間種之。宋孫公談圃乃謂粵西無此物，每承舍入京，包中止帶斗餘，多則至某江輒遇風浪不能渡。到彼中凡患時疾者，用等秤買。一家煮豆，香味四達，患病者聞其氣輒愈，其說近奇。按湘山野錄，眞宗聞占城稻耐旱，西天菉豆子多而粒大；各遣使以珍貨求其種，得菉豆二石，然則菉豆至宋而始重。如宋眞宗之深念稼穡，亦何異於豳風無逸耶？菉豆去毒、清熱、解暑、祛疫，功誠鉅，而養老調疾，則莫如粉。陳達叟贊曰：碾彼綠珠，撒成銀縷；熱蠲金石，清徹肺腑。

蕎麥

蕎麥，嘉祐本草始著錄，字或作荍。然荍爲荊葵，非此麥也。一名烏麥，北地夏旱則種之，霜遲則收；南方春秋皆種，性能消積，俗呼淨腸草，又能發百病云。

蕎麥

雩婁農曰：本草綱目附入苦蕎，蓋野生也。滇之西北，山雪谷寒，乃以爲稼，五穀不生，唯蕎生之，茹檗而甘，比餦餭焉。中原暵則蒔蕎，秋霜零卽殺之矣。苦蕎獨以味苦耐寒，易凍塗爲穀地，殆造物憫衣裘飲酪之氓，俾粒食於不毛之土，而不盡以弋獵之具戕生以養其生歟？

威勝軍亞麻子

宋圖經：亞麻子出兗州威勝軍。味甘，微溫，無毒，苗葉俱青，花白色。八月上旬，採其實用；又名鵶麻，治大風疾。李時珍以爲卽壁蝨胡麻，臭惡，田家種植絕稀。

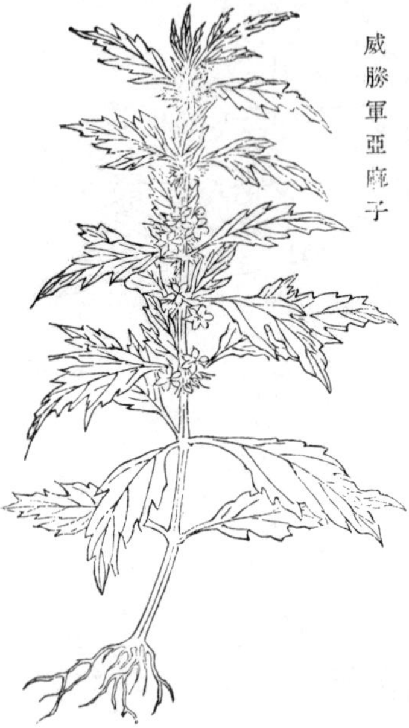

威勝軍亞麻子

蠶豆

蠶豆，食物本草始著錄。農書謂蠶時熟，故名。滇南種於稻田，冬暖卽熟，貧者食以代穀。李時珍謂蜀中收以備荒。蓋西南山澤之農，以其豆大而肥，易以果腹；冬隙廢田，尤省功作，故因利乘便，種植極廣，米穀視其豐歉以定價矣。

雩婁農曰：蠶豆，本草失載，楊誠齋亦謂蠶豆未有賦者，戲作詩曰：「翠莢中排淺碧珠，甘欺崖蜜輭欺酥」，可謂淩厲無前矣。夫其植根冬雪，落實春風，點瑿爲花，刻翠作莢。與麥爭場，高豈藏雉；同葚並熟，候恰登蠶。嫩者供烹，老者雜飯，乾之爲粉，爓之爲果。農書云：接新充飽，和麥爲餣，尚未盡其功用也。益部方物記有佛豆粒甚大而堅，農夫不甚種，唯圃中蒔以爲利。以鹽漬煮食之，小兒所嗜。雲南通志謂卽蠶豆，豈宋時尚未徧播中原，宋景文至蜀始見之耶？明時

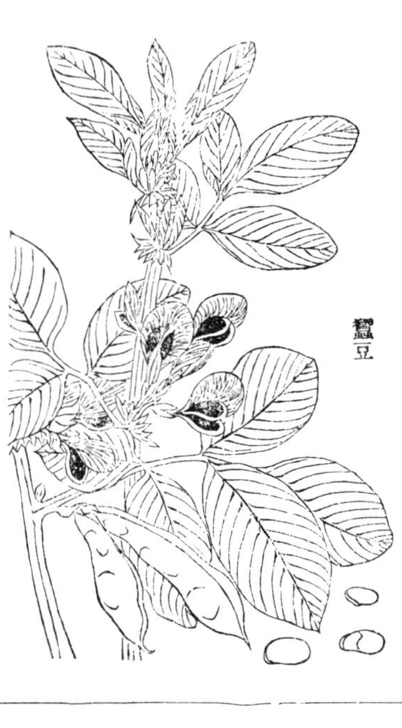

以種自雲南來者絕大而佳，滇爲佛國，名曰佛豆，其以此歟？雖然滇無蠶，以佛紀，若江湖蠶鄉，以爲蠶候，則曰蠶宜。

蜀黍 蜀黍，食物本草始著錄，北地通呼曰高粱，釋經者或誤爲黍類。農政全書備載其功用，然大要以釀酒爲貴。不畏潦，過頂則枯。水所浸處，卽生白根，摘而醬之，肥美無倫。

雩婁農曰：吾嘗雨後夜行，有聲出於田間如裂帛，驚聽久之。輿人曰：此蜀秫拔節聲也，久旱而澍，則禾驟長，一夜幾逾尺。昔人謂鹿養茸數日便角，其生機速於草木，若蜀秫之勃發，顧何如者？又見婦稚相率入禾中褫其葉，以爲疎之使茂實耳，詢之則織爲簟也，緝爲蓑也，篾爲笠也，爇爲炊也，一葉之用如此。若其稈則簿之堅於葦，揩以

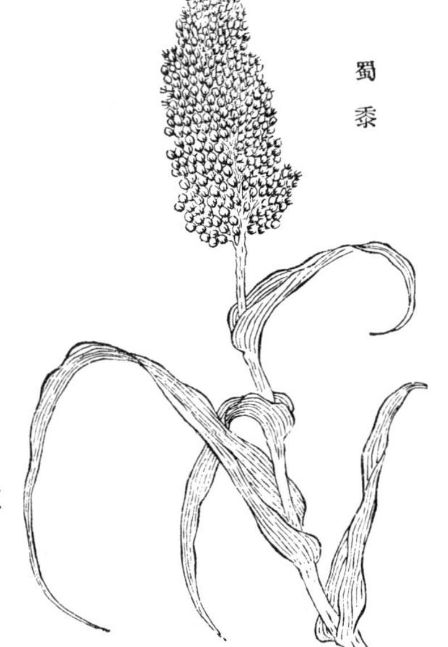

柴而床焉；籬之密於竹，樊於圃而壁焉。煨爐則掘其根爲榾柮，搓棉則斷其梢爲葶軸。聯之爲筐，則櫛比而方，婦紅所賴以盛也；析之爲筊，則檽疎而皙，稚子所戲以籠也。卬田足穀之家，如崇如墉，蓋有不可一日闕者。顧其米澀，不雜以麥與豆則棘口，而造酒乃醇以勁。利膈達腹，喻之以刀；敵雪衝風，比之以襖。利之所生，凡釀者、販者，皆譏而稅其什一，其不脛而走達於江、淮、閩、粤者，益美烈而加馨，嗜者每以得其涓滴爲快，而常慮其贋，且或羼以他酎。故青旗之標，出畿輔者曰京東；出山西者曰汾潞；出江北者曰沛；出遼左而泛海者曰牛莊，皆都會也。惟蜀秫之名，不見於經，博物志謂種蜀黍地多蛇。北地固少虺蜴，亦未稔其卽此穀與否？而利民用如此其溥，殆古所謂木禾、木稷者歟？然稻蟹之鄉，既不插蒔，而河朔以其易生而廣收，亦目爲粗稼。有以麥與蜀秫麪合爲薄夜相餉者，表璺璺如積雪，而背殷紅侔丹砂焉。吾戲謂曰：宗軍人粗食如此甘美，其所矜精鑿者，必崑圃之珠塵玉屑耶？

木稷見廣雅。山西通志：高粱土人又稱茭子，在太原屬者，苗低穗緊；在汾州屬者，苗高穗鬆；在平陽絳州諸屬者，有早秫、晚秫二種。早秫有大老漢、小老漢諸種；晚秫有紅、黑、黄、白、蓬頭諸種。蓬頭穗下垂，紅、黑、白三種穗上生，黄穗四面分披。粒無殼者，米硬可爲粥；粒有殼者，米軟可爲酒醋。按高粱之類，此爲詳盡。

附蜀黍卽稷辯

蜀黍非惟經傳無聞，卽本草亦不載。惟博物志始著其名，食物本草著其用，而又謂南人呼爲蘆穄，今亦不聞有呼蘆穄者。九穀考扱謂卽稷，引据博奥，一掃舊說；廣雅疏證、說文解字注皆主之。段氏之言曰：漢人皆冒粱爲稷，而稷爲秫秫，鄙人能通其語者，士大夫不能舉其字，可謂撥雲霧而覩青天矣。尊崇獨至，亦蜀黍之大幸也。但北地呼蜀黍，音重卽爲秫秫，如蜀葵亦呼爲淑纈，阮儀徵相國所謂淑氣是也。九穀考以說文秫稷之粘者，遂以蜀黍定爲秫，而蜀黍之不黏者，別無異名，不得不謂不黏者亦通呼爲秫秫。夫穀多有黏、不黏二種，稻黏爲糯，不粘爲秈，稷之黏者爲秫，不應不黏者亦爲秫也。九穀考又謂天下之人呼高粱爲秫秫，呼其稭爲秫稭，舊名在人口中世世相受。夫以蜀黍音同秫秫，定爲黏稷之秫，彼以稷、穄雙聲，指穄爲稷，亦西北之人至今相承語也。蜀黍有黍名，不得指爲黍；高粱有粱名，不得定爲粱；獨可以其秫秫之稱，而卽定爲稷之名秫者耶？說文解字注謂以穄爲稷，誤始蘇恭。蘇氏之誤多矣，如以青稞爲大麥，則大、小麥幾不能辨；獨其以穄爲稷，則尚有說。考本草有稷無穄，或卽以穄爲黍，而齊民要術備列北方之穀，獨謂稷爲穀。其云凡黍穄田黍黏者收薄，穄味美者亦薄，刈穄欲早，刈黍欲遲，黍與穄，或一類，或二種，皆在疑似之間。而說文秫下卽曰穄，也䵚，二字相厠。𥟖爲黍穰，穰爲黍𥟖，已治者皆不連綴，而凡黍之字皆從黍，則曰䵚，穄也，則謂穄爲稷，謂穄爲黍。以近日治說文之法求之，二者皆可相通，果孰從耶？獨是蘇氏謂稷與黍爲秈秫，故其苗同類，是誠考之未審。古以黍、稷爲二穀，若同類而分秈、秫，則稻之糯、粳，亦將別爲一種乎？且以今之種黍子、穄子者驗之，則黍穗斂束，穄穗觿沙；黍粒長，穄粒圓或扁；黍用多而穄用少。大凡北地之穀，種粱者什七，種黍者什二，種穄者什或不得一焉。三者初生皆相似，而穎栗苞秀則漸異，農家分畦別隴，蓋取用不同也。李時珍承蘇氏及羅氏之說，但謂黍爲稷之黏者，爾後紀載，轉相沿襲，不復目驗而心究，其爲諸通人所厭菲而吐棄，誠無足怪。而吾謂秫之爲稷，穄之爲黍，其說亦不自九穀考始。經典釋文謂北方自有秫穀，全與粟相似，米黏用之釀酒，其莖稈似禾而粗大。按其形，惟蜀黍之通呼秫秫者，可以當之。珍珠船訾徐鉉說，楚人謂之稷，關中謂之糜，其米爲黃米，爲認黍爲稷。是卽九穀考以糜爲黃黍之嚆矢。乃獨以稷爲粟米，考爾雅注：今江東呼粟爲粢，說經者斥爲六朝謬說，通於彼而又窒於此矣。而爾雅正義詳繹其說，謂黃米與稷相似，而垂穗較疎，則黃米與穄又別爲種，與蘇氏諸人之說稍異。而其釋稷粢也，直云北方所謂稷米，又不著其形狀，豈以同時方掊擊穄之爲稷，而以稷易穄耶？抑穄稷實有兩種耶？余遍詢直隸、山西人，皆謂糜穄爲一，與說文同，而以軟硬爲黍穄之分。且云穄無黏者，則是秫爲黏稷，不惟無其名，亦失其種。段氏注說文，多云爲淺人更改或佚脫，此秫字下卽非竄移，又求其說而不得，則不敢不托蓋闕之義。夫諸儒上下千古，研貫百家，持論閎矣。余少便鞅掌王務，所見卷軸，何能半袁豹？但諸儒以俗呼秫秫爲稷之黏秫，而於俗呼糜之米爲稷米則斥之，謂晉人以粟爲稷爲誤，而並以漢人之說稷者爲皆不識稷，且以管子黍秫之始。一言滋惑，疑爲後人所加，則自三代迄今，舉無可從，惟俗語爲徵信。而俗語之言稷者不足信，獨言秫者爲足信，是亦未能折服昔賢，而使天下後世俱以高粱爲稷而無敢異議也。余既植黍與穄而審別之，縱不可以穄冒稷，而斷不能信以蜀黍爲稷。夫北地之呼粟、黍、穄者，皆曰小米耳。統言之，幾無不可通，而細究之，則古無今有、古有今無者，曷可勝數？以余所見，乃太倉稊米而已。段氏有言，草木之名實多同異，雖大儒亦不能無誤，此論允矣。故長編中諸說備載，而不復置辯。

按齊民要術，穀者總名，非止爲粟也。然今人專以稷爲穀，望俗名之耳，卽引孫、郭諸人稷粟之說。又云：按今世粟名，多以人姓字爲名目云云，臚列近百種，俱有穀粟糧稷名，而別白精粗。其云今人俗名者，恐卽指江東呼粟爲粢及稷粟之說，而特疑其籠統。觀其言種穀法，至詳至悉，夏種黍穄，與植穀同時，地必欲熟；種粱秫法，則欲薄地種，與植稷同。一曰植穀，一曰植稷，穀、稷互見，又非盡書穀。而粱秫欲薄地，或即釋文所云北方秫種似禾而高大者，否則當以秫入穀，不應別立條。細繹賈氏之意，蓋以粱、粟、稷皆爲穀，今人專以稷爲穀，乃俗名，非正也。農政全書遂謂古所謂稷，今通謂穀，或稱粟，粱與秫則稷之別種，是眞以稷、粱爲一矣。獨其所謂穄爲黍之別種，今人以音相近，誤稱爲稷，此九穀考以穄爲黍之所本。又閩書：稷，明祀用之。歐冶遺事：穄米與黍相似而粒大，按此說是蜀黍也。直省志書載稷者多有，都無形狀。惟歙縣志物產穄有黑穄、秈穄也。赤穄、糯穄也，長如蘆葦號蘆穄，皆古之稷，此皆九穀考以蜀黍爲稷之說。而程氏，歙人也，蓋其里先有是言而益推衍之，以說文爲歸宿，非首發難端耳。農政全書載有齊民要術種蜀黍一條，文義不類，恐沿上一條種粱秫而誤書。又曰遺其本書，當是農書中語耳。

又按說文孫炎、郭璞諸說，蓋皆傳聞異辭，各存別名。九穀考謂近人無呼粟爲秫者，是誠然矣。又謂他穀之黏者亦叚借通稱曰秫，則黏粟、黏稷，皆可名秫，孫、郭之說，已不爲謬。古今注謂秫爲糯稻。今南方通呼秈、秔、糯，不聞有呼秫稻者；則不呼秫粟，亦猶秬、秠、虋、芑，今亦無是稱也。余嘗謂江左諸儒，足跡不至北地，徒以偏傍音訓，推求經傳名物，往往不得確詁，顏黃門所辨者皆是也。程徵君久僑燕薊，就北方之音聲以駁文士之講說，所見正與余同，而於北音尚有未盡然者。段氏說文注楡字云：齊民要術分姑楡、山楡、刺楡爲三種，依許說，山楡即刺楡，賈氏言植物皆種植得諸目驗，豈許有未諦云云，則段氏亦嘗以賈氏之言爲可據矣。按齊民要術種粱秫法與植稷同，則非謂秫即稷。細繹前說，黍黏收薄，穄美亦收薄，種秫與稷同；不云與穄同，恐亦以穄爲黍穄無黏者，故但言美，美則軟似黍耳。言其美，則亦非一種，蘇氏獨云黃米，亦偏矣。鄭司農注九穀，稷、秫並舉，固不以秫爲稷。後鄭不從，恐亦未必卽以秫、稷爲一物。以粟易秫，粱可兼秫，秫不可兼粱，未知後鄭意如何？漢儒多家西北，且嘗躬耕，其於稷種蓋習見，以爲人人皆知，無煩訓詁。故鄭氏三禮注、詩箋，獨不詳稷之形狀，而班固、服虔諸儒，亦何至不知其土宜，如周子之不辨菽麥乎？如蓬蒿諸草，漢儒多不詳其形狀，遂啓後人辨證，未必漢儒皆不知也。叔重，汝南人，吾同郡也。漢時種菽，吾不能知，今則以稻、麥、豆、高粱、穀子爲大田，非惟不植穄，亦無識黍者。大抵農人逐利，與時貴賤，古所重而今棄者良多；今西北植穄者亦少，恐異時並其種而失之矣。諸儒但謂高粱爲北種，不知漳泉皆曰番黍，而黔中苗寨菽植無隙地也。又如玉蜀黍一種，於古無徵，今遍種矣。留青日札謂爲御麥；平涼縣志謂爲番麥，一曰西天麥；雲南志曰：玉麥；陝、蜀、黔、湖皆曰包穀，山氓恃以爲命。大河南北皆曰玉露秫秫，其種絕非蜀黍類。名以麥而非麥，名以穀而非穀，若據河南、北方言以爲秫，則亦得爲稷之別種耶？

按漢儒以粟爲稷，至晉不易。陶隱居亦云：粟粒細於粱，或呼爲粢米。蘇恭曰：粟與粱有別，今農人種小米者，猶曰某穀、曰某粟，其穗粒俱不同，一望而知，不似黍穄之分，尙須細別也。齊民要術備列粟名，曰朱穀、黃聒穀、加支穀、李穀、白鰱穀、調母粱、赤巴粱，則穀、粱、粟洵一類矣，而獨系以今人專以稷爲穀一語。玩其詞意，殆以穀是總名，稷本一種，而今人以爲穀，則稷、粟、粱同有穀名，遂皆並載。惟既云專以稷爲穀，則所載名穀者乃是稷，而別名粱者必非稷矣。蘇恭知粱、粟有別，而斥陶呼粢之非，則粟不爲稷自蘇氏始，亦非近時諸儒瓠論。但蘇非謂粟卽是粱。李時珍乃謂粟，粱也，則粟之爲粱，乃自李氏始。蘇、李之說固不必與漢儒注經相校，但卽以別錄論之，白粱、青粱、黃粱皆云味甘，粟別一條，云味鹹。一類以大細爲別，不應甘鹹異味。陶但云粟春熟令白，亦以當白粱，則未嘗以爲眞粱，又曰：粱是粟類，亦概言之耳。別錄分別性味，有粟、有粱、有稷、有秫，陶以粟爲粢，則無以釋稷，故云不識而臆爲黍稷相似之語，此大誤也。其釋秫云：北人以作酒，亦不指爲何物。齊民要術以種植爲主，故凡俗之呼穀者，皆雜錄於右，曰穀、曰粱、曰稷、曰粟，但隨俗呼名，不復識別。正如今人曰小米、曰穀子，其類乃不可究詰，夫豈一種哉！愚夫愚婦展轉相傳，物以音變，音以地殊，凡古物在今不能指名者皆是也。南人之言，余不能譯。今山西以高粱爲茭子，以青稞爲莜麥，以荏爲䓗，售於市、書於牘，無異辭；不覩其物，無由識之，安得以其俗語改古訓哉？別錄卽漢以來名醫所錄，既分載稷、粟，何得謂漢儒皆以粟冒稷？氾勝之書，粱爲秫粟，秫之通稱，漢時已然。說文黏稷，蓋以稷爲穀長，姑舉一類，以統其餘。匡謬正俗謂秫似黍米而粒小，此殆是說文黏稷也。大抵稷秫以黏、不黏爲別，而粱粟卽以秫、不秫爲別，舉稷之名秫，以爲凡黏穀之名，此乃所謂穀長矣。惟農家統以穀名，粱與粟、與稷，三種久已混淆，而秫、粟音尤相近，當時必有以秫、粟爲一者；諸儒相承，卽以粟、稷互訓。或因俗稱，或傳寫以聲而訛，而欲別稷者，仍當於俗呼穀粟之類別之。特古訓遺其形狀，難爲識別。蘇氏以穄爲稷，遂至謂稷無黏者；孫、郭以秫爲黏粟，遂致以秫爲黏粟之定名，而未考氾勝之書粱爲秫粟，是則偶未細檢，而措語稍偏。李氏之說則正言直斷，敢於信矣，諸儒詆之，職此之由。余謂以穄爲稷，誠非有本之言，而以蜀黍之俗呼秫秫者定爲黏稷，則詩集注之黍，似卽指蜀黍；而鄉間塾師，輒以高粱爲粱，一物而數名，吾誰適從？若以蜀黍種早，指爲首種，今北地春而種麥，滇南蜀黍宿根自生，此豈可以訂古訓哉！

又按齊民要術，種粱秫並欲薄地，與植稷同；一本稷作穀，益信賈氏之所謂穀者確是稷，而粱、秫、稷三種，判然可知矣。粱爲秫粟，秫不得爲黏，粱而與植稷同時，則秫或卽爲黏稷，與說文同。稷不黏而秫黏，一種二名，其性異，其狀未必異也。氾勝之書粱爲秫粟，粱粟二名，其性異，其狀亦不應異也。農家貴糯，種秫粱爲常植，圖經謂能盡地力，故植薄地。漢晉人以稷爲穀，穀與粟皆總名，名以穀並名以粟，而與粱之不黏者同名而滋混矣。爾雅翼謂圓而細者爲粱之粟，吾疑圓而細者，乃前儒所謂稷而得粟名者也。粱以大粒長毛與諸穀異，其不黏者亦不應穗粒圓細。且今之粱自有黏、不黏二種，不黏者卽粟矣，而又有粟一種，此粟非卽稷乎？諸儒皆斥前人以粟冒稷，吾謂粱與稷同有粟名，而本草注不復細別，遂專以粟屬粱，並以稷之名粟者亦爲粱。吾非爲漢晉諸儒作調人，特以今之通呼穀，與魏晉人之呼穀一也。魏晉之穀，粱、粟、稷皆廁其中，今日之穀，種亦繁矣，何得謂無稷也？湖南有稷子，苗似粱而穗散粒大，乃甚似高粱。藋粱一名木稷，其以此歟？

稔頭

稔頭，一名灰包，蜀黍之不成實者。忽作一包白瓤如茭瓜，小兒輒取食之，味甘而酥，能噎人，亦可作茹。老則黑縷迸出成灰，亦有作粒者，輒卽黑枯，地不熟、功不至則生。余偶以嘗客，戲語之曰：山西謂蜀黍爲茭子，俗亦謂菰爲茭，鄭康成以菰列九穀，此不可謂菰耶？客曰：吾食茭瓜而不知爲雕胡，食蜀黍而不知有稔頭，微君言，吾固不辨爲二穀；請作食經，以充吾廚，勿談太元，以覆吾瓿。

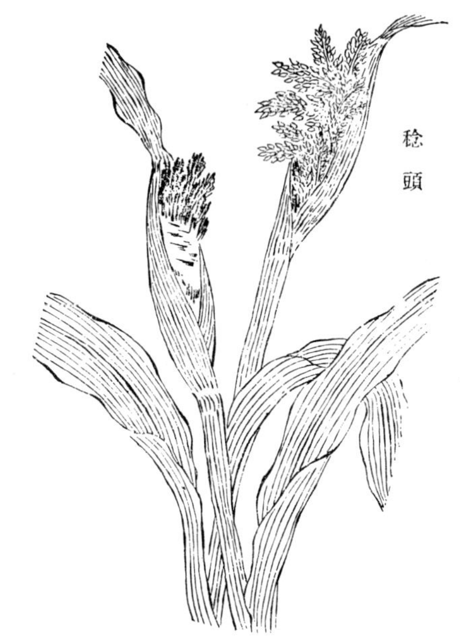
稔頭

植物名實圖考卷之二

穀類

稗子

救荒本草：水稗生水田邊，旱稗生田野中。苗葉似䅟子，葉色深緑，脚葉頗帶紫色；梢頭出扁穗；結子如黍粒大，茶褐色，味微苦，性微温。採子擣米煮粥食，蒸食尤佳，或磨作麪食皆可。

雩婁農曰：稗能亂苗，亦有二種，有圓穗如黍者，

稗子

有扁而數穗同生者。與米同舂則雜而帶殼；別而杵之則粒白而細，煎粥滑美。北地多種之於塍，非稂莠比也。爾雅：稊，蕛；注謂似稗，布地生，穢草。又古詩云：「蒲稗相因依」，則稊爲陸生，稗爲澤生歟？農政全書諄諄以種稗爲勸，備豫不虞，仁人之用心哉。

光頭稗子 光頭稗子，莖葉俱同菱菰，生陸地，穗出葉中，扁淨無毛，故名。爲炊香美。水稗形如禾，生於水田，蓋卽淮南子所謂「離先稻熟」，而陸生穢地者爲稊，其卽此歟？

光頭稗子

穇子 救荒本草：穇子生水田中及濕地內，苗葉似稻，但差短；梢頭結穗，彷彿稗子穗；其子如黍粒大，茶褐色，味甘。採子搗米煮粥，或磨作麪蒸食亦可。黔山多種鷹爪稗，亦呼穇子，雲南曰

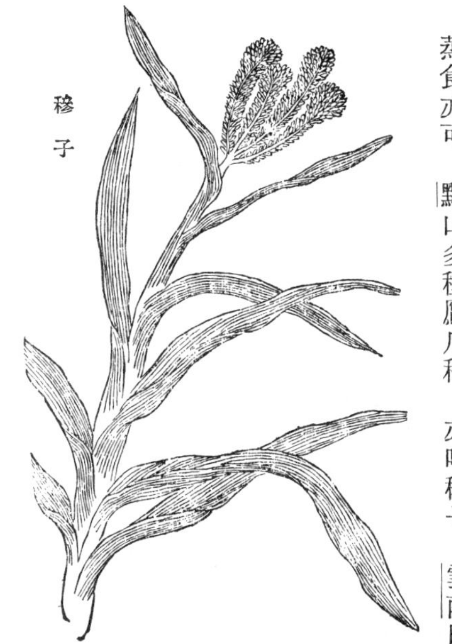

鴨掌稗。

雩婁農曰：穇子，稗類，於書尠見。其穗駢出，參差如大小指，或以摻摻得名耶？廣羣芳譜：一名龍爪粟，一名鴨爪稗，北地荒坡處種之。苗葉似穀，至頂抽莖，有三稜，開細花簇簇，結穗分數歧，如鷹爪之狀，形容極肖。日照縣志：穇子，粟之賤者，有黑、白二種，宜濕地，石得米二斗餘，民賴以餬口。而三峽志謂自滇中來曰雲南稗，一曰雁爪稗，亦播種畦植，與穀爭價，東南所無，蓋峽中石田，艱於嘉種耳。余過章貢間，河壖極磽，時黃雲徧野，穧穮弗及，安得謂東南無此？黔山陋瘠，無異峽中，溪頭峯角，種植殆徧。秋日穗稔，赭綠壓蹊，駢者如掌，鉤者如拳，既省工力，亦獲篝車，民恃爲命，敢云農惡哉？救荒圖與此稍異，或一類亦有二種。

山黑豆

救荒本草：山黑豆生密縣山野中，苗似家黑豆，每三葉攢生一處，居中大葉如菉豆葉，傍兩葉似黑豆葉微圓，開小粉紅花，結角比家黑豆角極瘦小，其豆亦極細小，味微苦。苗葉嫩時，採取煠熟，水淘去苦味，油鹽調食。結角時採角煮食，或打取豆食皆可。雲南山中亦有之，花實較肥大，人弗採摘。

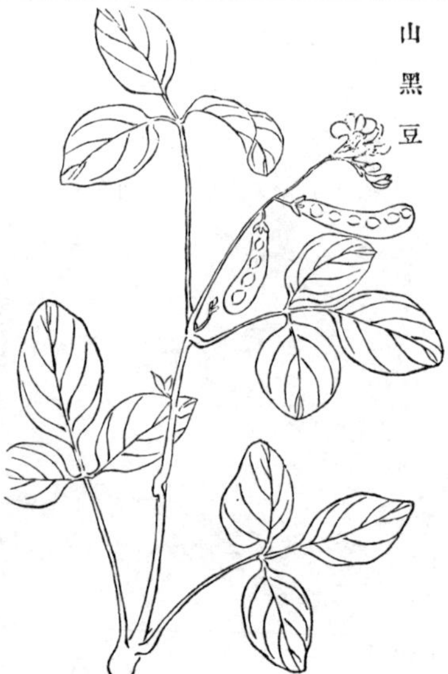

山黑豆

雩婁農曰：吾嘗渡河而北，大風沙擊車帷，有聲如雹。及抵驛，一廛盡喧，皆曰天雨豆。亟取視，正如黑，豆小而堅，不類田隴間所藝。豈崇巖邃谷，穭穀自生，陳陳堆聚，久而從風飄颺者耶？然絕無斷莖敗莢相雜，如出諸倉篅者，抑猿鼠所窖，大風有隧因而發其覆耶？羅泌路史博載史傳雨金、雨粟、雨毛、雨血、雨魚諸異，然未得於目覩，而志五行者，或附會以爲休咎。是邑也時有小旱，不爲災，亦無他異。蓋風雨奇怪，非常理可測，至池魚飛越，或有龍雷震攝。吾偶過野塘，一卒擊鑼，聲未絕，游魚撥刺，飛水上數尺，有自擲於岸者。靜極驟動，不可卒制，理固然爾。古今注：元康中南陽雨豆，永平中下邳雨豆，似槐實。宋史：元豐中，忠州南賓縣皆雨豆；大觀中，廬州雨大豆。金史：大定中，雨豆於臨潢之境，形上銳而赤，味苦。元史：至元中，鄱陽雨豆，民取食之。癸辛雜識：至元中，永嘉雨黑米；泉州雨紅豆如丹砂，可爲飯。漢陽府志：明時雨小豆，種之蔓生不實；又黟、歙、常熟皆雨豆。鞏昌府安會雨豆，破之有麪味，苦澀。又陝西雨黑豆，食之氣閉。六合雨紅豆，有二瓣，食作腥氣。同安雨豆，扁而細，或黃、或黑，有掃之盈升者。雨豆一也，或可食、或不可食，其有似豆而非豆者耶？抑以此別災祥耶？

山綦豆

救荒本草：山綦豆生輝縣太行山車箱衝

山綦豆

山野中，苗莖似家菉豆，莖細，葉比家菉豆葉狹窄，艄開白花，結角亦瘦小，其豆黯綠色，味甘。採取其豆煮食，或磨麪攤煎餅食亦可。

苦馬豆 救荒本草：苦馬豆生延津縣郊野中，在處有之。苗高二尺許，莖似黃芪，苗莖上有細毛，葉似胡豆葉微小，又似蒺藜葉却大，枝葉間開紅紫花，結殼如拇指頂大，中頂間多虛，俗間呼爲羊尿胞。內有子如櫱子大，茶褐色，子葉俱味苦。採葉煠熟，換水浸去苦味，淘淨，油鹽調食；及取子水浸，淘去苦味，晒乾，或磨、或搗爲麪，作燒餅、蒸食皆可。按山西平隰亦多有之，花如豆花，色極紅，結實空薄，一簇十餘。內子甚小，往往有蟲蛀伏其中，氣惡，俗呼馬屁胞。饑饉薦臻，捃拾及此；枯魚銜索，幾何不盡？

苦馬豆

川穀 救荒本草：川穀生汜水縣田野中，苗高三、四尺，葉似初生蜀秫葉微小，葉間叢開小黄白花，結

川穀

子似草珠兒微小，味甘。採子搗爲米，生用冷水淘淨後，以滾水湯三、五次；去水下鍋，或作粥，或作炊飯食皆可。亦堪造酒。

山扁豆 救荒本草：山扁豆生田野中，小科苗高一尺許，葉似蒺藜葉微大，根葉比苜蓿葉頗長，又似初生豌豆葉，開黃花，結小匾角兒，味甜，採嫩角煠食。其豆熟時，收取豆煮食。

山扁豆

回回豆 救荒本草：回回豆又名那合豆，生田野中。莖青，葉似蒺藜葉，又似初生嫩皁莢而有細鋸齒，開五瓣淡紫花如蒺藜花樣，結角如杏仁樣而肥，有豆如牽牛子微大，味甜。採豆煮食。

回回豆

野黍 野黍生北方田野，救荒本草錄之，粒稀早穗，實熟易落。

雩婁農曰：余聞之野人曰，凡穀實皆有野生者，其苗短，其粒瘦，種之肥地則方苞穎栗，與田禾無異。然則鴻荒甫闢，誕降嘉種，亦唯荒穢於緜條塗泥之中，而未有區別。聖人出，嘗之而知其益於人也，於是茀之、萊之、藝之、役之而爲畎畝；動之、散之、潤之、暄之而爲墉櫛；溝之、澮之以備灌溉；堰之、坊之以禦浸潦；奏庶日艱食，豈一手一足之爲烈哉。後世值水旱之祲，而始鰓鰓然求自然之穀以救孑遺。嗚呼！滌滌山川，野無青草，即生瓜穭稻，亦安可得？然自來饑饉荐臻之後，或旅生以蘇喘息，或歧穗以補困窮，蓋造物仁愛，未嘗一息或停；而氣數之厄，造物亦無如何。彼耐暵、耐濕之種，固不乏矣，而田家五行，所占多驗，課問勤則徵應不爽，休咎之兆，龜筮有不及者。吾居鄉時，春雨足而夏澤屢愆，播種於田，所獲不能倍於種。盛暑中偶憩一農家，則場圃盡築，穜稑倉積矣。訊其故，則曰：稻種有六月稜者，早種速穫，其米糙而收薄。數年來，田家皆以夏暵失其業，吾及尺澤而耕，徂暑而熟，祈雨者芻龍柳圈，鼓闐闐於隴首，吾以其時儆閒民割吾禾於烈日中，雇錢少而秷秸且無損。所收雖約，然市無赤米，價方昂而未已，較之粒米狼戾，廢積不售，其贏殆倍蓰焉。噫！一上農之力，能與造物爭盈虛如此。然則爲民上者，訪深明農事之人以爲田畯，又博求多種，相陰陽寒暑之不齊而增損之，使民之趨時赴功如救火，

野黍

追亡人而力祛其呰窳偷生之習，詎不足補救災祲於萬一哉！徐元扈曰：稗多收能水旱，宜擇佳種于下田種之，災年便可廣植，勝於流移捃拾。吾亦謂有田者必預求能水旱之穀種，視地之高下各種數區，毋以收薄而鹵莽之。歲美俱美，歲惡必不俱惡，豈不愈於采稂莠而冀穭穀哉？然田家有能、有不能者，則曰必先去其貪。

燕麥

燕麥多生廢地，與雀麥異，救荒本草辨別極晰。野菜贊云：有小米可作粥，其稭細長，織帽極佳，故北地業草帽者種之。

雩婁農曰：甚矣瘠土之民之苦也，博物志謂食燕麥令人骨軟，救荒本草錄之，亦謂拯溝壑耳。麗江府志：燕麥粉爲乾餱，水調充服，爲土人終歲之需。維西苦寒，其人力作，幾曾病足哉！蓼之蟲、桂之蠹，生而甘之，烏知其辛？彼漿酒藿肉覗覗然訾食者，其亦幸而不生雪窖冰天得以塡其慾壑耳！然而醉生夢死，與圈豕檻羊同其肥腯，冥然罔覺，以暴殄集其殃，其亦不幸也已。

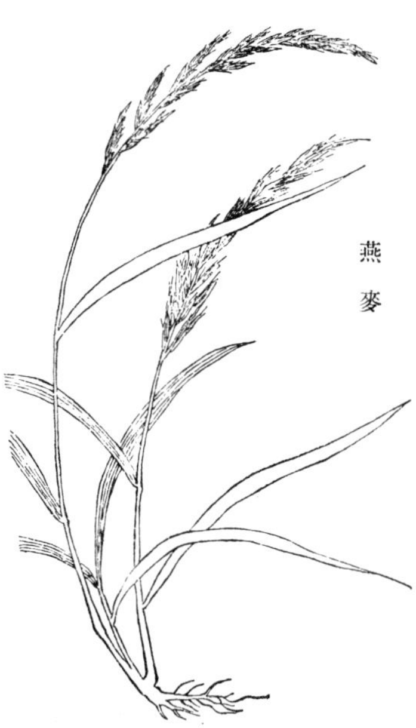

燕麥

胡豆

胡豆，救荒本草錄之。豆可煮食，亦可爲麫。本草拾遺：胡豆子生田野間，米中往往有之，不述其形狀，當卽此。

雩婁農曰：今胡豆野生，非古胡豆也。考爾雅戎菽，注：今胡豆。廣雅、齊民要術：胡豆與大豆異類。名醫別錄序例云：胡豆今青斑豆，則是豆之有青斑者，大豆、飯豆中皆有之。蓋舊時胡麻、

胡豆

胡瓜，草木中多以胡名者，今皆異稱。胡麻既別爲山西一種，而胡豆則田野旅生，誠不能定古之胡豆爲今何豆也。廣雅：胡豆，跭𨇾也。李時珍以豇豆角雙指爲跭𨇾；九穀考以郭注胡豆或即今豌豆，亦本李說。夫跭𨇾但以形聲臆度，而廣雅胡豆、豌豆兩釋，方言異字，彼此是非，蓋闕如也。滇黔紀遊謂太和戎菽，年前即采，土人謂之大莞豆，此即蠶豆。文人泚筆，動援古籍，可無論耳。

玉蜀黍

玉蜀黍，本草綱目始入穀部，川、陝、兩湖凡山田皆種之，俗呼包穀。山農之糧，視其豐歉；釀酒磨粉，用均米麥；瓤煮以飼豕，稈乾以供炊，無棄物。

玉蜀黍

豇豆

豇豆，本草綱目始收入穀部。此豆莢必雙生，故有跭𨇾之名。種有紅、白、紫、赤、斑駁數色，可茹、可穀，亦能解鼠莽毒。

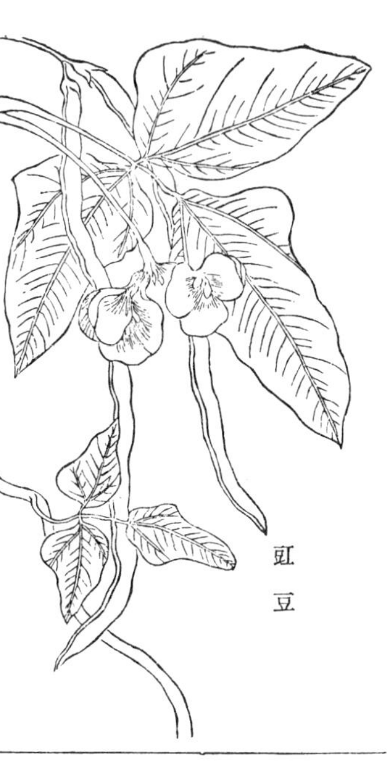

豌豆或作登，按說文，登訓豆飴，非豆名。豌豆，李時珍以爲卽胡豆，然本草拾遺所云胡豆，非此豆也。古音義胡多訓大，後世輒以種出胡地附會其說，皆無稽也。豌豆葉皆爲佳蔬，南方多以豆飼馬，與麥齊種齊收。廣雅：畢豆、豌豆，留豆也，本草中皆未著錄。

雩婁農曰：豌豆，本草不具，卽詩人亦無詠者。細蔓儷蕁，新粒含蜜，菜之美者，吾鄉之巢烏能相擬哉？按陸宣公狀云：京兆府先奏，當管蟲食豌豆，請據數折納大豆。度支續奏：據時估，豌豆每斗七十價已上，大豆每斗價三十已下，望令各據估計錢數折納。螟蜮爲災，豌豆全損，司府折納充數，已爲苞下從權，度支準估計錢，乃是幸災規利。且豌豆爲物，其用甚微，舊例所支，唯充畜料，準數迴給大豆，諸司誰曰不宜？蓋昔時僅以秣馬，而未嘗供蔬，蹙既有誅，齒亦弗及。

豌豆

至利計秋毫，冀益國用，自非程异、皇甫鎛之徒，何能辨此？

刀豆 刀豆，本草綱目始收入穀部，謂卽酉陽雜俎之挾劍豆。其莢醃以爲茹，不任烹煮。

雩婁農曰：刀豆只供菜食，救荒本草所謂煮飯作麨者，亦饑歲始爲之耳。味短形長，非爲珍羞，本草綱目乃以爲卽挾劍豆。樂浪澤物，何時西來？且諸皋之記，亦摭子年誕詞耳。尚有繞陰豆，其莖弱，自相縈纏，傾離豆見日，葉垂覆地，又將以何種角穀當之？杜陽雜編：靈光豆大類菉豆，煮之如鵝卵，尤奇。

刀豆

龍爪豆 龍爪豆產寧都州，葉大如掌，角長四、五寸，豆圓，扁如大指，土人煮以爲飯。

雩婁農曰：吾過南豐以東，見豆架而駭其哆然大也。巨爪攫拏，森如熊蹯；圓實的突，握若雀卵；

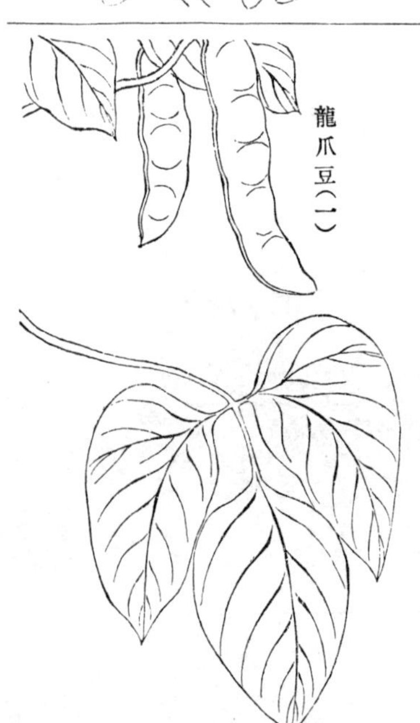

龍爪豆（一）

殆日吞數枚，可以忘饑矣。然窶人飯之，而賓筵無薦者，視廣豐以簞笥饋人，絕不相侔。邑人謂食多鬱滯，故不珍惜。養生論曰：「豆令人重」，心腹否則支體痿，故曰重也。北人有諺曰：「趙北之魚，吃亦悔，不吃亦悔」，以其碩而無味也。然則是豆也，其劉表帳下八百斤之牛歟？

龍爪豆

又一種　龍爪豆卽刀豆之類，豆大而扁如指頂，或有紋如荷包形，有紫、黑兩種。

龍爪豆（二）

雩婁農曰：江西廣豐近封禁山，產大豆角如爪，其實白質而赤章，味如扁豆而甘，且藏久無藥氣，土人亦珍之。移之南昌，實未成而隕，疑秋風漸早也。顧吾邑所蒔荷包豆者，黑白紋極細，形狀正同，味稍薄，豈一類而黑紋者獨耐寒耶？唐本草：稨豆，北人呼鵲豆，以其黑而白間如鵲羽。凡稨豆皆然，惟李時珍謂有斑者，或此類。

雲藊豆

雲藊豆，白花，莢亦雙生，似藊豆而細

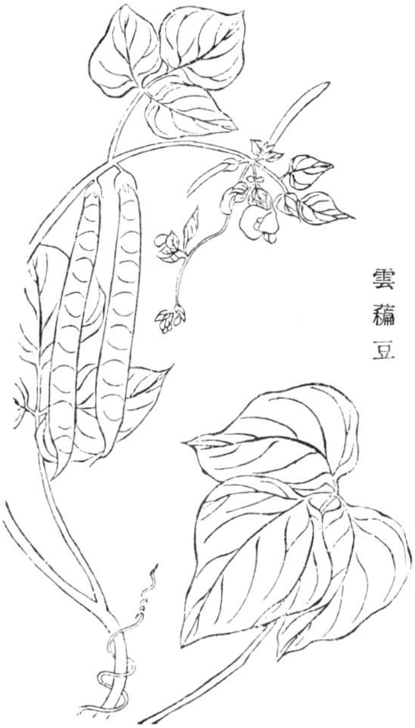

雲藊豆

長，似豇豆而短扁。嫩時並莢爲蔬，脆美，老則煮豆食之；色紫，小兒所嗜。河南呼四季豆，或亦呼龍爪豆。

烏嘴豆　烏嘴豆，滇南有之，同茶豆而有黑暈。又有一種太極豆，褐色黑紋，微如太極圖形。又有花臉豆，青黃色有黑暈，形微扁。又有棕角豆，圓形，褐色而綴，亦有黑者。皆豆種之巨擘也。

野豆花　野豆花生雲南山阜，黃花澀葉俱如豆，横根頗長。

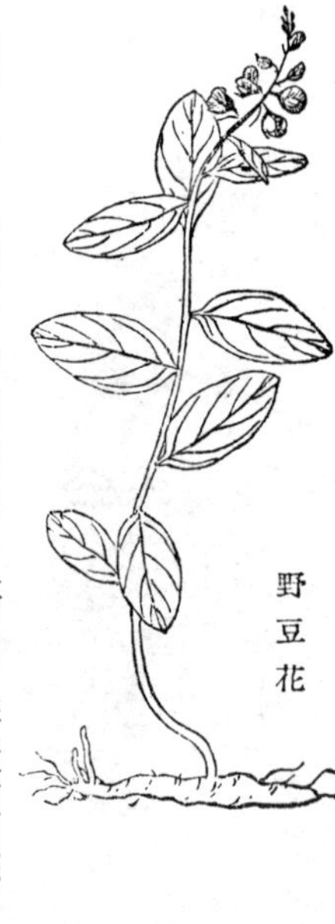

黑藥豆　黑藥豆生江西南安山林間，形狀頗似䝁

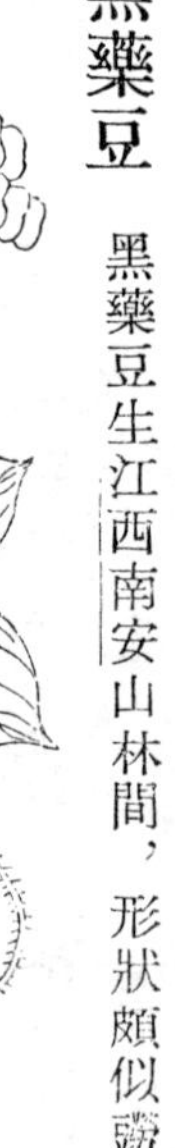

豆，花黃紫色，結角長六七分；內有黑豆二粒，光圓如人瞳子。俗云：每日吞二粒，明目，至老不花。

蝙蝠豆 蝙蝠豆生雲南，花色淡黃，以形似名。

蝙蝠豆

黃麻 黃麻生南安，紫莖，尖葉長寸餘，與火麻絕異，結子不殊，土人績之。大麻，李時珍謂俗名黃麻，今北地無此名，或即此也。

山黃豆 山黃豆蔓生，花葉俱如豆，花白，作穗，蓋鹿藿之類。

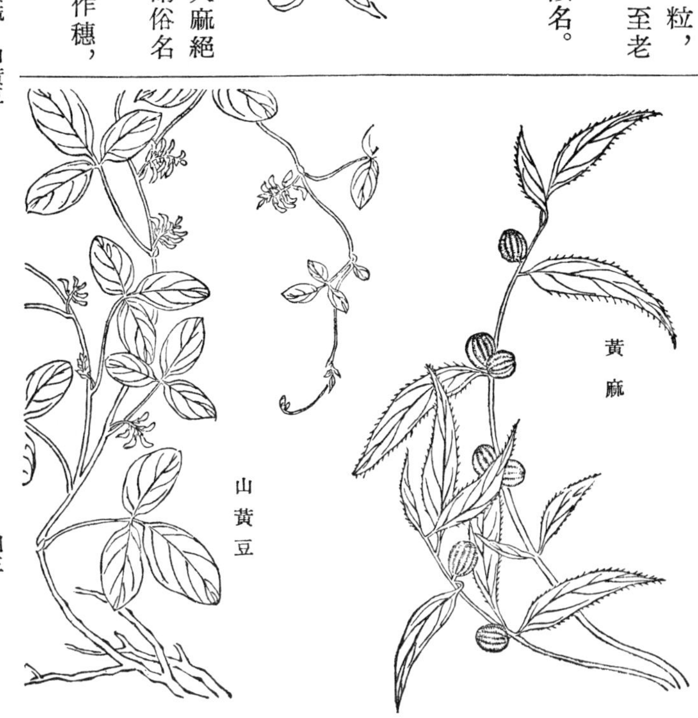

山西胡麻

胡麻，山西、雲南種之爲田。根圓如指，色黄褐，無紋，叢生，細莖，葉如初生獨帚，發杈開花五瓣，不甚圓，有直紋，黑紫蕊一簇，結實如豆蔻子，似脂麻。滇人研入麪中食之。大同府志：胡麻莖如石竹，花小，翠藍色，子榨油。元大同歲貢油麪，輸上都生料庫，今民間糶之。油曰大油，省南北以茹、以燭，其利甚溥，惟氣稍膩。雁門山中有野生者。科小子瘦，蓋本旅生，後蒔爲穀。花時拖藍潑翠，裊娜亭立，秋陽晚照，頓覺懷新。本草以巨勝爲胡麻，今名脂麻，而此草則通呼胡麻。別錄謂胡麻生上黨，不識指何種也。

山西胡麻

植物名實圖考卷之三

冬葵 冬葵，本經上品，爲百菜之主，江西、湖南皆種之。湖南亦呼葵菜，亦曰冬寒菜；江西呼蘄菜。葵、蘄一聲之轉，志書中亦多載之。李時珍謂今人不復食，殊誤。湘南節署東偏爲又一村，有菜圃焉。余課丁種葵兩三區，終歲取足。晨浸夕茁，避露惜根，吮其寒滑，藏神清而渴喉潤。郵致其子於薊門故舊，北地泉冽土沃，含膏飽霜，味尤雋腴，金齏玉膾，驟得南蔬，亦皆屬饜焉。考唐宋以前園葵諸作，皆述其烹飪之功，而物狀亦備。後人詠蜀葵、黄葵，侔色揣稱，佳句膾炙，而葵菜與管城子無翰墨緣矣。然王禎農書述葵之濟世，謂無棄材。山家清供、救荒本草皆云葵似蜀葵而小。明以前非無知者，唯王世懋云：菜品無葵，不知何菜當之，隨筆浪語，不足典要。李時珍博覽遠搜，厥功甚鉅，其書已爲著述家所宗，而鄉曲奉之尤謹，乃亦云今人不復食之，亦無種者。此語出而不種葵者不知葵，種葵者亦不敢名葵；遂使經傳資生之物，與本草養竅之功，同作莊列寓言，豈不惜哉！夫不著其功用，猶之可也；乃其發宿疾、動風氣，病者貿貿食之，何以示禁忌？嗚呼！以一人所未知而曰今人皆不知，以一

冬葵

人所未食而曰今人皆不食，抑何果於自信耶？郭景純注山海經，於詭異荒渺之物，不敢以爲世所未有；注爾雅，所不識則云未詳，不以一己所見概天下，誠慎之也。本草之注，昔人所慎，一語之誤，乃至死生。然則任天下事，以己所不知，而謂今人皆不知；己所不能，而謂今人皆不能；

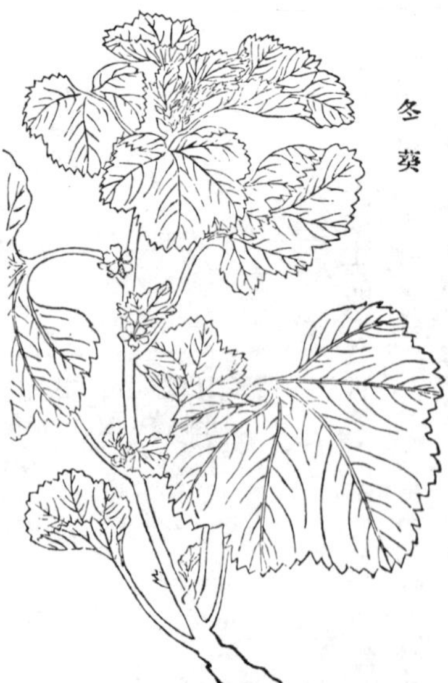

其關於天下之人生死又何如耶？葵之名幾湮，葵之圖具在，按圖雖不得驥，要可得馬。今以後有不知葵者，試以冬寒菜、蘄菜與諸書葵圖較。農政全書冬葵圖極精細。

雩婁農曰：烹葵及菽，農夫之食；綠葵紫蓼，粟飧葵菜，高人志士山蔬，固應不惡。遼史：張儉在相位二十餘年，致政歸第。會宋書辭不如禮，上將親征，幸儉第，進葵羹乾飯。上食之美，徐問以策，儉極陳利害，且曰：「第遣一使問之，何必遠勞車駕？」上悅而止。復卽其第賜宴，敬上敬下，情禮藹然，其風古矣。諫行言聽，且異於晉平公之於亥唐。

附擘經堂葵考：葵爲百菜之主，古人恆食之。詩豳風、周禮醢人、儀禮諸篇，春秋左氏傳及秦漢書傳，皆恆見之。爾雅于恆食之菜不釋其名，爲其人人皆知也。故不釋韭、蔥之名，而但曰藿，山韭；茖，山蔥。爾雅不釋葵，其曰菟葵、芹葵、戎葵、蔠葵，皆葵類，非正葵，亦韭、蔥之例也。六朝人尚恆食葵，故齊民要術載種葵術甚詳；鮑照葵賦亦有豚耳、鴨掌之喻。唐宋以後，食者漸少，今人直不食此菜，亦無知此菜者矣。然則今爲何菜耶？曰古人之葵，卽今人所種金錢紫花之葵，俗名錢兒淑氣卽蜀葵二字，吳人轉聲。者；以花爲玩，不以葉充食也。今之葵花有四種：一向日葵，高丈許，夏日開黃花，大徑尺；一蜀葵，高四五尺，四五月開各色花，大如杯。此二葵之葉，皆粗澀有毛不滑，不可食。惟金錢紫花葵及秋葵葉可食，而金錢紫花葵尤肥厚而滑，乃爲古之正葵。此花高不過二尺許，花紫色，單瓣，大如錢葉，雖有五歧而多駢，誠有如鮑明遠所謂鴨掌者，異于秋葵之葉大、多歧、不駢如鶴爪也。齊民要術稱葵菜花紫，今金錢葵花皆紫，無二色，不似蜀葵具各色、秋葵色淡黃也。左傳云：「葵猶能衛其足」，杜預注云：葵傾葉向日，以蔽其根。曹植表云：若葵藿之傾葉，太陽雖不爲之迴光，然向之者誠也。玉篇云：葵葉向日，不令照其根。此皆言葵之葉能衛其根，卽葛藟庇本根之義，非言其花向日自轉也。藿爲豆葉，豆之花亦豈向日而轉哉？予嘗鋤地半畝，種金錢紫花之葵，翦其葉以油烹食之，滑而肥，味甚美。南中地暖，春夏秋冬皆可采食，大略須地肥而葉嫩大如錢，乃甘滑；儀禮士虞禮稱之曰滑者以此。又余嘗登泰山，其懸崖窮谷，曲磴幽石之間，無處無金錢紫花之葵，皆山中自生，非人所種。山中人采其葉烹食之，但瘦耳。然則世人雖久不食之，而名山古地，尙有留存者矣。說文云：藿，豆之少也。余嘗種豆，採其葉苗食之，味亦美。葵葉之味，與藿正相似，益可知古人葵、藿並舉之義。秋葵葉嫩時亦可食，但此與葵性相近，終非正葵；葵之花開于夏，此則至秋始開，其葉不能四時常可種食耳。按儀徵相國，以金錢葵爲卽葵菜，是眞知葵者。唯葵菜花與金錢葵同而尤小，泰山崖谷之葵，非菟葵耶？金錢葵亦有白花者，葵菜花則唯淡紫一色。向日葵乃一丈菊俗名，非葵類。

蜀葵

蜀葵，爾雅：菺，戎葵；注：今蜀葵。嘉祐本草始著錄，葉亦可食。滇南四時有花，根堅如

蜀葵

木，滇花中耐久朋也。

雩婁農曰：陳標詠蜀葵詩云：「能共牡丹爭幾許，得人輕處祗緣多」，流傳以爲絶妙好詞矣。余以歲暮至滇，百卉具腓，一花獨茇，雖太陽不及，亦解傾心，劉長卿牆下葵詩：「太陽偏不及，非是未傾心」。如火如荼，何多之有？韓魏公詩：「不入當時眼，其如向日心」，則人情輕所多者，亦未具冷眼耳。記兒時在京華，廚人摘花之白者，劑以麪，油灼食之甚美。邇來南北無以入饌者，毋亦衆口難調？

錦葵

錦葵，爾雅：荍，蚍衃；注：今荆葵也，似葵紫色。謝氏云：小草多華少葉，葉又翹起。陸璣詩疏：似蕪菁，華紫綠色，可食，微苦。按花亦有白色者，逐節舒葩，人或謂之旌節花。

雩婁農曰：葵有數種，皆登爾雅。詩：「視爾如荍」，至以狀美色，此卽「梨花帶雨」之元胎也。然人心不同，如其面焉，玉環飛燕，肥瘠豈能同態？草花譜謂錢葵止有粉間深紅一色，不知滇南有白色者尤雅。萬彙蕃變，不可思議，若據所見以斷物類之有無，其必爲穆王之化人而後可。

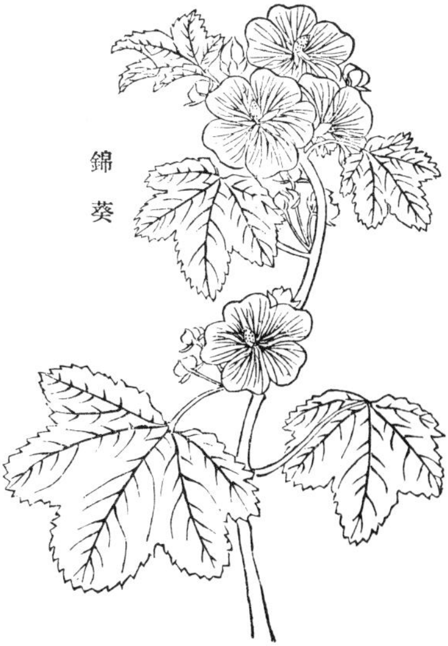

錦葵

菟葵

菟葵，爾雅：莃，菟葵；注：頗似葵而小，葉狀如藜有毛，汋啖之滑。唐宋本草皆詳晰，唯鄭樵以爲天葵生於崖石，殊謬。天葵不可食，江西、湖南山中有之；菟葵卽野葵，比家葵瘦小耳，武昌謂之棋盤菜。雲南無種葵菜者，野葵浸淫，

菟葵

覆畦被隴，霜中作花，奚止動搖春風？山西尤多，試以南方葵種種之，亦肥美，則有菟葵之處，即可種葵。豳地早寒，七月烹葵，殆不能耐霜雪耳。雩婁農曰：文人之好奇也。菟葵、燕麥，斐夷蘊崇之物耳。種麥者惡其害麥，燕麥，害麥者也；種葵者惡其害葵，菟葵，害葵者也。凶年採以救饑，亦謂其易生，不至暵乾耳。若石崖之天葵，彼蒙袂輯屨貿貿然者，尚能踰壑越澗耶？孟子曰：「道在邇而求諸遠，事在易而求諸難。」

莧

莧，本經上品。蜀本草：莧凡六種：赤莧、白莧、人莧、紫莧、五色莧、馬莧。圖經云：五色莧今亦稀有，疑即雁來紅之屬。人莧北地通呼，亦謂之鐵莧。白莧紫茄，以爲常餌，蓋莧以白爲美。爾雅：蕢，赤莧；說文：蕼，赤蕼也。今江西土醫書野莧爲野蕼，蕢、蕼同部，當可通。說文不以蕢爲莧名，而廁蕼於茜，殆以其汁赤如茜

莧

也。或謂野莧炒食，比家莧更美，南方雨多，菜科速長味薄，野莧但含土膏，無灌溉催促，固當雋永。列子：「程生馬，馬生人」，馬者，馬莧之類；人者，人莧之類。宋方岳羹莧詩：「見說能醫射工毒，人間此物正騷騷」，可謂詩中本草。

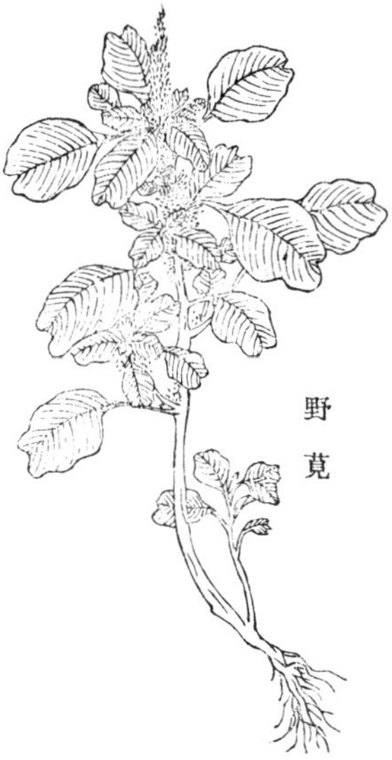

野莧

人莧 人莧，蓋莧之通稱。北地以色青黑而莖硬者當之，一名鐵莧，葉極粗澀，不中食，爲刀創要藥。其花有兩片，承一二圓蔕，漸出小莖，結子甚細。江西俗呼海蚌含珠，又曰撮斗撮金珠，皆肖其形。顏氏家訓，博士皆以參差者是莧菜，呼人莧爲人荇，亦可笑之甚。宋人說部有以人莧二字爲奇者，是殆記冤園冊子者也。

人莧

馬齒莧 馬齒莧，別錄謂之馬莧。蜀本草始別出；俗呼長命菜，今爲治痔要藥。救荒本草謂之五行草。淮南人家，採其肥莖，以針縷之，浸水中揉去其澀汁，曝乾如銀絲，味極鮮，且可寄遠。杜詩：「又如馬齒盛，氣擁葵荏昏」，若得此法製之，則麤刺痕皆爲纏齒羊，當不咎園官送菜把。雩婁農曰：易曰：「莧陸夬夬」，莧，馬齒莧；陸，商陸。陸有毒能致鬼神，莧感一陰之氣而生，拔而暴諸日不萎，本草以爲難死之草。九五與上六、比爲諸陽之宗，而牽於柔，猶商陸與莧，毒而難去，故重言夬夬，欲其決而又決，勿宴安鴆毒，而使陰類伏而不死也。然陰之類終不能絕，上六孤乘，一變爲姤，而其勢熾矣。唐之五王，不除三思；宋之司馬，不去蔡京；小人之難死，人事耶？抑天道耶？老杜於人莧浸淫，馬齒掩蔬，皆以傷君子不遇爲比，蓋有本於易，非爲觸物而泛及之。

馬齒莧

菥蓂

菥蓂，本經上品。爾雅：菥蓂，大薺，俗呼花薺，味不如薺。蜀本草，似薺而細者是。

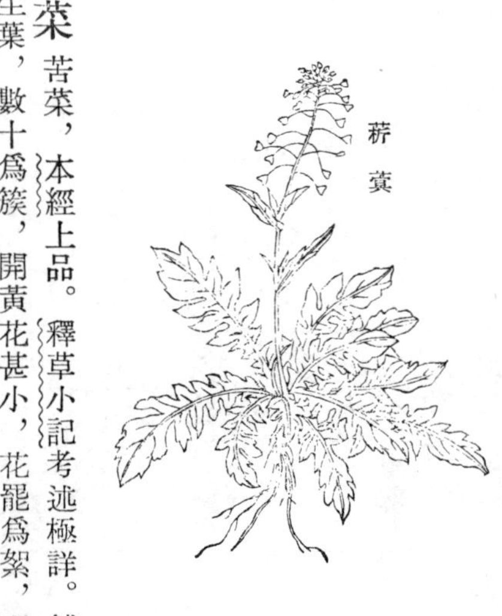
菥蓂

苦菜

苦菜，本經上品。釋草小記考述極詳。鋪地生葉，數十爲簇，開黃花甚小，花罷爲絮，所謂荼也。根細有鬚，味極苦，北地野菜中之先茁者，亦釆食之，至苣蕒生而此菜不復入筠籃矣。救荒

苦菜

本草謂苦苣有花葉、光葉二種，驗之信然，今併圖之。但嘉祐本草分苦苣、苦蕒二種，救荒本草所云苦苣，似卽苦蕒，其所圖苦蕒，梢葉如鴉嘴形，俗名老鸛菜，自別一種。大抵苦蕒花小而繁；苦苣俗呼苣蕒，花稀而大，正同蒲公英花，園圃所種皆苣蕒。嘉祐本草之家苦蕒，恐以葉之花光分別，未見人家有種苦蕒者。野菜相似極多，而稱名以地而異，僅見一二種强爲附麗，終無當於古所云爾。

雩婁農曰：余少時以暮春入都門，始茹苦蕒，和以蔗餹，其苦猶强於甘；徒以其性能抑熱强噉之，非佳饈也，河以南無食之者。無論江湖本草及小學家，辨別良苦，然孰是提挑菜之橛，而烹炊萁之釜者乎？西北春遲，四月中新荑纖纖，挺露積沙中者，如老人短髮，歷歷可數。齠齔男女，坐地以指掘其根芽，就而咀嚼之。葉稍舒則挈以歸，雜糠覈煮爲飯，或剉以飼雞豕，無寸青、尺綠委於踐履者，故無一物不爲之名。程徵君瑤田有言曰：「簡策陳言，其在人口中者，雖經數千百年，有非兵燹所能刼，易姓、改物所能變者」，此言誠然。然唯西北語質，其聲音輕重，尚可以古韻求之耳。太行、中條以南，土沃候暖，萌達句出，率不過旬日，卽苕發穎豎，蒙茸於蓬蒿藜莠中，幾荒蕪而不可治。自非曠土隙壤，無不芟夷殆盡，尙有能盡名其物者乎？余嘗以苦蕒詢之開封人，或以爲燕兒苗，然則救荒本草所云苦苣者，乃以本草之名名之，非俗語如是也。昔有令治獄，獄成以付吏，吏爲定爰書，令視之詫曰：「此非昔所鞫獄辭也」。吏出袖中舊牘以進，曰：「凡治獄必改易其辭如舊牘，始與律比」。令熟思良久，曰：「汝言是也，若並其人名而易之，則與舊案無一字不比矣」。然則本草、小學諸書所謂某草卽古某草者，無亦有如今之治獄，欲併易其人名以比於舊牘者乎？

光葉苦蕒

光葉苦蕒

光葉苦蕒與苣蕒絕相類，而根不白，亦無赤脈，開花極繁，與家種者無異，味極苦。賣苣蕒者斷其根羼之，多不能辨。

滇苦菜

滇苦菜卽李時珍所謂胼，葉似花蘿蔔菜葉，上葉抱莖，似老鸛嘴，每葉分叉攛挺，如穿葉狀，而別錄以爲生益州，淩冬不死者也。滇人亦呼苦馬菜，貧人摘食之，四季皆有，江湖間亦

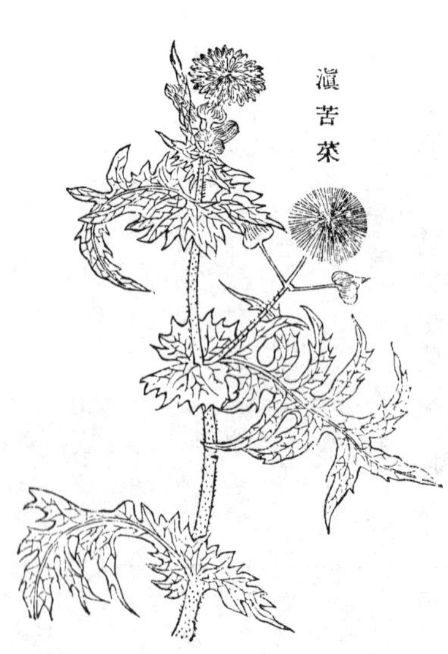

滇苦菜

多，故李時珍以爲卽苦菜，與北地苦蕒迥異。中州或謂蒲公英，用治毒亦效，蓋性皆苦寒，所主固可同耳。畿輔通志：苦藚菜生溝塹中，可生食，亦可黴乾，卽此。

苣蕒菜

苣蕒菜，北地極多，亦曰甜苣，長根肥白微紅，味苦回甘，野蔬中佳品也，以醋與醬拌食，或焯熟茹之。其葉長數寸，鋸齒森森，中露白脈，開花正如蒲公英。齊民要術引詩義疏：蘪、苦葵，青州謂之芑是也。陸璣詩疏云：芑似苦菜，西河鴈門尤美，曰似苦菜，則與苦菜異物。今山西野生者極肥，土人嗜之，元恪之言，信有徵矣。南方多種以爲蔬，沃土澆漑，形味稍異。釋草小記云：葉如劍形而本有歧莖，老時如此。又有一種野苦蕒，亦相類，具別圖。

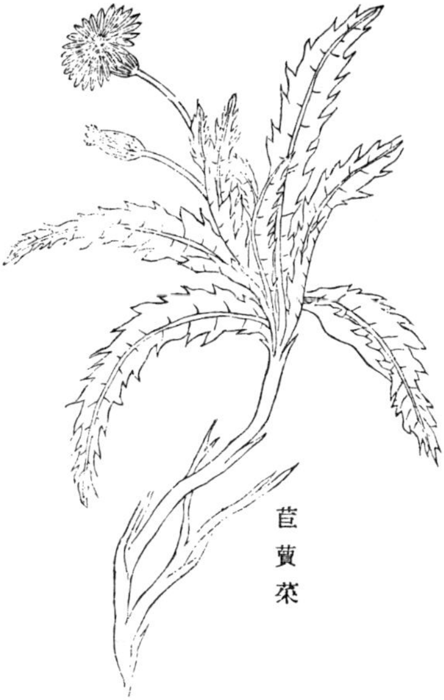

苣蕒菜

野苦蕒

野苦蕒，南北多有，葉附莖有歧如翦，根苦，北地春時多採食之，小兒提籃以售。救荒本草：苦蕒菜，俗名老鸛菜，生田野中，脚葉似白菜小葉，抪莖而生，梢葉似鴉嘴形，每葉間分

野苦蕒

叉，擸葶如穿葉狀，梢開黃花，即此。釋草小記：苣藚葉末略似劍形，近本處有歧出者，厚而勁，乃正相類，但莖瘦、色赭，根極細短，與苣藚迥別。救荒本草但言苗葉煠熟，油鹽調食，不言其根可茹，與苣藚洵非一種矣。

家苣藚

家苣藚，江西種之成畦，高至五六尺，披其葉茹之，齊民要術所謂畦種足水繁茂，甜肥勝野生者也。嘉祐本草謂江外嶺南吳人無白苣，嘗植野苣以供廚饌，然則此本野生，特移植肥壯耳，非別一種。但謂爲苦苣味苦，不知其回甘也。近時江右亦有白苣，惟葉瘦不如北地生菜肥肥，蒿苣亦然。江右有一種柳藚，與苣藚無異，而葉白有紫縷，抽莖長四五尺，莖葉細長如柳，故名。

家苣藚

紫花苦苣

紫花苦苣，山西平隰有之，夏開紫花，餘無異，土人謂黃花爲甜苣，語重如鐵苣，此爲苦苣。

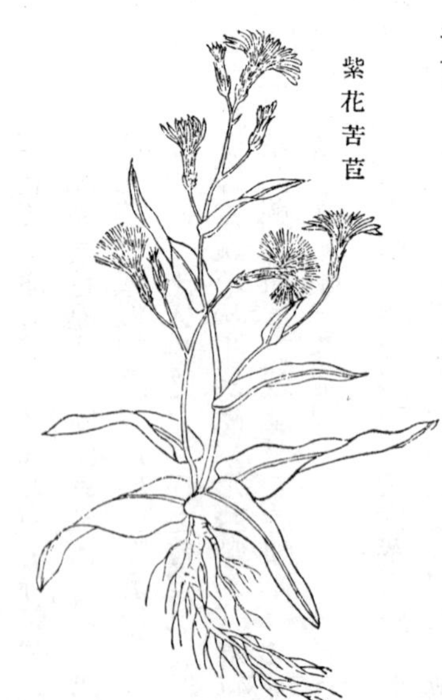

紫花苦苣

冬瓜

冬瓜，本經上品。一名白瓜。削敷癰疽，分散熱毒最良，子可服食，皮治跌撲傷損，葉治消渴，傅瘡　滇南本草：治痰吼氣喘，又解遠方瘴氣，小兒驚風；皮治中風，煨湯服，效。又有象腿瓜，長圓有溝，皮白，肉與冬瓜無異，子如南瓜子。味在二瓜之間，有南瓜之甘，而無其濁；有冬瓜之嫩，而勝其淡，亦佳蔬也。

冬瓜

薯蕷

薯蕷，本經上品，即今山藥。生懷慶山中者，白細堅實，入藥用之。種生者根粗。江西、湖南有一種扁闊者，俗呼脚板薯，味淡，其子謂之零餘子，野生者結莢作三棱，形如風車。雲南有一種，根長尺餘，色白而扁，葉圓，滇本草謂之牛尾參，蓋肖其形。按物類相感志謂諸手植如手，鋤鏊等物植，隨本物形狀，似未可信，然種類實繁。南寧府志有人薯、牛脚、籬峒、鵝卵各薯；

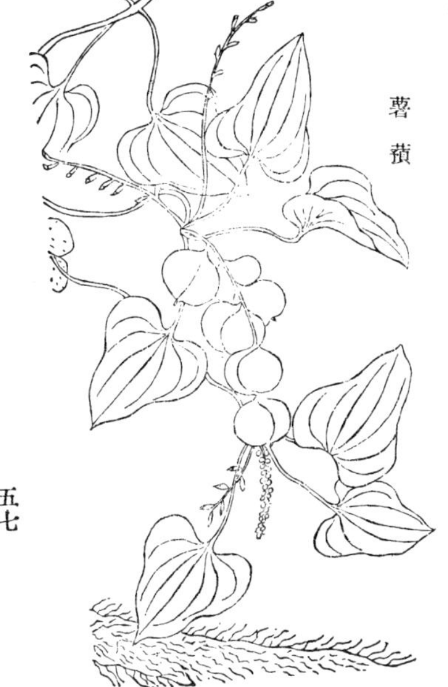

薯蕷

瓊山縣志有鹿肝薯、鈴蔓薯；石城縣志有公薯、木頭薯；高要縣志有雞步薯、胭脂薯；番禺縣志有掃帚薯；漳浦縣志有熊掌薯、薑薯、竹根薯；大要皆因形色賦名也。文與可有謝寄希夷陳先生服唐福山藥方詩，唐福在蜀江之東，其詩曰壯士臂、曰仙人掌，則亦牛尾、脚板之類，蓋野生者耳。文昌雜錄載乾山藥法，風掛、籠烘皆佳。山家清供謂以玉延磨篩爲湯餅、索餅，取色、香、味爲三絕。宋史王文正公旦病甚，帝手和藥幷薯蕷粥賜之，今仕宦家不復入食單矣。唯雲仙雜記載李輔國大畏薯藥，或示之，必眼中火出，毛髮瀝血，其禽獸之腸與人異耶？

百合

百合，本經中品。生山石上者，根嫩，多汁、瓣小，種生沙地者，根大，開大白花。南都賦：「諸、蔗、薑、䪤」，䪤，百合蒜也。近以嵩山產者爲良。江西廣饒，懸崖倒垂，玉綻蓮馨，根謝土膏，味含雲液，療嗽潤肺，洵推此種。夷門植此爲業，以肥甘不苦者爲佳。滇南土沃，乃至蓊採如薪，供瓶經夏。本草綱目引王維詩：「冥搜到百合，眞使當重肉」，按全詩云：「少陵晚崎嶇，天隨自寂寞」，輞川集豈應有此？蓋宋王右丞，非摩詰也。又云：「果堪止淚無」，用本草止涕淚之說，肺氣固則五液斂也。

百合

山丹

山丹，葉狹而長，枝莖微柔，花紅四垂，根

如百合而小，少瓣。洛陽花木記有紅百合，即此。或曰渥丹花，殷紅有餤，陳傅良詩：「山丹吹出青藜火」，摹其四照也。朱子詩：「昔遊嶺海間，幾見蠻卉折。素英溥夕露，朱蘤爛晴日；歸來今幾年，晤對祇寒碧，因君賦山丹，恍復見顏色。」嶺南花多朱殷，他處如此炫晃者蓋少，前賢掉詠無妄語如此。羣芳譜：根大者供食，味與百合無異。

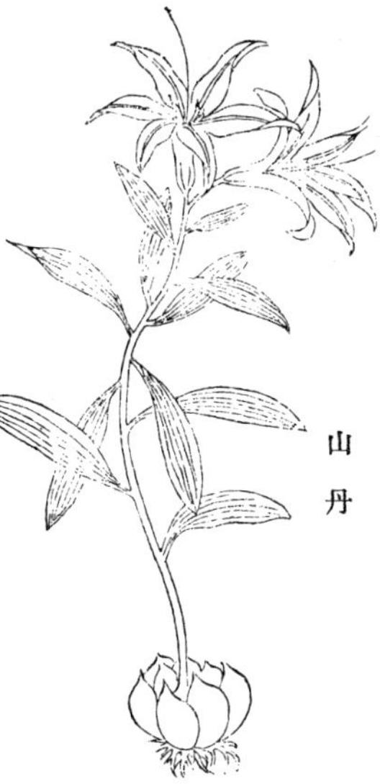

山丹

卷丹

卷丹，葉大如柳葉，四向攢枝而上，其顛開紅黃花，斑點星星，四垂向下，花心有檀色長蕊，枝葉間生黑子，根如百合。本草衍義所述百合形狀即此。京師花圃，藝之爲玩，不以入饌；或謂根種一年，則梢開一花云。草花譜番山丹，花木記黃百合，羣芳譜珍珠花紅有黑點，皆此花也。滇南謂之倒垂蓮，燕薊謂之虎皮百合，東坡「錯落瑪瑙盤」句，應是詠此。潁濱詩：「山丹非佳花」。又云：「盈尺爛如綺山丹，不能盈尺亦嘉卉」，以詠卷丹則稱。

卷丹

乾薑 乾薑，本經中品；生薑，別錄中品。又有乾生薑，性畏日喜陰，亦有花，與山薑同，而抽莖長尺餘，余於贛南薑區見之。呂氏春秋：和之美者，楊樸之薑，薑桂之滋，古以爲味而已。齊民要術有蜜薑法，梅都官糟薑詩：「醃芽費糟邱」，此法吳中尙之。又有梅薑，遵生八牋所謂五美薑也。李義山詩：「蜀薑供煮陸機蓴」，今人以水蔬爲茹，必加薑以制其性；其來舊矣。東坡雜記有僧服薑四十年，其法取汁貯器中，澄去其上黃而清者，取其下白而濃者，乾刮取如麪，謂之薑乳餅，溲爲丸或末，置酒食茶飲中食之。無力治此，和皮嚼爛，溫水嚥之。初固稍辣，久則甘美云。五味皆有偏勝，習慣則甘，今江湖人茹之、飲之、咀嚼之，非此不能勝濕；食蓼不知辛，殆有斯須不能去者。東坡詩：「先社薑芽肥勝肉」，蜀固多薑，乃甘於肉。東坡又云：食薑粥甚美，一甌夢足，得不汗出如漿耶？陶隱居謂久服少智、少志、傷心氣。唐本草注，本經言久服通神明，陶氏謬爲此說。朱子詩：「薑云能損心，此謗誰與雪」？則蘇氏已雪之於前矣。劉原父戲爲道非明，民將以愚之之說，誠堪解頤。然孔稱不徹，裴乃不食，人之所嗜，固自不同。史記：千畦薑韭，其人與千戶侯等。蓋爲和、爲蔬、爲果、爲藥，用芽、用老、用乾、用炮、用汁，其爲用甚

乾薑

廣。諺曰：「養牛種薑，子利相當」，此言非謬。李杲謂秋不食薑，走氣瀉肺，故禁之。晦翁語錄亦有秋薑夭人天年之語。李時珍謂積熱、患目、病痔人多食，兼酒立發，癰瘡人多食則生惡肉，此皆覆鑒，好而知惡者鮮矣。

葱

正作蔥，今从俗。

葱，本經中品，有冬葱、漢葱、胡葱、樓葱。野生爲山葱；冬葱卽小葱，一曰慈葱。漢葱莖硬，一名木葱。胡葱根大似蒜。樓葱卽羊角葱，一名龍爪葱；山葱卽茖，汁爲葱涕。西北樓葱肥白，少辛氣，寸斷烹茹。內則注，渫蒸葱也。清異錄趙魏間有盤盞葱大如柱杖，粗盈尺。孔奮在姑臧但食葱菜。劉先主歸曹瞞，聞雷失箸，曹瞞覘之，方披葱，使廝人爲之不端正，以杖擊之。屈突通蒞官勁正，語曰：「寗食三斗葱，不逢屈突通」，蓋不比江左芼羹用大官葱，但呼曰和事草也。葱葉無可味，麥飯葱葉，食之窶者，故井丹推去之；然其中空，用以通耳、鼻諸竅皆有驗。東坡詩：「總角黎家三小童，口吹葱葉送迎翁」，小兒游戲卽蘆笙矣。若其治脫陽、金瘡、便閉、卒死諸危症，回陽氣於須臾，盤飧中有靈妙寶丹，非他蔬所敢儕輩也。

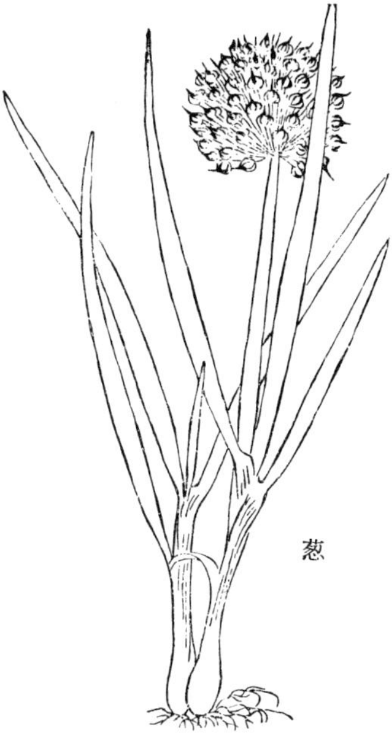

葱

山葱

山葱，爾雅：茖，山葱，千金方始著錄。救荒本草謂之鹿耳葱。山石原澤皆有之，而澤葱細嫩叢生，故詩人以爲翠管。西河舊事：葱嶺山高大，上生葱，故曰葱嶺。淮南子：「山上有葱下有鋃」，此山葱也。生沙地曰沙葱，曹唐詩：「隴上沙葱葉正齊」是也。晉令有紫葱。唐書西域傳：泥婆羅獻渾提葱，皆葱肆所不具。西域聞見錄丕雅斯類野蒜，頭大如雞子，葉似葱而不中空，味辛，甘肅人呼爲沙葱，回人嗜之，其渾提類耶？

山葱

薤

爾雅作䪥，禮記作薤，俗皆从薤。

薤，本經中品。爾雅：䪥，鴻薈。李時珍以爲卽藠子，開花如韭而色紫白，其根層層作皮，與蒜異，炒食或醋浸，江西、湖南極多，或云非薤也。老杜詩：「衰年關鬲冷，味暖並無憂」，蓋栝樓薤白湯、半夏薤白湯，皆治胸痺。內則：膏用薤，又：切葱若薤，實諸醯以柔之。今湖湘人炒食、醋浸，其亦猶行古之道也。薤美在白，圖經以爲性冷，故食之留白，是殆不然。庾元規、溫太眞同推陶侃爲盟主，元規矯情，談宴噉薤留白，謬云可種。是時侃方

薤

慮朝廷猜疑，見元規舉止瑣屑，以爲易與，故相稱嘆，豈眞服其有爲政之實耶？韓滉盛帳延賓，晚間詰責所費，爲人所輕。舉大事者，安得猥碎？薤本相連，拔薤喻抑强宗。東坡詩：「細思種薤五十本，大勝取禾三百廛」；龔遂傳令人口種百本薤，蓋取屬對耳。香山詩：「酥暖薤白酒」，或謂以酥炒薤白投酒中，此味吾所不解。

山薤

山薤，爾雅：葝，山𩐁，本草拾遺有蓼蕎，李時珍以爲卽山薤，今湖南山中亦有之。葝山何在，羅願所訶。農書亦云天薤不多有，蓋白薤負霜，久非魯衞之詩，雖有穭菜，亦與菟葵、燕麥搖動春風耳。湘人呼曰野藠頭，唯其有之，是以識之。思州府志：薤俗名藠頭，小者名苦藠，大者名鵝腿藠，山薤或卽苦藠。救荒本草謂之柴韭，山西亦呼野韭。

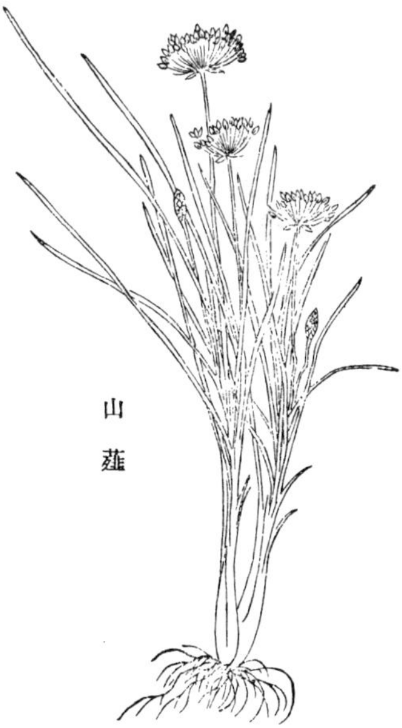

山薤

苦瓠

苦瓠，本經下品，卽壺盧，有苦、甜二種，甜者爲蔬，苦者爲器。詩經：「匏有苦葉」，味苦者也；「幡幡瓠葉」味甘者也。滇南本草：苦瓠採葉爲末，盛瓶內，出行渴時取一分服之，不中水毒；加雄黃，能解啞瘴山嵐之毒。凡中夷人之毒，服此方二三分俱可，不可多用。按苦瓠能吐人，凡瘴毒多以吐解，其甘者河以北皆茹之。唐柳玭、鄭餘慶皆以常食瓠爲清德，而陶穀清異錄乃謂之淨街槌，眞不知菜根味者。但北地種多風燥，烹之、暴之，無不宜之。南方種植旣稀，

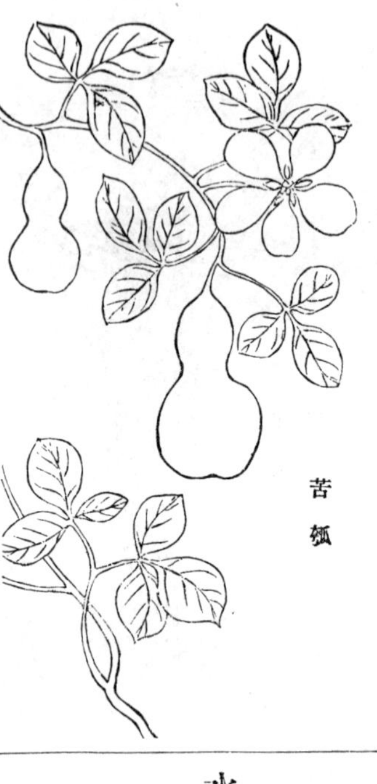
苦瓠

久雨或就籬乾瘺，佳者製爲玩具，頗得善價。山家清供以岳珂勳閥有詩曰：「去毛切莫拗蒸壺」，嘆其知野人風味。余以爲岳詩亦只隸事耳，若責南人以食壺爲儉，則當與盛筵中之黄芽白菜、蕈盤磨姑並駛而爭雄矣。元范梈詩序，或言種瓠蔓長，必竊其標乃實，齋前因樹爲架，蔓緣不已，果多虛花云。凡蓏皆然，不獨瓠也。高季迪詩：「自笑詩人骨，何由似爾肥」，肥白如瓠，誠爲食肉相，然如益州張裔，如瓠壺外澤內粗，其與無竅而堅者何異？瓜花多黄，瓠花色白，杜詩：「幸結白花了」，自是瓠架。

水蘄

水蘄，本經下品。陶隱居以爲合在上品，未解何意乃在下品？別錄謂生南海池澤，此是常蔬，不識何以云生南海？殆非人所種者耶？芹葅加豆之實，而列子云：人有美戎菽，甘枲莖芹萍子者，

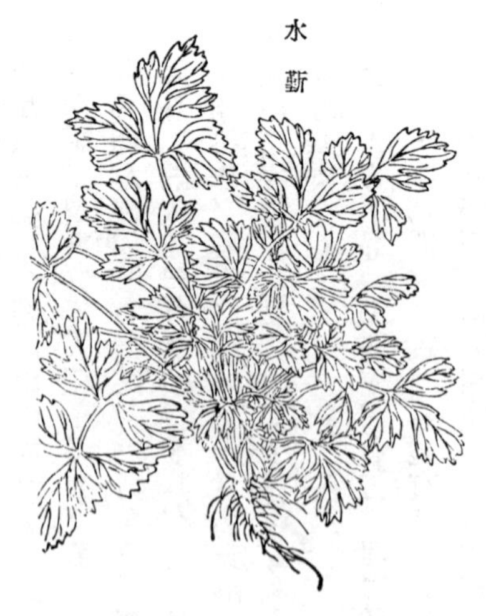
水蘄

對鄉豪稱之，鄉豪取而嘗之，蜇於口，慘於腹，其所謂芹子，必非園圃中物矣。按詩：「觱沸檻泉，言采其芹」，蓋古時以爲野蔬。青州有芹泉，榆林有芹葉水，老杜詩多言芹，青泥烏嘴，亦自生之蔌耳。二老堂詩話：蜀人縷鳩爲膾，配以芹菜。或爲詩云：「本欲將勤補，那知弄巧成」，言雖謔而可諷。

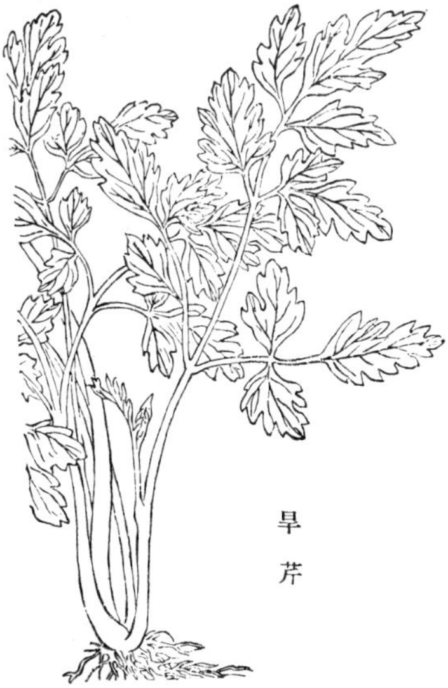

旱芹

雩婁農曰：羊鼻公嗜醋芹，此常饈耳。龍城錄三杯食盡之說，近狎侮矣。太宗敬文貞甚至，不應有此，「臣執作從事，獨僻此收斂物」，文貞豈以口腹之故而爲嗇夫喋喋者？昌歜羊棗，聖賢不以爲病，若於飲食之間而覘朝臣所短，則漢景賜食而不設箸，孫歆燕飲，澆灌取足，豈盛德事哉！昔人謂龍城錄爲僞書，其言猶信。

堇

蘄，同芹；堇，音謹。爾雅：芹，楚葵；注今水中芹菜，而唐本草別出堇菜，云野生，非人所種。葉似蕺菜，花紫色，李時珍以爲卽旱芹。按爾雅：齧，苦堇；注：今堇葵也。葉似柳，子如米，汋食之滑，與蘄菜殊不類，近時亦無蒸芹而食之者，唯疏引唐本草堇菜釋之。余疑本草堇別一種，惟諸家皆以爲水蘄，當有所據。又按詩：「堇荼如飴」，傳：堇菜也，疏以爲烏頭。烏頭毒草，豈可釋菜？內則：堇、荁同列，未必異物。士虞禮：冬用荁，夏用葵，然則堇其葵之類耶？

爾雅芹與苦堇兩釋，究不可定爲一種，烏頭之堇音覲，與堇葵亦異讀。

紫芹 紫芹，宋圖經始著錄。莖紫葉肥，根白長，香甜，河南種之。

紫芹

馬芹 馬芹，唐本草始著錄。多生廢圃中，高大易長，南人不敢食之。滇南水濱，高與人齊，通呼水芹。滇本草謂主治發汗，與麻黃同功。一小兒發熱月餘，得一方：水芹菜、大麥芽、車前子水煎服效。

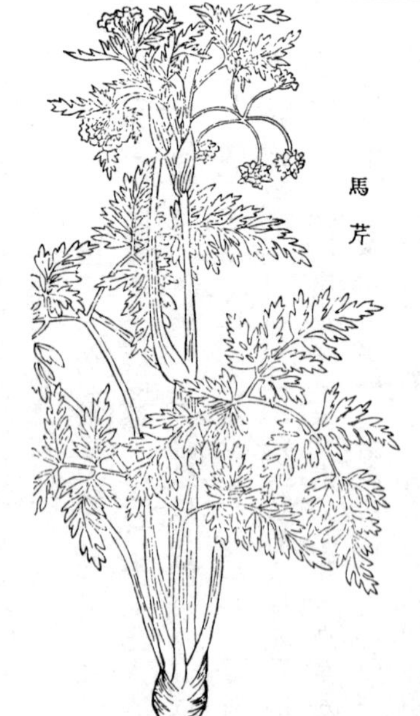

馬芹

鹿藿 鹿藿，本經下品。爾雅：蔨，鹿藿，其實莥；注：今鹿豆。葉似大豆，根黃而香，蔓延生，又曰鶯豆。救荒本草圖說詳晰，湖南山坡多有之，俗呼餓馬黃，以根黃而馬喜齕也。俚醫用以殺蟲。李時珍以野菜譜野菉豆爲勞豆，殊不類。

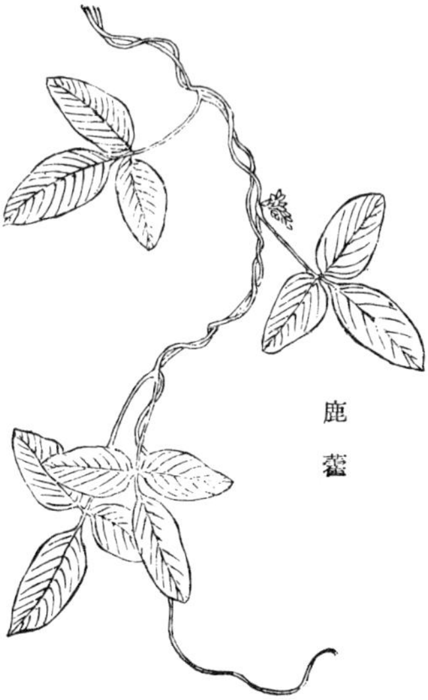

鹿藿

薺

薺，別錄上品；爾雅：蒫，薺實。湖南候暖，冬初生苗，巳供匕筯，春初卽結實，其花能消小兒乳積，投之乳中，旋化爲水，肉食者可以蕩滌腸胃，俗亦謂之淨腸草，故燒灰治紅白痢有效。陸放翁詩「目有食薺糝甚美」，蓋蜀人所謂東坡羹也。今燕京歲首亦作之，呼爲翡翠羹，牛乳抨酥，洵無此色味。放翁又有食薺詩云：「挑根擇葉無虛日，直到開花如雪時」，眞知食菜者矣。淸異錄：俗號薺爲百歲羹，言至貧亦可具，雖百歲可常享。然金李獻能詩：「曉雪沒寒薺，無物充朝飢」，則苦寒之地，有求之不得者。珍珠船：池陽上巳日，以薺花點油，祝而灑之，謂之油花卜。物類相感志：三月三日收薺菜花，置燈檠上，則蚊蟲飛蛾不敢近。伶仃小草，有益食用如此。

雩婁農曰：孟東野云：「食薺腸亦苦」；放翁亦云：「傳誇眞欲嫌荼苦，自笑何時得瓠肥」，咬斷菜根者，得不令人疑其勉而爲瘠耶？冰壺先生

薺

沉醉大嚼，適然之妙，非必醒酒鮓也。高力士「氣味不改」一語，王右丞、鄭司戶恐未能道。薺爲靡草，阨於夏，南方不可居些。金生而生，水王而王，木茂而茂。歲欲甘，甘草先生，薺成而告甘焉。乾端坤倪，牙於小草，故君子曰愼微。

菘

菘，別錄上品。相承以爲卽白菜，北地產者肥大。昔人謂北地種菘變爲蔓菁，殊不然。考嶺表錄異：嶺南種蔓菁卽變爲芥，今北地種芥多肥大，亦似變爲蔓菁也。按菘菜種類，有蓮花白、箭幹鈴、杵杓白各種，惟黃芽白則肥美無敵。王世懋謂爲蔬中神品，不虛也。北無菘菜，前人已爲洗謗。南方之種，多從燕薊攜歸，閩書謂張燕公自函京攜種，歸曲江種之，閩中呼爲張相公菘。以余所至如湖廣之襄陽，施南、辰州、沅州皆產之，可與黃芽爲廝輿。湖南之長沙縣有數區地宜種，則燕薊之雲礽也。聞廣東雷州亦佳，然羊城初筵，皆海舶冬致，東吳、兩浙，江右糧艘歸帆，不脛而走，味勝於肉，亦非無食肉相者所能頓頓捫腹也。滇南四時不絕，亦少渣滓。似此菜根，良有滋味，惟怪古人歌詠不及，范石湖田園雜興詩：「撥雪挑來塌地菘，味如蜜藕更肥濃」，此尚是黑葉白菜之類。若北地大雪，菜皆僵凍，瓊漿玉液，頓成枯梯矣。又菘以心實爲貴，其覆地者，北人謂之窮漢菜，亦曰帽纓子，誠賤之也。清異

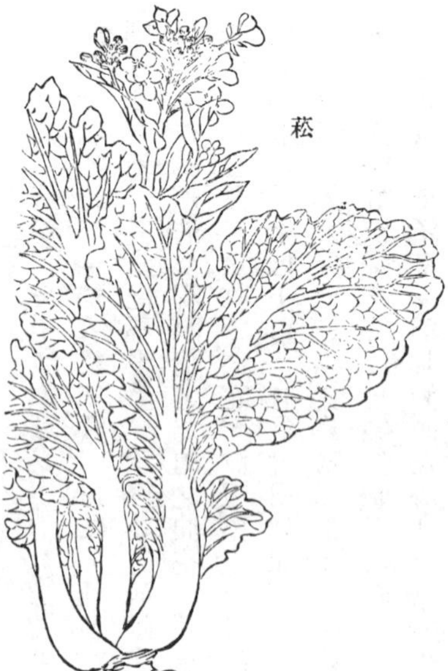

菘

錄：江右多菘菜，粥筍者惡之，詈曰心子菜，蓋筍虛中而菘實中也。雒南縣志有圓根者，療饑、濟荒，與蔓菁同功。今北地連根煮食，味亦甘，微作辛氣。李時珍謂根堅小，不可食，亦少所見。

烏金白

烏金白卽菘菜之黑葉者。湖南產者，葉圓少皺，色青黑有光，味稍遜，其箭桿白與他處同。

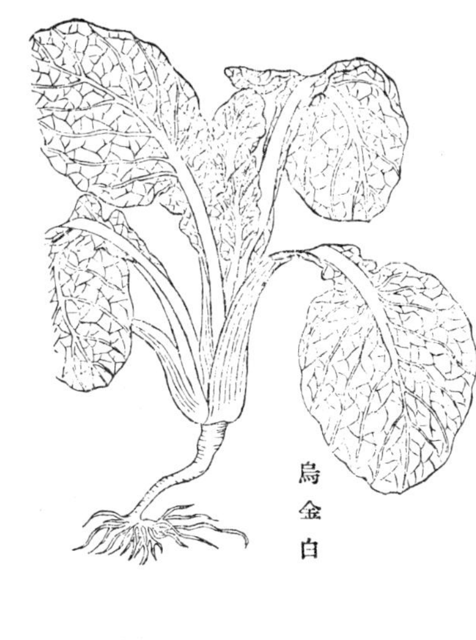
烏金白

葵花白菜

葵花白菜生山西，大葉青藍如劈藍，四面披離，中心葉白，如黃芽白菜，層層緊抱如覆椀，肥脃可愛，汾、沁之間菜之美者，爲虀、爲羹無不宜之。山西志無紀者，日食菜根，乃缺蔬譜，俗訛爲回子白菜。

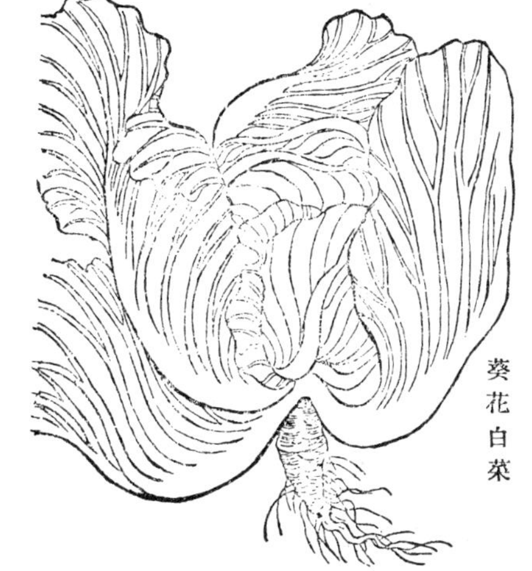
葵花白菜

芥

芥，別錄上品，有青芥、紫芥、白芥，又有南芥、旋芥、花芥、石芥。南土多芥，種類殊夥。宋開寶本草別出白芥，今入藥多用之。又上海縣志：矮小者曰黃農芥，更有細莖扁心名銀絲芥，亦名佛手芥。長洲縣志有雞脚芥；湖南有排菜，蓋卽銀絲芥。然老圃所常藝者兩種耳：其科大根小曰辣菜，根大葉瘦曰芥疙答，亦曰大頭菜。南方芥爲常膳，而王世懋乃以燕京春不老爲最，蓋南芥辛多甘少，北芥甘多辛少，南菘色青，北菘色白，南芥色淡綠，北芥色深碧，此其異也。江西芥尤肥大，煮以爲羹，味淸滑，不似晦翁南芥詩「輟餐時擁鼻」也。寧都州冬時生薹如萵苣筍，甚腴，土人珍之，曰菜腦。南昌則二月中有之，寒暖氣遲早耳。滇中一歲數食之。東坡詩：「芥藍如菌蕈，脃美牙齒響」。余謂其味美於回，勝於良蕈，一爽無餘。石芥、紫芥，皆未得入饌，錢起石芥詩：「山芥綠初嘗」，吳寬紫芥詩：「此種乃野生」，又云：「氣味旣不辛，卻與芥同行」，蓋非圃鮭，亦芥之別宗耳。

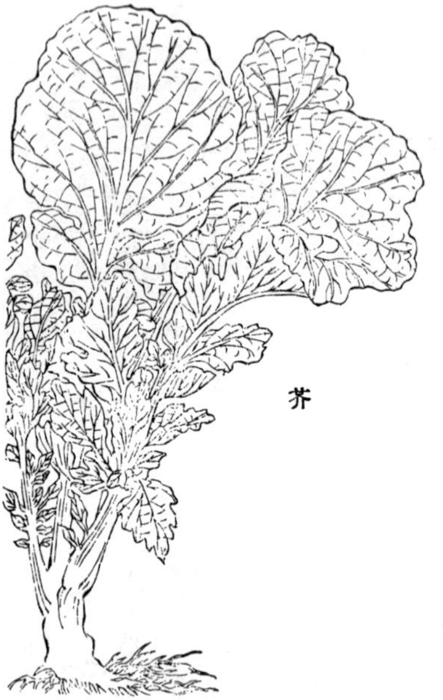

芥

花芥

芥之別，本草諸書詳矣，然不及其根。王世懋蔬疏芥之有根者，想卽蔓菁，京師大而脃，爲疏中佳味。擕子歸種之，移植他所，輒不如初。如所言，則江以南芥無大根，宜諸書不詳，而蔬

花芥

疏誤以爲蔓菁也。蔓菁根圓味甘而大，芥根味辛而小，形微長，北地呼爲芥圪答；醬漬者爲大頭菜；醃而封之，辛辣刺鼻，謂之閉甕菜；往往誤買蔓菁，則味甘而無趣。嶺南異物志：南土芥高者五六尺，子如雞卵，爲鹹菹埋地中有三十年者，疑以其根爲子。遵義府志：大頭菜，各邑俱產，滇中尤多，花葉卵根，辛爽可人，醬醃與京華相埒。淄川縣志：圃種者根葉肥大，俱可食。昔人屢著芥辣法，而未知根之辣妙於子莖，日用飲食，非必忽焉不察，殆地宜之囿人矣。

苜蓿

苜蓿，別錄上品。西北種之畦中，宿根肥雪，綠葉早春，與麥齊浪，被隴如雲，懷風之名，信非虛矣。夏時紫萼穎豎，映日爭輝。西京雜記謂花有光采，不經目驗，殆未能作斯語。釋草小記藝根審實，敍述無遺；斥李說之誤，褒羣芳之核，可謂的矣。但李說黃花者，亦自是南方一種野苜蓿，未必即水木犀耳，亦別圖之。滇南苜蓿，稽

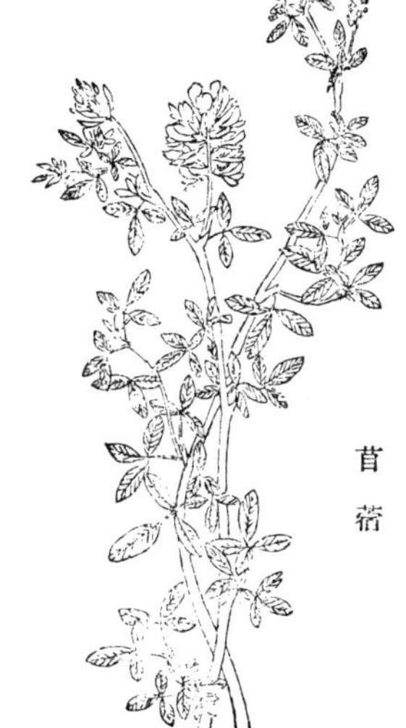

苜蓿

生圃園，亦以供蔬，味如豆藿，訛其名爲龍鬚。

雩婁農曰：按史記大宛列傳，衹云馬嗜苜蓿，述異記始謂張騫使西域得苜蓿菜。晉華廙苜蓿園，阡陌甚整，其亦以媚盤飧耶？山西農家，摘茹其稚，亦非常饈，大利在肥牧耳。土人謂芻秣壯於棧豆，谷量牛馬者，其牧必有道矣。元史，世祖初，令冬社防饑年，種苜蓿，未審其爲駃牝爲黔黎也。陶隱居云：南人不甚食之，以其無味。唐薛令之苜蓿闌干詩，清況宛然；山家清供謂羹茹皆可，風味不惡。膏粱芻豢，濟以野蔌，正如敗鼓、韡底，皆可烹飪，豈其本味哉。階前新綠，雨後繁葩，忽誦「宛馬總肥秦苜蓿」句，令人有撻伐之志。

野苜蓿 野苜蓿俱如家苜蓿而葉尖瘦，花黃三瓣，乾則紫黑，唯拖秧鋪地，不能植立，移種亦然。羣芳譜云紫花，本草綱目云黃花，皆各就所見爲說。釋草小記斥李說，以爲黃花是水木犀。按水木犀，園圃所植，婦稚皆知，李氏不應孤陋如此，或程徵君偶爲人以水木犀相誑耳。

野苜蓿（一）

野苜蓿又一種 野苜蓿生江西廢圃中，長蔓拖地，一枝三葉，葉圓有缺，莖際開小黃花，無摘食者。李時珍謂苜蓿黃花者，當卽此，非西北之苜蓿也。宜爲釋草小記所訶。

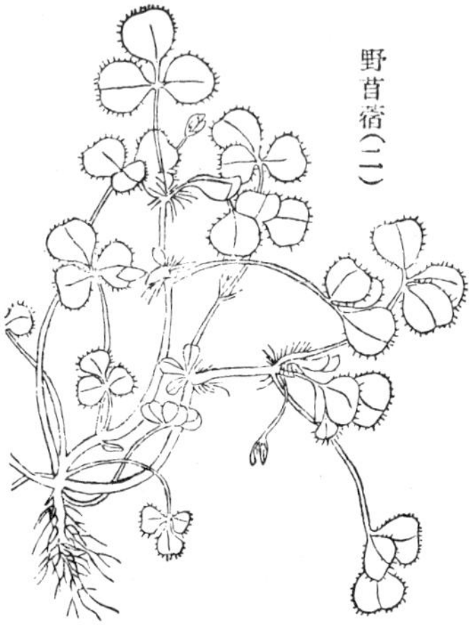

野苜蓿(二)

蕪菁

蕪菁，別錄上品，即蔓菁。昔人謂葑、須、芥、蕵蕪、蕘、蕪菁、蔓菁，七名一物。蜀人謂之諸葛菜，今辰沅有馬王菜，亦即此。袁滋雲南記：嶲州界緣山野間，有菜大葉而粗莖，其根若大蘿蔔，土人蒸煮其根葉而食之，可以療飢，名之爲諸葛菜。云武侯南征，用此菜蒔於山中，以濟軍食，亦猶廣都縣山櫟木謂之諸葛木也。袁氏殆未知其爲蔓菁耶？周禮菁菹，鄭司農以爲韭菹，康成破謂蔓菁，二說皆通。若包匭菁茅，蠻方貢菜，則荔支龍眼，不爲疲尉堠矣，恐亦非物土之宜。先主在曹，閉門種蕪菁，陸遜聞韓扁爲敵所獲，方催人種葑豆，軍行齎種，蓋亦兵家之常。孟信爲趙平守，素木盤盛蕪菁菹，清德可風，亦西土之美。放翁詩：「往日蕪菁不到吳，如今幽圃手親鋤」；楊誠齋詩：「早覺蔓菁撲鼻香」，南方舊已有種者。蕪菁、蘿蔔，別錄同條，陶隱居亦有分曉，後人乃以葉根强別。兼明書不知其誤，而博引以實之，何未一詢老圃？

雩婁農曰：吾觀麗江府志，而知食蔓菁之法，武侯之遺，不僅爲行軍利也，世以此爲蔬耳。而志云：夏種冬收，戶戶曬乾囤積，務足一歲之糧，菽餻稗粥外，饔飧必需；惟廣積之家，用以代料飼馬。麗江西陲苦寒，春盡無青草，土人至以燕麥爲乾餱，大麥作饅首，煮蔓菁湯咽之，小麥非享

客不敢用，稻惟沿江產。蔓菁耐寒，割而復生，又爲復生菜，然則蔓菁之用於維西也大矣。余留滯江湖，久不覩蕪菁風味，自黔入滇，見之圃中，因爲諸葛菜賦，以蔓菁六利諸葛種之爲韻，其詞曰：

魏闕霄三，滇山仞萬，駕余馬兮將煩，加余餐兮孰勸？時則稷霰天霏，葭霜夕噴。敗蒲枯葦，林

渡冰澌；蔓草荒榛，楂城風健。惆悵煨芋之爐，棖觸折秔之飯；穴有凍雀之號，塊無野人之獻。顧見園菁，向陽舒蔓；寒畦擢穎，膏壤荑榮。玉棒猶潤，金耜纔耕；耐冬不萎，踏雪復生。試共采衞原之菲，何殊貢荆匭之菁？辨葑葖之同異，味蘴芥之生烹；偉此伶仃之小草，猶留宇宙之大名。憶昔武侯，時逢逐鹿，居南陽而就顧者三，表北征而未解者六。方其志變中原，先以威戡南服；地入不毛，士持半菽。怨春日兮祁饔，牧秋原兮苜蓿。碧雞滇海，誰備褒荷？白飯浮圖，難分賓粥。慮同斜谷之乏糧，計效湟中之屯穀；披草萊於索嶺盤江，攜蔬種於蠶叢魚腹。小駐儲胥，預謀旨蓄。與古新封，句町舊地，瓜戍雲屯，芭田星萃。麾羽扇以經營，拄杖笻而布置，竹落布而紓青，柳營開而含翠。人閑賓叟，暫作園官；峯接烏蒙，頓成葱肆。況乃薇蕨易生，亦復萱蒯可棄；豈比咼種之千金，信爲軍儲之六利。方其

龍川春早，犂水風徐，士輕藤甲，日暖毳廬。三尺鹿盧之劍，一肩鴉觜之鋤，隴上蘆笙，齊來挑菜；帳中銅斗，小煮摘蔬。苞香綠濕，葉嫩紅舒，芬超五弋，馨越七菹；爰調和以蒟醬，應儕輩夫桃諸。若乃萬栅森寒，千屯曠闊；風卷旆頭，葉飛木末。冰堅黑水，尚有凍荄；雪壓蒼山，猶存枯栟。劚玉根兮芳肥，提筠籃兮襭捋；踏金馬以遄歸，喜木牛之初達。數聲鑾鼓，士飽馬騰；萬竈寒烟，香升翠潑；不數豌巢，無論菘葛。迄於今白國皆饒，朱提徧種；染釵股而同餐，薦木槃而常供。非堯韭之祥珍，豈姬菖之鄭重？寒庖則羹憶老蘇，方物則圖傳小宋；長卿之嘉話猶傳，昌黎之感詩可誦。疇則懷日食之二升，而緬天威於七縱。試思當時，雲棧出師，文書夜掃，壘壁晨移。刈比成周之麥，踐同魯國之葵，臨渭愴屯田之役，闕門想種菜之疑。中興不再，舊陣空遺；浮雲變古，野蔌如斯。遙悵望兮無盡，輒流連而賦之！

韭　韭，別錄中品，本草拾遺謂之草鍾乳，醃韭汁治吐血極效。北地冬時，培作韭黃味美，即漢時溫養之類。陶隱居以其辛臭爲養生所忌，而諸醫以爲溫而宜人，有草鍾乳、起陽草諸名。治噎膈及胃口死血作痛用韭汁，治漏精用韭子，根葉之用尤多，亦蔬中良藥也。一種屢翦，古諺云：日中不翦韭，而夜雨留賓，遂爲詩人膾炙。然則翦忌

日而喜雨，其物性宜耶？昔人謂韭黄，豪貴所珍，東坡詩：「漸覺東風料峭寒，青蒿黄韭試春盤」，蒿生而韭黄非窖藏之時矣。放翁詩：「雨足韭頭白」，蓋紀實也。韭花逞味，實謂珍饈；鼎雉禁臠，得之尤妙。石崇冬月得韭蓱齏，亦何足異？但薊門春盤，亦多以麥苗雜之。庾郎食鮭二十七種，李令公一食十八種；一以貧而誇，一以富而忲。三國世略謂北齊後宮，冬月皆食韭芽，然則韭芽帶土蕨如拳，癯儒用篡比玉食矣。「朝事之豆，其實韭菹」，司農訓菁菹，亦爲韭菹。一物再薦，見韭祭韭，小正特書，豈果有取於性溫而種能久耶？政道得則陰物變爲陽，若葱變爲韭，後秦、周、隋皆有之矣，果何道而致此？張耒詩注：俗言八月韭，佛開口。味肥而忘其葷，甚美甚惡，孰則辨之？

山韭

山韭，爾雅：藿，山韭。千金方始著錄，今山中多有之。救荒本草有背韭，似韭而寬，根如葱；又有柴韭，亦可食。韓詩：六月食鬱及藿，爾雅翼本其説，以爲山韭可以食賤老，但其形似燈心，不甚似韭。輝縣九山、咸陽野韭澤、鄉寧縣硃砂山、句容仙韭山、定遠縣韭山、安化縣韭菜崙、重慶府邑梅司韭山，皆以産韭得名。志謂比家韭長大，而咸陽澤坦鹵不生五穀，惟野韭自生於蓬蒿莎草中，則又徧及原澤，而非宗生高岡。北征錄：北邊雲臺戎地多野韭、沙葱，人採食之。許有壬詩：「西風吹野韭，花發滿沙陀。氣較葷蔬媚，功於肉食多；濃香跨薑桂，餘味及瓜茄。我欲收其實，歸山種澗阿。」蓋皆此物，玩許詩乃勝於家韭也。滇南山韭，亦似燈心草，滇本草一名長生草，味甘，能養血、健脾、壯筋骨、添氣力，根汁治跌損；同赤石脂搗擦刀斧傷，爲金瘡聖藥；與奉親養老書藿菜羹治老人脾弱同功而加詳。唯山草似韭者尚多，或可食、不可食。孝文韭、諸葛韭，雖因人命名，然形味不具，非若野

蔥、野蒜，處處擷摭助匕箸也。北戶錄：水韭生池塘中，引字林蘞，水中野韭；與說文韯，山韭，音同，宜可通。

蘘荷 蘘荷，別錄中品。古以爲蔬，宋圖經引據極晰，他說亦多紀其種植之法。惟本草綱目退入隰草，而蔬譜不復品列矣。滇本草圖其形，貴州諸志皆載之，此蔬固猶在老圃也。余前至江西建昌，土醫有所謂八仙賀壽草者，卽疑其爲蘘荷；以示滇學使家編修荔裳，編修曰：「此正是矣，吾鄉植之南牆下，抽莖開花青白色，如荷而小，未舒時摘而醬漬之，細瓣層層如剝蕉也」，余疑頓釋。他時再菹而啖之，種而蕃之，使數百年堙沒之嘉蔬，一旦伴食鼎俎，非一快哉。編修名存義，泰興人。

雩婁農曰：夫物顯晦固有時，乃有晦之而愈顯，顯而愈晦者何也？蘘荷，嘉草也，其葉如荷，故名以荷；其功除蠱，故名以嘉；依陰藏冬，列於蔬焉。詞人詠之，本草圖之，無異說也。近世山居錄、野菜譜亦俱詳矣，楊升菴偶未之見，遂據蘘荷一名甘露，而以芭蕉之結甘露者當之。本草綱目、農政全書，轉相附會，而滇志乃謂芭蕉根可爲菹，惜無試者。夫芭蕉，世無不知者，以芭蕉易爲蘘荷，能使人不名芭蕉而名蘘荷乎？蘘荷，農圃皆知之，以蘘荷爲卽芭蕉，能使人種蘘荷如

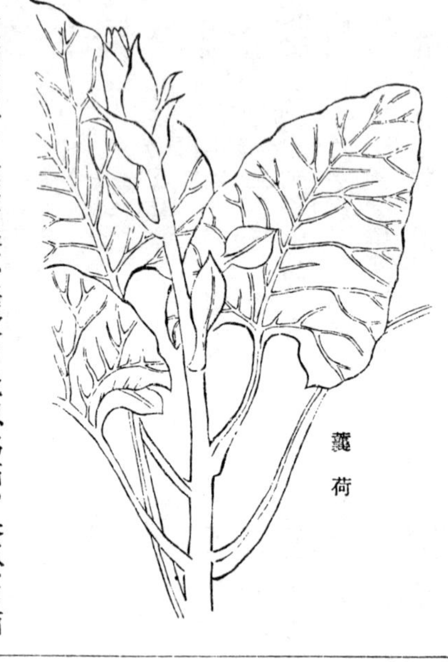

種芭蕉乎？芭蕉根不堪噉，脱以爲茹，螫於口而刺於腹，不幾如蔡謨食蟚蜞，幾爲勸學死乎？按貴州志有洋荷花，未開時取苞醋漬以食；湖南志有陽藿；廣西志有洋百合；謂卽蘘荷。江西建昌土音呼如仙賀，皆方言聲音輕重耳。俗醫乃書作八仙賀壽草，誠堪解頤，然絶不以本草有芭蕉之說，而强目爲蕉也。獨恠耳食之徒，捫鍾揣籥，且矜芭蕉、甘露之同名，以爲能獨識蘘荷；於是蘘荷之名雖顯，而蘘荷之實益晦。且馬之貴者似鹿，有以鹿爲馬者，馬果卽鹿耶？雉之文者似鳳，有以雉爲鳳者，雉果卽鳳耶？唐時諛墓之文，言孝則曾、閔；言忠則稷、卨；言經術則鄭、服；言文詞則賈、馬；讀其文者，有以爲卽曾、閔、稷、卨、鄭、服、賈、馬耶？有善謔者云：於深山中見古衣冠人，詢之，曰：吾某邑、某也，官於朝無奇績，亦無愧事，歿葬於某原。越數年，有豐碑突起於墓道，視之爲吾姓名，而碑所紀皆古賢人事，非吾也。過者每捫之而頌古賢人，嘖嘖不絶口，吾懼囂，故逃之。今蕉之葉，可以書皮，可以織露，可以飲而止餲，於世非無益者。乃忽有對芭蕉而頌其葉似荷，功治蠱，咀其露，掘其根，以爲旨蓄禦冬；蕉若有知，不以爲晦其所長，而顯其所短耶？嗚呼！邾庶其之奔，不書盜而實盜首；曹孟德之死，乃書漢而實漢賊；事不崇實，蓋之而彌彰，彰之而轉沒，一人之口，烏能使天下皆爲悠悠之毀譽哉？

蒜

蒜，別錄下品；葫，別錄下品。小蒜爲蒜，大蒜爲葫，諸家說同，唯李時珍以瓣少者爲小蒜，瓣多者爲大蒜，其野生小蒜，別爲山蒜。范石湖在蜀爲蒜所薰，致形譏嘲，若北地則頓頓伴食，同於不徹，行炙而不得鹽蒜，其能斆張融搖指半日而口不言耶？祈寒暑暍得之者；以爲滹沱粥、清涼散。避暑錄話：一僕暑月馳馬，仆地欲絕，王相敎用大蒜及道上熱土各一握研爛，以新汲水一琖和取汁，抉齒灌之卽甦。今官道勞人，囊盛而趨，活人殆無算也。曾見負戴者蹲而大嚼，不止晉帝盡兩盂燥蒜矣。然目不赤而腹不鼈，異於袁子所覿，食冶葛而粥硫黃，性固有偏。五月五日食卵及蒜，哀牢以東，風俗同之。小正納卵蒜之訓，奕禩遵行，順民情也。損性伐命，服食所忌。然裴晉公有言，雞、猪、魚、蒜，遇着卽食，何況餘子？閔仲叔含菽飲水，周黨遺以生蒜，受而不食。李恂爲兖州刺史，所種小麥、胡蒜，悉付從事而不留。清介之士，不取一介如此。

雩婁農曰：離騷索胡繩之纚纚，王逸注：香草，言紉索胡繩，令澤好以善自約束；洪慶善云：胡繩謂草有莖葉可作繩索者，皆望文生義而不能名其物。吳仁傑草木疏以胡爲葷菜，本陶隱居；今

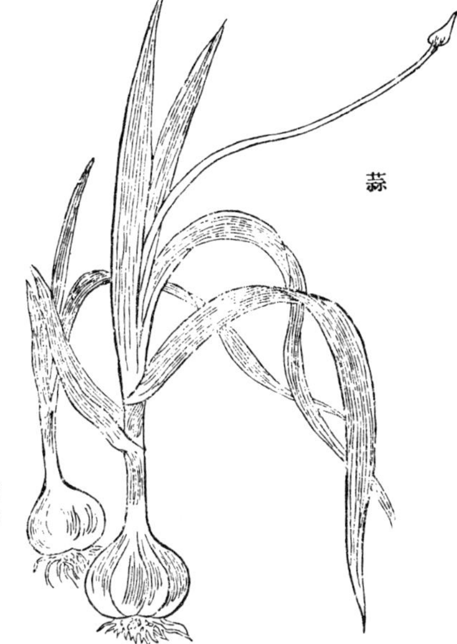

人謂大蒜爲葫也，以繩爲繩毒，本廣雅：蛇床，一名繩毒也。蛇床氣味微芬，宜近香澤；葫氣至穢，一薰一蕕，十年有臭，無乃移鮑魚之肆以近芝蘭之室乎？草木名胡者多矣，固不可盡以葫當之，而胡繩一物，古無確詁，以爲虺床，尚各從其類耳。

山蒜

山蒜，爾雅：蒚，山蒜，本草拾遺始著錄，救荒本草：澤蒜，又曰小蒜。黃帝登蒚山得蒜，其說近創，然京口之山，以蒜得名，則軒轅所歷，無妨以蒚名矣。在山曰山，在澤曰澤，今原隰極繁，顆大如指，甘肥多漿，洵非圃中物可伍。自來醫者，以此爲小蒜，宜爲李時珍所斥。

山蒜

植物名實圖考卷之四

蔬類

菾菜　芋
落葵　繁縷
雞腸草　蕺菜
蕓薹菜　蘹香
瓠子　萊菔
蕨　薇
野豌豆　翹搖
甘藍　萵苣
白苣　蒔蘿
東風菜　越瓜
茄　胡荽
茼蒿　邪蒿
羅勒　菠薐
灰藋　蕹菜
胡瓜　資州生瓜菜
草石蠶　白花菜
黄瓜菜

菾菜

菾菜，別錄中品，卽莙薘菜，湖南謂之甜菜；有紅莖者不中噉，人種以爲玩。按莙薘，嘉祐本草始著錄，李時珍以菾、甜聲近，遂併爲一物，然與諸說葉似升麻及蒴藋皆不類，姑仍其說。菜味甜而不正，品最劣，易種易肥，老圃之惰孏者植之，與唐本注蒸炰食之大香美殊異。又夏月與菜作粥食解熱，近時亦無以爲粥者。滇本草治中膈冷，痰存於胸中，不可多食。滇多珍蔬，固宜見擯。

雩婁農曰：人之嗜甘同也，甘而苦者雋，甘而酸者爽，甘而辛者疏，甘而鹹者津；一於甘，若琴瑟之專壹，誰能聽之？然甘而淸，甘而腴，猶有嗜者，嗜之久則齒蟲與胃蚘蠮生焉。穀之飛，亦爲蠱甘而無所制也。至甘而濁且邪，則士大夫、農圃皆賤之，菾菜是也。人之以甘悅人者多矣，而有悅、有不悅，豈獨非同嗜乎？毋亦如菾之濁

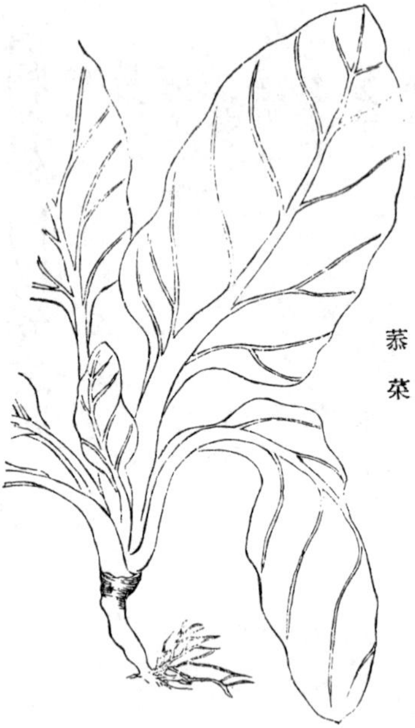

菾菜

且邪，爲人所賤耶？諛人者、好諛者必能辨之。

芋

芋，別錄中品，芋種甚夥，大小殊形。野芋毒人，湖南有開花者，一瓣一蕊，長三四寸，色黃。山間亦多。嶺南、滇、蜀，芋名尤衆。南寧府志：宜燥地者曰大芋，宜濕地者曰狗芋，有旱芋、狗爪芋、水芋、璞芋、韶芋。蒙自縣志有棕芋、白芋、痲芋。會同縣志有冬芋、水黎紅、口彈子、薑芋、大頭風芋。瓊山縣志有雞母芋、東芋。石城縣志有青竹芋、黃芋、番芋。瑞安縣志有兒芋、狗芋。蓋未可悉數。滇海虞衡志以爲滇芋巨甲天下，殆未確。札璞謂滇芋熟早味美，莖可作羹。蘇玉局玉糝羹詩有「香如龍涎，味如牛乳」之誇；而山谷詠薯蕷有「略無風味笑蹲鴟」之貶；放翁則曰：「莫笑蹲鴟少風味，賴渠撑拄過凶年。」一枵腸轉雷，玉延黃獨，托以爲命，亦安所擇？然只是詠蹲鴟耳。若三吳芋奶，滑嫩如乳，調以蔗飴，入喉自下，亦何甘讓居玉延下耶？又農政全書謂

芋汁洗膩衣，潔白如玉；東坡雜記云：蜀人接花果皆用芋膠，其餘波尚供民用如此。枯葉煨芋，自是山人辟穀宿糧，若雲仙雜記燒絶品炭，以龍腦裹煨芋魁；山家清供大耐糕以大芋去皮心，焯以白梅、甘草，塡以松子、欖仁，豈復有霜晚風味？唐馮光進校文選，解蹲鴟云：卽是著毛蘿蔔。

芋

肉食之人，何由識農圃中物？奚啻面牆！雩婁農曰：滇之芋有根紅而花者，其狀與海芋、南星同類也。斷其花之莖，剝而煠之，烹以五味，比芥藍焉。根盤不可食。夫蹲鴟濟世，厥功實偉，章貢之間，瀟湘之曲，其爲芋田多矣，不覩其萼間之詫爲異，怯者或懼其爲鳩。滇人飽其魁而羹之、而煨之、而屑之，又獨得有花者而餐之，儷於萱與藿；草木之在滇者，抑何阜耶？萬物生於東，成於西，滇居西南，歲多閶闔風物。在秋而遒，精華聚而升，故木者易華，草者易榮；晝煦以和，夜肈以肅，發之收之，勿俾其洩；早花而遲實，物勞而不憊。然滇之地有伏而荑，有臘而苞，景朝多陰，景夕多風，直其偏也。惟大理以東北，致役乎坤。

落葵　落葵，別錄下品。爾雅：終葵，繁露。注：承露也。大莖小葉；華紫黃色，卽臙脂豆也。湖南有白莖綠葉者，謂之木耳菜，尤滑。

落葵

繁縷　繁縷，別錄下品。爾雅：蔜，蕿蔞。注：今繁縷也，或曰雞腸草。唐本草相承無異。李時珍以爲鵝兒腸，非雞腸，今陰濕地極多。

雩婁農曰：余初至滇見有粥鵝腸菜於市者，甚怪之，以爲此江湘間盈砌彌坑，結縷糾蔓，薙夷不能盡者。及屢行園不獲一見；命園丁蒔之畦中，亦不甚蕃，始知滇以尠而售也。李時珍以爲易於滋長，故曰滋草，殆不然矣。滇誠郭外皆田疇，無雜草木，而山花之可簪、可瓶，野草之可藥、可浴，根核果蓏之可茹、可玩者，儠儠皆持以入市。故不出戶庭，而四時之物陳於几案。

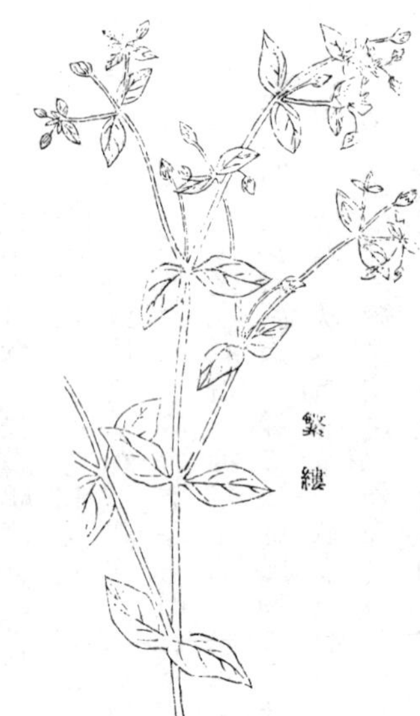
繁縷

雞腸草　雞腸草，別錄下品。李時珍辨別鵝腸、雞腸二物甚晰。但雞腸俗名亦多，今以救荒本草雞腸菜圖之。

雞腸菜

蕺菜

蕺菜，別錄下品。即魚腥草，開花如海棠色，白中有長綠心突出，以其葉覆魚，可不速餒。湖南夏時，煎水爲飲以解暑。爾雅：蘵，黃蒢。注：草似酸漿，華小而白，中心黃，江東以作葅。通志以爲即蕺。蕺、蘵音近，其狀亦相類。吳越春秋：越王嘗糞惡之，遂病口臭，范蠡令左右食岑草以亂其氣。注：岑草，蕺也，凶年飢民劚其根食之。齊民要術有蕺葅法，今無食者，醫方亦鮮用，唯江湘土醫蒔爲外科要藥。遵義府志：側耳根即蕺菜，荒年民掘食其根。本草味辛，山陰縣志，味苦，損陽消髓，聊緩溝壑瘠耳。

蕺菜

蕓薹菜

蕓薹菜，唐本草始著錄。即油菜，冬種冬生，葉薹供茹，子爲油，莖肥田，農圃所亟。菜爲五葷之一，非唯道家所忌，士大夫亦賤之。

然有油辣菜、油青菜二種，辣菜味濁而肥，莖有紫皮，多涎，微苦，武昌尤喜種之，每食易厭。油青菜同菘菜，冬種生薹，味清而腴，遜於萵筍，佐菌毛羹，滑美無倫，以廁葱韭，可謂蒙垢。李時珍以爲羌隴氐胡，其地苦寒，冬月種此，故謂之寒菜。今北地凍圃如滌，有此素蔬，老傖不羶酪矣。近時沿淮南北，水旱之祲，冬輒耬種於田，民雖菜色，道免饑饉。穭生亦時有之。若其積雪初消，和風潛扇，萬頃黃金，動連山澤，覺「桃花淨盡菜花開」語爲倒置。古人詩如范石湖「菘心青嫩芥薹肥」，楊誠齋「菘薹正自有風味」，皆指芥菜，得非以其葷而不置齒牙間乎？

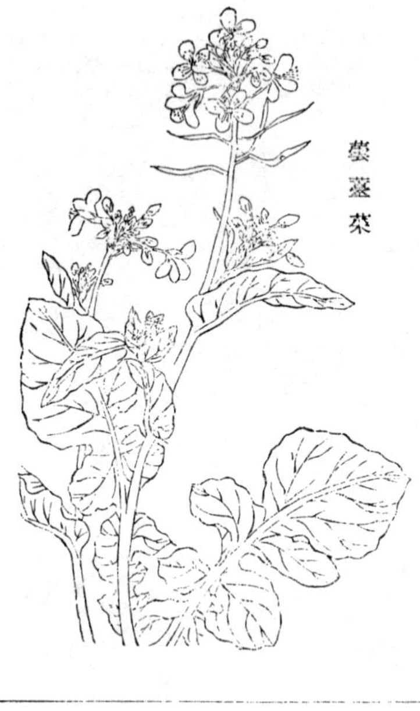
蕓薹菜

蘹香

蘹香，唐本草始著錄。圃中亦種之，土呼香絲菜。

蘹香

瓠子 唐本草注：瓠味皆甘，時有苦者，而似越瓜，長者尺餘，頭尾相似，與甜瓠瓤體性相類，但味甘冷。通利水道，止渴、消熱，無毒，多食令人吐。按瓠子，方書多不載，而唐本草所謂似越瓜，頭尾相似，則卽今瓠子，非匏瓠也。滇本草：瓠子又名龍蛋瓜，又名天瓜，味甘寒；治小兒初生周身無皮，用瓠子燒灰，調菜油擦之甚效。又治左癱右瘓，燒灰用酒服之。亦治痰火腿足疼痛，烤熱包之卽愈。又治諸瘡、膿血流潰、楊梅結毒、橫擔、魚口，用蕎麪包好，入火燒焦，去麪爲末。服之最效。作藥服之不宜多，恐腹痛心寒嘔吐。葉治瘋癩發狂；根治痘瘡；倒靨子煨湯服，治啞瘴；夷人治棒瘡、跌打損傷，擦之甚效；用生薑同服，治咽喉腫痛甚效。按所治症甚夥，而自來本草遺之，足以補闕。

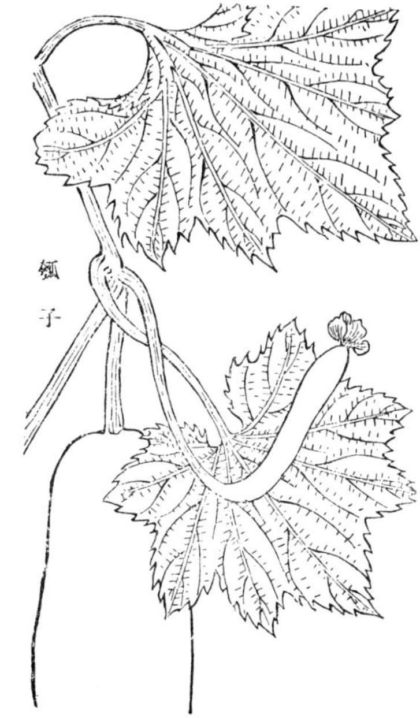

萊菔 萊菔，爾雅：葖，蘆萉。注：萉宜爲菔。唐本草始著錄，種類甚夥，汁子皆入藥。滇海虞衡志：滇產紅蘿蔔頗奇，通體玲瓏如胭脂，最可愛玩，至其內外通紅，片開如紅玉板，以水浸之，水卽深紅。粵東市上亦賣此片，然猶以蘇木水發之，茲則本汁自然之紅水也。羅次人刨而乾之以爲絲，拌糟不用紅麴，而其紅過之。寧州志：蘿蔔紅者名透心紅，移去他郡則變，亦卽此。食法生熟皆宜。東坡詩中有蘆菔根尚含曉露清，以蔓菁同爲羹，固可鬭勝酥酪，至搥根爛煮，研米爲糝，寬膂助胃，不必以味勝矣。寇萊公同地黄並餌，髭鬚早白，物性相制，驗之不爽。近人服何首烏者，食之亦能白髮，蓋引消散之品入血分也。消食醒酒，紀載備述。小説謂一老醫病嗽，飲村民煮蘿蔔乾水稍止，卽以此治一官，久嗽尋愈，亦蘿蔔子治喘嗽之效，而味甘平，於久嗽氣虚尤宜。緗素雜記以萊菔爲菘，甕牖閒評斥之是矣，然譏東坡山丹如瑪瑙盤、沈括鈴鈴草爲蘭爲非，亦不自知其誤也。

雩婁農曰：蘿蔔，天下皆有佳品，而獨宜於燕薊。冬飈撼壁，圍爐永夜，煤餤燭窗，口鼻炱黑，忽聞門外有賣水蘿蔔賽如梨者，無論貧富耄稚，奔走購之，唯恐其過街越巷也。瓊瑤一片，嚼如冰雪，齒鳴未已，衆熱俱平，當此時曷異醍醐灌頂？都門市諺有「冷官熱做，熱官冷做」之語，余謂畏寒而火，火盛思寒，一時之間，氣候不同，而調劑適宜，則冷而熱、熱而冷，如環無端，亦唯自解其妙而已。

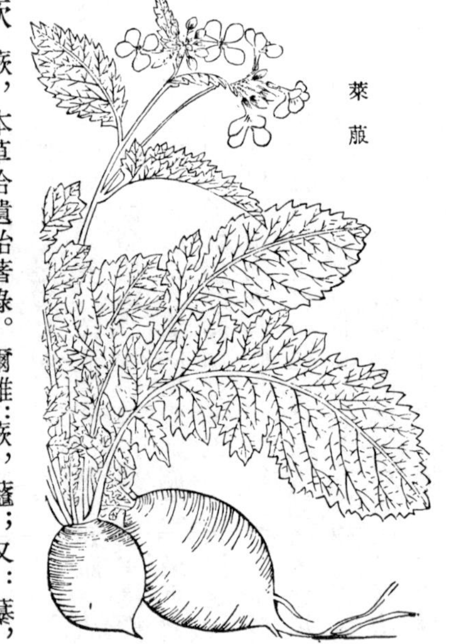

萊菔

蕨

蕨，本草拾遺始著録。爾雅：蕨，虌；又：綦，月爾。注：卽紫綦也，似蕨可食，蓋紫、綠二種。又水蕨生水中，北地謂之龍鬚菜。山堂肆考：范文正公奉使安撫江淮，還進貧民所食烏味草，呈乞宣示六宫戚里，用抑奢侈。安徽志以爲卽蕨。今江湖滇黔山民，皆研其根爲餌。遵義府志：一種甜蕨，根如竹節，掘洗擣爛，曰蕨凝；和水搠汁，以椶皮濾滓，隔宿成膏，曰蕨粉；摶粉爲餅，曰蕨巴；灑粉釜中，微火起之，曰蕨線；煮之如水引。一種苦蕨，亦可食。又有猫蕨，初生有白膜裹之，不可食。水邊生者曰蕒蕨。余舟行潕水，有大聲出於硤中，就視之，則居人以木桶就溪杵蕨，如所謂春堂者。明羅永恭詩：「南村北村日卓午，萬戶喧囂不停杵；初疑五丁驅金牛，又似催花撾羯鼓。」非目覩者，不解其所謂。又云：「堆盤炊熟紫瑪瑙，入口嚼碎明琉璃。」則爲溝壑之瘠增氣色矣。陳藏器云：多食弱人脚；朱子次惠蕨詩：「枯筇有餘力」，意亦謂此；而或者釋蕨爲鼈，且云負荷者不肯食。以余所見，黔中之攀附任重，頂踵相接者，無不甘之如飴。宋方岳詩：「偃王妙處原無骨，鉤弋生來已作拳。」刻畫至矣；楊誠齋詩則曰：「食蕨食臂莫食拳」。滇蜀山民，臘而鬻之，長幾有咫，而孤竹之墟，所產尤肥，以蕨、絕音同，更曰吉祥。伏臘燕享，轉以佳名登翠釜，不復憶夷齊食之而夭矣。至其灰可以燒瓷，粉可以漿絲，民間習用，而紀載闕如。

蕨

薇

薇，爾雅：薇，垂水。陸璣詩疏：蔓生似豌豆。項安世以爲即野豌豆之不實者，本草拾遺始著錄。

禮：鉶芼羊苄豕薇。漢時官園種之，以供宗廟祭祀，而字說以爲微者之食，何其謬耶！古今南北飲食不同，地黃葉唯懷慶人得食之，亦將謂在下者之食耶？薇，垂水，注云生於水邊。考據家以登山采薇，薇自名垂水，不可云水草。今河畔棄壖，蔓生尤肥，莖弱不能自立，在山而附，在澤而垂，奚有異也？杜詩：「今日南湖采蕨薇」，蕨有山、水二種，薇亦然矣。說文：薇似藿菜之微者，形義俱足。陳藏器以爲葉似萍，亦與豌豆葉相類，而釋者或曰迷蕨，或曰金櫻芽，或曰白薇，宜爲前人所詰。此菜亦有結實、不結實二種，結實者豆可充饑，不結實者莖葉可茹，余得之牧豎云。

薇

野豌豆

野豌豆生園圃中，田隴陂澤尤肥。結角長半寸許，豆可爲粉，與薇一類而分大小。野菜譜謂之野菉豆。

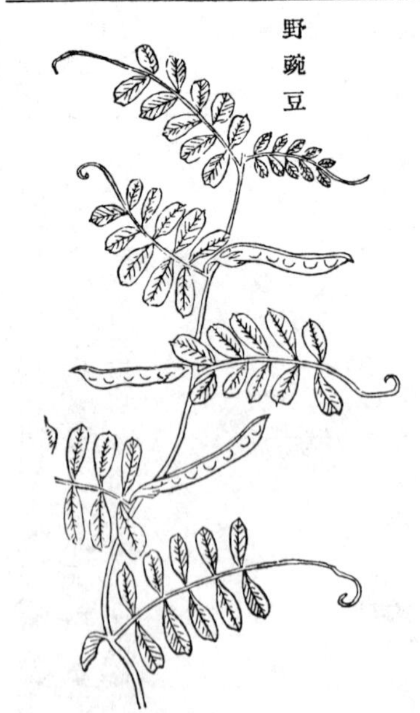
野豌豆

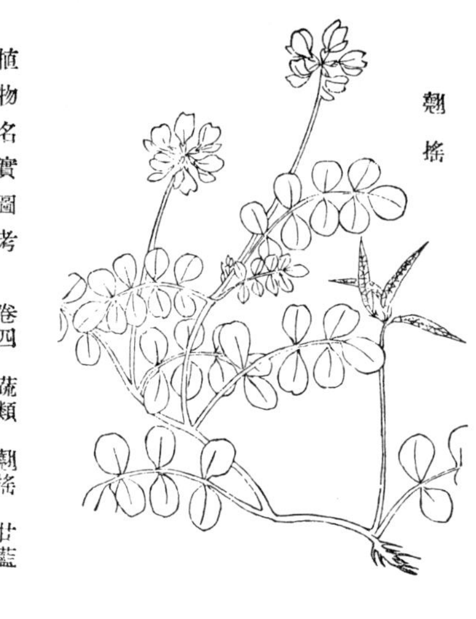

翹搖　翹搖，爾雅：柱夫，搖車。注：蔓生，細葉紫華，可食，今俗呼翹搖車。本草拾遺始著録。吳中謂之野蠶豆；江西種以肥田，謂之紅花菜，賣其子以升計；湖北亦呼曰翹翹花；淮南北吳下鄉人，尚以爲蔬，士大夫蓋不知。東坡欲致其子於黄，殆未見田隴間春風翹搖者耶？然其詩曰：「豆莢圓且小，槐芽細而豐。」又曰：「此物獨嫵媚」，枝葉花態，詩中畫矣。放翁詩：「此行忽似蟆津路，自候風爐煮小巢。」亦以蜀中嗜之，非吳中無是物也。湘南節署，隙地徧生，紫萼綠莖，天然錦罽。滇中田野有之，俗呼鐵馬豆。滇本草：治寒熱來往肝勞，與古法治熱瘧，活血、明目同症。又有黄花者，名黄花山馬豆。滇中草花，多非一色，唯形狀不差耳。詩曰：「邛有旨苕」，苕，一名苕饒，卽翹搖之本音，苕而曰旨，則古人嗜之矣。野菜譜有板蕎蕎，亦當作翹翹。

甘藍　甘藍，本草拾遺始著録，云是西土藍。農政全書：北人謂之擘藍。按此卽今北地擲藍，根大有十數斤者，生食、醬食，不宜烹飪也。山西志謂之玉蔓菁，縷以爲絲，皓若爛銀，浸之井華，劑以醯醢，肥美爽喉；一入沸湯，辛軟不任咀嚼矣。葉以爲虀，曰酸黄菜，尤美。滇本草沿作苤藍，治脾虚、火盛、中膈存痰、腹内冷痛、夜多小便，又治大痲、瘋癩等症，服之立效。生食止渴；煨食治大腸下血；燒灰爲末；治腦漏、鼻瘖；吹鼻治中風不語；葉貼瘡皮治淋症最效。

甘藍

雩婁農曰：蔓菁、蘿蔔二物也，醫者或誤一之。甘藍盛於西北，俗書擘撇，乃無正字；醫者以爲大葉冬藍，可謂按圖索驥矣。余移種湘中，久不拆芽，視之腐矣，畏濕喜燥，其性然也。滇南終歲可得，夏秋尤美。此物根生土上，復有直根如插橛，花繁葉碩，與風搖動，若懸擢然，初覩者或以爲奇。余生長於北，終日食之而不識其狀，西南萬里，蓺之小圃，朝夕晤對，彼足不至西北者，雖欲一物不知以爲深恥，將如之何？

萵苣

萵苣，食療本草始著錄。墨客揮犀謂自咼國來，故名。有紫花、黃花兩種，醃其薹食之，謂

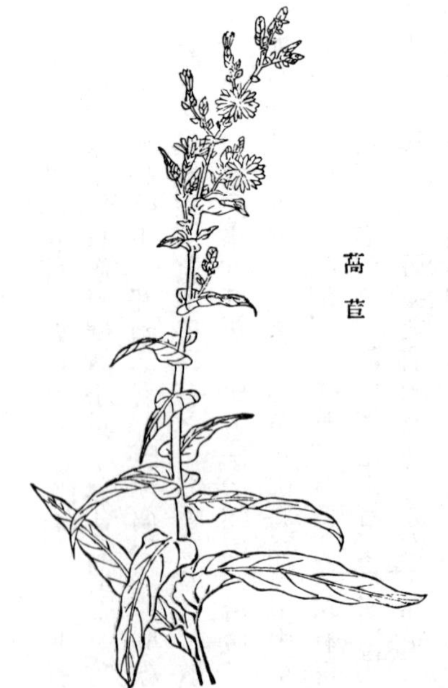

萵苣

之萵筍，亦呼爲藁乾。李時珍謂苦苣、萵苣、白苣，俱不可煮食，通可曰生菜。然苦苣生食固已，萵苣葉藁，爛之、羞之，五味皆宜。唯白苣則北人以葉包飯食之，肥甘無儕，且耐大嚼，故以生菜屬之。而萵苣之美，則在藁，鹽脯禦冬，響牙齏也。老杜種萵苣詩序，堂下理小畦，種一兩席許萵苣，向二旬矣，而苣不拆甲，獨野莧青青，傷時君子，或晚得微祿，轗軻不進，野莧滋蔓，是誠然矣。苣不拆甲，毋乃種不以法？淺根孤露，栽培未至，雖易生之物，植者希矣。菠薐過朔乃生，園荽經雨乃茁，凡物有用於人，皆有本性，用之而拂之，其轗軻又誰咎耶？萵苣一名千金菜，清波雜志云：紹興中，車駕巡建康新豐鎮，頓物皆備，忽索生菜兩籃，前頓傳報，生菜遂爲珍品。物有時而貴千金，其適然矣。

白苣　白苣，嘉祐本草始著錄。與萵苣同而色白，剝其葉生食之，故俗呼生菜，亦曰千層剝。

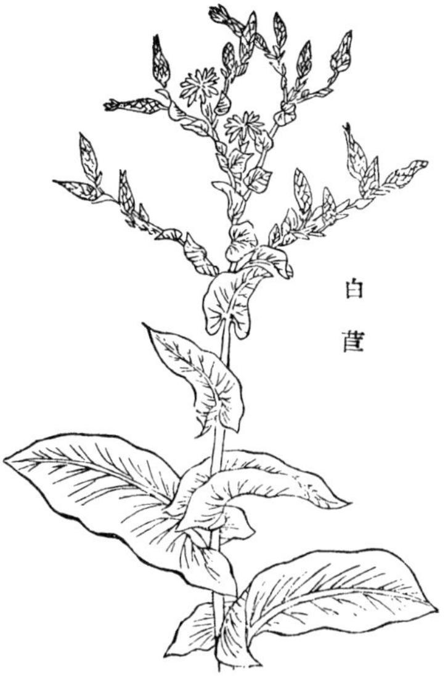

白苣

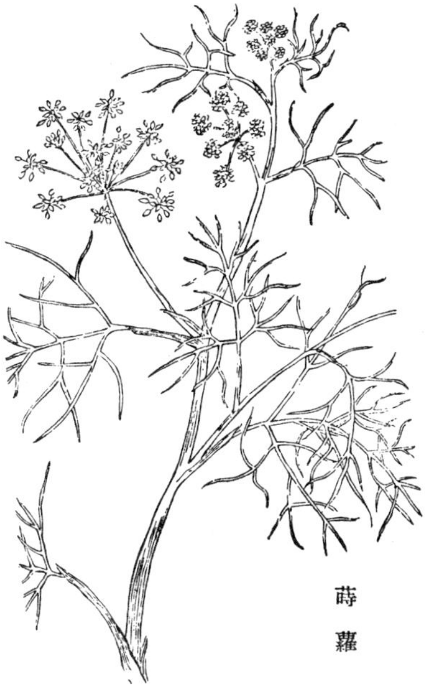

蒔蘿

蒔蘿　蒔蘿，開寶本草始著錄。卽小回香子，以爲和治腎氣，方多用之。

東風菜　東風菜，開寶本草始著錄。嶺南多有之，與菘菜相類。

東風菜

越瓜　越瓜，開寶本草始著錄。卽菜瓜，形長有直紋，惟汴中產者圓。詩：「是剝是菹」，注：瓜成剝削淹漬爲菹，而獻皇祖。齊民要術瓜菹法詳矣，汴梁作包瓜，以薑及杏仁、核桃等包而醬漬之，亦有豐歉，士大夫家習製之，則剝菹獻祖之遺風也。倦游雜錄：韓龍圖贄，山東人，鄉里食味好以醬漬瓜啗，謂之瓜齏。韓爲河北都漕，廨宇在大名府，諸軍營多鬻此物，韓嘗曰：某營佳，某次之。有人曰：歐陽永叔撰花譜，蔡君謨著荔

越瓜

支譜，今須請韓龍圖撰瓜齋譜矣。余謂韓誠不敢與歐、蔡伍，若作瓜齋譜，則逾二公甚遠。

茄

茄，開寶本草始著錄。本草拾遺：一名落蘇，有紫、白、黃、青各種，長圓大小亦異。嶺表錄異：茄樹，其實如瓜，余親見之。茄蒂根燒灰，治皸瘃；莖灰入火藥用。茄種既繁，鼎俎惟宜。遵生八牋有糖蒸、醋糟、淡乾、鵪鶉各法，然未盡也。水茄甘者可以爲果，山谷有謝銀茄詩云：「君家水茄白銀色，絕勝埧裏紫彭亨。」白固勝於紫，然唐以前但云崑崙紫瓜，白茄曰渤海、曰番茄，蓋後出也。段成式云：茄乃蓮莖之名，今呼茄菜，其音若伽，未知所自。小說有草下作佳、作召、作音之謔。白獺髓：趙希倉倅紹興，令庖人造燥子茄，欲書判食單，問廳吏茄字。吏曰：「草頭下着加。」遂援筆書草下家字，都人目曰

茄

胡荾

燥子蒙。

胡荽 胡荽，嘉祐本草始著錄。南唐書謂種胡荽者，作穢語則茂，今多呼蒝荽。東軒筆錄：呂惠卿語王安石，園荽能去面䵟，蓋皆有所本。

茼蒿 茼蒿，嘉祐本草始著錄。開花如菊，俗呼菊花菜。汪機不識茼蒿，殆未窺園；李時珍斥之固當，但茼蒿究無蓬蒿之名，蓬、茼音近，義不能通。千金方以茼蒿入菜類。蓬蒿野生，細如水藻可茹，而非園蔬，若大蓬蒿則即白蒿，與此別種。此菜葉如青蒿輩，氣亦相近，而黃花散金，自春徂暑，老圃容華，增其縟麗，可爲晚節先導。

茼蒿

邪蒿 邪蒿，嘉祐本草始著錄。葉紋即邪，味亦非正，人鮮食之，紋斜遂以邪名。味辛亦多艾氣。北齊邪峙授經東宮，命廚宰去邪蒿，曰：「此菜有不正之名，非殿下所宜食。」養正之功，固在愼微。

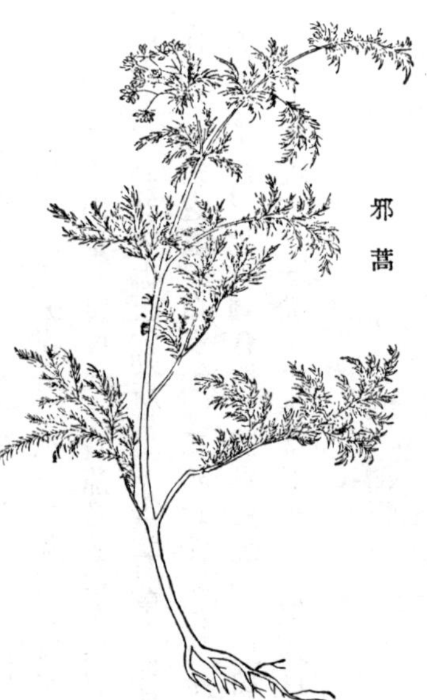
邪蒿

羅勒 羅勒，嘉祐本草始著錄。即蘭香也，術家以羊角、馬蹄燒灰撒濕地卽生羅勒云。救荒本草，香菜，伊洛間種之，卽此。甕牖閒評不識羅勒，乃斥事物紀原因石勒諱改名蘭香爲非，且援鄭穆夢蘭爲證，是直以蘭香爲蘭草矣。金銀白及，泚筆便誤，多識下問，固當不妄雌黄。

羅勒

菠薐

菠薐，嘉祐本草始著錄。嘉話錄：種自頗陵國移來，訛爲菠薐，味滑，利五臟。此菜色味皆佳，廣舶珊瑚，以色如菠菜莖者爲貴，則亦可名珊瑚菜矣。南中四時不絕，以早春初冬時嫩美。東坡詩：「北方苦寒今未已，雪底菠薐如鐵甲；豈知吾蜀富冬蔬，霜葉露芽寒更茁。」大抵江以南皆富冬蔬，而北地之窖生者色尤碧，味尤肥也。惟此菜忽有澁者，乃不能下咽，豈瘠土不材耶？北地三四月間，菜把高如人，肥壯無筋，焯而腊之入湯，鮮綠可愛，目之曰萬年青。聞黑龍江菠薐厚勁如箭鏃，則洵如鐵甲矣。

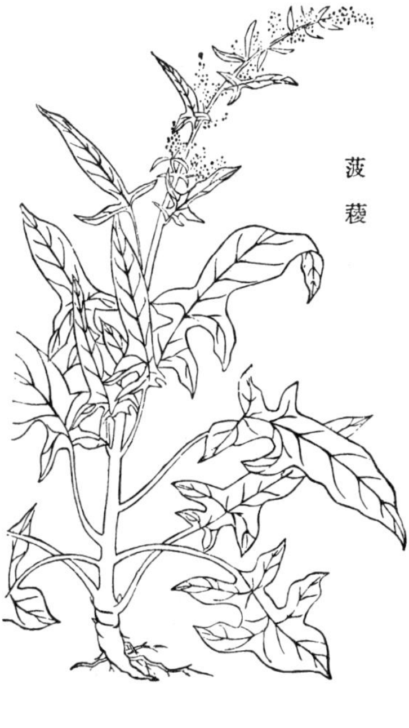

菠薐

灰藋

灰藋，嘉祐本草始著錄，卽灰條菜。其紅心者爲藜；一種圓葉者名和尚頭，味遜。爾雅：蓳，蔓華。說者云：釐卽萊。陸璣詩疏：萊卽藜也，其子可爲飯。救荒本草謂之舜芒穀。藜藿之羹，昔賢所甘，唐宋詩人，猶形歌詠，而後人或以爲落帚，蓬窗續錄乃以爲苜蓿，何其陋也！詢芻錄：古稱藜卽灰莧，老可爲杖，蓋藜杖也。余鄉居時，摘而焯爲蔬，味微鹹，特未蒸以爲羹耳。其莖秋時伐爲杖，輕而有致，髹以漆，則堅耐久，杖鄉者曳扶至便，比戶奉之，非難識也。北地採其子以備荒。於中有所謂蘭花子者，皆是物充之。王世懋蔬疏：藜蒿多生江岸，得不誤爲蔓耶？明饒介詩序：藜科旅生庭中，白露日割而爲帚，是日取藜無蟻，諺云藜未聞可帚，亦恐誤爲落帚也。二草絕不相蒙。雷斅云：白青色是妓女莖，不知何故以爲一類？富貴之家，不噉粗食，窗前草芟夷勿使能植，何由得見？敝襟不掩肘，藜羹常乏斟耶？滇本草：灰滌銀粉菜，作菜食令人不噎隔反胃，煎服治火眼疼痛，洗眼去風熱，可補諸本草。爾雅：拜，蔏藋。注：亦似藜。疏引莊子藜藋柱宇。蓋紅者爲藜，白者爲藋。

按爾雅郭注：王蔧似藜。說文繫傳：今落帚，或謂落藜，初生可食，藜之類也。二物皆生穢地，科茂如樹，葉俱可茹，故曰同類，其實枝葉自迴別。救荒本草有水落藜，亦是灰藋，非落帚也。又繫傳藋，釐草也；徐鍇謂卽灰藋。爾雅：拜，蔏藋，郭注：亦似藜。說文舉其一

灰藋

類，郭注別其二種，本自明顯，徐氏不以藋釋藜。爾雅正義以萊、藋、藜爲一物，而釋蔏藋，仍以有紅綫者爲灰藋，不採嘉祐本草白藋入藥、紅藜堪杖之説，皆偏舉而未融貫也。

蕹菜

蕹菜，詳南方草木狀，嘉祐本草始著録。花葉與旋花無異，惟根不甚長，解冶葛毒。湖南誤食水莽草，亦以此解之。江右、湖南種之，不減閩、粤，余疑與蔏藋苗爲一物。南方種爲蔬，北地則野生麥田中，徒供腯豕耳。其心空中，嶺南夏秋間疑有蛭藏於内，多不敢食。種法如番薯，掐蔓插之即活，一畦足供八口之食。味滑如葵，在嶺南則爲嘉蔬。王世懋云：南京有之，移植不生。易生物亦有不遷地者，何異匹夫不可奪志？雩婁農曰：余壯時以盛夏使嶺南，瘴暑如焚，日啜冷齏；抵贛騾茹蕹菜，未細咀而已下咽矣。每食必設，乃與五穀日益親。蓋其性滑能養竅，中空能疏滯寒，能抑熱。近時阿芙蓉毒天下，有倡爲蕹菜膏者，云可以已癮。余疑鴉片膏中必雜以冶葛，故生吞者毒烈立斃，吸其煙則灼薰積於肺腑，毒發稍緩，如服硫黄然。蕹者，冶葛之所畏也，因其畏而治之，如人面瘡之畏貝母，心腹蟲之畏藍與地黄歟？否則藉其寒滑以爲利導，而熄無根之火耳。然必受害淺者或可以已，不然者，吾以爲杯水車薪之喻。

蕹菜

胡瓜　胡瓜，嘉祐本草始著錄，即黃瓜。杜寶拾遺錄云：隋避諱，改黃瓜也。陳藏器謂石勒諱胡改名，說少異。瓜可食時色正綠，至老結實則色黃如金，鼎俎中不復見矣。有刺者曰刺瓜。齊民要術無藏胡瓜法，蓋不任糟醬。遵生八牋蒜瓜法，醃瓜以大蒜瓣擣爛，與瓜拌勻，酒醋浸，北地多如此。近則與辣子同浸，無蒜氣而耐藏。其秋時結者，曝乾與萵筍薹同法作蔬，極甘脃。

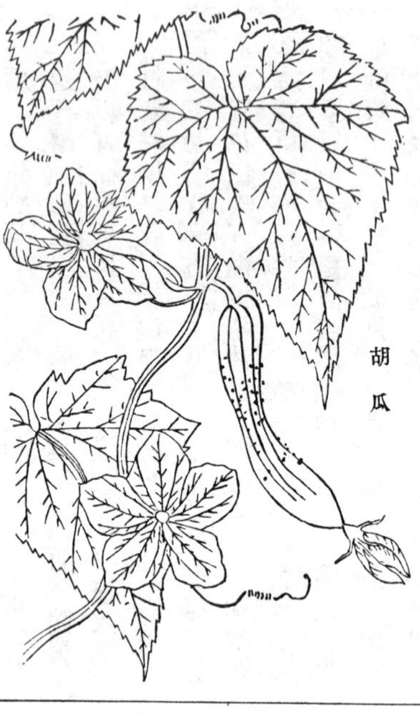
胡瓜

資州生瓜菜　宋圖經：生瓜菜生資州平田陰畦間。味甘，微寒，無毒，治走疰，攻頭、面、四肢，及陽毒、傷寒、壯熱、頭痛、心神煩燥，利胷膈，俗用擣自然汁飲之，及生擣貼腫毒。苗長三四寸，作叢生，葉青圓似白莧菜，春生莖葉，夏開紫白花，結黑細實，其味作生瓜氣，故以爲名。花實無用。

資州生瓜菜

草石蠶　草石蠶，本草會編始著錄。即甘露子，莖花與水蘇同而根如連珠，北地多種之以爲蔬。按拾遺雖有草石蠶之名，而謂根有毛節，葉如卷柏，生山石上。此即俗呼返魂草，已入石草，非甘露也。惟本草會編所述地蠶形狀，正是救荒本草甘露兒，祇可供茹；若除風、破血，恐無此功用。姑仍綱目舊標而辨正之。

雩婁農曰：地蠶味腴，處處食之，而本草不載，其無當於君臣佐使耶？楊升菴以芭蕉之甘露爲蘘荷，後人復因甘露之名，以地蠶爲蘘荷。但古今不聞以芭蕉爲蔬者，或者附會以爲其根可茹，而無人試之，可信否耶？甘露兒未必卽蘘荷，然以補蘘荷之缺，奚不可者？屠本畯玉環菜詩云：「甘露草生何闌珊，堪綴步搖照玉環。」則玉環卽此菜矣。明人不識蘘荷，而屠本畯云：「白者白裏，赤者赤穰。」此何物耶？其味辛，蓋薑類。

草石蠶

白花菜

白花菜，食物本草收之。圃中亦有種者，味近臭，惟宜醃食。亦有黃花者，白瓣黃鬚，臭臭有致，而氣味乃不得相近，圃人種而自食，不知其味若何？久而不聞其臭，彼固日在鮑魚之肆也。存此以見窮民惡食，未必卽以臭爲香。

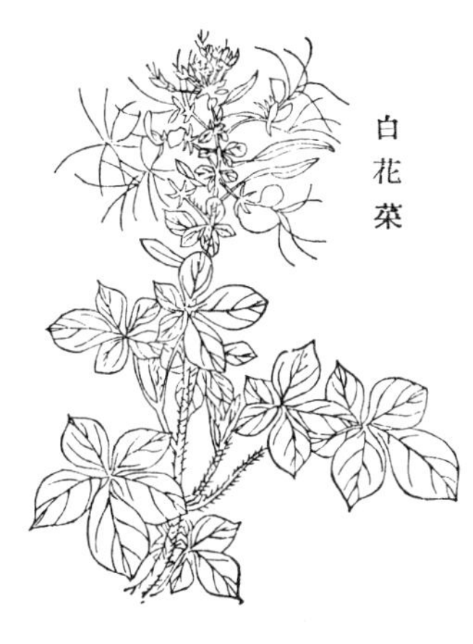

白花菜

黃瓜菜

黃瓜菜，食物本草始著錄。似苦蕒而花

甚細，救荒本草黄鵪菜卽此。此草與薺、苣齊生，而味肥俱不如，彼爲膏粱，此爲草芥矣。竊以飼鵝，蓋雞鶩不與爭也。

黄瓜菜

植物名實圖考卷之五

蔬類

雨點兒菜　白屈菜
蚵蚾菜　山梗菜
山小菜　獾耳菜
回回蒜　地槐菜
泥胡菜　山蓊菜
費菜　紫雲菜
牛尾菜

野胡蘿蔔

救荒本草：野胡蘿蔔生荒野中，苗葉似家胡蘿蔔，俱細小，葉間攛生莖叉，梢頭開小白花，衆花攢開如傘蓋狀，比蛇床子花頭又大，結子比蛇床子亦大，其根比家胡蘿蔔尤細小。味甘，採根洗淨，去皮生食亦可。　按此草處處有之，湖南俚醫呼爲鶴蝨，與天名精同名，亦肖其花，白如鶴子，細如蝨耳。

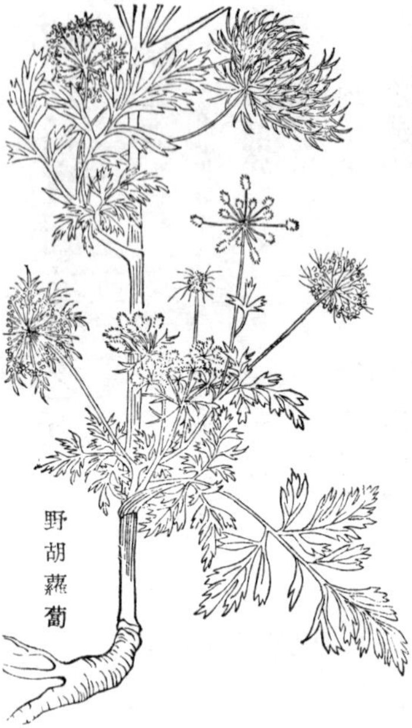

野胡蘿蔔

地瓜兒苗

地瓜兒苗詳救荒本草。方莖，葉似薄荷微長，根如甘露兒更長，味甘。江西田野中亦有之。

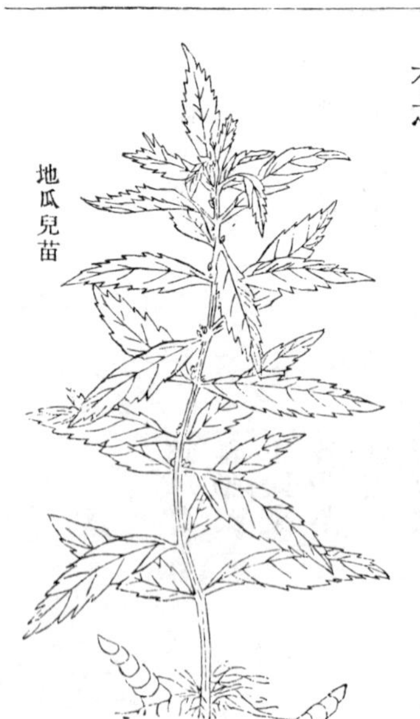

地瓜兒苗

野園荽

救荒本草：野園荽生祥符縣西北田野中。苗高一尺餘，苗、葉，結實皆似家胡荽，但細小瘦窄，味甜，微辛香。採嫩苗葉煠熟，油鹽調食。

按野園荽，南方廢圃砌陰極多，似野胡蘿蔔而科瘦、根小，春時開花結子，五六月卽枯。野胡蘿蔔多生田野，至秋深尚有之。

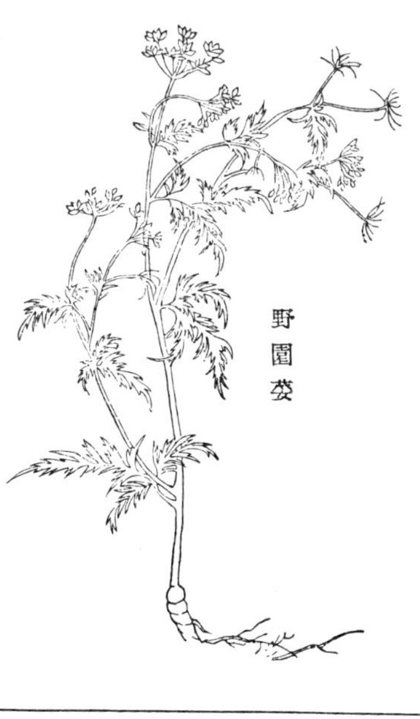

遏藍菜

救荒本草：遏藍菜生田野中下濕地，苗初搨地生，葉似初生菠菜葉而小，其頭頗圓，葉間攛葶分叉，叉上結荚兒，似榆錢狀而小。其葉味辛香，微酸，性微溫。採葉煠熟，水浸取酸辣味，復用水淘淨，作齏，油鹽調食。按此草湖南山坡春時有之，俗呼犁頭草，象其形。有爲蚊蝱嚙者，嚼葉敷之，止癢。

星宿菜

救荒本草：星宿菜生田野中，作小科苗，

生葉似石竹子葉而細小，又似米布袋葉微長，梢上開五瓣小尖白花，苗葉味甜。採苗葉煠熟，油鹽調食。　按此草江西俚醫呼爲單條草，以洗外腎紅腫。

星宿菜

苦瓜

苦瓜，救荒本草謂之錦荔枝，一曰癩葡萄，南方有長數尺者，瓤紅如血，味甜，食之多衄血。徐元扈云：閩、粵嗜之。余所至江右、兩湖、雲南，皆爲圃架時蔬，京師亦賣於肆，豈南烹北徙耶？肥甘之中，揖以苦薏，俗呼解暑之羞，苦口藥石，固當友諫果而兄破睡侯矣。貧者藜藿不糝，五味失和，非有茹蘗之操，何以堪此？滇本草：治一切丹火毒氣、金瘡結毒，遍身芝蔴疔、大疔，疼不可忍者，取葉曬乾爲末，每服三錢，無灰酒下神效；又治楊梅瘡，取瓜花煅爲末；治胃氣疼，滾湯下；治目痛，燈草湯下。皆昔人所未及。

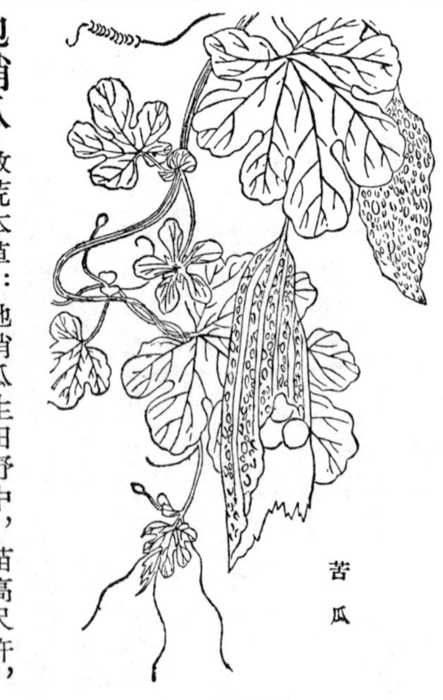

苦瓜

地梢瓜

救荒本草：地梢瓜生田野中，苗高尺許，作地攤科生，葉似獨帚葉而細窄光硬，又似沙蓬葉亦硬，週圍攢莖而生莖葉，開小白花，結角長大如蓮子，兩頭尖艄，狀又似鴉嘴形，名地梢瓜，味甘。其角嫩時，摘取煠食，角若皮硬，剝取角中嫩穰生食。　按山西廢圃中極多，花如木犀，長柄下垂，清香出叢，瓜花皆駢，亦具異狀。瓜有白汁，老則子作絮，正如蘿藦。直隸人謂之老鸛瓢。按詩義疏：蘿藦，幽州人謂之雀瓢。唐本草女青，注：此草卽雀瓢也，生平澤，葉似蘿藦兩兩相對，子似瓢形，大如棗許，故名雀瓢。根似白微，莖葉並臭。又云：蘿藦葉似女青，故亦名雀瓢。據此，則北語老鸛瓢卽雀瓢矣。蘇恭謂子似瓢形頗肖，而葉則迥異蘿藦。或謂生肥地葉亦肥，似旋花葉。草木相似極多，究未知蘇說雀瓢又有別否？大抵二種子皆如針線，固應一類，詩義疏謂之雀瓢，蓋統言之；李時珍未見此草，輒以蘇說根實形狀爲誤，可謂孟浪。而李氏所謂與蘿藦相似，子如豆者，乃臭皮藤，南方至多，北地無是物也。惟女青有雀瓢之名，而諸說紛紛無定解，故不卽以入女青。此草花香而莖葉皆有白汁，氣近臭，亦可謂薰蕕同器矣。

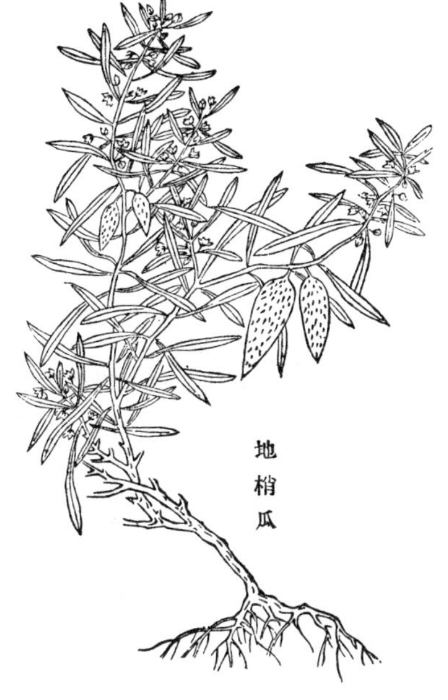
地梢瓜

水蘇子

救荒本草：水蘇子生下濕地，莖淡紫色，對生莖叉，葉亦對生。其葉似地瓜葉而窄，邊有花鋸齒，三叉尖葉下兩傍，又有小叉，葉梢開花黃色，其葉微辛。採苗葉煠熟，油鹽調食。

水落藜 救荒本草：水落藜生水邊，所在處處有之。莖高尺餘，莖色微紅，葉似野灰菜葉而瘦小，

水落藜

味微苦澁，性涼。採苗葉煠熟，換水浸淘洗淨，油鹽調食；曬乾煠食尤好。

山蘿蔔 救荒本草：山蘿蔔生山谷間，田野中亦有之。苗高五七寸，四散分生莖葉，其葉似菊葉而闊大，微有艾香，每莖五七排生，如一大葉，梢間開紫花，根似野胡蘿蔔根而帶黲白色，味苦。採根煠熟，水浸淘去苦味，油鹽調食。

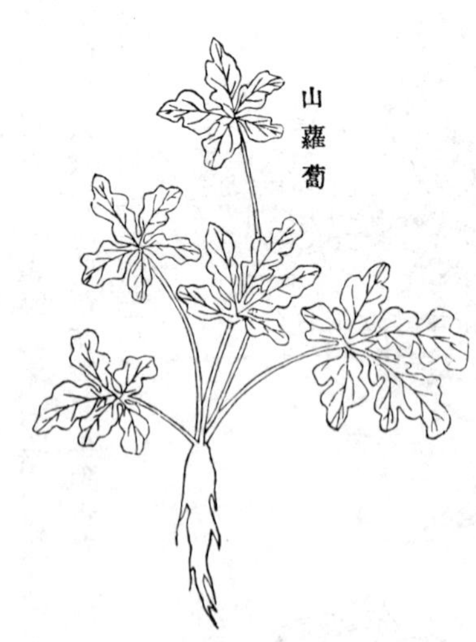

水蘿蔔 救荒本草：水蘿蔔生田野中下濕地，苗初塌地生，葉似薺菜形而厚大，鋸齒尖花，葉又似水芥葉亦厚大，後分莖叉，梢間開淡黃花，結小角兒，根如白菜根而大，味甘辣。採根及葉煠熟，油鹽調食，生亦可食。

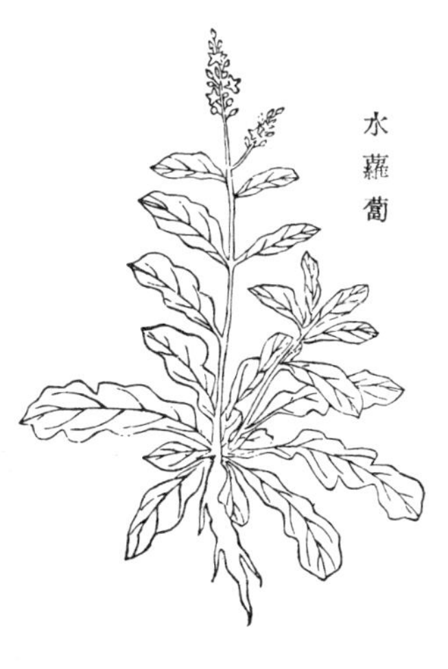

石芥 救荒本草：石芥生輝縣鴉子口山谷中。苗高一二尺，葉似地棠菜葉而闊短，每三葉或五葉攢生一處，開淡黃花，結黑子，苗葉味苦，微辣。採嫩葉煠熟，換水浸去苦味，油鹽調食。

石芥

山苦蕒 救荒本草：山苦蕒生新鄭縣山野中，苗高二尺餘，莖似萵苣葶而節稠，其葉甚花，有三五尖，似花苦苣，其葉甚大，開淡棠褐花，表微紅，味苦。採嫩苗葉煠熟，水淘去苦味，油鹽調食。

山苦蕒

山白菜

山白菜

救荒本草：山白菜生輝縣山野中。苗葉頗似家白菜而葉莖細長，其葉尖艄有鋸齒叉，又似莙薘菜葉而尖瘦亦小，味甜，微苦。採苗葉煠熟，水淘淨，油鹽調食。

山宜菜

救荒本草：山宜菜又名山苦菜，生新鄭縣山野中。苗初塌地生，葉似薄荷葉而大，葉根兩傍有叉，背白，又似青莢兒菜葉亦大，味苦。採苗葉煠熟，油鹽調食。

山宜菜

綿絲菜

救荒本草：綿絲菜生輝縣山野中。高一

二尺，葉似兔兒尾葉但短小，又似柳葉菜葉，亦比短小，梢頭攢生小蓇葖，開黲白花，其葉味甜。採嫩苗葉煠熟，水浸淘淨，油鹽調食。

綿絲菜

鴉葱 救荒本草：鴉葱生田野中。枝葉尖長，搨地而生，葉似初生蜀秫葉而小，又似初生大藍葉細窄而尖，其葉邊皆曲皺，葉中攛葶，吐結小蓇葖，後出白英，味微辛。採苗葉煠熟，油鹽調食。

山葱 救荒本草：山葱一名隔葱，又名鹿耳葱，生

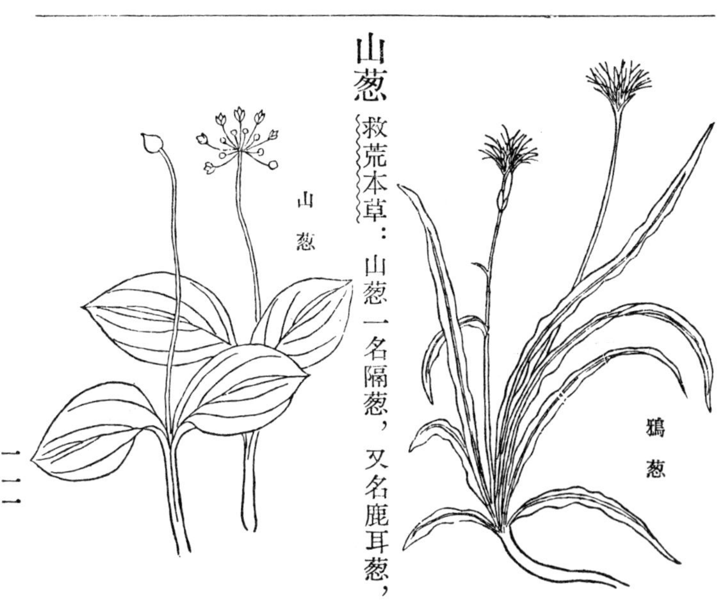

輝縣太行山山野中。葉似玉簪葉微團，葉中攛葶似蒜，葶甚長而澀，梢頭結青蓇葖似葱蓇葖，微開白花，結子黑色，苗味辣。採苗葉煠熟，油鹽調食，生醃食亦可。

節節菜　救荒本草：節節菜生荒野下濕地。科苗甚小，葉似鯿蓬，又更細小而稀疏。其莖多節堅硬，葉間開粉紫花，味甜。採嫩苗揀擇淨煠熟，水浸淘過，油鹽調食。

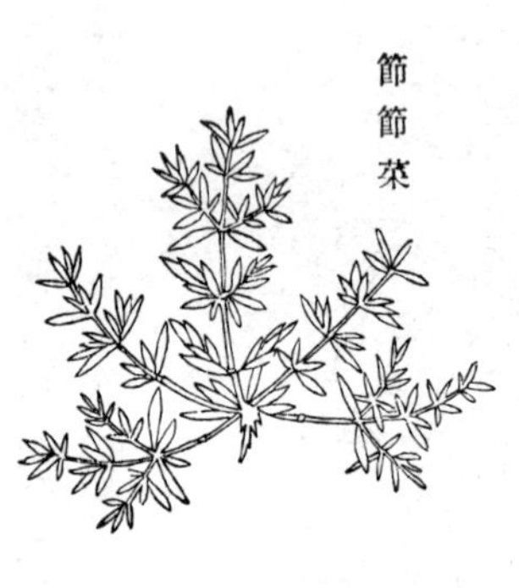
節節菜

老鴉蒜　救荒本草：老鴉蒜生水邊下濕地中。其葉直生，出土四垂，葉狀似蒲而短，背起劍脊，其根形如蒜瓣，味甜。採根煠熟，水浸淘淨，油鹽調食。　按本草綱目以此爲石蒜，根形殊不類。

老鴉蒜

山萵苣　救荒本草：山萵苣生輝縣山野間。苗葉塌地生，葉似萵苣葉而小，又似苦苣葉而却寬大，葉脚花叉頗少，葉頭微尖，邊有細鋸齒，葉間擷葶開淡黄花，苗葉味微苦。採苗葉煠熟，水浸淘去苦味，油鹽調食，生揉亦可食。

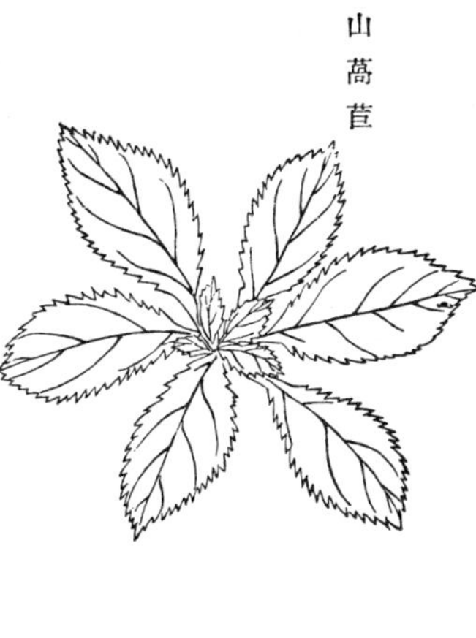

水莴苣

救荒本草：水莴苣一名水菠菜，水邊多生。苗高一尺許，葉似麥藍葉而有細鋸齒，兩葉對叉，叉生兩枝，梢間開青白花，結小青蓇葖如小椒粒大，其葉味微苦，性寒。採苗葉煠熟，水淘淨，油鹽調食。

野蔓菁

救荒本草：野蔓菁生輝縣栲栳圈山谷中。

野蔓菁

苗葉似家蔓菁葉而薄小，其葉頭尖艄，葉脚花叉甚多，葉間花出枝叉上，開黄花，結小角，其子黑色，根似白菜根頗大，苗、葉、根味微苦。採苗葉煠熟，水浸淘淨，油鹽調食；或採根換水煮去苦味食之亦可。

水蔓菁

救荒本草：水蔓菁一名地膚子，生中牟縣南沙堈中。苗高一二尺，葉彷彿似地瓜兒葉，却甚短小，捲邊窊面，又似雞兒腸葉頗尖艄，梢頭出穗，開淡藕絲褐花，葉味甜。採苗煠熟，油鹽調食。

水蔓菁

山蔓菁

救荒本草：山蔓菁生鈞州山野中。苗高一二尺，莖葉皆萵苣色，葉似桔梗葉頗長艄，而不對生，又似山小菜葉微窄。根形類沙參，如手指麄，其皮灰色，中間白色，味甜。採根煮熟，生食亦可。

山蔓菁

山芹菜

救荒本草：山芹菜生輝縣山野間。苗高一尺餘，葉似野蜀葵葉稍大，而有五叉，又似地牡丹葉亦大，葉中攛生莖叉，梢結刺毬如鼠粘子刺毬而小，開花黪白色，葉味甘。採苗葉煠熟，水浸淘淨，油鹽調食。

山芹菜

銀條菜

救荒本草：銀條菜，所在人家園圃多種。苗葉皆似萵苣長細，色頗青白，攛葶高二尺許，開四瓣淡黃花，結蒴似蕎麥蒴而圓，中有小子如油子大，淡黃色，其葉味微甘，性涼。採苗葉煠熟，水浸淘淨，油鹽調食，生揉亦可。

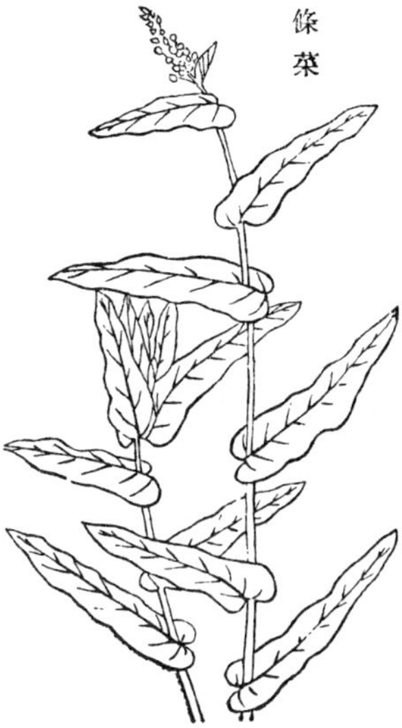

銀條菜

珍珠菜

救荒本草：珍珠菜生密縣山野中。苗高二尺許，莖似蒿稈，微帶紅色，其葉狀似柳葉而極細小，又似地梢瓜葉，頭出穗，狀類鼠尾草，穗開白花，結子小如菉豆粒，黃褐色，葉味苦澀。採葉煠熟，換水浸去澀味，淘淨，油鹽調食。

按黃山志：眞珠菜藤本蔓生，暮春發芽；每芽端綴一二蘂，圓白如珠，葉肥綠如茶。連蘂葉腤之，香甘鮮滑，他蔬讓美焉。與此異種。

珍珠菜

涼蒿菜　救荒本草：涼蒿菜又名甘菊芽，生密縣山野中。葉似菊花葉而長細尖艄，又多花叉，開黄花，其葉味甘。採葉煠熟，换水浸淘淨，油鹽調食。

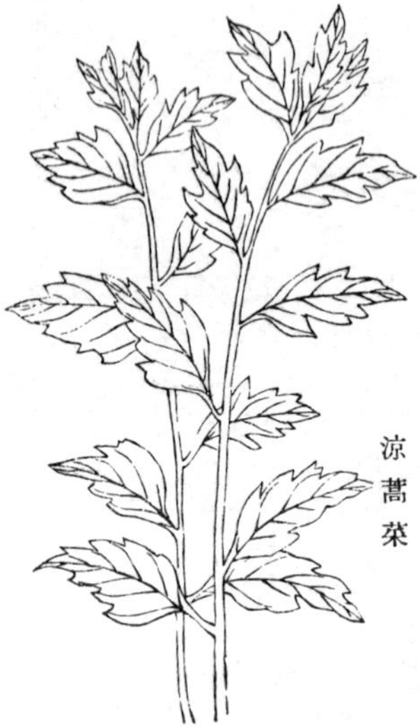

涼蒿菜

雞腸菜　救荒本草：雞腸菜生南陽府馬鞍山荒野中。苗高二尺許，莖方色紫，其葉對生，葉似菱葉樣而無花叉，又似小灰菜葉形樣微匾，開粉紅花，結碗子蒴兒，葉味甜。採苗葉煠熟，水淘淨，油鹽調食。

雞腸菜

鸘兒菜　救荒本草：鸘兒菜生密縣山澗中。苗葉塌地生，葉似匙頭樣頗長，又似耳朵菜而葉稍小，微澀，又似山萵苣葉亦小頗硬，而頭微團，味苦。

採苗葉煠熟，換水浸淘淨，油鹽調食。

蔥兒菜

歪頭菜

救荒本草：歪頭菜出新鄭縣山野中。細莖，就地叢生，葉似豇豆葉而狹長，背微白，兩葉並生一處，開紅紫花，結角比豌豆角短小匾瘦，葉味甜。採葉煠熟，油鹽調食。

歪頭菜

蠍子花菜

救荒本草：蠍子花菜又名虼蚤花，一名野菠菜，生田野中。苗初搨地生，葉似初生菠菜葉而瘦細，葉間攛生莖叉，高一尺餘，莖有線楞，梢間開小白花。其葉味苦。採嫩葉煠熟，水淘淨，油鹽調食。

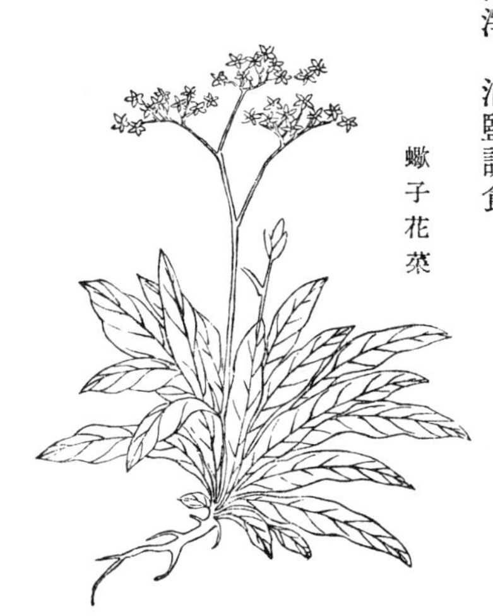

蠍子花菜

耬斗菜

救荒本草：耬斗菜生輝縣太行山山野中。小科苗就地叢生，苗高一尺許，莖梗細弱，葉似牡丹葉而小，其頭頗圓，味甜。採葉煠熟，水浸淘淨，油鹽調食。

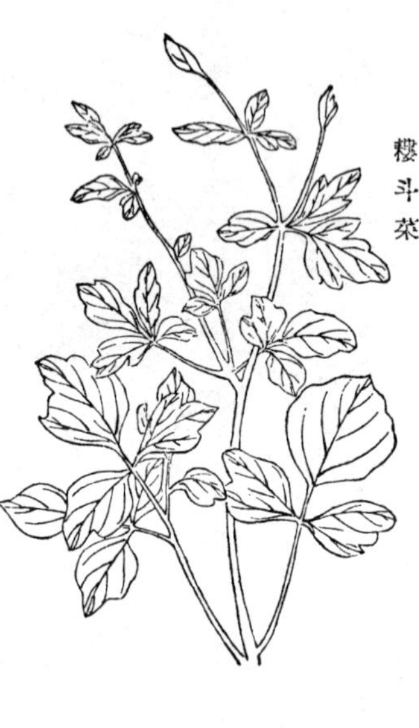
耬斗菜

毛女兒菜

救荒本草：毛女兒菜生南陽府馬鞍山中。苗高一尺許，葉似綿系菜葉而微尖，又似兔兒尾葉而小，莖葉皆有白毛，梢間開淡黃花如大黍粒數十顆，攢成一穗，味甘酸。採苗葉煠熟，水浸淘淨，油鹽調食，或拌米麵蒸食亦可。

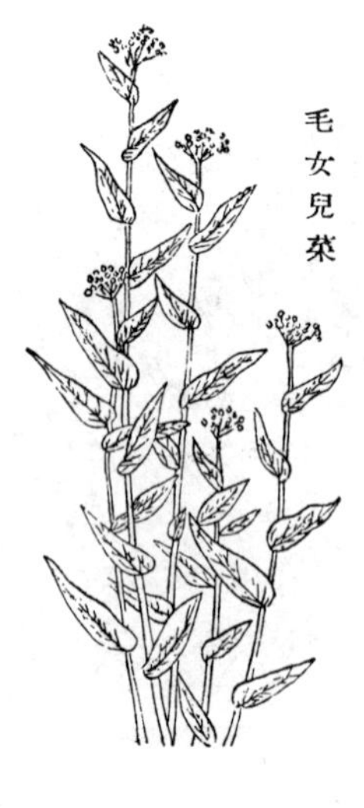
毛女兒菜

甌菜

救荒本草：甌菜生輝縣山野中。就地作小科

甌菜

苗生，莖、叉、葉似山莧菜葉而有鋸齒，又似山小菜葉，其鋸齒比之卻小，味甜。採嫩苗葉煠熟，水浸淘淨，油鹽調食。

杓兒菜

救荒本草：杓兒菜生密縣山野中，苗高一二尺，葉類狗掉尾葉而窄頗長，黑綠色，微有毛澁，又似耐驚菜葉而小軟薄，梢葉更小，開碎瓣淡黃白花，其葉味苦。採葉煠熟，水浸去苦味，淘洗淨，油鹽調食。

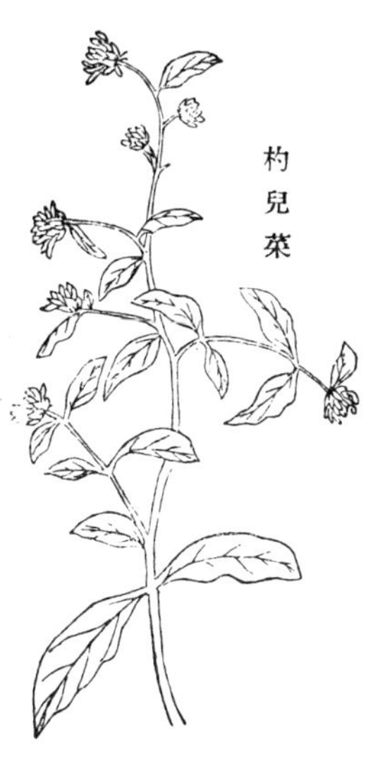

杓兒菜

變豆菜

救荒本草：變豆菜生輝縣太行山山野中。其苗葉初作地攤科生，葉似地牡丹葉極大，五花叉，鋸齒尖，其後葉中分生莖叉，梢葉頗小，上開白花，其葉味甘。採葉煠熟，作成黃色，換水淘淨，油鹽調食。

變豆菜

獐牙菜

救荒本草：獐牙菜生水邊。苗初搨地生，葉似龍鬚菜葉而長窄，菜頭頗團而不尖，其葉嫩薄，又似牛尾菜葉亦長窄，其根如牙根而嫩，皮色黑灰，味甜。掘根洗淨煮熟，油鹽調食。

獐牙菜

水辣菜　救荒本草：水辣菜生水邊下濕地中。莖高一尺餘，莖圓，葉似鷄兒腸葉頭微齊短，又似馬蘭頭葉亦更齊短，其葉抪莖生，梢間出穗如黃蒿穗，其葉味辣。採嫩苗葉煠熟，換水淘去辣氣，油鹽調食，生亦可食。　按此草江西、湖南河瀕亦有之，作蒿氣，與唐本草注齊頭蒿相類，殆卽一草，詳牡蒿下。

水辣菜

獨行菜　救荒本草：獨行菜又名麥稭菜，生田野中。科苗高一尺許，葉似水棘針葉微短小，又似

獨行菜

水蘇子葉亦短小狹窄，作瓦隴樣，梢出細葶，開小黲白花，結小青蓇葖，小如菉豆粒，葉味甜。採嫩苗葉煠熟，換水淘淨，油鹽調食。

葛公菜 救荒本草：葛公菜生密縣韶華山山谷間。苗高二三尺，莖方，窊面四楞，對分莖叉，葉方對生，葉似蘇子葉而小，又似荏子葉而大，梢間開粉紅花，結子如小米粒而茶褐色，其葉味甜，微苦。採嫩葉煠熟，水浸去苦味，換水淘淨，油鹽調食。

葛公菜

委陵菜 救荒本草：委陵菜一名翻白菜，生田野中。苗初搨地生，後分莖叉，莖節稠密，上有白毛，葉彷彿類柏葉而極闊大，邊如鋸齒形，面青背白，又似雞腿兒葉而却窄，又類鹿蕨葉亦窄，莖葉梢間，開五瓣黄花，其葉味苦微辣。採苗葉煠熟，水浸淘淨，油鹽調食。

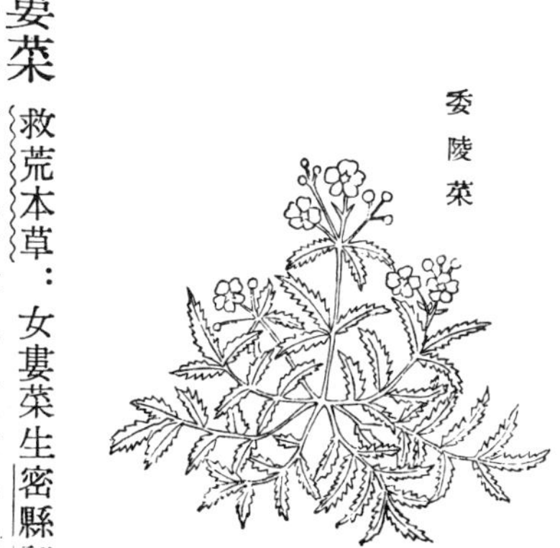

委陵菜

女婁菜 救荒本草：女婁菜生密縣韶華山山谷中。苗高一二尺，莖叉相對分生，葉似旋覆花葉頗短，色微深綠，捇莖對生，梢間出青蓇葖，開花微吐白蘂，結實青子如枸杞微小，其葉味苦。採嫩苗葉煠熟，換水浸去苦味，淘淨，油鹽調食。

女婁菜

麥藍菜

救荒本草：麥藍菜生田野中。莖葉俱深蒿苣色，葉似大藍梢葉而小頗尖，其葉抱莖對生，每一葉間攛生一叉，莖叉梢頭開小肉紅花，結蒴有子似小桃紅子，苗葉味微苦。採嫩苗葉煠熟，水浸淘淨，油鹽調食。

麥藍菜

匙頭菜

救荒本草：匙頭菜生密縣山野中。作小科苗，其莖面窊背圓，葉似圓匙頭樣，有如杏葉

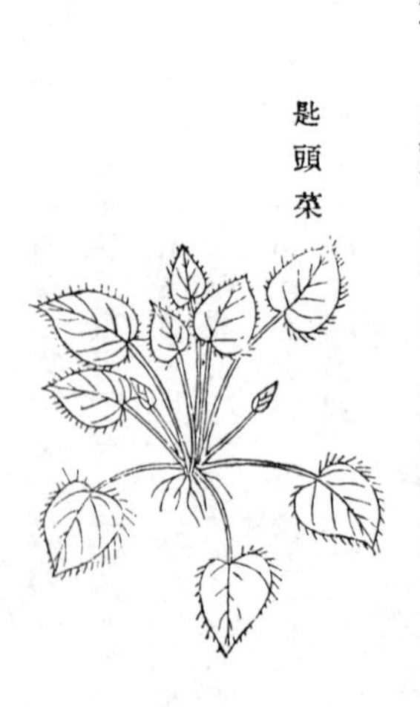

匙頭菜

大，邊微鋸齒，開淡紅花，結子黃褐色，其葉味甜。採葉煠熟，水浸淘淨，油鹽調食。

舌頭菜

救荒本草：舌頭菜生密縣山野中。苗葉塌地生，葉似山白菜葉而小，頭頗團，葉面不皺，比小白菜葉亦厚，狀類猪舌形，故以爲名。味苦。採葉熟水浸去苦味，換水淘淨，油鹽調食。

柳葉菜

救荒本草：柳葉菜生鄭州賈峪山山野中。苗高二尺餘，淡黃色，葉似柳葉而厚短，有澀毛，梢間開四瓣深紅花，結細長角兒，其葉味甜。採苗葉煠熟，油鹽調食。

山甜菜

救荒本草：山甜菜生密縣韶華山山谷中。苗高二三尺，莖青白色，葉似初生綿花葉而窄，

柳葉菜

花叉頗淺，其莖葉間開五瓣淡紫花，結子如枸杞子，生則青，熟則紅，葉味苦。採葉煠熟，換水浸，淘去苦味，油鹽調食。

粉條兒菜　救荒本草：粉條兒菜生田野中。其葉初生，就地叢生，長則四散分垂，葉似萱草葉而瘦細微短，葉間擴葶開淡黃花，葉甜。採葉煠熟，淘洗淨，油鹽調食。

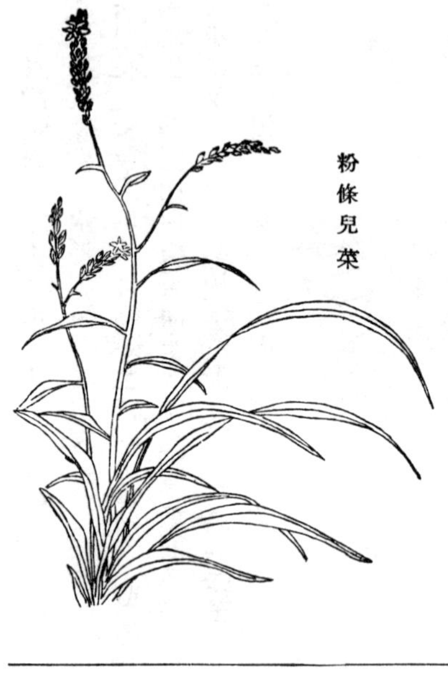
粉條兒菜

辣辣菜　救荒本草：辣辣菜生荒野，今處處有之。苗高五七寸，初生尖葉，後分枝，莖上出長葉，開細青白花，結小匾蒴，其子似米蒿子，黃色，味辣。採嫩苗葉煠熟，水浸淘淨，油鹽調食。

辣辣菜

青莢兒菜　救荒本草：青莢兒菜生輝縣太行山山野中。苗高二尺許，對生莖叉，葉亦對生，其葉面青背白，鋸齒三叉葉，脚葉花叉頗大，狀似荏子葉而狹長尖觧，莖葉梢間開五瓣小黃花，衆花攢開，形如穗狀，其葉味微苦。採苗葉煠熟，換水浸淘去苦味，油鹽調食。

青莢兒菜

八角菜

救荒本草：八角菜生輝縣太行山山野中。

八角菜

苗高一尺許，苗莖甚細，其葉狀類牡丹葉而大，味甜。採嫩苗葉煠熟，水浸淘淨，油鹽調食。

地棠菜

救荒本草：地棠菜生鄭州南沙堈中。苗高一二尺，葉似地棠花葉甚大，又似初生芥菜葉微狹而尖，味甜。採嫩苗葉煠熟，油鹽調食。

地棠菜

雨點兒菜

救荒本草：雨點兒菜生田野中。就地叢生，其莖脚紫梢青，葉如細柳葉而窄小，抪莖而生，又似石竹子葉而頗硬，梢間開小尖五瓣白花，結角比蘿蔔角又大。其葉味甘。採葉煠熟，水浸淘過，淘洗令淨，油鹽調食。

雨點兒菜

白屈菜

救荒本草：白屈菜生田野中。苗高一二尺，初作叢生，莖葉皆青白色，莖有毛刺，梢頭分叉，上開四瓣黃花，葉頗似山芥菜葉而花叉極大，又似漏蘆葉而色淡，味苦微辣。採葉和淨土，煮熟撈出，連土浸一宿，換水淘洗淨，油鹽調食。

白屈菜

蚵蚾菜

救荒本草：蚵蚾菜生密縣山野中。苗高二三尺許，葉似連翹葉微長，又似金銀花葉而尖，紋皺卻少，邊有小鋸齒，開粉紫花，黃心，葉味甜。採嫩苗葉煠熟，水浸淨，油鹽調食。

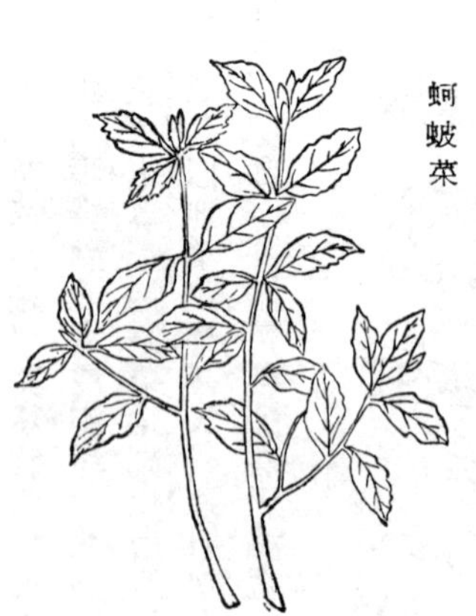
蚵蚾菜

山梗菜

救荒本草：山梗菜生鄭州賈峪山山野中。苗高二尺許，莖淡紫色，葉似桃葉而短小，又似柳葉菜葉亦小，梢間開淡紫花，其葉味甜。採嫩葉煠熟，淘洗淨，油鹽調食。

山梗菜

山小菜

救荒本草：山小菜生密縣山野中。科苗高二尺餘，就地叢生，葉似酸漿子葉而窄小，面有細紋脈，邊有鋸齒，色深綠，又似桔梗葉頗長艄，味苦。採葉煠熟，水浸淘去苦味，油鹽調食。

山小菜

獾耳菜

救荒本草：獾耳菜生中牟平野中。苗長

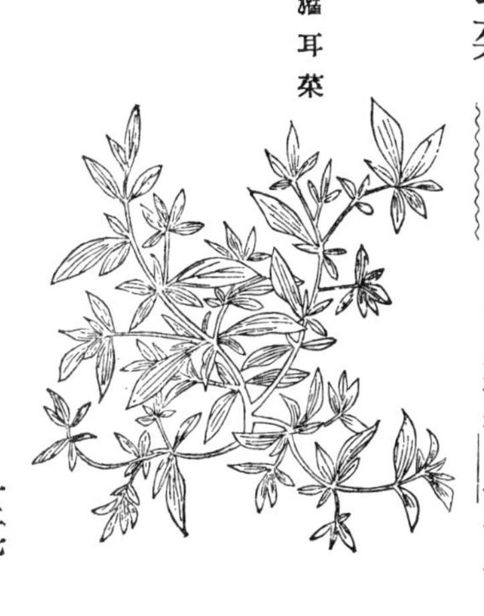

獾耳菜

尺餘，莖多枝叉，其莖上有細綫楞，葉似竹葉而短小亦軟，又似蕎蓄葉却頗闊大而叉尖，莖葉俱有微毛，開小黲白花，結細灰青子，苗葉味甘。採嫩苗葉煠熟，水浸淘淨，油鹽調食。

回回蒜

救荒本草：回回蒜一名水胡椒，又名蠍虎草，生水邊下濕地。苗高一尺許，葉似野艾蒿而硬，又甚花叉，又似前胡葉頗大，亦多花叉，苗莖梢頭開五瓣黃花，結穗如初生桑椹子而小，又似初生蒼耳實亦小，色青，味極辛辣，其葉味甜。採葉煠熟，換水浸淘淨，油鹽調食，子可擣爛調菜用。

回回蒜

地槐菜

救荒本草：地槐菜一名小蟲兒麥，生荒野中。苗高四五寸，葉似石竹子葉極細短，開小黄白花，結小黑子，其葉味甜。採葉煠熟，水浸淘淨，油鹽調食。

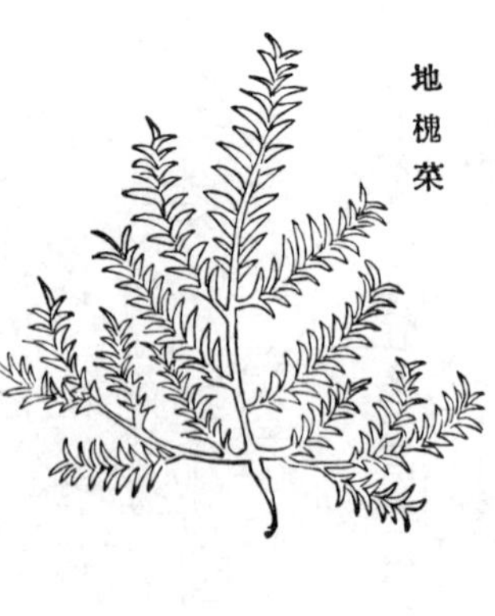

地槐菜

泥胡菜

救荒本草：泥胡菜生田野中。苗高一二

尺，莖梗繁多，葉似水芥菜葉頗大，花叉甚深，又似風花菜葉，却比短小，葉中攛葶，分生莖叉，梢間開淡紫花似刺薊花，苗葉味辣。採嫩苗葉煠熟，水洗淘淨，油鹽調食。

泥胡菜

山蓊菜

救荒本草：山蓊菜生密縣山野中。苗初塌地生，其葉之莖，背圓面窊，葉似初出冬蜀葵葉，梢五花叉，鋸齒邊，又似蔚臭苗葉而硬厚頗大，後攛莖叉，莖深紫色，梢葉頗小，味微辣。採苗葉煠熟，換水浸淘淨，油鹽調食。

山蓊菜

費菜

救荒本草：費菜生輝縣太行山車箱衝山野間。苗高尺許，似火焰草葉而小，頭頗齊，上有鋸齒，其葉搽莖而生，葉梢上開五瓣小尖淡黃花，結五瓣紅小花蒴兒苗葉味酸。採嫩苗葉煠熟，換水淘去酸味，油鹽調食。

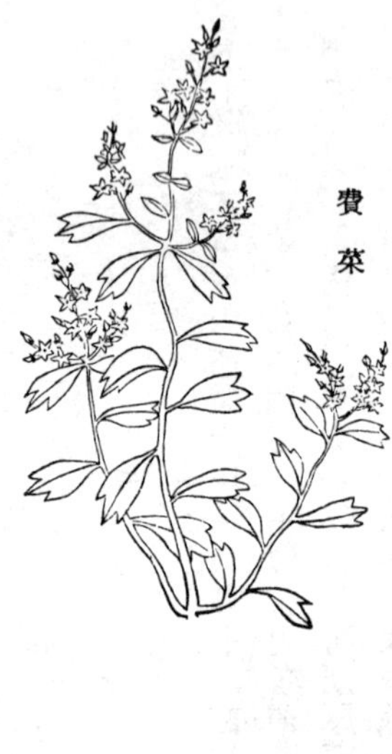
費菜

紫雲菜

救荒本草：紫雲菜生密縣傅家衝山野中。苗高一二尺，莖方紫色，對節生叉，葉似山小菜葉頗長，抪梗對生，葉頂及葉間開淡紫花，其葉味微苦。採嫩苗葉煠熟，水浸淘去苦味，油鹽調食。

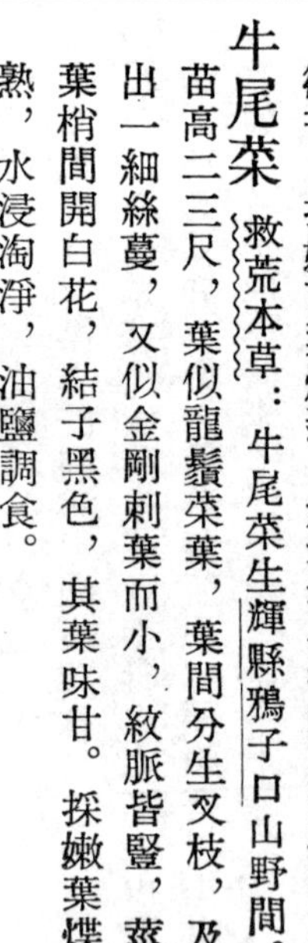
紫雲菜

牛尾菜

救荒本草：牛尾菜生輝縣鴉子口山野間。苗高二三尺，葉似龍鬚菜葉，葉間分生叉枝，及出一細絲蔓，又似金剛刺葉而小，紋脈皆豎，莖葉梢間開白花，結子黑色，其葉味甘。採嫩葉煠熟，水浸淘淨，油鹽調食。

牛尾菜

植物名實圖考卷之六

蔬類

甘藷

甘藷，詳南方草木狀，即番藷；本草綱目始收入菜部。近時種植極繁，山人以爲糧，偶有以爲蔬者。南安十月中有開花者，形如旋花。又遵義府志：有一種野生者，俗名茅狗薯，有製以亂山藥者，饑年人掘取作餈。按甘藷，南方草物狀謂出武平、交阯、興古、九眞，其爲中華產也久矣；閩書乃謂出西洋呂宋，中國人截取其蔓入閩，何耶？海澄縣志載余應桂爲令，嗜番薯，或啖不去皮，因有番薯之稱。今紅、白二種，味俱甘美，湖南洞庭湖壖尤盛，流民掘其遺種，冬無饑饉。徐光啓甘藷疏，諄諄仁人之言，惜未及見是物之踰汶踰淮也。

雩婁農曰：南北剛柔燥濕，民生其間者異宜，然數百年必遷移雜糅，而後有傑者出焉。漢焚老上之庭，而金日磾奕葉珥貂於長安；晉之東遷，而王謝盛於江左，豈以非是不能變其剛柔而蕃其族類乎？中華之穀蔬草木，不可勝食，不可勝用矣。苜蓿、葡萄，天馬偕來；胡麻、胡瓜，相傳攜於鑿空之使；近時木棉、番藷，航海逾嶺而江、而淮、而河，而齊、秦、燕、趙；冬日之陽，夏日之陰，不召自來，何其速也？夫食人、衣人，造物何不自生於中土，必待越鯷壑、探虎穴而後以生、以息，豈從來者艱，而人始知寶貴耶？抑中土實有之，而培植取用，不如四裔之精詳耶？易之爲書，八卦相錯，然則東西南朔之氣，必參伍錯綜，通變極數，而後大生、廣生，无方、无體歟？

甘藷

蔊菜

蔊菜，本草綱目收之，俗呼辣米子，田野多有，人無種者，蓋野菜也。江西志以朱子供蔬，

蔊菜

遂矜爲奇品，云生源頭至潔之地，不常有，亦耳食之論。吾鄉人摘而醃之爲葅，殊清辛耐嚼。伶仃小草，其與薺殆辛甘，各據其勝。然薺不擇地而生，此草惟生曠野，喜清而惡濁，蓋有之矣。

胡蘿蔔 胡蘿蔔，本草綱目始收入菜部，南方秋冬方食，北地則終年供茹。或云元時始入中國，元之東也，先得滇，故滇之此蔬，尤富而巨，色有紅、黃二種，然其味與邪蒿爲近，嗜大尾羊者，必合而烹之。其亦元之食憲章歟？

胡蘿蔔

南瓜 南瓜，本草綱目始收入菜部，疑即農書陰瓜，處處種之，能發百病。北省志書列東、西、南、北四瓜，東蓋冬瓜之訛，北瓜有水、麪二種，形色各異，南產始無是也。又有番瓜，類南瓜，皮黑無棱。曹縣志云：近多種此，宜禁之。瓜何至有禁？番物入中國多矣，有益於民則植之，毋亦白

南瓜

兔御史，求旁舍瓜不得而騰言乎？

絲瓜　絲瓜，本草綱目始收入菜部，處處種之。其瓤有絡，俗呼爲瓤，以代拭巾，綱目備載諸方頗驗。此瓜無甚味而不宜人，鄉人易種而耐久，以隙地種之，江湖間有長至五六尺者。宋杜北山詩：「數日雨晴秋草長，絲瓜延上瓦牆生。」老圃秋藤，宛然在目。趙梅隱詩云：「黃花褪束綠身長，百結絲包困曉霜；虛瘦得來成一捻，剛偎人面染脂香。」玩末句，殆以其可爲拭巾耶？老學菴筆記：絲瓜滌研磨洗，餘漬皆盡，而不損研。則菅蒯之餘，乃登大雅之席。

絲瓜

攬絲瓜　攬絲瓜生直隸，花葉俱如南瓜，瓜長尺餘，色黃，瓤亦淡黃，自然成絲，宛如刀切。以箸攬取，油鹽調食，味似撇藍。性喜寒，擱種至南，秋深方實，不中食矣。

攬絲瓜

套瓜 套瓜生雲南，蔓延都似金瓜，而瓜作兩層，如大瓜含小瓜。味淡不中啖，種以爲玩。山西亦有，不入蔬品。

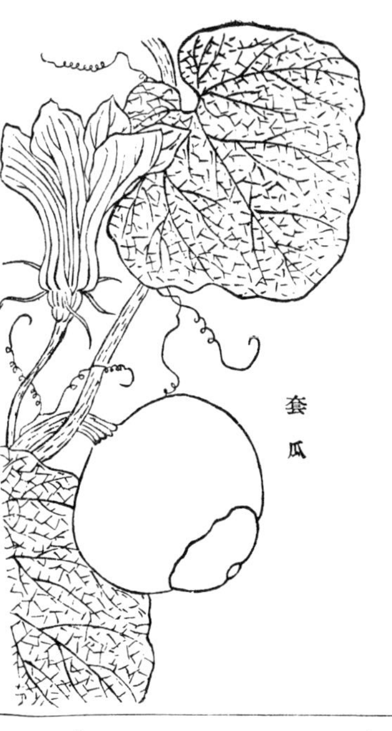
套瓜

水壺盧 水壺盧，山西、直隸皆有之，大體類南瓜而葉多花杈，花則無異。瓜有青、花、白數種，早種速成，肉縷多汁，而農圃不廣植。蓋烹以豢腴，則得味外味，而煮以蔬鹽，則如水濟水，膏粱者爽口之鯖，乃菜色者淨腸之草也。

水壺盧

排菜 排菜產長沙，芥屬也。花葉細長，細莖叢茁，數十莖爲族，春抽葶如扁雞冠，闊幾二寸，葶上細莖與花雜放，花如芥菜花，頭重莖彎如屈鈎，生不中啖，土人瀹以爲齏，酸頗醒脾。賣菜者皆焯以入市，黄色如金，羹臛油灼，蓋每食必設也。

排菜

上海縣志：芥有細莖扁心，名銀絲芥，或即是此菜，味以酸辛爲上，芥之品盛於南，嗜辛者多也，不辛則鬱積而使之酸，乃津津有味。沈石田戲爲疏介夫傳，有曰：「平生口刺刺抉人是非，不少假借，被其中者，或至流涕、出涕、發汗。」每食芥輒憶其語，爲之噴飯。夫出涕、發汗，而人猶嗜之，毋亦肺腑中有所甚樂，欲已而不能者？彼一味於甘而不知他味者，必其胷間有物據焉，如小兒嗜土炭矣。

霍州油菜

霍州油菜，二月生苗，葉如蠶豆葉而細柔；一枝三葉，莖綠肥如小指，作穗尤肥密，開花如刀豆花，色黃，結角，搾其子爲油，其莖與蕓薹同味，微苦。春遲草淺，此蔬早薦，旅館案酒，滿齒清腴，霍山以北，不見此菜矣。

霍州油菜

芥藍

芥藍，嶺南及寧都多種之，一作芥蘭。南越

筆記謂其葉有鉛，不宜多食。　按此是烹食，其葉亦擘取之，肥厚冬生，土人嗜之，其根細小，與北地擻藍迥別，自來紀述家多併爲一種。蓋北人知擻藍不見芥藍，閩、廣知芥藍不見擻藍，但取呼名相類耳。嶺南雜記：芥蘭甘辛如芥，葉藍色，鍊之能出鉛，又名隔藍。僧云六祖未出家時爲獵戶，不茹葷血，以此菜與野味同鍋隔開，

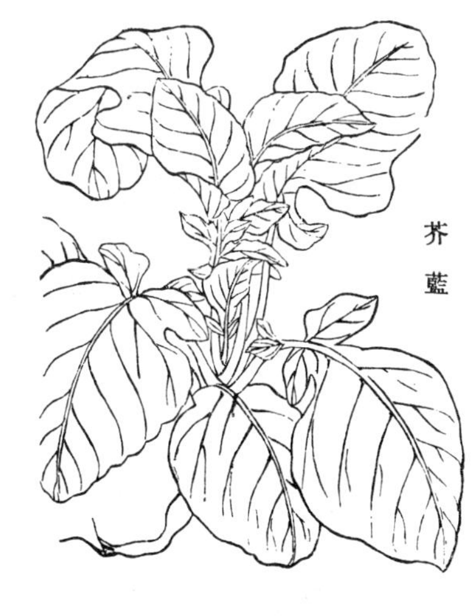
芥藍

煮熟食之，故名。閩書：芥藍菜葉如藍而厚，青碧色，蜀中萬年青極相類，但此一年一種，萬年青累歲不易，味稍苦耳。則蜀中亦產，不止閩、粵。廣東志：諺曰：「多食馬藍，少食芥藍。」則不惟形狀與擻藍異，性亦迥異。

木耳菜

木耳菜產南安，一名血皮菜。紫莖，葉面綠，背亦紫，長葉如莧而多疎齒，土人嗜之，味滑如落葵；亦治婦科血病，酒煎服有效云。|十

木耳菜

八灘篙工皆贛人，既喜茹其土之所産，又以價賤，買而齏之、曝之。箬篷餘綠，菜把堆紅，樹零山瘦，霜隕灘清，滿如載丹葉而出秋林也。余戲謂贛人赤米、血菜、紅蘿蔔、紫甘藷，蔓菁賁灰，醉潮登頰，一飯之間，何止二紅？

野木耳菜

野木耳生南安，斑莖葉如菊，而無杈歧，花如蒲公英，長蔕短瓣，不甚開放，花老成絮，土人食之，亦野菜也。

野木耳菜

諸葛菜

諸葛菜，北地極多，湖南間有之。初生葉如小葵，抽葶生葉如油菜，莖上葉微寬，有圓齒，亦抱莖生，春初開四瓣紫花，頗嬌，亦有白花者，耐霜喜寒，京師二月已舒萼矣。汋食甚滑，細根，非蔓菁一名諸葛菜也。按爾雅：菲，蒠菜。郭注：菲草生下濕地，似蕪菁，華紫赤色，可食。陸璣詩疏：菲似葍，莖麤葉厚而長，有毛，三月

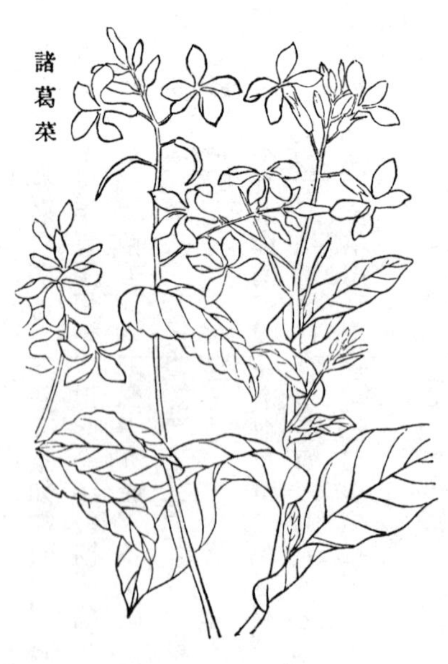

諸葛菜

中蒸爲茹滑美，可作羹，幽州人謂之芴，今河內人謂之宿菜。按其形狀，正是此菜。北地至多，皆生廢圃中，無種植者。因宿根而生，故呼宿菜，不知何時誤呼諸葛也。江西有一種藤菜，與此相類，而葉似蘿蔔，然二菜皆無大根，非蔓菁比。爾雅又有菲、芴，郭注以爲土瓜，固同名而異物矣。

辣椒

辣椒

辣椒處處有之，江西、湖南、黔、蜀，種以爲蔬。其種尖、圓、大、小不一，有柿子、筆管、朝天諸名，蔬譜、本草皆未晰，惟花鏡有番椒，即此。遵義府志：番椒通呼海椒，一名辣角，每味不離，長者曰牛角，仰者曰纂椒，味尤辣，柿椒或紅或黃，中盆玩，味之辣至此極矣。或研爲末，每味必偕，或以鹽醋浸爲蔬，甚至熬爲油、煿諸火而嚙之者，其胷膈寒滯，乃至是哉。古人之食，必得其醬，所以調其偏而使之平，故有食醫掌之。後世但取其味膏腴，炰炙既爲富貴膏肓，貧者茹生菜山居者，或淡食，而產蔗之區，乃以飴爲鹹，雖所積不同，而其留著胷中格格不能下則一也。薑桂之性，尚可治其小患，至脾胃抑塞，攻之不可，則必以烈山焚澤，去其頑梗而求通焉，番椒之謂矣。

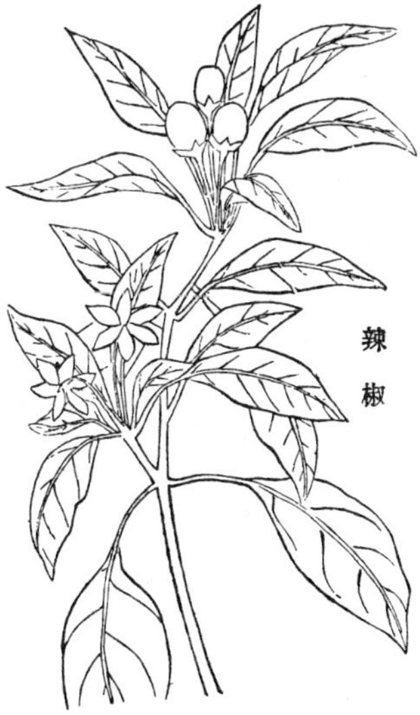

豆葉菜

豆葉菜，廬山、衡山皆有之，葉莖如大豆，亦有毛，寺僧以爲蔬，矜言佛祖留此，以養緇徒云。宋犖西陂類稿：盤山拙公以野蔬見寄，蔬名杏葉、豆葉，豆葉惟盤山與匡廬有之。盛京志：杏葉菜，葉似杏，山蔬之可食者。按一統志：江西南昌羅漢菜如豆苗，因靈觀尊者自西山持至，故名。湖廣蘄州二角山亦有之，舊傳有異僧所種，若雜葷物，便無味，疑卽此豆葉菜也。蓋大山中皆有之，特無拈出者，多不識耳。廬山有豆葉坪，實產此菜，余過廬山，遣力往取之，道中不得烹飪，覩其形不知其味，可謂食肉不食馬肝。盤山志：豆苗菜叢生似豆苗，山家采食之，極鮮美。

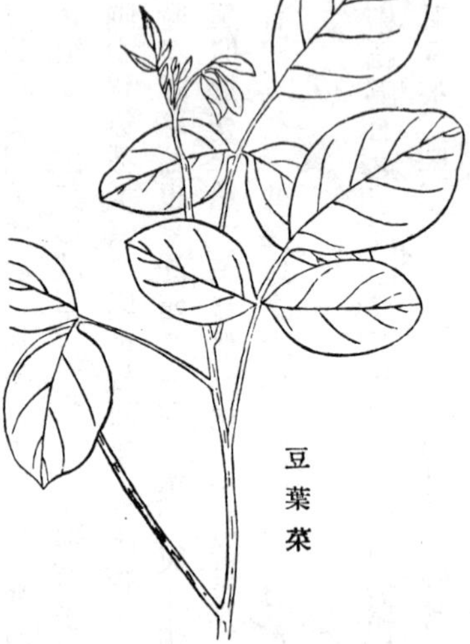

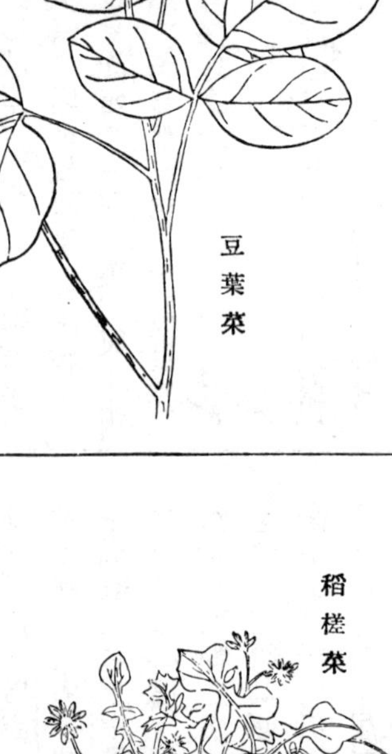

豆葉菜

稻槎菜

稻槎菜生稻田中，以穫稻而生，故名。似蒲公英葉，又似花芥菜葉，鋪地繁密，春時抽小葶，開花如蒲公英而小，無蘂，鄉人茹之。雩婁農曰：江湖間多野蔬，而地卑濕蘊孽生蛆，又虺蜴所徑竇，故挑菜者有戒心焉。稻槎菜生於稻之腐餘，其性當與穀精草比，吾鄉人喜食之。

稻槎菜

救荒本草所列皆山野中物，採錄亦弗及，每憶其黃花綠莖，繡塍鋪隴，覺千村打稻之聲，猶在耳畔。

油頭菜

油頭菜，贛州有之。似大頭菜而扁葉如蘿蔔，土人以根爲蔬，生食甘脃，亦以飣盤。此卽蔓菁種類，葉亦有芥味。贛州山地堅瘦，故所產

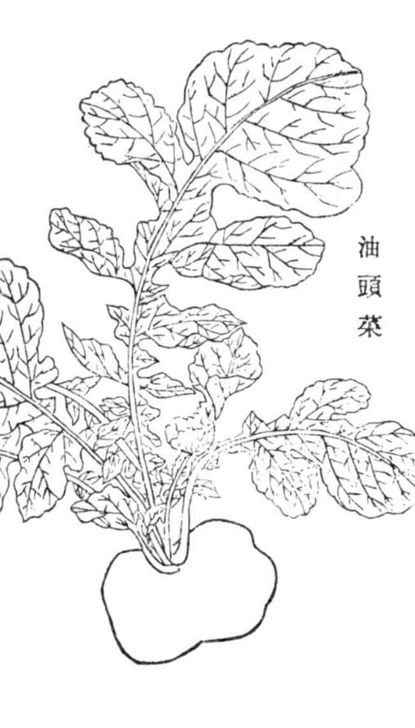
油頭菜

根不能肥大；寧都州呼爲柿餅蘿蔔，形味俱肖。

雩婁農曰：贛處萬山中，石田沙隴，商賈行坐以通閩、粵，生齒日益繁，百穀成，不能足一歲之儲，山之民有不粒食者矣。果如橘柚，皆不堪與南城、南豐爲臺隸，如油頭菜者，亦登上客之筵，風亦僿矣。顧其地饒松、杉、桐、茶、烏臼、栟櫖，嶺南之鹺與牢盆，擅薪油鹽餹之利，五嶺之間一都會也。又聞其山多奇卉靈藥，余屢至，皆以深冬，山燒田萊，搜採少所得，至今耿耿。

綿絲菜

綿絲菜，廣信長沙極多，一名黃花菜。

綿絲菜

初生葉如馬蹄有深齒，宛似小葵，抽葶生葉，即多尖杈，開小黄花如寒菊，冬初發葶，至夏始枯，貧者取其嫩葉茹之，亦可去熱。

山百合

山百合生雲南山中。根葉俱如百合花，黄綠有黑縷，又有深綠者，尤可愛。

山百合

紅百合

紅百合生雲南山中。大致如卷丹，葉短花肥，瓣色淡紅，内有紫點，綠心黄蘂中出一長鬚，圓突如乳，比卷丹爲雅。

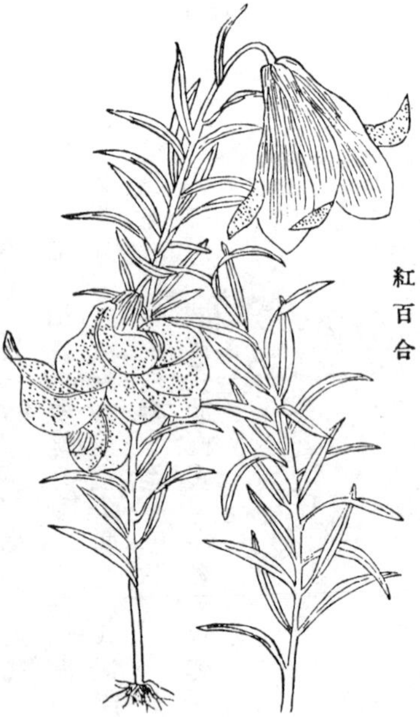

紅百合

綠百合

綠百合。雲南有之。花色碧綠，紫斑繡錯，香極濃，根微苦。

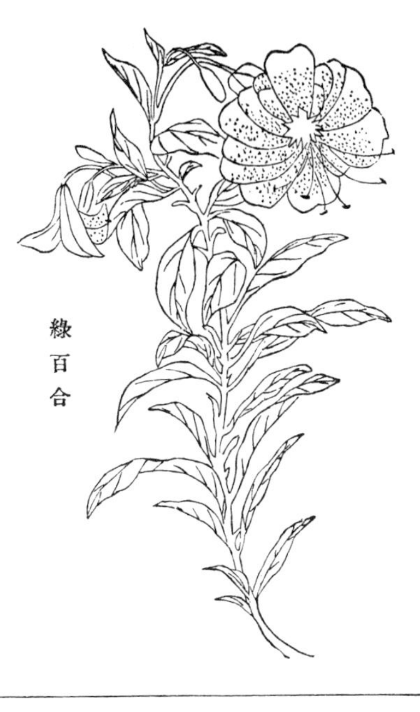

綠百合

高河菜

高河菜生大理點蒼山。滇黔紀遊云：七八月生，紅莖碧葉，味辛如芥。桂馥札樸：蒼山有草類芹，紫莖辛香可食，呼爲高和菜，沿南詔舊名。古今圖書集成引舊志云：若高聲則雲霧驟起，風雨卒至，蓋高河乃龍湫也。余遣人致其腊者，審其葉多花叉，參差互生，微似菊葉而無柄，味亦不辛，卻有清香。漬之水，水爲之綠；以爲齏，在菘、芥之上；以烹肉，絕似北地乾菠菜而加清雋，誠野蔬中佳品也。但蒼山高峻，傳聞皆以爲不易得，而此菜製如家蔬，或以鶩更雞耶？抑有老圃移而滋之於圃耶？顧其色味皆佳，每咀嚼之，輒曰：縱未得眞高河菜，得此嘉蔬，亦足豪於嗌斷數十甕黃酸齏者。琅鹽井志有嬾菜，七八月治地布種，不須灌溉，至冬可茹，狀微相類，而老莖柴瘠，幾同乾藁矣。吾鄉凡菜不經移種者，

高河菜

皆曰嬾婆菜，以不經培莳，則生機速而易老，科本密而多腊，故老圃賤之。而琅井之菜，獨以嬾得名，然則人之以嬾成其高者，得無如高河菜之孤據清絶，令人仰其臥雪吸雲而不易致，而琅井之蔬，不假剔抉，乃全其天眞也耶？翟湯對庾亮曰：使君自敬其枯木朽株。然則對斯菜也，亦當推食起敬。

金剛尖

金剛尖生雲南山中。獨莖多細枝，一枝五葉，似獨帚而更尖長，山人摘以爲蔬。昆明採其嫩葉，芼以爲羹，清爽微苦，饒有風味，呼爲良旺頭。

金剛尖

芝蔴菜

芝蔴菜生雲南。如初生菘菜，抽莖開四瓣黃花，有黑縷，高尺許，生食味如白苣而微埴氣。滇本草：性微寒，治中風、暑熱之證。

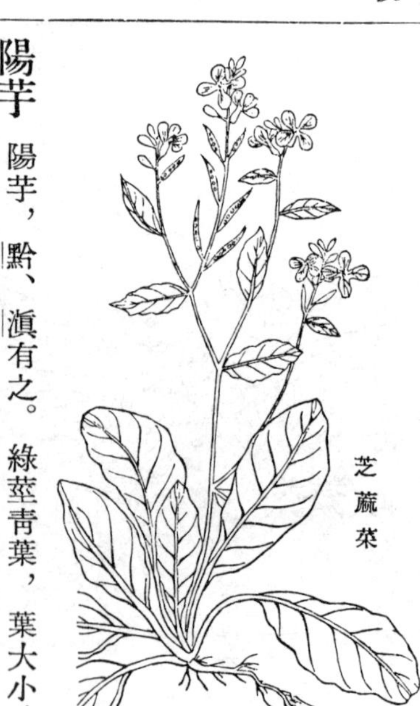

芝蔴菜

陽芋

陽芋，黔、滇有之。綠莖青葉，葉大小、疎密、長圓形狀不一，根多白鬚，下結圓實，壓其莖則根實繁如番薯，莖長則柔弱如蔓，蓋卽黃獨也。療饑救荒，貧民之儲，秋時根肥連綴，味似芋而甘，似薯而淡，羹臛煨灼，無不宜之。葉味如豌豆苗，按酒侑食，清滑雋永。開花紫筩五角，間以青紋，中擎紅的，綠蘂一縷，亦復楚楚。山西種之為田，俗呼山藥蛋，尤碩大，花色白。聞終南山岷，種植尤繁，富者歲收數百石云。

陽芋

蕨藄 蕨藄如蕨而肥矮，有枝無杈，梢葉如粟，色綠。按爾雅：藄，月爾。注：卽紫藄也，似蕨可食，或卽此。疑有綠、紫二種。江右蕨，經野燒再發名蕨基，與此異。

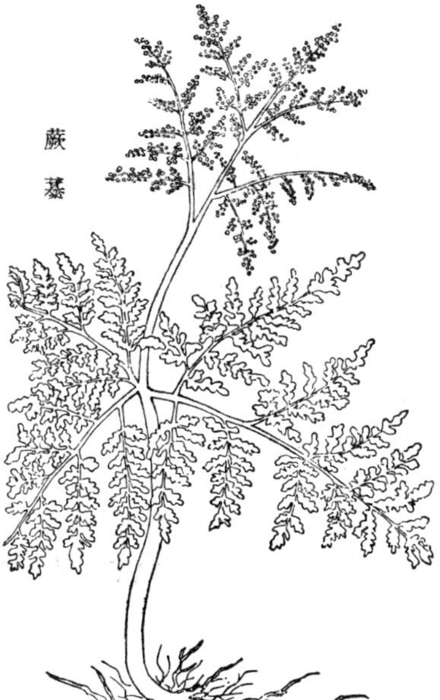

蕨藄

紫薑 紫薑花生雲南，夏時開淡紫花。

陽藿

陽藿，湖南、雲南皆有之，黔志作陽荷。葉如薑而肥，根如薑而瘦，夏時根傍發苞如筍籜，色紫，籜拆有纖笋十餘枝，笋中開花微似蘭花，色深紫，三瓣，一大、二小，其跗有嫩籜反卷，如淡黃花瓣。湘中摘其笋並花，與薑芽同醃食之，味亦辛。辰谿志載里諺曰：「八月陽藿拌紫薑」，以爲珍味；長沙人但呼爲薑花，亦曰薑笋。廣西志：洋百合形如百合，色紫，與薑同器則色亦紫；又曰洋百合，卽蘘荷，未識與此種同異。桂馥札樸：野薑，花生葉傍，色紫，卽此。特以爲卽狗脊，殊不可解。余過黔，索陽荷，里人以此進，且云，此外無所謂陽荷者。然則長沙以此爲薑花者道其實，而辰谿、黔中，則相承以爲陽藿、陽荷。荷、藿一聲輕重耳。考說文蘘荷一名葍租；子虛賦作猼苴；漢書作巴且；王逸作蓴菹；顏師古云：根傍生笋，可以爲菹；古今注：蘘荷似葍苴而白。葍苴色紫，花生根中，花未敗時可食，久置則爛，今湘中亦呼此爲薑笋，而按其形狀，正與古今注葍苴相肖，則此菜其卽葍苴矣。顧說文以葍苴爲卽蘘荷，而黔呼陽荷，湘中呼陽藿，皆爲蘘荷轉音，似葍苴、蘘荷爲一物。惟古今注謂蘘荷似葍苴色白，則一類而異。然則吳中所謂蘘荷者，其卽古今注之蘘荷歟？其莖葉殊不相似，要皆人家圃中所蒔，與急就篇「冬日藏」之語相

陽藿

合。二種皆分別圖之，必有一當於蘘荷者，不似芭蕉、甘露，非可鹽藏冬儲也。

雩婁農曰：南越筆記謂粵中草多似蕉與竹，故有衣蕉、食蕉，衣竹、食竹之諺。余以爲介於蕉與竹之間，薑是也。似薑以薑名、不以薑名者，不可勝計，然三者皆喜煖而惡燥，喜陰而惡寒，而薑則以不見日而生。夫物得陽則舒，得陰則鬱，薑鬱於陰，而爲辛烈。其於人也，上至天庭，下及涌泉，發揚排擊，無所不靡。然則人之鬱鬱而不得遂者，其發揚排擊，豈不如草木哉？和風甘雨，舒物之鬱者也；震雷嚴霜，絕物之鬱者也。故爲治者，準天之道，無使隱僻之民有所鬱焉，則無形之患絕。

木櫃子

木櫃子生黔中，獨莖長葉，高二三尺，如初生野雞冠花，梢端作穗，開花如水蘇輩，色淡紅，結小黑子，味辛辣如胡椒。黔山人植於圃隙山足，採爲食料。

木櫃子

珍珠菜

珍珠菜，安徽、河南山中皆有之。黄山志謂爲藤本蔓生。摘其花曰花兒菜，實曰珠兒菜，並葉茹之，味如茶，烹芼皆宜。

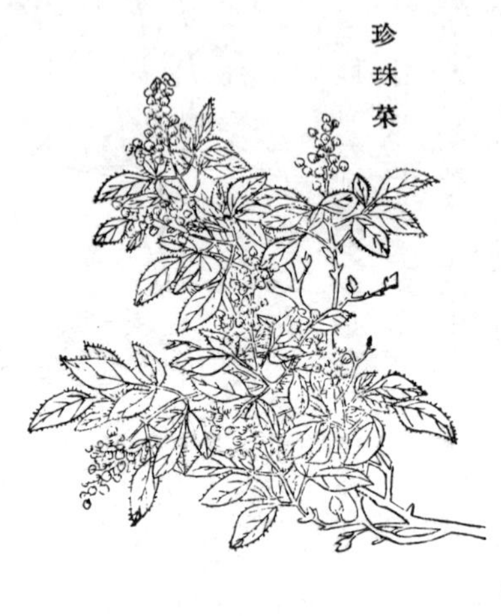

珍珠菜

植物名實圖考卷之七

山草類

人參 說文作蓡，廣雅作葠，俗作參。人參，本經上品。昔時以遼東、新羅所產，皆不及上黨；今以遼東、吉林爲貴，新羅次之；其三姓、甯古塔亦試採，不甚多。以苗移植者爲秧參，種子者爲子參，力皆薄。黨參今係蔓生，頗似沙參苗，而根長至尺餘，俗以代人參，殊欠考覈。謹按我朝發祥長白山，周原膴膴，堇荼如飴，固天地之奥區，九州之上腴也。長林豐草中，夜有光爛，厥惟人參。定制，私刨者，舉其物，罰其人；官給商引，出卡分採，歸以所得上之官；官視其參之多寡而納課焉。課畢，獻於內府，府第其品，上上者備御，其次以爲班賞，凡文武二品以上及侍直者皆預。臣父、臣兄，備員卿貳，歲蒙恩賚。臣供奉南齋時，疊承優錫，其私販越關入公者，亦蒙分賞。自維臣家，俱飫仙藥，愧長生之無術，荷大造之頻施，敬紀顛末，用示後人。考圖經繪列數種，多沙參、薺苨輩，今紫團參園已墾爲田，所見舒城、施南山參，尚不及黨參。滇姚州麗江，亦有

人參

參，形既各異，性亦多燥，惟朝鮮附庸陪都所產，雖出人功，而氣味具體，人間服食至廣，即外裔如緬甸，亦由京都販焉。

黄耆

黄耆，本經上品，有數種。山西、蒙古產者佳，滇產性瀉，不入用。

雩婁農曰：黄耆，西產也，而淳安縣志云：嘉靖中人有言本地出黄耆者，當道以文索之，無有，以俗名馬首苜蓿根充之。醫生解去，遭杖幾斃，不得已，解價至三四十金而後已。嗚呼！先王物土宜而布之利後世，乃以利爲害乎？夫任土作貢，三代以來，莫之能改；然徵求多而饋問廣，猶慮爲民病。洛陽兒女之花，莆田荔支之譜，轉輸千里，容悦俄時，賢者有餘憾矣。舊時滇元江有荔支，以索者衆，今並其樹刈之；昆明海亦時有蝦，漁者懼索，得而匿之，不敢以售於市。民之長官，乃如鬼神哉！吾見志乘，於物產不曰地窮不毛，則曰昔有今無，懼上官之按志而求也，意亦苦矣。

然吾以爲未探其本，而因噎而廢食也。邑志物產，非注爾雅，以淹博考證爲長；又非如賦京都者，假他方之所有，以誇靡富。考其山林川原，則知所宜；考其所宜，則知民之貧富、勤惰。職方氏曰：其利金、錫、竹箭，其畜宜六擾，其穀宜五種，不爲後世有貪墨者而稍減而諱之也。雖然，以志乘而累及官民者，亦有之矣。夫天下之稻一也，而弋陽志則曰，其稻他縣不能有也，昔固以索弋稻爲累矣。天下之猪一也，而贛州志則曰，龍猪他郡不能及也，昔固以索龍猪爲累矣。志物者一時泚筆而矜其名，宰邑者因其所矜以媚其上，浸假而爲成例，横徵旁求，餽者竭矣，受者未厭。有强項吏，遷延不致，則譙責隨之。故天下病民病官之弊，皆獻諛者實尸其罪。然則作志者必當曰邑某里山澤，其穀畜果蓏宜某種；某里原隰，其穀畜果蓏宜某種；某里陿瘠，無宜也；則民衣食之所資，而窮富著矣。林木萑葦出某里，藥草花蘁出某里，則民養生、送死，薪炊、種藝所賴也。林木必著其所用，藥物必究其所主，既述其培植之勞，又記其水陸之阻，則物力之貴賤難易又著矣。若其金、錫、羽毛，非盡地所宜，則必悉其得之之艱，出入之數，凡民生之不易，皆反覆三致意焉。使良有司按志而知若者宜因勢而導，若者宜改而更張。或種葱及薤，或拔茶植桑。

黃耆

交阯荔支之書，坊州杜若之駁，孔戣菜蚶之疏，子厚捕蛇之說，民生疾苦，洞若觀火，於以補偏救弊，利用厚生，王道之始，雖聖賢豈能舍此而富民哉！否則如淳安志所云，强其無以瀆貨，彼若索志乘而觀之，不將失其所恃歟？

甘草

甘草，本經上品。爾雅：蘦，大苦。郭注：今甘草。夢溪筆談謂甘草如槐而尖，形狀極確。詩經：「采苓采苓，首陽之巔。」首陽在今蒲州府，晉俗摘其嫩芽溲麴蒸食，其味如飴，疑采苓亦以供茹也。

雩婁農曰：甘草，藥之國老，婦稚皆能味之。郭景純博物，注爾雅「蘦，大苦」，曰今甘草也，蔓延生，葉似荷，或云蘦，似地黃。甘草殊不蔓生，亦不類荷，蓋傳聞異，或傳寫訛，與地黃尤非類，或之者，疑之也。陶隱居亦云：河西上郡，今不復通市，今從蜀漢中來，堅實者是枹罕草，最佳。晉之東遷，西埵隔絕，江左諸儒，不復目驗。宋圖經謂河東蒲坂甘草所生，先儒注「首陽采苓」，苗葉與今全別，豈種類不同云云，殆以舊說流傳，不敢顯斥。沈存中乃扳謂郭注蔓延似荷者爲黃藥，今之黃藥，何嘗似荷？爾雅翼云：不惟葉似荷，古之蓮字，亦通於蘦。則直以音聲相通，不復顧形實迴別矣。廣雅疏證斥沈說之非，而以圖經

甘草

諸說爲皆不足信，經生家言，墨守故訓，固與辨色嘗味、起痾肉骨者，道不同不相謀也。余以五月按兵塞外，道傍轍中，皆甘草也。謫葉玩藹，郄車載之。聞甘、涼諸郡尤肥壯，或有以爲杖者，蓋其地沙浮土鬆，根荄直下可數尺，年久則巨耳。梅聖俞有司馬君實遺甘草杖詩，可徵於古。余嘗見他處所生，亦與圖經相背，嘗之味甘，人無識者。隱居所謂青州亦有而不好者，殆其類也。

赤箭

赤箭，本經上品。陶隱居未能決識；夢溪筆談謂卽天麻，止用治風爲可惜；本草綱目謂卽還筒子。考柳公權有求赤箭帖，以爲扶老之用，則宋以前尚爲服食要藥。

赤箭

兗州赤箭

朮

朮，本經上品。爾雅：朮，山薊；楊，枹薊。圖經以楊枹爲白朮，宋以後始分蒼、白二種，各自施用。

雩婁農曰：「楊，枹薊」，注以爲馬薊，范汪以馬薊爲續斷，李時珍以馬薊爲大薊，乃又以爲白朮。

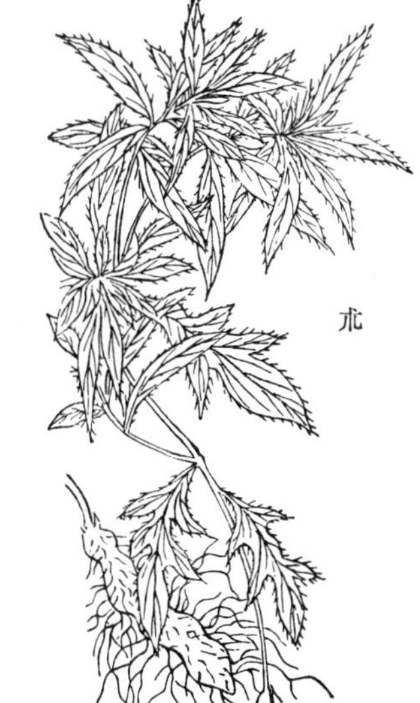
朮

术名山薊，安得卽以薊爲术？昔產术者：漢中、南鄭也，蔣山、茅山也，浙也，歙也，幕府山也，昌化也，池州也。東坡云：黃州术，一斤數錢，此長生藥也。舒州术花紫，難得。余莅江右，則饒州、九江皆有之；莅湘南，則幕府山所產頗大，力亦不劣。山西葫蘆峪產术甚肥壯，土人但以蒼术用之。南方草木狀藥有乞力伽，术也，瀕海所產有至數斤者，深山大壑殆必有，如瀕海者，特未遇耳。仙傳拾遺紀劉商得眞术，爲陰功篤行之所感，然則服术而無效，所得者乃薊屬，而非眞术耶？晉侯得良醫，而二豎居於膏肓；本事方載以蒻草治血疾，而鬼覆其鐺。無功德而訪仙藥，固緣木求魚；狂惑之疾，雖得良醫眞藥，亦何益之有？

沙參

沙參，本經上品。處處皆有，以北產及太行山爲上，其類亦有數種，詳救荒本草。花與薺苨相同，惟葉小而根有心爲別。

沙參

遠志

遠志，本經上品。爾雅：葽繞，棘蒬。注：今遠志也，似麻黃，赤華，葉銳而黃。語約而形容畢肖。說文：蒬，棘蒬。繫傳：卽遠志，又葽草也。「四月秀葽」，劉向說此味苦，苦葽，則葽與葽繞異物。釋詩者或卽以葽爲遠志。圖經載數種，所謂似大青而小，三月開花白色者，不知何處所產。今太原產者，與救荒本草圖同，原圖

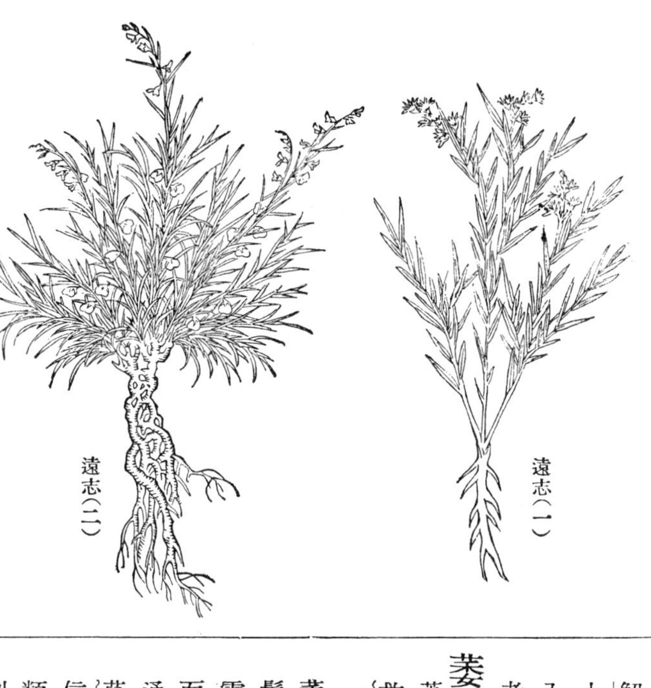

遠志（一）

遠志（二）

解州遠志，不應與太原產迥異。李時珍謂有大葉、小葉二種，滇南甜遠志葉大，花黃，土人亦不以入劑，蓋習用之品。藥肆所採，較當時州郡圖上者爲可信也。

萎蕤

萎蕤，即本經女萎，上品。爾雅：熒，委萎。蓋本經亦是委萎，脫去委字上半，遂訛爲女萎。救荒本草云：其根似黃精而小異。今細核有二種，一葉薄，如竹葉而寬，根如黃精，多鬚長白，即萎蕤也。一葉厚，如黃精葉，圓短無大根，亦多鬚，俚醫以爲別種。李衎竹譜亦俱載之。

雩婁農曰：古有委萎，或以爲即葳蕤，目爲瑞草；而黃精乃後出，諸書以委萎類黃精，然則古方蓋通用矣。陳藏器以青黏即萎蕤。東坡初閱嘉祐本草，乃知青黏是女萎，喜躍之至，而又不敢盡信。夫毛女食黃精而輕捷翻飛如猿猱，委萎得無類是？獨怪漆葉人所盡知，而醫方決不復用，然則即有華佗與之以方，其肯盡信乎？大抵山居谷

萎蕤

汲之民，不見外事，無芻豢以濁其口腹，無靡曼以濁其耳目，無欣戚以濁其神明，獉獉狉狉，湛然太古。草木之實，皆自然五穀，南陽飲菊水，崖州食甘藷，皆獲上壽。彼服委萎者，卽不地仙，亦當卻病難老。後世貴極富溢，乃思神仙，秦皇、漢武姑不具論，李贊皇、高駢，皆惑於方士；宋之朝臣，多服丹石，又希黃白，藏腑薰灼，毒發致危，良醫又製解丹毒之藥以拯之，其亦不智也已。記小說一事，山水陡發，有物與木石俱下，苔髮䰐鬖，鄉人剔而視之，乃人也，蓋閉息不知幾年，而飛昇無術，塊然無知者。然其神氣淸固，遠近聞以爲仙，爭迎供之。初尚內視，漸思飲食，未幾而茹葷酒，又未幾而思人道。叩之者，旣無要訣可傳，卒以醉慾而死。然則無靈根而得妙術，天上豈有愚盲神仙耶？噫嘻！天上又豈有不忠孝神仙耶？聖人云：「未知生，焉知死」，若是知生，便是不死。

按近時所用萎蕤，通呼玉竹，以其根長白有節如竹也，與黃精絕不類。其莖細瘦，有斑圓綠，叢生，葉光滑深綠，有三勒道，背淡綠凸文。滇南經冬不隕，逐葉開花，結青紫實，與爾雅異。

巴戟天

巴戟天，本經上品。唐本草注：俗名三蔓草，葉似茗，經冬不枯。圖經辨別眞僞甚晰。

滁州巴戟天

歸州巴戟天

肉蓯蓉

肉蓯蓉

肉蓯蓉，本經上品。圖經云：人多取草蓯蓉以代肉者。今藥肆所售，皆鹹製，有鱗甲，形扁，色黑，柔軟。

升麻

升麻，本經上品。圖經：葉似麻葉，四五月花如粟穗，白色，實黑根紫。今江西、湖廣有土升麻，與圖經異，別入草藥。

雩婁農曰：漢書地理志益州收靡，李奇注，靡，音麻，卽升麻，解毒藥。酉陽雜俎：建寧郡有牧靡，山鳥食烏喙中毒，輒飛集牧靡，啄牧草靡以解之，則升麻固滇產也。滇多烏喙，其俗方所用者，蓋眞升麻也。葉如麻而花作穗，與圖經茂州升麻符，滇與蜀接，固應同彙，但圖經又列滁州、秦州、漢州三種。漢州產者，形如竹笋，今湖北土醫用以升表痘瘡者，其狀正同，其餘枝葉皆相彷彿，或卽隱居所謂落新婦者。江西產者，花如絮，未知卽滁州一類否也。李時珍盛稱升提之功，然未述其狀，僅有「外黑內白，俗謂鬼臉升麻」一語，其何地所產耶？圖經四種，判若馬牛，其果功用俱同耶？聖人有言：「未達不敢嘗」，不覩厥物，聽命賣藥之手，可以謂之達耶？藥之生也，或離鄉而貴，或遷地弗良，醫不三世，不服其藥，以其明於風土所宜、人情所愜，非貿貿者取所不知之物，以試其驗與否也。然則四方游手負藥籠以奔走逐食者，小則貪人病之痊以索酬，大則用迷惑之藥以肆刼，彼有意安民者，得不如鷹鸇之逐鳥雀乎？慶鄭曰：古者大事，必乘其產，生其水土，而知其人心，安其教訓，而服習其道。用藥者亦何獨不然？余憫世之尙遠賤近者，不曰海舶之珍藥，則曰賈胡之齎劑，試思農皇所嘗，不聞逾海；青囊一卷，豈來流沙？彼四裔之仰給大黄、茶葉者，亦曰非此不能生活，不知文軫未播桂海，聲敎未燭冰天時，彼何以蕃其種族耶？嗚呼！以跬步之居，而欲習梯航之俗，衞出公之好夷言，趙武靈之爲胡服，其用夷變夏，抑用夏變夷，五百年後，當有知之者。

升麻

丹參

丹參，本經上品，處處有之。春花，亦有秋

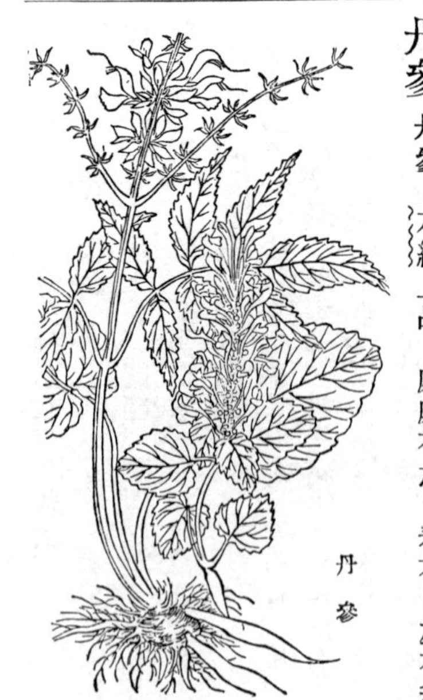
丹參

花者；南方地暖，得氣早耳。

徐長卿

徐長卿，本經上品。唐本草注：所在川澤有之。葉似柳，兩葉相當，有光澤，根如細辛微粗長，黃色有臊氣。蜀本草：子似蘿藦子而小。核其形狀，蓋即湖南俚醫所謂土細辛，一名九頭師子草。惟諸書都未詳及其花爲疑。

雩婁農曰：老子云：大道無名，天非道耶？顯而在上，不名天耶？聖非道耶？大而能化，不名聖耶？然匈奴謂天爲撐犂，則不以天名天；西方謂聖爲佛，則不以聖名聖。不以其名名，則天與聖果定名耶？醯雞以甕爲天，豈非天而天之耶？酒客以清爲聖，豈非聖而聖之耶？降而至於人物，其名非所獨耶？然子車鍼虎也，叔孫豹也，閔子馬也，令尹子蘭也，非物也，人無名以物名名，豈以物之名而物之耶？而物之爲蠅虎，爲謝豹，爲駁馬，爲馬蘭者，又豈以人名之而靳物名之耶？長卿也，王孫也，都郵也，使君也，非人也，物無名以人名名，豈以人之名而人之耶？而人之爲長卿，爲王孫，爲都郵，爲使君者，又豈以物名之而諱人名之耶？言明實者曰烏不烏，鵲不鵲，謂名烏必烏，名鵲必鵲耶？然天下之大，萬彙之繁，皆如烏之可名、鵲之可名耶？抑能使佅禁侏離之語，名烏必呼烏、名鵲必呼鵲耶？由是推之，封邑、郡國，名之以別疆域也，古今地理之名有定耶？公卿、尹士，名之以別貴賤也，古今職官

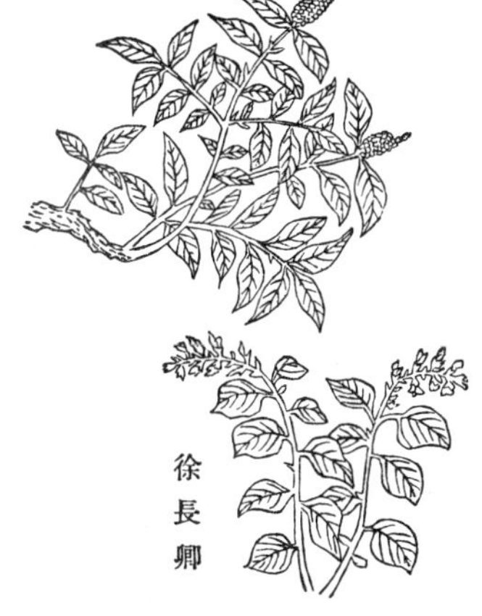

徐長卿

之名有定耶？地志無定而疆域改，以名改疆域耶？抑以疆域改名耶？官志無定而貴賤易，以名易貴賤耶？抑以貴賤易名耶？執實求名，則名斯在；執名求實，則名斯浮。名者實之賓，天下豈有一定之賓耶？故君子不爲名。

防風

防風，本經上品。圖經：石防風出河中，又宋亳間出一種防風，作菜甚佳，恐別一種。本草綱目：江淮所產多是石防風，俗呼珊瑚菜。安徽志：山葵，葉翠如雲，正二月間，浥露抽苗，香甘異常，土人美其名曰珊瑚菜，懷遠、桐城、太和俱出，蓋即石防風也。今從救荒本草圖之。山西山阜間多有，與救荒圖同而葉稍肥。

防風

獨活

獨活，本經上品。圖經：獨活、羌活，一類二種，近時多以土當歸充之。湖南產一種獨活，頗似萊菔，葉布地生，有公、母。母不抽莖，入藥用；公者抽莖，紫白色，支本不圓，如筧狀，

末迺圓。枝或三葉、或五葉，有小鋸齒，土人用之，恐别一種。雲南獨活大葉，亦似土當歸，而花杈無定，粗糙深緑，與圖經文州產略相彷彿，今圖之。

存原圖五種。

細辛

細辛

細辛，本經上品。圖經：他處所出不及華山者眞。夢溪筆談以爲南方所用細辛皆杜衡，今江西俚醫以葉大而圓者爲杜衡，葉尖長者爲細辛，殊有分别，過劑亦能致人氣脱而死，不必華山所產。

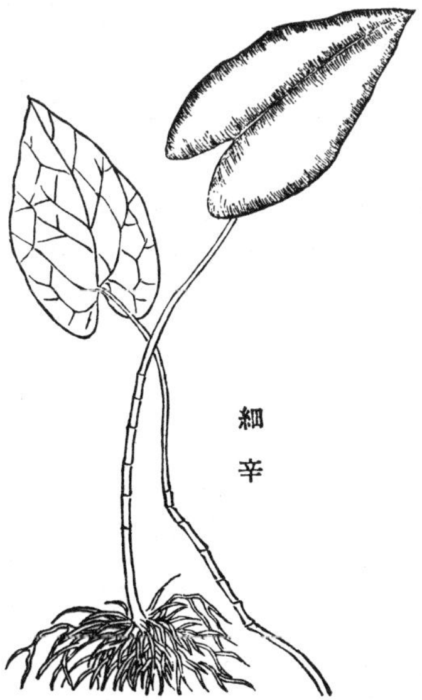

雩婁農曰：圖經列細辛已數種，而及己、鬼都督、杜衡輩，又復相似。今江西、湘、滇所用細辛，輒與本草不類，然皆能發汗、脱陽。夫參、茯、朮草，種既不繁，醫者或以他藥代之，不能效，且誤人病。彼搜伐侵削之品，何其多也？韓信謂漢高不善將兵而善將將，古來名將如林，而能將將者，其郭令公、曹武惠乎？良醫必如太倉公、華佗，然後可用毒藥而不戕人；專閫必如郭令公、曹武惠，然後可用毒將而不縱兵。否則謹斥堠、嚴刁斗、明軍令以行之，不妄殺者，上將也；愼佐使、量緩急、度病勢而用之，不失一者，上醫也。將不可妄遣，藥不可妄投，事有大小，而能死人則一而已。周官瘍醫療瘍，以五毒之藥攻之；易師卦之象曰，聖人以此毒天下。然則良醫之用藥，聖人之用兵，能起白骨登衽席，而未嘗不深知其毒而愼之。彼喜方而誇良藥，好武而事佳兵者，誠哉其不祥也。

柴胡

本作茈胡，通作柴。柴胡，本經上品。陶隱居已以芸蒿爲柴胡。圖經有竹葉、斜蒿葉、麥冬葉數種。今藥肆所蓄，不知何草。江西所出，已非一類。醫者以爲傷寒要藥，發散之劑，無不用者，誤人至死，相承不悟，蓋不知非眞柴胡也。本草衍義以治勞方用之，目擊人死，況非柴胡，可輕投耶？今以山西、滇南所產圖之。又一種亦附圖，蓋北柴胡也，餘皆附後，以備稽考。世有哲人，非銀州所產，愼勿入方。

雩婁農曰：柴胡一名山菜，固可茹者。圖經具丹州、兗州、淄州、江寧、壽州五種，有竹葉、麥門冬葉、斜蒿葉之別。唐本草以芸蒿爲謬，李時珍亦謂斜蒿葉最下，柴胡以銀夏爲良，而圖經又無銀州，所上者唯山西所產，及救荒本草圖與蘇說同。滇南有竹葉、麥門冬葉二種，土人以大小別之，與丹州、壽州者相類。江西所產，則不識爲何草。李時珍以本草衍義不分藏腑、經絡，有熱、無熱，一概擯斥爲非。余謂得眞柴胡，固當審脈用湯，否則以寇說爲穩。李時珍既謂銀柴胡不易得，而用北柴胡矣，儻鄉曲中又無北柴胡可任，土醫以不知何草投之，而謂此症必用此藥，乃望其治勞、退瘧乎？抑無此藥而遂委而去乎？世以逍遙散爲清熱及婦科要劑，余見有愈服愈甚者，方誤耶？抑藥誤耶？趙括與其父奢論兵，奢不能難，其所讀兵書，固卽其父書也，而勝敗相

柴胡

反者，同甘苦之卒與離心之士也。廉頗一爲楚將無功，曰我欲得趙人。廉頗之將一也，而能用趙，不能用楚，知趙人之强弱，而不知楚人之强弱也。不知之而用之，其不僨事者幾希。故曰，知人難而任人易，醫者不知藥而用方，固趙括之易言兵也。君以爲易，其難也將至矣。

大柴胡

大柴胡產建昌。初生葉鋪地如馬蘭葉而大，深齒紫背，獨莖，上青下微紫，梢葉微窄，亦有齒稍細，頂頭開尖瓣小白花，黄蕊密長，秋深含苞，冬月始開一花，旬餘不萎。賣藥人以爲大柴胡。微似救荒本草竹葉柴胡而花異。

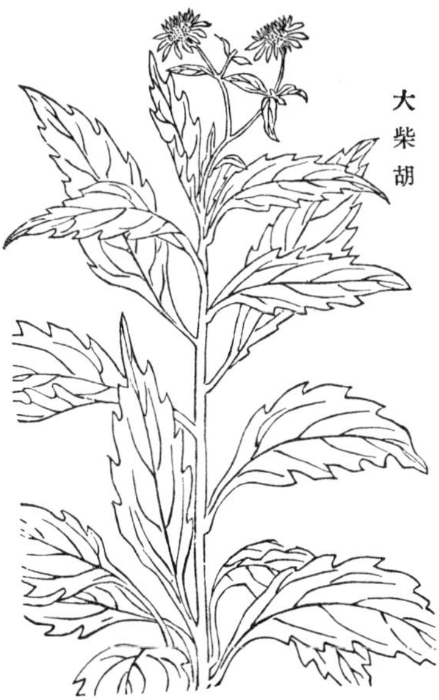

大柴胡

廣信柴胡 附

柴胡產廣信。叢生，形狀頗似三白草，紫莖柔脆，葉面青，背微白，有直紋六七縷，土人以爲柴胡。志乘亦云地產柴胡。按之圖經，絕不相類，不知何草。

廣信柴胡

小柴胡

小柴胡，江西山坡亦有之。葉似大柴胡而窄，秋時梢頭開花似細絲，赭色成毬，攢簇枝頭，土醫謂爲小柴胡。

小柴胡

黃連

黃連，本經上品。今用川產，其江西山中所產者，謂之土黃連。又一種胡黃連，生南海及秦隴，蓋卽土黃連之類。湖北施南出者亦良。雩婁農曰：黃連苦寒，而漢武內傳，封君達服黃連五十餘年；神仙傳，黑穴公服黃連得仙，此非蔡誕欺人語耶？秦少游論服黃連、苦參，久而反熱，其理極微；而東坡乃謂指麾使姚歡服黃連愈癬疥，而髮不白。其法酒浸焙乾，密丸酒呑，每二十丸。或其人血過於熱，得此潤肺，而行以酒故效，若人人而用之，其可乎哉？王微贊闡命輕身，江淹贊長靈久視，皆拾道書剩語耳。俗名楷木爲黃連木，其葉味苦，微相類。丹陽縣志：黃連山樹大十圍，卽此。

黃連

防葵

防葵，本經上品。宋圖經云：惟出襄陽，葉似葵，花如葱花及景天，根香如防風。陶隱居誤以爲與狼毒同根，以浮沉爲別。別錄云：中火者

防葵

不可服，令人恍惚見鬼，與本經戾。唐本草及本草拾遺皆辨之，本草綱目仍與狼毒同入毒草，今移入山草。

雩婁農曰：甚矣君子之不可與小人爲緣也。防葵上品，陶隱居以爲狼毒同根，後人雖爲辨白，而方藥無用防葵者矣。蔡中郎嘆董卓之誅，玉川子罹王涯之黨，身既爲戮，而後世猶以無保身之哲爲咎。堅不磷、白不淄，聖人則可，賢人則不可。班孟堅作古今人表，品第不盡衷於道，其原傳可考也。陶隱居論藥物，未可全憑，本草經具在。若晉之九品流別，出於中正，一經下品，遂同禁錮。人之自立與論人者，不當知所懼哉。若謂草木無知，任其毀譽，則以輕薄處物，必不能以忠厚待人。

黃芩

黃芩，本經中品。圖經及吳普本草具載形狀，而大小微異，今入藥以細者良。

雩婁農曰：黃芩以秭歸産著。後世多用條芩，滇南多有，土醫不他取也。張元素謂黃芩之用有九，然皆濕熱者一服清涼散耳。千金方有三黃丸，療五勞七傷、消渴諸疾，又謂久服走及奔馬。夫黃芩苦寒矣，又加以黃連、大黃，人非鐵石心腸，乃堪日朘而月削之也？夫世之陰淫、陽淫、雨淫、風淫、晦淫、明淫，其疾非一端，而所藥非所病，又或諱疾忌醫，以自戕其生者固多矣。然有求長生服金石，丹毒暴躁，癰疽背裂，是不同擣椒而飲藥乎？又惜生太過，無病而爲越吟者，紙裹銀鐺，無時離手，喜寒喜熱，不節不時，卒使藏腑血肉之軀，消磨於薰灼蕩滌之味，穀蔬不甘，尫羸益甚。若是人者，以不病而求病，果何所爲而爲此？夫漢唐之不振，皆人主不恤民，而奸貪得以濁亂天下；梁冀楊國忠之惡，是物先腐而蟲生。人有疾而蠱甚，勢有固然，無足爲怪。從未有勵精求治，飾以經術，君勤於政，相持以廉，乃多方病民，敲骨吸髓，使數百年平成之民，一旦騷然不安其生，而始終不悟，如王安石之相宋神宗者。夫安石不過慕富國强兵之術，如俗人之求長生耳，而假托官禮，以惑英明之主，與方士以房中術惑精强之人，而妄稱神仙丹訣者何異？病勢既亟，有國醫者排難而爲之鍼砭，幾幾乎沈痼去而神明生，乃又溺於侍疾者與覡巫之羣吠而恐嚇，不至於僵仆而不已。吾不知彼以醫誤人，誤天下，又豈有所至樂而不得已耶？夫使宋神宗僅爲安靜守成之主，不汲汲於拓邊聚財，變亂舊法，宋雖弱，人心不去，或歷數傳而不至南徙。李文正公不進利害文字；呂正獻公講天錫勇智，而引易神武不殺；司馬文正公以嵬名山欲取諒祚以降，謂滅諒祚復生一諒祚，至引侯景之事爲喻，其與諫唐憲宗之服金石者，非同一愛君之忱耶？語云：「服食求神仙，多爲藥所誤」，此爲有爲者言之也。漢書曰：「無藥得中醫」，此爲中人言之也。孟子曰：「夭壽不貳，修身以俟之，所以立命也。」人主知命，則富强神仙之惑可免矣；人臣而知命，則慆淫服食之患可免矣。

黃芩

白微　白微，本經中品。救荒本草：嫩角、嫩葉，皆可煠食。江西、湖南所產皆同，根長繁，故俚醫呼白龍須。　按細辛、及己諸藥，皆用根，而根長多鬚，大率相類。諸家皆以根黄、白、柔、脆、粗、細爲别，然其苗葉皆絶不相類，而諸家或略之。故俚醫多無所從，唯因俗名採用，反不致誤亂也。

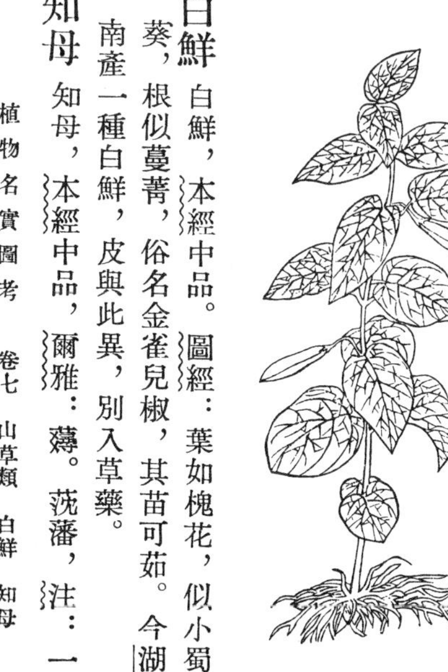

白鮮

白鮮，本經中品。圖經：葉如槐花，似小蜀葵，根似蔓菁，俗名金雀兒椒，其苗可茹。今湖南産一種白鮮，皮與此異，别入草藥。

知母

知母，本經中品，爾雅：蕁。莐藩，注：一

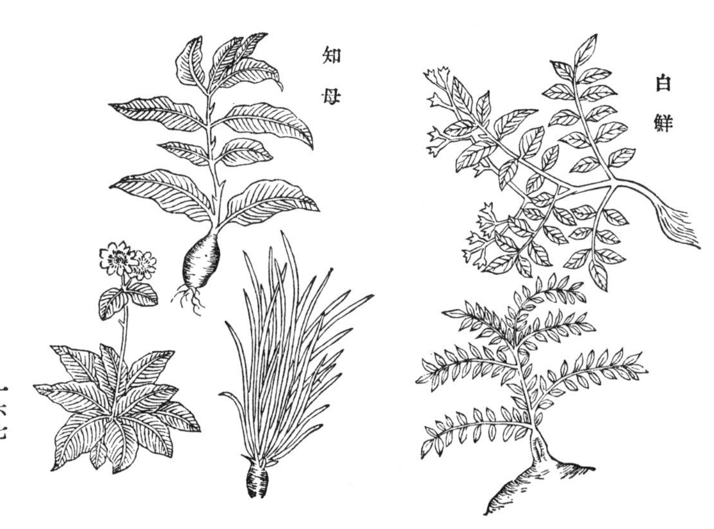

曰蝭母。今藥肆所售，根外黃，肉白，長數寸，原圖三種，蓋其韭葉者。

貝母 貝母，本經中品，爾雅：莔，貝母。注：根如小貝，圓而白，華葉似韭。陸璣詩疏：葉如栝樓而細小，子在根下如芋子，正白。圖經云：此有數種，韭葉者罕復見之，今有川貝、浙貝兩種。按陸疏以爲似栝樓葉而細小，郭注以爲似韭葉，宋圖經以爲似蕎麥葉，各說既不同，原圖數種，亦不甚符。今川中圖者，一葉一莖，葉頗似蕎麥葉。大理府點蒼山生者，葉微似韭而開藍花，正類馬蘭花，其根則無甚異，果同性耶？張子詩：「貝母階前蔓百尋，雙桐盤繞葉森森；剛強顧我蹉跎甚，時欲低柔警寸心。」則又有蔓生者矣。

貝母

元參 元參，本經中品。形狀詳宋圖經，有紫花、白花二種。

元參

紫參　紫參，本經中品，一名牡蒙。唐本草注：紫參葉似羊蹄，牡蒙葉，似及己，乃王孫也。圖經又謂莖青細葉似槐葉，亦有似羊蹄者，五月花，白色似葱花，亦有紅如水葒者，蓋有數種。滇南山中多有之，與圖經同。其如水葒者，蓋作穗色，粉紅相似，花仍類丹參輩。如葱花者，梢端開細

碎白花成簇，實似水芹、蛇床等，葉比槐葉尖長，莖葉同綠，根鮮時不甚紫，近時方書少用。滇本草：通行十二經絡，治風寒、濕痺、手足痲木、筋骨疼痛、半身不遂，活絡强筋，功效甚多，宜溫酒服。

雩婁農曰：具收並蓄，醫師之良。今醫者但記十數湯頭，所知者不及百種，而治世間無窮之病；藥肆所收，又不過目前人所盡知之藥，偶有缺乏，展轉替代，使人之五藏如木石無知則已耳，若其五味、五色，各以類應，其能聽醫師之假借乎？夫以方治病，猶以律斷獄，東坡云：「讀書不讀律，致君終無術」，然三代而後，果能廢棄科條以無爲治天下乎？引律不當，何以斷罪？輕比重比，雖爲獄吏舞法之具，而究不能妄援他條，肆其刀筆者，律爲之也。記有竊賊例應刺左面者，吏誤刺其右，檢例知其誤，乃腐去其刺而改湼焉。醫不知藥，其爲誤刺可勝數乎？

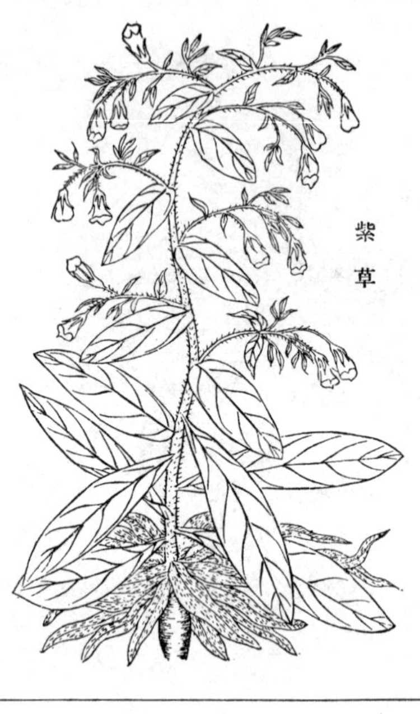

紫草　紫草，本經中品。爾雅：藐，茈草。圖經：苗似蘭，莖赤節青，二月花，紫白色，秋實白，今醫者治痘瘍、破血，多用紫草茸。齊民要術有種紫草法，近世紅藍，利贏十倍，而種紫草者鮮矣。圖經諸書，皆未詳的。湘中瑤峒及黔滇山中，野生甚繁，根長粗紫黑，初生鋪地，葉尖長濃密，白毛長分許，漸抽圓莖，獨立亭亭，高及人肩，四面生葉，葉亦有毛，夏開紅筩子花，無瓣，亦不舒放，茸跗半含，柔枝盈幹，層蘤四垂，宛如瓔珞。遵義府志：葉似胡麻，幹圓，結子如蘇麻子，秋後葉落幹枯，其根始紅。較諸書敍述，簡而能類。李時珍謂根上有毛而未言其花葉，殆亦未見全形。

按說文：莀草也，可以染流黃。臣鍇按爾雅，藐，紫草，注，一名茈莀。臣以爲史儀制多言綠綟綬，卽此草所染也。又按五方之間色，有留黃，其色紫、赤、黃之間，蓋玄冠紫緌，萌於魯桓，漢魏綰綸，逐同褻服，貴紅藍而賤紫莂，鄭注：掌染草謂之紫莂。尙循奪朱之惡歟？

秦艽　秦艽，本經中品。圖經：河、陝州軍有之，葉如萵苣，梗葉皆青。今山西五臺山所產，形狀正同。唐本草字或作糺、作糾、作膠，正作艽。按唐韻作芁。此草根作羅紋，則芁字爲近，古方爲治黃要藥，今治風猶用之。

秦艽

黨參 附

黨參，山西多產。長根至二三尺，蔓生，葉不對，節大如手指，野生者根有白汁，秋開花如沙參，花色青白，土人種之爲利，氣極濁。案人參昔以產澤、潞、上黨及太行紫團者爲上，皆以根如人形，三椏、四椏、五葉，中心一莖直上爲眞。今形狀迥殊，其可謂之參耶？舉世以代神草，莫知其非，而服者亦多胸滿氣隔之患。山西通志謂黨參今無產者，殆曉然於俗醫之誤，而深嫉藥市之售僞也。余飭人於深山掘得，蒔之盆盎，亦易繁衍。細察其狀，頗似初生苜蓿，而氣味則近黃耆者，昔人有以野苜蓿誤作黃耆者，得非此物耶？舉世服餌，雖經核辯，其孰信從？但太行脈厚泉甘，此草味甜有汁，養脾助氣，亦應功亞黃耆。無甚感鬱之人，藉以充潤腸胃，當亦小有資

黨參

補。若傷冒時疫，以此橫塞中焦，羸尩雜症，妄冀蘇起沉疴，未覩其益，必蒙其害，世有良工，其察鄙言。

植物名實圖考卷之八

山草

通草 二圖　杏葉沙參

細葉沙參　三七

錦地羅

淫羊藿

淫羊藿，本經中品。救荒本草詳列各名，葉可煠食。柳柳州仙靈脾詩：「乃言有靈藥，近在湘西原；服之不盈旬，蹩躠皆騰騫。」又云：「神哉輔吾足，幸及兒女奔。」蓋此草爲治腰膝之要藥。救荒本草云密縣山中有之，滇大理府亦產，不止漢中諸郡，郯車而載。

淫羊藿

狗脊

狗脊，本經中品。一種根黑色，一種有金黃毛似貫衆，葉有齒，昔人多以菝葜爲狗脊。

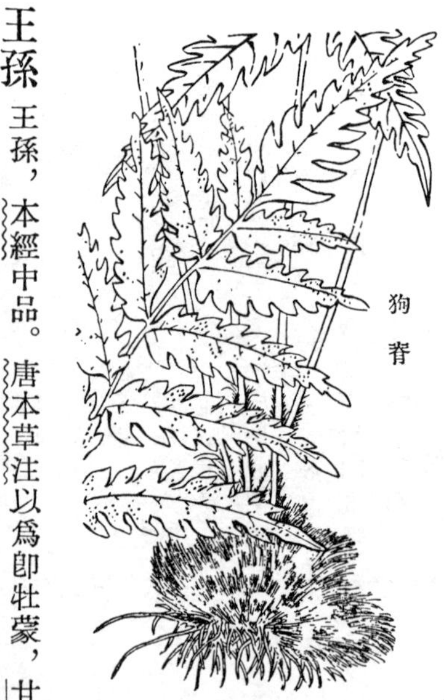

狗脊

王孫

王孫，本經中品。唐本草注以爲卽牡蒙，甘守誠謂旱藕爲蒙牡，今江西謂之百節藕，以治虛勞，俚醫猶有呼爲王孫者。其根類初生藕，白潤而嫩，芽微紅，姜撫所進，狀類葛粉，乾而研之，當無異矣。續博物志：因一名黃昏，遂誤以合歡

王孫

爲王孫。游宦紀聞辨探囊一試黄昏湯，爲去五藏邪氣，其論確核。嫏嬛記，孫眞人有黄昏散，夫妻反目，服之必和，亦當是合歡。此藥自唐時方家久不用，而江西建昌、廣信，俗方猶用之。陳藏器云：甘平無毒，主長生不飢。其性固非千歲蘽比，而長生之説，得非踵姜撫邪説乎？

地榆 地榆，本經中品，荒岡田塍多有之。救荒本草：葉可煠食，亦可作茶。李時珍謂俚人呼爲酸赭，併入別録酸赭。

地榆

苦參 苦參，本經中品，處處有之。開花結角，俱似小豆，醫牛馬熱多用之。苦參至易得，而方用頗少，史記著漱齲齒之效，後人常以揩齒，遂至病腰，此亦食古不化之害事也。余曾見捆載詣藥肆者，詢之，云牛馬病熱，必以此治之，東臯農作，需之尤亟。本草書皆未及，殆未從牛醫兒來耶？

苦參

龍膽　龍膽，本經上品，圖經述狀甚詳，山中多有之。救荒本草：葉煠熟，浸去苦味，油鹽調食，勿空腹服。此草苦寒，莖葉微細，欲求果腹難矣。

雩婁農曰：龍膽草味極苦，故以膽名，爲清膽熱要藥，然不可過劑，蓋易所謂「苦節不可貞」也。夏令陽氣方盛，一陰已伏，其味苦，而中央戊己，其味復甘。參耆味皆甘而微苦，陽中有陰，故性和而可久服；芩連味純苦，專於陰，故性偏而不可過節。卦九五曰：甘節，陽得中也；上六曰：苦節，陰之窮也。得乎中則得時則駕，不得時則蓬纍而行。盧懷慎之敝簀，杜祁公之髹器，性之所安，其情甘也。握耒甫田，而麾節忽若執鞭；啜菽歠泉，而太牢同乎藜蓼，泰爾有餘，何苦之有？否則矯情抑欲，非僞則渝。公孫宏故人，譏其布被脱粟，夏侯亶晚節，致有奏妓隔簾，北山移文，請逐俗士，豹林辟穀，終喪清操。和洽曰：朝廷議吏有著新衣、乘好車者，謂之不情；形容不飾，衣裘弊壞，謂之廉潔，以故汚辱其衣，藏其輿服，朝府大吏，或自挈壺飧以入官府。凡激詭之行，則容隱僞矣，誠哉是言也。君子之道，素位而行，毋取苟難，國奢示儉，風之而已，强以所苦，流弊滋甚。苦藥生我，過則爲患，故道貴可行，而法防終窮。抑又有説焉，人之豐豫者其情舒，舒，陽也；儉嗇者其情斂，斂，陰也。士君子安不忘危，富而能貧，功業盛大，守之以約，身名俱泰，剛柔中也。不然則郭汾陽、寇萊公、李忠定、文文山諸公，譬如春夏，萬物長贏，天

龍膽草

地爲之炫燿，識者雖不免盛衰消長之慮，然陽氣滿盈，君子道長，亦泰象也。又不然則張安世之弋綈，馮道之茅庵，其硜硜自戢，取容當世，類皆性毗陰柔，迹非光大。其王恭、殷仲堪輩，徇小節、忘大義，尤無取焉。若又不然，則囚首喪面，而談詩書，蘇老泉所謂「不近人情，鮮不爲大奸慝」者矣。世徒以藥之苦者爲良，人之苦者爲賢，其亦不可不辨。校注：龍膽，本經上品，原誤中品，今改。

白茅

白茅，本經中品，古以縮酒。其芽曰茅針，白嫩可啖，小兒嗜之。河南謂之茅荑，湖南通呼爲絲茅，其根爲血症要藥。

白茅

雩婁農曰：說文：⿱艹私，茅秀也，從草，私聲。繫傳云：此卽今茅華未放者也，今人食之，謂之茅揠。音軋。詩所謂「手如柔荑」，荑，秀也，汝南兒語，本古訓矣。紫茹未拆，銀線初含，苞解綿綻，沁鼻生津，物之潔，味之甘，洵無倫比。每憶錫簫吹暖，繡陌踏青，拔彙擘絮，繞指結環，某山某水，童子釣遊，蓋因之有感矣。

菅

菅，爾雅：白華，野菅。葉莖如茅而莖長似細蘆，秋開青白花如荻而硬，結實尖黑，長分許，粘人衣，河南通呼爲苓草。本草綱目，根可入藥，不及白茅。

菅

黃茅

黃茅 即地筋 黃茅生山岡。葉莖如菅而粗大，莖梢生葉，秋時開花，結實似菅而色黃多針芒，尤刺人衣，種山者以覆屋、索綯、供薪，用之頗亟。河南通呼曰山草，亦曰荒草。嶺南秋深陰重，有瘴曰黃茅瘴，蓋蛇虺窟宅也。李時珍以其根爲地筋，今從之。

黃茅

桔梗

桔梗，本經下品，處處有之。三四葉攢生一處，花未開時如僧帽，開時有尖瓣，不純，似牽牛花。

桔梗

白及

白及，本經下品，山石上多有之。開紫花，長瓣微似甌蘭，其根即用以研朱者。凡瓷器缺損，研汁黏之不脫，雞毛拂之，即時離解。

雩婁農曰：黄元治黔中雜記謂白芨根，苗婦取以浣衣，甚潔白。其花似蘭，色紅不香，比之箐雞羽毛，徒有文采，不適於用。噫！黄氏之言，其以有用爲無用，以無用爲有用耶？白及爲補肺要藥，磨以膠瓷，堅不可坼，研朱點易，功並雌黄，既以供濯取潔，又以奇豔爲容，陰崖小草，用亦宏矣。彼俗稱蘭草，僅存臭味，根甜蘊毒，葉勁無馨，徒爲婦稚之玩，何裨民生之計，軒彼輊此，豈得爲平？然其敍述山川事勢，皆有深識，覽者不潛察其先見，而綢繆預防，致數十年後，復有征苗之師，其亦玩雄文之悚魄，而忽籌筆之遠猷，以有用之言，爲無用之謀也乎？

白及

白頭翁

白頭翁，本經下品，唐本草注謂花紫色，

似木槿，實大如雞子，白毛寸餘皆披下，似白頭老翁，與圖經不同。今寧都州志云產白頭翁，採得亦不甚相類，姑圖其形狀以備考。陶、蘇兩說，既大乖異，圖經宗陶說而加詳，然原圖殊不相肖。李青蓮有見野草中有白頭翁者詩云：「如何青草裏，亦有白頭翁。」元張昱詩：「疎蔓短於蓬，卑棲怯晚風；祇緣頭早白，無處入芳叢。」詩人寓意有作，必非目所未見，而醫家乃至聚訟。本草衍義以蘇恭所述河南新安山中屢見之，太白往來東京，或卽指此，惜非詠物詩體，不復揣侔。然有「折取對明鏡，宛將衰鬢同」之句，則非根上白茸矣。滇南有小一枝箭，亦名白頭翁花，老作茸，久不飛落，眞如種種白髮也。鳥有白頭翁而無白頭婆，然則草之有白毛者，以翁名之皆可。

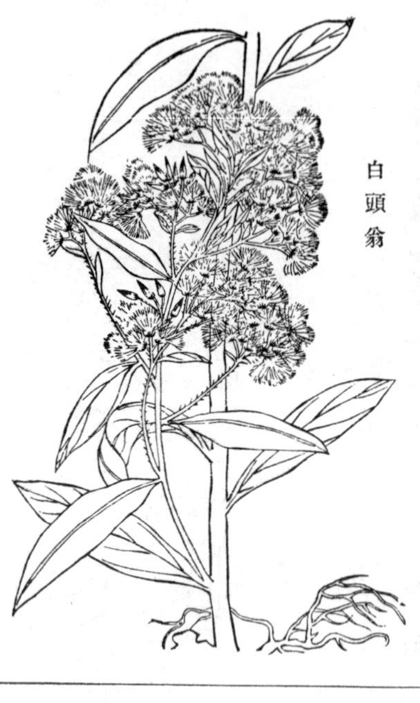

白頭翁

貫衆

貫衆，本經下品。爾雅：濼，貫衆。注：葉圓，銳莖，毛黑。蜀本草謂苗似狗脊，狀如雉尾，形容最切；其葉對生，無鋸齒，與狗脊異耳。諸書皆以治血症，而俗以祛疫，浸之井與缸中，飲其水，不患時氣，頗有驗。方中有治豆瘡不快，快斑散用之，蓋亦和血去邪之意。

雩婁農曰：范文正公所居宅必浚井，置青朮數斤以辟疫。吾先公居京師，每春暵必置貫衆於井、於甕，仁人之用心微矣。人窮則呼天，疾痛則呼父母，夫疾痛未必卽至阽危，而反側叫號，旁觀者拊掌太息，有欲爲分其所苦而不得者。况家有嚴君，門內之婦子臧獲，皆所托命，其瘴癘之毒，腫瘍之痛，寒、暖、燥、濕之眚，不早爲綢繆護持，迨至擄榻呻吟，始貿貿然執途人而問醫。醫或一誤，則父之於子、夫之於妻、主之於僕，非自殺之，亦一間耳。若如許世子之不嘗藥，則有春秋之律在。昔人謂爲人子者不可不知醫，夫醫誠難知，知之不精，則罪更甚於不知。吾謂病未至而防之則易，醫已至而治之則難。椒、薑、葱、蒜之禦寒，瓜、果、菘、莧之滌熱，蒼朮、赤豆之辟疫，穀芽、神麯之消積，凡所謂春多酸、夏多苦、秋多辛、冬多鹹，默會而時和之，其除穢之香，屢效之丸，彙收並蓄，以備疹氣之不時，自非心腹膏肓之疾，未有不獲效者。仰則視無形、聽無聲，俯則時其飽、時其煖，雖運數不可知，然譬之力田，旱則一溉者後枯，水則有隄者後浸，備豫不虞，古之善敎，其斯爲家政一端乎？

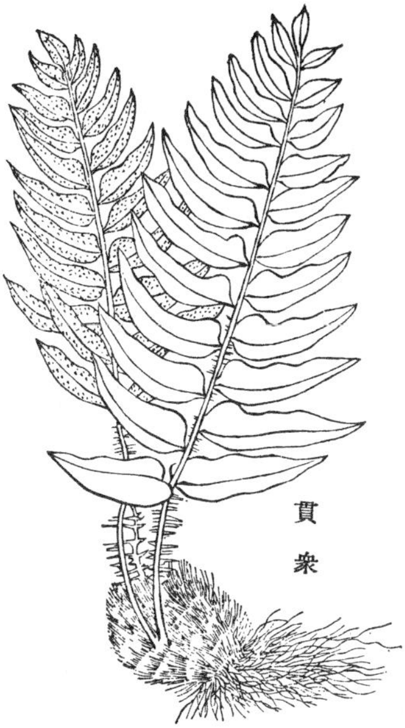

貫衆

黃精

黃精，別録上品。救荒本草謂其苗爲筆管菜，處處有之。抱朴子云花實可服食，今醫方無用者。山西產與救荒圖同。

雩婁農曰：黃精一名葳蕤，既與委萎同名，黃帝問天老曰，太陽之草，可以長生，而本經乃祇載委萎，至別録始出黃精，按圖列十種。丹州、相州細葉，四五同生一節，餘皆竹葉，寬肥對生。救荒本草亦云，二葉、三葉、四、五葉對節而生，而萎蕤葉似竹葉，闊短而肥厚，又似百合葉頗窄小，根似黄精而小異。然則二物有別耶？無別耶？宋圖經：黄精苗高一二尺以來，葉如竹葉而短，兩兩相對，不言四五葉同生一處。萎蕤莖幹强直似竹箭，竿有節，葉狹而長，表白裏青，與爾雅注符。則寬葉爲黄精，細葉四五同生一節者爲萎蕤，如此分別，自爲瞭目。但藥肆所售，玉竹細白，極黏，與黄精全不相似，或卽圖經所謂多鬚者。余採得細覗，有細葉而多白鬚，如藥肆所售者，亦有大根與黄精同者。土醫謂根如黄精者是萎蕤，多白鬚者乃別一種，用之甚無力，其說乃與古合，滇南山中尤多。黄精、萎蕤，春初卽開花，黄精高至五六尺，四面垂葉，花實層綴，根肥嫩可烹肉，大至數斤重。其偏精及鉤吻，皆以夏末、秋初開花，偏精矮小，鉤吻有反鉤，根皆不肥，土人頗能辨之。太陰、太陽之說，相傳自古，蘇恭獨創爲鉤吻蔓生之說，後人遂以黄精、鉤吻絶不相類。東坡謂恭注多立異，又喜與陶公相反，幾至於罵者，然細考之，陶未必非，恭未必是。余謂陶說有未確，然尚爲疑似之詞，蘇則武斷者多，其不如陶遠矣。採黄精而並得鉤吻，是何異刺人而殺而諉之曰兵？所幸極陰之地，毒草所叢，採靈藥者所不至，而極陽所照，毒物必殲，故誤者絶少，否則著書非貽害哉！

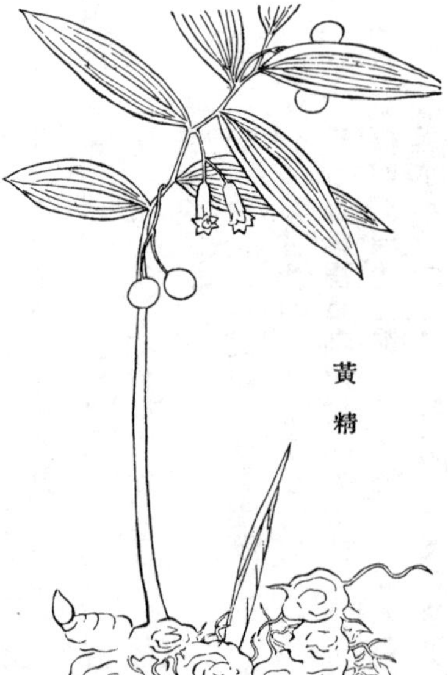

黄精

又按黃精，原有對葉及數葉同作一層者，圖經雖列十種，大體不過兩端。今江湘皆對葉，滇南數葉一層，其根肥大無異。

滁州黃精

丹州黃精

按與黃精相似者，除鉤吻、偏精外，湘中代以山薑，其根色極相類。又有一種觀音竹，滇中謂之淡竹，其莖紫葉柔，都不分別，惟梢端發杈生枝間，花微紫爲異。此十圖內或不免有形似者耶？

黃精苗

救荒本草：黃精苗俗名筆管菜，一名重樓，一名菟竹，一名雞格，一名救窮，一名鹿竹，一名萎蕤，一名仙人餘糧，一名垂珠，一名馬箭，一名白及。生山谷，南北皆有之。嵩山、茅山者佳。根生肥地者大如拳，薄地者猶如拇指。葉似竹葉，或二葉、或三葉、或四五葉，俱皆對節而生，味甘，性平，無毒。又云：莖光滑者謂之太陽之草，名曰黃精，食之可以長生；其葉不對節，莖葉毛鉤子者，謂之太陰之草，名曰鉤吻，食之入口立死。又云：莖不紫、花不黃爲異。

按圖即爾雅委萎，滇南所產黃精頗似之，此正鉤吻相似者。

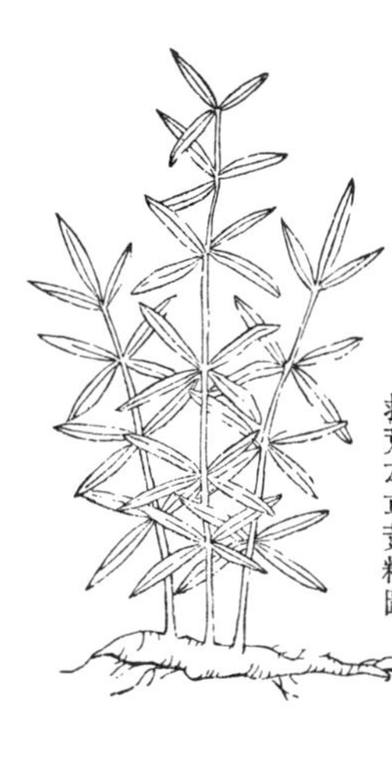
救荒本草黃精圖

墓頭回

墓頭回生山西五臺山。綠莖肥嫩，微似

水芹，葉歧細齒，梢際結實，攢簇如椒，有毛。五臺志載入藥類，蓋俚方習用者。本草綱目載集驗方，治崩中、赤白帶下，用墓頭回一把，酒、水各半盞，童尿半盞，新紅花一捻，煎七分，臥時溫服。日近者一服，久則三服，其效如神，當卽此草。

墓頭回

薺苨

薺苨，爾雅：苨，菧苨。注：薺苨。別錄中品。本草綱目謂杏葉沙參卽此，根肥而無心，山中多有之。

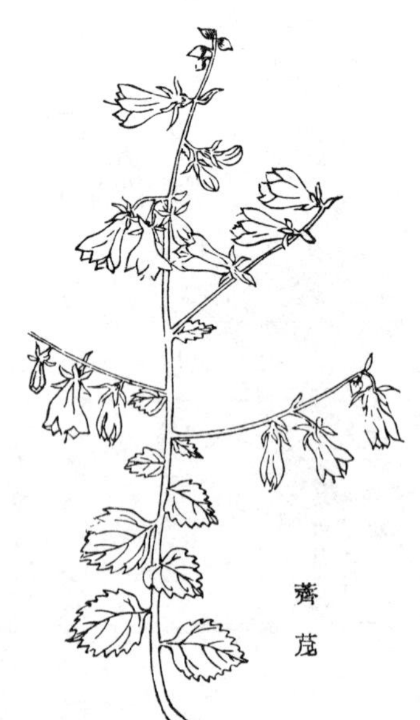

薺苨

前胡

前胡，別錄中品，江西多有之，形狀如圖經。

救荒本草：葉可煠食。

雩婁農曰：前胡有大葉、小葉二種，黔滇山人採以爲茹，曰水前胡，俗呼姨媽菜，方言不可譯也。或曰本呼夷鬼菜，夷人所食，斯爲陋矣。古人重芳草，芎藭和羹，鬱金合鬯，有飶其馨，人神共享。後世茴香、縮砂、蓽撥、甘松香之屬，或來自海舶重洋之外，飲食異華，然其喜潔而惡濁，尚氣而賤腐，口之味、鼻之臭，與人同耳。前胡與芎藭、當歸，氣味大體相類，爾雅以薜，山蘄與山韭、山葱比類，釋之則亦以爲菜屬。江南採防風爲蔬，江西種芎藭爲餌，滇人直謂芎爲芹。然則草之形與味，似芹者多矣，其皆芹之儕輩耶？救荒本草凡蛇床、藁本、前胡諸草，皆煠其嫩葉調食，此豈夷俗哉。伊蒲塞之饌，或取香花助之，彼誠夷矣。然覗嗜痂、逐臭，蒸乳豚而探牛心者，將謂爲華風否耶？

又按黃元治黔中雜記云：柴胡莢似野芹，土人采而虀之，謂之羅鬼菜，方言前與柴音相近，蓋未考矣。貴州志：前胡遍生山麓，春初吐葉，土人採以爲羹，根入藥也。

前胡

白前

白前，別錄中品。陶隱居云：根似細辛而大，

白前

色白，不柔，易折。唐本草注：葉似柳，或似芫花，生沙磧之上，俗名嗽藥，今用蔓生者味苦非眞。核其形狀，蔓生者卽湖南所謂白龍鬚，已入蔓草草藥；其似柳者卽此，滇南名兎草。又蔓生一種。

杜衡

杜衡，別錄中品，山海經有之。爾雅：杜，土鹵。注：杜衡也，似葵而香。圖經所述綦詳，惟不釋細辛形狀。陶隱居云，杜衡根葉都似細辛，則俚醫以葉圓、長分別二種，不爲無據。

雩婁農曰：山海經云，杜衡可以走馬，注謂佩香草能令馬疾走，其語不詳。豈物類相制，如淮南萬畢術，而今不傳耶？否則馬食杜衡而有力善走，如宛馬嗜苜蓿耳。聖人格物，本於盡性，若予草木鳥獸，虞廷以命柏翳，此豈尋常委瑣事哉？周官設閩隸、貉隸，掌與鳥獸言；服不氏掌養猛獸而敎擾之；夏后氏之豢龍，能得龍之嗜欲；宣王時有梁鴛者，善養鳥獸，能馴虎豹。後世如種魚、咒雞、醫牛、相鶴、禽經、蠶書，其體物情，入於至微，甚至捕蛇、鬭鶉，蟋蟀、蠅虎之屬，亦敎養有術焉。且獸醫賤業也，而與食醫同隸於冢宰，蓋以人之疾痛疴癢，推之於有知有生，而知夭札瘥癘，無不由於燥濕饑寒，故一一求其性情所喜惡，而調燮之、時節之。況馬爲國畜，地用所亟，夏庌、冬獻，敎駣、攻駒，其法至詳，而

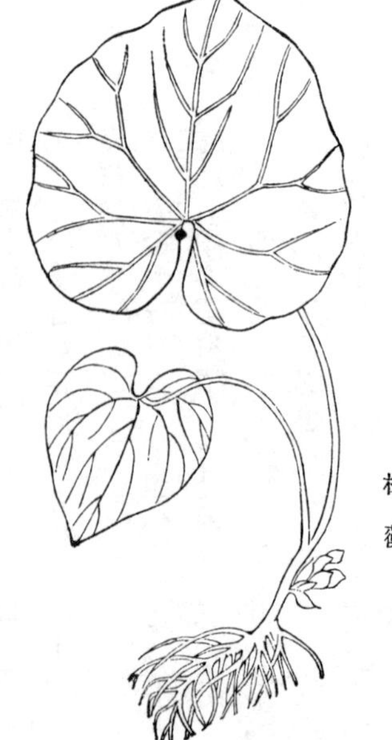

杜衡

漢時西北諸國，皆以能逐水草、谷量牛馬稱富强，故馬政以善牧爲亟。夫一束芻，三升豆，此常料耳。東海之島，有龍芻焉，馬食之，一日千里。西北多良馬，酉陽雜俎曰：瓜州飼馬以虋草，沙州飼馬以茨萁，安北飼馬以沙蓬。譬之人焉，豆令重，榆令瞑，而服餌參朮者，亦能卻病而致康强，以此類物，將無同乎？人第見有馬者多鹽車之賈人，御馬者多魯國之東方，否則衣文繡、啖棗脯以養之者害之，世無王良、造父，則所謂相馬、通馬語者，洵爲虛誕之説矣。詩人美衛文公之勤民，終以「騋牝三千」，而舉其要曰「秉心塞淵」，爲此詩者其知道乎？

及己 及己，別錄下品。唐本草注：此草一莖四葉。今湖南、江西亦呼爲四葉細辛，俗名四大金剛，外科要藥。

鬼都郵 鬼都郵，唐本草始著錄。徐長卿、赤箭，皆名鬼都郵。唐本草注：苗惟一莖，莖端生葉若纖狀 根如牛膝而細黑，與徐長卿別。蜀本草云：根横生，無鬚，花生葉心，黄白色。此種山草形狀，亦多有之，而莫能決識。

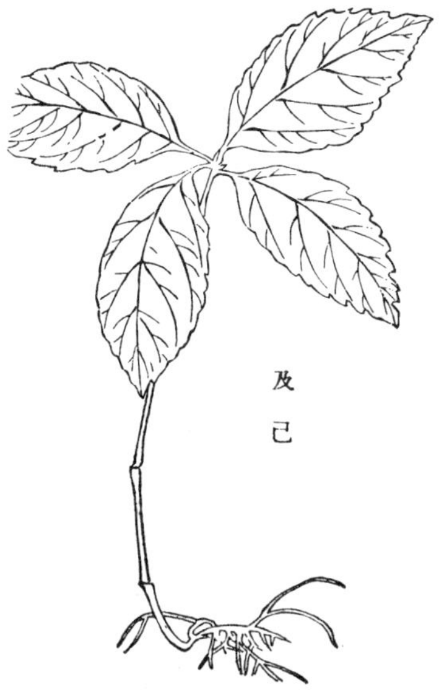

及己

雩婁農曰：漢太守置督郵，厥有南、北、東、西、中五部，司耳目而備咨諏焉。孫寶爲京兆尹，署侯文以立秋，乃欲按豺狼之當道，以成天地之始遒。若乃趙勤行縣，葉與新野之令，望風而休，則桓虞以爲良鷹之下韝也。閔孺部汾北，翁歸部汾南，所舉旣當，而傷者亦無敢仇，至魏郡守索賄，欲逐繁陽令，而都郵獨以異政留陳球，蓋雖不免簿尉之欏箠楚，而於守猶繆之與輣。彼徐長卿、赤箭之同名，殆病豎懼其傷焉，將逃之而莫能留也。後世嚇老魅以鍾馗，而除瘧之草，皆諾曰鬼見愁。又昔有靈巫曰瑤眊，持拾櫨木棒以擊鬼，遂呼爲無患，此非其儔歟？唐以後廢其官於郡，而尋藥者遂溝瞀回惑，眩其説而互紊，非郯子所云「不能紀遠，乃紀於近」耶？三代以還，文質迭進，小儒詹詹，懵于古訓，而通千里之慦慦，乃益鄙而益信。雖然物之盛也，百名皆貴，物之衰也，百名皆廢。戰國尚王孫，今猶有見春草而念來歸者乎？漢時重社叢，今猶有見枌榆而知神所憑依者乎？冬官補以考工，誰識司空古官屬耶？將作尊以大匠，誰識主章司林麓耶？唐進士侯生，戲爲除還羌活帶兩平章之號，黃芩備苦督郵之員，胡盧巴列都尉于胥曹，荊三棱以中尉而破堅，官名久汰，宜無傳焉。嗚呼！越王之頭猶在，不必購以千金；仙人之棗何存，孰敢誕爲五利？漢官、唐典，珥貂蟬，拖金紫，登臺閣而遊府寺者，徒令人感朽腐而墮涕淚，又何責備于依草附木，假托名位，冉冉焉不知春秋之百卉？

鬼都郵

芒

芒，爾雅：芒，杜榮。本草拾遺始著録。今人以爲薦，多生池堰邊，秋深開花，遙望如荻，有紅、白二種，生山者瘦短，爲石芒，湖南通呼爲芭茅。

莨草

莨草即小芒草，生岡阜，秋抽莖開花如莠而色赤，芒針長柔似白茅而大，其葉織屨頗韌。

莨草

芒

長松

長松，本草拾遺始著録。生關内山谷古松下，根類薺苨。釋慧祥有清涼傳，宋人詩集多及之。

長松

辟虺雷

辟虺雷，唐本草始著録。狀如蒼朮，峨

辟虺雷

眉諸山有之，解毒、辟瘟，消痰、卻熱。

仙茅 仙茅，唐開元中婆羅門僧進此藥，開寶本草始著錄。今大庾嶺產甚夥，土人以爲茶飲，蓋嶺北泉潤陰寒，藉此辛烈以爲溫燥。服食者少，或有中其毒者。川中產亦多。

仙茅

延胡索 延胡索，開寶本草始著錄。宋人藥名詩：「到處遷延胡索人」，其入藥蓋已久。今茅山種之，爲治婦科腹痛要藥。

延胡索

鬼見愁 鬼見愁生五臺山。紫毛森森如蝟刺，梢

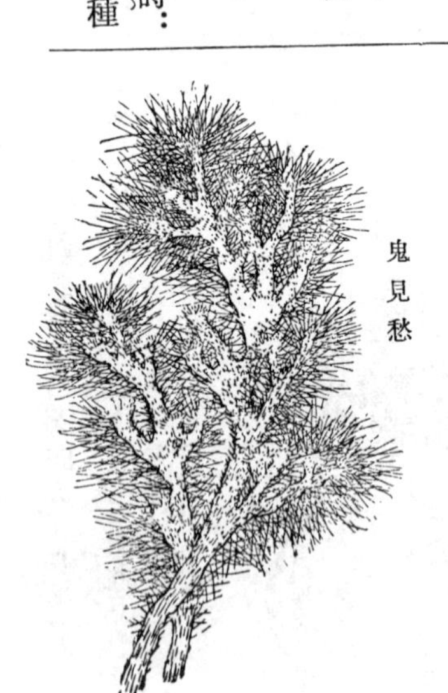

鬼見愁

端作綠苞。清涼山志云：生臺麓，能驅邪，俗以懸門首，云能畏鬼，或亦呼爲鉢蓮。

麥條草 麥條草一名空筩包，建昌謂之虎不挨。紅莖紅刺，尖細如毛，對葉排比，如榆葉而寬大，發杈開五瓣白花，綠心突出，長三四分，極似魚腥草花，土醫以治痧斑熱證。

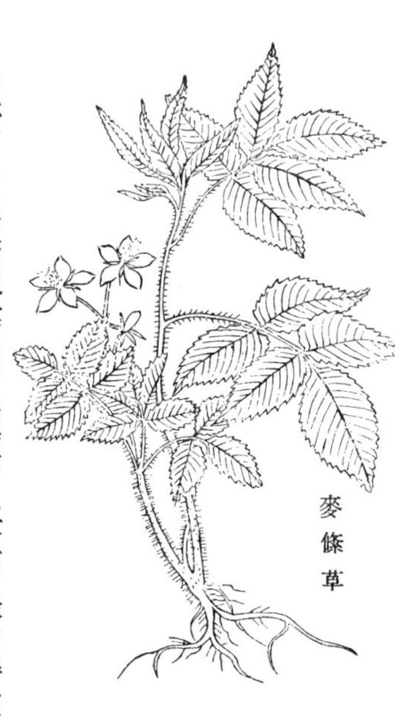
麥條草

白馬鞍 白馬鞍生建昌，獨莖，上紅下綠，旁枝對發，葉如梅葉，嫩綠細齒，或三葉、或五葉，排生一枝，土人採根敷毒。

白馬鞍

硃砂根 硃砂根，本草綱目始著錄，生太和山。

硃砂根

葉似冬青葉，背甚赤，根大如筋，赤色，治咽喉腫痛，磨水或醋嚥之。

鐵線草 鐵線草，宋圖經外類，生饒州。治風腫，消毒。余至彼訪之未得。

鐵線草

都管 都管草，宋圖經外類，生宜州。根似羌活，

都管

葉似土當歸，主風腫、癰毒、咽喉痛。桂海虞衡志云，一莖六葉。

永康軍紫背龍牙 宋圖經：紫背龍牙生蜀中，味辛甘無毒。彼土山野人云，解一切蛇毒甚妙，兼治咽喉中痛，含嚥之便效。其藥冬夏長生，採無時。

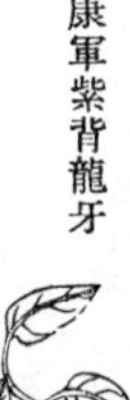

永康軍紫背龍牙

施州半天回 宋圖經：半天回生施州。春生苗，高二尺已來，赤斑色，至冬苗葉皆枯，其根味苦澀，性溫，無毒。土人夏月採之，與雞翁藤、野蘭根、崖椶等四味洗淨，去麤皮，焙乾，等分擣羅爲末，溫酒服二錢匕，療婦人血氣幷五勞七傷。婦人服忌羊血、雞、魚、濕麪；丈夫服無所忌。

施州半天回

施州露筋草 宋圖經：露筋草生施州。株高三尺已來，春生苗，隨即開花結子，四時不凋，其子碧綠色，味辛澀，性涼，無毒。不拘時採其根，洗淨焙乾，擣羅爲末，用白礬水調，貼蜘蛛、蜈蚣咬傷瘡。

施州露筋草

施州龍牙草 宋圖經：龍牙草生施州。株高二尺已來，春夏有苗葉，至秋冬而枯，其根味辛澀，溫無毒。春夏採之，洗淨揀擇去蘆頭，焙乾，不計分兩，擣羅爲末，用米飲調服一錢匕，治赤白痢，無所忌。

施州龍牙草

施州小兒羣 宋圖經：小兒羣生施州。叢高一尺已來，春夏生苗葉，無花，至冬而枯，其根味苦，

施州小兒羣

性涼，無毒，採無時。彼土人取此幷左纏草二味，洗淨焙乾，等分擣羅爲末，每服一錢，溫酒調下，療淋疾，無忌。左纏草乃旋花根也。

施州野蘭根

宋圖經：野蘭根出施州。叢生，高二尺已來，四時有葉無花，其根味微苦，性溫無毒，採無時。彼土人取此幷半天回、雞翁藤、崖棧等四味，洗淨去麁皮，焙乾，等分擣羅爲末，溫酒調服二錢匕，療婦人血氣並五勞七傷。婦人服之，忌雞、魚、濕麪、羊血；丈夫無所忌。

施州野蘭根

天台山百藥祖

宋圖經：百藥祖生天台山中。苗葉冬夏常青，彼土人冬採其葉入藥，治風有效。

天台山百祖藥

威州根子

宋圖經：根子生威州山中。味苦，辛溫，主心中結塊久積，氣攻臍下。根入藥用，採無時；其苗葉花實，並不入藥。

威州根子

天台山黃寮郎

宋圖經：黃寮郎生天台山中。苗葉冬夏常青，彼土人採其根入藥，治風有效。

天台山黃寮郎

天台山催風使

宋圖經：催風使生天台山中。苗葉冬夏常青，彼土人秋採其葉入藥用，治風有效。

天台山催風使

牛邊山

宋圖經：牛邊山生宜州溪澗。味微苦辛，性寒，主風熱上壅，咽喉腫痛，及項上風癧，以酒摩服。二月、八月、九月採根，其根狀似白朮而軟，葉似苦蕒厚而光，一名水苦蕒，一名謝婆菜。

牛邊山

信州紫袍

宋圖經：紫袍生信州。春深發生，葉如苦益菜，至五月生花如金錢，紫色。彼方醫人，用治咽喉、口齒。

信州紫袍

福州瓊田草

宋圖經：瓊田草生福州。春生苗葉，無花，三月採根葉焙乾，土人用治風，生擣羅，蜜丸服之。

福州瓊田草

福州建水草

宋圖經：建水草生福州。其枝葉似桑，四時常有，彼土人取其葉焙乾碾末，煖酒服，治走疰風。

福州建水草

福州雞項草

宋圖經：雞項草生福州。葉如紅花葉，上有刺，青色，亦名千鍼草，根似小蘿蔔，枝條直上，三四月苗上生紫花，八月葉凋，十月採根，洗焙乾，碾羅爲散，服，治下血。

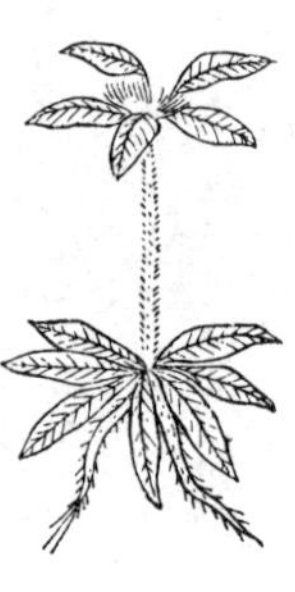

福州雞項草

福州赤孫施

宋圖經：赤孫施生福州。葉如浮萍草，治婦人血結不通，四時常有，採無時。每用一手搦，淨洗細研，煖酒調服之。

福州赤孫施

信州鴆鳥威

宋圖經：鴆鳥威生信州山野中。春

生青葉，至九月而有花如蓬蒿菜，花淡黄色，不結實，療癰癤腫毒，採無時。

信州鴆烏威

福州獨脚仙

宋圖經：獨脚仙生福州山林傍，陰泉處多有之。春生苗，至秋冬而落葉，葉圓，上青下紫，其脚長三四寸，夏採根葉，連梗焙乾爲末服，治婦人血塊，酒煎半錢。

福州獨脚仙

信州茆質汗

宋圖經：茆質汗生信州。葉青，花白，七月採，彼土人以治風腫，行血有効。

信州茆質汗

鎖陽

鎖陽，本草補遺始著錄，見輟耕錄，生韃靼田地。補陰氣、益精血，潤燥、治痿。

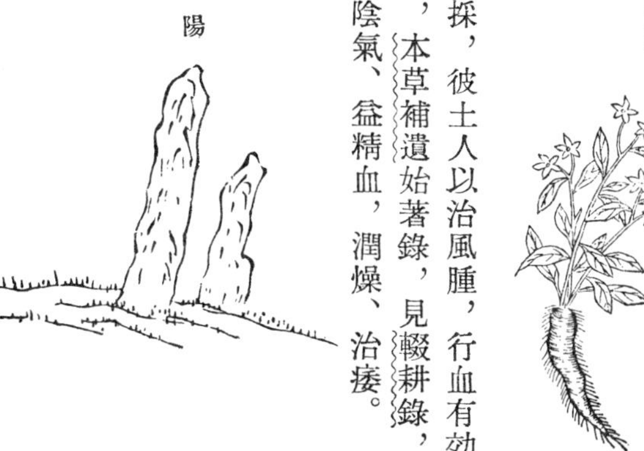

鎖陽

通草 通草卽爾雅「離南，活脫」，山海經寇脫。法象本草收之，拾遺曰通脫木，形狀功用具圖經。其葉莖中空，梢間作苞，開白花如枇杷，此草植生如木，頗似水桐，冬時莖亦不枯。本草綱目云蔓生，殊誤，今入於山草類。

雩婁農曰：郭注，零桂人植而日灌之以爲樹。酉陽雜俎：瓤輕白可愛，女工取以飾物。寇脫之製物飾，晉唐已有之矣。爾雅翼引潛夫論，譏花采之費，以爲今通行於世，其意以批黃判白，插鬢飾𣃁爲縟麗，而靡物力也。然余以此物行而物力始省，自作繪絺繡，五采彰施，人文漸起，而賦物肖形，嘗巧鬬妍。譬如天地之於草木，句萌於春，蕍蔓於夏，洩其精英，以炫目睫而蕩心志者，日出而不可遏抑，雕文刻鏤傷農事，錦繡纂組害女工，朝廷雖以儉德風天下，然以樸而華，如益薪爨火，以華而樸，如逆阪走丸。富家明璫翠羽，花鈿蔽髻，一物之直，逾於露臺。晉以金爲步搖，後宮倣效，朝成夕毀，競爲新奇，此風日扇，不熠益熾。管子摧鐵之法，一女必有一刀、一鍼，今以中人之產計之，一女必有一簪，一釵，一鈴，一搔頭、花勝、環瑱、條脫、指環，其糜朱提之浮，豈可勝數？至於翦綵爲花，撚蠟作鳳，刻玉成葉，染牙製柄，織金抽縷，箔金、銀、銅、錫而爲塗附者，朝侈神奇，暮裂朽腐，戕天下可

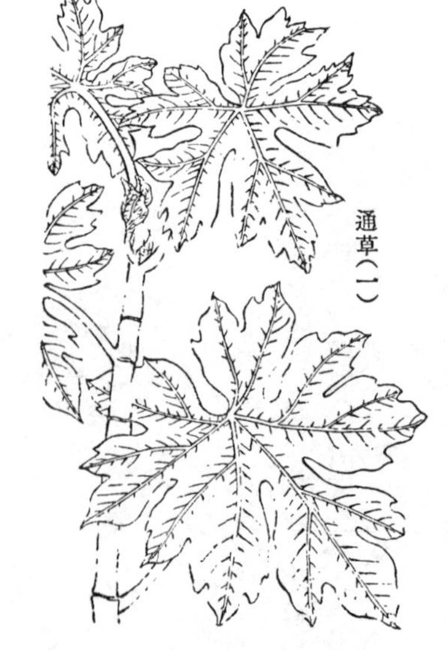
通草(一)

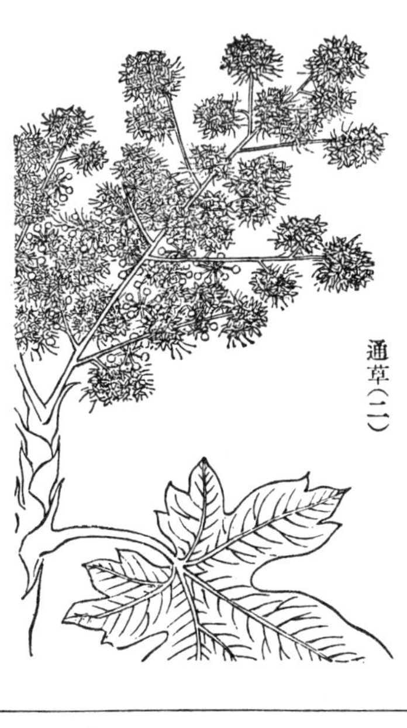
通草（二）

以易衣、易食、一成不敗之物，還之太虛無何有之鄉，此亦造物之所大不忍，而賈長沙所爲長太息者矣。寇脱之葉，觿拶而不可爲笠，花猥碎而不可供瓶，質輕虛而不可以爲薪、爲器，易生而扇地，徒蓬勃於蠻煙瘴雨之中，入藥裹者萬分無一，其無益於世久矣。損其膚以登副笄，千紅萬紫，引蝶欺蜂，而染絹盤絲，一見無顔色矣。且質不及錙，價不逾銖，雖富者亦愛其便，而後鷸冠、金勝，亦少休息於秋箑之篋笥，而三條廣陌，或因此而減墮珥遺簪之奢縱乎？然則造物生此，謂非拯翠之生，完繒之裂，防金、銀、寶玉之虛空粉碎耶？智者創物，巧者述之，吾以爲始飾物者，雖以西陵氏之祀享奉之可也。京師有草花市，乃謁東嶽，百卉萋萋，實爲東方司令，報賽不爲無稽。

杏葉沙參

校注：原本有圖無文。

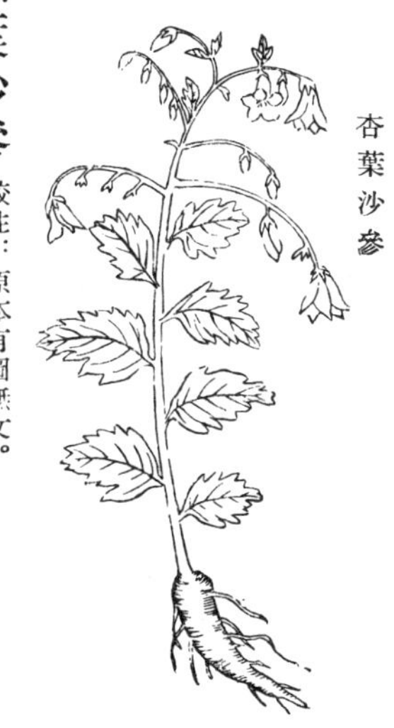
杏葉沙參

細葉沙參

校注：原本有圖無文。

細葉沙參

三七

廣西通志：三七，恭城出，其葉七，莖三，故名。根形似白及，有節，味微甘，以末摻豬血中化爲水者眞。

本草綱目李時珍曰：彼人言其葉左三右四，故名三七，蓋恐不然。或云本名山漆，謂其能合金瘡如漆粘物也，此說近之。金不換，貴重之稱也。生廣西南丹諸州番峒深山中，採根暴乾，黃黑色團結者，狀略似白及，長者如老乾地黃，有節，

味微甘而苦，頗似人參之味。或云試法以末摻豬血中，血化爲水者乃眞。近傳一種草，春生苗，夏高三四尺，葉似菊艾而勁厚有岐，尖莖有赤稜，夏秋開黃花，蕊如金絲，盤紐可愛，而氣不香，花乾則吐絮如苦蕒絮，根葉味甘，治金瘡、折傷、出血及上下血病甚效。云是三七，而根大如牛蒡根，與南中來者不類，恐是劉寄奴之屬。甚易繁衍，根氣味甘，微苦，溫無毒，主治止血、散血、定痛，金刃箭傷、跌撲杖瘡，血出不止者，嚼爛塗或爲末摻之，其血卽止。亦主吐血、衄血、下血、血痢、崩中、經水不止、產後惡血不下、血運、血痛、赤目、癰腫、虎咬、蛇傷諸病。此藥近時始出，南人軍中用爲金瘡要藥，云有奇功。又云，凡杖撲傷損，淤血淋漓者，隨卽嚼爛罨之，卽止，青腫者卽消散。若受杖時先服一二錢，則血不衝心，杖後尤宜服之，產後服亦良。大抵此藥氣溫，味甘，微苦，乃陽明厥陰血分之藥，故

能治一切血病，與騏驎竭、紫鉚相同。葉主治折傷，跌撲出血，傅之卽止，青腫經夜卽散，餘功同根。

按廣西三七、金不換，形狀各別，通志俱載之，辨其非一物，本草綱目殆沿訛也。其所述葉似菊艾者，乃土三七，江西、湖廣、滇南皆用之，滇志：土富州產三七，其地近粵西，應是一類。尙有土三七數種，俱詳草藥。余在滇時，以書詢廣南守，答云：三莖七葉，畏日惡雨，土司利之，亦勤培植，且以數缶蒔寄。時過中秋，葉脫不全，不能辨其七數，而一莖獨矗，頂如葱花，冬深茁芽，至春有苗及寸，一叢數頂，旋卽枯萎。昆明距廣南千里而近，地候異宜，而余竟不能覩其左右三七之實，惜矣。因就其半萎之莖而圖之。余聞田州至多，採以煨肉，蓋皆種生，非野卉也。又赤雅云：凡中蠱者，顏色反美於常，夭姫望之而笑，必須叩頭乞藥，出一丸啖之，立吐奇怪，或人頭蛇身，或八足六翼如科斗子，斬之不斷，焚之不燃，用白礬澆之立死，否則對時復還其家。予久客其中，習知其方，用三七末荸薺爲丸，又用白礬及細茶，等分爲末，每服五錢，泉水調下，得吐則止。按古方取白蘘荷，服其汁，并臥其根，知呼蠱者姓名，則其功緩也。三七治蠱，前人未

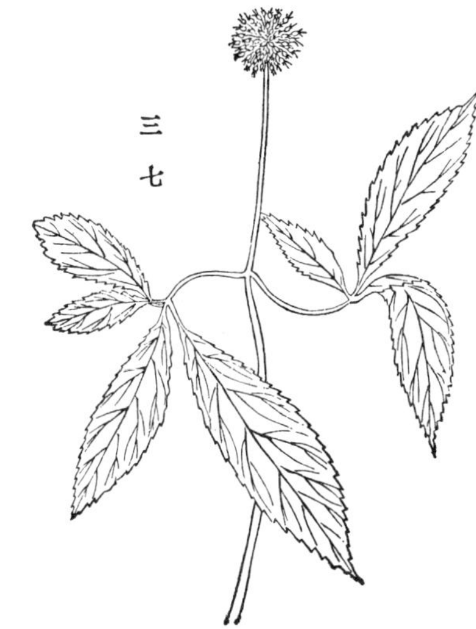

三七

曾迹及。有蠱之地，卽產斷蠱之藥，物必有制，天道洵好生哉。

錦地羅　錦地羅，本草綱目始著錄，生廣西慶遠、柳州。根似萆薢，治山嵐瘴氣、瘡毒。

錦地羅

植物名實圖考卷之九

山草類

蜘蛛抱蛋　菜藍

地茄　仙人過橋

山柳菊　野山菊

一枝黃花

平地木

平地木，花鏡載之。生山中，一名石青子。葉如木樨，夏開粉紅細花，結實似天竹子而扁。江西俚醫呼爲涼繖遮金珠，以其葉聚梢端，實在葉下，故名。根治跌打行血，和酒煎服。

平地木

六面珠

六面珠產建昌。褐莖對葉，微似月季花葉而黃綠，微短附莖；秋結小圓紅實，四面環抱，攢簇稠密，的皪可愛。

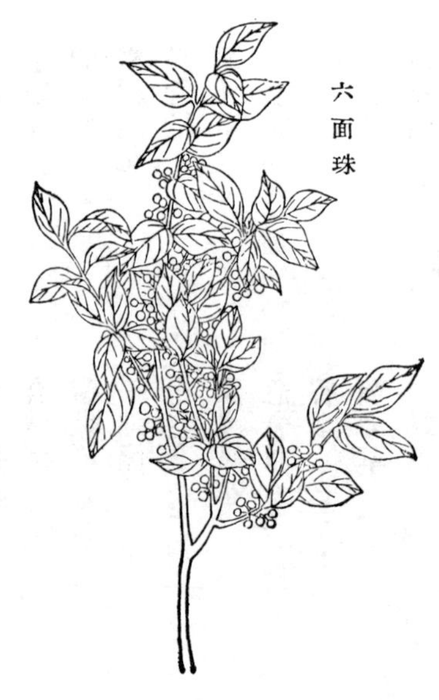

六面珠

紅絲線

紅絲線產南安。綠莖有毛，葉如山茶葉而薄，長柄下垂。結實如珠，生青熟紅，綠蒂托之。一名血見愁。俚醫擣敷紅腫，以爲良藥。

雞公柴

雞公柴

雞公柴，江西山中皆有之。叢生赭莖，大根深赭色。葉似鳳仙花葉而寬，深齒對生，梢結紅實如天竹子而大。建昌俚醫以根治白濁，和酒煎服。

鴉鵲翻

鴉鵲翻生南安。叢生赭莖，對葉如地榆而尖，結小子成攢，嬌紫可愛，氣味甘溫。俚醫以治陡發頭腫、頭風，溫酒服，煎水洗之；又治跌打損傷，去風濕。

細亞錫飯

細亞錫飯生大庾嶺。硬莖叢生，葉如

柳葉，附莖攢結，長柄小實，嬌紫下垂。土人云可洗瘡毒。

細亞錫飯

紫藍　紫藍生長沙嶽麓。綠莖叢生，長葉對生，如大青葉而窄，秋結藍實如珠，攢簇梢頭。性涼，亦類大青。

牛金子　牛金子，江西處處有之。叢生小科，硬

莖褐色。葉如榆葉而小，無齒，亦微團，附莖甚密。秋開小紫花，繁鬧如穗，多鬚。結實似龍眼，核灰黑色，頂上有小暈。或云能散血。

天茄

天茄生建昌，一名杜榔子。黑莖直勁，短枝，發葉似枸杞葉而圓，有直紋三四縷。俚醫以爲養筋、和血之藥。

天茄

馬甲子

馬甲子，江西處處有之。小樹如菝葜，赭莖。大葉如柿葉，亦硬，面綠背淡，有赭紋。開小白花如棗花；結實形似鰒魚，圓小如錢，生青熟赭，有扁核。青時味如棗而淡，熟卽生螬。小兒食之，土人採根治喉痛。按遵義府志：馬鞍樹開花結子，殼似五兩錢，子在錢內，熟時極紅。取子搾油，可作燭。又思南府志：銅錢樹一名馬鞍；秋開黃花；果三棱，淡紅色；子壓油，不中食。蓋卽此。

馬甲子

滿山香

滿山香生南安。黑莖屈盤，葉如椿葉有

赭紋，根亦糾曲。俚醫以治跌打損傷、風氣，煎水洗之。

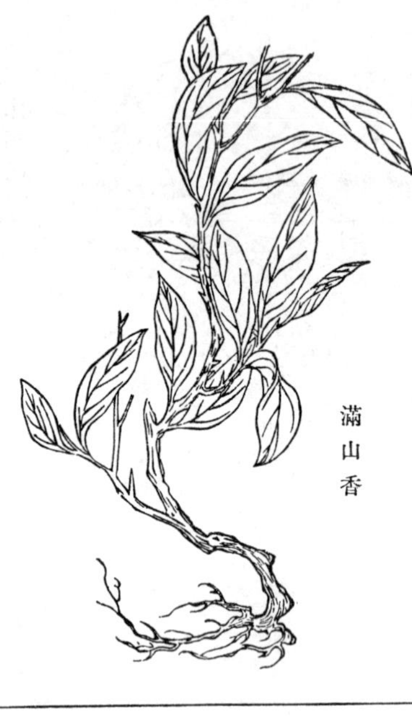
滿山香

風車子

風車子生南安，一名四角風。長蔓如藤而植立，赭色。葉長如枇杷葉而薄，中寬末尖，紋如楮葉，深刻細密，面凹背凸，面深綠，背淡青。結實如兩片榆莢，十字相穿，極似揚穀風扇，四角平勻；生青熟黃。中有子一粒如稻穀，長三四分，皮黃如槐米。俚醫以祛風、散寒，療風痺、洗風足，爲風病要藥。

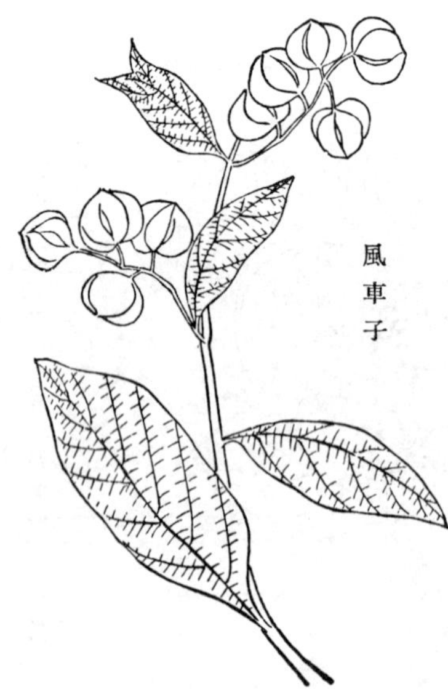
風車子

張天剛

張天剛生南安。叢生硬莖有節，紅黃色；葉似水蘇葉；實如小罌，褐色；莖、葉、實俱有細刺如毛；根淡紅色有鬚，氣味甘溫。俚醫以治下部虛軟，補陰分。

張天剛

樓梯草

樓梯草產南安。獨莖圓綠，高不盈尺。長葉略似枇杷葉，大齒尖梢，粗紋横斜，面青，背黄綠。土人採治風痛、跌打損傷，煎酒服。

樓梯草

鐵拳頭

鐵拳頭產南安。叢生柔莖細綠，每枝三葉。葉如薄荷，中有赤紋。結黄實如小毬，硬尖如蝟。略似石龍芮，唯葉無歧爲異。土人採治失血，和猪蹄煮服。

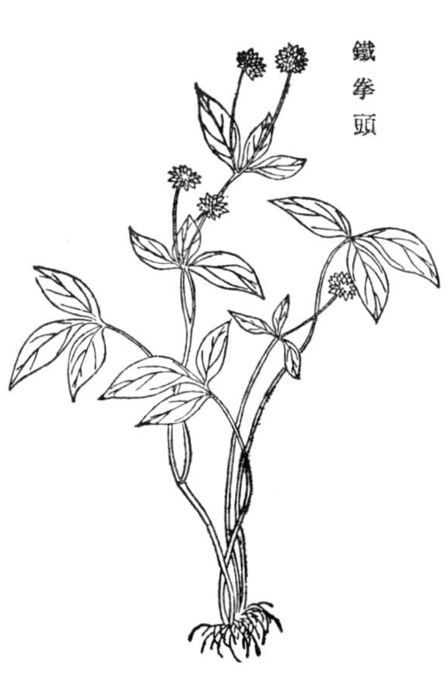

鐵拳頭

大葉青

大葉青生南安山嶺。獨莖高二三尺，灰

綠色，有濇毛，中空，白如蘆莖。葉三叉，中長寸許，大如掌，面淡青，背微白，澀毛粗紋，有露脈如麻葉。子附莖生葉下如火麻子；薄殼，青褐色，亦有毛；中有細紅子一窠。俚醫以治下部濕痺。

大葉青

小青　小青生南安，與俗呼矮茶之小青，同名異物。大根無鬚，綠莖粗圓，頗似初發梧桐。對葉排生，似大青葉而短，微圓。俚醫以為跌打損傷要藥，每服不得過三分，忌多服。

小青

紅孩兒　紅孩兒生南安。高尺許，根如薑而嫩，

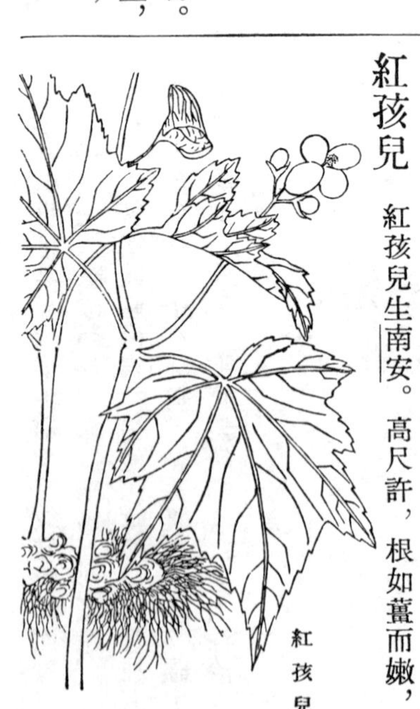

紅孩兒

紅黃色。莖似魚兒牡丹，葉似木芙蓉而尖歧稍短。秋冬開花，極肖秋海棠。結實作角，如魚尾形而末小團，皮薄如榆莢；子紅黃色，亦似魚子。俚醫以治腰痛。

紅小姐 紅小姐生南安。莖葉微似秋海棠，與紅孩兒相類。而葉面綠，無赤脈，背淡紅，紋赤。蓋一種而微異。俚醫以治婦人內竅不通，順經絡、升氣、補不足，氣味甘温。

紅小姐

九管血 九管血生南安。赭莖，根高不及尺。大葉如橘葉而寬，對生。開五尖瓣白花，梢端攢簇。俚醫以爲通竅、和血、去風之藥。

九管血

四大天王 四大天王生南安。綠莖赤節，一莖四葉，聚生梢端。葉際抽短穟，開小白花，點點如珠蘭。赤根繁密。俚醫以治風損跌打、無名腫毒。

四大天王

短脚三郎

短脚三郎

短脚三郎生南安。高五六寸，横根赭色叢發，赭莖。葉生梢頭。秋結圓實下垂，生青熟紅，與小青極相類而性熱。治跌打損傷、風痛，孕婦忌服。

朝天一柱

朝天一柱生南安。肉根圓赭，數條連綴，微似百部。綠莖疎節，對節生枝，長葉如柳。俚醫以治無名腫毒、虵咬，升氣、補虚。

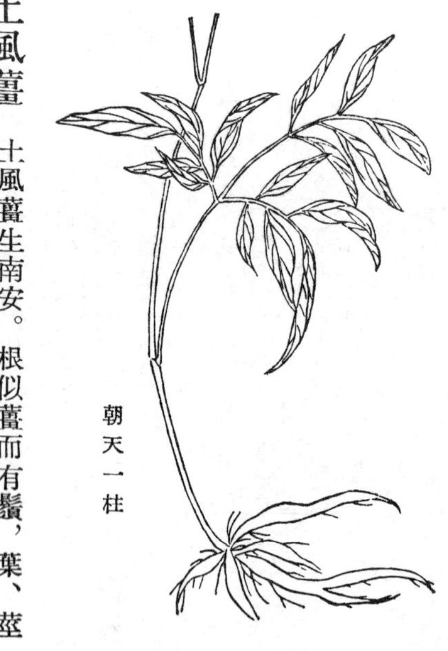

土風薑

土風薑生南安。根似薑而有鬚，葉、莖

似薑而細瘦，微似初生細蘆，氣味辛溫。治風損，行周身。

見腫消

見腫消

見腫消生建昌。紅莖如秋海棠，圓節粗肥似牛膝。小葉多缺齒；大葉三叉，深齒，末尖，面青，背微白。土人採根敷瘡毒。

薯莨

薯莨產閩、廣諸山。蔓生無花，葉形尖長如夾竹桃，節節有小刺。根如山藥有毛，形如芋子，大小不一。外皮紫黑色，內肉紅黃色。節節向下生，每年生一節，野生。土人挖取其根，煮汁染網罟，入水不濡。留根在山，生生不息。南越筆

記：薯莨產北江者良，其白者不中用，用必以紅。紅者多膠液，漁人以染罛罾，使苧麻爽勁，既利水，又耐鹹潮，不易腐。薯莨膠液本紅，見水則黑，諸魚屬火而喜水，水之色黑，故與魚性相得。染罛罾使黑，則諸魚望之而聚云。

柊葉

柊葉產粵東家園。草本，形如芭蕉，葉可裹粽。以包參茸等物，經久不壞。本高約二三尺；葉長尺許，青色，四季不凋。南越筆記有柊葉者，狀如芭蕉，葉溼時以裹角黍，乾以包苴物、封缸口。蓋南方地性熱，物易腐敗，惟柊葉藏之可持久，即入土千年不壞。柱礎上以柊葉墊之，能隔溼潤。亦能理象牙，使光澤。計粵中葉之爲用，柊爲多，蒲葵次之。有油葵者，似椶葉而性柔，以作蓑衣，耐久不減蒲葵。諺曰：「油葵蓑，蒲葵笠；朝出風乾，夕歸雨濕。」又曰：「只賣葉，休賣花；花貧葉富，二葵成家。」廣州竹枝詞云：「五月街頭人賣葉，卷成片片似芭蕉」，謂柊葉也。「參差葉屁作蓑篷」，謂蒲葵也。篷形方大三尺許，以施於背遮雨，名曰葵篷。葵曰蒲葵者，以葉如蒲而倒垂，蓋蒲之類也。

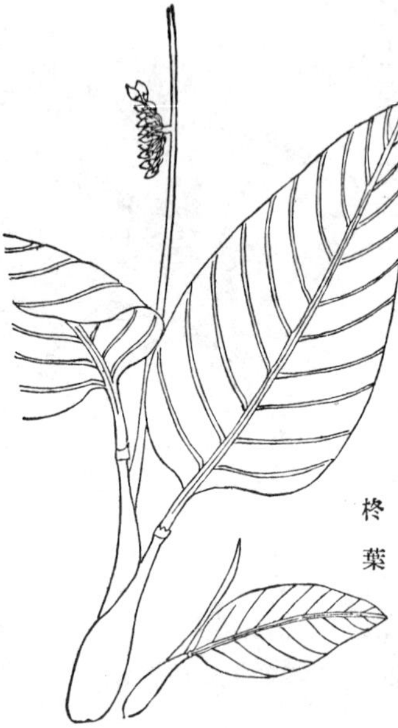

觀音座蓮

觀音座蓮生南安。形似貫衆，而葉小，莖細，多枝杈。高二三尺。根亦如貫衆，有黑毛，彷彿蓮瓣，層層上攢，蓋大蕨之類。

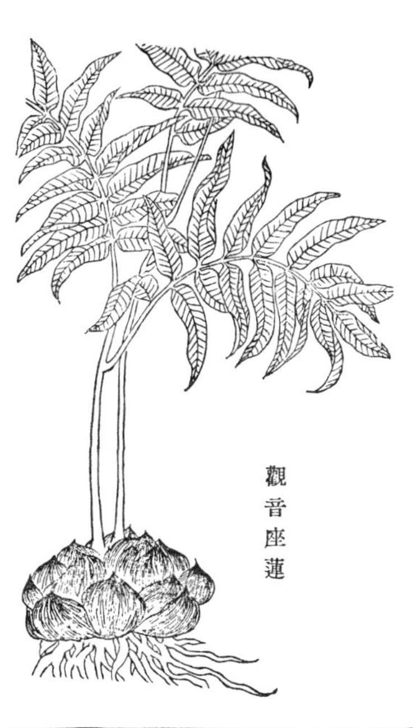

觀音座蓮

金雞尾

金雞尾生建昌山中，一名年年松。叢生，斑莖；葉如箬葉排生，中有金黃粗紋一道，面綠，背淡微白；露根似貫衆、狗脊。土人以解水毒，用同貫衆。

合掌消

合掌消，江西山坡有之。獨莖脆嫩如景天。葉本方末尖，有疎紋；面綠，背青白；附莖攢生，四面對抱，有如合掌，故名。秋時梢頭發細枝，開小紫花，五瓣，綠心，子繁如罌粟米粒。根有白汁，氣臭。俚醫以爲消腫、追毒良藥。

金雞尾

合掌消

觀音竹

觀音竹，饒州山坡有之，似千層喜。春時短葉中抽細葶，發小葉，梢開綠花，長柄如石斛。一瓣長圓如小指甲，向上翹如首；下有三細尖瓣，下垂如足；復有一長瓣，彎細如尾。白心點點，頗似青蛙翻肚。莖花齊發，長六七寸，殊狀罕儷。

觀音竹

鐵燈樹

鐵燈樹，江西、湖南皆有之。鋪地生，一葉一莖。葉似紫菀而寬，本圓末尖。夏間中抽一葶，長五六寸，頗似枯莖。秋深始從四面發小葉，隨作苞，開細瓣小白花。赭蕚長二三分，葉蕚攢密，青赭斑駁。俚醫以根止痛、活血，酒煎服。

鐵燈樹

鐵樹開花

鐵樹開花生建昌。一莖一葉，似馬蹄

鐵樹開花

而尖，有微齒，與犂頭尖相類，而葉背白，細根。俚醫以治隔食症，同猪肺煮服。

一連條 一連條生建昌。赤莖，長枝，獨葉。葉如苧麻而尖長，面青背白，細紋微齒。土醫取幹葉搗敷腫毒。

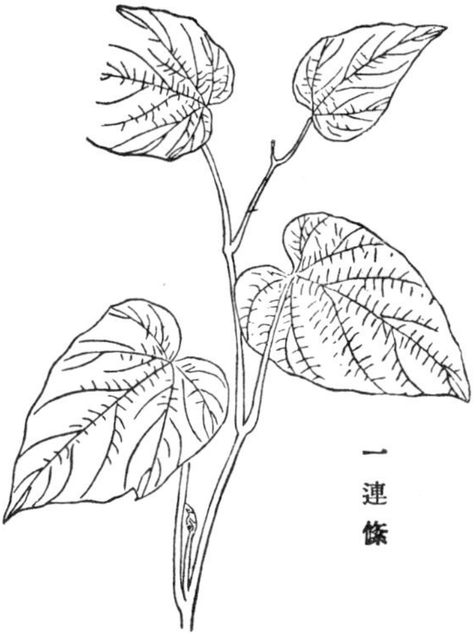

一連條

鐵骨散 鐵骨散生建昌。叢生，粗根似薑，赭莖有節。對葉排比，似接骨草而微短亦寬，面綠，背微黃。俚醫以根洗腳腫，同甘草煎水。

鐵骨散

土三七

本草綱目李時珍曰：近傳一種草，春生苗，夏高三四尺，葉似菊艾而勁厚有歧尖，莖有赤棱。夏秋開花，花蕊如金絲，盤紐可愛，而氣不香。花乾則吐絮，如苦蕒絮。根、葉味甘，治金瘡、折傷出血，及上下血病甚效。云是三七，而根大如牛蒡根，與南中來者不類，恐是劉寄奴之屬，

土三七(一)

甚易繁衍。

按土三七亦有數種，治血衂、跌損有速效者，皆以三七名之。此草今處處種之盆中，俚醫以葉面青，背紫，隱其名曰天青地紅。凡微傷，但折其葉裹之卽愈。辰谿縣志：澤蘭一名土三七，一名葉下紅，根、葉傅金瘡、折傷之要藥，非本草所云澤蘭也。簡易草藥：散血草卽和血丹，土名三七，能破血、去瘀、散血、消腫，通治五勞七傷、跌打損傷。春出秋枯。其形狀、功用盡於此矣。

㊁土三七生廣西。莖、葉俱似景天而不甚高，厚葉，有汁無紋，周圍有圓齒。伏日拔置赫曦中，經月不槁，無花實。摘葉種之卽生，亦名葉生。根畏寒，經霜卽腐。主治涼血，止吐血。

土三七(二)

㊂土三七，廣信、衡州山中有之。嫩莖亦如景天，葉似千年艾葉，無歧有齒，深綠柔脆，惟有淡白紋一縷，秋時梢頭開尖細小黃花。俚醫以治吐血。

土三七（三）

洞絲草

洞絲草生寧都金精山。高六七寸，綠莖赭節。葉如鳳仙花葉，兩兩對生。冬開紫花如絲，復有細茸。土醫詫爲奇藥，而吝其方。

洞絲草

紫喇叭花

紫喇叭花生寧都金精山。莖、葉俱如洞絲草，冬開紫花，頗似地黃，花有白心數點。

紫喇叭花

水晶花

〔一〕水晶花，廣信、衡州山中有之。小科，葉如女貞葉，亦光潤。梢端夏開五出小白花，細如銀絲，朵朵如穗。俚醫用之。

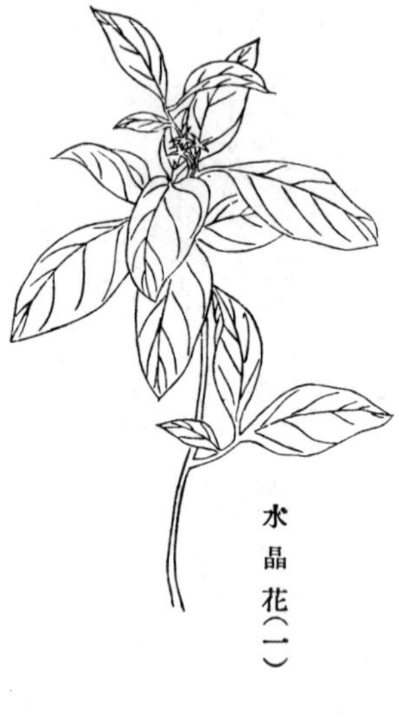

水晶花（一）

二水晶花，衡山生者葉似繡毬花葉而小，紫莖有

水晶花（二）

節，花如銀絲，作穗長寸許，夏至後即枯。

急急救

一急急救，江西山坡有之。根鬚黃柔，一莖一葉。葉莖嫩綠，似初生蜀葵葉無歧而尖，深齒如鋸，面背皆有細毛。土醫以根同紅棗浸酒，通骨節，達四肢。

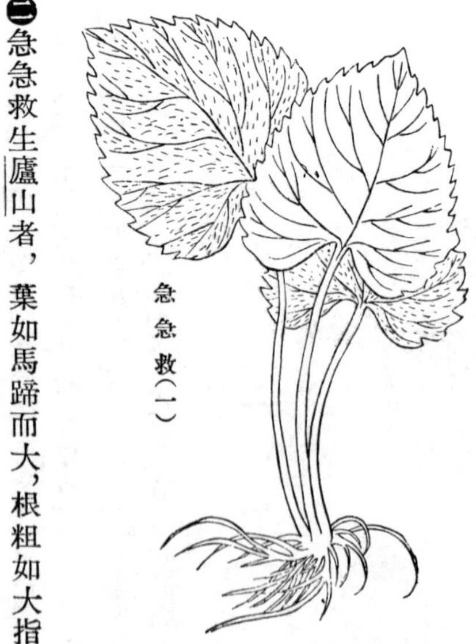

急急救（一）

二急急救生廬山者，葉如馬蹄而大，根粗如大指，

餘同。

急急救(二)

山芍藥

山芍藥生建昌。叢生綠莖，高三四尺。

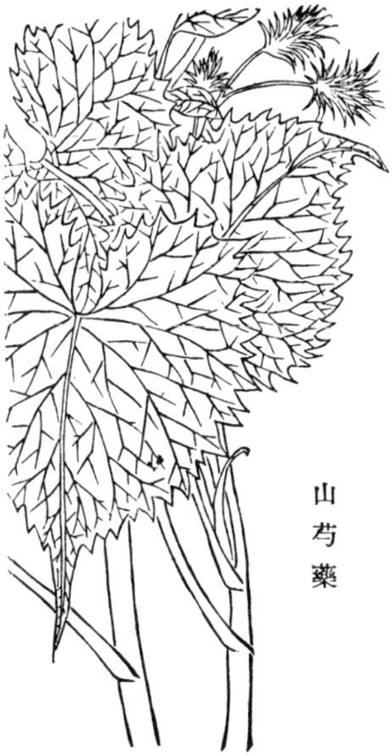

山芍藥

大葉如馬蹄而尖，甚長，深齒粗紋，面深綠，背淡青。秋深開紫花，瓣尖如鍼，端有鬚，綠跗如刺，密攢而上。土醫以根、葉治風寒。

香梨

香梨生建昌。綠莖大葉，葉作三叉形，前尖獨長，大過於掌，深齒半寸許，粗紋斂斜，面綠，背淡青，可擦傷。或以爲大戟。

香梨

肺筋草

肺筋草，江西山坡有之。葉如茅芽，長四五寸，光潤有直紋。春抽細葶開白花，圓而有

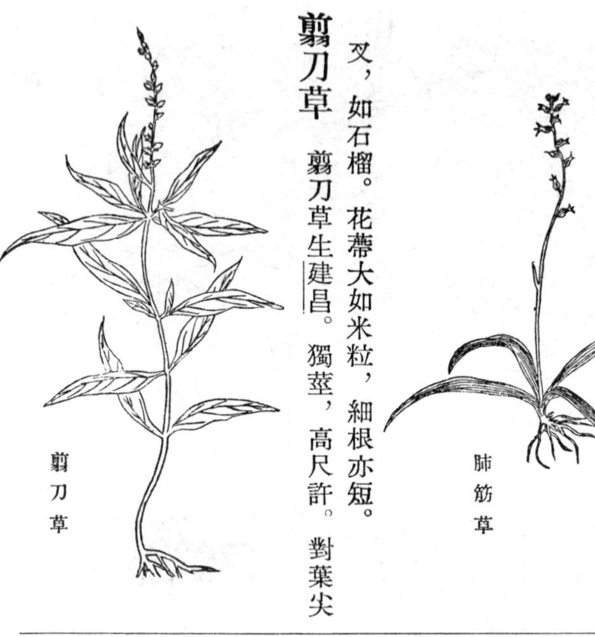

肺筋草

叉，如石榴。花蒂大如米粒，細根亦短。

翦刀草

翦刀草

翦刀草生建昌。獨莖，高尺許。對葉尖長，微似鳳仙花葉而無齒，面綠，背青白。梢端抽長條，結黃實如薏仁而小，層綴如穗而疎。一名羊尾鬚。土醫以治頭瘡，煎水洗之。

四季青

四季青生建昌。形如蓼而莖細無節，葉尖錯生，秋時梢開白花成穗，如蓼花而疎。土人取根敷傷。

四季青

白頭翁

白頭翁生建昌。赭莖，梢綠。長葉斜齒，面綠背淡。夏結青蓇葖，上有三四鬚，細如蠅足。土人云根解毒藥。

鐵繖

白頭翁

鐵繖

鐵繖生南安。綠莖如蒿，有直紋，旁多細枝。厚葉翠綠，背微紫，似平地木葉而齒圓長。俚醫以爲活氣、行血、通絡之藥。此草葉皺，聚生梢端，故有鐵繖之名。

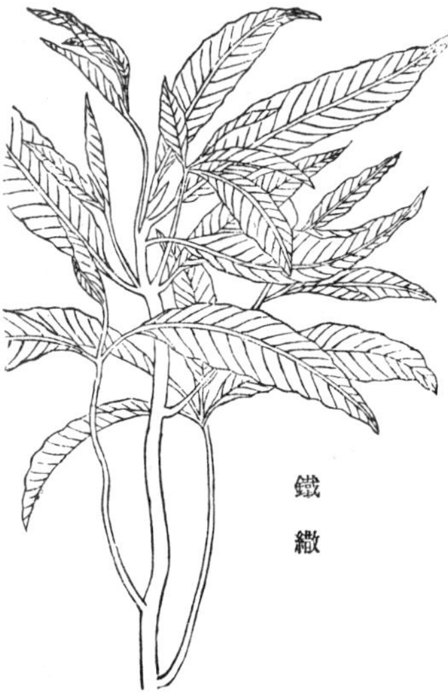

一枝香

一枝香生廣信。鋪地生葉，如桂葉而柔厚，面光綠，背淡有白毛。根鬚長三四寸，赭色。土人以治小兒食積。

一枝香

鹿銜草

鹿銜草，九江建昌山中有之。鋪地生綠葉，紫背，面有白縷，略似蕺菜而微長，根亦紫。土人用以浸酒，色如丹，治吐血，通經有效。

按本草有鹿銜，形狀不類。安徽志：鹿銜草，性益陽，出婺源，即此。湖南山中亦有之，俗呼破血丹，滇南尤多。土醫云性溫無毒，入肝、腎二經，强筋、健骨、補腰腎、生精液。

鹿銜草

紫背草

紫背草生南贛山坡。形全似蒲公英而紫莖，近根葉叉微稀，背俱紫。梢端秋深開紫花，似禿女頭花不全放，老亦飛絮，功用同蒲公英。

紫背草

七厘麻

七厘麻，江西山中有之。似吉祥草葉而紋理粗直，橫根綠潤有節，似竹根而嫩。土醫以治筋骨疼痛。

七厘麻

七厘丹

七厘丹，南安、廣信山中有之。春時抽莖生葉，似蘆而軟，葉有間道直紋，長弱下垂。

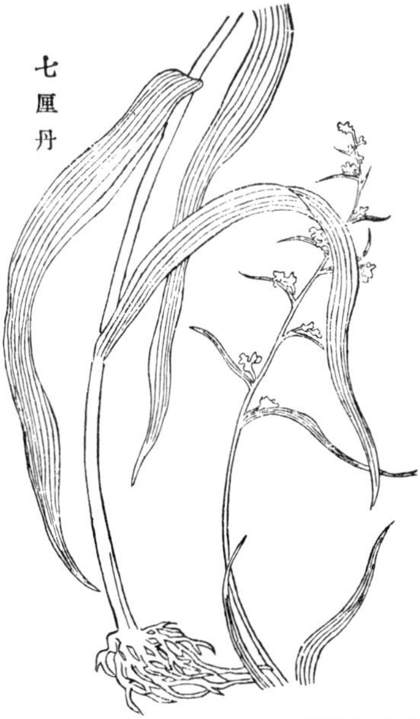

夏發細葶小葉，葉際開花如粟，紫黑色。細根赭褐。俚醫以治骨癰、跌打損傷，忌多用，故以七厘爲名。

七厘丹

白如椶 白如椶一名仙麻，江西、湖南山中多有之。狀如初生椶葉，青白色，有直紋微皺。抽莖結實，如建蘭花實，獨根。土醫採治風損、婦科敗血。

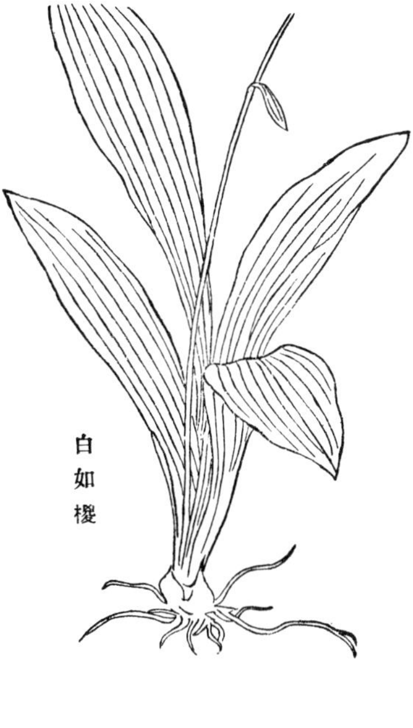

白如椶

雞腳草 雞腳草生建昌。形狀如吉祥草而葉不光澤，有直紋如竹，面綠，背黃綠，與莖同色。根如薑而瘠，有鬚。土醫以治勞損、乳毒。勞損取根煎酒服，乳毒蒸雞蛋食之。按本草拾遺有雞腳草，形狀、主治不類。

蜘蛛抱蛋

蜘蛛抱蛋

雞腳草

蜘蛛抱蛋一名飛天蜈蚣，建昌、南贛皆有之。狀如初生椶葉，下細上闊，長至二尺餘，粗紋韌質，淩冬不凋。近根結青黑實如卵，橫根甚長，稠結密鬚，形如百足，故以其狀名之。土醫以根卵治熱症；南安土呼哈薩喇，以治腰痛、咳嗽。

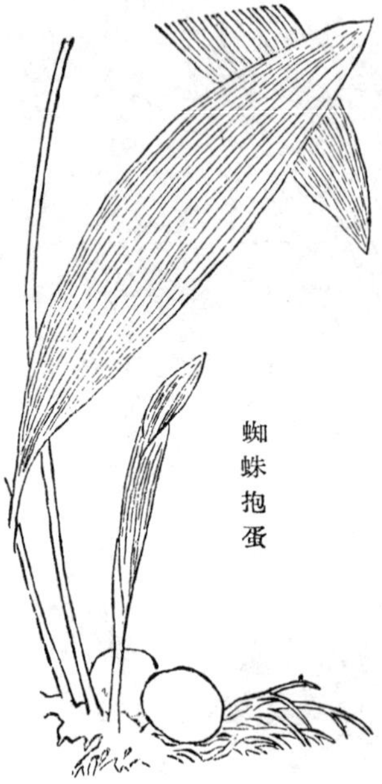

菜藍

菜藍

菜藍生廣信。黑根有鬚，叢生，綠莖，微有疏節。葉似大葉柴胡，粗紋疏齒。一名大葉仙人過橋。土人採治跌打損傷。

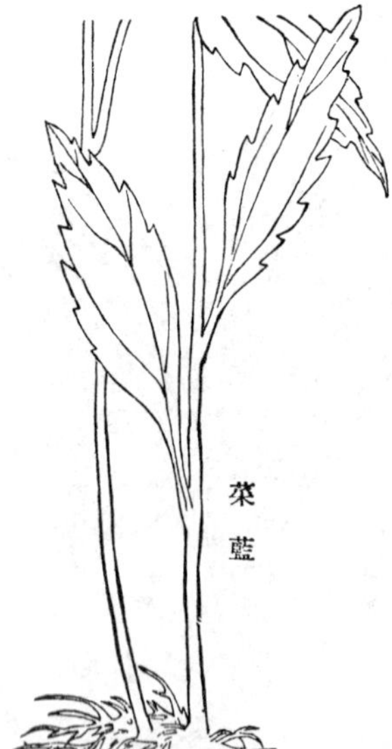

地茄

地茄生江西山岡。鋪地生葉，如杏葉而小，

柔厚有直紋三道。葉中開粉紫花團，瓣如杏花，中有小缺。土醫以治勞損。根大如指，長數寸，煎酒服之。

地茄

仙人過橋

仙人過橋，建昌、南贛山坡皆有之。

仙人過橋

叢生，高不盈尺，細莖，葉如柳葉。秋時梢端開紫筩子花，略似桔梗花而小。開久瓣色退白，黃蕊迸露。土人採根、葉，煎洗瘡毒。

山柳菊

山柳菊一名九里明，一名黃花母，南贛山中皆有之。叢生，細葉似石竹葉，綠莖有節。秋開黃花如菊，心亦黃。土醫以洗腫毒，不可食。

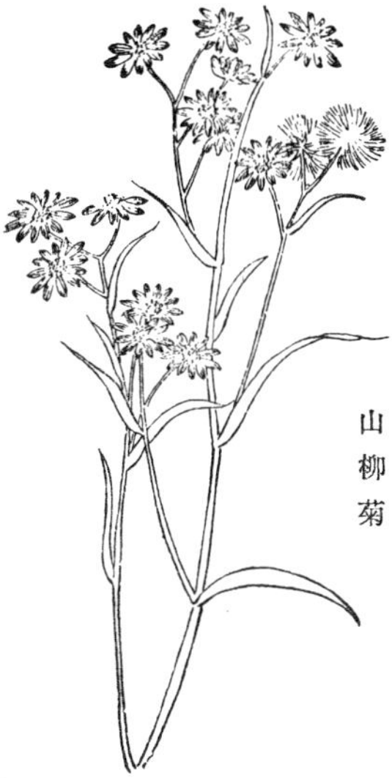

山柳菊

野山菊

野山菊，南贛山中多有之。叢生，花、葉抱莖如苦藚而歧，齒不尖，莖瘦無汁。梢端發杈，秋開花如寒菊。土醫以根、葉搗敷瘡毒。

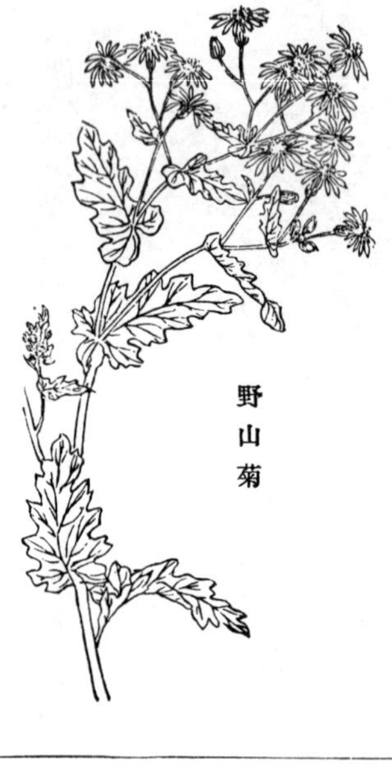

野山菊

一枝黃花

一枝黃花，江西山坡極多。獨莖直上，高尺許，間有歧出者。葉如柳葉而寬，秋開黃花，如單瓣寒菊而小。花枝俱發，茸密無隙，望之如穗。土人以洗腫毒。

一枝黃花

植物名實圖考卷之十

山馬蝗　山馬蝗產長沙山阜。獨根，有短鬚，褐莖多叉。每枝三葉，葉微似竹，面青背白，疏紋無齒。葉間發小莖，開紫白小花如粟。俚醫以治哮。此草與小槐花枝葉相類，唯附莖團團結角，似蛾眉豆而扁小。有雙角連生者，亦黏人衣。葉老則漸圓，與豆葉無異，紋亦澀亂。

山馬蝗

和血丹

即胡枝子。

和血丹生長沙山坡。獨莖小科，一枝三葉，面青黃，背粉白，有微毛，似豆葉而長。莖方有棱，赭黑色。直根四出，有細鬚。俚醫以爲破血之藥。

按救荒本草，胡枝子，俗名隨軍茶，生平澤中。有二種，葉形有大小。大葉者類黑豆葉；小葉者莖類蓍草，葉似苜蓿葉而長大。花色有紫、白；結子如粟粒大，氣味與槐相類。性溫。採子微春即成米，先用冷水淘淨，復以滾水湯三五次，去水下鍋，或作粥，或作炊飯，皆可食；加野菉豆，味尤佳；及採嫩葉，蒸

和血丹

晒爲茶煮飲亦可。此卽是葉似黑豆葉者，其氣味頗似茶葉。北地茶少，故凡似茶者皆蓄之。南士則多供樵薪，採摘所不及矣。

小槐花

小槐花，江西田野有之。細莖發枝，一枝三葉，如豆葉而尖長。秋結豆莢，細如菉豆而有毛。莖、葉略似山馬蝗，而結角不同。

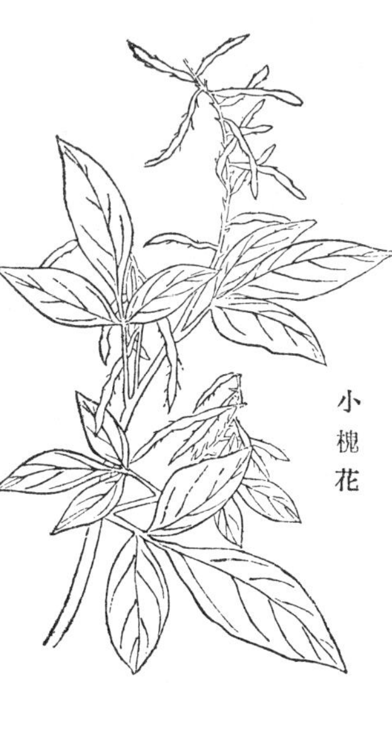
小槐花

無名一種

生嶽麓。獨莖，參差生葉，三葉攢聚。葉似胡頹子葉微小，面深綠，背白，皆有微毛。梢頭發叉，開小白花，似蛾眉豆花，黃鬚點點。

無名一種

白鮮皮

白鮮皮生長沙山坡。叢生，赭莖，莖多斜刺，交互極密，嫩莖青綠。長葉排生，如蒴藋而有細齒，葉上亦有暗刺甚澀，面綠，背青白。俚醫以散痰氣、行筋骨。　按形狀與本草白鮮皮異，別是一種。

白鮮皮

土常山

(一)土常山，江西多有之。形狀頗似黃荊，唯每枝三葉，葉寬有大齒，氣味辛烈如椒。俚醫云：閩中負販者，口含此葉，行半日不渴，且能辟暑。蓋其氣味辛苦，能通竅、散熱、生津、降氣，故有殊功。

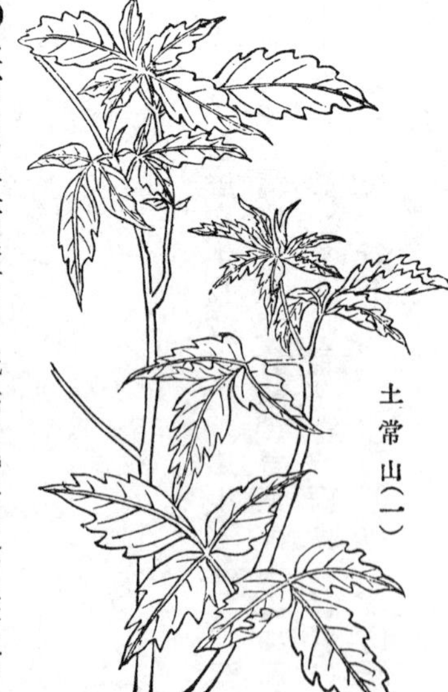

土常山(一)

(二)土常山，江西廬山、麻姑山皆有之。叢生，綠

土常山(二)

莖圓節，長葉相對，深齒粗紋。夏時莖梢開四圓瓣白花，花落結子如黃粟米，纍纍滿枝。俚醫以治跌打。形狀、主治俱與圖經異。

㊂土常山，長沙山坡有之。赭根有鬚，根、莖一色，有節，對節生葉，葉如榆，面青背白，背紋亦赭。春間葉際開小花，如木樨色，黃白無香。俚醫以治濕熱。

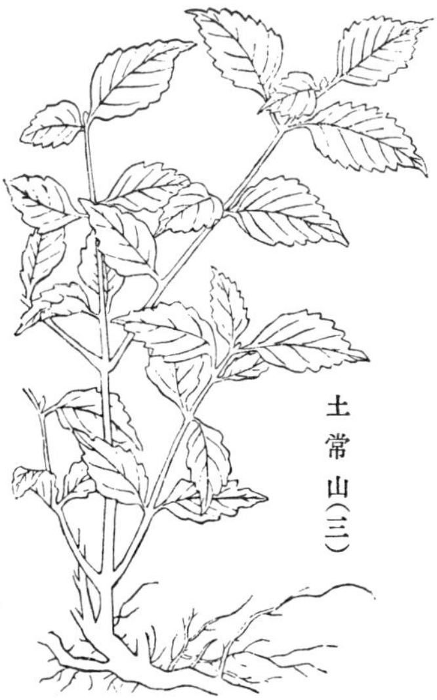

土常山(三)

㊃土常山，長沙山阜有之。細莖微赭，兩葉相當，葉如桑葉有鋸齒。夏間開小黃花，微似苦蕒。按宋圖經：常山有如茗葉者，有如楸葉者。又天台土常山，苗葉極甘，本不一類。今俗以常山爲治瘧要藥，凡可止瘧者，皆以常山名之，故有數種。

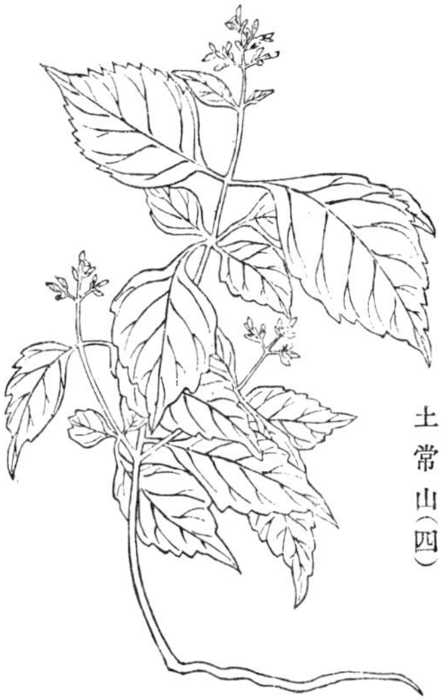

土常山(四)

黎辣根

黎辣根生長沙山岡。叢生小科，赭黑細莖，長葉光硬，本狹末寬有尖，面濃綠，背淡，有赭紋。近莖黑根圓大，細尾長五六寸。俚醫用以殺蟲、敗毒。秋結實，生青熟黑，味甜可食。

黎辣根

野南瓜

野南瓜一名算盤子，一名柿子椒，撫、建、贛南、長沙山坡皆有之。高尺餘，葉附莖，對生如槐、檀。葉微厚硬，莖下開四出小黃花，結實如南瓜，形小於鳧茈。秋後迸裂，子綴殼上如丹珠。土人取莖及根治痢證，煎水和白糖服之，亦能利濕、破血。

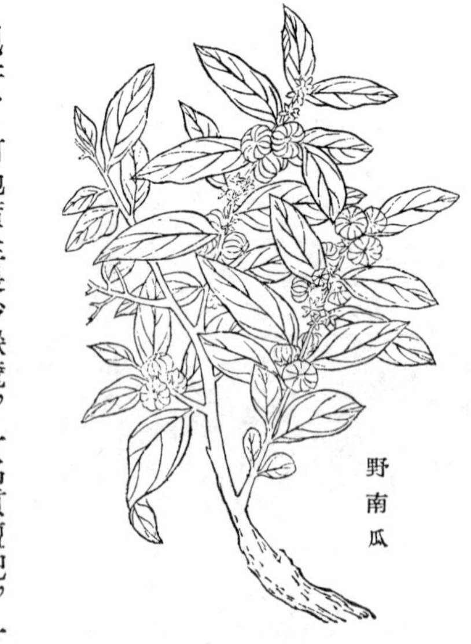
野南瓜

釘地黃

釘地黃生長沙嶽麓，一名貢檀兜，一名降痰王。黑莖小樹，葉似女貞葉而不光澤。春開五瓣小白花，白鬚茸茸，繁密如雪。根長二尺餘，赭黃堅勁。俚醫以治痰火，清毒。

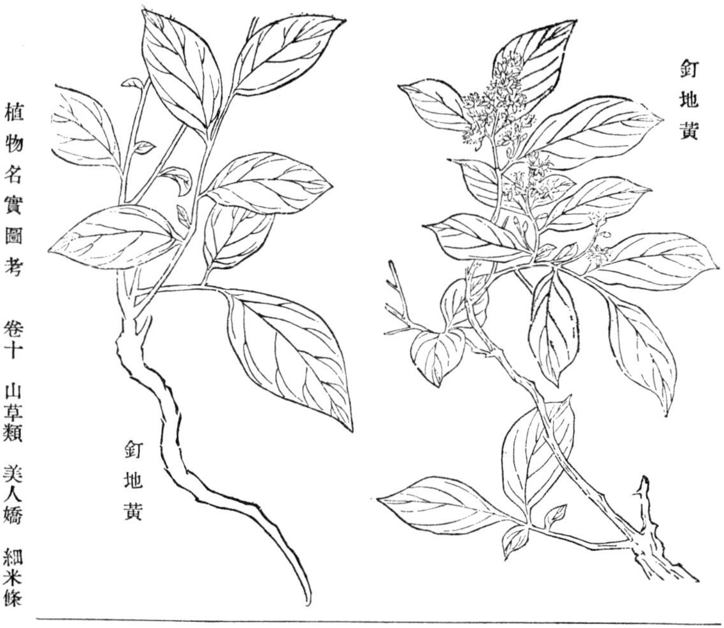

美人嬌

美人嬌生長沙山阜。叢生小木，赭莖細勁，參差生葉。葉如榆葉，深齒如鋸。俚醫以爲散淤血、治無名腫毒之藥，其名不可究詰。本草綱目，九仙子亦名仙女嬌，俗語固多如是。

美人嬌

細米條

細米條，江西撫、建有之。赭莖如荆，横生枝杈，排生密葉。葉微似地棠葉，葉間開小黃花，略似烏藥。俚醫搗敷腫毒，一名水麻。

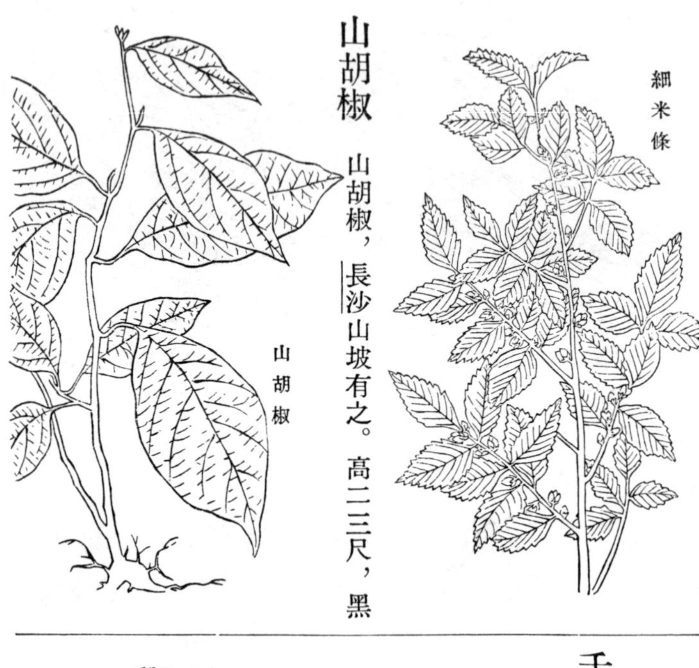

山胡椒

山胡椒，長沙山坡有之。高二三尺，黑莖細勁，葉大如茉莉花葉而不光潤，面青背白，赭紋細碎。九月間結實如椒。

千觔拔

千觔拔產湖南嶽麓，江西南安亦有之。叢生，高二尺許，圓莖淡綠，節間微紅。附莖參差生小枝，一枝三葉，長幾二寸，寬四五分，面背淡綠，皺紋極細。夏間就莖發苞，攢密如毬，開紫花。獨根，外黃內白，直韌無鬚，長至尺餘。俚醫以補氣血、助陽道，亦呼土黃雞；南安呼金

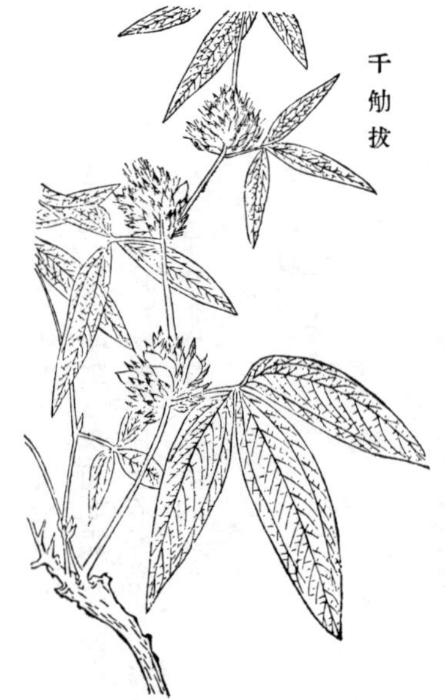

雞落地，皆以其三葉下垂如雞距云。

青莢葉　青莢葉一名陰證藥，又名大部參，産寶慶山阜。高尺餘，青莖有斑點，短杈長葉，粗紋細齒，厚靭微澀。每葉上結實二粒，生青老黑，頗爲詭異。俚醫以治陰寒病。

青莢葉

山豆根　山豆根生長沙山中。矮科硬莖，莖根黑褐，根梢微白。長葉光潤如木犀而靭柔，微齒圓長，有齒處邊厚如卷。梢端結青實數粒如碧珠。俚醫以治喉痛。按形似與圖經不類，根味亦淡，含之有氣一縷入喉微苦，又一種也。秋深實紅如丹，與小青無異。又名地楊梅。

山豆根

陰行草　陰行草産南安。叢生，莖硬有節，褐黑色，有微刺，細葉，花苞似小罌上有歧，瓣如金櫻子形而深綠。開小黃花，略似豆花，氣味苦寒。土人取治飽脹，順氣化痰，發諸毒。湖南嶽麓亦有之，土呼黃花茵陳；其莖葉頗似蒿，故名。花浸水，黃如槐花，治證同南安。陰行、茵陳，南言無別，宋圖經謂茵陳有數種，此又其一也。滇南謂之金鐘茵陳，既肖其實形，亦聞名易曉。主利小便，療胃中濕，痰熱發黃，或眼仁發黃，或周身黃腫，與茵陳主療同。其嫩葉綠脆，似亦可茹。

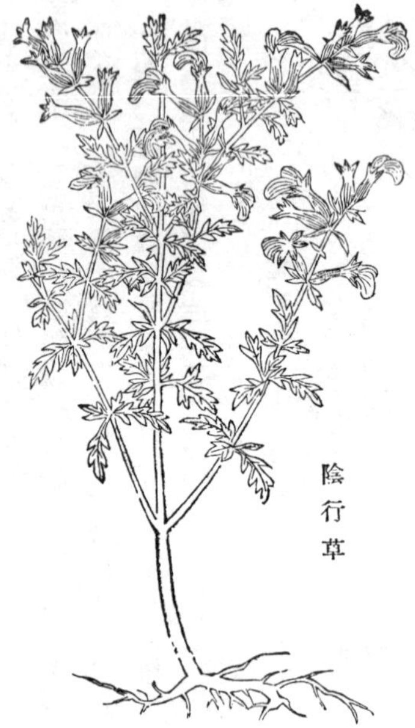

陰行草

九頭獅子草

九頭獅子草產湖南嶽麓山坡間，江西廬山亦有之。叢生，數十本爲族。附莖對葉，如鳳仙花葉稍闊，色濃綠無齒。莖有節如牛膝，細根長鬚。秋時梢頭、節間先發兩片綠苞，宛如榆錢，大如指甲，攢簇極密。旋從苞中吐出兩瓣

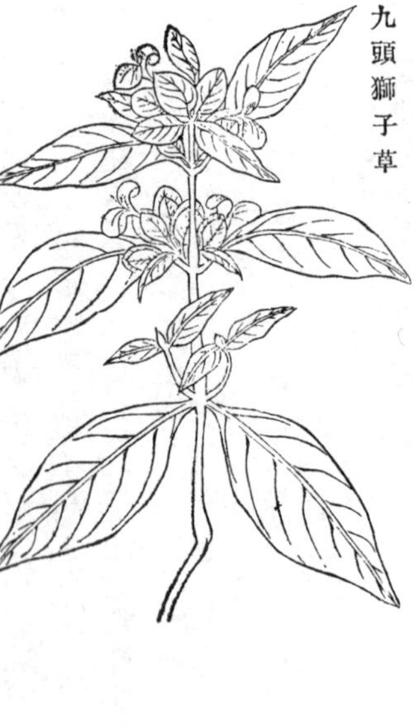

九頭獅子草

粉紅花，如秋海棠而長，上小下大，中有細紅鬚一二縷，花落苞存就結實。摘其莖插之即活，亦名接骨草。俚醫以其根似細辛，遂呼爲土細辛，用以發表。

杜根藤

杜根藤產湖南寶慶府山坡間。狀與九頭獅子草極相類，唯獨莖多鬚，鬚亦綠色。開花亦如九頭獅子草，而只一瓣，色白無苞。

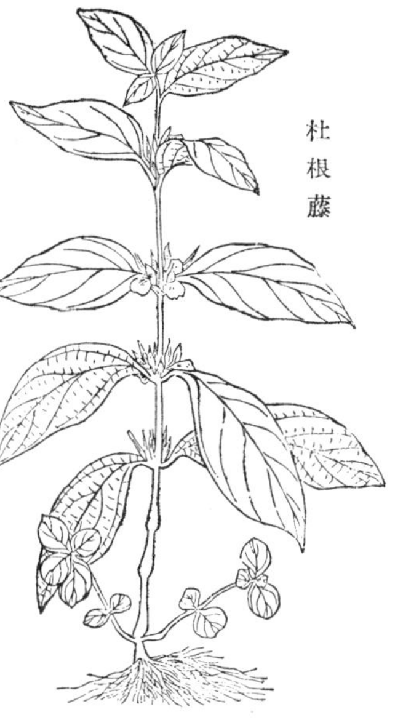

省頭草

省頭草生湖南寶慶府山谷中。圓梗厚葉，柔綠一色，上有白粉，頗似蘄棍葉，長二寸餘，寬幾一寸，本末俱尖瘦，有疎齒。梢葉小不幾寸，無齒；赭根有短鬚甚細，俚醫用之。寶慶近瑶，其草名多難深攷，無由譯其省頭之義。

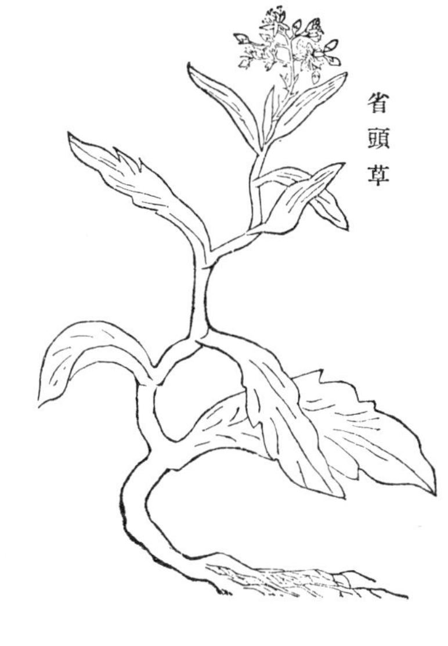

葉下紅

葉下紅產建昌，一名小活血，一名紅花

葉下紅

草。鋪地生，頗似紫菀。葉面青，背紫，碎紋粗澀如芥，背微光滑，長莖、長葉。土人取根、葉，搗敷蛇頭指。按本草綱目：葉下紅主飛絲入目腫痛，同鹽少許絹包，滴汁入目；仍以塞鼻，左塞右，右塞左。不詳其形狀，殆同名也。

鬭骨草　鬭骨草產湖南寶慶山阜。鋪地生，葉如

鬭骨草

初生芥菜葉而尖，面青背白，圓齒齊勻，夏抽莖，細莖，開小白筩子花，下垂結角，子尤細。俚醫用之。

地麻風　地麻風生寶慶山中。鋪地長莖，莖色青赤。葉似白菜，面深綠，背淡青，葉有圓暈，面凹背凸，白脈數縷。俚醫用之。

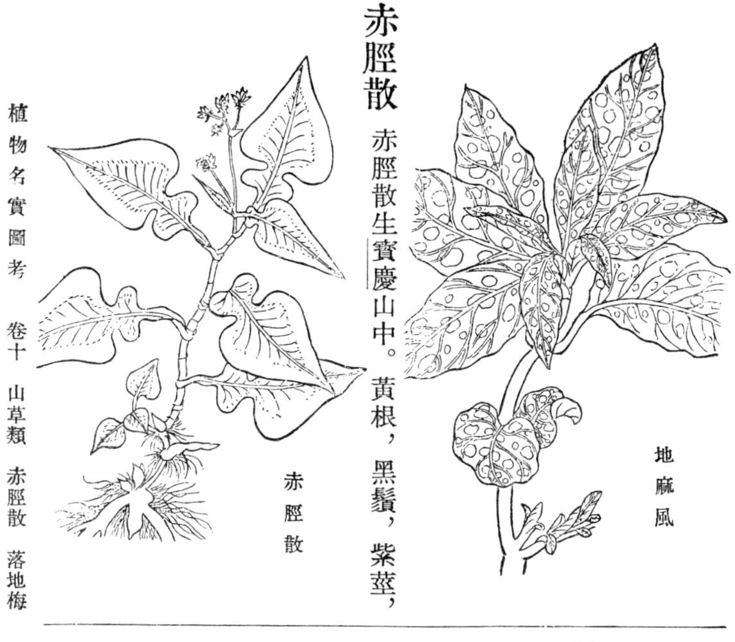

赤脛散

赤脛散生寶慶山中。黃根，黑鬚，紫莖，有節似蓼，有細白毛。參差生葉，葉形宛似箭鏃；邊綠，內紫黑色，紋赤，俚醫用之。滇南生者尤長大，開粉紅花如蓼，土呼土竭力。

落地梅

落地梅生湖南寶慶山阜。叢生，青莖紅節，節葉對生，梢葉攢聚。葉中發綠苞成簇，細絲如鍼。開碎白花，花落苞黃，經時不脫，搓之有細黑子。俚醫用之。

落地梅

野百合 野百合，建昌、長沙洲渚間有之。高不盈尺，圓莖直蔌。葉如百合而細，面青，背微白。枝梢開花，先發長苞有黃毛，蒙茸下垂，苞坼花見，似豆花而深紫。俚醫以治肺風。南昌西山亦有之，或呼爲佛指甲。

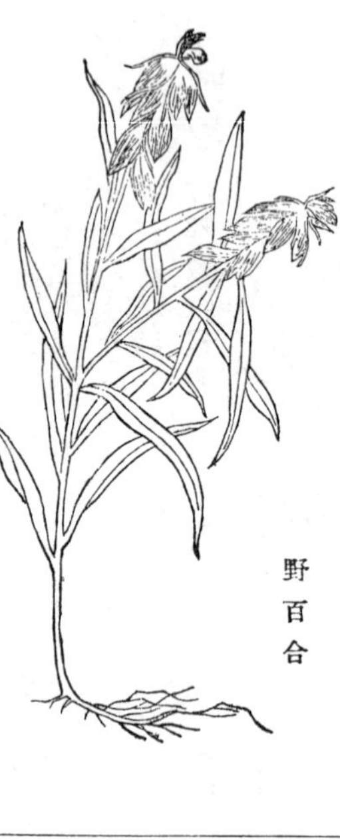

野百合

冬蟲夏草 本草從新：冬蟲夏草，甘平保肺，益腎，止血，化痰，止勞嗽，產雲、貴。冬在土中，身如老蠶，有毛能動。至夏則毛出土上，連身俱化爲草；若不取，至冬復化爲蟲。按此草兩廣多有之，根如蠶，葉似初生茅草。羊城中採以饌，云鮮美，蓋與啖禾蟲同。

冬蟲夏草

野雞草 野雞草，江西、湖南坡阜多有之。長莖細葉，如辟汗草。秋時葉際開小黃花，如豆花而

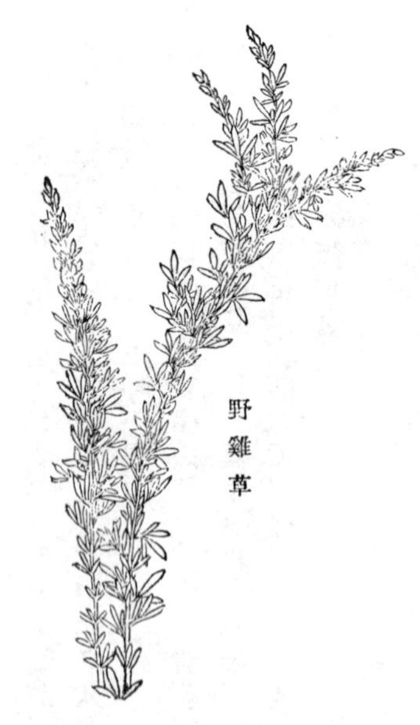

野雞草

極小，與葉相間，宛如雉尾。湖南謂之白馬鞭，治證與野辟汗草同，蓋一種。

野辟汗草

野辟汗草產江西、湖南山坡間，一名趙公鞭。初生獨莖，似辟汗草。附莖生葉，三葉攢生，長五六分，亦能開合，類雞眼草而大。莖長尺許，梢頭發一綠毬，團如彈子，漸次黃黑，終不脫落。莖上始生小枝，枝上葉小如麥粒。莖既柔弱，毬復重欹，附枝紛披，宛欲低舞。按本草拾遺：無風獨搖草，帶之令夫婦相愛，生嶺南。頭如彈子，尾若鳥尾，兩片開合，見人自動，故曰獨搖草，土醫以祛邪熱，形頗似之。

野辟汗草

茶條樹

茶條樹，江西、湖廣山坡極多。叢生，高尺許，赭莖，近根有刺。附莖對葉，葉如郁李葉而短小。梢端開五瓣小筩子花，似芫花而白。

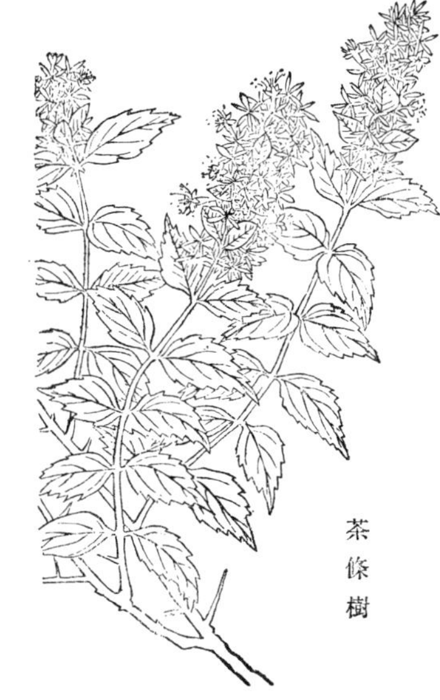
茶條樹

未開時作赭色箭子，一簇百餘，硬䚚，不甚鮮明。夏開，至秋深猶有之。

無名二種

㊀長沙山坡有之。莖對枝，葉亦相當，似繡毬花葉而小，秋時梢端結實，長如小棗而扁，生青熟紅。

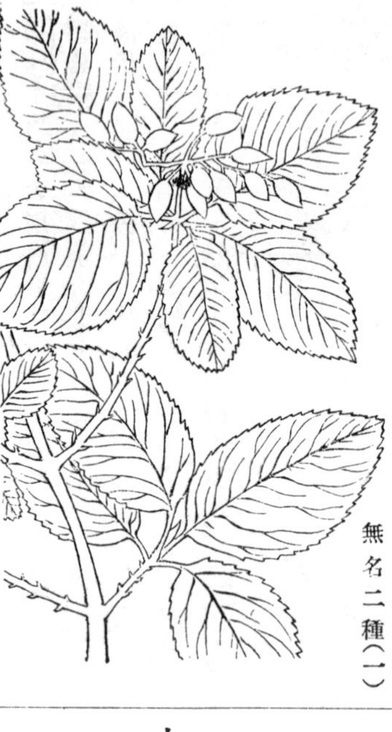

無名二種（一）

㊁生長沙嶽麓。莖葉如麻葉粗澀，柄細長。枝梢結實如算盤子，淡綠有微毛，一顆三粒相合。

無名二種（二）

小丹參

小丹參，江、湘、滇皆有之。葉似丹參而小，花亦如丹參，色淡紅，一層五葩，攢莖並翹。唐錢起紫參歌序：紫參五葩連蕚，狀飛鳥羽舉，俗名五鳳花，按形即此。而本草注但謂青穗葱花，亦有紅紫似水葒者，無五葩之說，殆詩人誤以丹爲紫耶？

小丹參

勁枝丹參

勁枝丹參

勁枝丹參與小丹參同，而葉小排生，花亦五葩並翹。

滇白前

白前，別錄已載。諸家皆以根似細辛而粗直，葉如柳、如芫花，陶隱居以用蔓生者爲非是，然按圖仍不得其形。滇產根如沙參輩，初生直立，漸長莖柔如蔓。對葉，亦微似柳，莖、葉俱綠，葉亦輭。秋開花作長蒂，似萬壽菊；蒂端開五瓣銀褐花，細碎如翦；又有一層小瓣，內吐長鬚數縷，枝繁花濃，鋪地如綺。滇本草：瓦草一名白前，味苦辛，性寒；開關竅、清肺熱、利小便、治熱

滇白前

淋，主治亦相類。

滇龍膽草　滇龍膽生雲南山中。叢根族莖，葉似柳微寬，又似橘葉而小。葉中發苞開花，花如鐘形，一一上聳，茄紫色，頗似沙參花，五尖瓣而不反捲，白心數點。葉既蒙密，花亦繁聚，逐層開舒，經月未歇。按形與圖經信陽、襄州二種相類。滇本草：味苦，性寒，瀉肝經實火，止喉痛，治證俱同。

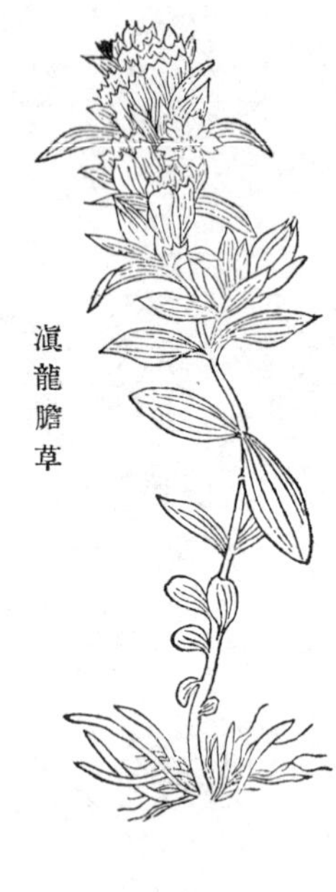
滇龍膽草

甜遠志　甜遠志生雲南大華山。獨根獨莖，長葉疎齒，馬志所謂似大青而小者，蓋即此。根如蒿根，色黄，長及一尺，皆與圖經説符。李時珍分大葉、小葉；滇本草分苦、甜。苦即小葉，甜即大葉耳。補心血、定驚悸，主治略同。但本經只言味苦；滇本草苦遠志治證，悉如古方，甜者僅云同雞煮食。蓋苦能降，甜惟滋補耳。救荒本草圖亦是小葉者，夷門所産，自是小草。

甜遠志

滇銀柴胡

滇銀柴胡，綠莖疎葉，葉如初生小竹葉，開碎黃花，根大如指，赭黑色，有微馨。蓋即本草所謂竹葉者。前人謂銀柴胡以銀州得名，滇以韭葉者爲猴柴胡，竹葉者爲銀柴胡。相承如此，亦未可遽斥其妄。

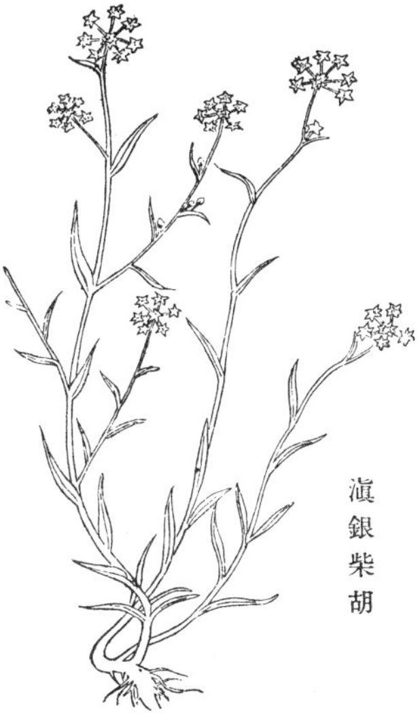

滇銀柴胡

滇黃精

滇黃精，根與湖南所產同，而大重數斤，俗以煨肉，味如山蕷。莖肥色紫，六七葉攢生作層，初生皆上抱。花生葉際，四面下垂如瓔珞，色青白，老則赭黃。此種與鉤吻極相類，滇人以其葉不反卷，芽不斜出爲辨。按救荒本草，鉤吻、黃精，莖不紫、花不黃爲異。今北產莖綠，滇產莖紫，又惡可以此爲別？大抵北地少見鉤吻，故皆言之不詳，具見毒草類。

滇黃精

蘄棍

蘄棍一名豆艾，生建昌。高不及尺，圓莖長葉，白毛如粉。葉厚而柔，兩兩下垂，惟直紋兩三縷，亦不甚露。土醫以治腫毒，去風熱。

蘄棍

面來刺

面來刺

面來刺，贛州山坡有之。叢生，硬莖赭色。葉似榆葉，三葉攢生，中大旁小，面濃綠黑紋，背外綠內赭，有刺如鍼。或云可退煩熱、通肢節。

小二仙草

小二仙草生廬山。叢生，赤莖高四五寸。小葉對生如初發榆葉，細齒粗紋，兩兩排生，故名。

小二仙草

土升麻

土升麻，湖北武昌有之。綠莖如竹，高四五尺，無葉無枝，僅有小叉。俚醫治痘疹用之以爲升提之藥，故名。按李衎竹譜：筒草出湖

土升麻

北田野間，叢生，亦有籜葉，一如竹筍。漸長成竿，高三五尺，亦如竹，但無枝葉，至秋乃死。莊子所謂不筍者是也，江淮之間亦有之。核其形狀，即此草也。

鮎魚鬚

鮎魚鬚生建昌。細莖如竹，有節。近根及梢皆紫色。葉聚頂巔，四面錯生，如扁豆葉而團，面綠，背本白，末淡綠。赭根攢簇，細長如魚鬚。土醫以根治勞傷，酒煎服。

抱雞母

抱雞母生廣信，一名石竹根，一名一洞

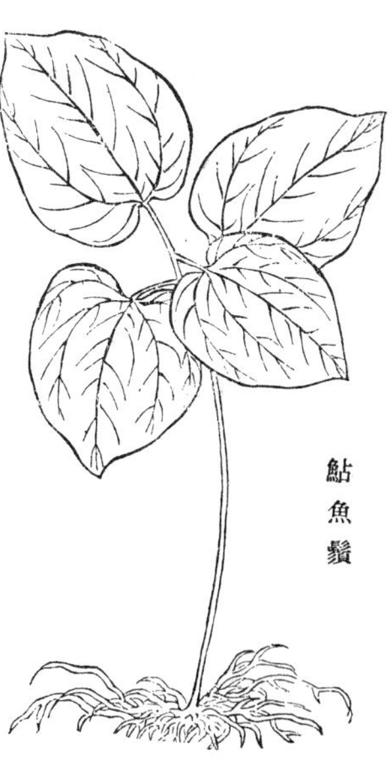
鮎魚鬚

抱雞母

仙。柔莖，下紫上綠，莖上發苞如玉簪花。苞中抽莖，葉生莖端，如竹葉而寬，有直紋三縷，面青，背綠，背紋稍多。柄弱下垂，薄葉偏反，赭根圓長。俚醫以治跌打及番肛痔。

一掃光　一掃光生廣信。獨莖，高尺餘，紅莖，梢葉密攢。葉如木樨葉而薄柔，面青，背淡，邊有軟刺。土醫以治楊梅瘡毒。

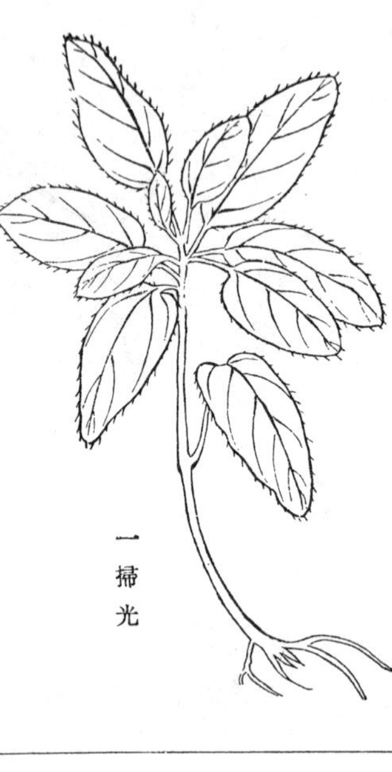
一掃光

大二仙草　大二仙草生廬山。紫莖圓潤，對節生枝。長葉深齒，面綠，背淡。近莖大葉下，輒又二小葉對生，葉尖內向，故有二仙之名。細根如絲，色黑。

大二仙草

元寶草　元寶草產建昌。赭莖有節，對葉附莖，四面攢生如枸杞葉而圓，梢端開小黃花如槐米。土人採治熱證。

海風絲

元寶草

海風絲

海風絲生廣信，一名草蓮。叢生，横根綠莖，細如小竹。初生葉如青蒿，漸長細如茴香葉。俚醫以治頭風，利大、小便。

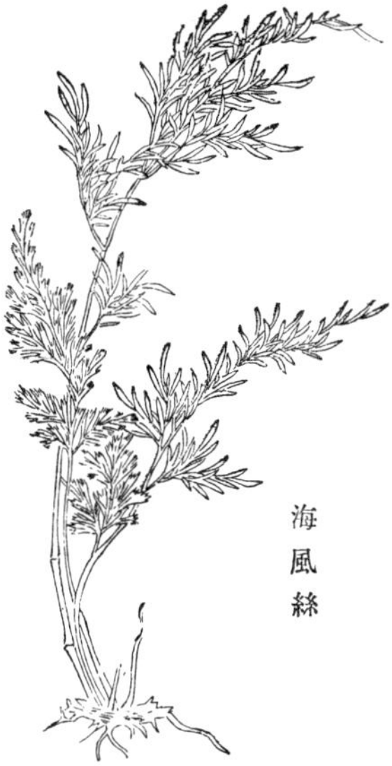

還魂丹

還魂丹

還魂丹生四川山中。根如大蒜，黑褐色；葉似葧臍而更細密。土醫云，治跌打有起死之功，亦極難得。

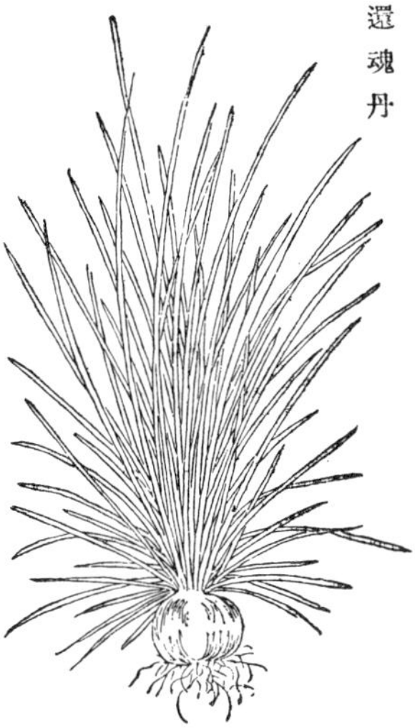

四方麻

四方麻產衡山。方莖叢生，長葉如劉寄奴葉，秋發長穗，苞如粟粒。開尖瓣小花，色深紫；黄鬚茸密，盈條滿枝。衡山俚醫用之。

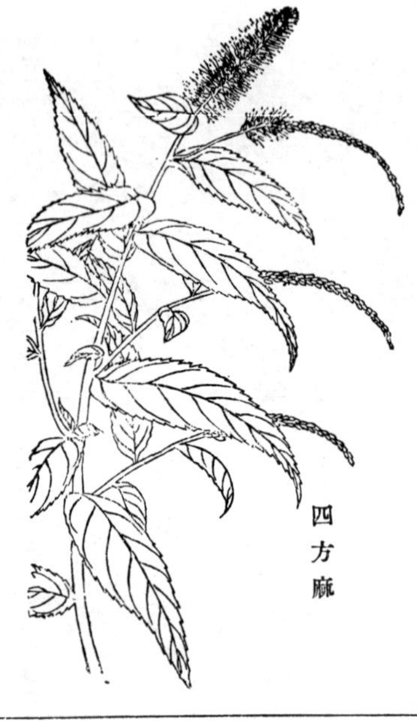
四方麻

植物名實圖考卷之十一

隰草類

菊

青蒿

菊，本經上品。爾雅：鞠、治蘠。服食延齡，舊以生南陽者良。其小而氣香者爲野菊，陳藏器以爲苦薏。菊甘而薏苦，有小毒，傷胃氣。俚醫以治癰腫、疔毒，與甘菊花主治懸殊。

雩婁農曰：菊種至繁，而或者爲眞菊之說，獨以黃華爲正色。夫三代以還，文質遞尚，夏玄、商白、周赤，孰非正耶？菊譜多矣，蒔也若子，得一佳種，咳而名之，尊酒燕賞，亦謂與人無患無爭矣。而徧者甚於鑽核，抑何吝耶！護其葉逾於護花，非霜殘綠瘁，不忍翦折，視萬花會之暴殄，獨爲厚幸。議者以爲古人東籬，與後世批黃判白異。然具忘言之妙，與晚節之思，今之菊猶古之菊。柳下見飴，可以養老；盜跖見飴，可以黏牡，飴一也，而見者異也。玉樹朝新，金谷園滿，人則累物，物豈能累人！

菊（一）

菊（二）

菴蕳

菴蕳，本經上品，詳圖經。李時珍以爲葉如

菊葉者是。

雩婁農曰：別録，駏驢食菴蕳神仙，世不知駏驢，安知其神仙？比肩獸，其名曰蹷，爲駏驢，嚙甘草。駏驢待蹷而食，坐獲遐齡，宜乎求長生者，覓方士、遊五嶽而採靈藥矣。圖經謂菴蕳惟入諸雜治藥中，治踒折、瘀血。大抵蒿艾之類，供薪蒸者，不知世復有用者否？本經上藥，皆非奇異之品，詩人所採，觸目卽是。而古今用舍，渺若霄壤，豈亦如鄉舉里選，經明行修，詩賦策論，因時遞變，有莫知其然而然耶？方其盛也，貴如麟角；及其衰也，賤如鼠璞，不與世推移而爲貴賤，其藥籠中之參朮乎？朝爲芙蓉花，暮作斷腸草，誰甘爲草木之無知！

蓍

蓍，本經上品。白虎通謂天子蓍長九尺；史記謂長丈者百莖，不可得，得六尺者六十莖用之。此神物也，八尺以上之蓍，誠不可得，而家語有婦人刈蓍薪而亡蓍簪者；老子以蓍艾爲席；下泉之詩，浸蓍與蕭稂同，則蓍亦非奇卉矣。唐本草注亦云處處有之，宋圖經始云出上蔡。明楊塤蓍草臺記：臺畔二十頃皆產蓍，洪武中，禁民樵採，厥後臺荒地侵，汝太守重修之。上蔡縣志：舊時生蓍草臺廟圈，圈廢，今生曠野。唯陳州志物產：蓍，羲陵者佳。余豫人也，一舟過陳州，再驅上蔡，皆未得登故墟而攬靈莽。陳之人斷蓍尺餘，以通饋問，而曲阜之蓍，時時見於筮者，此外蓋無聞焉。天地靈秀之氣，今古如一，古今人不相及，此亦不然之論，何獨至於物而恡之。鳳凰麒麟在郊藪，龜龍在宮沼，漢儒以爲大順之世；鳳鳥不至，河不出圖，聖人憂之。議者謂矰繳密、機械深，則德禽、仁獸見機而遠徙，是誠然矣。然吾謂三代後，疆埸日闢，山林日薙，城郭日盈，民生日擠；毒螫猛鷙者，匿其爪牙，而不敢以攫噬。蓬莠藜蒿，化爲腴田；雖有不世出之物，覽德煇而下之，將盡巢於阿閣而游於苑囿乎？余觀黔、滇之山，以鳳至而名者有之矣。九苞之羽，歸昌之音，其是非不得知；而百鳥伏而萬民聳，其不爲山人習見無疑矣。荒徼之池，有豢龍焉，逃而獲之。滇之湫，金鱗游漾，時復一見。可致之祥，何獨遇於遐陬，毋亦林箐深渺，種人不至，飛者、走者、游者，得爲藏身之固耶？滇東楊林驛有啞泉碑，禁人渴不得飲，謂孔鶴之所翔集。今過之，無有矣。城西有蚀山，滇本草謂是生不死之藥。斧斤所瘡痍，牛羊所踐履，孟夏之月，草木不長。然則蓍之不多見者，其野火殄燔，蕭艾同燼耶？平原豐草，厠彼菅茅，世無知者，老棄榛蕪耶？十室之邑，必有忠信；五步之內，必有芳草，余故不能已於披採。

蓍

白蒿　白蒿，本經上品。陸璣詩疏以蘩爲白蒿；唐本草以爲大蓬蒿，葉上有白毛錯澀者是；李時珍以蔞蒿爲卽白蒿。不知詩疏「言刈其蔞」，釋狀甚詳，分明兩種，圖經亦辨之。

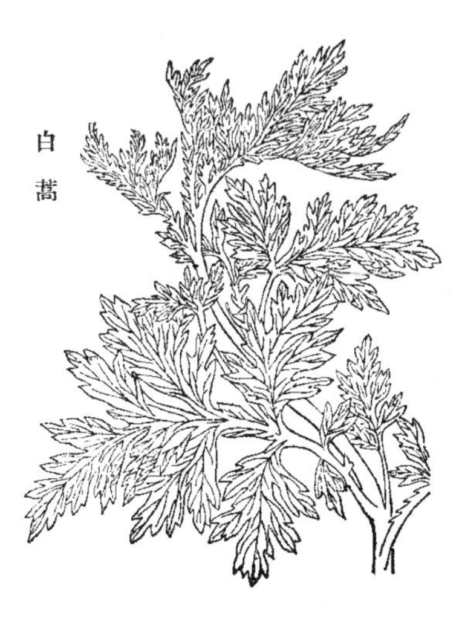
白蒿

地黃 地黃，本經上品，爾雅謂之芐。羊芐、豕薇，古以爲茹。今產懷慶。以沃土植之，根肥大多汁；野生者根細如指，味極苦。救荒本草：俗名婆婆嬭，北地謂之狗嬭子。葉味苦回甘，如枸杞芽。今懷慶以爲羹臛。

雩婁農曰：地黃舊時生咸陽、歷城、金陵、同州。其爲懷慶之產，自明始，今則以一邑供天下矣。懷之人以地黃故，遂多業宋清之業，而善賈鞅於洛陽。然植地黃者，必以上上田，其用力勤，而慮水旱尤甚。千畝地黃，其人與千戶侯等；懷之穀，亦以此減於他郡。余嘗寓直澄懷園，階前池上皆地黃苗，小兒摘花食之，詫曰蜜罐。輒擬買一弓地，尋能植地黃者，移而沃之，以爲服餌。屬藝花之農，空一二區以種此爲業。既得善價，

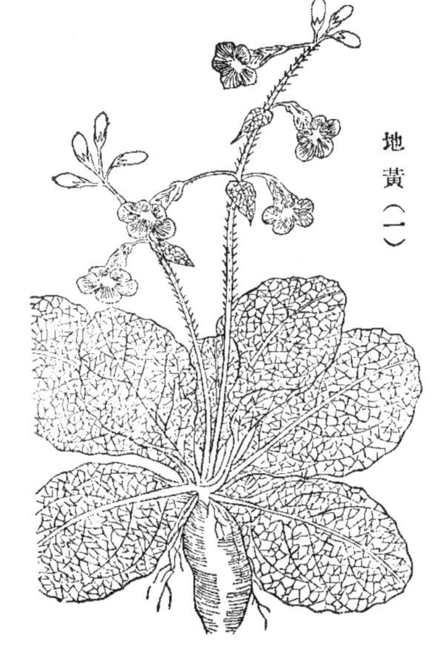
地黃（一）

地黃（二）

而浩穰中時癘將作，得鮮地黃以除寒熱、溫斑，其視大黃之峻利苦寒，一誤而不可救，當何如也！

麥門冬

麥門冬，本經上品，處處有之，蜀中種以爲業。本草拾遺云：大小三四種，今所用有大小二種。其餘似麥冬者，尚有數種，醫書不具其狀，皆入草藥。

雩婁農曰：吾觀蘇長公聞米元章冒熱到東園，送麥門冬飲子，而知古人篤友朋之誼，而善藥不離手也。清風萬錢，北窗買眠，以己畏熱之心，而推人觸熱之苦，手煎飲子，既無未達不嘗之嫌，而諷其無故奔馳，情寓於詞，可謂愛人以德矣。潛夫論曰：治世不得眞賢，譬如治病不得良醫。當得麥門冬，反得蒸穬麥，合而服之，疾以浸劇。

麥門冬

乃反謂方不誠而藥皆無益於病，因棄後藥而弗敢飲。夫麥門冬，非難識之物也，求而得之，一舉手、一投足之勞也。歎以穬麥，不惜生死而試之，何其艱於用心而易於糜軀也。滇有小園，護階除者皆麥門冬也；詢之守園者，茫然莫知。然則有疾而求麥門冬，必至欺以穬麥而後已。

藍

藍，本經上品。李時珍分別五種，極確晰。爲澱則一，而花葉全別。今俗所種多是蓼藍、菘藍，馬藍卽板藍，其吳地種之木藍，俗謂之槐葉藍，亦間種之。漢官儀：葼園供染綠紋綬，小藍曰葼。羣芳譜：小藍，莖赤，葉綠而小。秋月煮熟染衣，止用小藍是也。大藍，爾雅：葴，馬藍，注：今大葉冬藍，則馬藍之爲大藍宜矣。救荒本草：大藍葉類白菜，則菘藍亦可名大藍。本草衍義：藍實卽大藍實，謂之蓼藍非是。爾雅所說，則蓼藍亦得爲大藍矣。宋圖經，馬藍謂卽菘藍，惟李時珍以葉如苦蕒爲馬藍。圖經明云，福州又有一種馬藍，葉似苦蕒，恐非爾雅之冬藍也。月令：仲夏之月，令民毋艾藍以染，說者皆以爲傷生氣，爾雅翼諄諄言之。按季夏之月，婦官染采，黑、黃、蒼、赤，無敢詐僞。三代改易服色，嚴於所尚，故染人列於天官，誠重之也。仲夏當獻絲供服之時，用藍尤亟，禁民染青，豈得爲便？崔寔四民月令亦云五月可刈藍，藍至五月，適可供染，聖人慮民之盡刈取給目前，而不俟大利也。故令之使毋芟刈而已，非禁其染也。夏小正：五月啓灌藍蓼。藍之叢生者，啓之則易滋茂；而啓之有餘科，足以染矣。如種菜然，拔其密者以供食。季夏藍益盛，可供婦官。齊民要術，七月作坑刈藍，則豳風「鳴鶪」、「載黃」、「我朱」矣。藍之灌當別移，可采取，不可刈。詩云：「終朝采藍，不盈一襜；五日爲期，六月不詹。」箋：五日，五月之日也，期至五月而歸。此亦五月采藍之證；一襜、一匊，其非捆載而歸明矣。藍至五月可染，至七

藍（一）

月則成，用普而利大。聖人授時先後皆有禁，蓋深燭後世爭先貴早之弊，夭物之生，減物之利。故樹木以時伐焉，禽獸以時殺焉，一物不遂其生成，即拂造物長養之德。五月糶新絲，六月糶新穀，窮民急於有獲，剜肉補瘡，不暇計利。使絲成而俟織，穀成而俟舂，其利豈止倍蓰哉。求利而急，民將青苗而糶，官將青苗而租，豈復有上農之糞，一鍾之收哉。其後時者，禽饗草宅，惰

農自甘，里布屋粟，罰宜同之。李時珍又謂蓼藍可三刈，故禁之。夫再蠶有禁；掌於馬質，不掌於典絲。馬、蠶同物，故蠶神曰馬頭；原蠶則害馬，故禁之。若藍之三刈，有益於民，而何損於物？葵之屢摘，韭之屢翦，麻之屢割，稻且有再熟、三熟者，聖人烏能禁之？趙邠卿經陳留，見人以種藍染紺爲業，慨其遺本，民間逐利，不顧

藍（二）

饑饉，其患匪細。近時江西廣饒，不可耕之山，皆種藍；而黔中苗嵎，焚萊作澱，遠販江漢。負戴者頂趾接於蠶叢，裝載者艑舣銜於灘渦，蓋皆澗溪犖确之毛也。志謂利二倍於穀，而費人力，故不全植。噫！盡黔壤而爲藍，塢民將安所得食？許渾詩：藍塢寒先，燒藍喜暖。黔志亦云：刀耕火耨，寒則不生。上海縣五月黃梅時刈，凡五六刈。

雩婁農曰：余見憔悴之民，春無所得食，挼麥穗幷其麧與汁而炙食之；比熟，所獲者無幾矣。三代之時，戶有蓋藏，故令之而行，禁之而止。否則苟有可獲，將糶之以蘇喘息，豈能抆淚忍飢而聽命哉！詩云：「握粟出卜，其何能穀？」

天名精

天名精，本經上品。異苑載劉憶活鹿事，故有活鹿草、劉憶草諸名。爾雅薽麥，注：麥句薑，本草拾遺非之。又茢薽、豕首，注：本草曰彘顱，陶隱居以爲卽豨薟。夢溪筆談以鶴蝨、地菘，皆天名精，而蜀本草云：地菘抽條如薄荷，與宋圖經鶴蝨小異。今天名精，形狀俱如宋圖經所述。

雩婁農曰：天名精，子極臭而刺人衣，南方冬不落盡而新荄生矣，園丁惡之。諸家皆云，子名鶴蝨。湘中土醫有用鶴蝨者，余取視之，乃野胡蘿蔔子。蓋其花白如鶴羽，而子如蝨，故有是名；天名精子名此，則所未解。救荒本草僅以野胡蘿蔔根可救饑，而湘南以入藥裹，然則卽以鶴蝨名

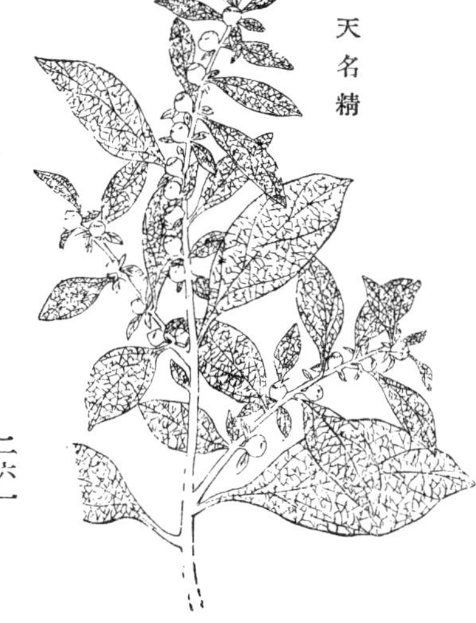
天名精

之亦宜。

豨薟

豨薟，陶隱居釋天名精，以爲卽豨薟，唐本草始著錄，成訥、張詠皆有進豨薟表。救荒本草謂之黏糊菜，葉可煠食。李時珍辨別二種極細。今取以對校，良是，蓋一類二種，皆長於去濕。今俗醫亦不甚別，故陶隱居合爲一也。

雩婁農曰：李時珍以豨薟、天名精互校，可謂詳矣。但二物形狀，都不甚類。豨薟花時，莖跗有膩黏人手，故有猪膏母之名。救荒本草謂之黏糊菜，亦以此。氣亦不如天名精之臭。金棱銀線，素根紫荄，極力形繪。山谷有一夕風雨，花藥都盡，惟有豨薟一叢，濯濯得意戲題，殆種之以備煮藥掘根也。成、張二表，此藥始著；然宋以來言服食者，不多及之，豈信者尠歟？

豨薟

牛膝

牛膝，本經上品，處處有之，以產懷慶四川

牛膝（一）

牛膝（二）

者入湯劑，餘皆謂之杜牛膝。救荒本草謂之山莧菜，苗葉可煠食，有紅、白二種。擣汁和鹽治喉蛾，嚼爛罨竹木刺，俱神效。江西俚醫有用以打胎者，孕婦立斃，其下行猛峻如此。廣西通志謂之接骨草，治跌傷有速效云。

茵陳蒿 茵陳蒿，本經上品。宋圖經列敘數種，訖無定論。今以蜀本草注，葉似靑蒿而背白，中州俗呼茵陳者當之。江南所用，或石香葇，或大葉薄荷，皆非蒿類。

雩婁農曰：因陳，昔醫皆謂因陳根而生，故名。其日南多暑，冬草不死，北地之蒿，凍塗如滌。其陳根不拔者，唯此耳。循名責實，何庸聚訟？杜詩：「茵陳春藕香」。吾鄉亦摘其嫩芽食之，諺曰：「四月茵陳五月蒿」，言至五月則老不中噉。爾雅：蘩之醜，秋爲蒿。此草春爲茵陳，盛夏則蒿矣。其功著於去濕，而醫者無的識，河魚腹疾，奈何！夫百草以蒿類最繁，而爲用亦衆；嘗之爲藥，茹之爲蔬。其臭也，焚以爲薰；其明也，燎以爲燭。蓋天之生物，必隨處而各足；聖人制物，必盡材而無遺。居陸者取給於陸，居澤者取給於澤，居山者取給於山。民生不見難得之貨，俯仰有資，不待他求，故民氣樸僿，重地著而賤遷移。其懋遷者不過山人足魚，水人足木而已；雖有大賈駔儈，不敢以奇異剝民衣食之資。先王重本抑末，其制如此，非待重租稅以困之也。後世貴野鶩而賤家雞，凡日用之具，來愈遠則愈貴。乳酪之俗而嗜越甌，氈毳之鄉而服吳綿，其桑麻魚稻之區，則又反之。一闤之市，必備南北之珍；萬家之邑，必具蕃舶之貨；商賈僦五致一，而取贏十倍。由此觀之，民安得不靡，而戶安得不貧哉？夫取蕭祭脂，非不爲誠也，今則旃檀沈速矣。束緼請火，非不爲明也，今則川蠟胡麻矣。所有者視如糞土，所無者視如金玉，何其輕重倒置耶？雖然管子之言輕重也，官山府海，重其國之所輕，以輕隣國之所重，其富强亦一時計耳。厥後山之林木，衡鹿守之；藪之薪蒸，虞候守之；澤之萑蒲，舟鮫守之；海之鹽蜃，祈望守之。擅百姓之利以爲利，而民利失；又縻其國之所利，以易隣國之利，而其國之利亦失。一輕一重，衡適爲動；一重一輕，衡適爲平。聖人以耕稼治天下，霸者以商賈治其國，孟子尊王賤霸，其以此歟！

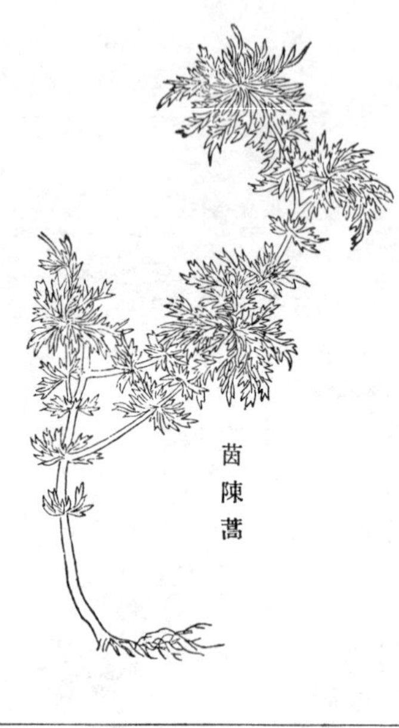
茵陳蒿

茺蔚

茺蔚，本經上品。詩經：「中谷有蓷」，陸疏：益母也，有白花、紅花。李時珍考辨甚晰。今南方濕地，春時生一種野脂麻，其葉與紅花益母葉如艾葉有杈歧者不類，俗名謂之白益母草，殆即爾雅注所謂葉如荏，白華，華生節間。本草拾遺：鏨菜生陰地，似益母者耶？

雩婁農曰：益母草，鄉人皆識之，而諸書乃多異同。紫花、白花，陸生、澤生，夏枯、夏花，彼

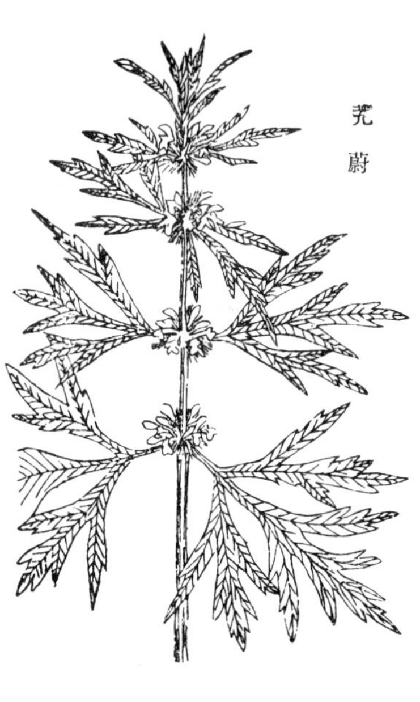

此是非，各執其說。按「中谷有蓷」，舊說以爲菴閭，陸元恪宗劉歆說，以爲茺蔚，郭注爾雅主之。但萑蓷，注云白華；藬，牛蘈，注云華紫縹色。李時珍卽以此爲益母紫花者，不知詩「言采其蓫」，鄭注以爲卽牛蘈，陸疏以爲羊蹄，殊無茺蔚之說。然則以白華爲益母者，其來久矣。紫花者爲野天麻，固非有本之言；而返魂丹以紫花爲益母，其方實出近世。余至滇南，時已歲暮，滿圃星星，則白花益母也，土人皆呼爲夏枯草。其別一種夏枯草，則曰麥穗夏枯。然白花益母，高僅尺餘，莖葉俱瘦，至夏果枯；其紫花者，高大葉肥，湘中夏花，滇南則冬亦不枯。二物形狀雖近，然枯榮肥瘠，迥不相同，前人各執其說，未可全非。本草以爲生池澤，毛傳云，陸草生谷中。余所見陸、澤皆饒，未可執本草以駁毛傳。此草雖生池澤，然不生於水，傷水之說，乃格物之至者也。故知鬱臭、夏枯諸名，洵非誤載。近時益母膏，以京師天壇爲著，其神妙活人，蓋時有之；而羊城之益母丸，救危婦而肉白骨者，功亦大矣。北方生者紫花，尤壯，亦有横枝。救荒本草：葉似荏，又似艾葉而薄小，開小白花，乃舊說之益母也。藥物興廢，莫測由來，今日而執白花之夏枯者，以爲婦人胎產良劑，是幾訾醫師以昌羊、引年而進豨苓矣。事有從俗不可泥古，故曰禮時爲大。

蒺藜

蒺藜，本經上品。爾雅：茨，蒺藜。有刺蒺藜、沙苑蒺藜，形狀既殊，主治亦異。北方至多，車轍中皆有之。陶隱居云：長安最饒，人行多著木履。晉書：蜀諸將燒營遁走，出兵追之。關中多蒺藜，軍士著軟材平底木屐前行，蒺藜悉著屐，然後馬步得進。則此物盛於西北。今南方間有之，亦不甚茂。近時臨證指南一書，用以開鬱，凡脅上、乳間，横悶滯氣，痛脹難忍者，炒香入氣藥，服之極效。余屢試之，兼以治人，皆愈。蓋其氣香，可以通鬱，而體有刺横生，故能横行排盪，非他藥直達不留者可比。

蒺藜

車前

車前，本經上品。爾雅：芣苢，馬舃；馬舃，車前。釋詩者或以爲去惡疾，或以爲宜子，皆傳聞師說，未可非也。逸周書作桴苢；韓詩謂是木，似李可食，其說本此。古今草木，同名異物，同物異名，何可悉數？郭注爾雅，多存舊說，是可師矣。救荒本草謂之車輪菜。

雩婁農曰：爾雅：芣苢，馬舃；馬舃，車前。車前非難識者，韓詩說乃以爲澤舃何耶？蓋漢承秦絶學之後，書缺有間，學者力守師說，口耳相承，雖有他解，不敢輒易，謹之至也。王安石出己意爲新學，不能通，輒卽易一說以解之，而獨於新法，以爲終不可廢，其視治國乃不如治經。車前

車前

之名，三尺童子知之。滇南謂之蝦蟆葉，卽蝦蟆衣之轉音也。絕域方言，其名猶古。

決明

決明，本經上品。爾雅：薢茩，英光。注：英明也，有茳芒、馬蹄二種。茳芒決明，救荒本草謂之山扁豆角，豆可食；馬蹄決明，救荒本草謂之望江南，葉可食。今京師花圃，猶呼爲望江南，栽蒔盆中也。杜老秋雨嘆一詩，而決明入詩筒矣。東坡云：蜀人但食其花，潁州幷食其葉。山谷亦云：「縹葉資芼羹」，則當列蔬譜。而北地少茶，多摘以爲飲。山居錄謂久食無不中風者，李時珍以爲不可信。余謂農皇定穀蔬品，皆取人可常食者。華實之毛，充腹者多矣，久則爲患，故不植也。決明味苦寒，調以五味，尚可相劑；若以泡茶，則祛風者卽能引風。觀其同水銀輕粉能治癬瘡蔓延，則其力亦勁。廣雅謂之羊躑躅，恐有脫簡，不應有此誤也。

決明

地膚

地膚，本經上品。爾雅：葥，王蔧。注：王

地膚

帚也，江東呼之曰落帚。今河南、北通呼掃帚菜。救荒本草謂之獨帚，可爲恆蔬，莖老則以爲掃帚。

續斷　續斷，本經上品，詳唐本草注及宋圖經。今所用皆川中產。范汪以爲即大薊根，恐誤。但大薊亦無馬薊之名，或別一種。諸說既異，圖列兩種，又無蔓生似苧、兩葉相當者。此藥習用，並非珍品，不識前人何以未能的識？川中所產，往

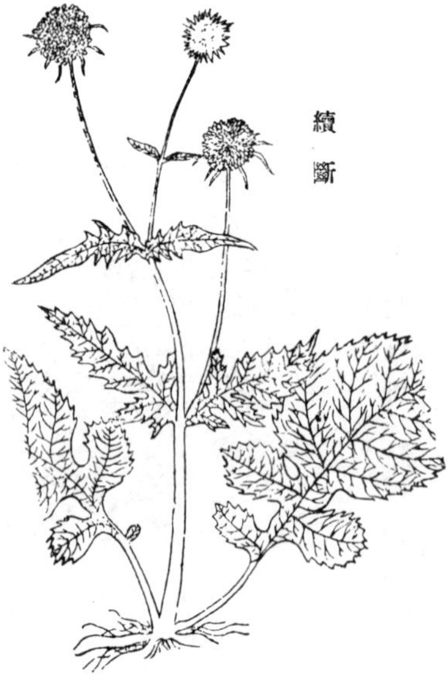

續斷

往與本草刺戾。今滇中生一種續斷，極似芥菜，亦多刺，與大薊微類。梢端夏出一苞，黑刺如毬，大如千日紅花苞，開花白，宛如葱花，莖勁，經冬不折，土醫習用。滇、蜀密邇，疑川中販者即此種，繪之備考，原圖俱別存。大薊既習見有圖，原圖亦不甚肖大薊也。

景天　景天，本經上品，宋圖經敍述極詳。今俗呼火燄草，京師謂之八寶，亦名佛指甲，盆盛養於

景天

屋上。南方秋深始開花。李時珍以救荒本草佛指甲爲景天，今景天花，淡紅繁碎，亦無白汁，非一種也。

雩婁農曰：景天名甚麗，如蘇頌言，即八寶草，南、北種於屋上以辟火，此不待訪詢而知也。李時珍乃謂莖有汁，開小白花，並云葉可煠食，抑異矣。廣州慎火，大三四圍，傳聞過甚耳。近時嶺南皆種仙人掌、金剛纂，以阻踰折，兼辟火，亦有甚巨者。疑慎火之名，不止一草。有星孛於大辰，西及漢，識者以爲有火災，而請瓘斝玉瓚。子產以爲天道遠，人道邇，厭勝之術，古有之矣。南中多火，皆天道耶？抑人道耶？火政不修，特區區之小草，與鵙尾爭逐畢方，王梅溪詩：禁殿安鵙尾，騷人逐畢方。豈能勝於斝瓚乎？珠足以禦火災則寶之，火炎崑岡將奈何？唯善以爲寶，如宋、鄭之卿可矣。

漏蘆

漏蘆，本經上品，宋圖經有數種，今從救荒

漏蘆

本草。

飛廉　飛廉，本經上品。夢溪筆談以爲方家所用漏蘆即飛廉；本草綱目以圖經漏蘆花萼下及根旁有白茸爲飛廉。二物蓋一種云。

雩婁農曰：今醫家罕用飛廉者，不能的識，宋圖經已云然；然則後之醫者，並其名而不知宜矣。余至滇，見土人習用治寒熱、毒瘡，以臭靈丹爲要藥，園圃中多有之。就而審視，乃飛廉也。陶隱居云：極似苦芙，多刻缺，葉下附莖，輕有皮起似箭羽，其花紫色。蜀本草：葉似苦芙，莖似軟羽，花紫，子毛白，所在皆有。今滇中所產，獨莖高三四尺，葉似商陸葦，粗糙多齒，齒長如針，莖旁生羽，宛如古方鼎棱角所鑄翅羽形。飛廉獸有羽善走，鑄鼎多肖其形；此草有輭羽，刻缺齟齬，似飛廉，故名。梢端葉際開花，正如小薊，色深紫而柔，刺不甚放展。按之陶、韓諸說，無不畢肖。即圖經謂秦州漏蘆花似單葉寒菊，紫色，五七枝同一榦，亦彷彿似之。其蘇恭云生山岡者，葉相似而無缺，多毛，莖赤無羽，自又一種。若圖經，海州漏蘆如單葉蓮花，紫碧色，殆即救荒本草所圖漏蘆。滇本草雖別名臭靈丹，而主治與本草、別錄同而加詳。又別出漏蘆一物，大理、昆明皆產，主治與本草亦相表裏，而形狀與圖經各種微異，亦別圖之。余既喜見諸醫所未見，又以此草本生河內，乃中原棄而不用，邊陲種人藉手祛患物，固有屈於彼而伸於此者，與士

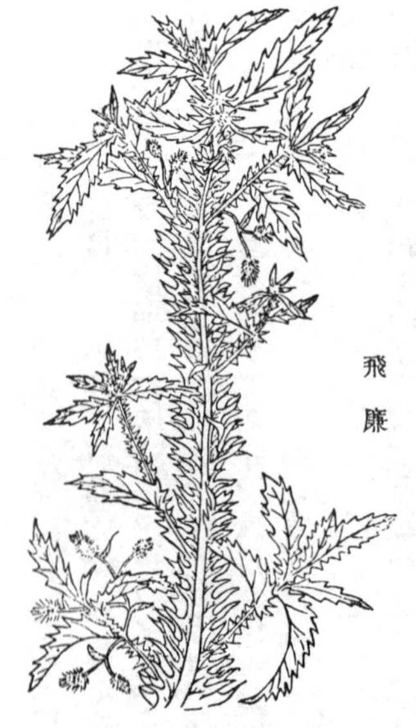

飛廉

之知己不知己何異？特著其本名，而附滇本草於注，以資採訂。他時持以還吾里，按圖索之，必有得焉。鳴呼！嘗草之功，聖愚同性；夫婦所知，聖人有所不知。道大無遺，無謂言小。

石龍芻

石龍芻，本經上品。今龍鬚草，湖南、廣西植之田中，織席上供。山海經曰龍蓨；別錄龍常草，有名未用。李時珍以爲即鼠莞似龍鬚之小者，俗呼粽心草云。

雩婁農曰：龍鬚草生永州，或云廣西富川尤佳。其草長而無節，清而不寒，故爲任土之貢，畺臣歲命席人審侚方制度作之，不過六領，物既少而直亦輕，非唯百姓無擾，即牧令亦無所預，豈比宏農得寶之歌，樂天賣炭之什，耗國儲而匱民力哉。竊疑禹貢厥篚厥貢，多郊祀武備之用，曰浮、曰逾，計其水陸，至詳至賅，獨於鉛松、怪石，僅爲器飾，以登天府，致爲後世花石所藉口，豈聖人獨不料其厲民哉？夫處黃屋作髹器，爲神農、黃帝之言者，猶或非之。若湯之獻令，周之爻閭，王會貢圖，垂耀奕禩，召康公乃作旅獒之誡，蓋已默燭白狼、白鹿，觀兵生玩，荒服不至之漸，故曰不寶遠物，則遠人格，其言深切著明矣。然聖人不盡斥貢珍、卻地圖何也？天生一物，必畀一物之用，用其材而不時，與知其材而不用，皆曰暴天物。考工記曰：智者創物，巧者述之。百工之事，皆聖人所作，是以攻木、攻金、攻皮、設色、刮摩、摶埴，無不曲盡其功致，而別其良苦。如是則天下無棄物，無棄物則無棄財。聖人

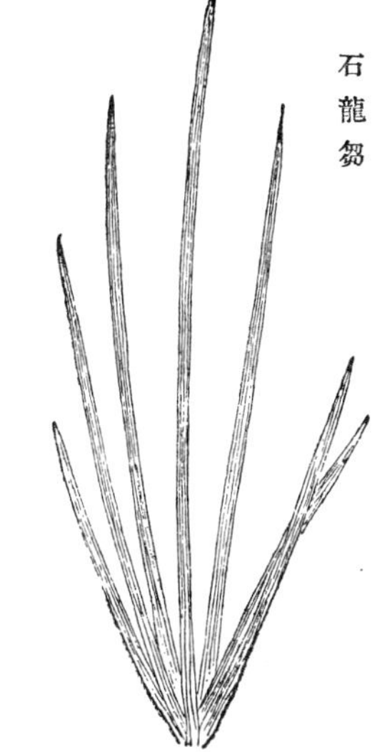

石龍芻

盡物之性，卽以足財之源，非不知玉杯象箸，日卽於侈，然以天下之大利，卽天下之大弊。其始也，利勝於弊；其末也，弊勝於利，利不遠則弊不深。蓋百工者，治世不竭之府，而亂世之大蠹也。聖人知後世必有以峻宇雕牆亡者，而不能不爲上棟下宇；知後世必有以甘酒嗜音亡者，而不能不爲醴酪笙簧。以爲後有聖君良相，必能推吾制作之精，黜奢崇儉，爲疾用舒；而縱欲者必貴異物，賤用物，故明著其禁曰，無爲淫巧以蕩上心。與其源而杜其流，法如是足矣。否則上有茅茨土階，而下有罔水行舟，聖人其如之何？

馬先蒿

卽角蒿。

馬先蒿，本經中品。陸璣詩疏：蔚，牡蒿，三月始生。七月華，華似胡麻華而紫赤；八月爲角，角似小豆角銳而長，一名馬新蒿。據此，則馬新蒿卽角蒿。唐本草角蒿係重出；李時珍但以陸釋牡蒿爲非，而不知所述形狀卽是角蒿，則亦未細審。今以馬先蒿爲正，而附角蒿諸說於後。

馬先蒿

蠡實

蠡實，本經中品。宋圖經以爲卽馬藺，北人呼爲馬楝子。又據顏氏家訓荔挺，鄭注：馬薤也。說文：荔似蒲而小，根可爲刷，其說甚核。余嘗以葉、實治喉痺，良驗。北地人今猶以其根爲刷，柔韌細潔，用久不敝。凡裹角黍，縛花、接木，皆用其葉，亦便。

雩婁農曰：馬藺，賤草，而月令記之，豈非以西

北苦寒，冒土最先敷？三之日，積雪欲消，青青叢芽於輪蹄間者，非是物耶？其葉可繩，其實可藥，其根可刷。明吳寬詩：「爲箒或爲拂，用之材亦良」，根長者任之矣。又「高岸崩時合用栽」，則此草乃堪護隄捍水耶？詩有之：「雖有絲麻，無棄菅蒯。」

款冬花

款冬花，本經中品。爾雅：菟奚，顆涷。注：款冬也。圖經列數種。救荒本草：款冬葉似葵而大，開黄花，嫩葉可食。今江西、湖南亦有此草，俗呼八角烏，與救荒本草圖符，從之。

雩婁農曰：款冬無實而華于冬，傅咸賦序云：冰凌盈谷，積雪被崖，顧見款冬，煒然始敷。述征記云：洛水凝厲，款冬茂悅。余走炎鄉，久睽墳裂。憶昔燕郊，風餮雪饕，曾未睹植堅冰爲膏壤，而吸霜雪以自豪者。章江歲除，始睹其蘤，而詠物之作，輒以傲寒爲諛。郭景純云：吹萬不同，陽煦陰蒸，物體所安，焉知渙凝。款冬耀穎，信有徵矣。火邱之谷，有鼠與木；雪山之淵，有蛆與蓮。陽以陰育，陰以陽全。陰極陽極，其氣則偏；偏而不返，所生乃反；暴之不殘，其性必寒；斂之不卷，其性必暖。暖者陽和，寒者陰賊，閉雪窖、留陰山而全節者，陽和之外溢也；視太陽、服硫磺而能敵者，陰賊之内熾也。麗江小雪山有蛆焉，大者如兔，味如乳酥，多食鼻衄而口瘖。

款冬花

其奔子闌栗地坪，有珠蕿焉，實產雪彊，苦燥而强；純陰之地，所誕乃陽。永昌南直緬甸，黑壤如灰，得火而煤；是有火把，花毒於蝪虺，東而燎之，其蘖不煨。又有相思草焉，是能爲祟，遇婦則低，饋夫則制。陰勝於陽，故居陽地。無陰不生，所生乃陰。無陽不化，所化乃陽，宜化而化，宜生而生。道之至中，不生而生；不化而化，道之至大。物不窮極，不見道大；極而不極，復見道中。萬物迴薄，振蕩相轉；忽然爲人，何足控摶？百卉囷蠢，烏知其然；順四時而各有宜，毋輒惑其所偏。

蜀羊泉　蜀羊泉，本經中品。救荒本草謂之青杞，葉可煠食，今從之。

蜀羊泉

敗醬　敗醬，本經中品。李時珍以爲卽苦菜，今江西所謂野苦菜也。秋開花如芹菜、蛇床子花。

敗醬

酸漿 酸漿，本經中品。爾雅：葴，寒漿。注：今之酸漿草。夢溪筆談以爲卽苦耽，今之燈籠草也，北地謂之紅姑娘。救荒本草謂之姑娘菜，葉子可食。此草有王母珠、皮弁草諸名，皆象其實，元內庭亦植之。夢溪筆談：河西番界中有盈丈者。庚辛玉冊云：川、陝燈籠草最大，葉似龍葵，嫩時可食。滇產高不及丈，而葉肥綠有圭棱，異於北地。俗呼九古牛，亦紅姑娘之訛也。又有一種微矮小，卽苦耽，其根橫長蔓延，數十莖叢茁，花如琖而五角，色白，與蜀本草王不留行同。但彼經秋子綠不紅，以此爲別。

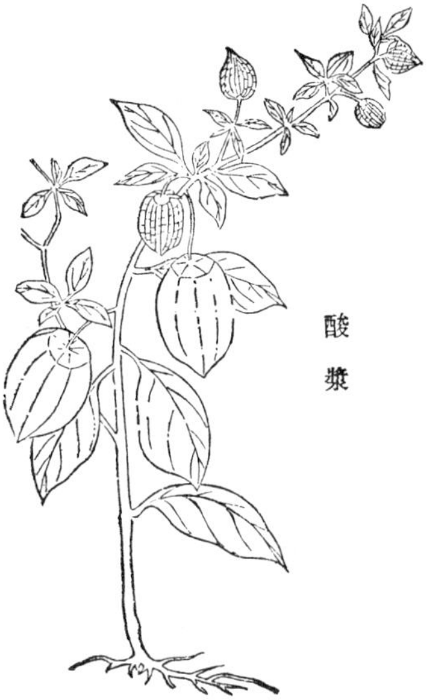

酸漿

雩婁農曰：元故宮記云：棪殿前有紅姑娘草，絳囊朱實，頗形詠歎，不知此田塍間物耳。偶然得地，遂與玉樹琪花，俱稱縣圃靈卉，抑何幸耶？燕趙彼姝，披其橐鄂以簪於髻，渥丹的的，儼然與火齊、木難比麗。元迺賢詩：「忽見一枝常十八，摘來插在帽簷前。」一氈廬板屋，細馬明駝，固非翠羽明璫所宜；况乃檀槽牙撥，鵾弦霜勁，歌轉玉圓，髩嬌珠顫，得不翩翩其若仙耶？是知廁楛釵於南威，不損其明豔；飾步搖於宿瘤，益增其支離。苞茅納匭，百神可以來鶆；蘭茝漸滫，君子爲之不佩。物無常貴，士無常賤，會逢其時，取舍乃判。

葈耳

葈耳，本經中品。詩經卷耳，陸疏一名苓耳，一名葈耳，今通呼爲蒼耳。救荒本草：子可爲麪、作餅、熬油，葉可煠食。王逸注離騷，以菉爲葈耳，酒經謂之道人頭，以爲麯藥。北地今尚熬子爲油，氣清色綠，點燈宜目。

葈耳

麻黄

麻黄，本經中品。肺經專藥，根節能止汗。有一醫至蒙古氈廬，見有病寒者，煎麻黄一握，服之即愈。蓋連根節並用也。醫家去其根節，以數分與服，幾委頓不起。今江西南安亦有之，土人皆以爲木賊，與麻黄同形、同性，故亦能發汗、解肌。俚醫用木賊，皆不去節，故誤用麻黄，亦不至亡陽耳。

雩婁農曰：麻黄莖發汗，節止汗，一物而相反，或者疑之，此蓋未覩造物之大也。萬物美惡，皆歸於根，由根而幹、而枝葉、而華萼、而實核。其去本也漸遠，則其氣越於外，其性亦凘於內。况自根及實，其形、其色、其味無同者；形、色、味不同，則性之不同宜矣。非獨物也，黄帝之子二十五人，其得姓者十四人。同德則同姓，異德則異姓。以石碏爲之父，而有石厚；以桓魋爲之兄，而有司馬牛。傳曰：父不父，子不子；兄不友，弟不恭，不相及也。且天之生物，無不自相制也。果蘊蟲而生蠹，豆同根而相煎。木伐薪爲炭，而植根乃畏炭；人食物爲積，而燒灰乃治積。五行之生也，子盛而母衰；生者，剋之機也。五行之剋也，貪合而忘讎；剋者，生之端也。人之於聲、色、臭、味，性也，君子不任性之自然，而知命以節性。其於父子、君臣、賓主、賢者，天道命也。君子不聽命之適然，而盡性以立命。荀子云：孰知夫士出死要節之所以養生，輕費用之所以養財，恭敬辭讓之所以養安，禮義文理之所以養情。以自制爲自養，則陰陽舒慘必無過不及；而存之爲中，發之爲和，天地萬物，可以一理貫之矣。

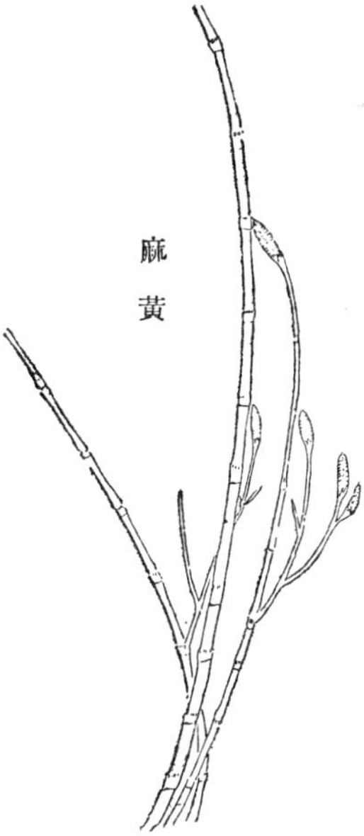

麻黃

紫菀

紫菀，本經中品。江西建昌謂之關公鬚，肖其根形。初生鋪地，秋抽方紫莖，開紫花，微似丹參。俚醫治嗽猶用之。

紫菀

女菀

女菀，本經中品。唐本草注以爲卽白菀，功

用與紫菀相似。今湖南嶽麓多有之。

女菀

瞿麥

瞿麥，本經中品。爾雅：大菊，蘧麥。注謂爲麥句薑。釋本草者，皆以爲卽瞿麥。救荒本草謂之石竹子，苗葉可食。今南北多呼洛陽花。

雩婁農曰：余讀賈誼諸賦，而慨其以文勝也。方漢文郅隆之世，而誼之策乃至痛哭太息，豈非循戰國賓客著書之習，縱横馳騁而忘其過激哉！觀其論諸侯之强，卒有七國之禍，而後行其衆建之法；論大臣之體，其後卒有劉屈氂、公孫賀之族誅；論大賈之侈富，其後卒有告緡、算軺之破產。數十年後之利害，如燭照數計而龜卜也，其亦非托諸空言矣。乃取忌大臣，無一施用，南遷汨羅，悲弔湘纍，惜哉！向使誼非筆舌之士，樸訥無華，信而後諫，以漢文聽言若渴之主，必能見用。而絳灌武夫之屬，亦不疑其貶刺而心害其

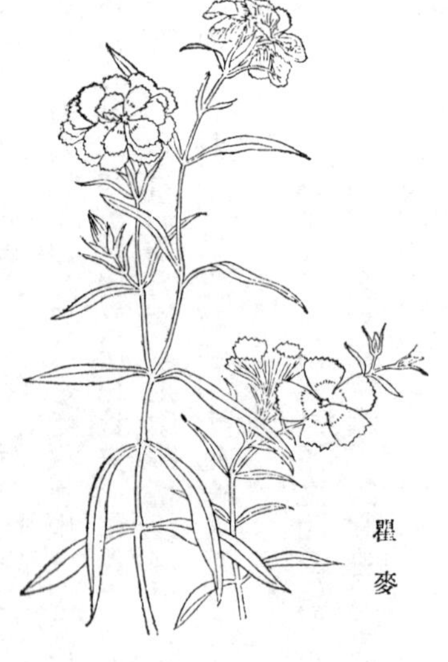
瞿麥

能，言行而身顯，謂非誼之至幸歟？非漢文之不能用生，生之不能用漢文，蘇氏之論，責備當矣。後世以誼早卒，不信誼之能致治安，輒以文章稱曰賈、馬。夫司馬相如以詞賦著可已，誼豈其儔，而同爲詞人之諫一而勸百哉！藥中有瞿麥，其花絕纖麗，人第玩其裝翠翦霞，摹之丹青，詠之雕鏤。至其通癃結、決癰疽、出刺、去瞖、下難産、止九竅血，灼然有殊效者，雖學士大夫，亦罕言之，其與士之以文掩其實者何異！賈生，洛陽年少，瞿麥尤艷者曰洛陽花；洛陽古帝都，固極偉麗哉！

蓼

蓼，本經中品，古以爲味，即今之家蓼也。葉背白，有紅、白二種。俗以其葉裹肉，煨食之，香烈。蓼種有七，本經唯別出馬蓼一種。

雩婁農曰：內則有蓼無蓼，分別不苟。齊民要術有種蓼法，故云家蓼矣。魏、晉前皆爲茹，本草拾遺亦云作菜食，能入腰脚，不知何時擯於食單？近時供吟詠、飾澤國秋容而已。元郝文忠公詩：「嗟嗟好花草，焉用生此處；祇因爲詩人，故故獨不去。嘗膽如啖蔗，食蓼猶膳御。」蘇武嚙雪，志豈在味哉！今皆野生，而俗稱猶有家蓼，古語尚未堙也。千金方屢著食蓼之害，或以此不登鼎鼐歟？

蓼

馬蓼

馬蓼，本經中品。葉有黑點，本草綱目以爲

馬蓼

墨記草。

薇銜　薇銜，本經上品，唐本草注謂之鹿銜草。言鹿有疾，銜此草卽瘥。今鹿銜草，安徽志載之，治血病有殊功，而形狀與叢生似茺蔚者迥別。本草拾遺，一名無心草，今無心草，平野春時多有，形狀既與唐本草不符，與圖經無心草亦異，皆別圖繪之，未敢合併。蓋諸家圖說不晰，方藥少用，姑存其名而已。

薇銜

連翹　連翹，本經下品。爾雅：連，異翹。本經又有翹根，有名未用。李時珍以爲卽連翹根也。湖北通志：黃州出連翹。

連翹

湖南連翹　雲南連翹

湖南連翹生山坡。獨莖方棱，長葉對生，極似劉寄奴。梢端葉際開五瓣黃花，大如盃，長鬚迸露，中有綠心，如壺盧形。一枝三花，亦有一花者。土人卽呼爲黃花劉寄奴，以治損傷、敗毒。雲南連翹，俗呼芒種花。赭莖如樹，葉短如柳葉而柔厚，花與湘中無異。按宋圖經：大翹青葉，狹長如楡葉、水蘇輩，湖南生者同水蘇，雲南生者如楡。滇黔紀遊所謂洱海連翹，遍於籬落，黃色可觀是也。滇、湖皆取莖、根用之，蓋此藥以蜀中如椿實者爲勝，他處力薄，故不能僅用其實耳。

湖南 雲南連翹

葶藶

葶藶，本經下品。鄭注月令蘼草，薺，葶藶之屬。爾雅：蕇，葶藶。注：一名狗薺。今江西猶謂之狗薺。李時珍謂有甜、苦二種，此似因炮炙論赤鬚子味甘而云然也。

葶藶

雩婁農曰：滇本草，葶藶一名麥藍菜，生麥地。余採得視之，正如薺，高幾二尺，葉大無花杈。醃爲蔬，脆而不甘，與薺味殊別。其花實亦似薺，蓋卽甜葶藶也。爾雅葶藶，郭注：實葉皆似芥，此草正如初生白芥菜。其狗薺一種，南方至多，花黃，葉深綠，不堪入饌；圖經極詳晰，殆苦葶藶耳。陳藏器謂大薺卽葶藶，然爾雅本分三種。以余考之，蒫薺實蓋今薺菜，葉長圓，味美，作葅羹皆佳；菥蓂，大薺，卽今花葉薺，一名水薺，葉細碎，味淡。犍爲舍人云：薺有小，故言大。此種科葉易肥大。唐本草注，驗其味，甘而不辛。蜀本草，似薺菜而葉細，俗呼老薺，皆此物也。葶藶一名蕇，而又有苦、甘二種。陶隱居云薺類甚多，野菜譜亦列數種，正恐倂葶藶一類耳。

蛇含

蛇含，本經下品，李時珍以爲卽紫背龍牙。又女青，本經下品，別錄以爲卽蛇含根，唐本草非之。宋圖經：蛇含，一莖或五葉或七葉，有兩種，當用細葉黃花者。似卽救荒本草之龍牙草，未能決定。

蛇含

夏枯草

夏枯草，本經下品。救荒本草：葉可煠食，今鄉人皆識之。

雩婁農曰：月令，孟夏靡草死，薺，葶藶之屬，誠靡矣。夏枯草，枝葉花實，擢聳自立，乃當長贏；而早成以摯，獨名夏枯，其以此歟？本草一名夕句，前人多未繹其義。按物之西者皆爲夕，日東則曰景夕；屋傾則曰室夕；而最晚者亦爲

夕；非時之謂曰夕；直宿之郎曰夕，皆此謂也。草之屈生者謂之句，月令曰：句者，畢出是也。此草得西方之氣而晚出，經歷雪霜不能直達其勁挺之姿，故曰句耳。余偉茲草不與衆卉俱生，不與衆卉俱死，有特立之概。枯於暑而能祛暑，得嚴重之氣。乃爲賦曰：苕黄籜零，乃蕃滋兮。苦霧悲泉，甘以怡兮。凍荄温蕚，貫四時兮。與麥爲秋，避恢台兮。百英煒煌，獨沉寂兮。喜肅畏飈，自忻戚兮。離景風而就不周，其不爲詭激兮。非無懼無悶之儔，孰能敵兮？」

旋覆花

旋覆花，本經下品。爾雅：蕧，盜庚。注：旋覆似菊。救荒本草：葉可煠食。俗呼滴滴金。

雩婁農曰：蕧，盜庚，釋者以爲未秋有黄華，爲盜金氣。列子有言，人之於天地四時，孰非盜，而況於小草？雖然造物者，亦何嘗不時露其所藏，以待人之善盜哉。水方盛而麋角解也，衆草芳而鶗鴂鳴也，月暈而礎潤也，霜降而鶴警也，鸑鷟來而周興也，白蛇死而漢代也，封羊旡血而亡於高粱也，投龜大詬而辱於乾谿也，肥遺見而兵也，畢方至而火也，海鳧爲東晉之徵也，鷁鴰爲南宋之漸也，燈花之集行人也，目瞤之得酒食也，大之見於天地山川，細之見於蚑行喙息，造物者亦何時不示人以知所盜哉！然而庸人之情，未饑則思食，未寒則思衣，菽水則慕列鼎，布帛則願文繡，蓬戶甕牖則祈廣廈洞房，下澤欵段則羨駟馬八騶，子孫足則冀錫爵擔圭，富貴極則求方丈蓬萊，蓋無時而不蘄爲盜。而造物乃或慨而使之盜，或吝而拒之盜；其或使、或拒者，非造物之有異於盜，而盜者之不能窺造物也。善爲盜者，智察於未然，明燭於無形。商之善盜也，人棄而我取；農之善盜也，脩防而瀦水；工之善盜也，入山而度木；士之善盜也，謀道而獲祿。方其盜也，無知其爲盜也；知其爲盜，則不足以言盜。蟻未雨

旋覆花

而爲垤，鳥未陰而徹土，豹未霧而惜其毛，駝未風而埋其鼻。鷙鳥將搏，必匿其影；文狸將捕，必伏其身。無形之盜，雖天地萬物扃鐍固閉，不能防善視者之伺其隙，大力者之負而趍；而不然者，則淸晝攫金之士耳。古之爲政者，星隕日珥，以伺於天；河榮石移，以伺於地；童謠市言，以伺於人；多麋有蜮，以伺於物。兢兢業業，惟恐造物諄諄命之，而忽焉無以應也。於是金穰木康，盜於天而可富矣；土宜物生，盜於地而可富矣；足晝足夜，盜於人而可富矣；不胎不夭，盜於物而可富矣。是故欲取姑與者，使人不覺其爲盜；多與少取者，使人樂於其爲盜。與與取均者，使人不敢不聽其爲盜；有取而無與者，將悖入悖出，使人不能聽其終於爲盜。使人不覺其爲盜者，老莊之學是也；使人樂於其爲盜者，官禮之法是也；使人不敢不聽其盜者，輕重之法是也；使人不能聽其終盜者，孔僅、桑宏羊之屬是也。若乃

置天變人言於不顧者；是猶未嘗問計於盜；而掩目塞耳，匍匐而入五都之市，貿貿然遇物而摸索之，雖遺簪墮珥，尚未可得，况能探囊胠篋乎？昔有受欺以隱身草者，持以爲盜。吏執而紡之，盡褫其衣；既無所盜，而卒以予盜。若而人者，卽造物亦無如其不善盜何？

青葙子　青葙子，本經下品，卽野雞冠，有赤、白各種。葉可作茹，勝於家雞冠葉。一名草決明，鄉人皆知以治目疾。

藎草　藎草，本經下品。唐本草以爲卽爾雅：菉，王芻。注：菉，蓐也。此卽水中草之似竹者，醫者罕用。

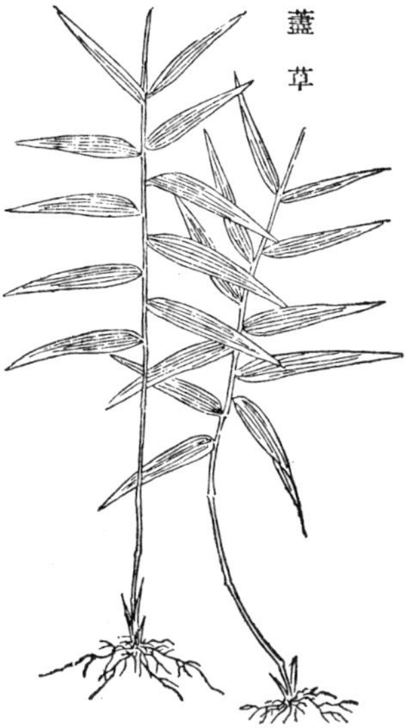

萹蓄　萹蓄，本經下品。爾雅：竹，萹蓄。救荒本草：亦名扁竹，苗、葉可煠食。今直隸謂之竹葉菜。

萹蓄

雩婁農曰：淇澳之竹，古訓以爲萹蓄。此草喜鋪生陰濕地，美白如簀，誠善體物矣。救荒本草曰：扁竹，猶中州古語也。江以南皆饒，而識者蓋寡。滇本草獨著其功用，按名而求，果得之。滇之草木名，多始於楊愼，此語或有所承。昔蘇軾謫儋耳，瓊之人至今奉之惟謹。楊愼謫居滇最久，三迤之人，奉之無異瓊之奉髯蘇。顧其流離顚沛，篋中無書可質，所箋釋大半得之强記，不能無訛誤，而滇之人，無敢輕訾之者。彼生長先儒先賢之鄉，務求摘前人一語半字之瑕疵，詬厲抨擊，斷斷然不稍貸，不亦異於瓊、滇之奉二子耶？

陸英

陸英，本經下品。別錄謂之蒴藋，以爲卽爾雅：芨，菫草。與郭注烏頭苗異。詳考各說，蓋卽今之接骨草。俚醫以爲治跌傷要藥，謂之排風草。固始謂之珊瑚花，象其實；亦曰珍珠花，象

陸英

其花也。俗名甚夥，不可殫舉。唐本草注及圖經，皆以陸英爲蒴藋；而本草衍義所述形狀尤詳，今從之。

王不留行

一王不留行，本經上品，宋圖經謂之翦金花。救荒本草：葉可煠食，子可爲麪食，今從之。蜀本草所述，乃俗呼天泡果，又名燈籠科，囊似酸漿而短，實青白，不紅，南方極多。又一種附於後。

雩婁農曰：王不留行性峻利，而別錄以爲上品，疑其名蓋古諺也。席不煖，突不黔，聖賢遇焉，有觸昔人遠舉高蹈之義，輒爲賦之。其詞曰：伊大造之旭卉兮，摶人物其均賦。苟臭味之叶洽兮，胡畛畦夫新故。社枌櫟以祈報兮，尸祝之其敢忘夫歆慕。召跋涉而蔽芾兮，勿翦伐而封殖其嘉樹。彼楊柳依依而繫馬兮，小山叢桂馣馥以留人。樾蔭暍而扇武兮，松風雨以庇秦。既宿桑其難惄置兮，或班荊而情親。縶維白駒而食藿苗兮，聊永今夕以逡巡。遽辭條而棄溝水兮，何隕籜泛梗之不仁？芻櫟軷以促駕兮，絮漫漫而失蹤。縱迷陽而傷足兮，棘榛苿薴以蒙茸。揭車乘而率曠野兮，齎蒿蕢以爲宿舂。昔芙蓉之姣好兮，今祗轉此秋蓬。臣攬茝以行吟兮，姬采蘼而相逢。期椒桂之結隣兮，胡蕭艾捷徑以先容。荃不察此衷曲兮，鶗鴂簧鼓以詾詾。緬秠莠於鳴條兮，哀暴嬴逐客之不公。羌既扈夫蘺芷兮，豈終萎絕乎不周之風。望懸圃其未達兮，琪葩琳樹雜遝乎雲

王不留行(一)

中。折瓊茅而召彭咸兮，筳篿訊誶以所從。神迟迡而未絲兮，巫振振其有辭。謂彙茹其必有還兮，明良慶而功巍。揚側陋而舉二八兮，曰俞哉而桑陰未移。濟舟楫而藥瞑眩兮，置左右而阿衡焉。依漁坐茅而占熊羆兮，髮垂白而佐姬。感瓜苦與栗薪兮，勿穆卜而誦鳴鴞之詩。脫堂阜而薰釁兮，管夷吾治於高傒。戈雖逐而誓舅氏兮，投白璧於河麋。蕭翊赤以謀將兮，淮陰亡而身追。留辟穀而遊赤松兮，强加飯以輔持。讖帝秀以奉赤伏兮，許借寇而雄河內之師。隱草廬而三顧兮，乃遂許以驅馳。相直臣而攬鏡兮，勉爲瘠而猶羈。信石水之相投兮，豈纖芥之能疑？樹桐梧於東廂兮，茁指佞於階墀。苟方鑿而枘圓兮，薰與蕕其差池。强指杙以爲楹兮，終斧柯其無資。策兩馬而接淅兮，又伐柯而阽危。晝三宿而側無人兮，雖濡滯其奚爲？宮族行而虞無臘兮，炊扊扅而西歸。慘焚林綿上而寒食兮，何從行之不及子推也！問宣室而前席兮，絳灌害之而南弔湘纍。有頗牧而莫能用兮，律不應而坐之。青蠅弔於瘴鄉兮，薏苢肆其悽誹。懷鷙鵠而見畏兮，終猶仇其豐碑。陸扶危而㞕忠州兮，望贊皇於海涯。親煨芋而賦黃臺兮，避浙東而畏譏。元祐賢而致政兮，麥飯熟而相唏。寇南遷而遂不返兮，楮掛竹以生枝。相烏喙其不可共安樂兮，種受辱而金鑄蠡。楚醴廢而猖披兮，穆遠蹈而申胥靡。物萌芽其兆眹兮，莧陸夬而枯楊稊。奚荆棘之能刺兮，貴履坙而見機。布皡墟之靈蓍兮，再扐卦而咨之。曰將起夫葛陂之龍竹兮，駕言秣脂而遊乎八荒。翺蓬萊之金闕兮，攬若木於東皇。陪王公而投蓮驍兮，吻欲笑而掣電光。種芝玉以爲田兮，俟蟠桃以徜徉。神荼鬱壘方執索搏鬼而供晨飧兮，著告余以不祥。夕轡崦嵫而經細柳兮，曖曖乎桑榆之映陽。挹穴居之戴勝兮，將俯崑崙而行觴。掃白雲之間隔兮，採聚窟返魂之馝香。拒格之松踆烏所入兮，聲隆隆驚人。煮羊脾未熟而天已明，䔿收白毛虎爪執鉞以辟人兮，流沙落木蕭蕭而增涼。翦鶉首而奏鈞天兮，藉帝醉而復下方。察蕭邱千里之烈燄兮，林鬱鬱而騰煇煌。遇丈人於丙丁兮，乞靈藥以長生。尋自然之穀於岣嶁石囷兮，執箕舌以簸揚。乘六螭而極南溟兮，瞰鵬圖擊水以迴翔。雄虺封狐往來儵忽兮，黃茅冶葛塡巨壑以莽蒼。曰瘴癘其難久滯兮，躡迴雁而北征。眺委羽於孤竹兮，曾冰皚皚崩摧以雷硠。木皮三寸墮於天山兮，白草炎暑而戴霜。探趙符於樹下兮，撻率然使亘橫。燭龍銜景炯彼幽都兮，望斗車作作其有芒。謂晤曖其不可留兮，驅玉虬而上驤。冀帝閽之開闔兮，倚閶闔而相望。陶白虎以先導兮，傅乘箕而來迎。媒匏瓜使擇匹兮，結柳宿以爲營。挹木精而游戲兮，張天廚而飫酒漿。謁神農而勅醫星兮，絕惡草使不昌。攜棓欃以翦薙兮，鞠蓬藋之礙行。掃茨藜而釋屩兮，鋪輕蕢以走鸞衡。拭銅駝而叩靈瑣兮，覽天苑草木之欣榮。榆歷歷而成列兮，枝葉紛拏夫喬卿。傾寶罋於露壇兮，將以浸沐夫芸生。靈氛爲余占以廸吉兮，信爻辭其必當。盍孟晉以勿疑兮，奚獨遲乎衆芳。

(二)王不留行，蜀本草所述形狀，乃俗呼天泡果。本草綱目從之。

校注：王不留行，本經上品，原誤別錄上品，今改。

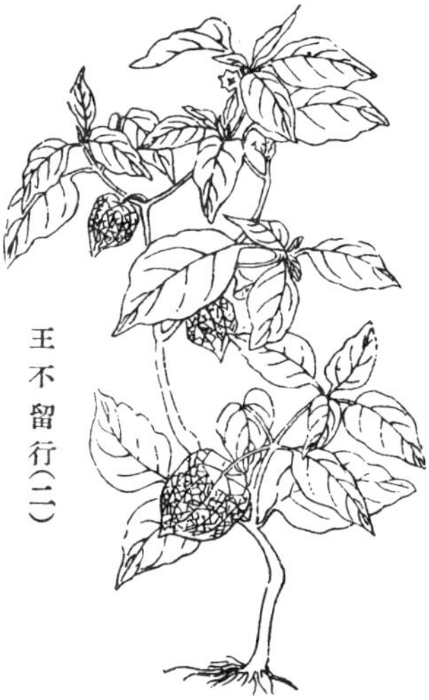

王不留行(二)

艾

艾，別錄中品。爾雅：艾，冰臺。古人以灸百病，其治滯下諸證，亦入煎用之。今以蘄州產者良。

雩婁農曰：民非水火不生活，非獨饔飧也。人秉五常之性，水內景而發於液，火外景而聚於目。世徒知水泛則燥之，火揚則潤之，而不思涌溢者，其源必塞；猋發者，其根必虛。聖人以疏防命水官，以出入均火政。後世鑽燧之法湮，而掌火無官。醫者治病以湯，而習砭灸者亦尠。素問曰：北方者，天地所閉藏之域也；藏寒生滿，病宜艾焫。注謂北方陰寒獨盛，陽氣閉藏，灸之能通，接元陽於至陰之下。經曰：陷下則灸之，蓋火鬱而不能發，則必違其炎上之性。物以類聚，用外火引內火，故陷者能升。子罕之救火，徹小屋、表火道，亦慮其遏而熾，猶之壅而潰也。凡發背及諸熱腫、諸風冷痰，皆可灸。風冷者溫以驅之，毒熱者暖而導之。故治民及治病，務求其通，而不可稍迫，其理一也。孟子曰：凡有四端於我者，

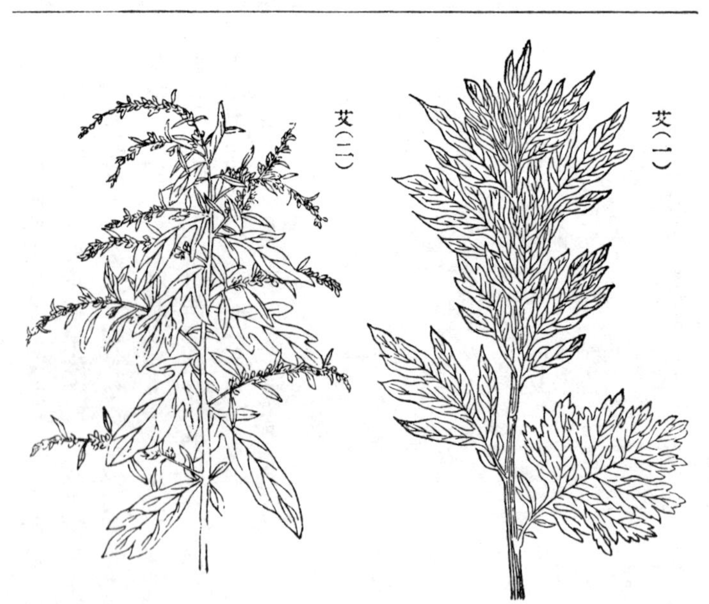

艾（一）

艾（二）

若火之始然，泉之始達。雖設譬之辭，而人之性情心術，實則本諸水火五事，以配五行，則貌言專與水火爲儷。然木者，水之子而火之母；金者，水所生而火所制；土者，火所洩而水所恃。水火得其宜，則性情和平，百病不生，而天機活潑，曰恭、曰從、曰明、曰聰、曰睿，無乖戾之拂其本性矣。易之書，廣大悉備，而終以既濟、未濟。然則天地萬物，水火得則爲和甘時節，水火不相得則爲灾眚痓癘。醫者知用水而不知用火，非所見之偏耶？

惡實

惡實，別錄中品，即牛蒡子。救荒本草謂之牛菜，俗呼夜叉頭，根、葉皆可煮食。今爲斑瘮要藥，蓋除風傷之功。

雩婁農曰：牛蒡子多刺而獨以惡名，何也？初生葉大如芋，形固可駭；莖尤肥，宜能果腹；醫者蓄其實爲良藥。覔體皆有功於人，而蒙不韙之名，名顧可憑乎？牛之名，誠不得與騶虞騏驥伍，而爲用亦大矣。劉表帳下牛重八百斤，殺而享士，無異常牛。龐其形而枵其實，爲人所輕，得名亦倖矣哉！

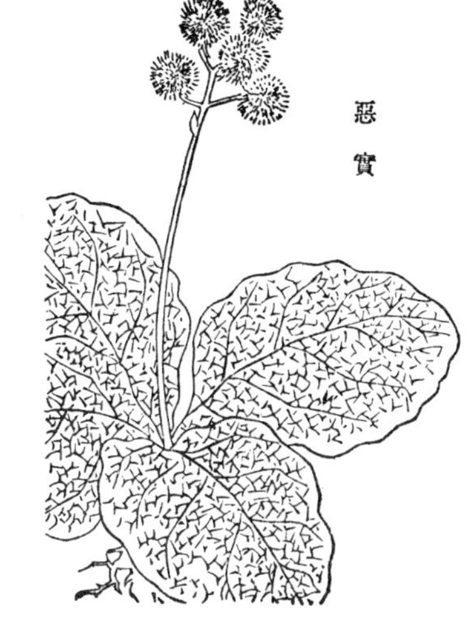

小薊

小薊，別錄中品，救荒本草謂之刺薊菜，北人謂之千鍼草。與紅藍花相類而青紫色，葉爲茹甚美。

大薊

大薊，別錄中品。性與小薊同，葉大多皺。

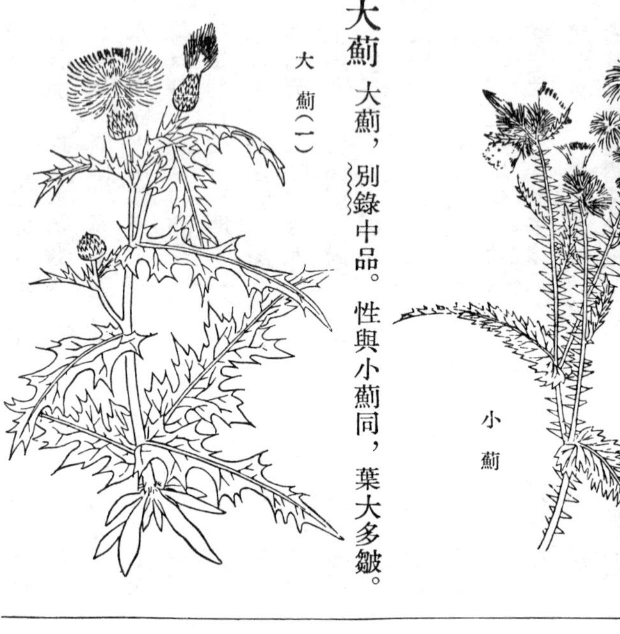

小薊

大薊(一)

救荒本草：葉可煠食，根有毒。醫書相承，多以續斷爲即大薊根。今江西、南贛產者根較肥，土醫呼爲土人參，或以欺人，其即鄭樵所云南續斷耶？

雩婁農曰：薊以氏州，其山原皆薊也。刺森森，踐之則迷陽，觸之則蜂蠆。顧其嫩葉，瀹食之甚美。老則揉爲茸以引火，夜行之車繩之，星星列

大薊(二)

於途也。性去濕，宜血劑。滇南生者，高出人上；瘵瘠者，餌根比參耆焉。貌猙獰而質和淑，下堂執手，射雉始笑。不聆其言、覩其技，惡乎知之？

大青 大青，別錄中品，今江西、湖南山坡多有之。葉長四五寸，開五瓣圓紫花，結實生青熟黑。唯實成時，花瓣尚在，宛似托盤，土人皆識之，暑月爲飲以解渴。湘人有三指禪一書，以淡婆婆根治偏頭風有奇效。余詢而採之，則大青也，鄉音轉訛耳。按別錄，主治時氣頭痛，其功素著。而古方治傷寒、黃疸、時疾、溫疫，皆云能回困篤；今醫者多不知；而俚醫用之，又不知其本名。國士在門而不以國士遇之，欲其相報之速也難矣。柯亭之竹，爨下之桐，得一知音，卽爲千古佳話。安得多識之士，遇物能名，如郭林宗之藻鑒羣倫，使山中小草，皆得揚眉吐氣於階前咫尺之地哉！

大青

葒草 葒草，別錄中品。爾雅：葒，蘢古。陸璣詩

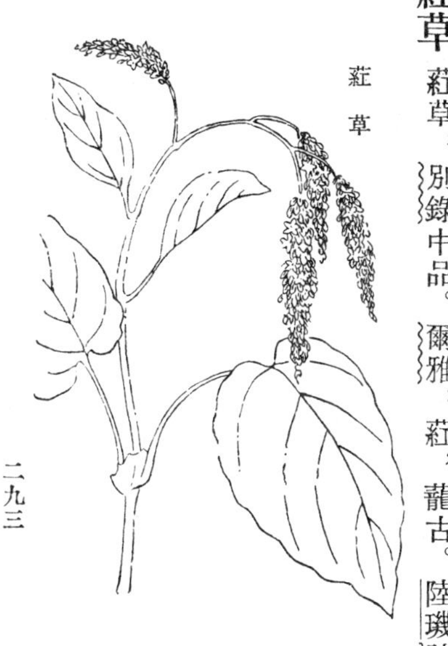

葒草

疏：游龍一名馬蓼，高丈餘。圖經：即水葒也。今北方亦呼爲水葒，音訛爲蓬。救荒本草：嫩葉可煠食。陳藏器以爲即別錄有名未用之天蓼。

雩婁農曰：水葒至梅聖俞始入吟詠，劉克莊亦有「分紅間白，拜雨揖風」之句，其餘詠蓼，蓋不分別。放翁詩：「數枝紅蓼醉清秋」，非此花不能當也。

虎杖

虎杖，別錄中品。爾雅：蒤，虎杖。注：似葒草而麤大。本草綱目云：莖似紅蓼，葉圓似杏，枝黃似柳，花狀如菊，色如桃。

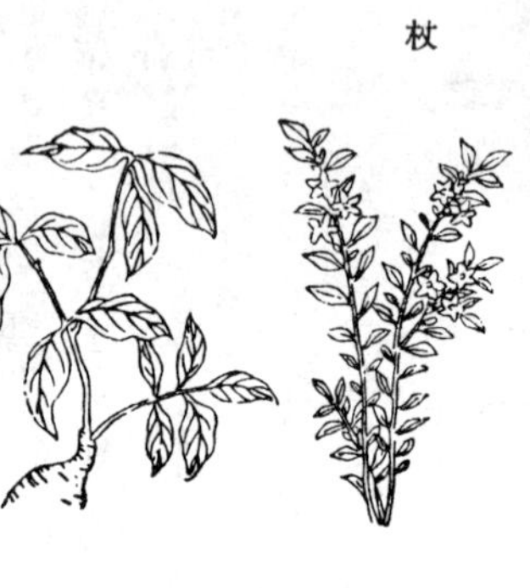

虎杖

黃花蒿

黃花蒿，俗呼臭蒿，以覆醬豉。本草綱目始收入藥。

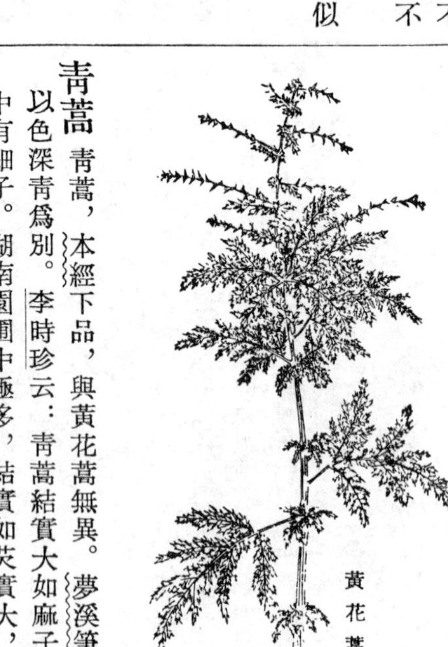

黃花蒿

青蒿

青蒿，本經下品，與黃花蒿無異。夢溪筆談以色深青爲別。李時珍云：青蒿結實大如麻子，中有細子。湖南園圃中極多，結實如茺實大，北地頗少。

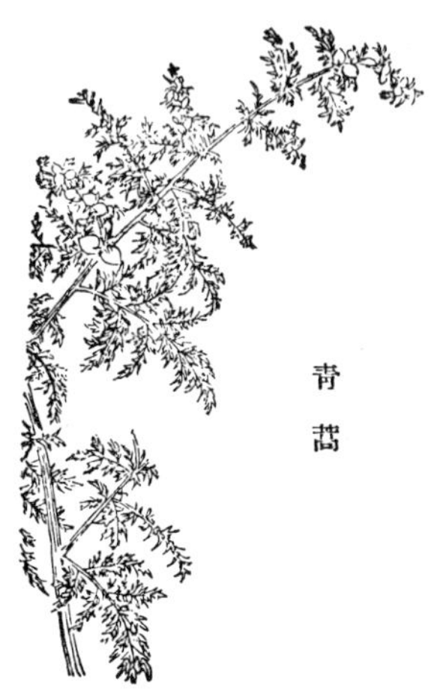
青蒿

植物名實圖考卷之十二

隰草類

綿棗兒　土圞兒
大蓼　金瓜兒
牛耳朵　拖白練
胡蒼耳　野蜀葵
透骨草　酸桶笋
地參　野西瓜苗
婆婆指甲菜

翻白草

翻白草，救荒本草錄入，云卽雞腿兒，根白可食。本草綱目收入菜部。考此草，僅可充飢，不任烹醃，宜入隰草。

翻白草

雁來紅

救荒本草：後庭花一名雁來紅，人家園圃多種之。葉似人莧葉，其葉中心紅色，又有黃色相間，亦有通身紅色者，亦有紫色者。莖葉間結實，比莧實差大。其葉衆葉攢聚，狀如花朵；其色嬌紅可愛，故以名之。味甜，微澀，性涼。採苗、葉煠熟，水浸淘淨，油鹽調食；曬乾煠食尤佳。

雁來紅

金盞草

救荒本草：金盞兒花，人家園圃中多種。

苗高四五寸，葉似初生莴苣葉，比莴苣葉狹窄而厚。抪莖生葉，莖端開金黄色盞子様花，其葉味酸。採苗、葉煠熟，水浸去酸味，淘淨，油鹽調食。　按宋圖經：杏葉草一名金盞草，生常州。蔓延籬下，葉葉相對。秋後有子如雞頭實，其中變生一小蟲，脱而能行，中夏採花。李時珍以爲即金盞花，夏月結實在蕚内，宛如尺蠖蟲數枚蟠屈之狀。故蘇氏言其化蟲，實非蟲云。但此草之實，不似雞頭。其葉如莴苣，不應有杏葉之名，未敢併入。

金盞草

莠

莠，俗呼狗尾草，救荒本草收之。今北地饑年，亦碾其實作飯充腹，亦呼曰莠草子，其莖可去贅瘤，具本草綱目。按説文繫傳，莠草也。臣鍇按字書云，狗尾草也。又莠，禾粟下揚生莠，臣鍇曰：粟下揚，謂禾粟實下播揚而生，出於粟秕。以莠爲狗尾草，不審出何字書。其説莠乃與稂皇同類，

莠

則非似苗之草矣。

地錦苗　地錦苗，江西園圃平野多有。春初發生莖，葉似胡荽而葉末稍圓。梢杈開紫花如小魚形，參差偃仰，跗當花中，尾尖首碩，有兩小瓣，開合如脣。花罷結角，入夏漸枯。按救荒本草：地錦苗生田野中，小科苗，高五七寸。莖葉似園荽，葉間開紫花，結小角豆兒，苗、葉味苦。煠熟浸淨，油鹽調食。卽此。滇南謂之金鈎如意草，一名五味草。滇本草：味有五，故名五味。性微寒，祛風、明目、退翳，消散一切風熱、肺勞、咳嗽、發熱、肝勞、發熱、怕冷，走筋絡，治筋骨疼、痰火等症。昔太華山趙道人服此藥，輕身延年，聰耳明目云。

地錦苗

蔞蒿　詩經：「言刈其蔞」，陸璣疏：蔞，蔞蒿也。其葉似艾，白色，長數寸，高丈餘，好生水邊及澤中。正月根芽生，旁莖正白。生食之，香而脆

蔞蒿

美；其葉又可蒸爲茹。按蔞蒿，古今皆食之，水陸俱生，俗傳能解河豚毒。救荒本草謂之藺蒿。洞庭湖瀕，根長尺餘，居民掘而煮食之，儉歲恃以爲糧。與蔞蒿滿地，河豚欲上，風景同而滋味異矣。

白蒿

救荒本草：白蒿生荒野中。苗高二三尺，葉如細絲，似初生松鍼色微青白，稍似艾香，味微辣。採嫩苗、葉煠熟，换水浸淘淨，油鹽調食。

按此白蒿是細葉者，與野同蒿相類。而莖黑褐色，葉如絲，青白相間，稍長則軟弱紛披。蓋初發則青，老則白。因陳根而生，不至秋卽枯，或卽以爲山茵陳。宋圖經云：階州以白蒿當茵陳，其所謂白蒿，乃唐本草大蓬蒿，非此蒿也。

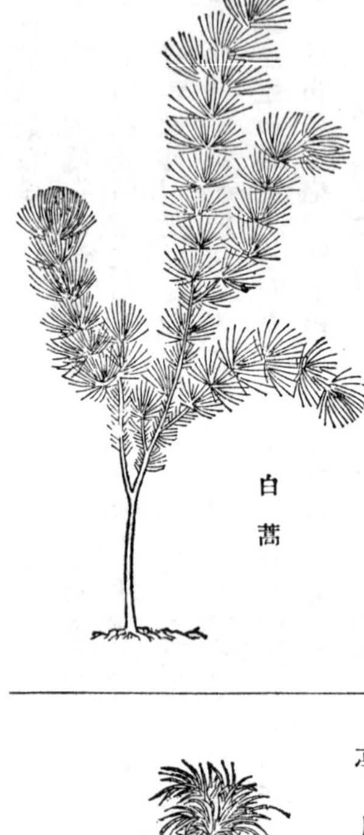
白蒿

紫香蒿

救荒本草：紫香蒿生中牟縣平野中。苗高一二尺，莖方，紫色。葉似邪蒿葉而背白，又似野胡蘿蔔葉微短。莖葉梢間結小青子，比灰菜子又小。其葉味苦，採葉煠熟，水浸去苦味，油鹽調食。

按此蒿，江西平隰亦間有之，紫莖亭亭。凡蒿初發莖青，漸老則紫；此蒿初生莖卽紫，

紫香蒿

與他蒿不類。其葉亦似青蒿。宋圖經：陰地厥生鄧州順陽縣內鄉山谷。味甘苦，微寒，無毒，主療腫毒、風熱。葉似青蒿，莖青紫色，花作小穗微黄，根似細辛。七月採根、苗用。核其形狀正合。

堇堇菜

救荒本草：堇堇菜一名箭頭草，生田野中。苗初塌地生，葉似鈹箭頭樣，而葉蒂甚長。其後葉間攛葶，開紫花，結三瓣蒴兒，中有子如芥子大，茶褐色，味甘。採苗、葉煠熟，水浸淘淨，油鹽調食；根、葉擣傅諸腫毒。按此草，江西、湖南平隰多有之，或呼爲紫金鎖，又呼爲紫花地丁。其結實頗似小白茄，北人又呼爲小甜水茄。其葉和麪，切食甚滑。實老裂爲三叉，子黄如粟，黏於殼上，漸次黑落。俚醫用根治火症，功同地丁。

堇堇菜

犂頭草

犂頭草即堇堇菜。南北所產，葉長圓、

犂頭草

尖缺各異；花亦有白、紫之別；又有寶劍草、半邊蓮諸名，而結實則同。滇南謂之地草果，以治目疾、乳腫。滇南本草：地草果味辛酸，性微溫，入肝經，走陽明，破血氣，舒鬱結，風火眼暴赤疼痛，祛風、退翳。蓋肝氣結而翳成，散結則雲翳自退。但肝實可用，肝虛忌之。紫花者治奶頭疼痛，或小兒吹著，或身體厤注，乳汁不通，頭痛、怕冷、發熱、口乾、身體困倦，乳頭、乳傍紅腫脹硬。地草果二錢，天花粉一錢，川芎錢半，靑皮五分，北柴胡一錢，白芷一錢，金銀花一錢，甘草節五分，水酒煎服。治目疾赤腫，用白花、綠花地草果一錢，川芎一錢，白蒺藜一錢，木賊五分，穀精草一錢，白菊一錢，支子一錢，蟬退一錢，引用羊肝一片。

寶劍草

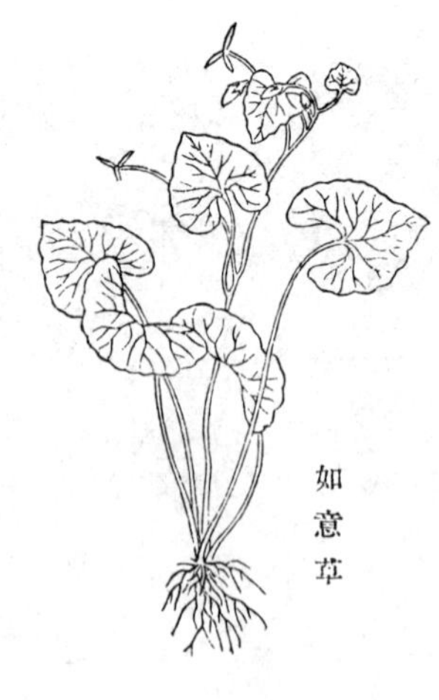
如意草

山西通志：如意草一名箭頭草，象葉形也。夏開紫花，似指甲草而小，有香。土人嘗採蒸麥飯。結實三稜似瓜形，如豆大，熟則殼分，三角中各含子十餘粒如粟大，色蒼黃。根似遠志，味苦辛。近醫多採葉陰乾，以末塗惡瘡效。

毛白菜

毛白菜，江西、湖南多有之。初生鋪地如芥菜，長葉深齒，白毛茸茸。夏間抽莖，抱莖

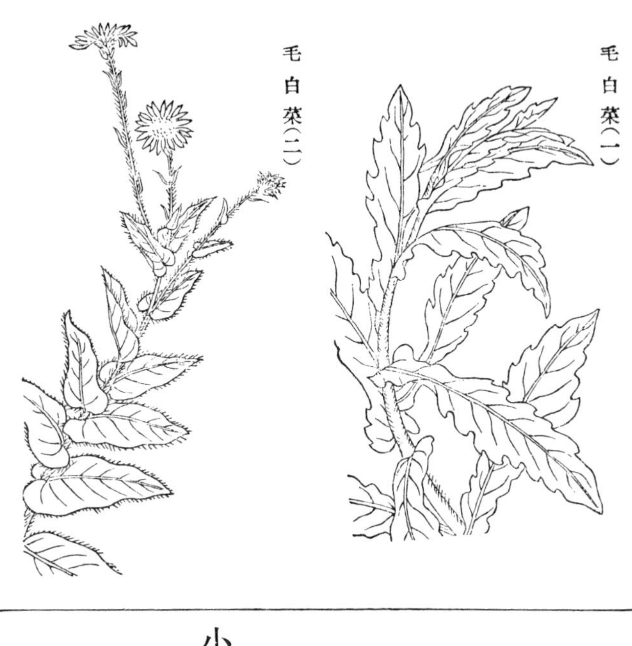

毛白菜(一)

毛白菜(二)

生葉，攢附而上。梢間發小枝，開淡紫花，全似

馬蘭稍大。俚醫以根、葉同肉煮服，治吐血。

按救荒本草：毛連菜一名常十八，生田野中。苗初塌地生，後攛莖叉高二尺許。葉似刺薊葉而長大稍尖，其葉邊褊曲皺，上有澀毛，梢間開銀褐花。味微苦。採葉煠熟，水浸淘洗，油鹽調食。形狀極肖。又天祿識餘：草花中有名長十八者。元葛邏祿迺賢塞上曲云：「雙鬟小女玉娟娟，自捲氊簾出帳前；忽見一枝長十八，折來簪在帽簷邊。」下註曰：長十八，草花名。余至塞外，果有是花，未知即此否。

小蟲兒臥單

救荒本草：小蟲兒臥單一名鐵線草。苗塌地生，葉似星宿葉而極小，又似雞眼草葉亦小。其莖色紅，開小紅花，苗味甜。採苗、葉煠熟，水浸淘淨，油鹽調食。　按小蟲兒臥單，固始呼爲小蟲兒蓋，直隸呼爲雀兒頭。李時珍本草綱目入嘉祐本草地錦下，併入有名未用。別錄地朕，援據本草拾遺。地朕一名地錦，一名地噤，

小蟲兒臥單

蔓延著地，葉光淨，露下有光。又引掌禹錫曰：地錦草生近道田野，出滁州者尤佳。葉細弱，蔓延於地。莖赤，葉青紫色，夏中茂盛，開紅花，結細實，取苗子用之，狀極相類。而李時珍所說，則是奶花草。二種皆布地生，小蟲兒臥單莖細葉稀，無白汁，花不黃，非一草也。形狀未符，主治俱不載，以俟考。山西通志：地錦一名草血竭，一名雀兒單，潞人稱爲小蟲兒臥單。此草既有草血竭之名，則治血症應效。

地耳草

地耳草，一名斑鳩窩，一名雀舌草，生江西田野中。高三四寸，叢生，葉如小蟲兒臥單。葉初生甚紅，葉皆抱莖上聳，老則變綠。梢端春開小黃花。按野菜譜有雀舌草，狀亦相類，或即此。

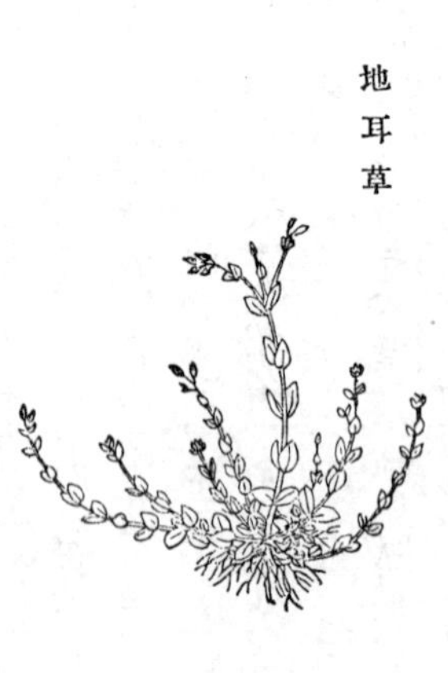
地耳草

野艾蒿

救荒本草：野艾蒿生田野中。苗葉類艾而細，又多花叉。葉有艾香，味苦。採葉煠熟，水淘去苦味，油鹽調食。按此蒿與大蓬蒿相類，而莖葉白似艾。

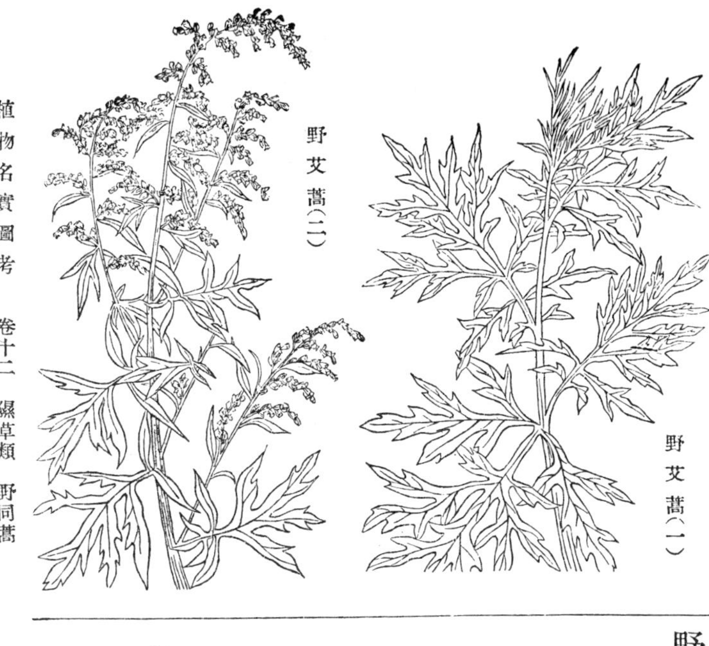

野艾蒿(一)

野艾蒿(二)

野同蒿

救荒本草：野同蒿生荒野中。苗高二三尺，莖紫赤色。葉似白蒿色微青黃，又似初生松針而茸細，味苦。採嫩苗、葉煠熟，換水浸淘淨，油鹽調食。按野同蒿即蓬蒿，陸璣詩疏：藻一種，莖大如釵股，葉如蓬蒿，謂之聚藻。此蒿莖葉青緑一色，而葉細如絲，正與水藻相似。湖南亦謂之青蒿，云功用勝於似黃蒿之青蒿。李時珍以同蒿菜爲蓬蒿，殊誤。

野同蒿(一)

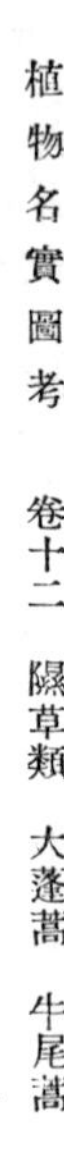

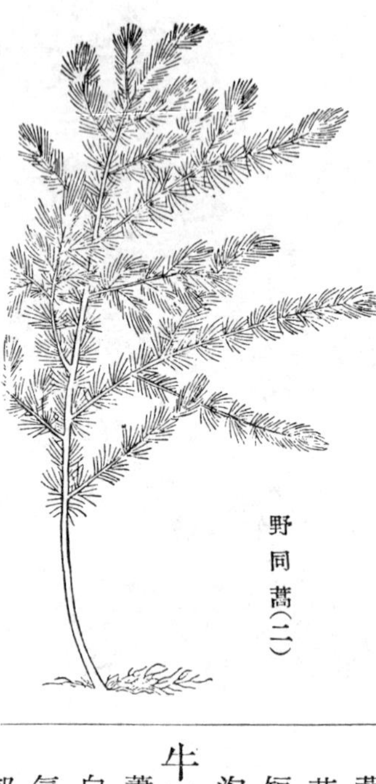
野同蒿（二）

大蓬蒿

救荒本草：大蓬蒿生密縣山野中。莖似黃蒿，莖色微帶紫。葉似山芥菜葉而長大，極多花叉，又似風花菜葉，叉亦多，又似漏蘆葉卻微短，開碎瓣黃花。苗、葉味苦。採葉煠熟，水浸淘去苦味，油鹽調食。

大蓬蒿

牛尾蒿

牛尾蒿，詩經「取蕭祭脂」，陸璣疏：蕭荻，今人所謂荻蒿者是也。或云牛尾蒿似白蒿，白葉，莖麤，科生，多者數十莖，可作燭，有香氣，故祭祀以脂爇之爲香。許慎以爲艾蒿，非也。郊特牲云：既奠然後爇蕭，合馨香是也。按爾雅蕭荻，郭注即蒿。蓋牛尾蒿初生時，與蔞蒿同，唯一莖旁生橫枝。秋時枝上發短葉，橫斜欹舞，如短尾隨風，故俗呼以狀名之。其莖直硬，與蔞蒿同爲燭桿之用。李時珍以陸疏苹爲牛尾蒿，與今本不同。鄭漁仲以牛尾蒿爲青葙子，大誤。爾雅正義：苹，藾蕭。注：今藾蒿也，初生亦可食。正義：此別蒿之類也，苹一名藾蕭。小雅云：「呦呦鹿鳴，食野之苹。」鄭箋以爲藾蕭，疏引陸璣疏云：葉青白色，莖似蓍而輕脃，始生時可生食，又可蒸食。按蘱蕭爲蒿之別種，俗呼爲牛尾蒿。或以爲卽今白蒿，非也。又蕭萩，注，卽蒿。正義詩疏引李巡云：萩一名蕭。天官甸師云，祭祀共蕭茅，杜子春以爲蕭，香蒿也。後鄭謂詩所云「取蕭祭脂」，郊特牲云蕭合黍稷，臭陽達於牆屋，故旣薦然後焫蕭爲馨香者，是蕭之

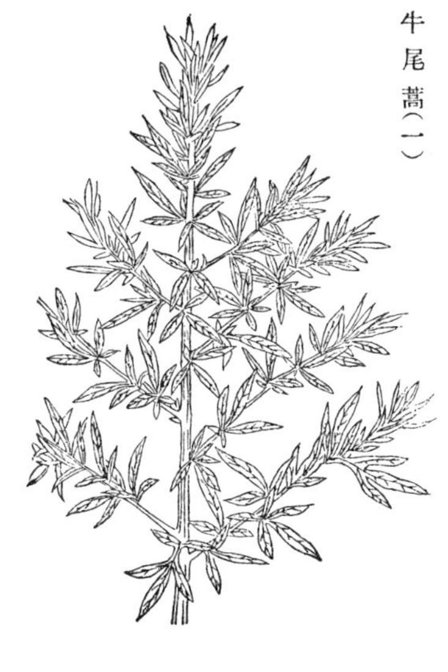

牛尾蒿（一）

謂也。又鄭注：郊特牲云蕭，薌蒿也。染以脂，合黍稷燒之。生民詩疏云：宗廟之祭，以香蒿合黍稷，燒此香蒿，以合其馨香之氣。是蕭爲蒿之香者也。萩，監本誤作荻；唐石經作萩；釋文萩音秋，今改正。案春官鬱人疏引王度記云：士以蕭，庶人以艾。白虎通義亦引之。是蕭與艾，定

牛尾蒿（二）

爲二物也。蕭、艾皆香草，而離騷云何昔日之芳草，今直爲此蕭艾也。蓋蕭可以爇，艾可以灸。古之長育羣材者，芳草各有其用；而采蕭、采艾，亦各以其時。今不辨其爲芳草，而與蕭、艾並見燒薙，故騷人歎之。說楚辭者，不達其意，以蕭、艾爲惡草，誤矣。管子地員篇云：莽下於蕭，蕭下於薜。辨庶草者，固各有其等差也。

說文解字注：蕭，艾蒿也。大雅取蕭祭脂，郊特牲焫蕭合馨香。故毛公曰：蕭所以共祭祀。鄭君曰：蕭，薌蒿也。陸璣曰：今人所謂萩蒿也，或曰牛尾蒿。許愼以爲艾蒿，非也。按陸語非是。此物蒿類而似艾，一名艾蒿，許非謂艾爲蕭也。齊高帝云：蕭卽艾也，乃爲誤耳。又按曹風傳曰：蕭，蒿也，此統言之。諸家云薌蒿、艾蒿者，析言之。從草，肅聲，蘇彫切，古音在三部，音脩，亦與蕭同音，通用。甸師共肅茅，杜子春讀肅爲蕭。蕭牆、蕭斧皆訓肅，萩蕭也。從草、秋聲，七由切，三部。古多以萩爲楸，如左氏傳「伐雍門之萩」，史漢「河濟之間千樹萩」是也。

柳葉蒿

柳葉蒿，莖長二尺許，色青心實，不類蒿。葉面青背白，長而狹，有尖齒。頂端葉單似柳，以下葉漸分三歧、或四歧。味清香似艾。生嶽麓山。秋開花如粟，與他蒿同。

柳葉蒿

扯根菜

救荒本草：扯根菜生田野中。苗高一尺

許，莖赤紅色。葉似小桃紅葉微窄小，色頗綠，又似小柳葉，亦短而厚窄，其葉週圍攢莖而生。開碎瓣小青白花，結小花蒴似蒺藜樣，葉苗味甘。採苗葉煠熟，水浸淘淨，油鹽調食。　按此草，湖南坡隴上多有之。俗名矮桃，以其葉似桃葉，高不過二三尺，故名。俚醫以爲散血之藥。

扯根菜

矮桃

又一種　矮桃生湖南。頗似扯根菜，三葉攢生，柔厚尖長，梢開青白小五瓣花成穗。土人以爲卽扯根菜一類，故俱呼矮桃。

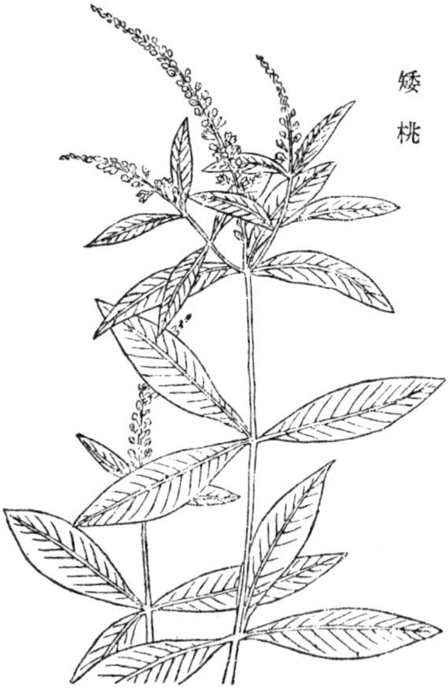

矮桃

龍芽草

救荒本草：龍芽草一名瓜香草，生輝縣鴨子口山野間。苗高尺餘，莖多澀毛。葉如地棠葉而寬大，葉頭齊團，每五葉、或七葉作一莖排生。葉莖腳上又有小芽葉，兩兩對生。梢間出穗，開五瓣小圓黃花，結青毛蓇葖，有子大如黍粒，味甜。收子或擣、或磨，作麪食之。按此草，建昌呼爲老鸛嘴，廣信呼爲子母草，湖南呼爲毛腳茵。以治風痰、腰痛。考本經蛇含，陶隱居云，用有黃花者；李時珍以爲卽小龍芽，或卽此草。但圖經未甚詳晰，方藥久不採用。仍入草藥，以見禮失求野之義。滇南本草謂之黃龍尾，味苦，性溫，治婦人月經前後，紅崩、白帶、面寒、腹痛，赤、白痢疾。杭芎二錢，川芎一錢五分，香附一錢，紅花二錢，黃龍尾三錢。行經紫黑，加蘇木、黃芩。腸痛加延胡、小茴。白帶加白芷、木瓜。赤帶加土茯苓、赤木通、蛇果草、八仙草、甘草。

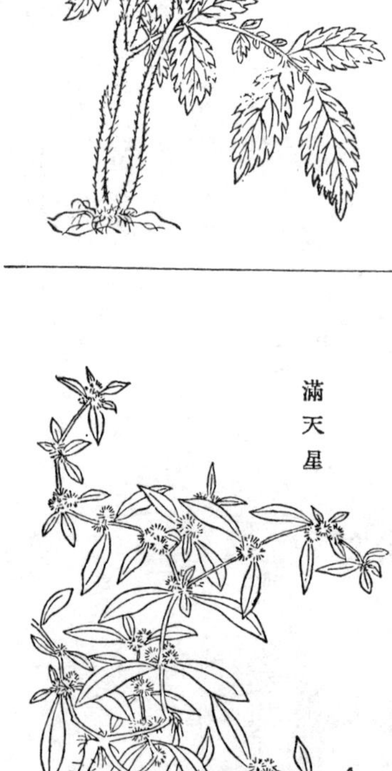

龍芽草

滿天星

滿天星　滿天星生水濱，處處有之。綠莖鋪地，花、葉俱類旱蓮草，葉小而花密爲異。俚醫以洗無名腫毒。按救荒本草：耐驚菜一名蓮子草，以其花之蓇葖狀似小蓮蓬様，故名。生下濕地中。苗高一尺餘，莖紫赤色，對生莖叉。葉似小桃紅葉而長，梢間開細瓣白花而淡黃心，葉味苦。採苗、葉煠熟，油鹽調食。核其形味卽此。

水蓑衣

救荒本草：水蓑衣生水泊邊。葉似地梢瓜葉而窄，每葉間皆結小青蓇葖，其葉味苦。採苗、葉煠熟，水浸淘去苦味，油鹽調食。　按此草江西沙洲多有之，唯葉間青蓇葖略帶淡紅色。余取破之，其中皆有一小蟲跧伏其中。南方濕熱，草木蘊結，化生蟲蛾，不可細詰，故挑野菜者絕少；不似北地黃壤，幾於草根、樹皮皆成野蔬也。又小說家謂有仙桃草，四五月麥田中蔓生，葉綠莖紅，實大如椒，形如桃，中有一小蟲。宜在小暑節十五日內取之，先期則無蟲，後時則蟲飛出。趁未坼採之，烘乾、研末，藏以待用。一切跌打損傷，服一二錢可以起死回生；或云其葉煎水浴之亦妙。按狀與此草殊肖。

地角兒苗

救荒本草：地角兒苗一名地牛兒苗，

水蓑衣

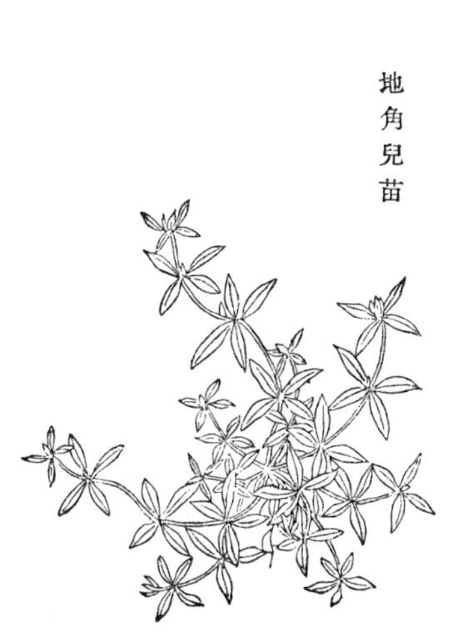

地角兒苗

生田野中。塌地生，一根就分數十莖，其莖甚稠。葉似胡豆葉微小，葉生莖面，每攢四葉，對生作一處。莖旁另叉生葶，梢頭開淡紫花，結角似連翹角而小。中有子狀似豍豆顆，味甘。採嫩角生食，硬角熟食。　按此草，江西平野亦有之，土人無識之者。

雞眼草

救荒本草：雞眼草又名掐不齊，以其葉用指甲掐之，作劐不齊，故名。生荒野中。塌地生，葉如雞眼大，似三葉酸漿葉而圓，又似小蟲兒臥單葉而大。結子小如粟粒，黑茶褐色。味微苦，氣與槐相類，性溫。採子擣取米，其米青色，先用冷水淘淨，卻以滾水泡三五次。去水下鍋，或煮粥，或作炊飯食之，或磨麪作餅食亦可。

按江西田野中有之，土人呼爲公母草。其葉皆斜紋，掐之輒復相勾連。或云中暑搗取汁，涼水飲之卽愈。

雞眼草

狗蹄兒

狗蹄兒，處處平隰有之。初生小葉鋪地，

狗蹄兒

圓如狗腳跡，故名。漸長，葉如長柄小匙。春抽細莖，開五瓣小藍花，與小葉相間，鄉人摘其嫩葉茹之。王磐以入野菜譜。

米布袋

救荒本草：米布袋生田野中。苗搨地生，葉似澤漆葉而窄，其葉順莖排生。梢頭攢結三四角，中有子如黍粒大微匾，味甘。採角取子，水淘洗淨，下鍋煮食。苗葉煠熟，油鹽調食亦可。

米布袋

雞兒頭苗

救荒本草：雞兒頭苗生祥符西田野中。就地拖秧，生葉甚疎稀，每五葉攢生，狀如一葉；其葉花叉，有小鋸齒。葉間生蔓，開五瓣黃花，根叉甚多。其根形如香附子而鬚長，皮黑，肉白，味甜。採根換水煮熟食。

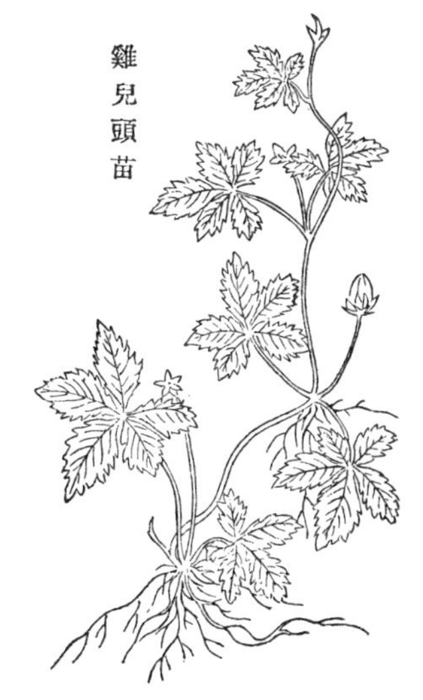

雞兒頭苗

雞兒腸

救荒本草：雞兒腸生中牟田野中。苗高一二尺，莖黑紫色。葉似薄荷葉微小，邊有稀鋸齒，又似六月菊。梢葉間開細瓣淡粉紫花，黃心，葉味微辣。採葉煠熟，換水淘去辣味，油鹽調食。

雞兒腸

鹻蓬

救荒本草：鹻蓬一名鹽蓬，生水傍下濕地。莖似落藜，亦有線楞。葉似蓬而肥壯，比蓬葉亦稀疎。莖葉間結青子，極細小。其葉味微鹹，性微寒。採苗葉煠熟，水浸去鹹味，淘洗淨，油鹽調食。山西鹻地多有之。

鹻蓬

牻牛兒苗

救荒本草：牻牛兒苗又名鬭牛兒苗，生田野中。就地拖秧而生，莖蔓細弱，其莖紅紫色。葉似蒝荽葉瘦細而稀疎。開五瓣小紫花，結青蓇葖兒。上有一嘴甚尖銳，如細錐子狀，小兒取以爲鬭戲。葉味微苦。採葉煠熟，水浸去苦味，

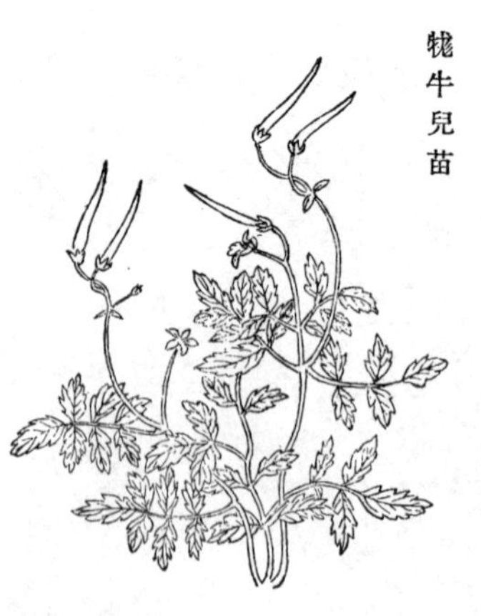
牻牛兒苗

淘淨，油鹽調食。　按汜水俗呼牽巴巴，牽巴巴者，俗謂啄木鳥也。其角極似鳥嘴，因以名焉。直隸謂之燙燙青，言其葉焯以水則逾青云。山西圃中極多，與苦菜、苣蕒同秀，葉味不甚苦，微澀。

沙蓬

救荒本草：沙蓬又名雞爪菜，生田野中。苗高一尺餘，初就地上蔓生，後分莖叉。其莖有細線楞，葉似獨掃葉狹窄而厚，又似石竹子葉亦窄。莖葉梢間結小青子，小如粟粒。其葉味甘，性溫。採苗葉煠熟，水浸淘淨，油鹽調食。

沙蓬

沙消

沙消，江西沙上多有之。紫莖，葉如石竹子葉而密，土人以利水道。其形與沙蓬相類。

沙消

水棘針

救荒本草：水棘針苗又名山油子，生田

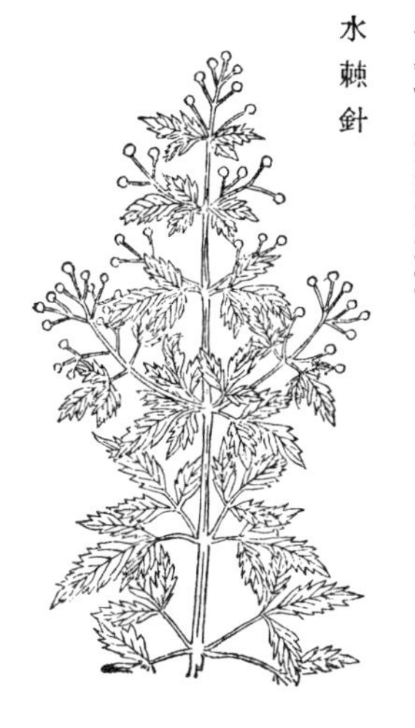
水棘針

野中。苗高一二尺，莖方四楞，對分莖叉，葉亦對生。其葉似荆葉而軟，鋸齒尖葉。莖葉紫緑，開小紫碧花。葉味辛辣，微甜。採苗、葉煠熟，水淘洗淨，油鹽調食。

鐵掃箒 救荒本草。鐵掃箒生荒野中。就地叢生，一本二三十莖，苗高三四尺，葉似苜蓿葉而細長，又似細葉胡枝子葉亦短小，開小白花，其葉味苦。採嫩苗、葉煠熟，換水浸去苦味，油鹽調食。爾雅正義：荓，馬帚。註：似蓍，可以爲掃彗。正義：荓，一名馬帚。夏小正云：七月荓秀，荓也者，馬帚也。廣雅云：馬帚，屈馬第也。管子地員篇云：蔞下於荓，註：似蓍。至掃彗正義，說文云：蓍，蒿屬，生千歲，三百莖。按荓草似蓍，則亦蒿屬也。李時珍云：此即蒿草，謂其可爲馬刷，故名馬帚，今河南人謂之鐵掃帚。李以荓爲鐵掃帚，極肖。又云即荔也。殊誤。無蒿草之說。

鐵掃箒

刀尖兒苗 救荒本草：刀尖兒苗生密縣梁家衝山野中。苗高二三尺，葉似細柳葉硬而細，長而尖，葉皆兩兩抪莖對生。葉間開淡黃花，結尖角兒，長二寸許，麄如蘿蔔角，中有白穰及小匾黑子，其葉味甘。採葉煠熟，水淘洗淨，油鹽調食。

刀尖兒苗

山蓼

救荒本草：山蓼生密縣山野間。苗高一二尺，葉似芎藭葉而長細窄，又似野菊花葉而硬厚，又似水胡椒葉亦硬，開碎瓣白花，其葉味微辣。採嫩葉煠熟，換水浸去辣氣，作成黃色，淘洗淨，油鹽調食。

山蓼

六月菊

救荒本草：六月菊生祥符西田野中。苗高一二尺，莖似鐵桿蒿莖。葉似雞兒腸葉，但長而澀，又似馬蘭頭葉而硬短。梢葉間開淡紫花，葉味微酸澀。採葉煠熟，水浸去澀味，油鹽調食。

六月菊

佛指甲

救荒本草：佛指甲科苗高一二尺，莖微帶赤黃色。其葉淡綠，背皆微帶白色，葉如長匙

佛指甲

頭樣，似黑豆葉而微寬，又似鵝兒腸葉甚大，皆兩葉對生。開黃花，結實形如連翹微小，中有黑子如小粟粒。其葉甜，可食。按本草綱目誤以爲卽景天，其花、實絕不相類。

鯽魚鱗　救荒本草：鯽魚鱗生密縣韶華山山野中。苗高一二尺，莖方而茶褐色，對分莖叉，葉亦對生。葉似雞腸菜葉頗大，又似桔梗葉而微軟薄，葉面卻微紋皺。梢間開粉紅花，結子如小粟粒而茶褐色，其葉味甜。採葉煠熟，水浸淘淨，油鹽調食。

鯽魚鱗

婆婆納　救荒本草：婆婆納生田野中。苗搨地生，葉最小，如小面花黶兒，狀類初生菊花芽，葉又團邊微花，如雲頭樣。味甜。採苗、葉煠熟，水浸淘淨，油鹽調食。

婆婆納

野粉團兒　救荒本草：野粉團兒生田野中。苗高

野粉團兒

一二尺，莖似鐵桿蒿莖。葉似獨掃葉而小，上下稀疎，枝頭分叉。開淡白花，黃心，味甜辣。採嫩苗、葉煠熟，水浸淘淨，油鹽調食。

狗掉尾苗

救荒本草：狗掉尾苗生南陽府馬鞍山中。苗高二三尺，拖蔓而生，莖方色青。其葉似歪頭菜葉稍大而尖艄，色深綠，紋脈微多，又似狗筋蔓葉。梢間開五瓣小白花，黃心。衆花攢開，其狀如穗。葉味微酸。採嫩葉煠熟，水浸去酸味，淘淨，油鹽調食。

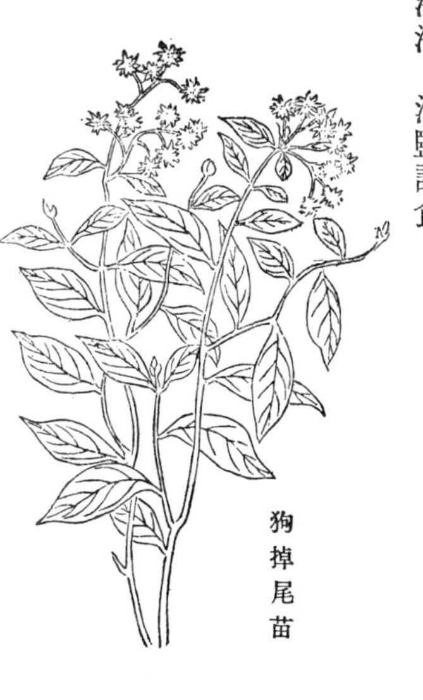

狗掉尾苗

猪尾把苗

救荒本草：猪尾把苗一名狗腳菜，生荒野中。苗長尺餘，葉似甘露兒葉而甚短小，其頭頗齊，莖葉皆有細毛。每葉間順條開小白花，結小蒴兒，中有子小如粟粒，黑色，苗、葉味甜。採嫩葉煠熟，換水浸淘淨，油鹽調食，子可擣爲麪食。

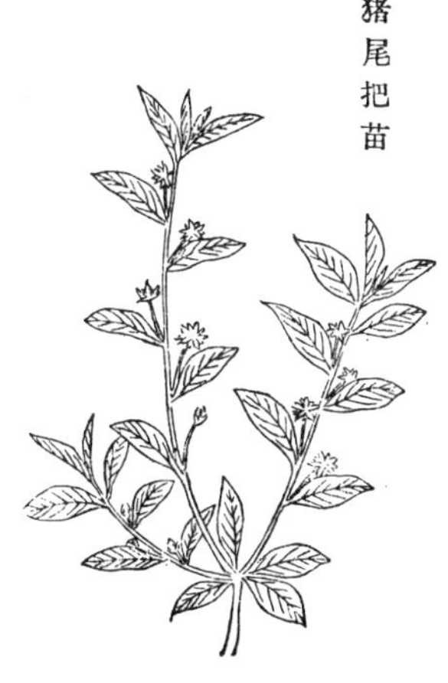

猪尾把苗

螺黶兒

救荒本草：螺黶兒一名地桑，又名痢見草，生荒野中。莖微紅，葉似野人莧葉微長，窄而尖。開花作赤色小細穗兒，其葉味甘。採苗、葉煠熟，水浸淘去邪味，油鹽調食。

螺靨兒

兔兒酸

救荒本草：兔兒酸一名兔兒漿，所在田野中皆有之。苗比水葒矮短，莖葉皆類水葒。其莖節密，其葉亦稠，比水葒葉稍薄小。味酸，性寒，無毒。採苗、葉煠熟，以新汲水浸去酸味，淘淨，油鹽調食。

兔兒酸

米蒿

救荒本草：米蒿生田野中，所在處處有之。苗高尺許，葉似園荽葉微細。葉叢間分生莖叉，梢上開小青黃花，結小細角似葶藶角兒，葉味微苦。採嫩苗、葉煠熟，水浸過，淘淨，油鹽調食。

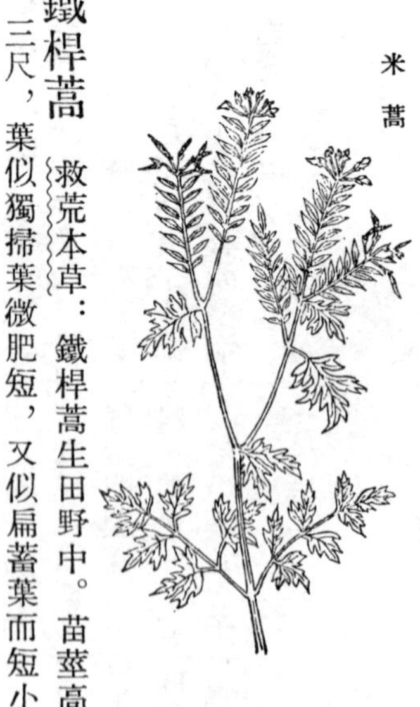
米蒿

鐵桿蒿

救荒本草：鐵桿蒿生田野中。苗莖高二三尺，葉似獨掃葉微肥短，又似扁蓄葉而短小，分生莖叉。梢間開淡紫花，黃心，葉味苦。採葉煠熟，淘去苦味，油鹽調食。

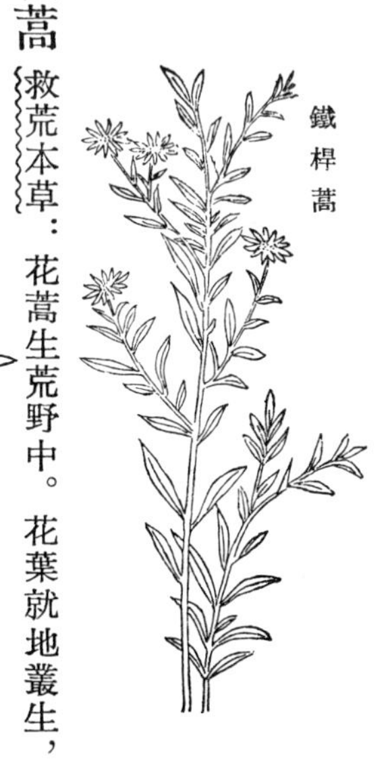
鐵桿蒿

花蒿

救荒本草：花蒿生荒野中。花葉就地叢生，葉長三四寸，四散分垂。葉似獨掃葉而長硬，其頭頗齊，微有毛澀，味微辛。採葉煠熟，水浸淘淨，油鹽調食。

花蒿

兔兒尾苗

救荒本草：兔兒尾苗生田野中。苗高一二尺，葉似水蘋葉而短。其目大，其葉微酸。採嫩苗、葉煠熟，水浸淘淨，油鹽調食。

兔兒尾苗

虎尾草

救荒本草：虎尾草生密縣山谷中。科苗高二三尺，莖圓。葉頗似柳葉而瘦短，又似兔兒尾葉亦瘦窄，又似黃精葉頗軟，抪莖攢生。味甜微澀。採苗、葉煠熟，换水淘去澀味，油鹽調食。

虎尾草

兎兒傘

救荒本草：兎兒傘生滎陽塔兒山荒野中。其苗高二三尺許，每科初生一莖。莖端生葉，一層有七八葉，每葉分作四叉排生，如傘蓋狀，故以爲名。後於葉間攛生莖叉，上開淡紅白花。根似牛膝而踈短，味苦，微辛。採嫩葉煠熟，换水浸淘去苦味，油鹽調食。

兎兒傘

柳葉菜

救荒本草：柳葉菜生中牟荒野中。科苗高二尺餘，莖似蒿莖。葉似柳葉而短，𢹂莖而生。開小白花，銀褐心。其葉味微辛。採嫩葉煠熟，水浸淘淨，油鹽調食。

柳葉菜

菽蕿根

救荒本草：菽蕿根俗名麪碌碡，生水邊下濕地。其葉就地叢生，葉似蒲葉而肥短，葉背如劍脊樣。葉叢中間攛葶，上開淡粉紅花，俱皆六瓣，花頭攢開如傘蓋狀。結子如韭花蓇葖。其根如鷹爪黄連樣，色如墐泥色，味甘。採根揩去皴及毛，用水淘淨，蒸熟食；或曬乾炒熟食；或磨作麪蒸食，皆可。

菽蕿根

綿棗兒

救荒本草：綿棗兒一名石棗兒，出密縣山谷中，生石間。苗高三五寸，葉似韭葉而闊，瓦隴樣。葉中攛葶出穗，似雞冠莧穗而細小。開淡紅花，微帶紫色。結小蒴兒，其子似大藍子而小，黑色。根類獨顆蒜，又似棗形而白。味甜，性寒。採取根，添水久煮極熟食之。不換水煮食後，腹中鳴，有下氣。

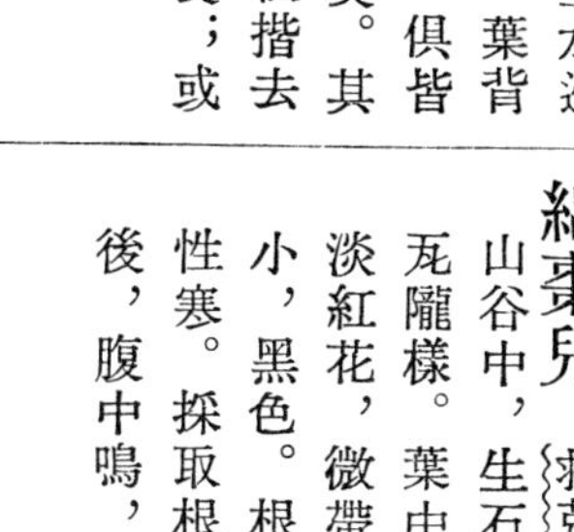

綿棗兒

土圞兒

救荒本草：土圞兒一名地栗子，出新鄭

土圞兒

山野中。細莖延蔓而生，葉似菉豆葉微尖艄，每三葉攢生一處。根似土瓜兒根微圞，味甜。採根煮熟食之。

大蓼

救荒本草：大蓼生密縣梁家衝山谷中。拖藤而生，莖有線楞而頗硬。對節分生莖叉，葉亦對生，葉似山蓼葉微短拳曲。節間開白花，其葉味苦，微辣。採葉煠熟，換水浸去辣味，作成黃色，淘洗淨，油鹽調食。花亦可煠食。

大蓼

金瓜兒

救荒本草：金瓜兒生鄭州田野中。苗初生似小葫蘆葉而微小，又似赤雹兒葉。莖方，莖葉俱有毛刺。每葉間出一細藤，延蔓而生，開五瓣尖碗子黃花。結子如馬瓝大，生青熟紅。根形如雞彈微小，其皮土黃色，內則青白色。味微苦，性寒，與酒相反。掘取根，換水煮，浸去苦味，再以水煮極熟食之。

金瓜兒

牛耳朵

牛耳朵

救荒本草：牛耳朵一名野芥菜，生田野中。苗高一二尺，苗莖似蒿苣。葉似牛耳朵形而小，葉間分攛葶，又開白花，結子如棗粒大。葉味微苦辣。採苗葉淘洗淨，煠熟，油鹽調食。

拖白練

救荒本草：拖白練苗生田野中。苗塌地生，葉似垂盆草葉而又小。葉間開小白花，結細黃子，其葉味甜。採苗、葉煠熟，油鹽調食。

拖白練

胡蒼耳

救荒本草：胡蒼耳又名回回蒼耳，生田野中。葉似皁莢葉微長大，又似望江南葉而小，頗硬，色微淡綠。莖有線楞。結實如蒼耳實，但長艄，味微苦。採嫩苗葉煠熟，水浸去苦味，淘淨，油鹽調食。今人傳說，治諸般瘡，採葉用好酒煮喫，消腫。

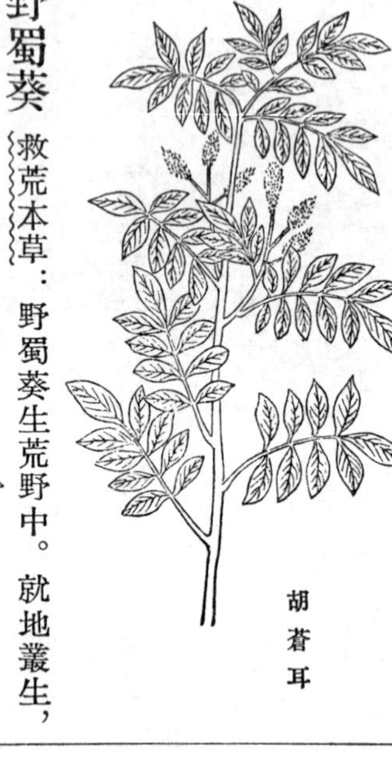
胡蒼耳

野蜀葵

野葵蜀

救荒本草：野蜀葵生荒野中。就地叢生，苗高五寸許。葉似葛勒子秧葉而厚大，又似地牡丹葉味辣。採嫩葉煠熟，水浸淘淨，油鹽調食。

透骨草

救荒本草：透骨草一名天芝蔴，生中牟荒野中。苗高三四尺。莖方，窊面四楞，其莖脚紫，對節分生莖叉。葉似蔄蒿葉而多花叉，葉皆對生。莖節間攢開粉紅花，結子似胡麻子，葉味苦。採嫩苗葉煠熟，水浸去苦味，淘淨，油鹽調食。今人傳說，採苗搗傅腫毒。本草綱目：透骨草治筋骨一切風濕疼痛、攣縮，寒濕脚氣。孫氏

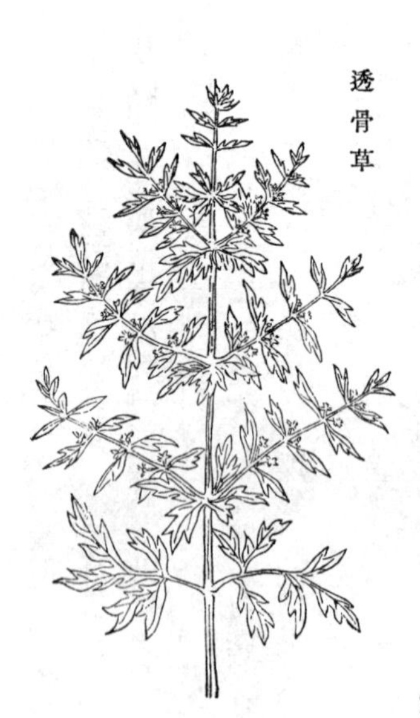
透骨草

集效方：治癘風，遍身瘡癬，用透骨草、苦參、大黃、雄黃各五錢，研末煎湯，於密室中席圍先熏，至汗出如雨，淋洗之。普濟方：治反胃吐食，透骨草獨科，蒼耳、生牡礪各一錢，薑三片，水煎服。楊誠經驗方：治一切腫毒初起，用透骨草、漏蘆、防風、地榆，等分煎湯，綿蘸，乘熱不住盪之，二三日即愈。

酸桶笋

救荒本草：酸桶笋生密縣韶華山山澗邊。初發笋葉，其後分生莖叉。科苗高四五尺，莖桿似水葒莖而紅赤色。其葉似白槿葉而澀，又似山格刺菜葉亦澀，紋脈亦麄，味甘、微酸。採嫩笋葉煠熟，水浸去邪味，淘淨，油鹽調食。

地參

救荒本草：地參又名山蔓菁，生鄭州沙崗間。苗高一二尺，葉似初生桑科小葉微短，又似桔梗葉微長。開花似鈴鐸樣，淡紅紫花。根如拇指大，皮色蒼，內𩠫白色，味甜。採根煮食。

野西瓜苗

校注：原本有圖無文。

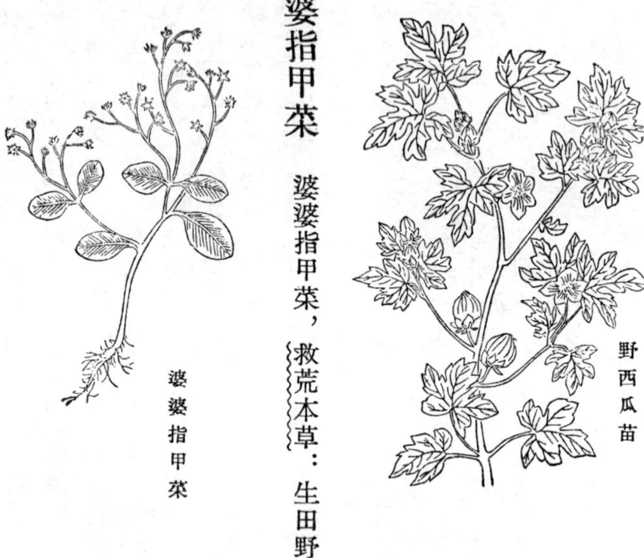

婆婆指甲菜

婆婆指甲菜，救荒本草：生田野中。作地攤科生，莖細弱。葉像女人指甲，又似初生棗葉微薄。梢間結小花蒴，苗、葉味甘。採嫩苗葉煠熟，油鹽調食。按江西俗呼瓜子草，或云可清小便熱症。

植物名實圖考卷之十三

還亮草

還亮草，臨江廣信山圃中皆有之，春初即生。方莖五棱，中凹成溝，高一二尺。本紫梢青，葉似前胡葉而薄。梢間發小細莖，横擎紫花，長柄五瓣，柄矗花欹，宛如翔蝶。中翹碎瓣尤紫豔，微露黃蘂。花罷結角，翻尖向外，一花三角，間有四角。一名還魂草，一名對叉草，一名蝴蝶

還亮草

菊。取莖煎水，可洗腫毒。　按本草拾遺：桃朱術生園中，細如芹，花紫，子作角。以鏡向旁敲之，則子自發。五月五日乃收子帶之，令婦人爲夫所愛。其形極肖。

天葵

天葵一名夏無蹤。初生一莖一葉，大如錢，頗似三葉酸微大，面綠背紫。莖細如絲，根似半夏而小。春時抽生分枝極柔，一枝三葉，一葉三叉，翩反下垂。梢間開小白花，立夏卽枯。　按南城縣志：夏無蹤子名天葵，此草江西撫州、九江近山處有之，卽鄭樵所謂菟葵卽紫背天葵者。春時抽莖開花，立夏卽枯，質既柔弱，根亦微細，尋覓極難。秋時復茁，淩冬不萎。土醫皆呼爲天葵。南城與閩接壤，故漁仲稔知之。此草既小不盈尺，又生於石罅砌陰下，安能與燕麥動搖春風耶？建昌俚醫以敷乳毒極效。

天葵

天奎草

天奎草生九江、饒州園圃陰濕地，一名千年老鼠矢，一名爆竹花。春時發細莖，一莖三葉，一葉三叉，色如石緑。梢頭横開小紫花，兩瓣雙合，一瓣上揭，長柄飛翹，莖當花中。赭根頗硬，上綴短鬚，入夏即枯。俚醫以治積年勞傷，酒煎服。

天芺草

黄花地錦苗

黄花地錦苗，江西、湖南多有之。與紫花者相類，而葉莖瘦弱，莖微赤，葉尖細，花有跗，亦結小角。

黄花地錦苗

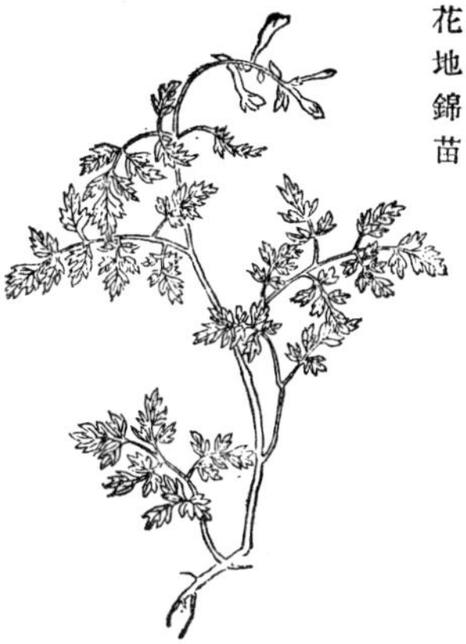

紫花地丁

紫花地丁生田塍中。赭莖對葉，葉似薄荷而圓。梢開長紫花，微似丹參花而色紫不白，

紫花地丁

與本草綱目地丁異。

活血丹　活血丹產九江、饒州，園圃、階角、牆陰下皆有之。春時極繁，高六七寸，綠莖柔弱，對節生葉。葉似葵菜初生小葉，細齒深紋，柄長而柔。開淡紅花，微似丹參花，如蛾下垂。取莖、葉、根煎飲，治吐血、下血有驗。入夏後卽枯，不易尋矣。

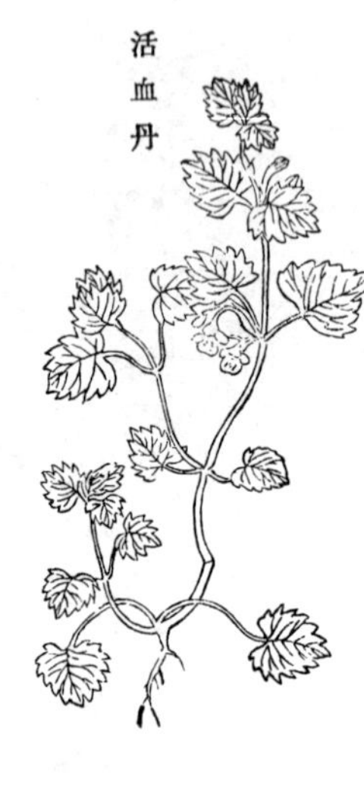
活血丹

七葉荆　七葉荆生江西南昌田野中。高二尺餘，葉、莖俱微綠，葉如荆葉有齒，近根三葉攢生，上一層四葉，又上一層五葉，梢頭至七葉而止。土人以七葉者極難得，云爲鬼所畏，語極誕。但南方草木狀已有指病之說，陶氏眞隱訣亦有通神之語，民間傳訛，固非無本。

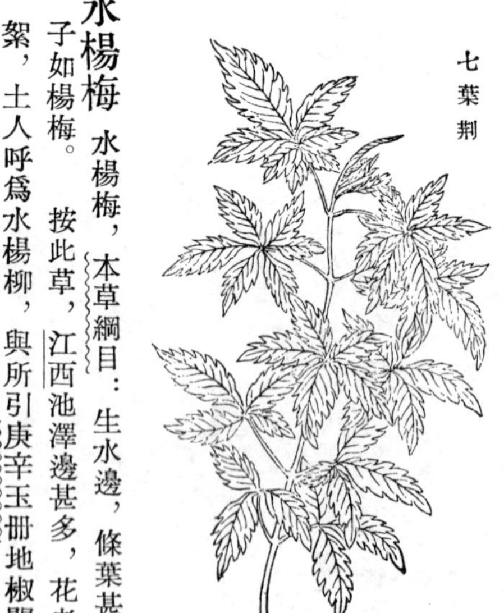
七葉荆

水楊梅　水楊梅，本草綱目：生水邊，條葉甚多，子如楊梅。　按此草，江西池澤邊甚多，花老爲絮，土人呼爲水楊柳，與所引庚辛玉冊地椒開黃花不類。

水楊梅

消風草

消風草

消風草，南安、長沙平野多有之。綠莖有白毛，葉似麻葉有歧，紋極碎亂，面濃綠，背白有毛；葉間開長蒂小粉紅花；結圓實五瓣，有點紋，微似麻子。

寶蓋草

寶蓋草生江西南昌陰濕地，一名珍珠蓮，春初即生。方莖色紫，葉如婆婆納葉微大，對生抱莖，圓齒深紋，逐層生長，就葉中團團開小粉紫花。土人採取煎酒，養筋、活血，止遍身疼痛。

寶蓋草

地錦

地錦，陰濕處有之。紫莖塌地生，葉如初生菊葉而短，深齒有光，開小粉紫花大如粟，結實

地錦

作毬，味微辛。湖南亦呼爲半邊蓮，可治跌損。疑陳藏器所謂露下有光者是此草。

過路黄

㊀過路黄，處處有之，生陰濕牆砌下。拖蔓鋪地，細莖，葉似薄荷，大如指頂，二葉對生。花生葉際，淡紅，亦似薄荷而小，逐節開放，歷夏踰秋。蔓長幾二尺餘，與石香葇爵牀相雜，殊無氣味。

㊁過路黄，江西坡塍多有之。鋪地拖蔓，葉如豆葉，對生附莖。葉間春開五尖瓣黄花，緑跗尖長，與葉並茁。

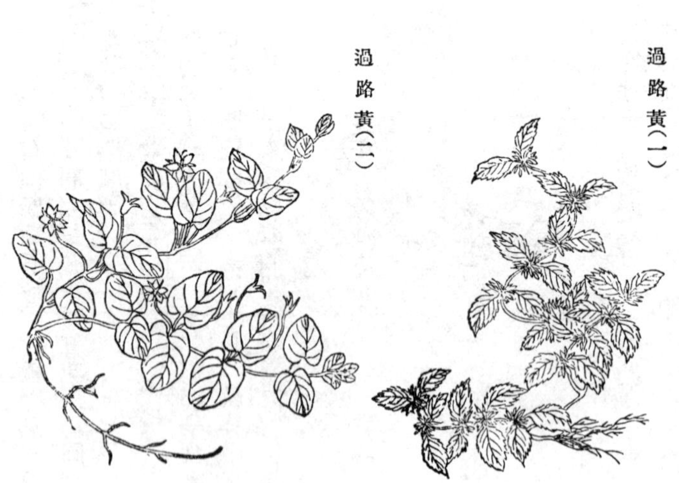
過路黄（一）

過路黄（二）

蓊草

蓊草生江西九饒山坡。似相思草而葉對生不連，紫莖拖地。俚呼蓊草，亦曰劉寄奴，治跌損。按本事方，蓊草似茜，治血症有殊功，未知卽此草否？

蓊草

金瓜草

金瓜草，南昌平隰有之。鋪地抱葉，似初生車前，糙澀無紋。按唐本草，狗舌草生渠塹濕地，似車前而無文理。抽莖開花，黃白色，疑卽此。圖經不具，故不併入。

金瓜草

馬鞭花

馬鞭花，廣饒平野有之。叢生赭莖，對節生枝，葉如初生柳葉，枝梢葉際，發小枝，開

馬鞭花

小黃花，大如粟米，頗似山桂而更小。

尋骨風

尋骨風，贛南沙田中有之。叢生，青黑莖，葉前尖後團，疎紋，面青背白，結實如粟穗，綠苞白茸。或呼爲尋骨風，未知所用。

尋骨風

附地菜

㊀附地菜生廣饒田野，湖南園圃亦有之。叢生軟莖，葉如枸杞，梢頭夏間開小碧花，瓣如粟米，小葉綠苞，相間開放。或云北地呼爲野苜蓿。

附地菜（一）

㊁附地菜生田野，比前一種葉長大有星。莖有微毛亦勁，開五圓瓣小碧花，結小蒴如鈴。雲南生者，葉柔厚多毛，茸茸如鼠耳，俗呼牛舌頭花，

附地菜（二）

又名狗屎花，土醫用之。滇南本草，狗屎花一名倒提壺，一名一把抓。味苦，性寒，入肝、腎二經，升降肝氣，利小便，消水腫，瀉胃中濕熱，治黃疸，眼珠發黃，周身黃如金，止肝氣疼，治七種疝氣。白花者治白帶，紅花者治赤帶，瀉膀胱熱。

雞腸菜

雞腸菜生陰濕處。初生鋪地，葉柄長半寸許，深齒疎紋，如初生車前。葉大抽莛發小葉，開五瓣小粉紅花，花瓣不甚分破，四瓣平翹，一瓣下垂。又似雲頭樣，微有黃心。鄉人茹之。與救荒本草兩種皆異，此以其莛細長而名。

雞腸菜

鴨舌草

鴨舌草，處處有之，固始呼爲鴨兒嘴。生稻田中，高五六寸，微似茨菰葉，末尖後圓，無歧。一葉一莖，中空，從莖中抽莛，破莖而出，開小藍紫花六瓣，小大相錯；黃蕊數點，裊裊下垂，質極柔肥，芸田者惡之。湘陰縣志云：可煮食。

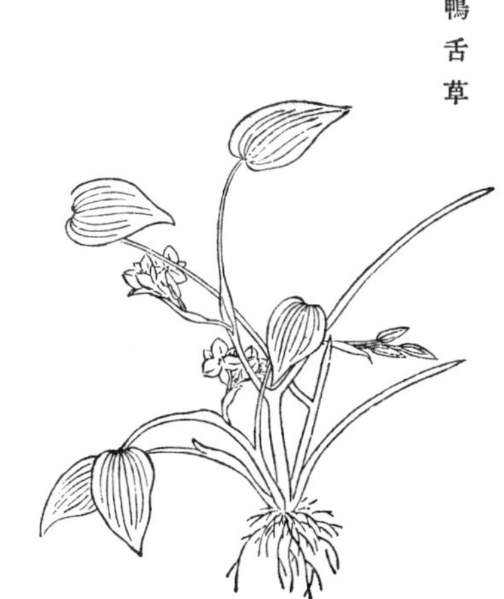
鴨舌草

老鴉瓣 老鴉瓣生田野中，湖北謂之棉花包，固始呼爲老鴉頭。春初即生，長葉鋪地，如萱草葉而屈曲縈結，長至尺餘。抽葶開五瓣尖白花，似海梔子而狹，背淡紫，綠心黃蕊，入夏即枯。根如獨顆蒜，鄉人掘食之，味甘，性溫補。

老鴉瓣

雷公鑿 雷公鑿，江西平野有之，土人不識其名，固始呼爲雷公鑿。狀如水仙葉長而弱，出地平鋪，不能挺立。本白末綠，有黑皮，極類水仙根而無涎滑。按李時珍以老鴉蒜爲即石蒜，引及救荒本草，而湖南志中，或謂荒年食之，有因吐致死者。余謂救荒本草，斷不至以毒草濟人，此是綱目誤引之過。考救荒本草，並無花葉不相見之語，其圖亦無花實。此草根葉與老鴉蒜圖符，而生麥

雷公鑿

田中，鄉人取以飼畜，其性無毒。余嘗之，味亦淡，荒年掘食，當卽是此，斷非石蒜。

水芥菜

水芥菜，江西瀕湖多有之，初生葉如菠菜葉，微帶紫色，抽莖開小黃花如穗。按救荒本草，水芥葉多花叉，與此微異，或開花後葉老多叉耳。

水芥菜

野苦蔴

野苦蔴，處處有之，多生麥田陂澤中。莖葉俱似苦蕒花，如小薊而鍼細軟，花罷成絮，固始呼爲禿女頭。江西田中多蓄之以爲肥，儉歲亦摘食。按宋圖經，水苦蕒生宜州，葉如苦蕒而厚，根似蒼朮，不著其花。此草柔莖，花、葉似蕒而根似朮，或卽水苦蕒耶？

野苦蔴

野麻菜

野麻菜生廣饒田澤。長葉布地，花叉如芥，近根微紅，根如白菜根。或云可食。

野麻菜

狼尾草

狼尾草，爾雅：孟，狼尾。本草拾遺始著錄。葉如茅而莖紫，穗如黍而極細，長柔紛披，粒芒亦紫。湖南謂之細絲茅，河南亦謂之蔄草，葉可覆屋，其粒極細，救荒本草所不載。拾遺云：作飯食之，令人不飢，未敢深信。

狼尾草

淮草

淮草生山岡，田家亦種之。葉如茅，而莖梢開短穗數十莖，結實如粟而小。其葉以覆屋，可廿年不易。

莩草

水稗 水稗，田野陂澤極多。鋪地生，葉扁，莖如韭，秋抽梢發叉三四五枝，扁齊，結實如稗。經潦不枯，以爲牲芻。

莩草 莩草，湘陰志：生湖地，色淡白，可蓋屋，今平野亦多有之。莖似初生小蘆，秋結實作穗如水稗有鹹，色青白，固始謂之莕草。

魚腥草

魚腥草生陰濕地。細莖短葉，秋作細穗如綫，三叉。天陰則氣腥，馬不食之。實極小，歉歲則茂。北地謂之熱草，亦採以充飢。

魚腥草

千年矮

❶千年矮生田野中，與水蓑相類，而脚葉無齒，大小葉攢生一處。葉間結小青子，或云浸酒服之有益。

千年矮(一)

❷千年矮生九江。横根叢生，高四五寸，紫莖柔

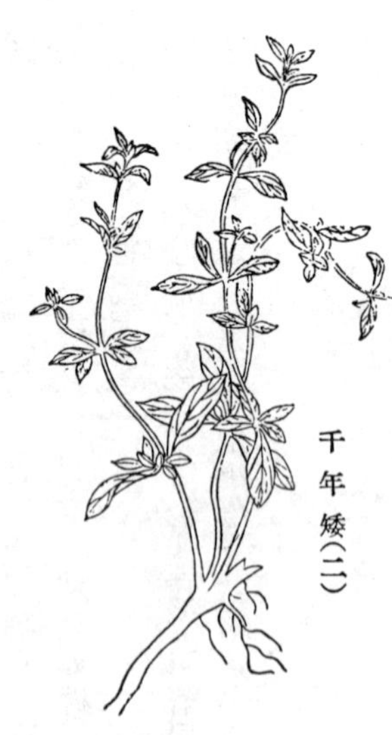

千年矮(二)

脆，四葉攢生，面青背淡。土醫以治牙痛。

無心菜 無心菜，江西、湖廣平野多有之。春初就地鋪生，細莖似三葉酸漿，葉大如小指而頂有缺，密排莖上。湖北人多摘以為茹，亦呼為豆瓣菜。

無心菜

小無心菜 小無心菜比無心菜莖更細，莽如亂絲，葉圓有尖，春初有之。

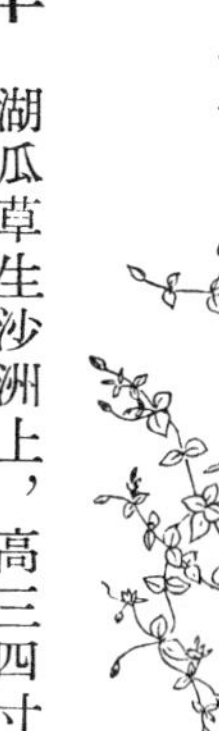

小無心菜

湖瓜草 湖瓜草生沙洲上，高三四寸，如初生麥苗而細。抽莖結青實三四粒，實下有小葉一二片，

湖瓜草

如三棱草，牲畜食之。按救荒本草：磚子苗，根、子味俱甜。子磨麪食，根晒乾亦可爲麪。形狀相同，但此瘦而彼肥，此係初生而彼係老根，故大小不類耳。

喇叭草

喇叭草產撫、建荒田中。高三四寸，長根赭莖，葉如榆葉。秋時附莖，結實長筩有三叉，外向。鄉人呼爲喇叭草，肖形也。

喇叭草

臭草

臭草，撫州平野有之。紫莖亭亭，細枝如蔓，一枝三葉，大如指甲。秋開五瓣小黃花，枝弱花疎，偃仰有致。

臭草

紐角草

紐角草，撫州田野中有之。叢生似獨帚，

紐角草

莖赭有節，葉亦似獨帚而稀。秋結小紫角，似綠荳而細，彎翹極繁。

小蓼花

小蓼花生溝塍淺水中。莖葉皆似水蓼，而花作團，穗上擎如覆盆子，色尤嬌嫩。

小蓼花

無名六種

㊀生饒州田野。綠莖類蔓，尖葉似萹蓄而色淡綠，又似鵝兒腸葉而瘦長。開五尖瓣淡黃花，蕊色亦淡。

無名(一)

㊁生饒州田野。綠莖直紋，細枝極柔，葉似地錦苗而小，亦繁。梢開四出小白花，綠萼纖絲，平頭縈攢，亦復有致。

無名(二)

㊂產廣饒田野中。叢生長條，葉如初生柳葉微圓，

赭莖。莖端夏開長柄絲萼白花，層層開放，長至數尺。下葉上花，亦殊有致。土人不識。

無名(三)

無名(四)

四產廣饒河壖。硬莖盤屈如梅，葉亦如梅葉而無齒。有細毛附莖，發長條，開小白花如米粒。土人不識。

五生建昌田野。叢生赭莖，葉似枸杞，本細末團，面綠背淡。梢端葉間，開碎白花如蓼，逐節發小横枝，攢簇開放極密。土人不識。

無名(五)

六生廣饒田野。獨莖青赭色，葉如長柄小匙而瘦，面綠，背青白，有直縷，無細紋。梢端結苞如葱韭，開五瓣長筩子小白花，葉間亦抽小葶，發小葉，開花不作苞。

無名（六）

紅絲毛根

紅絲毛根產饒州平野。褐莖高尺餘，就莖生枝。葉如薄荷葉，淡青無齒。枝端開花成穗，細如粟米，青白色，長三四寸，裊裊下垂。

紅絲毛根

沙消

沙消產九江沙洲上。叢生，高不盈尺。紫莖微節，抱莖生葉，四五葉攢生一處，頗似獨掃葉，小根赭色。九江俚醫以根煎酒，治腰痛，亦名鐵掃帚。

按救荒本草，沙蓬又名雞爪菜，生田野。苗高一尺餘，初就地蔓生，後分莖叉。其莖有細線楞，葉似獨掃葉狹窄而厚，又似石竹子葉亦窄。莖葉梢間，結青子小如粟粒，其葉味甘，性溫。採苗葉煠熟，水浸淘淨，油鹽調食。疑即此。

沙消

竹葉青

竹葉青生江西瑞州。初生如葦茅，漸發長葉似茅而闊。面青，背微白，紋如竹葉，有間道而澀，性涼。土人亦以淡竹葉用之。

竹葉青

植物名實圖考卷之十四

隰草類

半邊蓮　鹿蹄草
水楊梅　紫花地丁
常州菩薩草　蜜州胡堇草
常州石逍遙草　秦州苦芥子
蜜州翦刀草　臨江軍田母草
南恩州布里草　鼎州地芙蓉
信州黃花了　信州田麻

苧麻

苧麻，別錄下品。陸璣詩疏，紵，亦麻也。農政全書謂紵從絲，非苧，北地寒不宜。考救荒本草，苧根味甘，煮食甜美，許州田園亦有種者。蓋自淮而北，近時皆致力於棉花，禦寒時久，而禦暑時暫。絺綌之用，唯城市爲殷，故種蒔者少耳。野苧極繁，芟除爲難，不任績。山苧稍勁，花作長穗翹出，稍異。

雩婁農曰：徐元扈謂北方無苧，詩「可以漚紵」，紵爲絲，此誤也。苧，麻屬，故言漚；絲不可漚。菅、麻、苧皆草，絲則非其類。江南安慶、寧國、池州山地多有苧，要以江西、湖南及閩、粵爲盛。江西之撫州、建昌、寧都、廣信、贛州、南安、袁州，苧最饒，緝纑織線，猶嘉湖之治絲。宜黃之機上白，市者騖其名，然非佳品。寧都州俗，無不緝麻之家，敏者一日可績三四兩，鈍者亦兩以上。請織匠織成布，一機長者十餘丈，短者亦十丈以上，四五兩織成一丈布者爲最細，次六七兩，次八九兩，則粗矣。夏布墟則安福鄉之會同集，仁義鄉之固厚集，懷德鄉之璜溪集，在城則軍山集。每月集期，士人商賈，雜遝如雲，計城鄉所產，歲鬻數十萬緡，女紅之利普矣。石城縣志亦曰石邑夏布，歲出數十萬疋，外貿吳、越、燕、亳間。贛州各邑皆業苧，閩賈於二月時放苧錢，夏秋收苧，歸而造布，然不如寧都布潔白細密。苧以瘦韌潔白爲上，其黃者曰糙麻。婦功間日緝濯柔細，經時累月，織成一衣，曰女兒布，苧之精者無逾此。居人服之，商賈不可得也。湖南則瀏陽、湘鄉、攸縣、茶陵、醴陵，皆麻鄉，往時巴陵道州、武陵郴州，皆貢綀紵，今則並瀏陽上供。亦栽肥地苧深四五尺，剝至三四次，擇避風處蒔之。夏有苧市，捆載以售。溪蠻叢笑云：漢傳載闌干，闌干，僚言紵巾。有績治細白苧麻，以旬月而成，名娘子布；則亦女兒布之類，非僅僚俗也。苗人據矮機，席地而織，設虛場以麻布易所無也。寰宇記：宜州有都洛麻，狹幅布，今語曰多羅麻。廣西志：梧州出絡布，以絡麻織成，因名，並苧類也。桂海虞衡志：綀子出兩江、川峝，大略似苧布，有花紋者謂之花綀，彼人亦自貴重。嶺外代答：邕州左右江溪峝產苧麻，土人擇其細長者爲綀子，暑衣之輕涼離汗者也。花綀一端長四丈，重數十錢，卷入之小竹筒，尚有餘地。以染眞紅，尤易著色，厥價不廉，稍細者一匹數十緡也。粵之新會有細苧，蓋左思所謂筒中黃潤者。凡疊布必成筩，一筩十端；而葛之大者，率以兩端爲一連；苧則一端爲一連；他布則以六丈爲端，四丈爲疋，此其別也。禹貢曰：島夷卉服。傳曰：島夷，南海島上夷也；卉，草也；卉服，葛越也。葛越，南方之布，以葛爲之，以其產於越，故曰葛越也。左思曰：蕉葛升越，弱於羅紈。正義曰：卉服，葛越、蕉竹之屬，越卽苧麻也。漢徐氏女，贈其夫以越布；鄧后賜諸貴人白越是也。漢書云：粵地多果布之湊。韋昭曰：布，葛布也。顏師古曰：布謂諸雜細布皆是也，其黃潤者，生苧也，細者爲絟，粗者爲苧，苧一作紵。禹貢曰：厥匪織貝。傳曰：織細紵也；疏曰：細紵，布也。其曰花綀、曰縠纑、曰細都、曰弱析，皆其類。志稱蠻布織蕉竹、苧麻、都落等，麻有青、黃、白、絡、火五種。黃、白曰苧，亦曰白緒，青絡曰麻，火曰火麻，都落卽絡也。馬援在交阯，嘗衣都布單衣。都布者，絡布也；絡者，言麻之可經、可絡者也。其細者當暑服之，

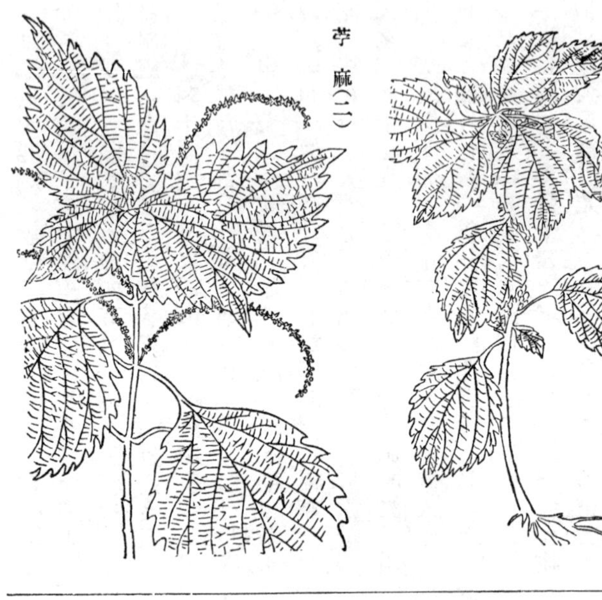

涼爽無油汗氣，練之柔熟如椿椒、繭䌷，可以禦冬。新興縣最盛，估人率以綿布易之。其女紅治絡麻者，十之九；治苧者，十之三；治蕉十之一；紡蠶作繭者，千之一而已。又有魚凍布，莞中女子以絲兼紵爲之，柔滑而白，若魚凍。謂紗羅多浣則黃，此布愈浣則愈白云。

苦芺 苦芺，別錄下品，李時珍以爲爾雅鉤芺卽此。今江西有一種野苦蕒，南安謂之地膽草，與李說符。

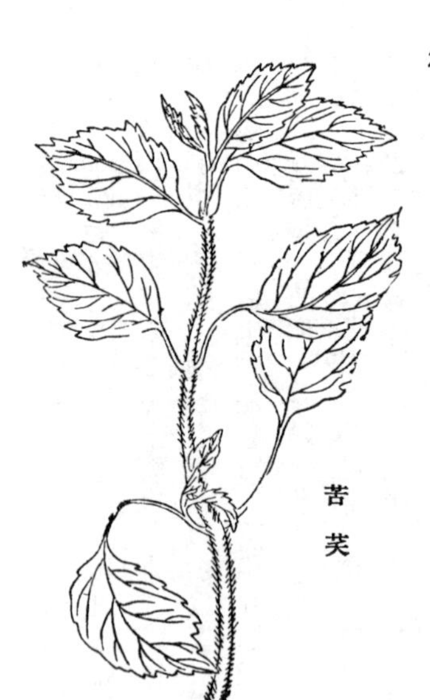

甘蕉 甘蕉，別錄下品。生嶺北者開花，花苞有露，極甘，通呼甘露。生嶺南者有實，通呼蕉子，種類不一，具詳桂海虞衡志諸書。李時珍以甘露爲蘘荷，說本楊慎，殊不確。

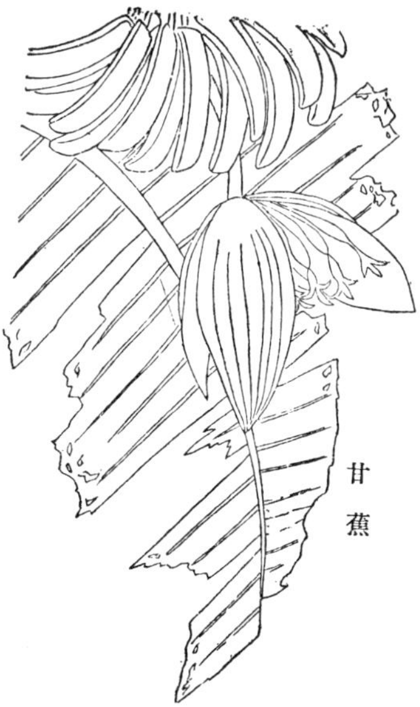

甘蕉

馬鞭草 馬鞭草，別錄下品，李時珍以爲卽圖經龍牙草，處處有之。人皆知煎水以洗瘡毒。

牡蒿 牡蒿，別錄下品。爾雅：蔚，牡蒿。陸璣詩

馬鞭草

牡蒿

疏以爲卽馬新蒿。本經、別錄分爲二物。唐本草注以爲齊頭蒿。李時珍所述形狀，正似救荒本草之水辣菜。今澤瀕亦有之，微作蒿氣，姑存之。

蘆

蘆，別錄下品，夢溪筆談以爲蘆、葦是一物，藥中宜用蘆，無用荻理。然今江南之荻，通呼爲蘆，俗方殆無別也。毛晉詩疏廣要，引證頗核，附以備考。

雩婁農曰：强脆而心實者爲荻，柔纖而中虛者爲葦，澤國婦孺，瞭如菽麥。但南多荻，北多葦，北人植葦於汚凹，曰葦泊；掘其芽爲疏，曰葦筍；織其花爲履，曰葦絮；緯之爲簾，曰葦箔；縷之爲藉，曰蘆席；以藩院，曰花障；以幕屋，曰仰棚。朽莖則以爓栗，新葉則以裹糭，提之爲籠，圍之爲囤，覆牆以禦雨，築基以避堿，皆蘆之功也。大江之南，是多荻洲，爲柴、爲炭，則竈窑所恃也。其灰可煨、可烘，爲防、爲築，則隄岸所亟也。其芽可食、可飼。幽燕以葦代竹，江湖以荻代薪，故北宜葦而南宜蘆。又葦喜止水，荻喜急流，弱强異性，固自不同。

蘆

鼠尾草

鼠尾草，別錄下品。爾雅：葝，鼠尾，注：可以染，皁草也。救荒本草謂之鼠菊，葉可煠食。細核所繪形狀，與馬鞭草相仿彿。

鼠尾草

龍常草

龍常草，別錄有名未用，李時珍以爲卽粽心草，龍鬚之小者。

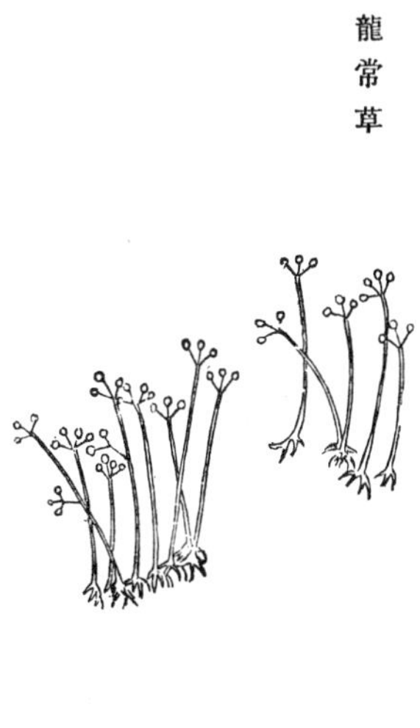
龍常草

苘麻

苘麻，唐本草始著錄。今作䔢麻，作繩索者，北地種之爲業。

雩婁農曰：說文䔢，枲屬。周禮：典枲掌布緦縷紵之麻草之物。注：麻、枲苴；草葛蕡。今枲苴已不列於穀食，衣棉花而絺葛、苧麻之爲用賤矣，獨䔢以捆縛取用多，河濱數百里廣種之，以備隄工之購，與蜀黍之稭並亟。考瓠子之歌曰搴長茭。

苘麻

宋史河渠志曰：辦竹糾芟，大要皆索草爲綯耳。緜之直既踰於草而經久，豈止相什百？然昏墊之患不息。漢武有曰：爲我謂河伯兮，何不仁？今齊、豫、揚州間，其闊殫爲河，可勝紀哉！或謂隄防始於鯀，而舊說皆以爲鯀竊帝之息壤，以堙洪水。息壤在荆州，羅泌路史，臚叙綦詳，今荆州志亦載之，云非金、非石，有篆不可識。昔歲大旱，邑人掘之，甫露其石屋，大風雨，江水驟漲，州幾爲魚，亟封之，水乃退，其事甚恠。然則羣山萬壑，下彝陵、踰荆門，而不横決郊郢蕩潏與嶓冢滄浪爭道者，其息壤之爲之耶？嗚呼！世無神禹，不能斷二渠以導九河，還之高地；儻復有息壤可竊，用塞衝決之口，其視以楷緜區區，投黄金於虚牝者，其可同日語哉！

蒲公草

蒲公草，唐本草始著録，卽蒲公英也。野菜譜謂之白鼓釘。又有孛孛丁、黄花郎、黄狗頭諸名，俚醫以爲治腫毒要藥。淮江以南，四時皆有，取採良便。

蒲公草

鱧腸

鱧腸，唐本草始著録，卽旱蓮草。李時珍謂有兩種，白花者爲鱧腸，黄紫花而結房如蓮房者爲小連翹。救荒本草：蓮子草結實如蓮房，卽此。

鱧腸

三白草　三白草，唐本草始著錄，酉陽雜俎亦載之，形狀詳本草綱目。湖南俚醫治筋骨及婦人調經多用之。

雩婁農曰：三白草，江南農候也。余驗之，其葉白，不徑於素；移植過時，乃不復白，不似他草、木、花，可遲早也。望杏瞻蒲，此爲的矣。陶、蘇皆未識，蘇所說乃馬蓼有黑點者。此草喜近水濱，江右、湘南土醫，習用其方，多於本草綱目所載。大約江南諸藥，惟陳藏器搜羅最博核，惜不盡得其圖。嘉祐本草引列而未能詳釋，半爲有名未用，可謂遺憾。

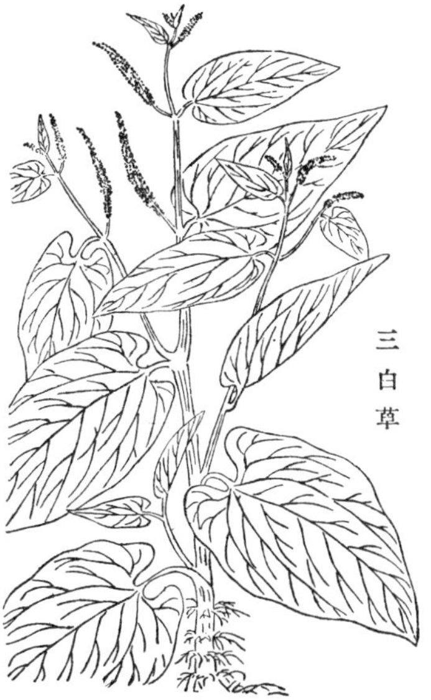

三白草

水蓼　水蓼，爾雅：薔，虞蓼。注：澤蓼。唐本草始別出。與陸生者同，唯隨水深淺有大小耳。俚醫以陸生者爲麯蓼，不入藥；生水中者爲地蓼，能治跌打損傷，通筋骨。方書不載。

水蓼

劉寄奴

一劉寄奴，南史載宋高祖射蛇事，故名。劉寄奴，唐本草始著錄，所述形狀與本草綱目微相類。今江西、湖南，人皆識之。蜀本草，葉似菊花，白色，與救荒本草野生薑一名劉寄奴相類。蓋別一種，即菊葉蒿也。南方草藥治損傷有效者，多呼劉寄奴，別無他名，皆附於後。

劉寄奴（一）

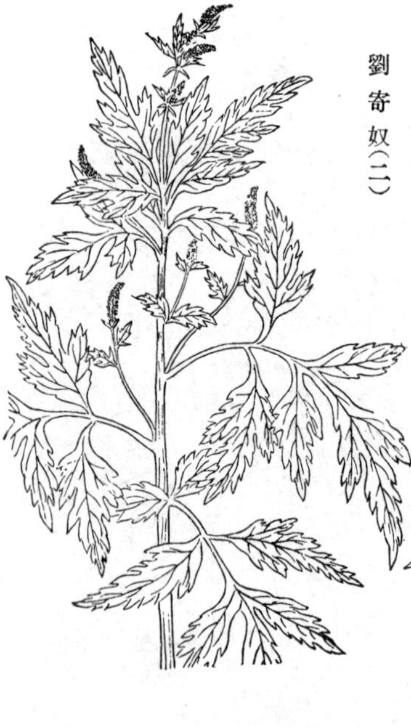

劉寄奴（二）

㊁劉寄奴即野生藚，蜀本草以爲劉寄奴。葉如菊，排生，莖、花俱如蒿而花色白，結黃白小蒴，俗呼菊葉蒿。

龍葵

龍葵，唐本草始著錄，李時珍以爲圖經老鴉眼睛草。俚醫亦曰天泡果，其赤者爲龍珠，處處有之。

龍葵

狗舌草

狗舌草，唐本草始著錄，有小毒，塗瘡、殺蟲。按圖多相肖，而無的識，存原圖以備考。

狗舌草

莪蒿

莪蒿，詩經「菁菁者莪」，陸疏，莪，蒿也。

莪蒿

爾雅：莪，蘿。郭注，䕡蒿。本草拾遺始著錄，本草綱目以爲卽抱娘蒿，救荒本草作㧊娘蒿。葉碎，茸細如鍼，色黄綠，嫩則可食，與陸疏符合。埤雅以角蒿爲䕡蒿，殊爲臆說。

鼠麯草　鼠麯草，本草拾遺始著錄。李時珍以爲卽別錄鼠耳，藥類佛耳草。酉陽雜俎：蚍蜉酒，鼠耳也，卽此。今江西、湖南皆呼爲水蟻草，或卽蚍蜉酒之意。煎餅猶用之。

雩婁農曰：鼠麯染糯作餻，色深綠，湘中春時粥於市，五溪峝中尤重之。清明時必採製，以祀其先，名之曰青其，意以爲親沒後，又復見春草青青矣。嗚呼！雨露既濡，君子履之，必有怵惕之心，彼雖蠻獠，其報本追遠有異性乎？宋徽宗有詩曰：「鼠耳初生認禁煙」，寒食賜火，戚里尋春，清明上河圖中一段美景；不知南渡後遙憶帝京景物，猶有廟貌如故，鍾簴不移之念否？

鼠麯草

搥胡根　搥胡根，本草拾遺始著錄。今江西、湖

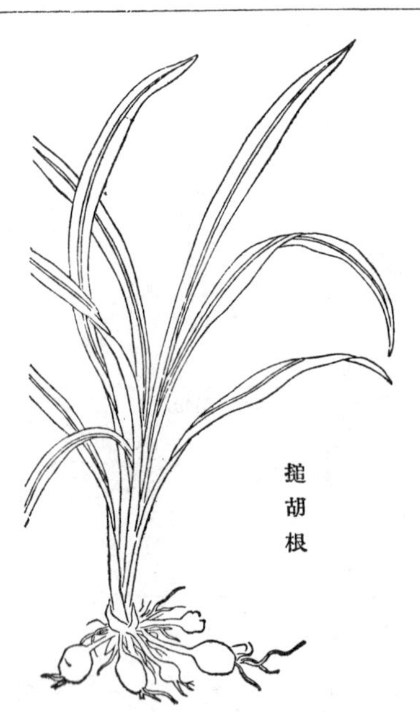

搥胡根

南亦有之，俗皆謂之土當歸。根似麥門冬而微黄，亦甜。

鴨跖草

鴨跖草，本草拾遺始著録。救荒本草謂之竹節菜，一名翠蝴蝶，又名笪竹，葉可食。今皆呼爲淡竹，無竹處亦用之。

鴨跖草

鬼鍼草

鬼鍼草，本草拾遺始著録。秋時莖端有鍼四出，刺人衣，今北地猶謂之鬼鍼。

毛蓼

毛蓼，本草拾遺始著録，主治癰腫、疽瘻，

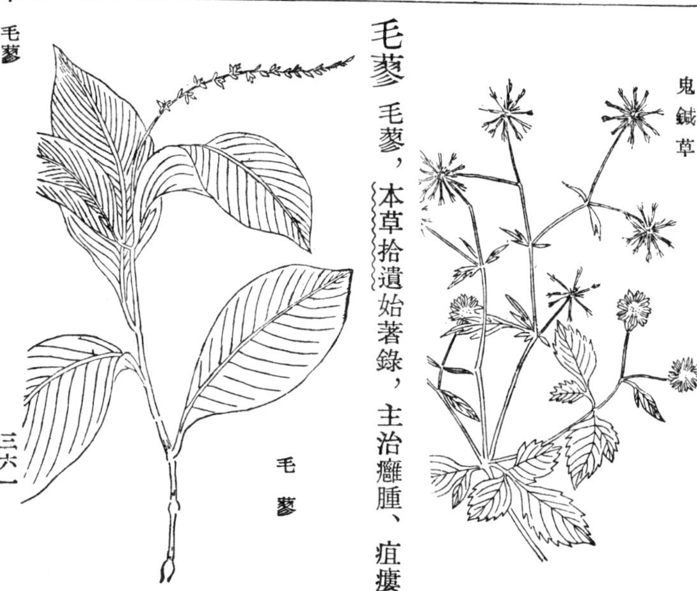

鬼鍼草

毛蓼

引膿、生肌，今俚醫亦用之。其穗細長，花紅，冬初尚開，葉厚有毛，俗呼爲白馬鞭。

地楊梅

地楊梅，本草拾遺始著錄，云如莎草，有子似楊梅。今小草中有之，治痢亦同。按圖似卽水濱水楊柳，與原說不肖，姑存之以備考。

地楊梅

鏨菜

鏨菜，本草拾遺始著錄。李時珍以其似益母草白花，遂以爲白花益母草。然原書謂味甜有汁，則非益母一類，存原圖俟考。

鏨菜

莤

莤，爾雅：莤，蔓于。注：多生水中，一名軒于。本草拾遺：生水田中，狀如結縷草而長，馬食之。李時珍併入別錄有名未用之馬唐，又以爲卽薰蕕之蕕，恐未確。江西水莤草極多，作志者多以爲卽蔓草。按蔓亦非草名。

雩婁農曰：子產曰，吾臭味也，而敢有差池；大學曰，如惡惡臭；臭必惡而後屏，非與香對稱。周人尚臭，臭陰臭陽，灌用鬯臭，皆芳氣也。薰蕕有臭，後人以蕕爲穢草，然則薰之臭亦穢耶？寇宗奭以拾遺之水蕕釋薰蕕，孫公談圃以香薷爲莤，二說皆未知所本。然談圃說長，李時珍宗衍

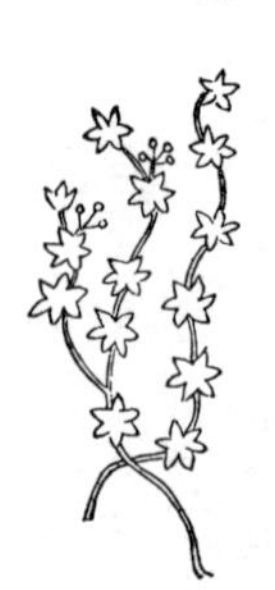
莤

義而駮之，蓋未深考。

紅花

紅花，漢書作紅藍花，種以爲業，開寶本草始著錄，今爲治血要藥。救荒本草：葉可煠食，出西藏者爲藏紅花，卽本草綱目番紅花。

雩婁農曰：紅藍，湖南多藝之。洛陽賈販於吳越，歲獲數十萬緡，其利與棉花侔。故俗諺有紅白花以染物，其直同於所染。然歷久不渝，紅既正色，又不爲燥、濕、寒、暑變節，有士君子之行，顧價必善，或歲不登則益貴。江以南煮蘇方木浸之以爲樸，而潤色以紅藍，色近紫有耀，價貶易售，其殆士之乏其實，而鶩其名以自衒者。然風日炎暵，雨黴沾濕，輒斑駮點涴，失其所耀，婦稚皆賤之。有其始不能要其終，求與黑、黄、蒼、藍爲伍而不可得，非所謂的然而日亡者歟？故君子著誠而祛僞。

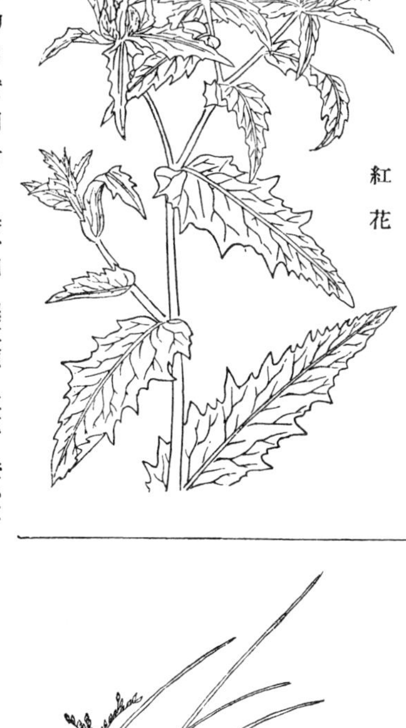
紅花

燈心草

燈心草，開寶本草始著錄。草以爲席，

燈心草

瓢以爲燈炷，江西澤畔極多。細莖綠潤，夏從莖傍開花如穗，長不及寸，微似莎草花。俚醫謂之水燈心，蓋野生者，性尤清涼。

穀精草 穀精草，開寶本草始著錄，本草綱目述狀頗確。今以爲治目疾要藥。

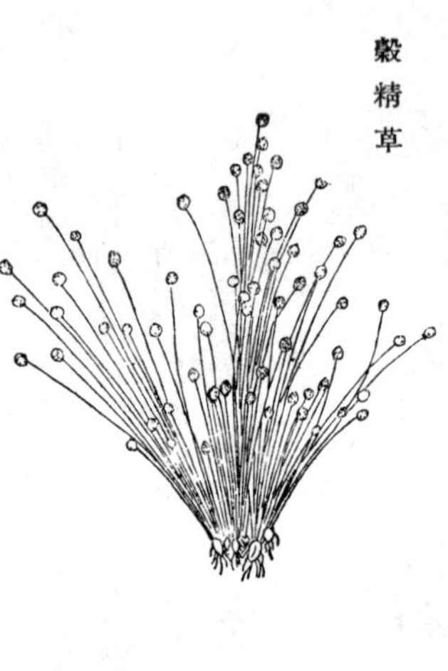
穀精草

狼杷草 狼杷草，宋開寶本草始著錄，療血痢至精。爾雅：欋，烏階。注：烏杷也，子連著，狀如杷，可以染皁。疏：今俗謂之狼杷是也。李時珍併入拾遺郎耶亦可，但欋杷注釋甚晰，改杷爲罷，出於臆斷，亦近輕侮。

狼杷草

木賊 木賊，嘉祐本草始著錄，今惟治目醫用之。

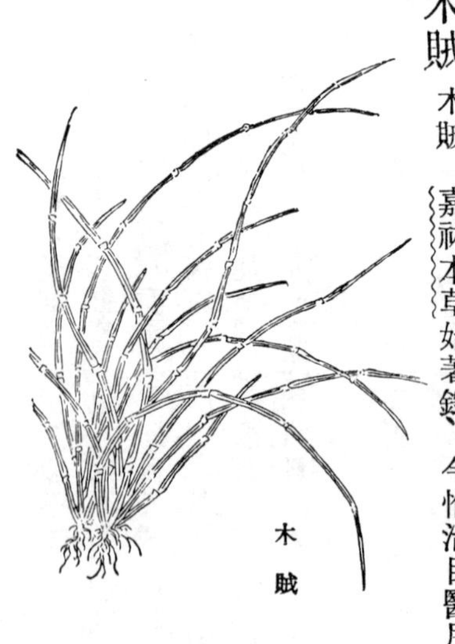
木賊

物類相感志：木賊軟牙，蓋治木角之工，所恃以爲光滑者。通呼爲節節草，亦肖其形。

黃蜀葵 黃蜀葵，嘉祐本草始著錄，與蜀葵絕不類。俗通呼爲棉花葵，以其色似木棉花也。花浸油，塗湯火傷效，亦爲瘡家要藥。

黃蜀葵

萱草 萱草，詩經作諼，嘉祐本草始著錄。有單瓣、重瓣，兗州、亳州種以爲菜。臯蘇蠲忿，萱草忘憂，爾雅翼以爲得諼草，謂安得善忘之草，世豈有此物哉！萱、諼同音，遂以命名，但說文藼，令人忘憂草，引詩作藼，又作蕿，則忘憂之名，

萱草

其來已古。南方草木狀：水葱，花、葉皆如鹿葱，出始興，婦人佩其花生男，非鹿葱也。則所謂宜男者，又他屬矣。萱與鹿葱一類，晏文獻云，鹿葱花中有鹿斑，又與萱小同大異。則是以層多有點者爲鹿葱，單瓣者爲萱。羣芳譜有黃、白、紅、紫，麝香數種，然皆以黃色分淺深。蜜萱色如蜜，淺黃色，黃紫則深黃而近赤。至謂鹿葱葉枯而後花，花五六朵，並開於頂，得毋以石蒜之黃花者爲鹿葱耶？忘憂宜男，鄉曲托興，何容刻舟膠柱？世但知呼萱草，摘花作蔬。惟滇南婦稚皆指多層者爲鹿葱，邊地人質其名，宜有所自。雩婁農曰：宋林洪萱草贊序：何處順宰六合時常食此。無亦邊未平，憂心不忘耶？余觀丁謂之南竄也，其詩曰：「草解忘憂憂底事」，丁蓋不知憂底事。

海金沙

海金沙，嘉祐本草始著錄，江西，湖南多有之。俚醫習用，如本草綱目主治。

海金沙

雞冠

雞冠，嘉祐本草始著錄，俚醫亦多以治紅

雞冠

白痢，崩帶血症。其性極峻，虛弱者愼之。

胡盧巴

胡盧巴，嘉祐本草始著錄。圖經云生廣州，蓋番蘆菔子種之而生，不具形狀。

胡盧巴

火炭母草

火炭母草，宋圖經始著錄。今南安平野有之，形狀與圖極符。俗呼烏炭子，以其子青黑如炭。小兒食之，冬初尚茂。俚醫亦用以洗毒、消腫。

火炭母草

小青

小青，宋圖經始著錄，亦無形狀，今江西、湖南多有之。生沙壖地，高不盈尺，開小粉紅花，尖瓣下垂，冬結紅實，俗呼矮茶，性寒。俚醫用治腫毒、血痢，解蛇毒，救中暑皆效。

雩婁農曰：此草短而淩冬，命曰小青，微之也。然粉花丹實，彌滿阬谷，而移植輒不茂。百尺之松，盈握之梅，斲而揉之，盤屈於尊罍間，以供世俗之狎玩；彼干霄傲雪之概，亦安在哉！此小草乃有介然不可易者，因爲詞曰：猗彼寸莖，被於陵阿。根髮如寄，葉棱不柯；生機斯淺，泐此么麽。從其么麽，霜霰若何？彼爾者華，其實則赤；在瘠而豐，處沃而腊。亦既封之，其葉有澤；雖則有澤，終不我懌。不懌奈何，亦返其初。巖巖苦霧，萋萋紫蕪，如鷦懸苕，如鳩搶榆，以生以蕃，何畧何筊。

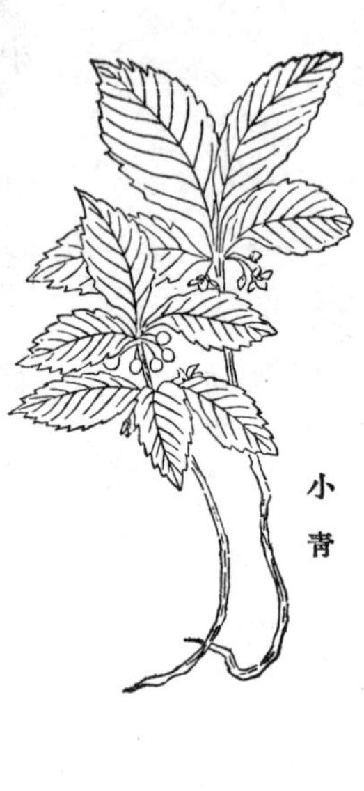
小青

地蜈蚣草　本草綱目：地蜈蚣草生村落塍野間，左蔓延右，右蔓延左。其葉密而對生，如蜈蚣形，其穗亦長，俗呼過路蜈蚣。其延上樹者，呼飛天蜈蚣。根、苗皆可用，氣味苦寒，無毒。主治解諸毒及大便不通，搗汁療癰腫，搗塗幷末服，能消毒、排膿。蜈蚣傷者，入鹽少許，搗塗或末傅之。按此草，湖南田野多有之，俚醫以爲通經、行血之藥。宋圖經：地蜈蚣生江寧州村落間，鄉人云，水磨塗腫毒，醫方鮮用，即此草也。李時珍遺未引及。

地蜈蚣草

攀倒甑　圖經：攀倒甑生宜州郊野，味苦，辛寒，主解利、風壅、熱盛、煩渴、狂語。春夏採葉研搗，冷水浸，絞汁服之，甚效。其莖葉如薄荷，一名接骨草，一名斑杖莖。按攀倒甑，湖南土呼攀刀峻，聲之轉也。形正似大葉薄荷，莖圓，枝微紫，對節生葉，梢頭開小黃白花如粟米。俚醫云，性涼能除瘴，與圖經主治亦同。新化縣志

攀倒甑

作斑刀箭，飼牛易肥。諺云：要牛健，斑刀箭。

秦州無心草

宋圖經：無心草生商州及秦州，性溫，無毒。主積血，逐氣塊、益筋節、補虛損、潤顏色，療澼洩、腹痛。三月開花，五月結實，六、七月採根、苗，陰乾用之。

秦州無心草

麗春草

圖經：麗春草味甘，微溫，無毒，出檀嵎山川谷。檀嵎山在高密界，河南淮陽郡、潁川及譙郡、汝南郡等，並呼爲龍羊草；河北近山鄴郡、汲郡，名蕢藺艾；上黨紫團山亦有，名定參草，一名仙女蒿。今所在有，甚療癃黃，人莫能知。唐天寶中，因潁川楊正進名醫嘗用有效，單服之，主療黃疸等。其方云：麗春草療因時患傷熱，變成癃黃，遍身壯熱，小便黃赤，眼如金色而又青黑，心頭氣痛，遶心如刺，頭旋欲倒，兼脇下有瘕氣及黃疸等，經用有驗。其藥春三月採花陰乾，有前病者，取花一升，擣爲散，每平明空腹，取三方寸匕，和生麻油一盞，頓服之。日惟一服，隔五日再進，以知爲度。其根療黃疸。患黃疸者，擣根取汁一盞，空腹頓服之。服訖須臾即利，

麗春草

三兩行其疾立已。一劑不能全愈，隔七日更一劑，永瘥。忌酒、麪、猪、魚、蒜、粉酪等。

游默齋花譜：麗春紫二品，深者鬒青，淡者鬒黃。白亦二品，葉大者微碧，葉細者竊黃，而竊黃尤奇。素衣黃裏芳秀，茸若新鵝之毳；竊紅似芍藥中粉紅樓，特差小，視凡花之粉紅十倍。

本草綱目李時珍曰：此草有殊功，而不著其形狀。今罌粟亦名麗春草，九仙子亦名仙女嬌，與此同名，恐非一物也，當俟博訪。

水英 圖經：水英味苦，性寒，無毒，元生永陽池澤及河海邊。臨汝人呼爲牛葒草，河北信都人名水節，河內連內黃呼爲水棘，劍南、遂寧等郡名龍移草，蜀郡人採其花合面藥。淮南諸郡名海荏。嶺南亦有，土地尤宜，莖葉肥大，名海精木，亦名魚精草，所在皆有，單服之療厀痛等。其方云，水英主丈夫、婦人無故兩脚腫滿，連厀脛中痛，屈伸急强者，名骨風，其疾不宜針刺及灸，亦不宜服藥，惟單煮此藥浸之，不經五日卽差，數用神驗。其藥春取苗，夏採莖、葉及花，秋、冬用根。患前病者，每日取五六斤，以水一石，煮取三斗，及熱，浸脚兼淋膝上，日夜三四，頻日用之，以差爲度。若腫甚者，卽於前方加生椒

水英

目三升，加水二大斗，依前煮取汁，將淋瘡腫，隨湯消散。候腫消，卽摩粉避風乃良，忌油膩、蒜、生菜，猪、魚肉等。

按水英當對陸英而言。滇南有草，絕類蒴藋而實黑，莖中有紅汁，俗名血滿草，浸脚氣濕腫甚效，或卽此。別入草藥，按圖形不類也。

見腫消 圖經：見腫消生筠州，味酸澀，有微毒，治狗咬瘡，消癰腫。春生苗葉，莖紫色，高一二尺，葉似桑而光，面青紫赤色，採無時。土人多以生苗葉爛搗貼瘡。

見腫消

九牛草 圖經：九牛草生筠州山岡上。味微苦，有小毒，解風勞，治身體痛。二月生苗，獨莖，高一尺，葉似艾葉圓而長，背有白毛，面青。五月採，與甘草同煎服，不入衆藥用。李時珍斥蒙筌以爲蘄艾之誤，甚確。余至瑞州，訪之未得。滇本草有九古牛草，味苦，性寒，走肝經，筋骨疼，通經絡、破血、散瘰癧、攻癰疽紅腫，又治跌打損傷，治症相類，未知卽此草否也。仍分圖之。

九牛草

曲節草 圖經：曲節草生均州。味甘平，無毒，

曲節草

治發背瘡，消癰腫，拔毒。四月生苗，莖方色青，有節。七月、八月著花似薄荷，結子無用，葉似劉寄奴而青軟。一名蛇藍，一名綠豆青，一名六月淩。五月、六月採莖、葉陰乾，與甘草作末，米汁調服。李時珍以爲六月霜不知何草。按鬼箭羽，湖南呼爲六月冷，亦結青實，或恐一物。原圖不晰，存以備考。

陰地厥

陰地厥，宋圖經：收之，云生鄧川內鄉山谷。葉似青蒿，莖青紫色，花作小穗，微黄，按圖不作穗形。李時珍云江浙有之，引聖濟總錄，治男婦後胷膈虛熱、吐血。依原圖繪以俟訪。

陰地厥

水甘草

圖經：水甘草生筠州。味甘，無毒，治

水甘草

小兒風熱、丹毒瘡，與甘草同煎飲服。春生苗，莖青色，葉如楊柳，多生水際，無花，十月、八月採。彼土人多單服，不入衆藥。

竹頭草

竹頭草

李衎竹譜：竹頭草在處有之，枝如莠，葉長五七寸，寬一寸許，有細勒道，望之如篠竹叢叢，秋生白花如菰蔣狀。或云無竹處卒欲煮藥，取此藥以代之，其性與澹竹同。今東陽酒匠，眞呼此爲澹竹葉，每歲夏伏採之。按陸疏，芩草莖如釵股，葉如竹，蔓生，澤中下地鹹處爲草眞實，牛馬皆喜食之。按其形狀，與此正合，牛馬皆喜食，信然。此草本草諸書不載，故注詩者皆無引據。毛晉云藥中黃芩，與陸疏不同種。又按蕺菜，亦名芩草，其葉亦不似竹。

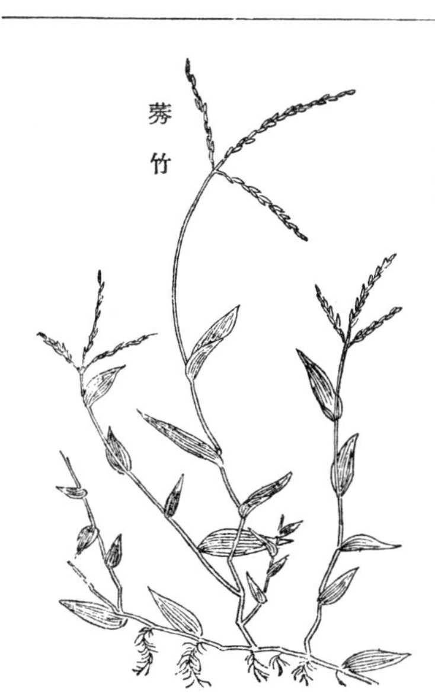

莠竹

李衎竹譜：莠竹喜生池塘及路傍，莖細節高，近下曲屈，狀若狗脚。南土多茅少草，馬見此物，必欲食之。

迎春花

本草綱目：迎春花，處處人家栽插之。叢生，高者二三尺，方莖厚葉。葉如初生小椒葉而無齒，面青，背淡，對節生小枝，一枝三葉。正月初開小花，狀如瑞香花，黄色，不結實。葉氣味苦濇，平，無毒。主治腫毒、惡瘡，陰乾研末，酒服二三錢，出汗便瘥。滇志云：花黄色，與梅同時，故名金梅。

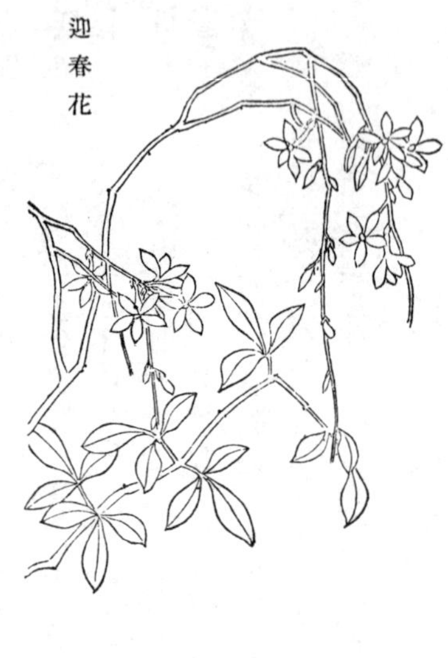

迎春花

千年艾

本草綱目：千年艾出武當太和山中。小莖高尺許，其根如蓬蒿，其葉長寸餘，無尖椏，面青背白，秋開黄花如野菊而小，結實如青珠丹顆之狀。三伏日采葉暴乾。葉不似艾，而作艾香，搓之即碎，不似艾葉成茸也。羽流以充方物。葉氣味辛，微苦，溫，無毒。主治男子虛寒、婦人血氣諸痛，水煎服之。按南越筆記，洋艾本不

千年艾

甚高，宜種盆盎，綠葉茸茸如車蓋，可療疾，兼卻火災；當即此草。而俗間以廣中所植，皆呼爲洋，作記者仍其陋習，殆未深考。今京師多畜於煖室，經冬不凋，倘呼爲蘄艾。

翦春羅

證治要訣：火帶瘡遶腰生者，採翦春羅花葉擣爛，蜜調塗之，爲末亦可。

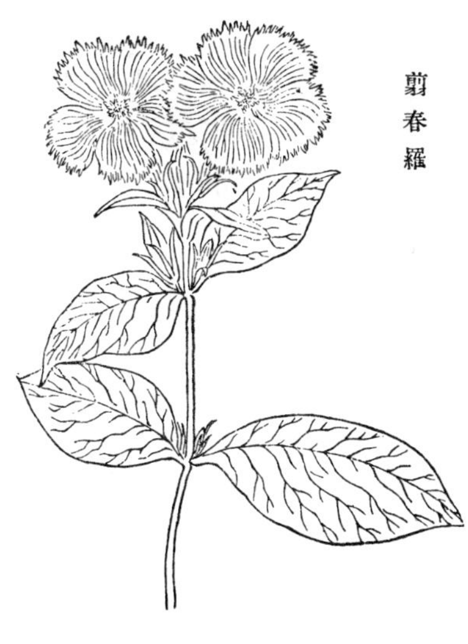

翦春羅

本草綱目，李時珍曰：翦春羅，二月生苗，高尺餘；柔莖綠葉，葉對生抱莖。入夏開花深紅色，花大如錢凡六出，周迴如翦成可愛。結實大如豆，內有細子。人家多種之爲玩。又有翦紅紗花，莖高三尺；夏秋開花，狀如石竹花而稍大，四圍如翦，鮮紅可愛；結穗亦如石竹穗，中有細子，方書不見用者。其功亦應利小便、主癰腫也。

李衎竹譜：簩竹生江、浙，廣右永、湘間甚多。枝間有節，有葉似桃；其花如石竹差大，丹紅一色。人家盆檻內，亦有種者，俗名翦春羅。按江西、湖南多呼爲翦金花；又雄黃花，以其色名之。

箬

箬，古今以爲笠蓬，亦呼爲蔡，禦濕所亟，本草綱目始著錄。棄物有殊功，故備載諸方，以著無棄菅蒯之義。

雩婁農曰：箬之用廣矣，笠以禦雨，蓬以行舟，裹以避濕，摘以習書。南史：徐伯珍少孤貧，學書無紙，常以竹箭、箬葉、甘焦學書。葉如竹與蘆，而用勝於竹、

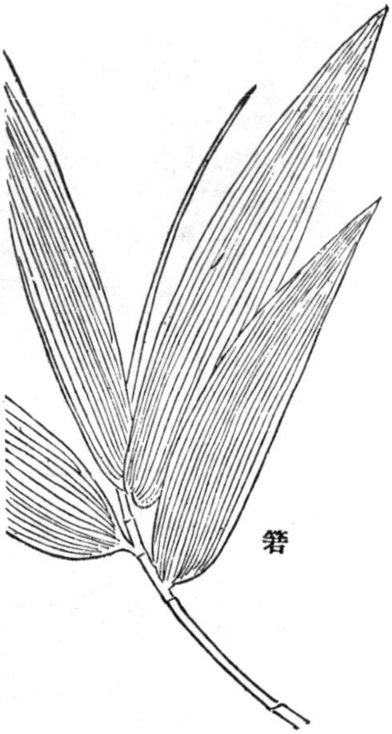

箬

蘆，乃字書皆未詳及。說文若訓擇菜，餘皆以箬訓竹、篛訓筍，唯詩家間有詠及耳。夫杜若既無定詁，若木乃涉荒渺，文人摭撦，如數家珍，而民間日用之物，忽焉不察，非所謂畫家喜畫鬼神而不畫犬耶？李時珍採以入藥，品其氣味，臚其治療，拔眞才於灌莽，祓濯而薰盥之，脫堂阜於縲紲，握釁蔑於庭階，得一知己，沉淪者亦良幸矣。吾前過章貢山中，捋之、擷之於蕪穢蒙密間，始識其全體，土人皆呼爲遼葉。李時珍謂其葉疎遼，故名。按字書藔，樹葉疎也，則亦可作藔。吾謂凡物之逖遠者，皆曰遼。火燎於原，其光遠也；窗疎曰寮，目朗曰瞭，其見遠也。此草不生平原，而遠依山澤，謂之曰遼，亦外之而已。夫物爲人所外，而有殊功，古所云破天荒者，非此類耶？華門窐竇之人，而皆陵其上，其難爲上矣。春秋世祿，恃以爲獄，烏可爲訓？

淡竹葉

淡竹葉

淡竹葉，詳本草綱目，今江西、湖南原

野多有之。考古方淡竹葉，夢溪筆談謂對苦竹而言；或又謂自有一種淡竹；唯李時珍以此草定爲淡竹葉。又有竹頭草，與此相類，竹譜亦謂可代淡竹葉。

半邊蓮

半邊蓮，詳本草綱目。其花如馬蘭，只有半邊，俚醫亦用之。

半邊蓮

鹿蹄草

鹿蹄草，本草綱目本軒轅述寶藏論，收入隰草，闕氣味，蓋亦未經嘗也。主治金瘡、蛇犬咬毒，有圖，存之。

鹿蹄草

水楊梅

水楊梅，本草綱目始著錄。按圖亦與水濱水楊相類，生子微似楊梅，老則飛絮。俗無水楊梅之名，恐卽一物，而兩存圖之。

水楊梅

紫花地丁

本草綱目：紫花地丁處處有之。其葉似柳而微細，夏開紫花，結角，平地生者起莖，溝壑邊生者起蔓。普濟方云：鄉村籬落生者，夏秋開小白花，如鈴兒倒垂，葉微似木香花之葉。此與紫花者相戾，恐別一種也。氣味苦，辛寒，無毒。主治一切癰疽發背、疔腫、瘰癧、無名腫毒、惡瘡。

按各處所產紫花地丁皆不同，此又一種，依原圖繪之。

紫花地丁

常州菩薩草

宋圖經：菩薩草生江、浙州郡，近京亦有之。味苦無毒，中諸藥食毒者，酒研服之。又治諸蟲蛇傷，飲其汁及研傅之，良。亦名天。主婦人妊娠咳嗽，擣篩，蜜丸服之立效。此草淩冬不凋，秋中有花直出，赤子似蒻頭，冬月採根用。

常州菩薩草

密州胡堇草

宋圖經：胡堇草生密州東武山田中。味辛滑，無毒。主五臟，榮衛肌肉，皮膚中瘀血，止疼痛，散血，絞汁塗金瘡。科葉似小堇菜，花紫色，似翹軺花；一枝七葉，花出三兩莖。春採苗，使時搗篩，與松枝、乳香、花桑、柴炭、亂髮灰

密州胡堇草

同熬如彈丸大，如有打撲損、筋骨折傷及惡癰癤腫破，以熱酒摩一彈丸服之，其疼痛立止。

常州石逍遙草 宋圖經：石逍遙草生常州。味苦，微寒，無毒；療癱瘓諸風、手足不遂。其草冬夏常有，無花實，生亦不多，採無時。俗用搗爲末，煉蜜丸如梧桐子大，酒服二十粒，日三服，百日差。久服益血輕身，初服微有頭疼，無害。

常州石逍遙草

秦州苦芥子 宋圖經：苦芥子生秦州。苗長一尺已來，枝莖青色，葉如柳，開白花似榆莢。其子黑色，味苦，大寒，無毒。明眼目，治血風、煩躁。

秦州苦芥子

密州翦刀草 宋圖經：翦刀草生江湖及京東近水河溝、沙磧中。味甘，微苦寒，無毒。葉如翦刀形，莖幹似嫩蒲，又似三棱苗甚軟，其色深青綠。每叢十餘莖，內抽出一兩莖，上分枝，開小白花四瓣，蘂深黄色。根大者如杏，小者如杏核，色白而瑩滑。五月、六月、七月採葉，正月、二月採根。一名慈菰，一名白地栗，一名河鳧茨。土人爛擣其莖葉如泥，塗傅諸惡瘡腫及小兒遊瘤、丹毒，以冷水調此草，膏化如糊，以雞羽掃上，

密州翦刀草

腫便消退，其效殊佳。根煮熟，味甚甘甜，時人作果子，常食無毒。福州別有一種小異，三月生花，四時採根葉，亦治癰腫。

臨江軍田母草

宋圖經：田母草生臨江軍。性涼無花實，二月採根用，主煩熱及小兒風熱，用之尤效。

臨江軍草田母

南恩州布里草

宋圖經：布里草生南恩州原野中。味苦寒，有小毒，治皮膚瘡疥。莖高三四尺，葉似李而大，至夏不花而實，食之令人瀉。不拘時採根，割取皮，焙乾爲末，油和塗瘡疥，殺蟲。

南恩州布里草

鼎州地芙蓉

宋圖經：地芙蓉生鼎州。味辛平，無毒；花主惡瘡；葉以傅貼腫毒。九月採。

鼎州地芙蓉

信州黄花了

宋圖經：黄花了生信州。春生青葉，至三月而有花，似辣菜花。黄色，至秋中結實，採無時。療咽喉、口齒。

信州黄花了

信州田麻

宋圖經：田麻生信州田野及溝澗傍。春、夏生青葉，七月、八月中生小莢子。冬三月採葉，療癰癤腫毒。

信州田麻

植物名實圖考卷之十五

竹葉麥冬草

竹葉麥冬草生贛州吉安荒田中。細莖拖地，短節小葉，似秋時小竹，梢開小紅白花成簇。余以十月後船行章江，霜草就枯，場圃濯濯，荒草中見有紅蕚新嬌，取視得此。後詢之建昌土醫，云可瀉心火，功同麥冬。東海之棗，妄言妄對，姑存其説。但小草淩冬，得霜而葩，或與秋菊同其喜涼畏炎之性。

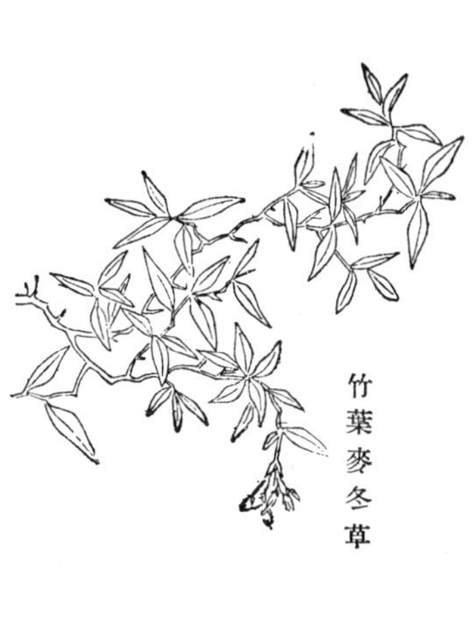
竹葉麥冬草

瓜子金

瓜子金，江西、湖南多有之。一名金鎖匙，一名神砂草，一名地藤草。高四五寸，長根短莖，數莖爲叢，葉如瓜子而長，唯有直紋一綫。葉間開小圓紫花，中有紫蕊，氣味甘。俚醫以爲破血、起傷、通關、止病之藥，多蓄之。雲南名紫花地丁。滇南本草：紫花地丁味苦，性寒。破血，解諸毒。攻癰疽、腫毒，治疥、癩、癬瘡。治小兒走馬牙疳潰爛。用紫花地丁新瓦焙爲末，搽患處效。

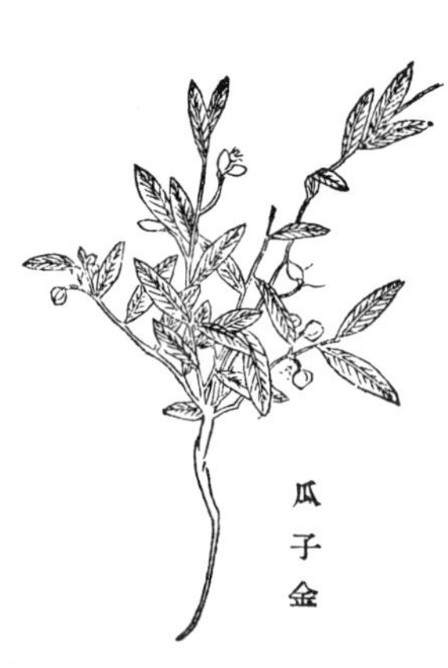
瓜子金

蝦鬚草

蝦鬚草生陰濕地，處處有之。細莖淡赭色，柔弱不能植立；葉似萹蓄而薄，色亦淡綠，梢葉更細；葉間莖端出小枝，開三瓣淡粉紅花，瓣大如粟。性涼。

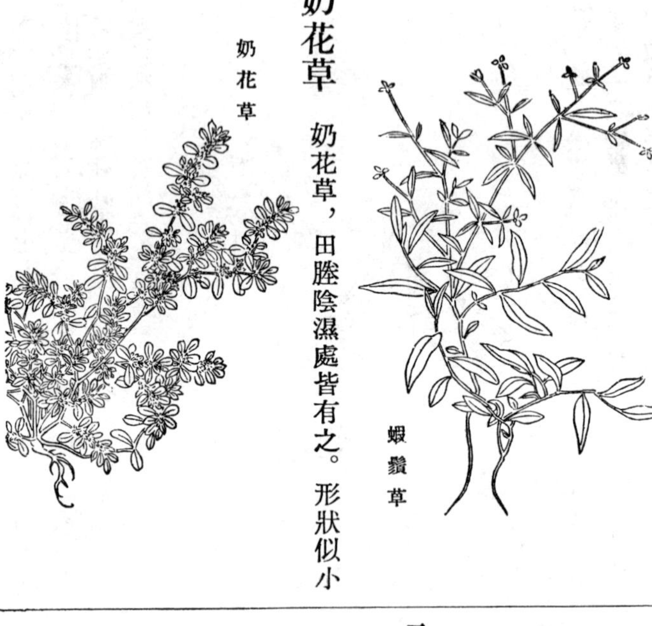
蝦鬚草

奶花草

奶花草

奶花草，田塍陰濕處皆有之。形狀似小蟲兒臥單，而莖赤、葉稍大，斷之有白汁。同鰱魚煮服，通乳有效。按嘉祐本草，地錦莖赤，葉青紫，紅花，細實，當即此草。李時珍誤以小蟲兒臥單併爲一條，乃云黃花，黑實，與圖經相戾。今俗方治血病，不甚採用，而通乳則里嫗皆識，故標奶花之名，以著其功用云。

公草母草

公草母草産湖南田野間。高五六寸，綠莖細弱，似鵝兒腸而不引蔓。公草葉尖，長半寸許，附莖三葉攢生，葉間梢頭，復發細長莖，開小綠黃花，大如黍米，落落清疎。母草葉短、微

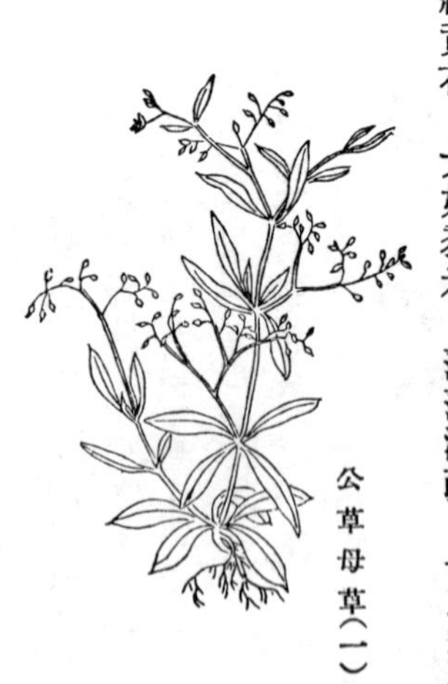
公草母草(一)

公草母草(二)

寬，兩葉對生，葉間抽短莖，一莖一花。俚醫以治跌打，竝入婦科，通經絡。二草齊用，單用不驗。

八字草

八字草產建昌。小草蔓生，莖細如髮，本紅梢綠，微有毛；一枝三葉，似三葉酸而更小，葉極稀疎。土人搗碎，敷漆瘡。　按本草拾遺：漆姑草如鼠跡大，生堦墀間陰處；氣辛烈，挼敷漆瘡，亦主溪毒。主治既同，形亦相類，而本草不圖其形，未敢遽定。

八字草

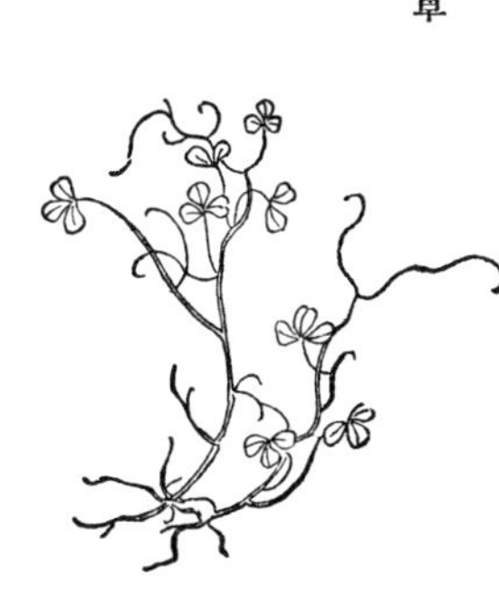

夏無踪

夏無踪產寧都，小草也。一莖一葉，葉如葵，多缺有毛而小如錢，高數寸，長根多鬚生。治手指毒。又一種紫背，根如小麥冬者，同名異

夏無踪

類。

天蓬草

㊀天蓬草一名涼帽草，生建昌河壖。鋪地細莖如亂髮，百餘莖爲族；莖端有葉三兩片，如初生小柳葉；黑根粗如指。土人以洗腫毒。

天蓬草（一）

㊁天蓬草，比前一種莖赤而皺。附莖，對葉，梢開小白花如菊，根細短。

天蓬草（二）

粟米草

粟米草，江西田野中有之。鋪地細莖似

粟米草

蔐蓄而瘦，有節；三四葉攢生一處；梢端葉間開小黃花如粟，近根色淡紅；根亦細皺。

瓜槌草

瓜槌草一名牛毛黏，生陰濕地及花盆中。高三四寸，細如亂絲，微似天門冬而小矮，糾結成簇。梢端葉際，結小實如珠，上擎纍纍。瓜槌、牛毛，皆以形名。或云能利小便。雲南謂之珍珠草，俗方以治小兒乳積。滇南本草：珍珠草味辛，性温，治面寒痛。新瓦焙爲末，熱燒酒服。

瓜槌草

飄拂草

飄拂草，南方牆陰砌下多有之。如初發小茅草，高四五寸。春時抽小莖，結實圓如粟米，生青老赭。或云煎水飲，能利小便。

飄拂草

水線草

水線草生水濱，處處有之。叢生，細莖

水線草

如線，高五六寸。葉亦細長，莖間結青實如菉豆大，頗似牛毛黏而莖稍觔，葉微大，赭根有鬚。俚醫以洗無名腫毒。

畫眉草　畫眉草，撫州山坡有之。如初生茅草，高三四寸。秋時抽葶，發小穗數十條，淡紫色，似蓼而小，殊有動搖之致。或云可治跌打損傷，亦名榧子草。

畫眉草

絆根草　絆根草，平野、水澤皆有，俚醫謂之塹頭草。扁者白根，有鬚者、味甜者可用；圓者生水邊，味淡者不可用。治跌打損傷，破皮、止血。寸節生根，志書多以爲卽蔓草。爾雅：蔄，蔓于。或卽此。本草衍義謂卽薰蕕之蕕，恐未的。

絆根草

水蜈蚣　水蜈蚣生沙洲，處處有之。橫根赭色多鬚，微似蜈蚣形。發青苗如茅芽，高三四寸，抽莖結青毬如指頂大，莖上復生細葉三四片。俚醫以爲殺蟲、敗毒之藥。按本草拾遺，地楊梅苗如莎草，四、五月有子似楊梅。形頗相肖，唯主治赤、白痢不同。但濕地小草，多利濕，當可通用

水蜈蚣

無名四種

一生吉安田野中。細莖，高三四寸，對葉如初生榆葉，十月中開小粉紅花，瓣大如米。蓋春草冬暖而已開花。

無名(一)

二生贛州沙田中。宛似小麥門冬，高六七寸。有

無名(二)

橫根，細鬚攢之。抽葶，冬結圓實，亦如麥門冬而黑紫色。

㊂江西平野有之。高四五寸，綠莖細柔，附莖生葉，如初生小菊葉。葉間開五圓瓣小白花，如梅花而小。

無　名（三）

㊃生南康洲渚間。小草鋪地，細莖淡赭色。葉大如指，面濃綠，背淡青而尖微紅，無紋理，宛似小桃。

無　名（四）

仙人掌

嶺南雜記：仙人掌，人家種於田畔，以止牛踐；種於牆頭，亦辟火災。無葉，枝青嫩而扁厚有刺，每層有數枝，杈枒而生，絕無可觀。其汁入目，使人失明。南安府志：三國志載孫皓時，有菜生工人吳平家，高四尺，厚三分，如枇杷形；上廣尺八寸，下莖廣三寸，兩邊生綠葉，東觀案圖作平慮草。按此卽今仙人掌，人呼爲老鴉舌，郡中有高至八九尺及丈許者。桂平縣志：龍舌，青色，皮厚有脂，婦人取以澤髮。種土牆上，可以辟火。通志附仙人掌下，當是潯州土名。南越筆記：瓊州有仙人掌，自下而上，一枝一掌，無花葉，可以辟火。臣謹按，南安志據吳志以仙人掌爲卽平露，足稱該洽。南越筆記云廣州種以辟火，殆卽昔所謂愼火樹者？臣前在京師曾見之，生葉成簇，新綠深齒綴於掌邊。道光乙未，供奉內廷，上命內侍出此草示臣，勅臣詳考，以補羣芳譜所未備。惜彼時未檢及吳志，深慙疎陋。又據內侍口述，此草頃在禁籞，忽開花，色如芙蓉，大若月季，禁中皆稱仙人掌上玉芙蓉云。向陽花木，雨露曲承，舒葩獻媚，物理常然，固不足言異徵也。越八年，臣備員湘撫，繪草木圖，敬述斯事，以見無知之物，偶經宸顧，尚能効靈；忝竊槐棘，有慙葵藿，亦恐草木笑人。又三年，臣移撫雲南，檢滇志云，仙人掌，肥厚多刺，相接成枝。花名玉英，色紅黃，實如小瓜，可食。節署頗多，大者高及人肩，春末、夏初，開花結實，俱如志所述，因俾畫手補繪。迴憶持節嶺嶠，依光禁籞，皆目覩斯卉。萬里昆明，與奇葩異萼，晨夕染濡，蓋是夙緣。獨怪嶺南紀載，殊不周詳，豈秉筆者未及審核，抑滇產異於他處耶？臣謹識。

仙人掌

萬年青

花鏡：萬年青一名蒀，闊葉叢生，深綠色，冬夏不萎。吳中人家多種之，以其盛衰占休咎。造屋移居，行聘治壙，小兒初生，一切喜事，

萬年青（一）

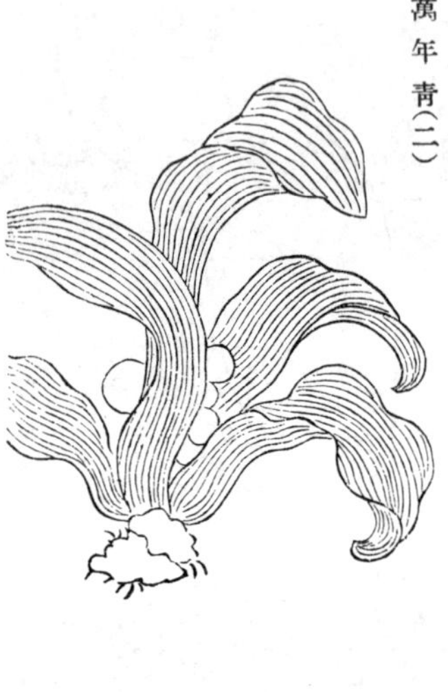
萬年青(二)

無不用之以爲祥瑞口號。至於結姻幣聘，雖不取生者，亦必翦造綾絹，肖其形以代之；又與吉祥草、葱、松四品，並列盆中，亦俗套也。種法，於春、秋二分時分栽盆內，置之背陰處。俗云四月十四是神仙生日，當删翦舊葉，擲之通衢，令人踐踏，則新葉發生必盛。喜壅肥土，澆用冷茶。按九江俚醫，以治無名腫毒、疔瘡、牙痛，隱其名爲開口劍。或謂能治蛇傷，亦呼爲斬蛇劍。

牛黃繖

牛黃繖，江西、湖南有之，一名千層喜。長葉綠脆，紋脈潤，層層抽長，如抱焦心，長者可三四尺，斷之有涎絲。俚醫以治腫毒，目爲難得之藥。亦間有花，即廣中文殊蘭。踰嶺經冬葉隕，故少花，其葉甚長。仍兩圖之。又滇南有佛手蘭，葉亦相類。

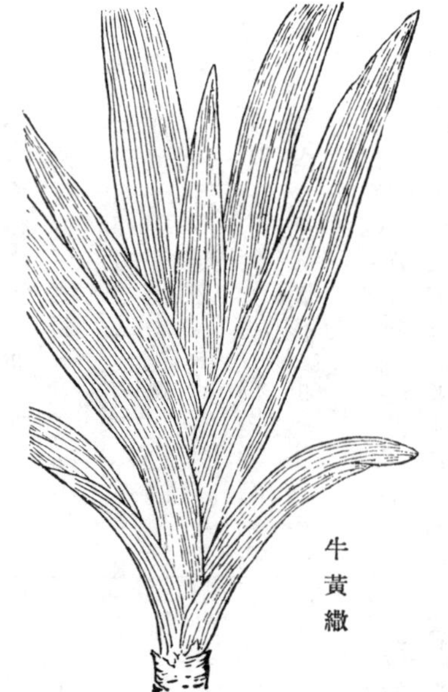
牛黃繖

金不換

金不換，江西、湖南皆有之。葉似羊蹄菜而圓，無花實，或呼爲土大黄。性涼，俚醫以治無名腫毒，消血熱。葉敷瘡，根止吐血，同猪肉煮服。

金不换

筋骨草

筋骨草產南康平野。春時鋪地生葉如芥菜葉，面綠，背紫。面上有白毛一縷，茸茸如刺。抽葶發小葉，花生葉際，相間開放。葉紫，花白，花如益母，遥望蓬蓬，白如積灰，亦呼爲石灰菜。俚醫用之，養筋、和血、散寒，酒煎服。鄉人亦掘以飼豕。

筋骨草

見血青

見血青生江西建昌平野，亦名白頭翁。初生鋪地，葉如白菜，長三四寸。深齒柔嫩，光潤無皺。中抽數葶，逐節開白花，頗似益母草，花蒂有毛茸茸。又頂梢花白，故有白頭翁之名。俚醫擣敷瘡毒，殆亦蜇菜之類。

見血青

見腫消

見腫消產南昌。鋪地生，葉如芥菜，多皺而尖長；又似初生天名精葉，亦狹，中有白脈一道。根如初生小蘿菔，直下無鬚，赭褐色，有橫紋。南昌俚醫蓄之，以治腫毒。

見腫性

魚公草

魚公草，江西、湖南有之。綠莖叢生，莖有細毛，附莖生葉，長如芍藥葉有斜齒，歷落如鋸。俚醫云性寒，一名青魚膽。能通肢節，止痛、行血。

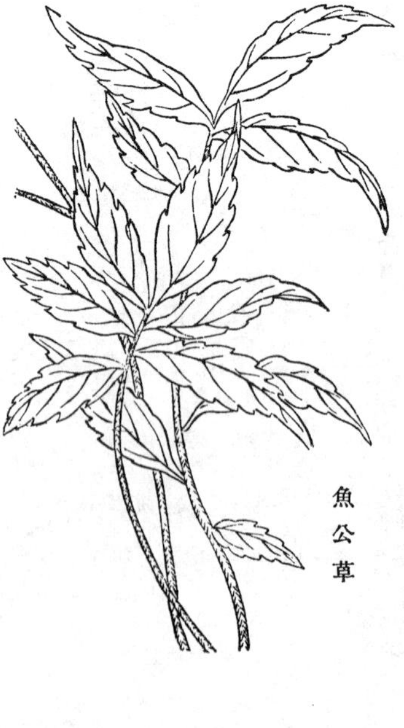

魚公草

野白菊花

野白菊花，處處平野有之。綠莖圓細，

野白菊花

葉如鳳仙、劉寄奴，不對生。梢端開花，宛如野菊，白瓣黃心，大如五銖錢。俚醫云性凉，亦可煎洗無名腫毒。

野芝麻 野芝麻，臨江、九江山圃中極多。春時叢生，方莖四棱，棱青，莖微紫。對節生葉，深齒細紋，略似麻葉；本平末尖，面青，背淡，微有澀毛。繞節開花，色白，皆上矗，長幾半寸，上瓣下覆如勺，下瓣圓小雙歧，兩旁短缺，如禽張口。中森扁鬚，隨上瓣彎垂，如舌抵上齶，星星黑點。花蕚尖絲，如針攢簇。葉莖味淡，微辛，作芝麻氣而更膩。湖南圃中尤多，芟夷不盡，或卽呼爲白花益母草。

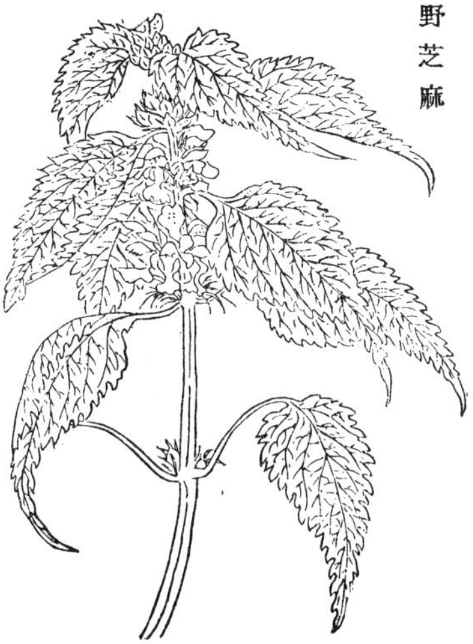

野芝麻

鶴草 鶴草，江西平野多有之。一名灑線花，或卽呼爲沙參。長根細白，葉似枸杞而小，秋開五瓣長白花，下作細筩，瓣梢有齒如剪。 按救荒本

鶴草

草：沙參有數種，此殆細葉開白花者。

劉海節菊 劉海節菊似黃花劉寄奴，而莖葉細瘦，花亦無長蕊。建昌俚醫，採根治風火。

劉海節菊

白頭蔞 白頭蔞生長沙山坡間。細莖直上，高二三尺，長葉對生，疎紋微齒，上下葉相距甚疎。梢頭發葶，開小長白花，攢簇稠密，一望如雪，故有白頭之名。性凉。

白頭蔞

天水蟻草 天水蟻草生湖南平野。荆湘間呼鼠麯草爲水蟻草，蓋與酉陽雜俎以鼠麯爲蚍蜉酒同義。

此草葉有白毛，極似鼠麴，而莖硬如蒿，亦微作蒿氣，高二尺許。俚醫以爲補筋骨之藥。

天水蟻草

黃花龍芽

㊀黃花龍芽，湖南園圃中多有之。高三四尺，綠莖如蒿。長葉花叉，皺紋如馬鞭草而大，色稍淡，莖葉皆微有毛澀。秋開五瓣黃花，瓣小如粟；長枝分叉，點綴頗繁。俚醫與龍芽草同用。按縣志中，多云黃花龍芽勝於紫花者。湖南謂救荒本草中龍芽草爲毛脚茵，則黃花當以毛脚茵爲正，而俚醫無別。

黃花龍芽（一）

㊁黃花龍芽生嶽麓。比前一種莖矮而黃，直硬有節，亦有毛，脚葉微瘦，餘皆四五葉攢生一處，細尖有歧，如初生蔞蒿。梢開小黃花，攢如黃粟米。蓋一類而生於山、陸，故肥瘦不同。

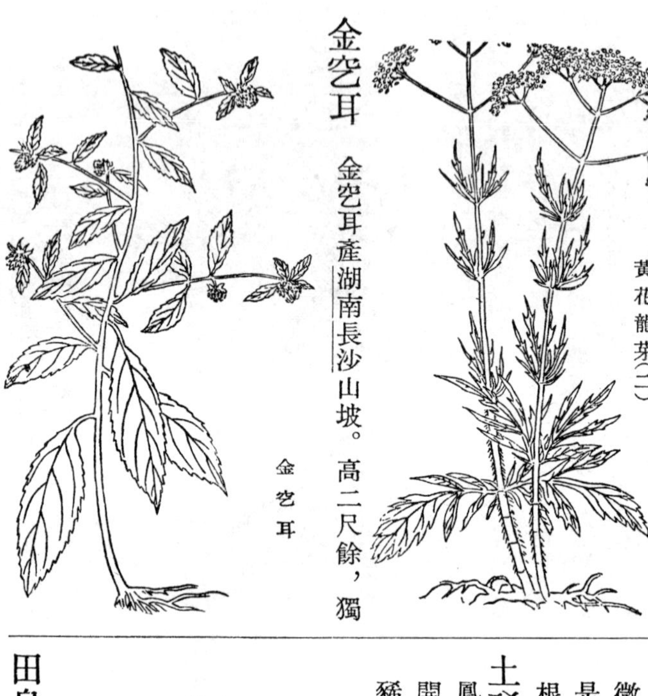

金空耳

金空耳產湖南長沙山坡。高二尺餘，獨

莖褐紫，參差生葉，葉如鳳仙花葉，面青背白，微齒。秋開黃花，如寒菊下垂，旁莖弱欹，故有是名。俚醫云性凉，能除瘴氣。　按黔書有黃花根，能除蠱瘴，氣味或相近。

土豨薟

土豨薟生南昌園圃中。紅莖對葉，葉如鳳仙花葉而無齒，梢端葉際發細葶，柔嫩如絲。開黃花如寒菊，綠跗如蠅足抱之。土人或即以代豨薟。

田皂角

田皂角，江西、湖南坡阜多有之。叢生

綠莖，葉如夜合樹葉，極小而密，亦能開合。夏開黃花如豆花；秋結角如菉豆，圓滿下垂。土人以其形如皂角樹，故名。俚醫以爲去風、殺蟲之藥。

田皂角

七籬笆

七籬笆生建昌。細莖翠綠，近根微紅；葉如小竹枝梢，三葉，旁枝二葉對生，共成七葉，狀亦娉婷。土醫以根治煩熱。

水麻芀

水麻芀生建昌。叢生，莖如蓼，淡紅色；

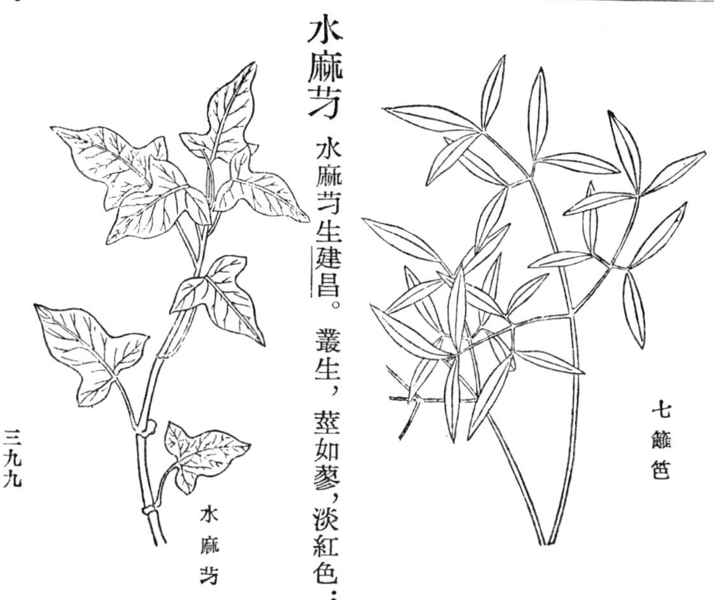

七籬笆

水麻芀

綠節；葉三叉，前尖長，後短，面綠，背淡有毛。俚醫擣漿，以新汲水冲服，療痧症。按本草綱目有牛脂芀，無形狀，草藥多有以芀名者。

釣魚竿

簡易草藥：釣魚竿一名逍遥竹，一名一枝箭。治跌打損傷、筋骨痛疼要藥。清明前後有之，夏至後即難尋覓。按此草，建昌俗呼了鳥竹。細莖亭亭，對葉稀疏，似竹而瘦，中惟直紋一道。土醫以治勞傷。

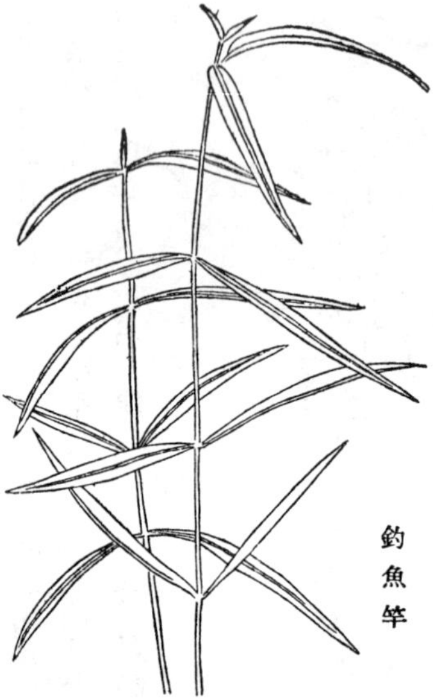

釣魚竿

臭牡丹

臭牡丹，江西、湖南田野、廢圃皆有之。一名臭楓根，一名大紅袍。高可三四尺，圓葉有尖，如紫荆葉而薄，又似油桐葉而小，梢端葉頗紅。就梢葉内開五瓣淡紫花成攢，頗似繡毬，而鬚長如聚針。南安人取其根，煎洗脚腫。其氣近臭，京師呼爲臭八寶，或僞爲洋繡毬售之。湖南俚醫云：煮烏雞同食，去頭昏；亦治毒瘡，消腫、止痛。

臭牡丹

斑珠科

斑珠科生長沙平野。一叢數十莖，高尺

餘，枝杈繁密，三葉攢生，極似雞眼草。俚醫以除火毒。

斑珠科

鐵馬鞭

鐵馬鞭

鐵馬鞭生長沙岡阜。綠莖橫枝，長弱如蔓。三葉攢生，似落花生葉而小，面青，背白，莖葉皆有微毛。俚醫以爲散血之藥。

葉下珠

葉下珠，江西、湖南砌下牆陰多有之。高四五寸，宛如初出夜合樹芽，葉亦晝開夜合。葉下順莖結子如粟，生黃熟紫。俚醫云性涼，能除瘴氣。

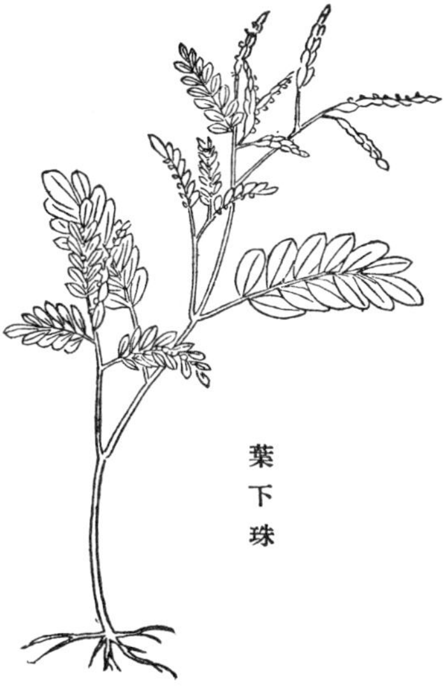

葉下珠

臭節草

臭節草生建昌。獨莖細綠，葉長圓如瓜

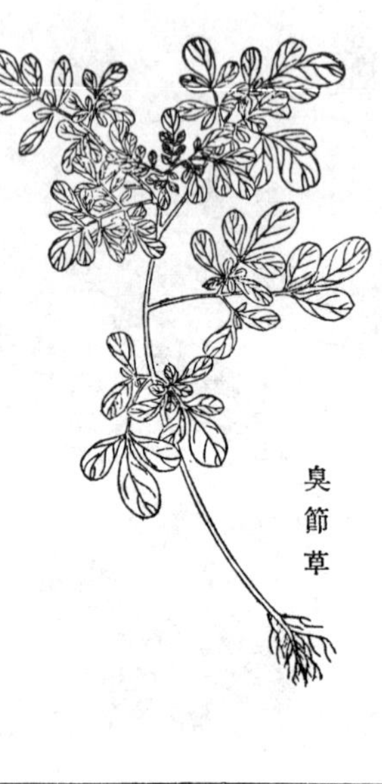
臭節草

子形，頂微缺，面深綠，背灰白，三葉攢生，中大旁小，一莖之上，小、大葉相間，頗繁碎。土醫採根擣漿，洗腫毒有效。

臨時救 臨時救，江西、湖南田塍、山足皆有之。春發弱莖，就地平鋪。厚葉綠軟、尖圓，微似杏葉而無齒。莖端攢聚，二四對生，下大上小。花生葉際，黃瓣五出，紅心，頗似磬口臘梅，中有黃白一縷吐出。土醫以治跌損，云傷重垂斃，灌敷皆可活，故名。

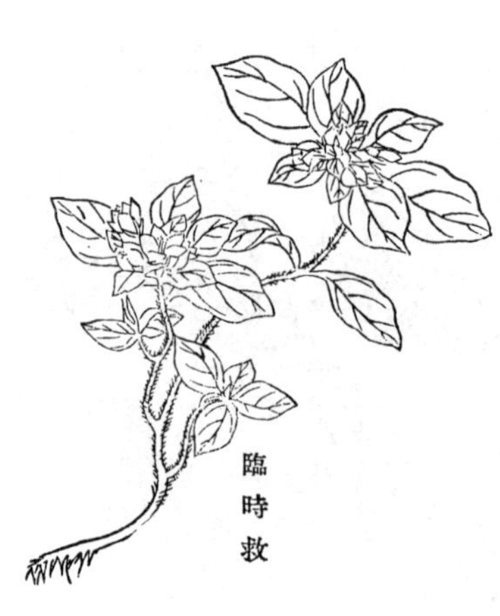
臨時救

救命王 救命王，湘南平隰、廢圃多有之。叢生，十數莖爲族，高五六寸。一莖三葉，初生時頗似蛇莓葉，漸大長七八分，深齒濃綠，微似刈楡。俚醫以治跌打，全科擣碎，用童便或回龍湯冲服。雖年久重傷，皆能有效。

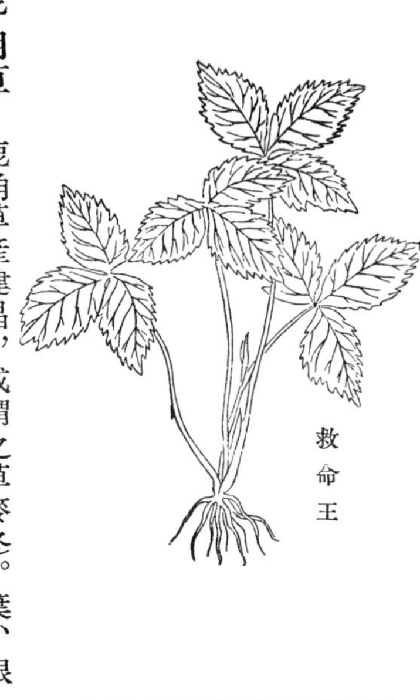

救命王

鹿角草

鹿角草產建昌，或謂之草麥冬。葉、根俱似麥門冬而柴硬，與萱草根相類。土人取根煎水，亦可退熱。按本草綱目，搥胡根與此草甚肖，惟搥胡葉寬大如萱草，頗柔潤，根味甘似天門冬。又一種竹葉草根，亦如麥冬。昔人謂麥冬有數種，皆其同類。

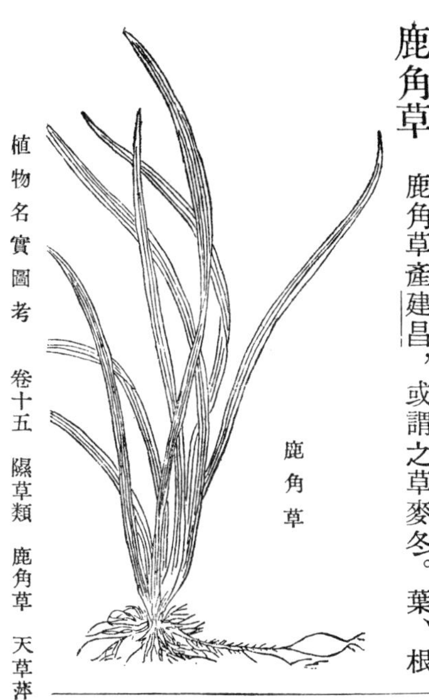

鹿角草

天草萍

天草萍產建昌。赭根橫短，抽莖如萱草莖。就莖發葉，亦如萱草而狹。莖上開花，作苞

天草萍

如蘭花萼荚。建昌俚醫用之，未及詢其所治何病。

盤龍參

盤龍參，袁州、衡州山坡皆有之。長葉如初生萱草而脆肥，春時抽葶，發苞如辮繩斜糾，開小粉紅花，大如小豆瓣，有細齒上翹，中吐白蕊，根有黏汁。衡州俚醫用之，滇南以治陰虛之症。其根似天門冬而微細，色黄。

盤龍參

蛇包五披風

蛇包五披風，江西、湖南有之。柔莖叢生，一莖五葉，略似蛇莓而大，葉、莖俱有毛如刺。抽葶生小葉，發杈開小綠花，尖瓣，多少不匀，中露黄蕊如粟。黑根粗鬚，似仙茅。俚醫用治咳嗽。

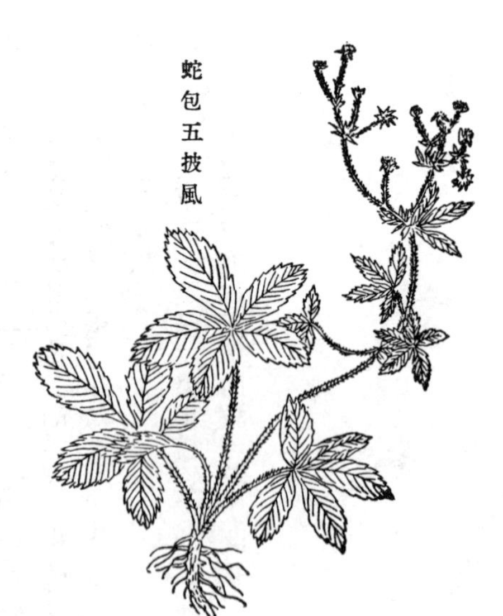
蛇包五披風

植物名實圖考卷之十六

石草類

仙人草　螺靨草
列當　土馬騣
河中府地柏　施州崖椶
秦州百乳草　施州紅茂草
施州紫背金盤草　福州石垂

石斛

石斛，本經上品，今山石上多有之。開花如甌蘭而小，其長者爲木斛。又有一種，扁莖有節如竹，葉亦寬大，高尺餘，卽竹譜所謂懸竹。衡山人呼爲千年竹，置之筒中，經時不乾，得水卽活。

石斛（一）

石斛（二）

卷柏

卷柏，本經上品，詳宋圖經。今山石間多有之。

卷柏

石韋

石韋　石韋，本經中品，種類殊多。今以面綠、背有黃毛、柔韌如韋者爲石韋，餘皆仍俗名以別之。

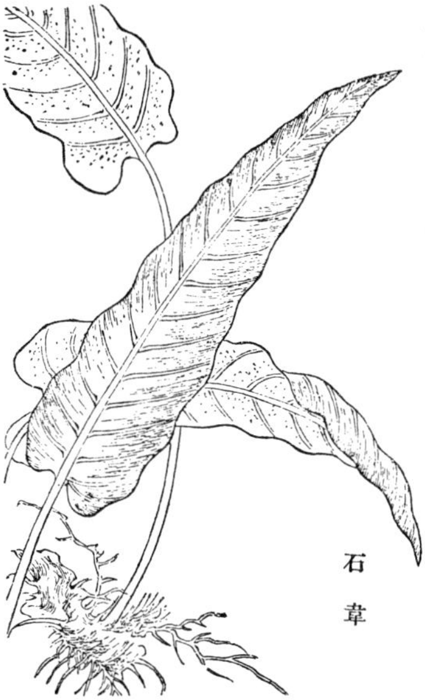

石長生　石長生，本經下品。陶隱居云：似蕨而細如龍鬚草，黑如光漆。今蕨地多有之。

石長生

酢漿草　酢漿草，唐本草始著録，即三葉酸漿。生山石間，葉大如錢。

酢漿草

老蝸生

老蝸生，生長沙田塍。鋪地細蔓，似三葉酸漿而蔓藉、葉小；根大如指，微硬。俚醫以治損傷。

老蝸生

石胡荽

石胡荽，四聲本草收之，即鵝不食草，詳本草綱目。以治目瞖，研末嗅之。簡易草藥有滿天星、沙飛草、地胡椒、大救駕諸名，亦治跌打損傷。或云能治痧症，蓋取其辛，能開竅。

石胡荽

骨碎補

骨碎補，本草拾遺謂之猴薑，開元時，以其主傷折、補骨碎命名。凡古木陰地皆有之。

骨碎補

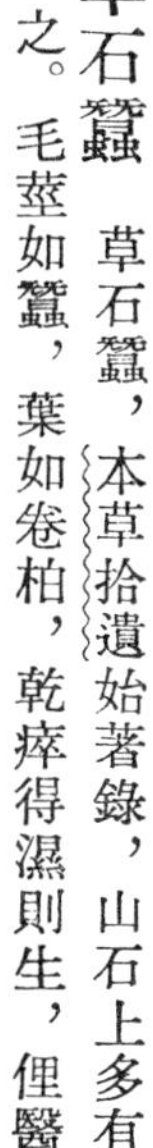

草石蠶

草石蠶，本草拾遺始著錄，山石上多有之。毛莖如蠶，葉如卷柏，乾瘁得濕則生，俚醫呼爲返魂草。本草綱目附注菜部石蠶下，蓋未的識。

草石蠶

金星草

㊀金星草，嘉祐本草：即石韋之有金星者。石草結子，大率相類，即貫衆等亦然。凡俗名金星者，皆以此。

金星草(一)

㊁金星草生山石間。橫根多鬚，抽莖生葉，如貫衆

金星草（二）

而多齒，似狗脊而齒尖，葉背金星極多，蓋狗脊之別種。

鵝掌金星草

鵝掌金星草生建昌山石間。橫根，一莖一葉，葉如鵝掌，有金星。滇本草謂之七星草，云此草形如鷄脚，上有黃點，貼石生，味甘，性寒，無毒。治五淋白濁，又包敷無名大瘡神效。又熨臍，治陰寒。

鵝掌金星草

石龍

石龍一名石茶。橫根叢生，一莖一葉，高三四寸，葉如茶而厚如石韋，重疊堆砌。李時珍謂石韋有如杏葉者，殆卽此。

石龍

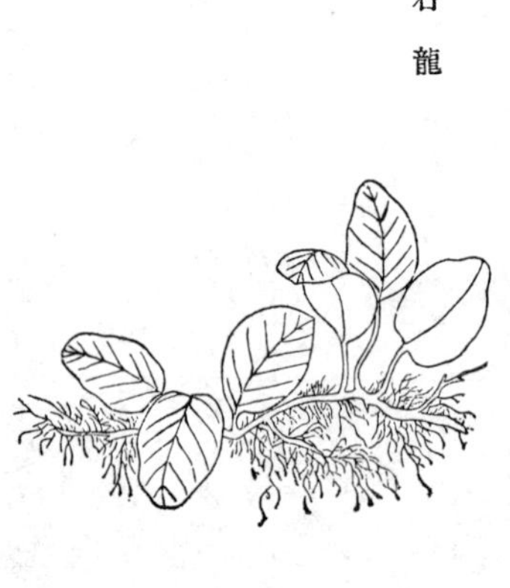

劍丹

劍丹生贛州山石上。叢生，長葉如初生萵苣，面綠背淡，亦有金星如骨牌點。治跌打損傷，酒煎服。

劍丹

飛刀劍

飛刀劍生南安，即石韋之瘦細者，亦有金星。俚醫以治痰火，同瘦猪肉蒸服。

飛刀劍

金交翦

金交翦生建昌。橫根生葉，似石韋而小，亦有金星，功同石韋。

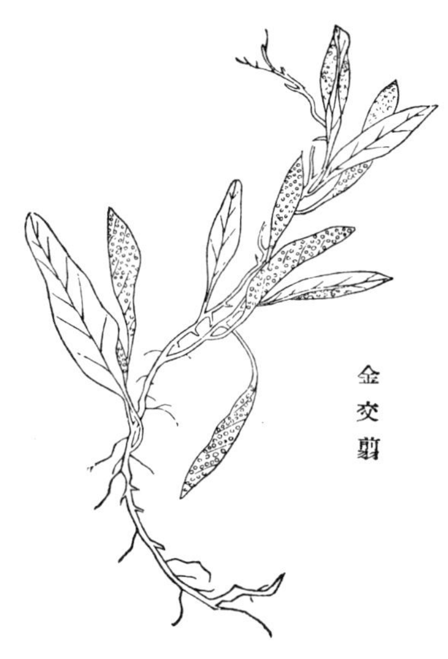

金交翦

過壇龍

過壇龍生南安。似鐵角鳳尾草，長莖分枝，葉稍大，蓋一類。治瘡毒，研末傅之，瘡破不可擦。

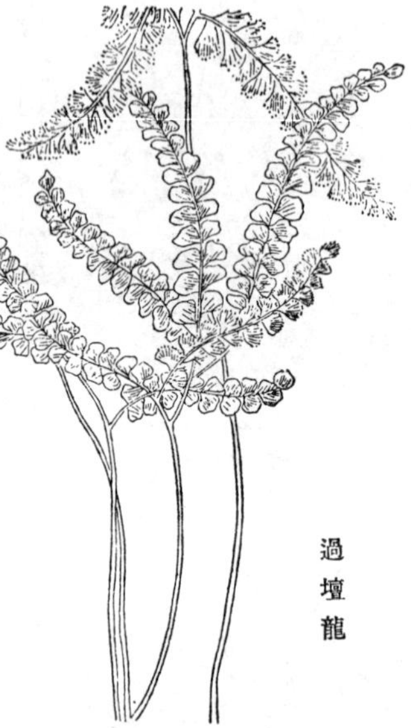

過壇龍

鐵角鳳尾草

鐵角鳳尾草

鐵角鳳尾草生建昌山石上。高四五寸，叢生，紫莖，對葉排生。生如指肚大而末作細齒，背有細子小如粟。治紅白痢，連根葉酒煎服。嶽麓亦多有之。

紫背金牛

紫背金牛生四川山石間。似鐵角鳳尾草而葉微團，面綠背紫，抽莖開小紫花，微似薄荷花。按宋圖經有紫金牛，似小青，與此異。

紫背金牛

水龍骨

水龍骨生山石間。圓根橫出分杈，藍白色多斑，破之有絲，疎鬚數莖，抽莖紅紫，一莖一葉，葉長厚如石韋，分破如猴薑而圓，有紫紋。主治腰痛，酒煎服。

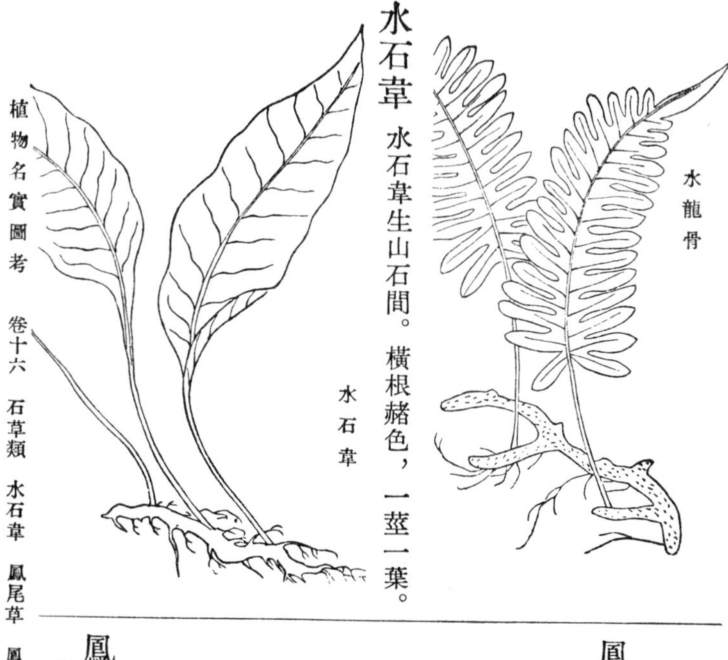

水石韋　水石韋生山石間。橫根赭色，一莖一葉。長如石韋而葉薄軟，面綠，背淡。一名銀茶匙，一名牌坊草。主治咳嗽，敷手指蛇頭。

鳳尾草　鳳尾草生山石及陰濕處，有綠莖、紫莖者。一名井闌草，或謂之石長生。治五淋，止小便痛。

鳳尾草

鳳了草　鳳了草生廬山。橫根黑圓，多鬚，紫莖似蕨，而葉長大對生，蓋即大蕨之類。

鳳了草

地膽

地膽產大庚嶺，或呼爲錄段草。高三寸許，

地膽

葉如水竹子葉而寬厚，面綠有直紋，紫白圓點相間；背紫，光滑可愛。或云治婦科五心熱症。按南越筆記有還魂草，一名地膽，葉如芥，花如地茶，以蛤試之，能取死回生，產陽江山中。未知卽此否？

雙蝴蝶

雙蝴蝶，建昌山石向陰處有之。葉長圓二寸餘，有尖，二四對生，兩大兩小。面靑藍，有碎斜紋；背紅紫，有金線四五縷。兩長葉鋪地

雙蝴蝶

如蝶翅，兩小葉横出如蝶腹及首尾。短根數縷如足，極爲奇詭。搗敷諸毒，見日即萎。

紫背金盤

宋圖經：紫背金盤生施州，苗高一尺以來，葉背紫，無花。李時珍謂湖湘水石處有之。今湖南所產，引紫蔓長尺餘，葉背紫，面緑，有圓齒，土名破血丹，與圖經主治婦人血氣痛、能消胎氣相符。李時珍所云蔓似黄絲，恐非此種。

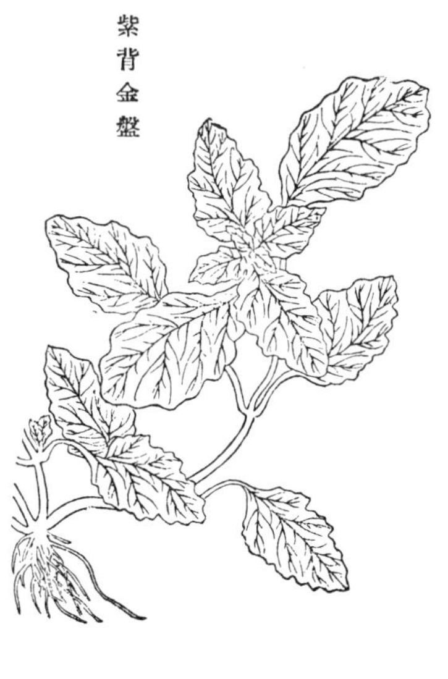
紫背金盤

虎耳草

虎耳草，本草綱目始著録。栽種者多白紋，自生山石間者淡緑色，有白毛，卻少細紋。治聤耳過用，或成聾閉，喉閉無音。用以代茶，亦治吐血。簡易草藥名爲系系葉。

虎耳草

巖白菜

巖白菜生山石有溜處。鋪生如白菜，面緑，背黄，有毛茸茸，治吐血有效。

巖白菜

呆白菜　呆白菜生山石間，鋪生不植立，一名矮白菜，極似莙薘，長根數寸，主治吐血。

石弔蘭　石弔蘭產廣信寶慶山石上。橫根赭色，高四五寸。就根發小莖生葉，四五葉排生，攢簇光潤，厚勁有鋸齒，大而疎。面深綠，背淡，中唯直紋一縷，葉下生長鬚數條，就石上生根。土人採治通肢節，跌打、酒病。

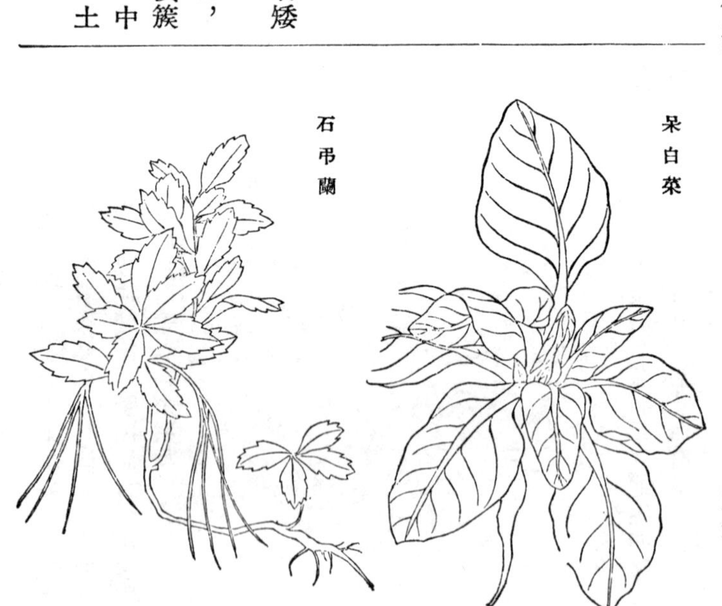

七星蓮

七星蓮生長沙山石上。鋪地引蔓，與石弔蘭相似，而葉闊薄有白脈。本細，末團圓，齒亂，根如短髮。又從葉下生蔓，四面傍引，從蔓上生葉，葉下復生根、鬚。一叢居中，六叢環外。根既別植，蔓仍牽帶，故有七星之名。俚醫以治紅、白痢。

七星蓮

石花蓮

石花蓮生南安。鋪地生，短莖長葉，似

石花蓮

地黃葉而尖，面濃綠；有直紋極細，上浮白茸；背青灰色，濃赭紋，亦有毛。根不甚長，極稠密，黑、赭相間，氣味寒。主治心氣疼痛、湯火、刀槍，煎服。

牛耳草

牛耳草生山石間。鋪生，葉如葵而不圓，多深齒而有直紋隆起。細根成簇，夏抽葶開花。治跌打損傷。湖南謂之翻魂草，滇本草謂之石胆

牛耳草

草。云生石上，貼石而生，開花形似車前草，味甘無毒。同文蛤爲末，烏鬚良。葉搗爛，敷瘡神效。按此花作筩子，內微白，外紫，下一瓣長，旁兩瓣短，上一瓣又短，皆連而不坼，如翦缺然。葶高二三寸，花朵下垂。置之石盎拳石間，殊有致。

千重塔

千重塔，江西山中近石處皆有之。細莖密葉，叢生，高五六寸。葉微似落帚而短，稍寬。土人云：同螺蚌肉煎水服，能治咳嗽。

千重塔

千層塔

千層塔生山石間。蔓生綠莖，小葉攢生，

千層塔

四面如刺，間有長葉及梢頭葉，俱如初生柳葉。可煎洗腫毒、跌打及鼻孔作痒。

風蘭 風蘭產閩、粵、江西，贛南山中亦有之，一名弔蘭。根露石上，莖葉向下，倒卷而上，高四五寸。扁葉長二寸許，雙合不舒。五月開花似石斛，瓣與心均微似蘭而小，以竹筐懸之檐間，得風露之氣。自生自開，或寄生老樹上。

風蘭

石蘭 石蘭，南安山石上有之。橫根，先作一蒂如麥門冬色綠。蒂上發兩小葉，葉中抽小莖開花，瓣如甌蘭而短，心紅瓣綠，與甌蘭無異。花罷結實，仍如門冬，累累相連，蓋即石斛一種。

石蘭

石豆 石豆生山石間。似瓜子金，硬莖。初生一蒂

石豆

大如豆，上發一葉如瓜子微長，而圓厚分許。一名石仙桃，一名魚鱉草，性與瓜子金同。

瓜子金 瓜子金，山石上皆有之。毛根如猴薑，橫蔓細莖，葉如瓜子稍長，厚一二分，背有黃點。治風損，煎酒，冲白糖服。

瓜子金

地柏葉 地柏葉，湖南山坡多有之。高四五寸，細莖，花葉似側柏而光，色亦淡綠，四五莖作小叢。蓋與卷柏、千年松同類，而生於土，不生於石。俚醫用以去肺風。

地柏葉

萬年柏 萬年柏生山石間。高三四寸，細莖光黑，

萬年柏

葉如地柏葉而硬，面綠，背白，如紙剪成，可爲盆玩。

萬年松

萬年松產峨眉山。置之篋中經年，得水即生，彼處以充饋問。其似柏葉爲千年柏，深山亦多有之。李時珍以釋别録玉柏，但與紫花不符。

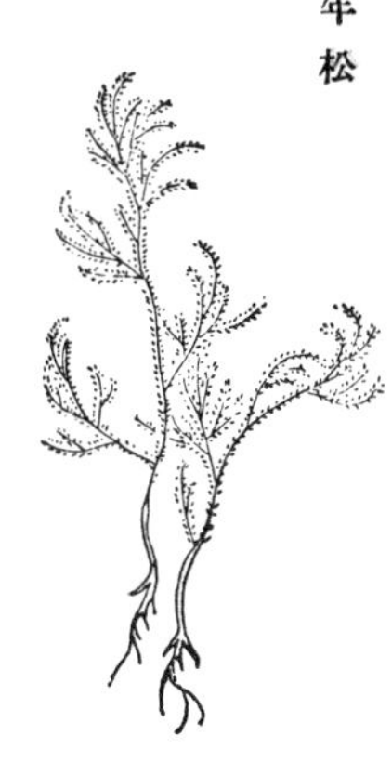
萬年松

鹿茸草

鹿茸草生山石上。高四五寸，柔莖極嫩，白茸如粉。四面生葉，攢密上抱，葉纖如小指甲。春開四瓣桃紅花，微尖下垂，一瓣上翕，兩邊交掩，黃心全露。進賢縣志録入藥類，不著功用。别録：玉柏生石上如松，高五六寸，紫花，用莖、葉。殆此類也。又廬山志：千年艾，觸油即萎。此草色白如艾，是矣。

鹿茸草

石龍牙草

石龍牙草生山石上。根如小半夏，春無葉，有花，細莖如絲。參差開五瓣小白花，花罷黃鬚下垂，高三四寸，小草尤纖。

石龍牙草

筋骨草

筋骨草　筋骨草生山溪間。綠蔓茸毛，就莖生杈，長至數尺。著地生根，頭緒繁挐，如人筋絡。俚醫以爲調和筋骨之藥，名爲小伸筋。秋時莖梢發白芽，宛如小牙。滇南謂之過山龍，端午日，儸儸採以入市鬻之。云小兒是日煎水作浴湯，不生瘡毒、受濕痒。

筋骨草

牛毛松

牛毛松　牛毛松生山石上。高三四寸，數十莖爲叢。葉細如毛而硬，似刺松，梢頭春開小黃花。置之巾箱，得雨可活。俚醫以治跌損。

牛毛松

佛甲草

❶佛甲草，宋圖經始收之。南方屋上、牆頭至多，

佛甲草(一)

北方罕見，詳本草綱目。今人亦以治湯火、灼瘡。

(二)佛甲草生山石上及瓦上。莖、葉淡綠，高三四寸，葉如小匙，大若指頂，微有白粉，厚脆。夏開黃花，五瓣微尖。與前一種，以莖不紫、葉不尖爲別，根亦微香。

佛甲草(二)

水仙

水仙花，本草會編始收之。俗謂其根有毒，而衞生易簡方，療婦人五心發熱，同乾荷葉、赤芍，等分爲末，白湯服之，恐未可信。其花不藉土而活，應入石草。

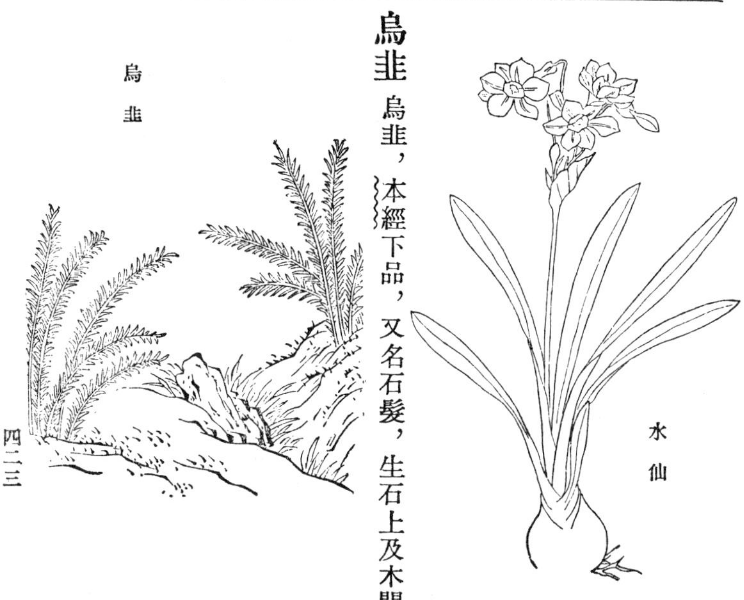

水仙

烏韭

烏韭，本經下品，又名石髮，生石上及木間

烏韭

陰處。青翠茸茸，似苔而非苔也。

馬勃 馬勃，別録下品，生濕地及腐木上。紫色虚軟，狀如狗肝，大如升斗，爲清肺、治咽痛要藥。

馬勃

垣衣 垣衣，別録中品，在瓦曰屋遊，苔類。主治

垣衣

大略相同。

昨葉何草 昨葉何草卽瓦松，唐本草始著録。惟此草俗云有大毒，未可輕服。燒灰沐髮，搗塗湯火傷，皆常用之。且南北老屋皆生，而唐本草獨云生上黨屋上，初生如蓬，高尺餘，遠望如松栽，酸平無毒。余至晉，見此草，果與他處有異。秋時作粉紅花極繁，五瓣，白鬚，黑蘂數點。陽驕瓦灼，益復郁茂。蓋山西風烈，屋上皆落土尺許，草生其上，無異岡脊。氣飽霜露，味兼土木，較

昨葉何草

之鱗次雨飄，僅藉濕潤而生，其性狀固不得同耳。

石蘂 石蘂，本草拾遺始著録。李時珍以爲即別録石濡，生高山石上，苔衣類也。狀如花蘂，故名。

石蘂

地衣 地衣，本草拾遺始著録。即陰濕地苔蘚，經

地衣

日曬起皮者，故名仰天皮。治中暑、陰瘡、雀盲，又主馬反花瘡，生油調傅。

離鬲草 離鬲草，味辛寒，有小毒。主瘰癧、丹毒、小兒無辜寒熱、大腹痞、滿痰、飲膈、上熱，生研絞汁服一合，當吐出胸膈間宿物。生人家階庭濕處，高三二寸，苗葉似羃歷，去瘧。唯上江東有之，北土無。

離鬲草

仙人草 仙人草，主小兒酢瘡，煮湯浴，亦搗傅之。酢瘡頭小而硬，小兒此瘡，或有不因藥而自差者。當丹毒入腹必危，可預飲冷藥以防之，兼用此草洗瘡。亦明目去膚瞖，挼汁滴目中。生階庭間，高二三寸，葉細有鴈齒，似離鬲草，北地不生也。

仙人草

螺黶草

螺黶草　本草拾遺：螺黶草，蔓生石上。葉狀似螺黶，微帶赤色，而光如鏡，背有少毛，小草也。氣味辛，主治癰腫、風疹、脚氣腫，搗爛傅之，亦煮湯洗腫處。按救荒本草有螺黶兒，形狀不相類，恐非一種。

螺黶草

列當

列當　列當，開寶本草始著錄，生原州、秦州等州，即草蓯蓉。治勞傷，補腰腎，代肉蓯蓉，即此。

列當

土馬騣

土馬騣　土馬騣，嘉祐本草始著錄。垣衣生於土

土馬騣

牆頭上者，性能敗熱毒。

河中府地柏

宋圖經：地柏生蜀中山谷，河中府亦有之。根黄，狀如絲；莖細，上有黄點子；無花葉。三月生，長四五寸許；四月採，暴乾用。蜀中九月，藥市多有貨之。主臟毒，下血神速，其方與黄耆等分末之，米飲服二錢。蜀人甚神此方，誠有效也。

河中府地柏

施州崖椶

宋圖經：崖椶生施州石崖上。味甘辛，性溫，無毒。苗高一尺已來，四季有葉無花。彼土醫人，採根與半天迴、雞翁藤、野蘭根等四味，淨洗焙乾，去麄皮，等分擣羅，溫酒調服二錢匕，療婦人血氣，并五勞七傷。婦人服，忌雞、魚、濕麪；丈夫服，無所忌。

施州崖椶

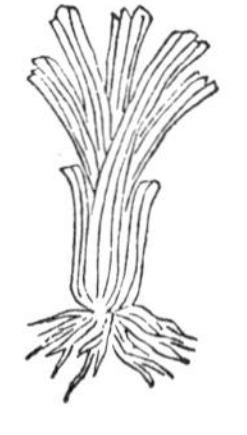

秦州百乳草

宋圖經：百乳草生河中府、秦州、劍州。根黄白色，形如瓦松，莖葉俱青，有如松葉，無花。三月生苗，四月長及五六寸許。四時採其根，晒乾用。下乳，亦通順血脈，調氣甚佳。

秦州百乳草

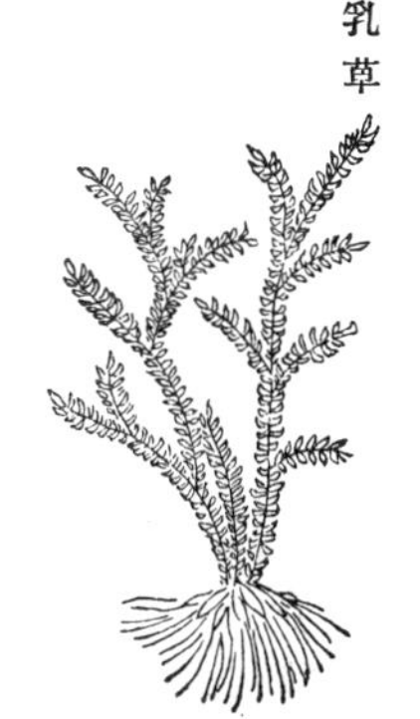

亦謂之百藥草。

施州紅茂草 宋圖經：紅茂草生施州，又名地沒藥，又名長生草。四季枝葉繁盛，故有長生之名。大涼，味苦。春採根、葉焙乾，擣羅爲末，冷水調貼癰疽、瘡腫。

施州紅茂草

施州紫背金盤草 宋圖經：紫背金盤草生施州。苗高一尺已來，葉背紫，面青，根味辛澀，性熱，無毒，採無時。土人單用此物，洗淨去麄皮，焙乾，擣羅，溫酒調服半錢匕。婦人血氣。能消胎氣，孕婦不可服。忌雞、魚、濕麪、羊血。

施州紫背金盤草

福州石垂 宋圖經：石垂生福州山中。三月有花，四月採子焙乾，生擣羅，蜜丸，彼人用治蠱毒甚佳。

福州石垂

植物名實圖考卷之十七

翠雲草　翠雲草生山石間，綠莖小葉，青翠可愛。羣芳譜錄之，人多種於石供及陰濕地爲玩。江西土醫謂之龍鬚，滇南謂之劍柏，皆云能舒筋絡。

翠雲草

瓶爾小草

瓶爾小草生雲南山石間。一莖一葉，高二三寸。葉似馬蹄有尖，光綠無紋。就莖作小穗，色綠，微黃，貼葉如著。

瓶爾小草

石盆草

石盆草生雲南山石間。鋪地長葉，禿歧拖蔓，色紫，葉如馬齒莧微長，頂有小缺，綠蒂，白花。

石盆草

地盆草

地盆草生雲南山石間。鋪地生，葉粗澀

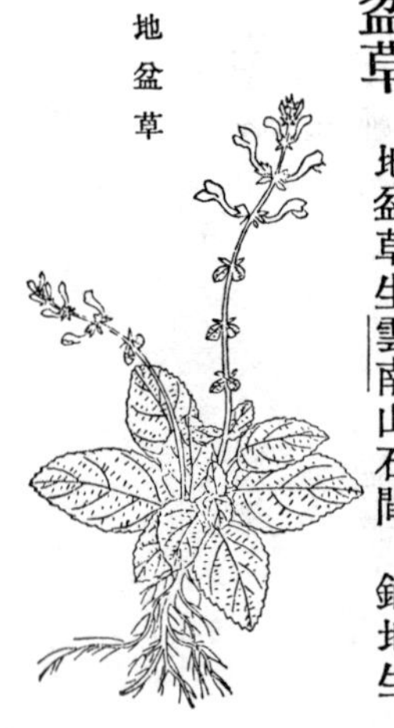

地盆草

如芥菜，紫萼高四五寸，開花如牛耳草而色更紫。

石松

石松生雲南山石間。矮草大根，長葉攢簇似羅漢松葉。葉脱剩莖，粗痕如錯。

石松

金絲矮它它

金絲矮它它生雲南山石間。莖葉皆如蕨，而高不逾尺，横根；一莖一臼，臼皆突起如節。土醫以治筋骨、痰火。

金絲矮它它

石蝴蝶

石蝴蝶生雲南山石間。小草高三四寸，

石蝴蝶

如初生車前草，葉有圓齒。細葶，開五瓣茄色花，瓣不分拆。三大兩小，綴以紫心、白蕊，可植石盆爲玩。

碎補　碎補生雲南山石間。横根叢莖，莖極勁，細葉如前胡、藁本輩。石草似此種者甚多，而葉細碎無逾於此。

碎補

黑牛筋　黑牛筋生雲南山石間。粗莖鋪地，逐節生枝。小葉木强，大體類絡石。開五瓣白花，紅苞如珠。

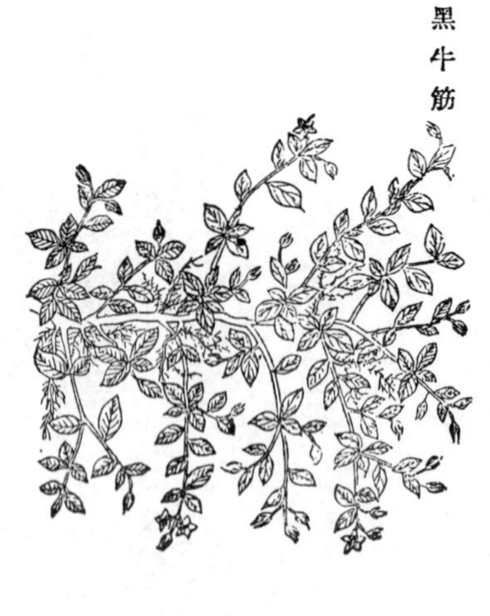

黑牛筋

蜈蚣草　蜈蚣草生雲南山石間。赭根糾互，硬枝横鋪；密葉如鋸，背有金星。其性應與石韋相類。

蜈蚣草

石筋草

石筋草

石筋草生滇南山石間。叢生易繁，紫綠圓莖；葉似烏藥葉，淡綠深紋，勁脆有光。葉間抽細紫莖，開青白花，碎如黍米，微帶紫色。滇本草：性微溫，味辛酸，主治風寒濕痺、筋骨疼痛、痰火、痿軟、手足痲痺，活筋、舒絡方中用之良效。

紫背鹿銜草

紫背鹿銜草生昆明山石間。如初生水竹子葉細長，莖紫，微有毛。初生葉背亦紫，得濕卽活，人家屋瓦上多種之。夏、秋間，梢端、

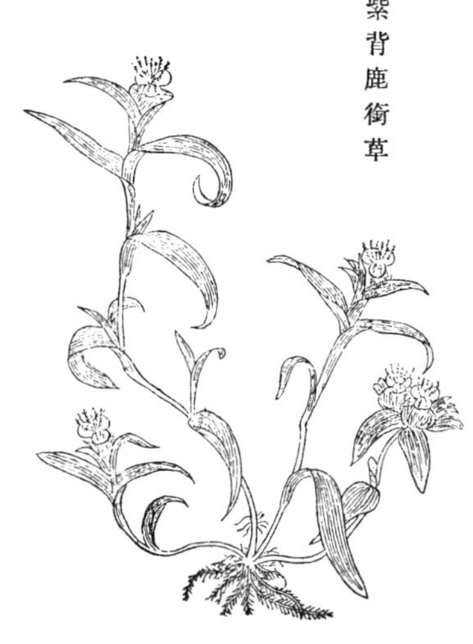

紫背鹿銜草

葉際作扁苞，如水竹子，中開三圓瓣碧藍花。絨心一簇，長三四分，正如翦繒綃爲之。上綴黃點，耐久不斂。蘚花苔繡，長伴階除；秋雨蕭條，稍堪拈笑。

象鼻草　象鼻草生雲南，一名象鼻蓮。初生如舌，厚潤有刺，兩葉對生，高可尺餘，邊微內翕。外葉冬瘁，內葉即生，栽之盆玩，喜陰畏暵，蓋

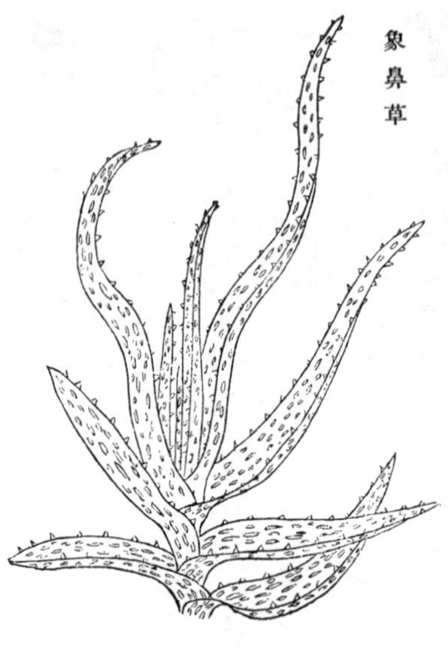
象鼻草

即與仙人掌相類。雲南府志：可治丹毒。產大理者，夏發莖，開小尖瓣黃花如穗，性涼，敷湯火傷良。

對葉草　對葉草生雲南山石上。根如麥門冬，累綴成簇，下有短鬚甚硬。根上生葉如指甲，雙雙對生；冬開小白花四瓣；作穗長二三分。與瓜子金相類而花異，性亦應同石斛。

對葉草

樹頭花　樹頭花，雲南老屋、木板上皆有之，開三瓣紫花。古今圖書集成：順寧府產樹頭花，年

樹頭花

久枯樹上所生。狀似吉祥草而葉稍大，開花如穗；一莖有花十餘朵，香遜幽蘭。狀頗相類。

金蘭

金蘭即石斛之一種。花如蘭而瓣肥短，色金黃，有光灼灼。開足則扁闊，口哆中露紅紋尤豔。凡斛花皆就莖生柄，此花從梢端發杈生枝，一枝多至六七朵，與他斛異。滇南植之屋瓦上，極繁，且賣其花以插鬢。滇有五色石斛，此其一也。

金蘭

石交

石交生雲南山坡。高尺餘，褐莖如木，交互

石交

相糾。初附莖生葉，漸出嫩枝；三葉一簇，面綠背紫。大者如豆，小者如胡麻，參差疏密，自然成致。滇本草：性溫，味苦辣，有小毒。走筋絡，治膈氣痛、冷寒攻心、胃氣疼、腹脹，發散瘡毒。

豆瓣綠　豆瓣綠生雲南山石間。小草高數寸，莖葉綠脆。每四葉攢生一層，大如豆瓣，厚澤類佛指甲。梢端發小穗長數分，亦脆。土醫云，性寒，治跌打。順寧有製爲膏服之，或有驗。惟滇南凡草性滋養者，皆曰鹿銜，誕詞殊未可信，姑存其方。

六味鹿銜草膏

六味鹿銜草皆生順寧縣瑟陰洞林岩。扳岩採取豆瓣鹿銜草、紫背鹿銜草、岩背鹿銜草、石斛鹿銜草、竹葉鹿銜草、龜背鹿銜草六味，加大茯苓，用桑柴合煎去渣，更加別藥，熬一日夜。冰餹融膏。性平和，男女老幼皆可服，忌酸冷。治痰火，用苧根酒服。年老虛弱、頭暈、眼花，用福圓大棗湯服。年幼先天不足、五癆七傷，火酒調服。患病日久，難以起欠，福圓大棗、茯苓姜湯服。此膏長服，益壽延年，鬚髮轉黑。

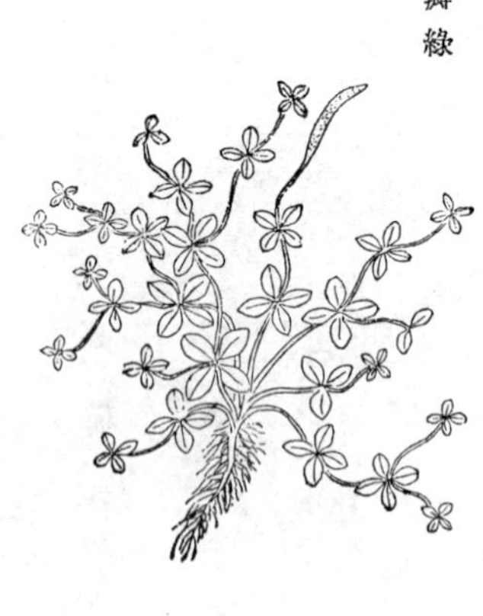
豆瓣綠

草血竭　草血竭一名回頭草，生雲南山石間。亂根細如團髮，色黑，横生。長柄、長葉，微似石韋而柔，面綠，背淡，柄微紫。春發葶，開花成穗，如小白蓼花。滇本草：味辛苦，微澀，性溫。寬中、消食、化痞，治胃疼、寒濕、浮腫、癥瘕、淤血。男婦痞塊、癥瘕積聚，草血竭一錢焙末，砂糖、熱酒服。氣盛者加檳榔、台烏。寒濕、浮腫，草血竭、茴香根、草果子共爲細末，煮鰌魚吃三、四次效。

草血竭

郁松

郁松

郁松生蒙自縣山中。綠莖細葉，蒙茸荏柔，一叢數本，經冬不萎，故名爲松，而枝葉俱扁。土醫採治牙痛，無論風火、蟲蝕，揉熟塞入患處即止。

鏡面草

鏡面草生雲南圃中。根莖黑糙，附莖、附根發葉。葉極似蕁，光滑厚脆，故有鏡面之名。雲南志錄之，云可治丹毒。此草性、形，大致同虎耳草。

鏡面草

石風丹

石風丹生大理府。似石韋有莖，梢開青

石風丹

花，作穗如狗尾草，俚醫用之。云性溫，味苦，無毒；通行十二經絡，養血、舒肝、益氣、滋腎；入筋祛風，入骨除濕。蓋亦草血竭一類。

一把傘

一把傘

一把傘生大理府石上，似峩眉萬年松而葉圓。俚醫用之，云味甘濇，性溫，入足少陰，補腰腎、壯元陽。

地捲草

地捲草即石上青苔濕氣凝結成片，與仰天皮相似。面青黑，背白，蓋即石耳之類。滇本草：味甘，性溫，無毒。生石上或貼地上，綠色細葉自捲，成蟲形。一名蟲草，一名抓地松，採取治一切跌打損傷筋骨如神。不可生用，生則破血。夷人呼爲石青苔，治鼻血效。

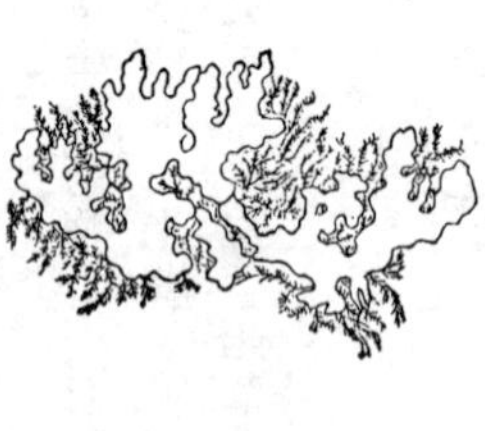

地捲草

石龍尾

石龍尾生雲南山石上。獨莖細葉，四面攢生，高四五寸。頗似初生青蒿而無枝叉，大致如石松等，而莖肥、葉濃，性應相類。

石龍尾

過山龍

過山龍一名骨碎補，似猴薑而色紫、有毛，雲南極多。味苦，性溫，補腎，治耳鳴及腎虛、久瀉。

過山龍

玉芙蓉

玉芙蓉生大理府。形似楓、松樹脂，黄白色，如牙相粘，得火可然。俚醫云，味微甘，無毒，治腸痔瀉血。

玉芙蓉

獨牛

獨牛生雲南山石間。初生一葉，似秋海棠葉而光滑無鋸齒，淡綠厚脆，疎紋數道，面有紫暈如指印痕。莖高三四寸，從莖上發苞開花。花亦似海棠，只二瓣，黄心一簇，盆石間植之有別趣，

獨牛

且耐久。

半把繖

半把繖一名雄過山，半把繖生雲南山石上。横根，黑鬚如亂髮。莖端生葉，長二三寸，披垂如繖而闕其半，背有點如金星。

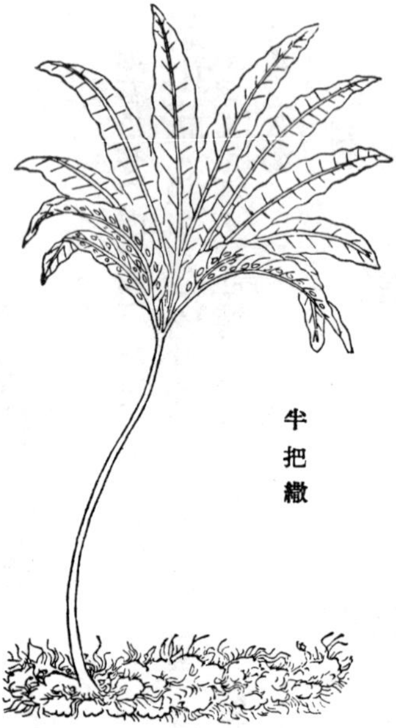

半把繖

大風草

大風草，石韋之類，而葉長尺許，薄脆，横直紋，皆類蕉葉，背有白綠點。蓋無風自搖者。

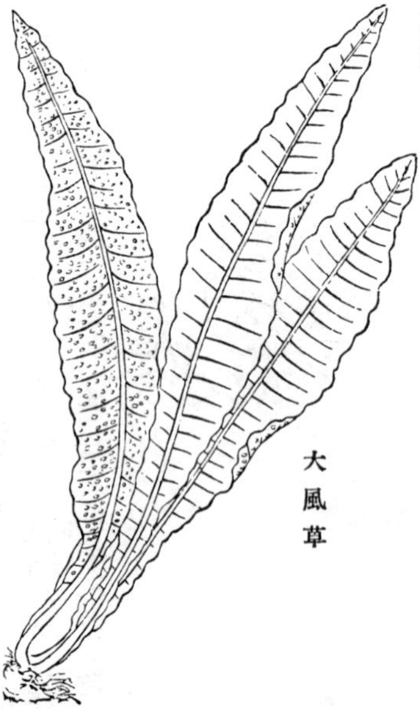

骨碎補

骨碎補與猴薑一類。惟猴薑扁闊，骨碎

大風草

骨碎補

補圓長，滇之採藥者別之。

還陽草

還陽草，大體類鳳尾草，細莖如漆，橫根多毛。殆石長生之類。

還陽草

石龍參

石龍參生昆明山石間。一莖一葉，如荇葉；根白有黑橫紋，宛似小蠶；復有長鬚十數條。

石龍參

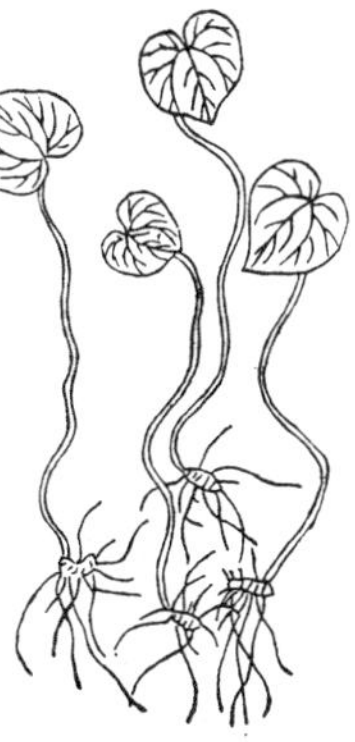

小扁豆

小扁豆生雲南山石上。長三四寸，紅莖對葉，開小紫花，作穗。結實如扁豆，極小。

小扁豆

子午蓮

子午蓮，滇曰茈碧花，生澤陂中。葉似蓴有歧，背殷紅。秋開花作綠苞，四坼爲跗，如

子午蓮

大綠瓣，內舒千層白花，如西番菊，黃心。亦作千瓣，大似寒菊。浪穹縣志：莖長六七丈，氣清芬，采而烹之，味美於蕈。八月花開滿湖，湖名茈碧，以此。按本草拾遺，萍蓬草葉大如荇，花亦黃。李時珍謂葉似荇而大，其花布葉數重，當夏晝開花，夜縮入水，晝復出。則此草其卽萍蓬耶？

馬尿花

馬尿花生昆明海中，近華浦尤多。葉如荇而背凸起，厚脆無骨，數莖爲族，或挺出水面。抽短葶開三瓣白花，相疊微皺，一名水旋覆。滇本草：味苦，微鹹，性微寒，治婦人赤白帶下。按野菜贊云，油灼灼，蘋類。圓大一缺，背點如水泡，一名芣菜，沸湯過，去苦澀，須薑醋，宜作乾菜，根甚肥美，卽此草也。

馬尿花

海菜

海菜生雲南水中。長莖長葉，葉似車前葉而大，皆藏水內。抽葶作長苞，十數花同一苞。花開則出於水面，三瓣，色白；瓣中凹，視之如六；大如杯，多皺而薄；黃蕊素萼，照耀漣漪，花罷

海菜

結尖角數角，彎翹如龍爪，故又名龍爪菜。水瀕人摘其莖，煠食之。蒙自縣志：莖頭開花，無葉，長丈餘，細如釵股。卷而束之，以鬻於市，曰海菜，可瀹而食。蓋未見植根水底、漾葉波際也。滇海虞衡志以爲其根即蕁，則並不識蕁。考唐本草有蘋菜，葉似澤瀉而小，形差相類。語即未詳，圖亦失眞，不併入。

滇海水仙花

滇海水仙花生海濱。鋪生，長葉如車前草而瘦，粗厚澀紋，層層攢密。夏抽葶開粉紅花，微似報春花，團簇作毬，映水可愛，疑即龍舌草之類。根甚茸細。

滇海水仙花

水毛花

水毛花生滇海濱。三棱，叢生，如初生菱蒲，高二三尺。梢下開青黃花，似燈心草微大，一莖一花。根如茅根。

水毛花

水金鳳

水金鳳生雲南水澤畔。葉、莖俱似鳳仙花葉，色深綠。滇南本草：味辛，性寒，洗筋骨疼痛、疥、癩、癬瘡，殆能去濕。夏、秋時葉梢生細枝，一枝數花，亦似鳳仙，而有紫、黃數種，

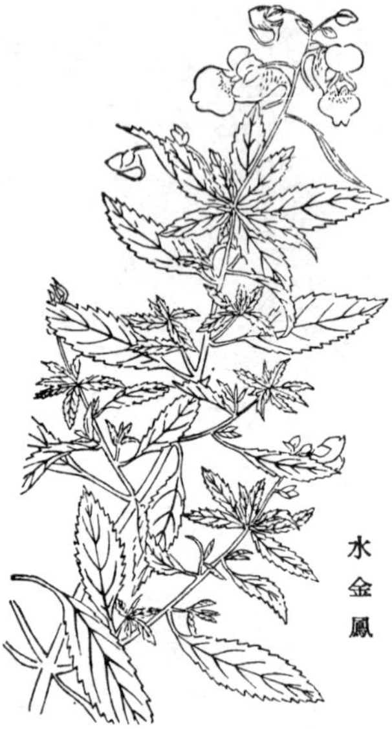

水金鳳

尤耐久。

水朝陽草

水朝陽草生雲南海邊。獨莖柔綠，葉如金鳳花葉而肥短，細紋密齒。梢端開花，黄瓣如千層菊，大如小杯。繁心孕實，密葉承跗，掩映蓼浦，欹側金盆澤畔，縟絢不亞江南菰蘆中矣。滇本草：味甘辛，無毒，性熱。似鼓錘草包葉而生花，子朝陽生，故名。採煮靈砂成丹，名純陽丹，救一切病，其效如神云。

水朝陽花

水朝陽花生雲南海中。獨莖，高四五

水朝陽草

水朝陽花

尺，附莖對葉，柔綠有毛。梢、葉間開四瓣長筩紫花，圓小嬌艷，映日有光。滇本草有水朝陽草與此異。此草花罷結角，細長寸許，老則迸裂，白絮茸茸，如婆婆針線包而短，應亦可敷刀瘡。

薺米

薺米生陂塘，直隸謂之薺米，固始謂之茶菱，江西義寧謂之藻心蔓，生水中。長柄圓葉，似初生小葵而扁。一邊生葉，一邊結筩子，長四五分。端有三叉，俗亦呼三叉草筩。內實如蓮，鬚長二寸許。以芝麻拌爓，香氣撲鼻，可以飣盤；亦用為茶素，潔馨頗宜脾胃。

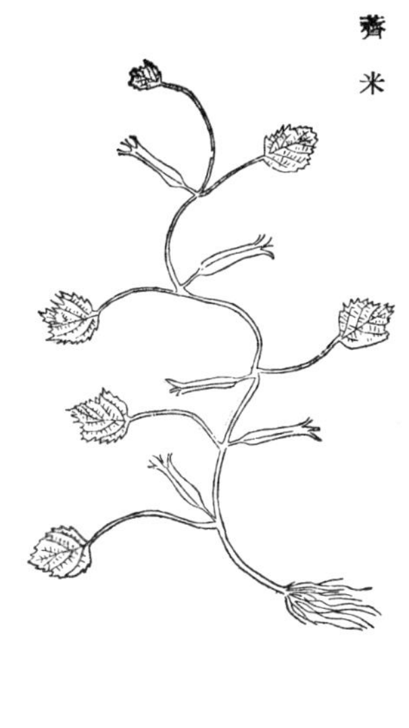
薺米

牙齒草

牙齒草生雲南水中。長根橫生，紫莖，一枝一葉，葉如竹，光滑如荇，開花作小黃穗。滇本草：味苦澀，止赤白痢、大腸下血、婦人赤崩帶下、惡血。

牙齒草

植物名實圖考卷之十八

水草類

澤瀉

水粟草

澤瀉，本經上品。救荒本草謂之水蕎菜，葉可煠食。撫州志：臨川產澤瀉，其根圓白如小蒜。

澤瀉

菖蒲

菖蒲，本經上品，石菖蒲也。凡生名山深僻處者，一寸皆不止九節，今人以小盆蒔之。愈剪愈矮，故有錢蒲諸名。
雩婁農曰：沈存中謂蓀卽今菖蒲，而抱朴子謂菖蒲須得石上，一寸九節，紫花尤善。菖蒲無花，忽逢異尊，其可遇不可必得者耶？然平泉草木記又謂茅山谿中有谿蓀，其花紫色，則似非靈芝天花，神仙奇藥矣。若如陶隱居所云，谿蓀根形氣色，極似石上菖蒲，而葉如蒲無脊，俗人誤呼此爲石上菖蒲。按其形狀，及似今之吉祥草，不入藥餌，沈說正是。隱居所謂俗誤，而抱朴子乃併二物爲一彙耶？離騷草木疏引證極博，不無調停。詩人行吟，徒揣色相；仙人服餌，尤務詭奇；隱居此注，似爲的矣。

菖蒲

香蒲

香蒲，本經上品。其花爲蒲黃，俗名蒲棒。唐本草注：根可葅者爲香蒲，菖蒲爲臭蒲。李時珍謂香蒲有脊而柔；泥菖蒲根大，節白而疎；水菖蒲根瘦，節赤稍密，卽溪蓀云。
雩婁農曰：蒲槌怒擎池中物耳，而本草以爲香。

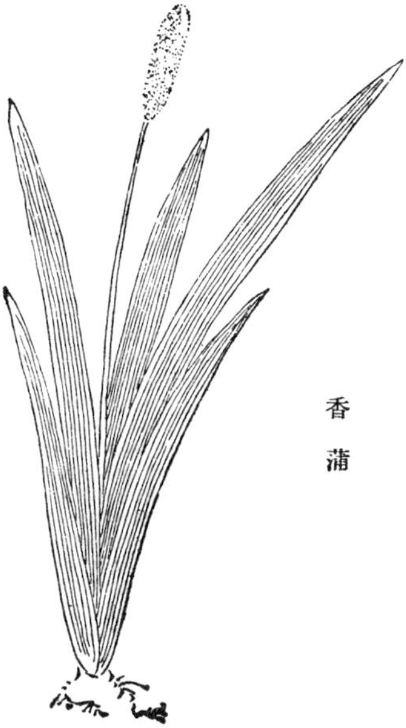

香蒲

楚詞「豈獨紉夫蕙茝」，舊說皆以茝爲白芷，獨草木疏據說文楚蘺、晉蘺、齊茝之說，以爲卽莞苻。蘺乃莞蒲也，然則蒲爲香草信矣。出汙不染，沁粉屑金，婉之蓮芰芝蘭，縱不躋其發越，亦當結此幽貞。吳氏之說，獨標穎異，故不糠粃其言。

水萍

水萍，本經中品。爾雅：萍，蓱，其大者蘋。吳普本草始別出。蘋卽俗呼田字草。

水萍

蘋

蘋，四葉合成一葉，如田字形。或以其開小白花，因呼白蘋。或謂生水中者爲白蘋，生陸地者爲青蘋，水生者可茹云。

蘋

海藻

海藻，本經中品。爾雅：薚，海藻。注：如

海藻

亂髮，生海中，蓋卽俗呼頭髮菜之類。又拾遺有海藴，藴，訓亂絲，亦其類也。

羊蹄

羊蹄，本經下品。詩經「言采其蓫」，陸疏：蓫，牛蘈，揚州人謂之牛蹄。毛傳：蓫，惡菜。爾雅：藬，牛蘈，郭注未指爲蓫，所述狀亦與羊蹄稍異。今通呼牛舌科，亦曰牛舌大黄，子名金蕎麥，以治癬疥。

羊蹄

酸模

酸模，陶隱居云，一種極似羊蹄而味醋，呼爲酸模，亦療疥。日華子始著錄。本草拾遺以爲卽山大黄，引爾雅須，蕵蕪。郭注：似羊蹄而稍細，味酸可食爲證，亦可通。詩經采葑，毛傳：葑，須也。鄭注：坊記以葑爲蔓菁，掌禹錫之説本此。李時珍駁之，過矣。

酸模

陟釐

陟釐，別錄下品，即側理海中苔，纏牽如絲綿之狀。以爲紙，亦可乾爲脯。

陟釐

石髮

石髮，原附海藻下，本草綱目始分條。生海中曰龍鬚菜，與石衣同名。司馬溫公詩：「萬古風濤浸石巖，老苔垂足細鬖鬖；傳聞海底珠無數，何事從來散不簪。」蓋生海涯石上，今通呼頭髮菜。

石髮

昆布

昆布，別錄中品。今治癭瘤、瘰癧多用之。

昆布

菰

菰，別錄下品。或謂之茭，亦謂之蔣。中心臺謂之菰首，俗呼茭白，亦曰茭瓜。宋圖經調爾雅出隧，蘧蔬，卽此。秋時結實，謂之彫胡米。救荒本草，菰根謂之茭笋，今京師所謂茭耳菜也。湘陰志：茭草吐穗，開小黄花，實結莖端，細子相膠，大如指，色黑。小兒剝出，煨熟食之，味亦香美，謂之茭粑，卽菰米也。

菰

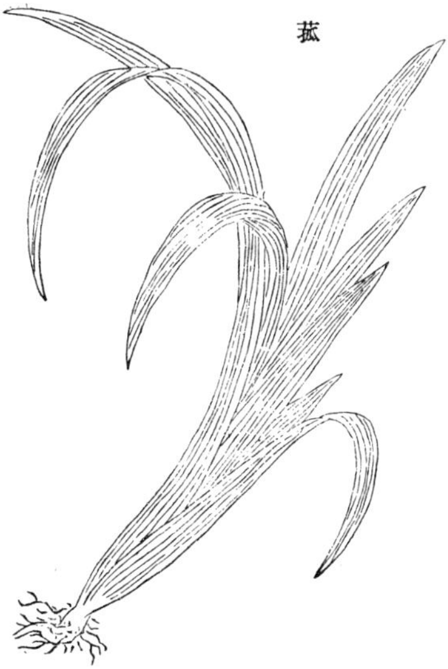

蓴

蓴，別錄下品。詩經「言采其茆」，陸疏：茆與荇菜相類，江東謂之蓴菜，或謂之水葵。今吳中自春及秋，皆可食。湖南春、夏間有之，夏末已不中噉。昔人有謂張季鷹秋風蓴鱸，及杜子美祭房太尉詩，爲非蓴菜時者，蓋因湘中之蓴而致疑也。

蓴

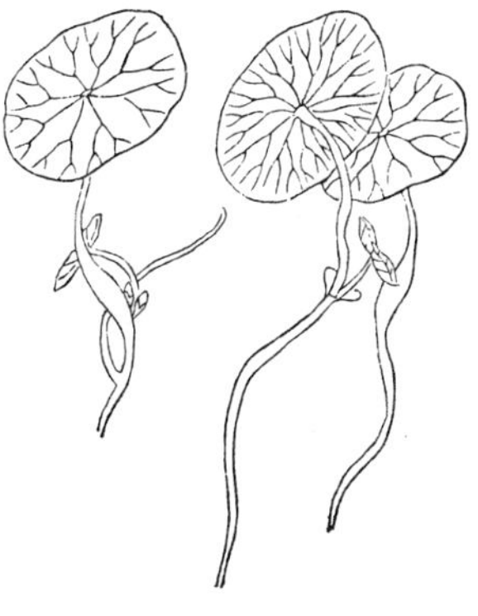

莕菜

莕菜，爾雅：莕，接余。陸璣詩疏謂可以按酒。唐本草云鳧葵卽此。救荒本草謂之荇絲菜，一名金蓮兒。湘陰志：水荷，莖葉柔滑，莖如釵股，根如藕，人多以爲糝食，亦卽此類。

雩婁農曰：詩傳荇，鳧葵；荇，接余。一名瞭然。唐本草注以猪蓴爲荇，遂並鳧葵屬之，蓋誤以蓴爲荇也。埤雅從之，而鳧葵爲荇、蓴通稱矣。物之在水者多名鳧，象鳧之出沒波際耳。芍曰鳧茈，人之泗水者亦曰鳧，其義同也。古人於菜之滑者多曰葵；終葵，葉不似葵，其滑同也。二物處水而滑，故名易淆。陸元恪云可案酒，後世食者絕鮮。南史，沈覬採蓴、荇根供食；救荒本草，嫩苗煠熟，皆爲荒計。巖棲幽事云：爛煮味如蜜，曰荇酥，然亦得於所聞。

莕菜

蘋草

蘋草，唐本草始著錄。葉似澤瀉，堪蒸啖，江南人用以蒸魚云。

蘋草

紫菜

紫菜，本草拾遺始著錄，諸家皆以附石。正青色，乾之卽紫。然自有一種青者，滇南謂之石花菜，深山石上多有之。或生海中者色紫，生山中色青耳。

紫菜

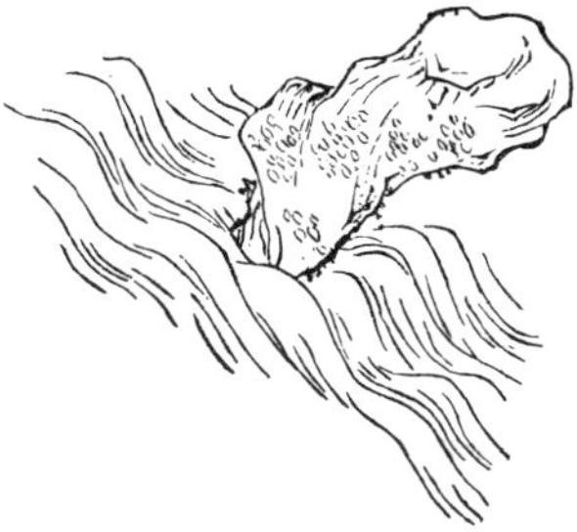

海藴

海藴

海藴，本草拾遺始著録。主治癭瘤、結氣在喉間，下水，蓋海藻之細如亂絲者。

海帶

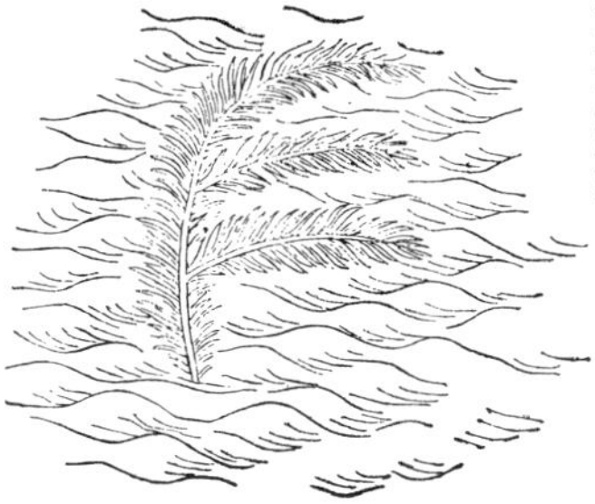

海帶

海帶，嘉祐本草始著録，今以爲海錯。俗云食之能消痰、去痔。

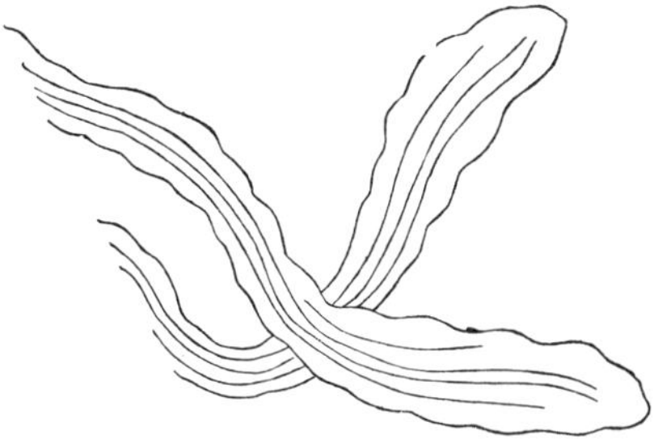

鹿角菜

鹿角菜，食性本草始著録，通志以爲卽綸。李時珍所述卽今鹿角菜，與原圖不甚符，存以俟考。

鹿角菜

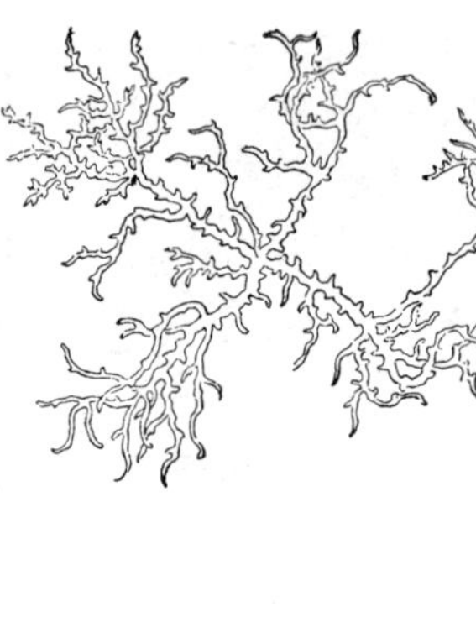

石花菜

石花菜，本草綱目始著録。生海礁上，有紅、白二花，形如珊瑚，粗者爲雞脚菜。今海菜中有鳳尾菜，如珊瑚而扁，亦其類也。

石花菜

藻

藻，爾雅：莙，牛藻。注：似藻而大。陸璣詩疏：有二種，一似蓬蒿，一如雞蘇，皆可爲茹。本草綱目始收入水草。湘陰志：馬藻，兩兩葉對生如馬齒。牛尾薀亦藻類，俗名絲草，即大小二種也。

雩婁農曰：藻火絺繡尚矣。澗溪薀藻，可羞、可薦；後世屋上覆，橑謂之藻井；以畫、以織，名

藻

之曰爵。取其潔、取其文、取其讓火，不以賤而遺之也。魚朝恩有洞，四壁夾安琉璃，板中貯水及魚藻，號魚藻洞，侈極矣，富者亦復效之。楊子云：吾見斧藻其楶，未見斧藻其德。惟師曠云：歲欲惡，惡草先生。惡草者，藻也。藻爲惡草，豈以水潦將至之徵耶？凡浮生不根茇者，生於萍藻，君子觀於藻，得澡身之義，而戒其無根，則免於惡矣。

水豆兒

救荒本草：水豆兒一名葴菜，生陂塘水澤中。其莖、葉比蒩草又細，狀類細線，連綿不絕。根如釵股而色白；根下有豆，如退皮菉豆瓣，味甘。採秧及根豆，擇洗潔淨煮食，生醃食亦可。

水豆兒

黑三棱

救荒本草：黑三棱，舊云河、陝、江、淮、荆、襄間皆有之，今鄭州賈峪山澗水邊亦有。苗高三四尺，葉似菖蒲葉而厚大，背皆三棱，劍脊。葉中攛葶，葶上結實，攢爲刺毬，狀如楮桃樣而尖，顆瓣甚多。其顆瓣形似草決明子而大，生則青，熟則紅黃色。根狀如烏梅而頗大有鬚，蔓延相連。比京三棱體微輕，治療並同。其葶味

黑三棱

甜，根味苦，性平，無毒。採嫩葶剝去麄皮煠熟，油鹽調食。

水胡蘆苗　救荒本草：水胡蘆苗生水邊，就地拖蔓而生。每節間開四葉，而葉如指頂大，其葉尖上皆作三叉，味甜。採嫩秧連葉煠熟，水浸淘淨，油鹽調食。

水胡蘆苗

磚子苗　救荒本草：磚子苗一名關子苗，生水邊。苗似水葱而麄大，內實又似蒲，葶梢開碎白花，結穗似水莎草穗，紫赤色。其子如黍粒大；根似蒲根而堅實，味甜；子味亦甜。採子磨麪食，及採根擇洗淨，換水煮食；或晒乾磨爲麪食亦可。

磚子苗

魚蘘草　魚蘘草生湖北陂澤。獨莖，淡紫色；長

魚蘘草

葉如柳葉；圓齒，黃筋。

水粟草

水粟草生湖北陂澤。獨莖，褐色；葉似菊而瘦。梢端開小黃花，如野菊而小。

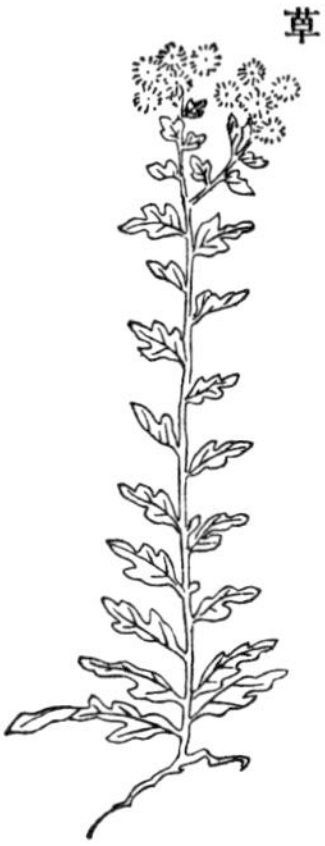

水粟草

植物名實圖考卷之十九

蔓草類

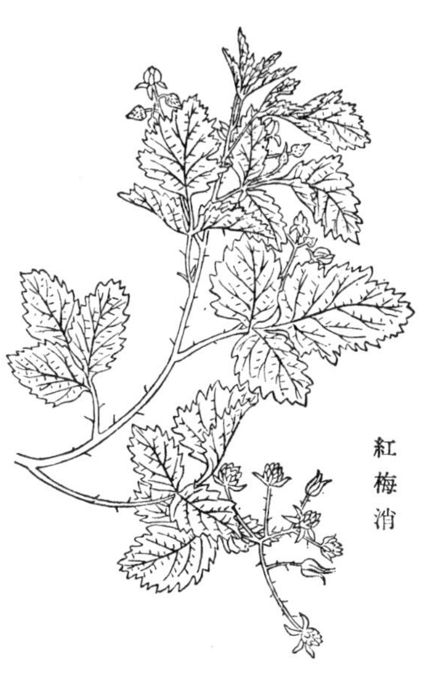
紅梅消

紅梅消　紅梅消，江西、湖南河濱多有之。細莖多刺，初生似叢，漸引長蔓，可五六尺，一枝三葉，葉亦似藤田藨。初發面青，背白，漸長背卽淡青。三月間開小粉紅花，色似紅梅，不甚開放，下有綠蒂，就蒂結實，如覆盆子，色鮮紅，纍纍滿枝，味酢甜可食。按藨屬甚多，李時珍亦未盡攷，故不云有紅花者。辰谿縣志：山泡有三月泡、大頭泡、田雞泡、扒船泡。泡卽藨，語音輕重耳；名隨地改，殆難全別。江西俚醫以紅梅消根浸酒，爲養筋、治血、消紅、退腫之藥。又取花汁入粉，可去雀斑，蓋色、形、味與蓬蘽、覆盆相類，其功用應亦不遠。李時珍分別入藥、不入藥，亦只以本草所有者言之，而山鄉則可食者卽多入藥，未可刻舟膠柱也。此草滇呼紅瑣梅，採作果食。湖南、北謂之過江龍，簡易草藥收之。其枝梢下垂，及地則生根，黔中謂之倒築傘。遵義府志，枝葉結子，與藤秧藨絕似，枝末拄地則生根，復起再長，拄地復然，大者不知其本末所在，根可入藥云。

潑盤　救荒本草：潑盤一名托盤，生汝南荒野中，陳、蔡間多有之。苗高五七寸，莖葉有小刺。其葉彷彿似艾葉稍團，葉背亦白，每三葉攢生一處。結子作穗，如半柿大，類小盤堆石榴顆狀，下有蒂承，如柿蒂形，味甘酸，性溫。以潑盤顆粒紅

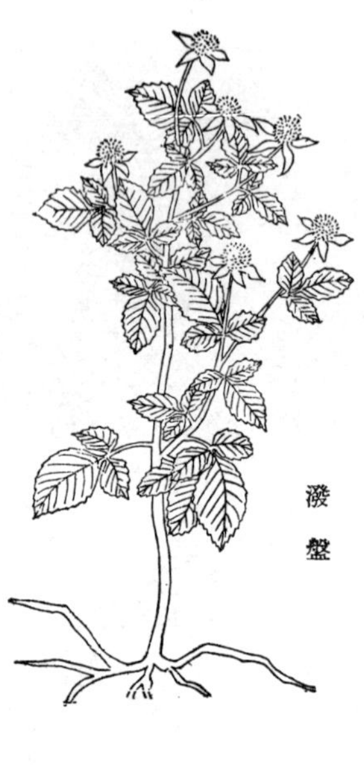

潑盤

熟時採食之，彼土人取以當果。按李時珍云，一種蔓小於蓬藟，一枝三葉，葉面青、背淡白而微有毛，開小白花，四月實熟。其色紅如櫻桃者，俗名薅田藨，即爾雅所謂藨者也。故郭璞註云：藨即莓也。子似覆盆而大，赤色，酢甜可食，此種不入藥用，即此。

蛇附子

蛇附子產建昌。蔓生，莖如初生小竹，有節。一枝三葉，葉長有尖，圓齒疏紋。對葉生鬚，鬚就地生，根大如麥冬。俚醫以治小兒，退熱、止腹痛，取漿沖服。

蛇附子

大血藤

宋圖經，血藤生信州。葉如蘡薁葉，根如大拇指，其色黃。五月採，行血、治氣塊，彼土人用之。李時珍按虞摶云，血藤即過山龍，未知的否，姑附之茜草下。按過山龍，俗名甚多，不圖其形，無從審其是否。羅思舉簡易草藥：大

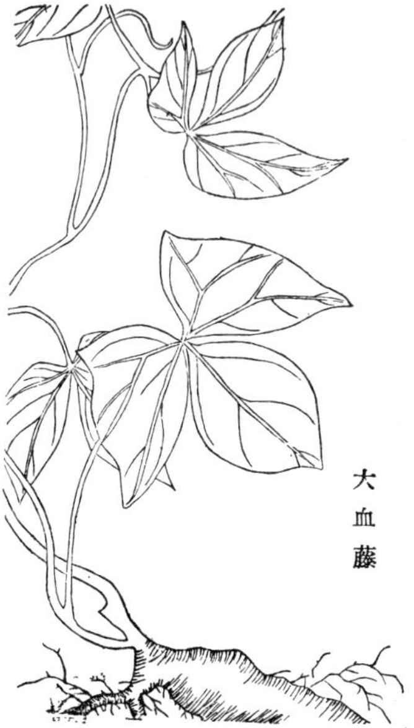

大血藤

血藤即千年健，汁漿即見血飛，又名血竭，雌、雄二本。治筋骨疼痛，追風、健腰膝。今江西廬山多有之，土名大活血。蔓生，紫莖，一枝三葉，宛如一葉擘分。或半邊圓，或有角而方，無定形，光滑厚韌。根長數尺，外紫內白。有菊花心，掘出曝之，紫液津潤。浸酒一宿，紅豔如血，市醫常用之。廣西梧州志：千年健浸酒，祛風、延年，彼中人以遺遠，束以色絲，頗似降眞香。

三葉挐藤

三葉挐藤生長沙山中。蔓生，黑莖，新蔓柔細。一枝三葉，葉長寸餘而末頗團；面青，背白，直橫紋皆細。俚醫以爲治跌損、和筋骨之藥。

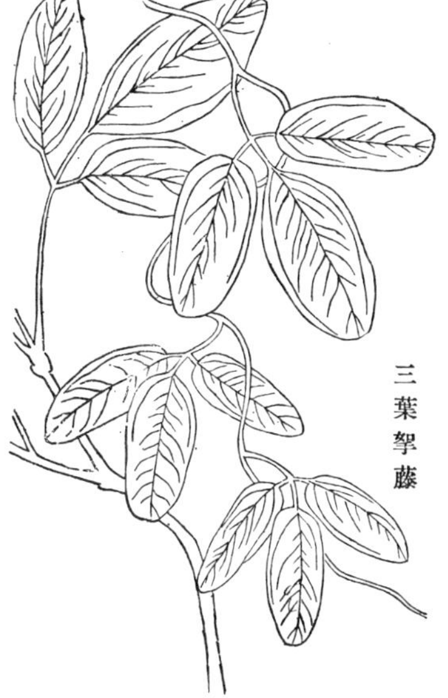

三葉挐藤

山木通

山木通，長沙山中有之。粗莖長蔓，三葉攢生一枝，光滑厚韌。葉際開花，花罷殘蕊茸茸，尚在莖上。俚醫用以通竅、利水。按圖經：

山木通

木通一枝五葉，葉如石韋。此藤老莖亦中空，葉亦似石韋，而只三葉，無實，又別一種。

小木通

小木通產湖口縣山中。莖葉深綠，長蔓裊娜。每枝三葉，葉似馬兜鈴而細。俚醫用以利小便。按俗間木通多種，以木通本功通利九竅，故藤本能利水者，多以木通名之。

大木通

大木通產九江山中，一名接骨丹。粗藤

小木通

大木通

如樹，短枝青綠。對葉排生，濃綠大齒。俚醫搗葉，敷治腳瘡、爛毒；莖利小便。　按形狀與本草圖異。蘇頌引燕吳行紀，揚州甘泉東院有通草，其形如椿子垂梢際。所說不同，或別一物。此草頗似椿葉，惟大齒不類。

三加皮

三加皮產建昌山中。大根赭黑，似何首烏。叢生，細莖，老赭新綠。對發短枝，一枝三葉。葉勁無齒，形似豆葉而長，面綠，背青白，中直脈紋亦稀疏。俚醫以治風氣，故名三加皮，非與一名金鹽之五加皮一類也。

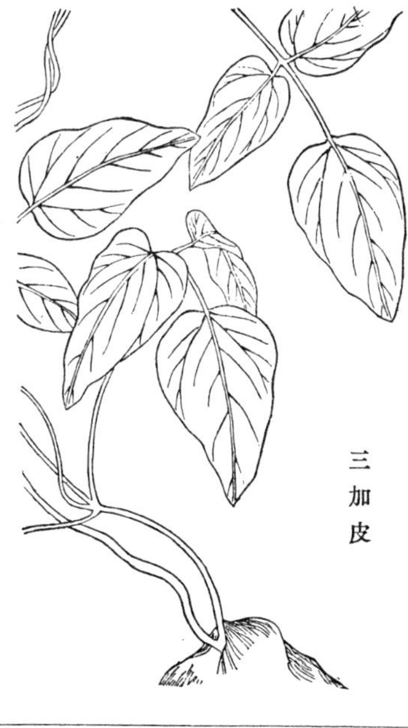
三加皮

石猴子

石猴子產南安。蔓生細莖，莖距根近處有粗節手指大，如麥門冬黑褐色。節間有細鬚繚繞，短枝三葉，葉微似月季花葉。氣味甘溫。土人取治跌打損傷、婦人經水不調，敷一切無名腫

石猴子

毒。　按本草拾遺，江西山林間有草生葉，頭有癭子似鶴𨞙，葉如柳，亦名千金藤，或即此。

貼石龍

貼石龍生南安。赤根無鬚，細莖青赤。一枝三葉，葉如柳葉。俚醫以治頭痛、腦風、牙痛，井水煎服；蛇咬擦傷處，亦可服。

貼石龍

野扁豆

野扁豆，長沙坡阜有之。莖、葉俱似扁豆而小，開花亦如扁豆花而色黄。結扁角長寸許，子大如蒺藜。俚醫以洗無名腫毒。

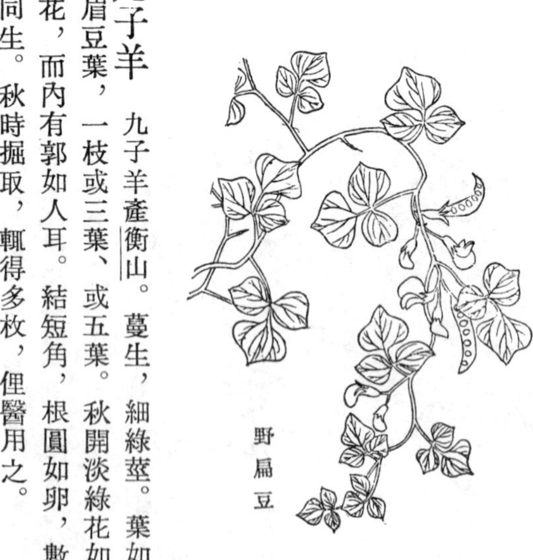

野扁豆

九子羊

九子羊產衡山。蔓生，細綠莖。葉如蛾眉豆葉，一枝或三葉、或五葉。秋開淡綠花如豆花，而内有郭如人耳。結短角，根圓如卵，數本同生。秋時掘取，輒得多枚，俚醫用之。

九子羊

山豆

山豆

山豆產寧都。赭莖小科，莖短而勁。一枝三葉，如豆葉而小，面青，背微白。秋結小角，長三四分，四五成簇，有豆兩粒。赭根如樹根，長四五寸。俚醫以治跌打，能行兩腳，與廣西山豆根主治異。

金線草

金線草生長沙岡阜間。蔓生，方莖，四葉攢生一處。莖葉皆有澀毛，棘人衣。與茜草同，唯葉大而圓爲異。考本事方：蒴草似茜，治血證

金線草

極效。此草能行血、治腰痛，俚醫用之，或卽本事方之蘙草。湖南呼茜草，皆曰鋸子草；二草形頗相類，而土人分辨甚晰。

五爪金龍

五爪金龍產南安。橫根抽莖，莖葉俱綠。就莖生小枝，一枝五葉，分布如爪。葉長二寸許，本寬四五分，至末漸肥；復出長尖，細紋無齒。根褐色，硬如萆薢。

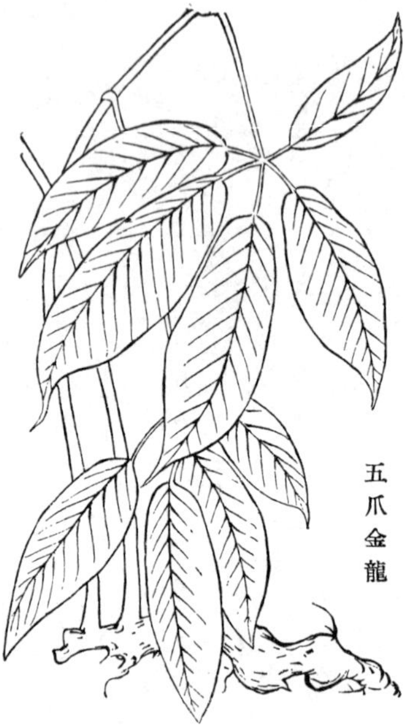

五爪金龍

無名一種

江西湖南多有之。長蔓緣壁，圓節如竹。對節發小枝，五葉同生，似烏蘞苺而長，葉頭亦禿，深齒粗紋，厚澀如皺。節間有小鬚粘壁如蠅足，與巴山虎相類。

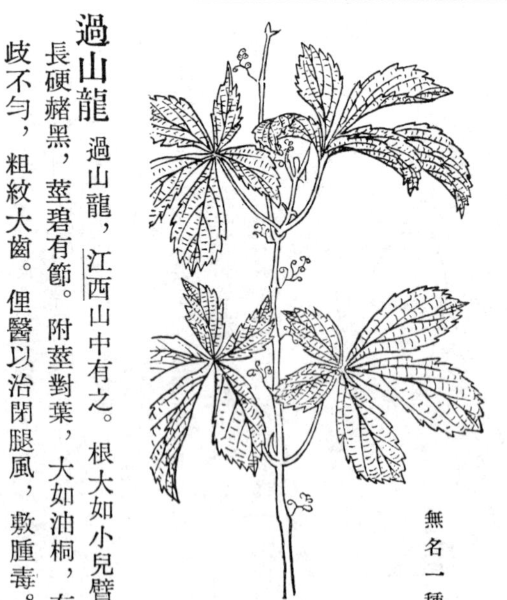

無名一種

過山龍

過山龍，江西山中有之。根大如小兒臂，長硬赭黑，莖碧有節。附莖對葉，大如油桐，有歧不勻，粗紋大齒。俚醫以治閉腿風，敷腫毒。

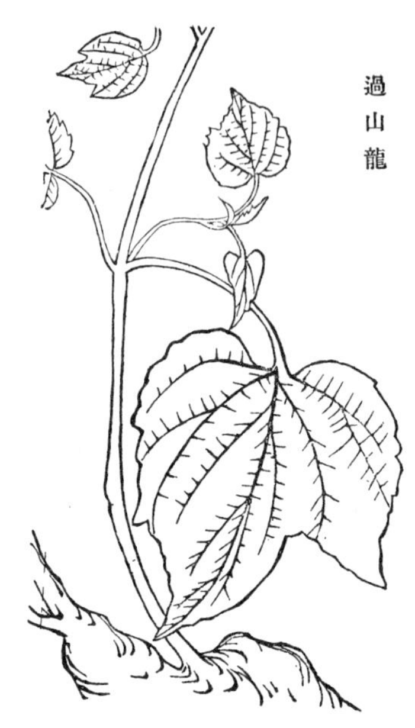

山慈姑

山慈姑，江西、湖南皆有之，非花葉不相見者。蔓生綠莖，葉如蛾眉豆葉而圓大，深紋多皺。根大如拳，黑褐色，四圍有白鬚長寸餘，蓬茸如蝟。建昌土醫呼爲金線弔蝦蟆，微肖其形，以爲敗毒、通氣、散痰之藥。余曾求坐拏草於永豐令，以此草應命，殆未必確。

山慈姑

萬年藤

萬年藤產建昌山中。蔓生硬莖，就莖兩

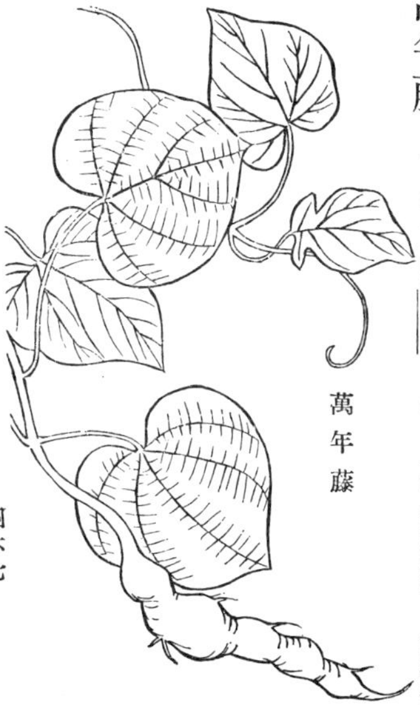

萬年藤

葉對生，圓如馬蹄有微尖，橫直細紋，梢葉有缺，頗似白英。赭根長尺許，圓節。俚醫以洗瘡毒，滋陰生凉。

大打藥　大打藥產建昌山中。蔓生綠莖，紫節如竹，一葉一鬚。鬚赭色；葉圓大如馬蹄有尖，綠潤疎紋；赭根長一二尺餘。俚醫以治打傷，取根一段，煎酒服。

大打藥

鑽地風　鑽地風，長沙山中有之。蔓生褐莖，莖、根一色，不堅實。葉如初生油桐葉而圓，碎紋細齒。俚醫以治筋骨、行脚氣。

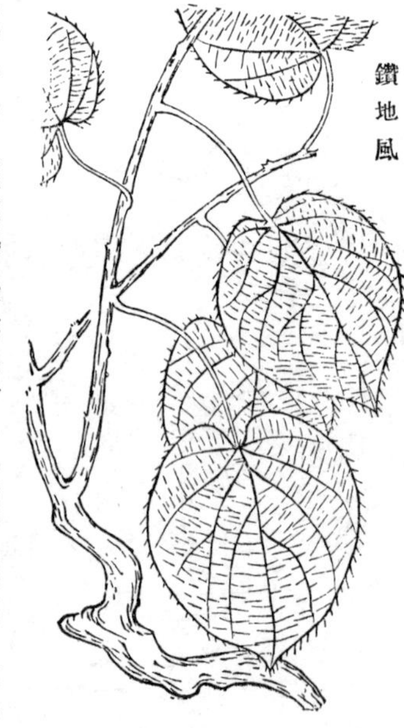

鑽地風

飛來鶴　飛來鶴生江西廬山。莖葉似旋花，惟葉

飛來鶴

紋深紫，嫩根紅潤，小如箸頭，與他種異。

金線壺盧 金線壺盧生江西建昌山中。硬根勁蔓，俱黑赭色。嫩枝細綠葉，柄長韌，葉本圓缺如馬蹄，而末出長尖，中腰微凹，有似細腰壺盧。俚醫用根醋磨，敷乳吹。

金線壺盧

稱鉤風 稱鉤風，江西有之。蔓延牆垣，綠莖柔韌。葉有尖而禿澀糙，有直紋數縷，土人未知所用。

癩蝦蟇 癩蝦蟇產南康廬山。赭根細鬚，大如指，

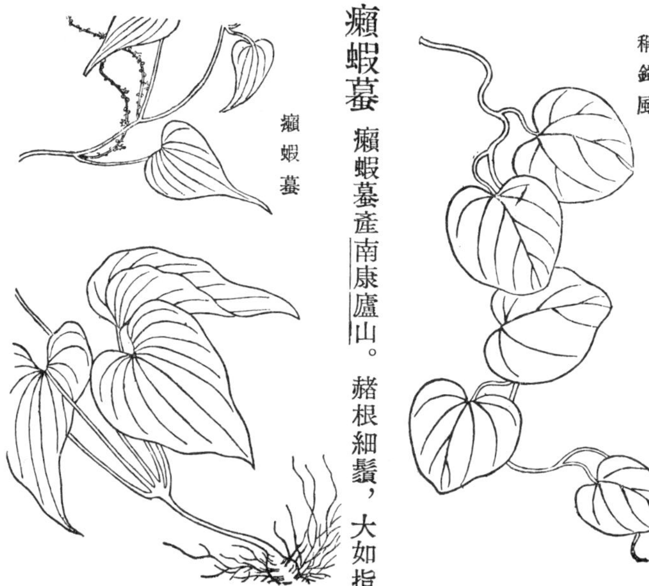

青莖蔓生。近根四葉對生，極似玉簪花葉而小，梢葉錯落。近葉發小枝，上綴青蓇葖，細如粟米成穗，開五瓣小黄花。廬山靈藥，塞壑塡谿；記載缺如，服食無方。余遣採訪，多不識名，偶逢樵牧，隨其指呼。姑紀形狀，以俟將來。

陰陽蓮

陰陽蓮一名大葉蓮，產建昌山中。蔓生細綠，莖淡紅，節有小刺。就節參差生葉，葉本如馬蹄，寬寸餘，末尖長二寸許，面濃綠，背黄白，粗紋微澀。根大如指，横發枝蔓。俚醫以治婦科，調經，取根幹同桃仁煎酒服。

陰陽蓮

狂風藤

狂風藤，江西贛南山中有之。赭根綠莖，蔓生柔苒。參差生葉，長柄細韌，似山藥葉而長，僅有直紋數道。土人以治風疾。

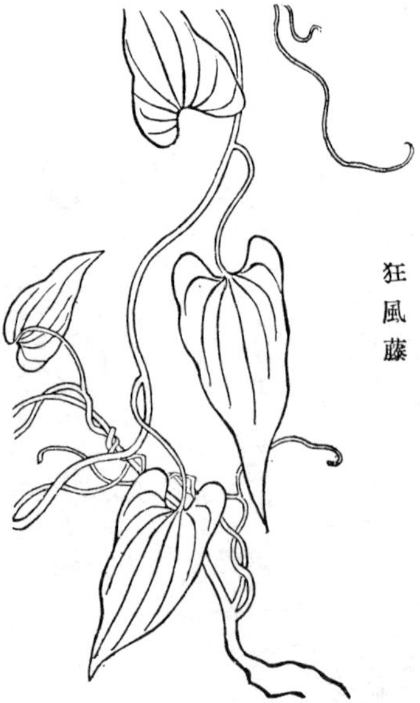

狂風藤

金錢豹

㊀金錢豹產南安。蔓生綠莖，葉圓而尖，近枝有微缺，深紋有皺，似牛皮凍葉而長。梢頭結實，

金錢豹(一)

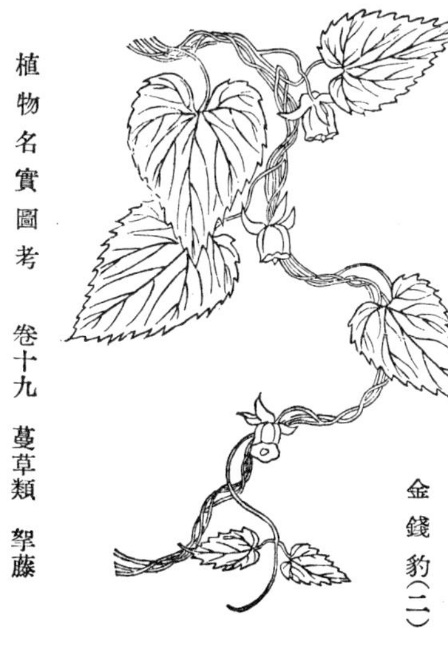

金錢豹(二)

赭殼纍纍，薄如蟬蜕，內含青子，土人以治嗽。又一種，同名異類。余再至南安，遣人尋採，僅一見之。

❷金錢豹亦生南贛。蔓生，綠莖細柔。葉似婆婆針線包而窄，有細齒。綠蒂紫花，花瓣層疊下垂作筩子，微向外卷，不甚開放。與前一種名同類異。

絜藤　絜藤一名毛藤梨，產南城麻姑山。黑莖，大

絜藤

葉如麻葉，深齒疎紋。葉端尖長，結青實如棠梨而小。

石血

宋圖經：石血與絡石極相類，但葉頭尖而赤耳。按江西山坡及牆壁木石上極多，葉紅如霜葉，掩映綠卉，尤增鮮明。但細審其葉，一莖之上，或尖、或團；團如人手指，尖如竹葉。秋時結長角如豇豆，長六七寸，初青後赤。破之有子如蘿藦子，半如鍼、半如絨，絨亦白軟，大約與絡石同種，而結角則異。或以爲雌雄耳。

石血

百脚蜈蚣

百脚蜈蚣生江西廬山。緣石蔓衍，就莖生根，與絡石、木蓮同。葉似山藥，有細白紋，面綠背淡，新莖亦綠。

百脚蜈蚣

千年不爛心

千年不爛心産建昌山中。蔓生如木根，莖堅硬。就老莖發軟枝，附枝生葉微似山藥，葉色淡綠，背青黃。秋結圓實攢簇，生碧熟紅。俚醫用之。

千年不爛心

石盤龍

石盤龍

石盤龍，江西山中多有之。横根赭黑，絡石蔓衍，綠莖糾結。葉比木蓮小而尖，亦薄弱，面青，背黄綠。俚醫採根同檳榔煎酒，治飽脹。

香藤

香藤

香藤産南安。蔓生，褐莖有節，節間有鬚。葉如柳葉而寬，葉本有黑鬚數莖如棕。氣味甘溫，主治和血、去風。

野杜仲

野杜仲，撫建山中有之。蔓生盤屈，黑莖有星，勁脆如木。葉如橘葉而不光澤，疎紋無齒。短枝枯槎，頗似針刺；根亦堅實。俚醫以治腰痛，取皮浸酒。功似杜仲，故名。

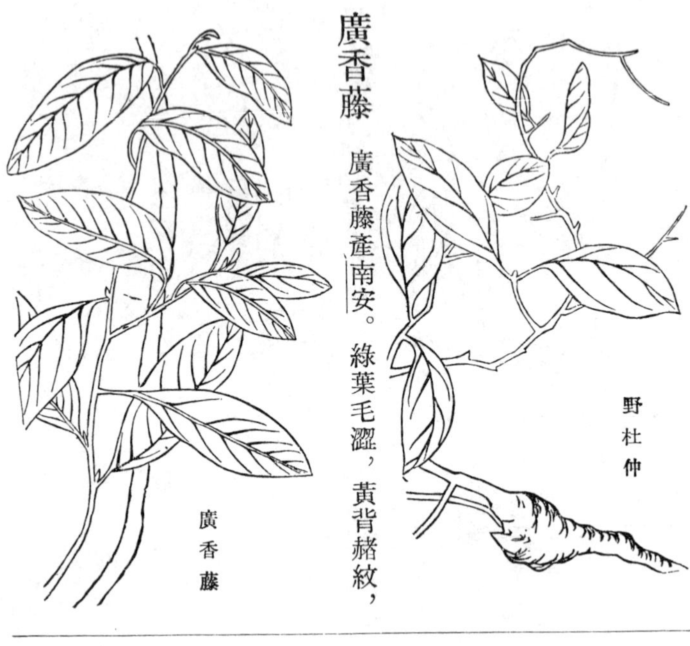

廣香藤

廣香藤產南安。綠葉毛澀，黃背赭紋，極似各樹寄生，惟褐莖長勁爲異。俚醫用以解毒、養血、清熱。

清風藤

清風藤　圖經：清風藤生天台山中。其苗蔓延木上，四時常有。彼土人採其葉入藥，治風有效。

按清風藤近山處皆有之。羅思舉草藥圖云：清風藤又名青藤，其木蔓延木上，四時常青。采莖用治風疾、風濕，凡流注、歷節、鶴膝、痲痺、瘙痒、損傷、瘡腫，入酒藥中用。南城縣尋風藤

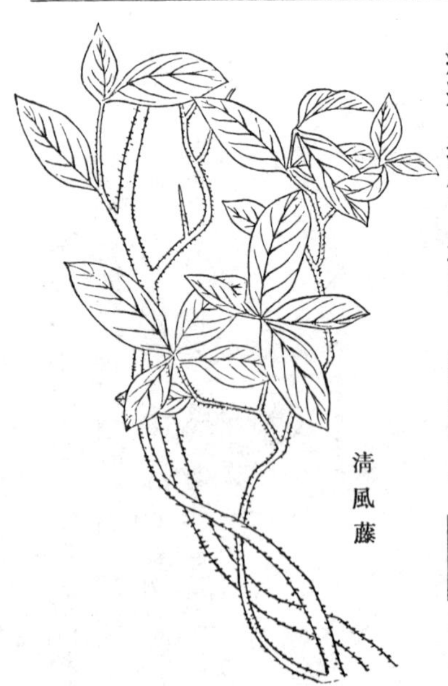

卽淸風藤，蔓延屋上，土人取莖治風濕。余詢之南城人，云藤以夤緣楓樹而出樹梢者爲眞，奪楓樹之精液，年深藤老，故治風有殊效，餘皆無力。遣人求得，大抵與木蓮相類。厚葉木强，藤硬如木，粗可一握，黑子隆起，蓋卽絡石一種，而所緣有異。又本草拾遺：扶芳藤以楓樹上者爲佳，恐卽一物。淸風、扶芳，一音之轉，土音大率如此。

南蛇藤

南蛇藤生長沙山中。黑莖長韌，參差生葉。葉如南藤，面濃綠，背青白，光潤有齒。根、莖一色，根圓長，微似蛇，故名。俚醫以治無名腫毒，行血氣。

南蛇藤

無名一種

江西山岡皆有之，多與金剛萆薢叢厠糾纏。綠莖柔細，一葉一鬚。長葉大齒，深紋粗澀；根紫黑色，大於萆薢而堅。按本草從新有開金鎖，根、葉亦如萆薢、菝葜，皆此類。

無名一種

川山龍

川山龍產南安。蔓生挺立，赤莖有星。參差生葉，葉圓而長，面綠，背青黃，直紋稀疏，圓齒不勻。根如老薑，褐黃色，赭鬚數莖。俚醫以爲跌打損傷要藥。

川山龍

扳南根

扳南根，湖南園圃多有之。蔓生如葛，莖細而韌，葉亦似葛而小，褐根粗如巨擘。俚醫以治疔毒，江西呼爲雞屎葛根。按蘇恭注黃環云：今太常所收劍州者，皆雞屎葛根，當即此。

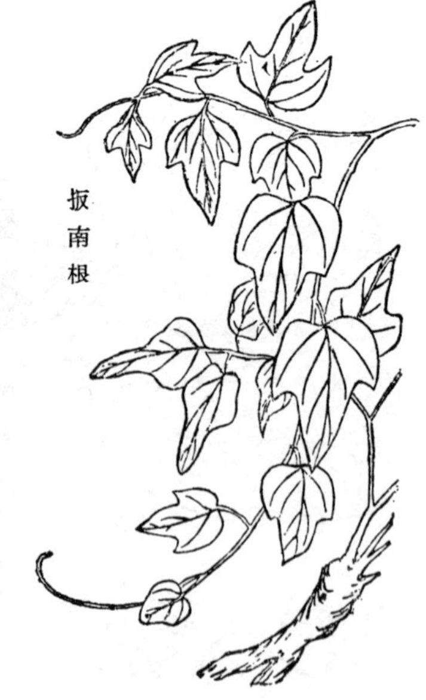

扳南根

鵝抱蛋

鵝抱蛋生延昌山中。蔓生，細莖有節，

鵝抱蛋

本紫梢綠。葉如菊葉，深齒如歧，葉下有附莖，葉寬三四分。根如麥冬而大，赭長有橫黑紋，五六枚一窠。俚醫取根燉酒，云散寒氣，能補益。按宋圖經有鵝抱蔓，似大豆，治熱毒。形與此異，主治亦別。

順筋藤

順筋藤，南安長沙皆有之。蔓生繚曲，綠莖赤節，節間有綠鬚纏繞。葉如威靈仙葉，無歧斜紋，葉間結小青實如豆硬。根赭紅色，磥砢盤錯，復有長葉攢之。氣味甘溫。土人取通經絡，和血、溫補。

順筋藤

紫金皮

紫金皮，江西山中多有之。蔓延林薄，紫根堅實，莖亦赭赤。葉如橘柚，光滑無齒。葉節間垂短莖，結青蒂，攢生十數子，圓紫如毬；鮮嫩有汁出。俚醫用根藤治飽脹、腹痛有效，兼通肢節。按宋圖經有紫金藤，不具形狀；和劑方有紫金藤丸。

紫金皮

內風消

內風消，江西湖南皆有之。蔓生，紫莖，結實攢聚如毬，極類紫金皮。惟葉不攢排，有細齒，無光澤。俚醫以爲內托和血之藥。

內風消

無名一種

生撫州山坡。蔓生，赭藤對葉，如柳葉而柔潤。秋結青實七八粒，圓簇下垂，頂有白暈。

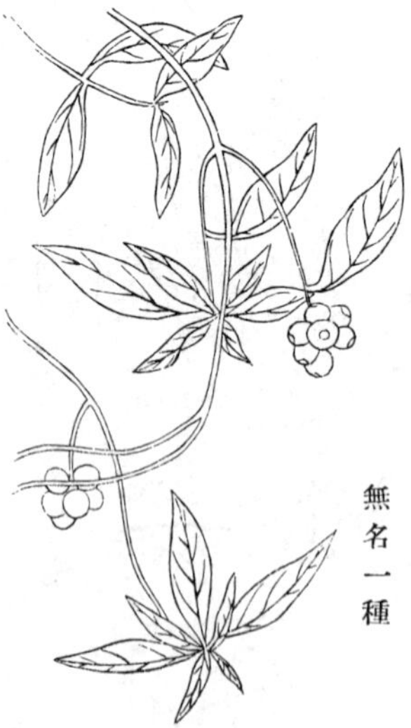

無名一種

臭皮藤

臭皮藤，江西多有之，一名臭莖子，又

臭皮藤

名迎風子。蔓延牆屋，弱莖糾纏。葉圓如馬蹄而有尖，濃紋細密。秋結青黄實成簇，破之有汁甚臭。土人以洗瘡毒。

牛皮凍

牛皮凍，湖南園圃林薄極多。蔓生綠莖，長葉如臘梅花葉，濃綠光亮。葉間秋開白筩子花，小瓣五出，微卷向外，黄紫色。結青實有汁。俚醫云：與臭皮藤一種，圓葉爲雌，長葉爲雄，用敷無名腫毒，兼補筋骨。

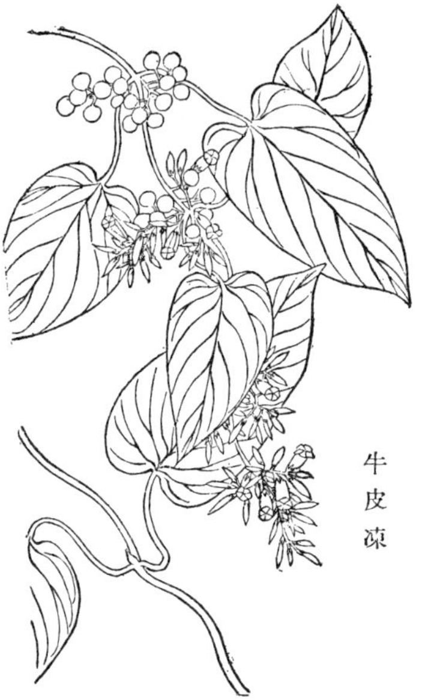

牛皮凍

墓蓮藕

墓蓮藕，湖廣園圃中多有之。綠莖蔓延，附莖對葉，如王瓜葉微尖，無毛。秋開五瓣小白花，數十朵攢簇。長根近尺，色赭。土人以治吐血。

墓蓮藕

雞矢藤

雞矢藤產南安。蔓生，黄綠莖。葉長寸餘，後寬前尖，細紋無齒。藤梢秋結青黄實，硬殼有光，圓如菉豆稍大，氣臭。俚醫以爲洗藥，

雞矢藤

解毒、去風、清熱、散寒。

金燈藤

金燈藤一名毛芽藤，南贛皆有之。寄生樹上，無枝葉；橫抽一短莖，結實密攢如落葵而色青紫。土人採洗瘡毒，兼治痢證，同生薑煎服。

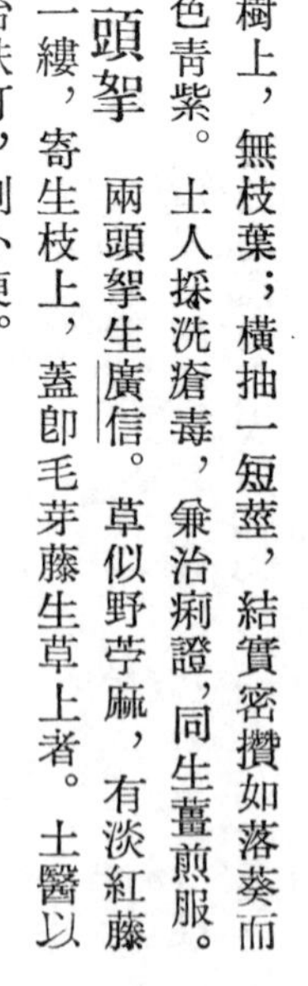

金燈藤

兩頭挐

兩頭挐生廣信。草似野苧麻，有淡紅藤一縷，寄生枝上，蓋即毛芽藤生草上者。土醫以治跌打，利小便。

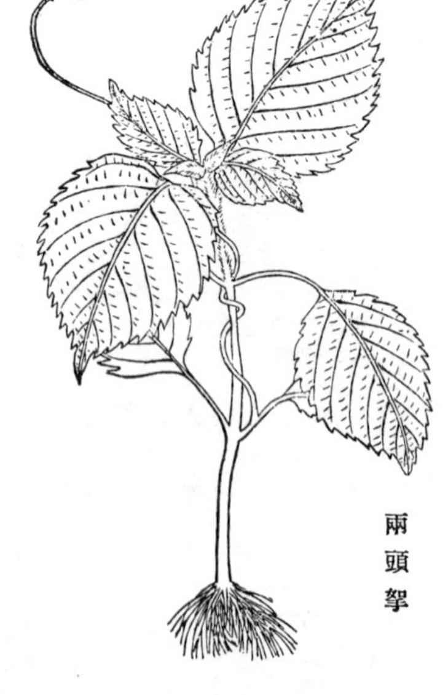

兩頭挐

〔清〕吴其濬 著

植物名實圖攷

下册

中華書局

植物名實圖考卷之二十

土茯苓

土茯苓即草禹餘糧，本草拾遺始著錄。宋圖經謂之刺豬苓，今通呼冷飯團；形狀、功用具本草綱目。近時以治惡瘡爲要藥，多以萆薢充之，或有以商陸根僞充者。萆薢去濕，性尚不遠，

若商陸則去水峻利，宜愼辨之。

雩婁農曰：土茯苓出近世，俗醫治惡疾、邀重利，如操左券。吾於是見造物之好生也，且旋賊之而旋生之也。五行遞嬗，遘厲紛挐，人生口體之奉，所以戕其四端之性，而誘之以四奸者，蓋無一息之或逭。乃病以歧黃未論之病，卽藥以農皇未嘗之藥；病旣不擇人而生，藥亦不擇地而育。甚至垢膩潰臭，妻孥遠避；而醫者釁沐之，而投以草木之滋；或起行屍而肉白骨，卒不使之盡戕其生，又非造物生機無一息之或停哉！夫萬物死於北，亦生於北，易曰：坎，勞卦也，萬物之所成終而成始也。造物旣賊之而復生之，勞亦甚矣。非特此也，孟子曰：天地之生也，一治一亂；在人則賊之、生之，在天下則治之、亂之。造物果何心哉！雖然，死至思生，亂極思治，造物之心，亦人心耳。人勞勞於生死治亂之途，造物亦不得不勞之於生之、死之、治之、亂之之故；然則代造物而理物者，欲聽人物之擾攘而無所勞，焉得乎！

木蓮

木蓮卽薜荔，本草拾遺始著錄。自江而南，皆曰木饅頭。俗以其實中子浸汁爲凉粉，以解暑。圖經、綱目，備載其功用，多驗。

雩婁農曰：薜荔以楚詞屢及，詩人入詠，遂目爲香草。今江南陰濕，牆瓦攀援殆遍，何曾有臭？「罔薜荔兮爲帷」，則山居柴扉石戶間皆是矣。宋李彥發物供奉，大抵類朱勔，農不得之田，牛

木蓮

不得耕墾，殫財靡芻，力竭餓死，或自縊轅軛間。如龍鱗薜荔一本，輦致之費踰百萬，不知此有何好而必輦致，非詩人口孽耶？徐諧詩：「雨久莓苔綠，霜濃薜荔紅」；梅聖俞詩：「春城百花發，薜荔上陰階」。但誦好詩，那得不神往？密雨斜侵，窗戶涼生，時乎貧賤者，盜天地之菁英以自適其適；富貴者，又欲盜貧賤之逍遙以窮其所窮。漢武以蒟醬、蒲萄而開邊，魏太武以甘蔗而返旆，侈心之萌，誰能刃斬？克己復禮，仁也，楚靈王若能如此，豈其辱於乾谿？宋徽宗若能如此，豈至北以牛車？

按薜荔，李時珍以爲卽木蓮，而圖經以爲一類二種。滇南有一種與木蓮絕相類，而葉、實皆略小，其卽圖經所謂薜荔耶？楚詞：「薜荔拍兮蕙綢，罔薜荔兮爲帷」，皆言其能緣牆壁也。又曰：「貫薜荔之落蕊」，木蓮花極細，詞人寓言，未可拘執。而注以爲香草，不知薜荔殊無氣味。釋離騷者，斤斤於香草美人，拘文牽義，誠無當於格物耳。山海經有草荔，狀如烏韭而生石上，應是苔類。漢書房中歌：「都荔遂芳」，方是香草，非絡石蔓延山木者也。

常春藤

常春藤卽土鼓藤，本草拾遺始著錄。日華子以爲龍鱗薜荔，談薈以爲卽巴山虎，今南北皆有之。結子圓碧如珠，與拾遺說符。功用長於治癰疽、腫毒。

常春藤

雩婁農曰：京師浩穰，營園亭者，皆能致南中花木，即嶺嶠異產，亦時附婆羅船，越重洋隨拍趠風而達析津。然冬寒，皆爲窟室以避霜雪。若薜荔、絡石之屬，緣牆壁而亙冬夏者，則天時、地氣皆不宜之。惟常春藤，被繚垣、帶怪石，綠葉匼匝，爲庭樹之飾焉。細花惹蜂，青實啅雀，於藥果皆無取。然枝蔓下有細足，黏瓴甋極牢，疾風甚雨，不能震撼。人之有牆，以蔽惡也，牆之隙壞，藤有賴焉。然則彼都人士，庇焉而不縱尋斧焉，宜矣

千里及

千里及，本草拾遺始著錄。圖經千里光、千里及，形狀如一。李時珍併之，良是。其黃花演，花同葉異，則非一種。今俚醫用以治目，呼爲九里明。

雩婁農曰：藥物異地則異名，而千里光之名，起

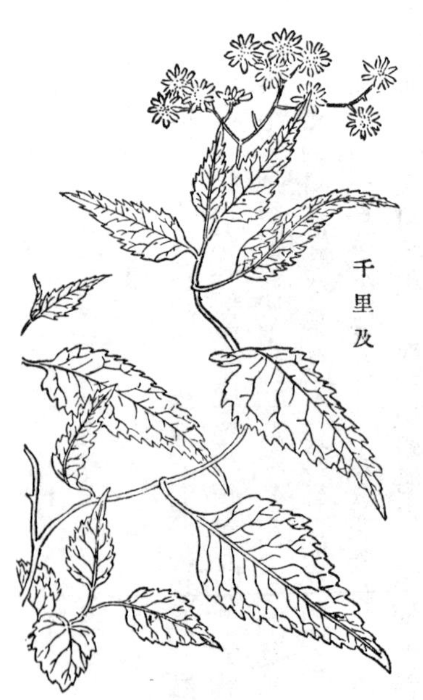

千里及

嶺嶠、下豫章，逾彭蠡洞庭，達於夜郎牂牁，無弗同者。聞名而知其必有功於目已。其花黃如菊，盛於秋，得金氣，殆菊之别子耶？花老爲絮，則與蒲公英又類族也。滇醫以洗瘡毒，蓋以此。吾覩其物而愧不能爲光明燭也，雖有良藥，其如余何？乃作詩曰：「登臨滇海，亦既覲止。悠悠極目，思在千里。左眄千里，洞庭始波。滔滔江漢，舟楫若何。右睇千里，一綫瀾滄。赤髮金齒，逖矣窮荒。前望千里，九嶷蒼梧。愁雲曷極，海波天吳。後顧千里，金沙岷江。東流不息，去矣吳艭。玉京何在，三萬大千。白雲間之，衆星醉天。露冷之柏，霜隕之桑。安得神瞳，闚彼帝鄉。英光邂逅，與爾實族。且信人言，以拭吾目。」

榼藤子

榼藤子即象豆，詳南方草木狀。本草拾遺、開寶本草始著錄。南越筆記云：子炒食，味佳。

雩婁農曰：余至粤，未得見斯藤。按記，子可食；

榼藤子

廬可爲榼以貯藥。何造物憫斯人之勞，而爲之代斵也？瓠之實有匏焉，小以酌，大以濟；木之實有椰焉，小以飲，大以掬。古者祭祀器用匏，非僅尙其質，亦以見天地之爲人計者，纖悉俱備用之，以示報也。彼靡天地之物，而不知天地之心，必以暴殄致天罰。榼藤惜不植於嶺北。近世蜀中，模柚皮以爲器，以無用爲用，且輕而潔。南嶽斵大竹以爲甑，至省工力，若而人也，以嘗巧也，不爲病矣。

懸鉤子

懸鉤子，本草拾遺始著錄。李時珍以爲卽爾雅：葥，山莓。郭注：今之木莓也。小樹高不盈丈，江南山中多有之，與楊梅同時熟，或亦

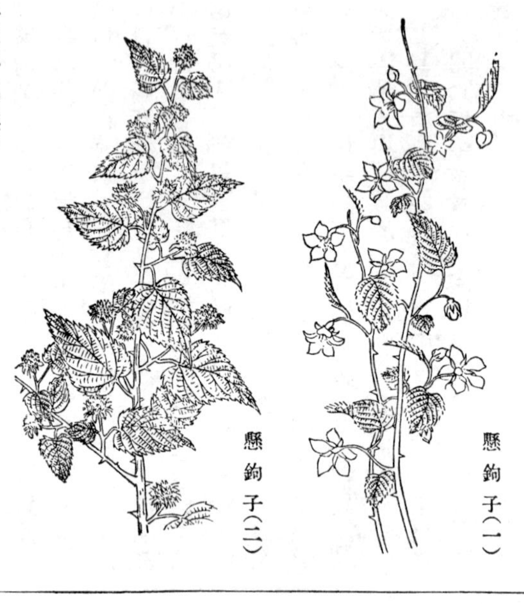
懸鉤子（一）　懸鉤子（二）

呼爲野楊梅。

雩婁農曰：湖湘間莓至多，皆春時熟，然多蔓生。此草得之袁州，居然木也。嶺南及滇，蔓者皆類木，殊不易別，凡莓皆以果視之，不僅充猿糧而供扈粟矣。山居之民，飲木葉，蔬澗毛，糗藤根、果實之具甘酸者，婦穉緣嶔巇而掇之，以爲佳品。其天性全而滋味薄，故能與猱貁爭捷，而嵐氣不得刺其膚革。通都大邑，甜榴、好李，無非栽接，種則珍矣。譬如一麥而有桃、李、柰三味焉，欲持此以證農皇所嘗之味，豈有合耶？

伏雞子根

伏雞子根，本草拾遺始著錄。生天台山，根似鳥形者良。治黃疸、瘧、瘴、癰腫。

伏雞子根

使君子

使君子卽留求子，形狀詳南方草木狀，開寶本草始著錄。今以治小兒蚘蟲。實長如榧實。本草衍義謂用肉難得仁，蓋絕小，殊未確。

使君子

雩婁農曰：藥之殺蟲者，味皆辛苦。留求子味至甘且馨，小兒嗜之；無推除之跡，而殺蟲尤峻。然則風雨和甘，皆可以化無形之害，不必隕霜降雪，而後能殲蝨賊螟螣矣。三代以前，去惡如鋤草，朝野晏然，而禍根已盡。三代以後，去惡如拔山國，法甫行而死灰復起。蓋和甘者，所以植善類，善類長則稂莠消。霜雪者，所以毒惡物，惡物不盡則禾黍不滋。且和甘之日長，則惡物無冀倖之心；霜雪之日短，則善類有孤孑之懼。稷契升庸，而共兜自遠，和甘之普被也。漢唐廓清，而讒險猶在，霜雪所不及也。雖然，苦之殺蟲，效可立見；甘之殺蟲，效必緩臻。是又王、霸之分，而歡娛皡皡之異形矣。乃爲使君之贊曰：「彼使君兮，如風之東。披拂惠和，虺蜴遁窮。彼使君兮，如炎而潤。浸沐洗濯，跂喙恬順。彼使君兮，如霜而杲。惠我赤子，如在保抱。彼使君兮，如列而曛。曝我窮黎，爲掃蚩蚉。使君、使君，飲之可醺。載含載吮，思我使君。」

何首烏

何首烏，詳唐李翺何首烏傳，開寶本草始著錄。有紅、白二種，近時以爲服食大藥。救荒本草：根可煮食，花可煠食。俚醫以治癧疸、毒瘡，隱其名曰紅內消。東坡尺牘，以用棗或黑豆蒸熟，皆損其力。文與可詩亦云：「斷以苦竹刀，蒸曝凡九爲；夾羅下香屑，石蜜相和治。」然則世傳七寶美髯丹，其功力不專在交藤矣。近

時價日增而藥益僞，其大者多補綴而成。以余所至居處間，皆紫綠雙蔓，貫籬縈砌，如拳、如杯，抛擲屑越。崑山以玉抵鵲，又文與可所謂蓋以多見賤，蓬藋同一虧也。滇南大者數十斤，風戾經時，肉汁獨潤，然不聞有服食得上壽者。豈所忌魚、肉未能盡絕，而炮製失其本性耶？三斗㹀栳大，號山精，滇人得之，不必有緣，唯博善價糴穀事育耳。寇萊公服地黃蘿蔔，使髮早白。聞見近錄作服首烏，而食三白。余怪近之服餌者，髮輒易皤，殆緣於此，則亦讀本草未熟也。服食求仙，固爲妄說，節嗜通神，藥乃有效。醉飽中而乞靈草木，南轅北轍，相去益遠。若其活血、治風之功，則明時懷州知州李治所傳一方，吾以爲不妄。

木鼈子

木鼈子，開寶本草始著錄。圖經云，嶺南人取嫩實及苗葉作茹，蒸食；藥肆唯販其核，形宛似鼈，大如錢。霏雪錄著其毒能殺人，俗傳丐者用以毒狗。本草綱目所列諸方，宜愼用之。又番木鼈，形狀、功用具本草綱目，亦云毒狗至死。

雩婁農曰：天之生物，非物物刻而雕之也。然覩斯物之類斯形也，其不疑爲般輸之肖物歟？夫人，一類也，一物而備萬物者也，而心不同如其面。天下之人，固無有內外無弗類者。至人之視物，則飛潛動植，第以爲各從其類而已。然其牝牡之相依，巢穴之相聚，肥磽雨露之相養，彼一類也，又烏能無弗類耶？乃人與物、物與物，又往往離於其類而互爲類。虎頭燕頷，鼇目豺聲，人之類物者，亦既以其類類之。而羽淵之熊，使君之虎，夢之爲蝶，肘之生柳，方其類物也，不知其類人也。海上之國，有長尾者、有比肩者、有夜飛者、有足如雞者、有頭如狗者，人之類耶？物之類耶？吾烏從類之耶？若乃馬之似鹿也，駁之似馬也，狒狒之被髮也，猩猩之能言也，人都之燔炙也，天刑之弓矢也，人薓之啼也，靈根之吠也，海上之樹實如嬰兒也，當道之梓精爲青牛也，笋之爲蛇也，瓜之爲蝶也，蚓之爲百合也，穀之飛蟲也，葱韭之互變也，凡世之以此物類彼物者，皆物之異於其類而相類也。夷堅之志，恢詭神異，或以人類物，或物類人，或物類物，變化不類而成怪類。而鯤池之中，何有何無；凡陸居所有之類，無不類焉。豈天之生物，固不可測，而坯陶模範，非物者之物物也，亦必有物焉爲之類族而成物耶？九疇之錫曰五行，金、木、水、火、土，皆物也。易之策萬有一千五百二十，當萬物之數。而說卦一翼，乾、坤、艮、巽、震、離、坤、兌所爲變動不居、周流六虛者，皆析而爲物。後世術者，卽五行八卦之物，以窮天下之物，而皆能物其物。如東方朔、趙達及管、郭輩，皆以其所知之物，以類所不知之物。然則物之類而不類、不類而類者，豈非有物焉爲之參伍而錯綜其類耶？通其變，遂成天下之文；極其數，遂定天下之象，造物之與開物，均是物也。夫天地神鬼，不可端倪，而致之者，必以其物；則非物者，亦必求其物之類類之。而偃師之爲人，墨子之爲鳶，以非其物而爲物，其亦有得於物物者之物歟？

又按近世信驗方：治舌長數寸，用番木鼈四兩，刮淨毛，切片，川連四錢煎水，將舌浸良久即收。蓋以異物治異病也。

馬兜鈴

馬兜鈴

馬兜鈴，開寶本草始著錄。俗皆呼爲土青木香，卽唐本草獨行根也。俚醫亦曰雲南根，李時珍以爲卽都淋藤。其形狀、功用具圖經。救荒本草云：葉可食。今湖南山中多有之，唯花作筩，似角上彎，又似喇叭，色紫黑，與圖經花如枸杞花殊戾。其葉、實及仁俱無差。或一種而地產有異耶？

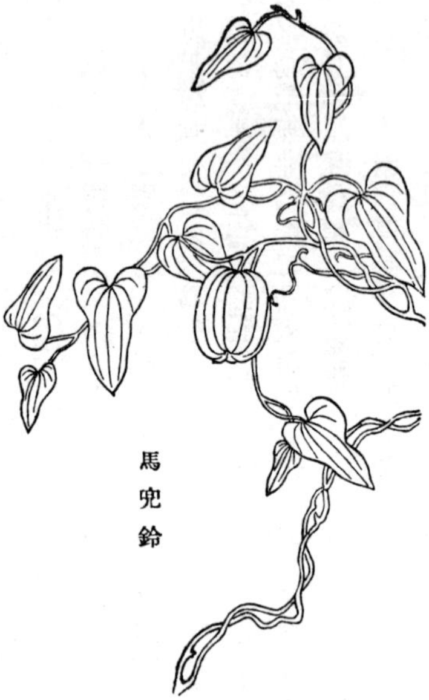

南藤

南藤

南藤卽丁公藤，事具南史。解叔謙得丁公藤漬酒，治母疾有神效。開寶本草始著錄。今江

西、湖南市醫，皆用以治風，亦呼石南藤，或作藍藤，音近而訛。

雩婁農曰：南藤，山中多有之，或謂之搜山虎，蓋言其疏風入筋絡也。解叔謙遇丁公，純孝所感信矣。但丁公者，殆深山採藥之叟，非必神仙變化；而用南藤者，亦未必自此始也。顧吾謂人子平日不能知藥，臨時求之而不得，得之而不達，其敢以不能名之草木相嘗試乎？人神感格，渺不可憑，一息之緩，悔何及矣。雖然，天下豈有不悔之人子哉！

威靈仙

威靈仙，開寶本草始著錄，有數種。本草綱目以鐵腳威靈仙堪用，餘不入藥，今俚醫都無分別。救荒本草所述形狀，亦別一種。今但以鐵腳者屬本草，餘皆附草藥。近時庸醫，遇瘧輒用，既不知其疎利過甚，又不辨其形狀，何似刺人而殺，委罪於藥？哀哉！衍義、綱目論之詳矣，故備載以戒。

威靈仙

雩婁農曰：其力勁，故謚曰威；其效捷，故謚曰靈。威靈合德，仙之上藥也，乃祕方傳而他族滋，則丹竈有外道矣。昔有石穴，候雲氣出，躡之則飛昇，相傳仙去者不知幾輩矣。穴之外暴骨如莽，皆曰仙者之委蛻也。有覵之者，乃巨虺之窟，其雲氣則所噓之毒餤也。然則世之矜曰仙者，將毋有蘊虺蜴之毒者耶？

黃藥子　黃藥子，開寶本草始著錄。沈括以爲卽爾雅：蘦，大苦。前此未有言及者。其根色黃，入染家用，味亦不甚苦，葉味酸，救荒本草酸桶笋卽此。湖南謂之酸桿，其莖如蓼有斑；江西或謂之斑根。

雩婁農曰：甚矣草木之同名異物，而多識之難也。郭景純以甘草釋大苦，而謂其葉如荷；沈括駁之，是矣。然沈所謂黃藥者，究不識其爲何產。李時珍以今之黃藥當之，而易荷爲薄荷，則改竄而附會之矣。宋圖經謂忠州、萬州者，莖似小桑，秦州謂之紅藥，施州謂之赤藥，葉似蕎麥，開白花，已明列數種。又引蘇恭葉似杏花、紅白色、子肉味酸之說，以爲不同，則又一種矣。李時珍所謂黃藥，卽今之酸桿，滇謂之斑莊根。俚醫習用，或以其根浸酒。滇本草云：味苦澀，性寒，攻諸瘡毒，止咽喉痛，利小便，走經絡，治筋骨疼、痰火、痿耎、手足麻木、五淋白濁、婦人赤

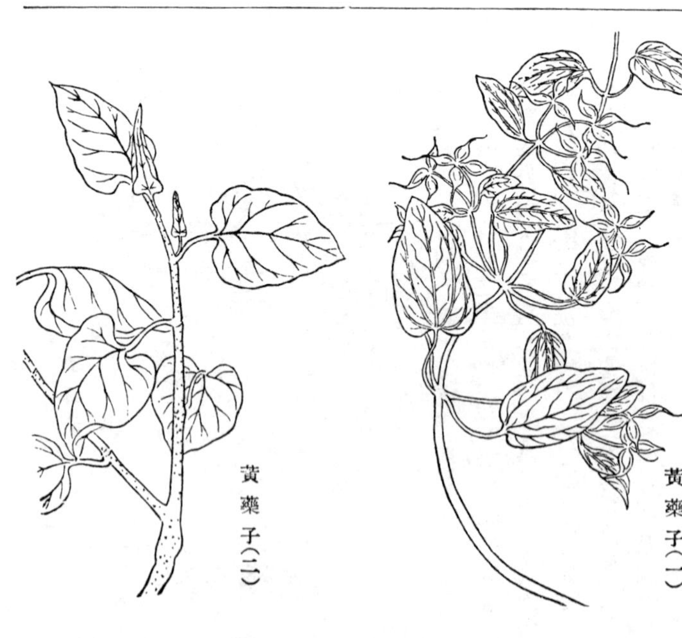

黃藥子（一）

黃藥子（二）

黃藥子（三）

白帶下，治痔漏亦效。與古方僅治項癭、咯血者不同。然則以李時珍所據之黃藥，而强以治古人所治之證，其能效乎？滇南又有一種與斑莊絕肖者，秋深開小白花，葉亦微似杏，土人謂之扒毒散，治惡瘡有殊效。插枝卽生，人家多植之。或卽蘇恭所謂黃藥者歟？若忠、萬、秦州所產，吾所未見，不敢臆揣，然皆非沈括所謂葉似荷者。

滇南又別有黃藥，乃極似山薯而根圓多鬚，卽湖南之野山藥。其白藥子，亦謂之黃藥，皆別圖。凡以著其物狀，而附以俚醫之説，以見一物名同實異。不敢盡以古方所用必卽此藥，以貽害於後世，庶合闕如之義云爾。

山豆根

山豆根，開寶本草始著錄。今以爲治喉痛要藥，以產廣西者良。江西、湖南別有山豆，皆以治喉之功得名，非一種。

雩婁農曰：甚矣物之利於人者易於售僞，而欲利人者，不可不博求而致意也。山豆根治喉痛，舉

山豆根

世知之、賴之。然余所見江右、湘、滇之產，味皆薄而與原圖異，而原圖又非如小槐者。不至其地，烏知其是耶、非耶？

預知子

預知子，開寶本草始著錄。相傳取子二枚綴衣領上，遇有蠱毒則聞其有聲，當預知之，故有是名，圖經言之甚詳。但謂蜀人貴重之，亦難得。蒙筌則謂無其物，存原圖以俟訪。

雩婁農曰：預知之名甚奇，蒙筌汰之宜矣。但唐人有知命丸，服之無疾如微覺脇痛，則知數將盡，服海藻湯下之。藥能預知，誠有之矣。夫蓂應月、桐知閏，亦預知也。甘草、苦草、病草，皆能知歲，非異卉也。蘘荷葉置席下，能知蠱者姓名，其預知尤足異，何獨於預知子而疑之？雖然，草木預知者非一，而此藤獨得預知之名，則斯草之幸也。乃以預知之故，既令聞者疑其名實之未副，且名可聞而實不可得見；豈以世爭貴重，搜掘無遺，預知者乃不能庇其本根，如古之喜談休咎者之卒不免耶？抑深藏榛蕪，識之者希，如眞有道術之士，遁跡韜晦，雖日雜市販稠衆之中，而終無蹤蹟者耶？是皆未可知也。

預知子

仙人掌草

圖經：仙人掌草生台州、筠州。味微苦而澀，無毒。多於石壁上貼壁而生，如人掌，故以名之。葉細而長，春生，至冬猶青，無時採。彼

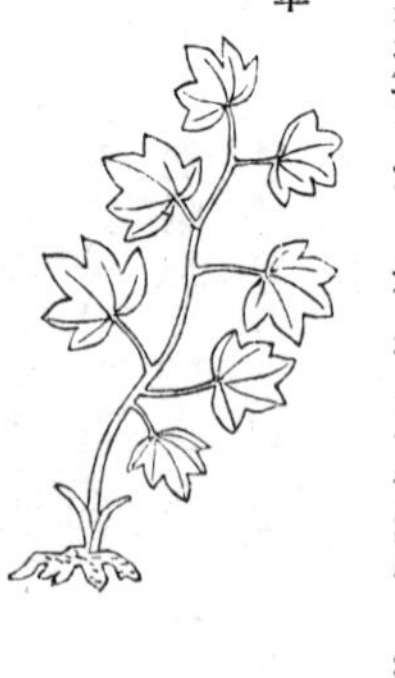

仙子掌草

土人與甘草浸酒服，治腸痔、瀉血，不入衆藥使。明黃佐仙人掌賦序：仙人掌者，奇草也，多貼石壁而生，惟羅浮黃龍金沙洞有之。葉勁而長，若齟齬狀。發苞時外類芋魁，內攢瓣如翠毬，各擎子珠如掌。然青赤轉黃，而有重殼。剖之，厚者在外如小椰，可爲匕勺；薄者在裏如銀杏衣而裹圓肉。煨食之，味兼芡栗，可補諸虛，久服輕身、延年。俗呼爲千歲子，云移植惟宜沙土。粵州書院精舍中庭、後圃皆有之，予以其奇賦焉。

鵝抱 鵝抱，宋圖經外類：生宜州山林下，附石。

鵝抱

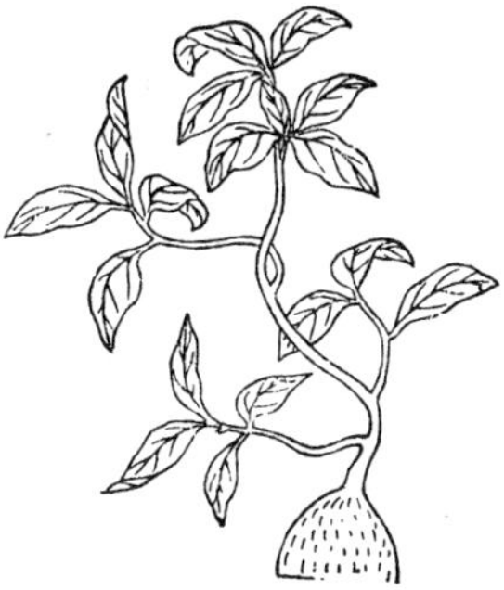

治風熱、咽喉腫痛，解毒箭、塗熱毒。

獨用藤 獨用藤，宋圖經外類：生施州，葉上有倒刺，主心氣痛。

獨用藤

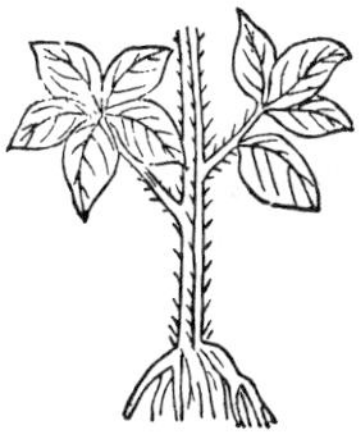

百棱藤 百棱藤，宋圖經外類：生台州，治風痛、大風、瘡疾，亦作百靈。

百棱藤

天仙藤 天仙藤，宋圖經外類：生江、淮、浙東

天仙藤

山中。治疝氣、妊娠腹痛，皆有方。

金棱藤　金棱藤，宋圖經外類：生施州，有葉無花，主筋骨疼痛。

金棱藤

野豬尾　野豬尾，宋圖經外類：生施州，有葉無花，主心氣痛，解熱毒。

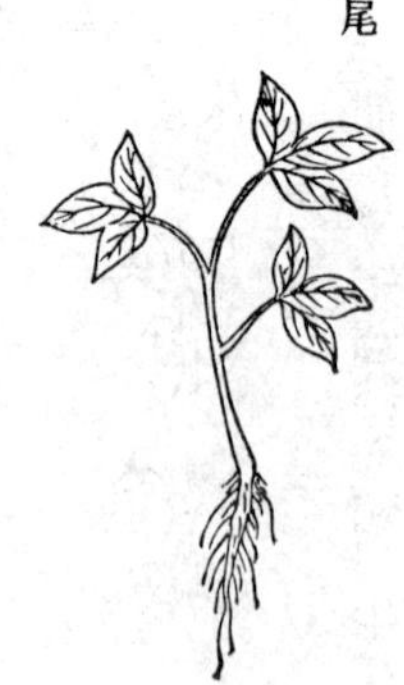
野豬尾

杜莖山　杜莖山，宋圖經外類：生宜州，葉似苦蕒，花紫色，實如枸杞。味苦，性寒，主溫瘴、寒熱、煩渴、頭痛、心躁，擣葉酒浸，絞汁服，吐惡涎，效。

杜莖山

土紅山　土紅山，宋圖經外類：生福州及南恩州。高八九尺，葉似枇杷而小，無毛，白花如粟粒，味甘苦，微寒。主勞、熱、瘴、瘧，擣葉酒漬服。福州生者，作藤似芙蓉，葉上青，下白，擣根治勞、瘴佳。

土紅山

芥心草 芥心草，宋圖經外類：生淄州，引蔓白色，擣汁治瘡疥甚效。

芥心草

含春藤 含春藤，宋圖經外類：生台州，蔓延木上，治風有效。

含春藤

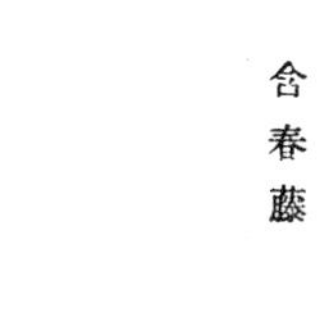

大木皮 大木皮，宋圖經外類：生施州，主療一切熱毒氣。

大木皮

石合草 石合草，宋圖經外類：生施州，纏木作藤，葉爲末，調貼一切惡瘡及斂瘡口。

石合草

祁婆藤　祁婆藤，宋圖經外類：生天台山，主治風。

祁婆藤

瓜藤　瓜藤，宋圖經外類：生施州，皮擣貼熱毒、惡瘡。

瓜藤

紫金藤　紫金藤，宋圖經外類：生福州，皮主丈夫腎氣。

紫金藤

雞翁藤　雞翁藤，宋圖經外類：生施州，蔓延大木，治勞傷、婦人血氣。

雞翁藤

烈節　烈節，宋圖經外類：生榮州，似丁公藤而細，主筋脈急痛、肢節風冷，作浴湯佳。

烈節

馬接脚　馬接脚，宋圖經外類：生施州，皮治筋骨疼痛。

馬接腳

藤長苗

救荒本草：藤長苗又名旋菜，生密縣山坡中。拖蔓而生，苗長三四尺餘，莖有細毛，葉似滴滴金葉而窄小，頭頗齊，開五瓣粉紅大花，根似打碗花根。根、葉皆味甜。採嫩苗、葉煠熟，水浸淘淨，油鹽調食；掘根換水煮熟亦可食。

藤長苗

狗筋蔓

救荒本草：狗筋蔓生中牟縣沙岡間，小科就地拖蔓生。葉似狗掉尾葉而短小，又似月芽菜葉微尖艄而軟，亦多紋脈，兩葉對生。梢間開白花，其葉味苦。採葉煠熟，水浸淘去苦味，油鹽調食。

狗筋蔓

絞股藍

救荒本草：絞股藍生田野中，延蔓而生。葉似小藍葉，短小軟薄，邊有鋸齒；又似痢見草葉亦軟，淡綠，五葉攢生一處。開小花黃色，又有開白花者。結子如豌豆大，生則青色，熟則紫黑色。葉味甜。採葉煠熟，水浸去邪味，涎沫淘

絞股藍

洗淨，油鹽調食。

牛皮消

救荒本草：牛皮消生密縣野中，拕蔓而生。藤蔓長四五尺，葉似馬兜鈴葉寬大而薄，又似何首烏葉亦寬大。開白花，結小角兒。根類葛根而細小，皮黑肉白，味苦。採葉煠熟，水浸去苦味，油鹽調食；及取根去黑皮，切作片，換水煮去苦味，淘洗淨，再以水煮極熟食之。

牛皮消

豬腰子

豬腰子，本草綱目始著錄，生柳州。蔓生，結莢色紫，肉堅，長三四寸，主一切瘡毒。

豬腰子

九仙子

九仙子，本草綱目收之，出均州太和山

九仙子

治咽喉痛，散血。

杏葉草

圖經：杏葉草生常州。味酸無毒，主腸痔下血久不差者。一名金盞草，蔓生籬下，葉葉相對，秋後有子如雞頭實，其中變生一小蟲，子脫而能行，中夏採花用。按圖非近時金盞花。

杏葉草

明州天花粉

宋圖經：天花粉生明州。味苦，寒毒，主消渴、身熱、煩滿、大熱，補氣、安中、續絕傷、除腸中固熱，八疸、身面黃、脣乾、口燥、短氣，通月水、止小便利。十一月、十二月採根用。　按此云毒，與瓜蔞根或異類。

明州天花粉

台州天壽根

宋圖經：天壽根出台州，每歲土貢。其性涼，堪治胸膈煩熱，彼土人常用有效。

台州天壽根

老鸛筋

救荒本草：老鸛筋生田野中，就地挖秧而生。莖微紫色，莖叉繁稠。葉似園荽葉而頭不尖，又似野胡蘿蔔葉而短小。葉間開五瓣小黃花，味甜。採嫩苗、葉煠熟，水浸去邪味，淘洗淨，油鹽調食。

老鸛筋

木羊角科

救荒本草：木羊角科又名羊桃，一名小桃花，生荒野中。紫莖，葉似初生桃葉光俊，色微帶黄。枝間開紅白花；結角似豇豆角，甚細而尖艄，每兩角並生一處。味微苦酸。採嫩梢葉煠熟，水浸淘淨，油鹽調食；嫩角亦可煠食。按本草所述羊桃，皆獼猴桃，黔中以膠石者，亦是其類。造紙者所用又一種樹。此羊桃形狀正與陸疏符合。

木羊角科

植物名實圖考卷之二十一

蔓草類

奶樹

奶樹產南安。蔓生，四葉攢聚。莖端綠苞，開紫筩子花，如牽牛而短瓣，苞下復有青蒂。秋結實有子。蔓中白汁極濃，氣臭。根黃白色，横紋，如上黨人蓡肥圓，有瘰癧大如拳。廣信土呼山海螺，象其根形。又名乳夫人，氣味甘熱，土人

奶樹

採根發乳汁。湖南衡山亦有之，極易繁衍。俚醫呼爲牛附子，能壯陽道。按南越筆記有乳藤如懸鉤倒掛，葉尖而長，斷之有白汁如乳。婦人產後，以藤搗汁和米作粥食之，乳湮自通，皆此類也。

土青木香

土青木香，長沙山坡間有之。蔓生，細莖，葉、實皆與馬兜鈴同。根黃瘦，亦有香氣。俚醫以清火毒、通滯氣。唯開花作筩子形，本小末大，彎如牛角，尖梢上翹，紫黑頗濃，中露黃蕊。與馬兜鈴開花如枸杞者迥別。

土青木香

尋骨風

尋骨風，湖南岳州有之。蔓生，葉如蘿藦，柔厚多毛，面綠背白。秋結實六棱，似使君子，色青黑，子如豆。

內風藤

內風藤生湖南山坡。横根引蔓，俱赭色；葉如柳葉，有光而韌。以治內風，故名。

鐵掃帚

鐵掃帚產建昌山中。蔓生，綠莖，柔細糾結。葉長幾寸，後圓有缺，末尖，相距稀闊。細根硬鬚，赭色稠密。俚醫以爲行血、通骨節之藥，用根煎酒服。

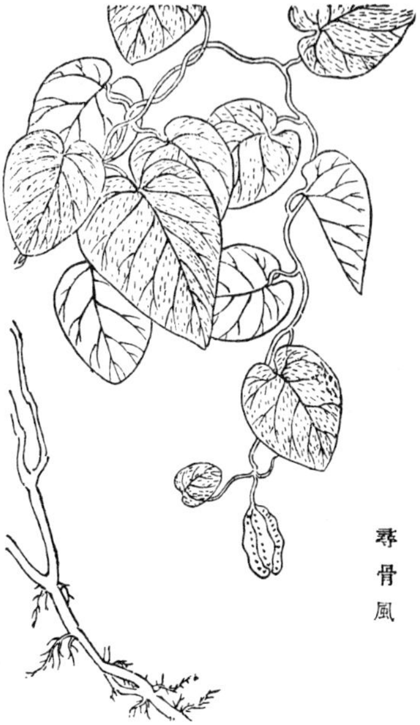

尋骨風

內風藤

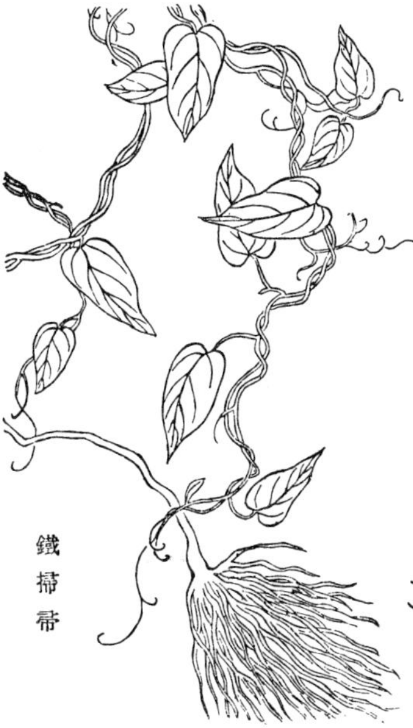

鐵掃帚

涼帽纓

涼帽纓生南安。細莖蔓生，葉大如大指，圓長有尖，淡赭。根蓬鬆如纓，故名。俚醫以治喉痛，消腫毒氣，味平溫。喉痛一作喉病。

涼帽纓

倒掛藤

本草拾遺：倒掛藤味苦，無毒，主一切老血及產後諸疾；結痛血上欲死，煮汁服。生深山，如懸鉤，有逆刺，倒掛於樹，葉尖而長也。按湖南嶽麓山有藤，土名倒掛金鉤，形狀正與此合。俚醫以爲散血、達表之藥，主治亦同。

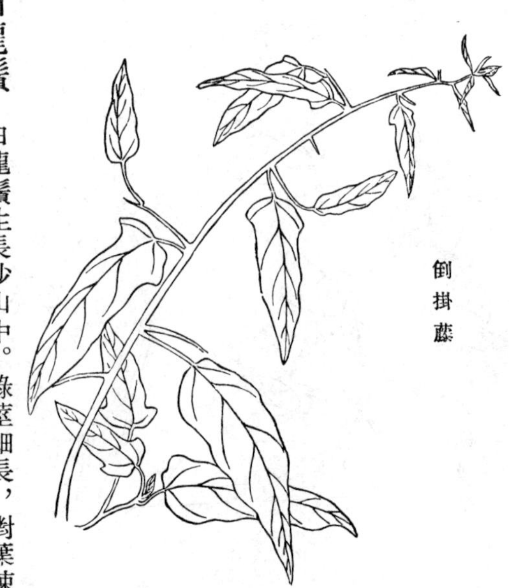

倒掛藤

白龍鬚

白龍鬚生長沙山中。綠莖細長，對葉疏闊，葉如子午花葉而尖瘦細紋，無鋸齒。長根如蜈蚣形，四周密鬚如細辛、牛膝。俚醫以治痰氣。按宋圖經：白前根長於細辛，今用蔓生者，味苦非眞，疑卽此蔓生者。

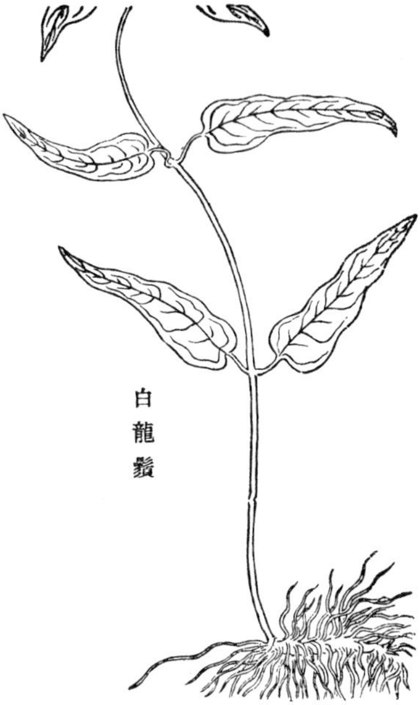

白龍鬚

大順筋藤

大順筋藤生長沙嶽麓。綠莖赭節，弱蔓細圓。長葉寸許，本寬腰細，近梢長勻出尖，面黄綠，背青白，有直紋數縷。葉際出短莖，開五瓣小赭色花，一莖一花。根鬚繁稠，似牛膝而瘦。俚醫以治筋骨、通關節。

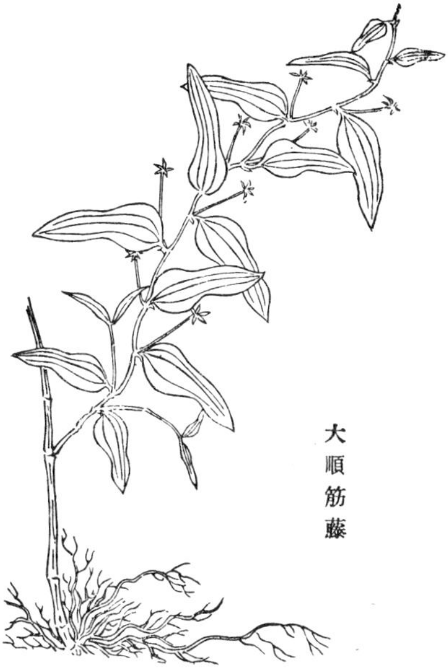

大順筋藤

無名一種

饒州園圃籬落間有之。蔓生，細莖長葉，本圓如馬蹄，末尖，開五瓣小紫花成簇，極似枸杞。

按宋圖經云：馬兜鈴花如枸杞。今馬兜鈴之名不一，凡圓實成串皆名之。此豈花如枸杞之一種耶？

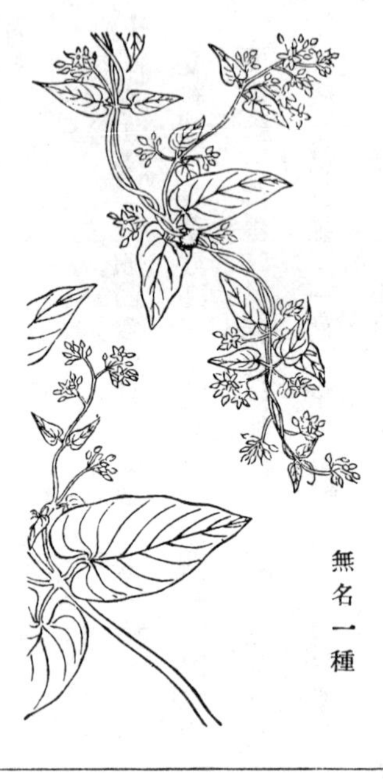

刺犂頭

刺犂頭一名蛇不過，一名急改索，一名退血草，江西、湖南多有之。蔓生，細莖，微刺茸密，莖、葉俱似蕎麥。開小粉紅花成簇，無瓣。結碧實有棱，不甚圓，每分杈處有圓葉一片似蓼。江西刺船者多蓄之，以爲浴湯，云暑月無瘡癤。湖南俚醫以爲行血氣、治淋濁之藥。按宋圖經，成德軍所產萆薢，葉似蕎麥子三稜，殆卽此草。其主治去濕、通利，亦与萆薢相近。

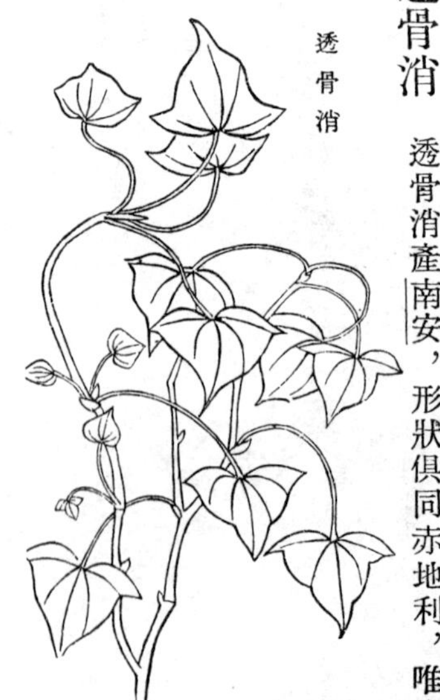

透骨消

透骨消產南安，形狀俱同赤地利，唯赤

莖爲異。俚醫以治損傷、活血、止痛、通關節，蓋一種也。按李時珍以五毒草、赤地利併爲一條，但蔓草似蕎麥者，亦非一類，色味既别，稱名互異。其外科敷洗，大略相通；若入飲劑，則經絡須分，故並存以俟詳考。

酸藤

酸藤產建昌。蔓生，綠莖、赤節，參差生葉。葉圓有缺，末尖，鋸齒深刻。對葉發短枝，開小白花如粟。結實大於龍葵，生青碧，熟深紫。土人以洗瘡毒。

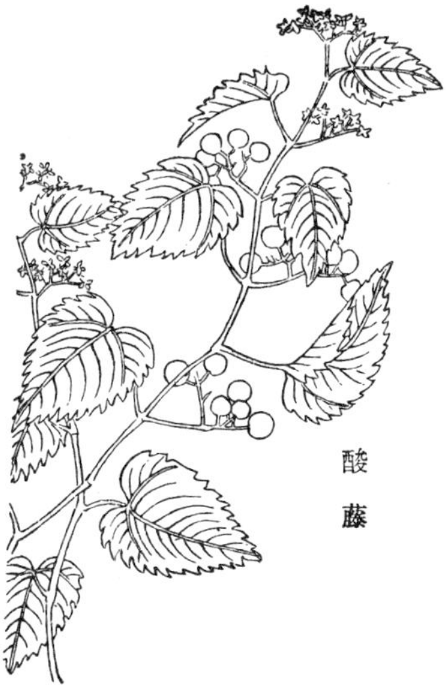

酸藤

野苦瓜

野苦瓜產建昌。蔓生細莖，一葉一鬚。葉作三角，有疎齒，微似苦瓜葉無花杈。就莖發小枝，結青實有汁，大如衣扣，故又名扣子草。俚醫以治魚口便毒，爲洗藥。

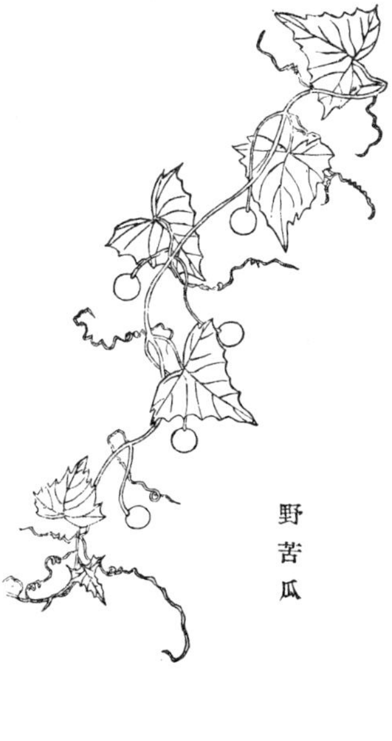

野苦瓜

野西瓜

野西瓜，贛南山坡中有之。蔓延林薄，細莖長鬚。葉作五叉，似西瓜、絲瓜，葉大者可寸許。秋結青白實，宛如蓮子，捻之中斷，內有清汁。俚醫以治火瘡，取漿收貯，敷用。

野西瓜

鮎魚鬚

救荒本草：鮎魚鬚一名龍鬚菜，生鄭州賈峪山及新鄭山野中亦有之。初生發筍，其後延蔓生莖發葉。每葉間皆分出一小叉，及出一絲蔓。葉似土茜葉而大，又似金剛刺葉，亦似牛尾菜葉，不澀而光澤。味甘。採嫩筍、葉煠熟，油鹽調食。　按簡易草藥：金崗藤本名鮎魚鬚，溫平無毒，可做小菜喫；能通筋血、去死血、消腫痛。又湖北志：鰱魚鬚，藤本，初生茁土中，色紫，巔拳曲若魚鬚，炒肉殊妙。

鮎魚鬚

鰱魚鬚

鰱魚鬚生建昌。蔓生有節，葉如竹葉，紫根多鬚，土醫以治熱。鮎魚鬚以蔓名，此以根名。

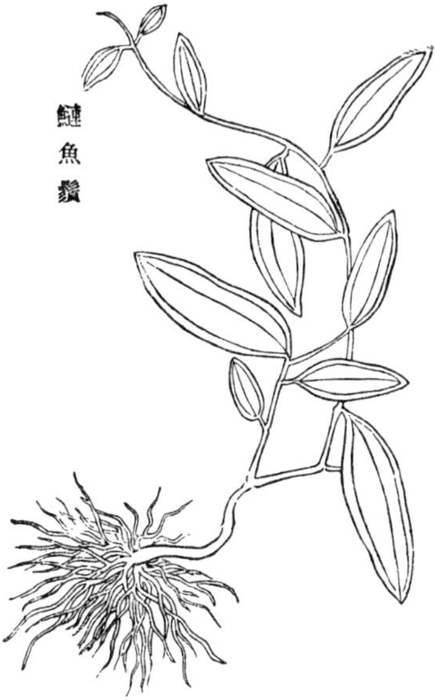

鱧魚鬚

金線弔烏龜

金線弔烏龜

金線弔烏龜，江西、湖南皆有之，一名山烏龜。蔓生，細藤微赤。葉如小荷葉而後半不圓，末有微尖，長梗在葉中，似金蓮花葉。附莖開細紅白花，結長圓實，如豆成簇，生青，熟紅黄色。根大如拳。按陳藏器云：又一種似荷葉，只大如錢許，亦呼爲千金藤，當卽是此。患齒痛者，切其根貼齦上卽愈。兼能補腎、養陰，爲俚醫要藥。

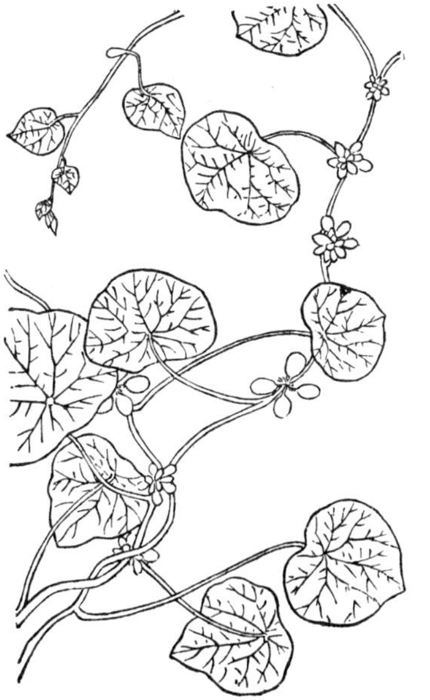

金蓮花

金蓮花，直隸圃中有之。蔓生，綠莖脆嫩，圓葉如荷，大如荇葉。開五瓣紅花，長鬚茸茸。花足有短柄，横翹如鳥尾。京師俗呼大紅鳥，山西五臺尤多，以爲佛地靈葩。性寒，或乾其花入茶甌中。插枝卽生，不喜驕陽。山西通志：金

金蓮花

蓮花一名金芙蓉，一名旱地蓮，出清涼山。金世宗嘗幸金蓮川，周伯琦紀行詩跋：「金蓮川草多異花，有名金蓮花者，似荷而黃」即此種也。

小金瓜　小金瓜，長沙圃中多植之。蔓生，葉似苦瓜而小，亦少花杈。秋結實如金瓜，纍纍成簇，如雞心柿而更小，亦不正圓。寧鄉縣志作喜報三元，從俗也。或云番椒屬，其青脆時，以鹽、醋爝之可食。大抵以供几案，賞其紅潤，然不過三五日即腐。

小金瓜

馬蹄草　馬蹄草，江西、湖南皆有之。綠莖細弱，

馬蹄草

蔓生，對葉。葉大於錢，末微尖，後缺，如馬蹄，圓齒光潤。莖近土即生鬚。俚醫以爲跌打損傷要藥，雖傷重，擣敷即愈。故又名透骨消。

瓜耳草

瓜耳草，江西山坡有之。赭莖，長條挺立，不附莖。傍發枝，排生圓葉微似豆葉，厚綠茸茸，中有白紋一線。土人以治跌打，酒煎服。但未數見，不得確名。

瓜耳草

碧綠藤

碧綠藤，江西廣饒山坡有之。莖、葉碧綠一色，枝頭葉稍長，餘葉正圓，面綠背淡，疎紋細齒。土人以藤煎水，洗紅腫有效。按南城縣志：有銅錢樹，葉圓如錢。此殆肖之。

碧綠藤

金雞腿

金雞腿産建昌，一名日日新。叢生長條，糾結交互，似月季花莖而無刺，葉亦相類，微小。俚醫以爲壯精、行血之藥。

金雞腿

血藤　血藤產九江山坡。蔓生勁莖，赭色，一枝一鬚。附枝生葉，如菊花葉柔厚有花叉，而末不尖，面綠，背白。春時枝梢開花如簇金粟，與千年健同名血藤。

血藤

黃鱔藤　黃鱔藤產寧都。長莖黑褐色，根紋斑駁，起粟黑黃如鱔魚形，故名。葉如薄荷，無鋸齒而勁。主治漂蛇毒。

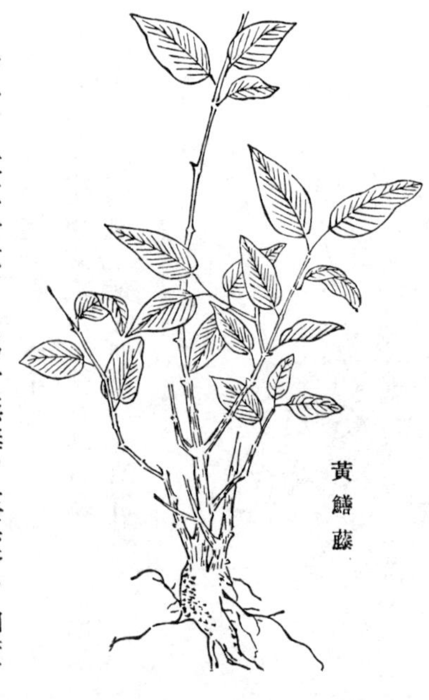

黃鱔藤

白馬骨　本草拾遺：白馬骨無毒，主惡瘡，和黃連、細辛、白調、牛膝、雞桑皮、黃荆等，燒末淋汁。取治瘰癧、惡瘡、蝕息肉、白癜風，揩破塗之。又單取莖、葉，煮汁服，止水痢。生江東，似石榴而短小，對節。　按白馬骨，本草綱目入於有名未用，今建昌土醫以治熱證、瘡痔、婦人白帶。余取視之，卽六月雪。小葉白花，矮科木莖，與拾遺所述形狀頗肖，蓋一草也。寧鄉縣志：六月雪俗呼路邊金，生原隰間，夏開白花。節可治小兒驚風、腹痛；枝燒灰，可點翳；根煮雞子，可治齒痛。花鏡：六月雪，六月開細白花。樹最小而枝葉扶疎，大有逸致，可作盆玩。喜清陰，畏太陽，深山叢木之下多有之。春間分種，或黃梅雨時扦插，宜澆淺茶。其性喜陰，故所主皆熱證。寧都州志：疑卽圖經曲節草，一名六月霜，與圖形殊不類。

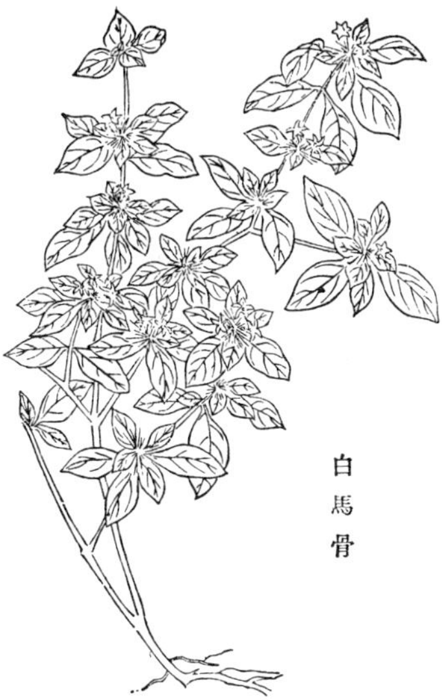

白馬骨

錦雞兒

救荒本草：壩齒花本名錦雞兒，又名醬瓣子，生山野間，中州人家園宅間亦多栽。葉似枸杞子葉而小，每四葉攢生一處。枝梗，亦似枸杞，有小刺。開黃花，狀類雞形。結小角兒，味甜。採花煠熟，油鹽調食；炒熟喫茶亦可。　按此草，江西、湖南多有之。摘其花炒雞蛋，色味皆美云，或呼黃雀花。俚醫以爲滋陰、補陽之藥。花蒸雞蛋，治頭痛；根去皮，煮猪心，治癆證。

滇南本草：金雀花味甜、性溫，主補氣、補血，勞傷、畏涼、發熱、勞熱咳嗽、婦人白帶、日久氣虛下陷，良效。頭暈、耳鳴、腰膝酸疼，一切虛損，服之效。此性不熱、不寒，或煨雞、豬肉食。

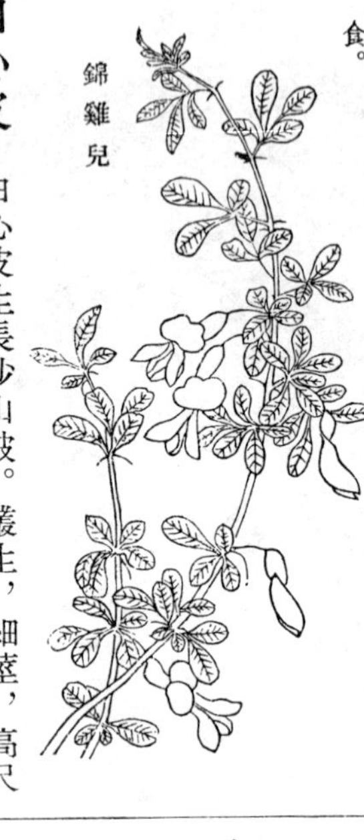

錦雞兒

白心皮

白心皮生長沙山坡。叢生，細莖，高尺餘。附莖四葉攢生一處，葉小如雞眼草葉，葉間密刺，長三四分。自根至梢，葉刺四面抱生，無著手處。橫根無鬚，褐黑色。俚醫以爲補筋骨之藥。

白心皮

無名一種

饒州園圃中有之。叢生，長條密葉如六月雪葉。三、四月間開小白花，圓瓣五出，黃心，稠密滿枝。

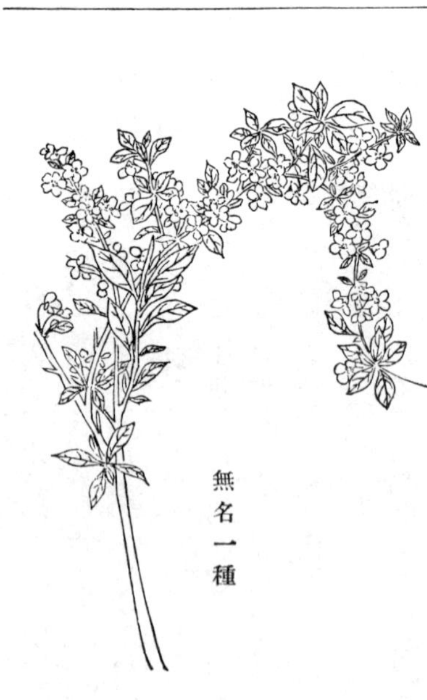

無名一種

候風藤

候風藤，南康山田塍上多有之。長莖叢生，高三四尺，不作藤蔓。葉如木樨葉，面青綠，背黃白，有赭紋。春開白花，下垂如橘柚花。長瓣五出，反卷向上，中突出黃蕊一簇。

候風藤

白花藤

白花藤，江西廣饒極多，蔓延墻垣，與薜荔雜廁。葉光滑如橘，凌冬不凋。開五瓣白花，形如卍字，土人無識之者。按唐本草有白花藤，葉似女貞，莖葉無毛，頗相似。但白花並無形狀，而蜀本又云葉有細毛，亦自不同，未敢合併。滇南謂之山豇豆，結角長幾尺，色紫紅，正如豇豆。炒食甚香，兒童嗜之。

附程徵君瑤田圖芄蘭花記

嘉慶三年，三月廿日立夏，其明日訪芄蘭於定光寺。僧寮後山，花正大放。此藤本，花葉濃密，可謂垂條而結繁矣。其藤繚曲紛亂，對節生葉，亦對節歧出，生條開花，歧條兩股。或一股生葉，一股生花，整齊之中，復參差有致。生花一股，又必再出歧條，然後相對生花；其生葉一股，亦必再出歧條，亦又相對生花。其花必小，抽歧莖而生兩花。去秋所見結實者，亦莖末對生兩角。總之，歧葉、歧條、歧花，每出必歧，如兩儀、四象、八卦之生生不已也。其花五出，遍繞周遭，而中成一孔，空空如也，不見心，亦不見鬚。然五出同本，本作一苞，剝開中藏五鬚，共繞一心。其心蓋卽結角生，芄蘭之仁也。世人以其偏繞成形如卍字，故呼卍字花；而誤以爲四出，又呼車輪花，亦象其形也。其花苞有足承之，所謂鄂不也，亦五出，如末利之花鄂相承然。玆不畫其藤葉，畫正面五出者一，又畫背面連鄂者一，以爲多識之一助云。

按徽君所述並圖，卽此野豇豆也。花作卍字，藤本濃葉，其角雙生，皆與此畢肖而非芄蘭也。蓋徽君前所見如羊角莢子戴白茶者，是芄蘭；後詢之靈山人云，俗呼卍字花，不知卽此豆。因以僭寮所見，謂爲芄蘭，而未嘗審其葉、蔓，剖看其莢也。芄蘭，蔓草，經冬卽枯，花開於夏、秋，徽君自注，亦以花開時爲疑。莢折於霜，南方間有之，園圃中無是物也。野豇豆，藤本耐寒，花開於春，莢著於夏，墻頭籬角，無不延緣。余嘗訪之江右人家，多不知其名；滇人知食其實，故以爲野豇豆。芄蘭之名，旣非野人所知，其花甚微；而徽君獨索觀其花，宜爲不識芄蘭者姑妄對之矣。若見北人而訪以羊角科，南人而訪以婆婆針線包，則必以所知告。

又一種石血藤，其莢長尺，與芄蘭子茶同而葉瘦硬，秋時色紅如血，未見其花。與徽君所圖，葉本團、末狹，經冬不黃落者，亦非類。

白花藤

洋條藤

洋條藤產南贛山中。蔓生細莖，淡紅圓

節。一葉一鬚，葉如鳳仙花葉而寬，鋸齒亦深，面綠細紋，中有紫白縷一道，背邊綠，中紫，亦有白紋。俚醫以治婦科紅白崩帶，同大蕨煎酒服。

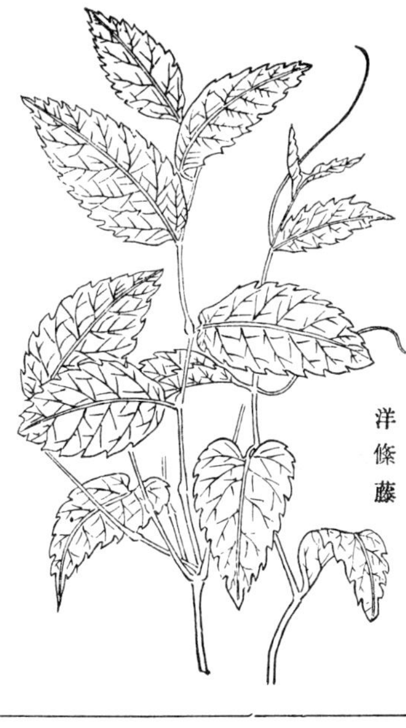

洋條藤

拉拉藤

拉拉藤，到處有之。蔓生，有毛刺人衣，其長至数尺，糾結如亂絲。五六葉攢生一處，葉間梢頭，春結青實如粟。按救荒本草蓬子菜形

拉拉藤

狀，頗類雲南呼八仙草，俚方用之。滇南本草：八仙草味辛苦，性微寒，入少陽、太陰二經。治脾經濕熱、諸經客熱、勞症、筋骨疼痛，走小腸經，治五種熱淋，利小便，赤白濁，玉莖疼痛。退血分煩熱，止小便血，滑石二錢、甘草一錢、八仙草三錢、雙果草二錢，點酒少許煎服。

月季

益部方物記：花亘四時，月一披秀，寒暑不改，似固常守。右月季花，此花即東方所謂四季花者。翠蔓紅蘤，蜀少霜雪，此花得終歲，十二月輒一開。按南越筆記：月貴花似荼蘼，月月開，故名。月貴一名記，有深、淺紅二色。據此則月季乃月貴、月記之訛，宋子京原本當是月貴也。

本草綱目李時珍曰：月季花，處處人家多栽插之，亦薔薇類也。青莖，長蔓，硬刺，葉小於薔薇，而花深紅。千葉厚瓣，逐月開放，不結子也。氣味甘溫，無毒。主治活血、消腫。傅毒瘰癧未破，用月季花頭二錢、沈香五錢、芫花炒三錢，碎剉，入大鯽魚腹中，就以魚腸封固，酒、水各一盞，煮熟食之卽愈。魚須安糞水內游死者方效。此是家傳方，活人多矣。出談埜翁試驗方。

月季

玫瑰

敬齋古今黈：張祜詠薔薇花云：「曉風採盡

玫瑰

燕支顆，夜雨催成蜀錦機；當晝開時正明媚，故鄉疑是買臣歸。」一薔薇花正黃，而此詩專言紅，蓋此花故有紅、黃二種。今則以黃者爲薔薇，紅紫者爲玫瑰云。

羣芳譜：玫瑰一名徘徊，灌生，細葉，多刺，類薔薇，莖短；花亦類薔薇，色淡紫。青跗，黄蘂，瓣末白點，中有黃者，稍小於紫。嵩山深處有碧色者。花史曰：宋時宮中採花，雜腦麝作香囊，氣甚清香。花鏡：玫瑰香膩馥郁，愈乾愈烈；每抽新條，則老本易枯。須速將根旁嫩條移植別所，則老本仍茂：故俗呼離娘草。此花之用最廣，因其香美，或作扇墜、香囊；或以糖霜同烏梅搗爛名玫瑰糖，收於甆瓶內，曝過，經年色香不變。

按李時珍謂玫瑰不入藥，今人有謂性熱動火，氣香平肝，亦非無徵。

酴醿

格物總論曰：酴醿花，藤身青莖，多刺。每一穎著三葉，葉面光綠，背翠，多缺刻。

酴醿

羣芳譜曰：一名獨步春，一名百宜枝，一名瓊綬帶，一名雪纓絡，一名沈香蜜友。大朵千瓣，香微而清，本名荼蘼。一種色黃似酒，故加酉字。唐時寒食，宴宰相用酴醿酒。

佛見笑

佛見笑，荼蘼別種也。大朵千瓣，青跗紅萼，及大放則純白。

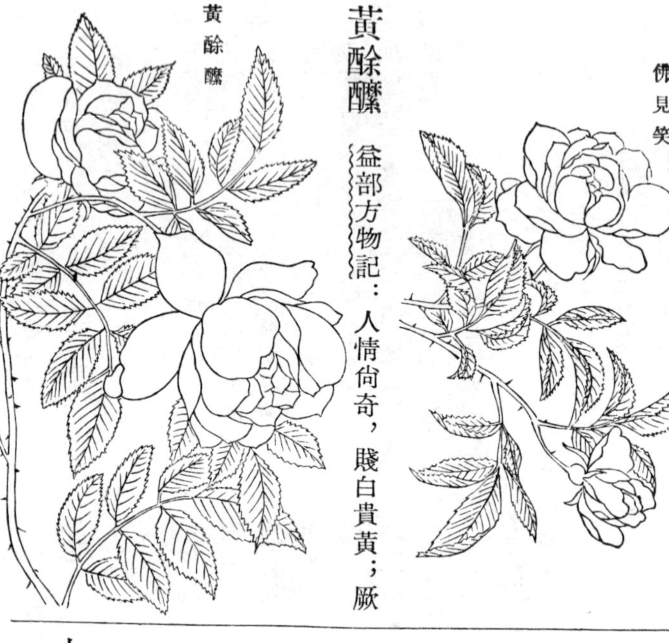

黃酴醿

益部方物記：人情尚奇，賤白貴黃；厥英略同，實寡于香。右黃酴醿。蜀荼蘼多白，而黃者時時有之，但香減於白花。

繅絲花

繅絲花一名刺蘼。葉圓細而青，花儼如玫瑰色，淺紫而無香。枝萼皆有刺針，每逢煮繭繅絲時，花始開放，故有此名。二月中，根可分栽。

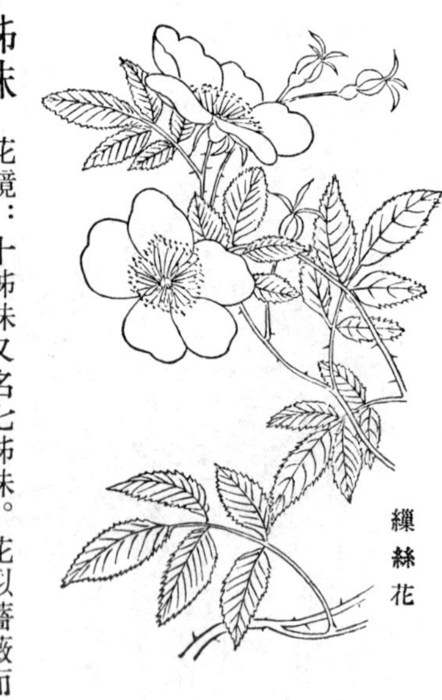

十姊妹

花鏡：十姊妹又名七姊妹。花似薔薇而小，千葉磬口，一蓓十花、或七花，故有此二名。

色有紅、白、紫、淡四樣。正月移栽，或八、九月扦插，未有不活者。

十姊妹

木香

花鏡：木香一名錦棚兒。藤蔓附木，葉比薔薇更細小而繁。四月初開花，每潁三蘂。極其香甜可愛者，是紫心小白花。若黃花則不香；即青心大白花者，香味亦不及。至若高架萬條，望如香雪，亦不下於薔薇。翦條扦種亦可，但不易活。惟攀條入土，壅泥壓護，待其根長，自本生枝外，翦斷移栽即活。臘中糞之，二年大盛。

曲洧舊聞：木香有二種，俗說檀心者號酴醾，不知何所據也。京師初無此花，始禁中有數架，花時民間或得之相贈遺，號禁花，今則盛矣。

木香

轉子蓮

轉子蓮，饒州水濱有之。蔓生拖引，長可盈丈。柔莖對節，附節生葉。或發小枝，一枝三葉，似金櫻子葉而光，無齒，面綠，背淡，僅有直紋。枝頭開五瓣白花，似海梔而大，背淡紫色。瓣外內皆有直縷一道，兩邊線隆起。或云有毒，不可服食。

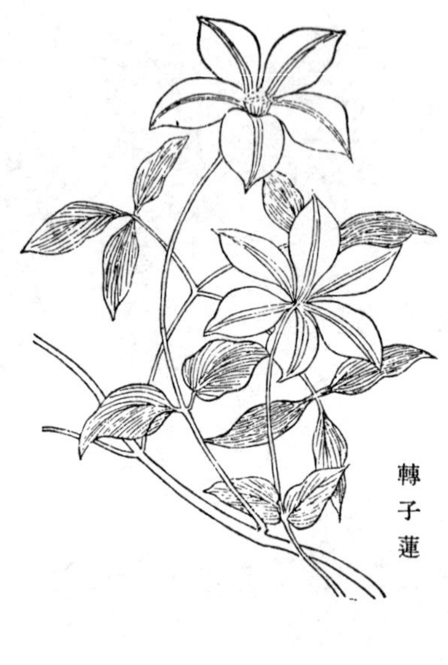

轉子蓮

植物名實圖考卷之二十二

蔓草類

菟絲子　菟絲，本經上品。北地至多，尤喜生園圃。菜豆被其糾縛，輒卷曲就瘁。浮波羃歷，萬縷金衣；既無根可尋，亦寸斷復蘇。初開白花作包，細瓣反卷，如石榴狀。旋即結子，棣聚纍纍。人亦取其嫩蔓，油鹽調食。詩云采唐，或即以此，江以南罕復見之。

雩婁農曰：唐蒙，女蘿；女蘿，菟絲；又蒙，玉女，一物而五名。本草：兔絲草，上品；松蘿木，中品，又云一名女蘿。廣雅：女蘿，松蘿；兔絲，兔邱。雖分二物，而松蘿復冒女蘿之名。陸璣詩疏：菟絲，蔓連草上生，色黃赤如金，非松蘿。松蘿正青，與菟絲異。辨別甚晰。詩「蔦與女蘿」傳云：女蘿，兔絲、松蘿。則兔絲又可稱松蘿，不止五名矣。詩釋文則云：在木曰松蘿，在草曰兔絲。直以爲一物而二種。考本草雖載松蘿性味，而圖經以爲近世不復入藥，亦無採者。則卽陸氏所云色正青者，亦不知其爲何物。今人以施於松上，綠蔓赤花，俗名蔦蘿松者爲松蘿，未敢定爲本經之松蘿也。廣雅疏證據呂氏春秋、淮南子茯苓、菟絲之說，謂兔絲亦生於松上。據漢書豐草葽，女蘿施，女蘿亦生於草上。今生兔絲之處，不盡有松；而產茯苓之深山僻藪，尤無從稔其有兔絲與否。古書傳疑，莫能確定。大抵草木同名，無妨兼通，而形狀不具，則從蓋闕。若古詩「菟絲附女蘿」，則但言無根之物，依附難久，以意逆志，無取刻舟。若謂兔絲又復寄生松蘿，則直糾纏無了時矣。

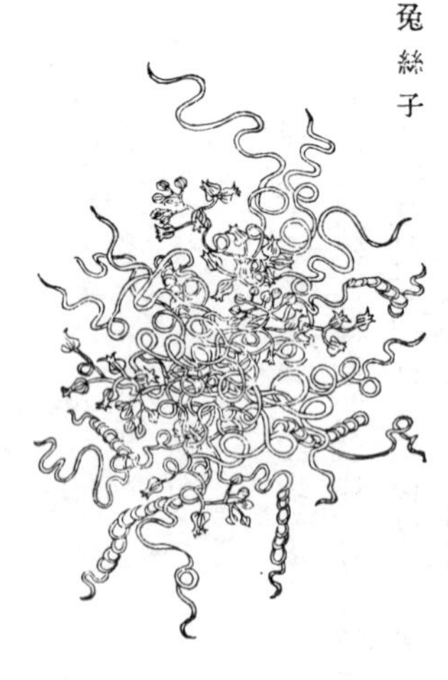

兔絲子

菟絲子

菟絲子，本經上品。爾雅：唐蒙，女蘿；女蘿，菟絲。今北地荒野中多有之。藥肆以其子爲餅，製法具本草綱目。

雩婁農曰：爾雅：唐蒙，女蘿；女蘿，兔絲。又曰：蒙，玉女。釋者以爲五名一物。陸元恪謂女蘿非松蘿。松蘿自蔓延松上，枝正青，與兔絲異。詩有唐蒙、女蘿，無菟絲，故爾雅以菟絲釋之，其義明顯矣。菟絲入藥，人皆知之，蔓細如絲而色黃。松蘿蔓松上，必不能如菟絲之細而色正青，二物自異。本草以松蘿入木，已有區別；特經傳無松蘿之名，而醫方亦不甚用，故知之者少。楚詞：「被薜荔兮帶女蘿」。本草：松蘿一名女蘿。草木同名，相沿至多。古詩「菟絲附女蘿」，此女蘿自是松蘿，非菟絲之一名女蘿也。蔦與女蘿，毛傳以菟絲、松蘿爲一，所見與陸疏異。陸云非松蘿，正駁毛義耳。古詩「菟絲花、女蘿樹」，而云同一根者，蓋皆寄生浮蔓；一附於草，一附于木，同爲無根，而所附異耳。詩人之言，未可膠滯。若謂女蘿有寄生菟絲上者，故爾雅以爲一物，此則糾纏無了時矣。

菟絲子

五味子

五味子，本經上品。爾雅：菋，荎藸。注：五味也。唐本草注以皮、肉、核五味具，故名。以北產者良。

雩婁農曰：五味子具五味，爾雅名之曰菋，蓋農皇之所錫矣。草木兩釋，殆重之歟？然味雖具五，而性專於斂；猶人具五行之秀，而毗於剛柔陰陽，此亦各有其眞性情也。夫草木非大毒，不僅一味；人非大惡，不盡僻性。嘗藥者品其味而知所專，既施之於散斂補瀉，而因其所秉之味以爲緩急輕重，則其功且可旁及。故一藥治一病，而不僅治一病。用人者別其性，而知其所毗，既試之寬猛文武，而必悉其所全之性以備任使輔翼，則其功且可彙綜。故一人治一事，而不僅治一事也。三代後知人者無如漢高，王陵戇、陳平智，而皆屬以爲相。周勃少文，知其安劉，以爲太尉。其人不同，而付托者一。蓋知其材力所及，而又知其眞性情矣。自古人主將相能用人者，無不灼知其人之性情；故雖博取宏攬，而逆料其成敗得失如燭照數計而龜卜。而藻鑑人倫若郭林宗輩，則又如良醫品藥，雖分兩錙銖皆不少差。此固有得之於心，而有不能以言傳者。若用盧杞、呂惠卿，而不知其奸邪，是誠不知其眞性情；而如褚彥回、馮道等，則直無眞性情者也。世之草木，投之而卽生，嚙之而無味者多矣。造物意所不屬，而力所不及，雖農皇亦不能定其上下之品。乃有庸醫，欲用之以試人之生死，則不知用者之罪、抑爲所用者之罪矣。

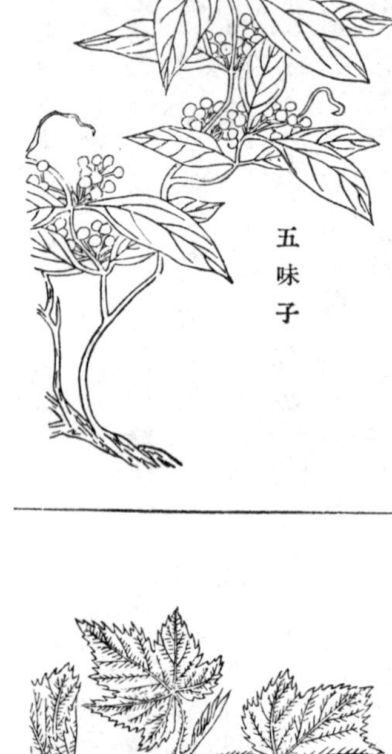
五味子

蓬蘽　蓬蘽，本經上品。今廢圃籬落間極繁。秋結實如桑椹，湖廣通呼烏泡果，泡卽藨之訛。爾雅：

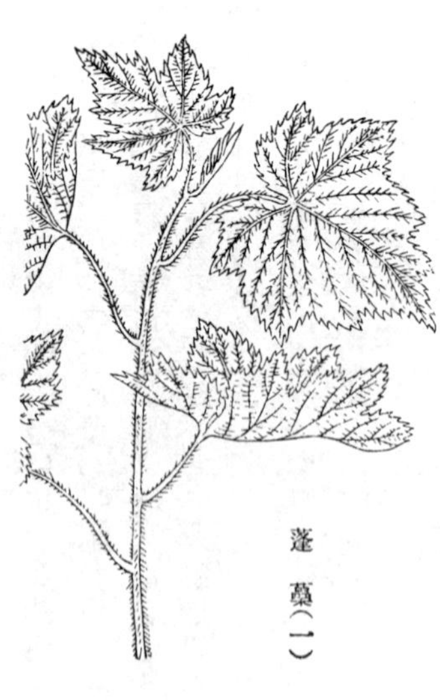
蓬蘽（一）

藨，藨。注：藨卽莓也，今江東呼爲藨莓子，似覆盆而大赤，酢甜可啖，卽此類也。湖南俚醫，端午日取其葉陰乾，六月六日研爲末，以治刀傷，名曰具龍丹。李時珍以苗、葉功用似覆盆，未的。

雩婁農曰：史記述老子之言曰：得時則駕，不得時則蓬累而行。釋者皆不甚詳。禮曰：環堵之室，蓬戶甕牖。飛蓬不可爲戶。余常湖湘澧、下豫章，崎嶇行萬山中，每見谷口繚複，蓬藟塞徑，未嘗不念此中或有異人。顧巖阿中，累石藉樹，藤蔓交垂，居人出入，披長條而搴蒙密，無異排闥而數闥也。入我室者，唯有清風；履我闥者，唯有明月；蕭條踽涼，至此極矣。然則蓬累而行，蓋巖棲之士，唯恐入林不深，而蓬戶者，亦貧家搴蘿補屋之景況耳。宋之隱士如种放者，至煩朝廷圖其別墅，營園林而勤封殖，烏能甘寂寞長貧賤哉？

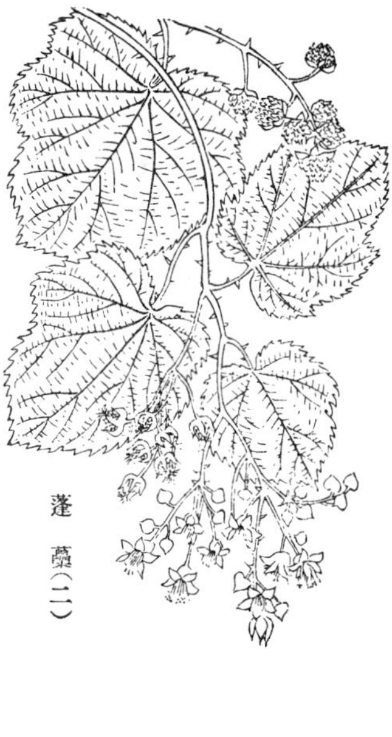

蓬藟（二）

天門冬

天門冬，本經上品。爾雅：蘠蘼，虋冬。注：一名滿冬。本草云：今本草無滿冬之名，有大、小二種，曰顚棘，曰浣草，皆一類也。救荒本草：根可煮食，今多入蜜煎。湖南俚醫用以拔疔毒，隱其名曰白羅杉，醫方所不載。

雩婁農曰：杜拾遺詩：「天棘蔓青絲」，天棘卽顚棘；目曰青絲，體物之瀏亮也。古人階前多種藥，故曰藥欄，非唯養生有資，亦多識之一助。

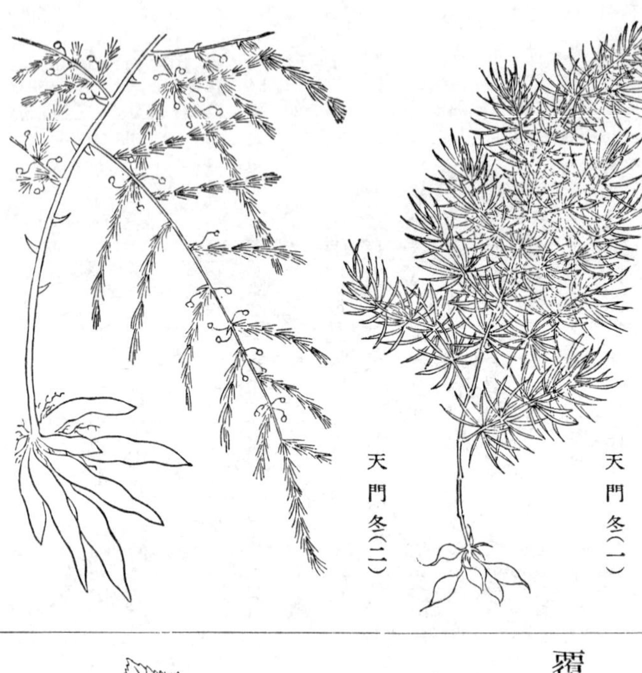

天門冬（一）

天門冬（二）

注詩者糾纏辨駁，固由讀書未半袁豹，亦緣未知善藥不可離手也。

覆盆子

覆盆子，別錄上品。爾雅：茥，缺盆。注：覆盆也。疏據本草注，以蓬蘽爲覆盆之苗。覆盆爲蓬蘽之子，誤合爲一物。四月實熟，色赤，本草綱目謂之插田藨。覆盆、蓬蘽，本草綱目分別甚晰。考東坡尺牘，覆盆子，土人謂之插秧莓，三四月花，五六月熟。市人賣者，乃是花鴉莓，

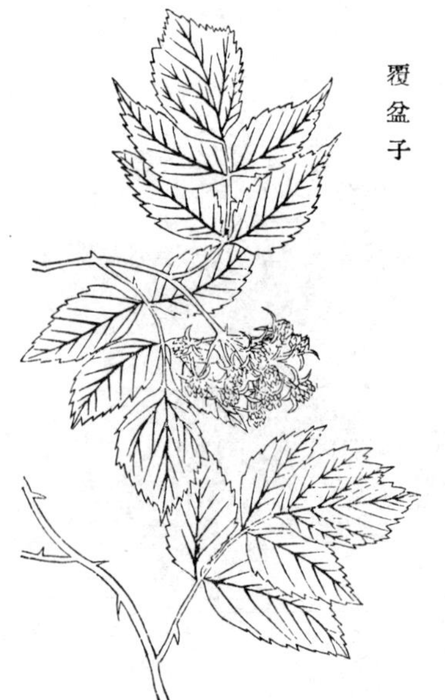

覆盆子

九月熟。則蓬虆即花鴉莓矣。然此謂中原節候耳，江湘間覆盆三四月即熟，蓬虆七月已熟。自長沙以西南山中，莓子既多，又大同小異。滇南有黑𤨏梅、黄𤨏梅、紅𤨏梅、白𤨏梅，皆三四月熟，兒童摘食以爲果。梅即莓，𤨏者，其子細𤨏也。志書多以黑𤨏梅爲覆盆，按形與李說亦不甚符。滇本草以黄𤨏梅根爲鑽地風，用治風頗廣，又別出覆盆也。

旋花

旋花，本經上品。爾雅：葍，蔓。陸璣詩疏：幽州人謂之燕葍。今北地俗語猶爾。救荒本草謂之葍子根，根可煮食，有赤、白二種。赤者以飼猪，亦曰鼓子花；千葉者曰纏枝牡丹。今南方蕹菜，花葉與此無小異，唯根短耳。

雩婁農曰：古者農生九穀，而園圃毓草木。凡漆林梧檟，染草果蓏，資生之物，皆相土宜而種之，不僅蒔蔬供食也。豳風築場圃曰食瓜、曰斷壺、曰煮葵、曰祭韭，蓋古時園人所種之蔬如是而已。

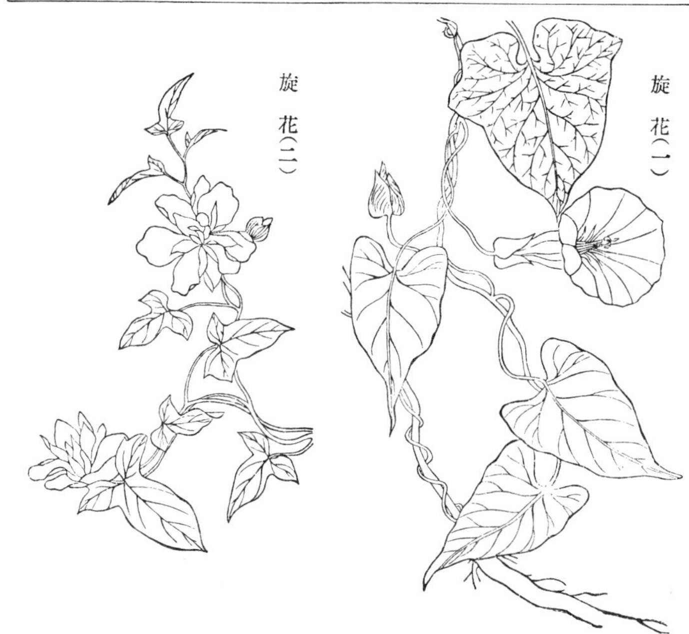
旋花（一）
旋花（二）

芣苢、卷耳、蘋、蘩、荇、藻之屬，無不采於水陸。蒿爲惡菜，流離者采之。然祭祀之籩豆，朝事之饋食，若菭、若芹、若昌本、若茆，皆非出於種植者，何也？蓋野蔌得自然之氣，無糞穢之培，既昭其潔以交神明，而朝會燕饗，不廢婦稚之所拮据，則民間疾苦，君相無時而不與共。又況五行、五氣，應候而萌，以和膳食之宜，助舒斂而消疹戾，其益大矣。後世園官菜把，務爲新美，一切溫養之物，皆爇緼火以迫其生，金蔬玉菜，最足動宿痾而引時癘。至如豆粥、韭蓱，以侈相尚；方丈朵頤，都非正味；又烏知民間有掘鼠果而覓鳧茈者耶？東坡詩云：「我與何曾同一飽」，吾以爲日食萬錢，猶云無下箸處，彼蓋未嘗飽也。北地春遲，少蟲豸之毒，筠籃挑菜，塵釜生香，清虛之氣，臟神安焉。南方地沮濕，多蛇虺，候早而生速；然野菜之箋，非江南士大夫所膾炙而詠嘆者哉！其序曰：病骨癯骸，非此無以養其沖和；擊鮮嚼肥，非此無以解其腥羶，誠有味乎言之矣。又曾見跋齊民要術書者曰：此傖父所食，而賞其多奇字。噫！彼縱能識字，其與不能辨菽麥何？不食肉糜者，相去間一寸哉！

營實墻蘼

營實墻蘼，本經上品。蜀本草云，即薔薇也，有赤、白二種，白者入藥良。湖南通呼爲刺花，俗語謂刺爲勒，音之轉也。救荒本草：採嫩芽、葉煠熟食之，產外國者製爲露，香能耐

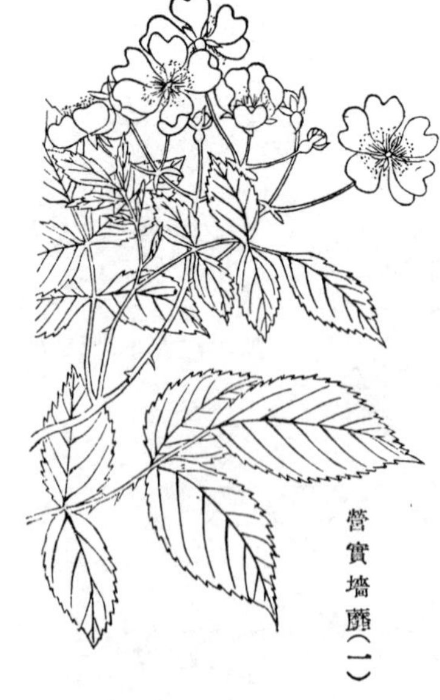

營實墻蘼（一）

久。今吳中摘花蒸之，亦清香能祛熱。

雩婁農曰：薔薇露始於海舶，蓋帷薄中物也，宋時重之。蔡條竄謫中，猶津津言之不置，殆其父子、昆弟，平日阿諛容悅，比之婦寺孜孜以奇異纖瑣之物，引其君於花石玩好，以爲希榮固寵之計。其家人目見耳濡，以不能賓遠物、辨眞僞爲恥，以恤民艱、圖國事爲迂闊，而相姍笑。黃雀、螳螂，自謂無患，而不知挾彈黏黐者隨其後而捕逐也。然其錮蔽已深，雖至家國蕩析，不知怨艾；而計較其昔時所寶貴者，猶怡然自詡其賞玩之不謬。以爲彼談民依勵清節者，皆田舍翁、窮措大耳，烏足以知此？嗚呼！玩物之喪人至此哉！或謂海外薔薇，得霜雪則益香，故爲露逾於中華。不知彼地燠熱，花之有臭者，經寒乃清冽而耐久。南中橘柚，至燕薊亦芬馥逾於所產；物理之常，亦烏足異？彼斤斤於耳目嗜好者，誠哉夏蟲不可語冰；而醯雞甕天，安知宇宙之大也？

營實墻蘼(二)

白英

白英，本經上品。爾雅：苻，鬼目，卽此。一名排風子，吳志曰鬼目菜，齊民要術誤以爲嶺南鬼目果，湖南謂之望冬紅。俚醫以爲治腰痛要藥。其嫩葉味酸，可作茹。老根生者，葉大有五椏，凌冬不枯，春時就根生葉。吳志所云綠樹長丈餘，葉廣四寸，厚三分，不足異也。

雩婁農曰：白英有毛而酸，貧者食之，滇人呼爲酸尖菜。天下多貧人，故雖廣谷大川，民生異宜，而貧者必知貧者之食，亦漸濡使然也。古之賢者，皆曰富而能貧。夫能者，非獨能甘淡薄也；蓋必設身處地，洞悉艱難。故當其境，則曰素富貴、素貧賤；不當其境，則曰可富、可貴，可貧、可賤。唐有世閥子弟，罷兵而飢餒者，或憐而予之食，不能咽。曰：此烟火氣，烏可食？又傖父見食筍者，問諸其人，人曰：此卽竹也。歸而煮其牀腳，不熟。若此人者，處貧而不知貧者之食，不將俟其轉乎溝壑哉！

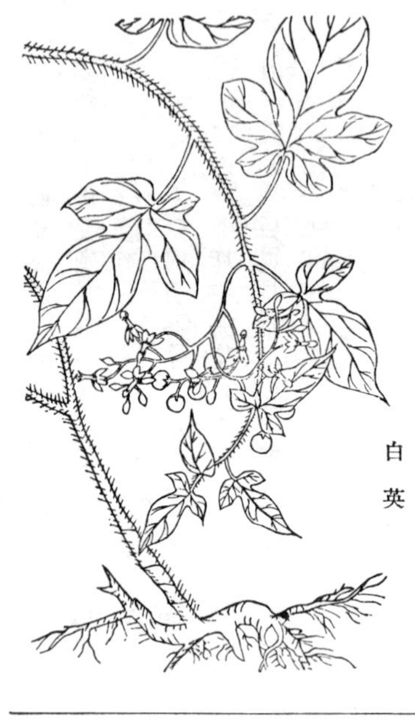
白英

茜草

茜草，本經上品。爾雅：茹藘、茅蒐。注：今之蒨也。俗呼爲血見愁，亦曰風車草。說文以爲人血所化。救荒本草：土茜苗，葉可煠食，子紅熟可食。湖南謂之鋸子草。又一種葉圓，稍大，謂之金線草。南安謂之紅絲線。二種通用。今甘肅用以染象牙，色極鮮，謂之茜牙。陶隱居謂東方有而少，不如西方多，蓋謂此。

雩婁農曰：地官掌染草，以春秋斂染草之物，以權量受之，以待時而頒之。注：染草，茅蒐、橐蘆、豕首、紫茢之屬。此以見古聖人於一草一木，無不經營擘畫，以盡其材，而別服色，明等威，禁奇衺；於五色所尚，尤斷斷不使間之奪正焉。述異記云，洛陽有支茜園。漢官儀，染園出支茜，供染御服，是其處。漢制去古未遠，至貨殖傳千畝支茜，其人與千戶侯等，則世風漸侈，服制無等，而民有擅其利者矣。近世色益華，而染物亦屢變。范子計然云：蒨根出北地，赤色者善。陸元恪云：齊人謂之茜，徐州人謂之牛蔓。今河南、北皆不種茜，多以紅藍爲業，惟陝、甘以染牙物著稱。李時珍遂據陶隱居東間諸處乃有而少、不如西多之語，謂茜字從西以此，此亦王氏之字說矣。茜之色不如紅藍，故朱色至紅藍而極。爾雅翼云：今人染蒨者，乃假蘇方木，非古所用。近嶺南者，皆仰蕃舶蘇方木以供染。然一入再入，即以紅藍染之，色乃殷紅；若蘇方木紫黯無華，不能敵茜色也。又西域記，康巴拉撒之南春結一帶，產蕨菜、茜菜。則茜盛於西方，且以作茹，不僅供染而已。

茜草

絡石

絡石，本經上品。湖廣江西極多。陳藏器以

絡石

圓葉爲絡石，尖葉一頭紅者爲石血，今從之。

雩婁農曰：絡石生石壁壞墻上，蔓而有直幹。本經以爲上藥，蓋藤屬，象人筋絡。其耐霜雪者，性必溫。風之不搖則却風淫；而色如血者，即入血。人肖天地，百物肖人，以物治人，即以人治人。人食味、別聲、被色而生，聖人亦以食、聲、色之相類者生之，無他道也，故曰行所無事。

白兔藿

白兔藿，本經上品。陶隱居云：人不復用，亦無識者。唐本草以爲白葛，葉似蘿藦。蜀本草以爲葉圓如蓴。

雩婁農曰：吾讀本草注，謂白兔食藿得仙而啞然也。考神仙書，皆謂仙人有爵秩、名位、尊卑、職事，太虛青冥之中，亦復勞形案牘，貴賤相撿，亦烏取乎逍遥六合之外哉？韓子云，上界足官府，蓋譏之也。若鶴、鹿、駏驉及趧趯者皆得飛昇，則天門跌蕩，亦爲飛走者排擠矣。道家又謂鹿、鶴爲仙人騏驥。夫深山大壑，俛啄仰鳴，獉獉狉狉，自適已甚；乃以仙故，致受磬控而縛羈靮，亦何樂乎其爲仙耶？

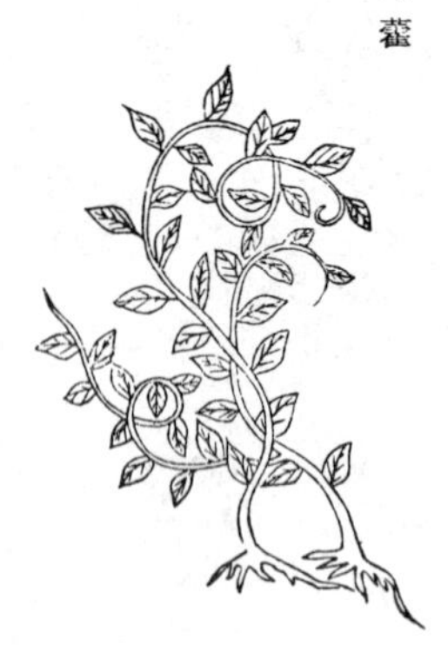

白兔藿

紫葳

紫葳即凌霄花，本經中品。唐本草注引爾雅：苕，陵苕。郭注：又名陵霄。今本無之。相傳其花有毒，露滴眼中，令人失明。根能行血，湖南俚醫亦用之。

雩婁農曰：余至滇，聞有墮胎花，俗云飛鳥過之，其卵即隕。亟尋視之，則紫葳耳。青松勁挺，凌霄屈盤，秋時旖旎雲錦；鳥雀翔集，豈見有胎殰卵殈者耶？俗傳吉祥草、素心蘭，皆能催生，取其佳名，以靜人囂而已。夫鼻不聞其臭，口不嘗其味，而藥性達於腹中，無是理也。否則簪花滿髻，折枝供瓶，皆爲莨若下乳之毒草，其能不坼不疈、無災無害者鮮矣。然滇之張其詞以求利者，果何爲耶？吾烏知其故耶？

紫葳

栝樓

栝樓，本經中品。爾雅：果蓏之實，栝樓。今有苦、甜二種，葉亦小異。炮炙論以圓者爲栝，長者爲樓，說近新鑿。其根卽天花粉。救荒本草：根研粉可爲餅，穰可爲粥，子可爲油。

雩婁農曰：果蓏之實，亦施于宇，釋詩者以爲人不在室則有之。余行役時，屢館曠宅，老藤蓋瓦，細蔓侵牕，蕭條景物，未嘗不憶東山之詩，如披圖繪也。夫聖人衮衣繡裳，雍容致治，而於窮檐離索之情，長言詠歎，悱惻纏綿，有目覩身歷而不能言之親切如此者，豈臨時有所觸而能然哉。蓋其平日於民間綢繆拮据之事，無不默爲經營；卽一草木，一昆蟲，其蕃息於衡宇樊墻間者，無不歷歷然在於心目。思其翕聚，則烹葵獻羔；念其離析，則敦瓜蜎蠋。蓋非破斧、缺斨，必不忍使吾民有婦歎灑掃之悲，其萬不得已之衷，有不待直言而自見者。人第頌其感人之深，而不知其憫從征之將士，若自咎其不能弭患於未然。故鴟鴞之詩，諄諄於天之未陰雨也；雨雪楊柳，師不

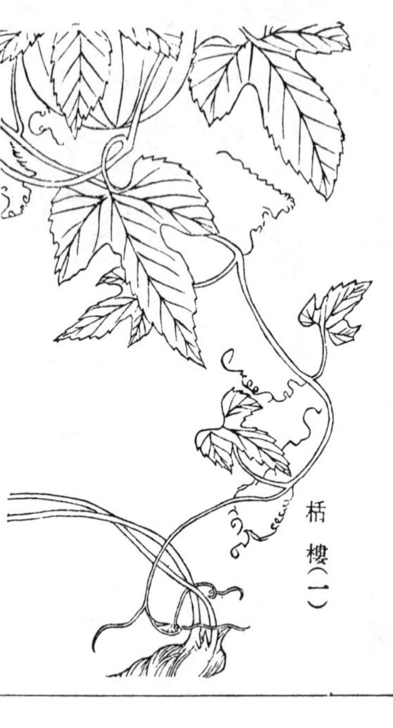

栝樓（一）

言勞，而勞師者代言之。深情淪浹，亦猶行周公之道也。草黃人將，棧車周道，並有置其家室而不敢念者。讀無思遠人、勞心忉忉之詩，而知周之衰矣。古詩十五從軍，六十來歸，備述其雞鳴犬吠之荒涼，而終以白楊蕭蕭，高冢纍纍，愁慘之音，如聞悲咽。杜拾遺從軍行曰：「禾生隴畝無東西」，男子荷殳，婦姑曳鋤，較之鹿場鸛鳴，益爲心惻，而哭聲干霄，則窮兵黷武之時，固不能不出之以慷慨悲激，小雅怨悱，勢使然也。然其源皆出於東山之詩。

栝樓（二）

王瓜 王瓜，本經中品。爾雅：鉤，藈姑。注：一名王瓜。今北地通呼爲赤雹。本草衍義謂之赤雹子是也。自淮而南，皆曰馬瓟，湖廣謂之公公鬚。本草綱目：江西人名土瓜，栽之沃土，根味如山

藥。今江西呼番薯爲土瓜。又寧都山中，別有一種土瓜，味甚劣，未知其卽王瓜否也。陶隱居釋王瓜，與郭注所謂實如瓝瓜、正赤、味苦，形狀脗合。則鉤、藈姑之名王瓜，相沿至晉、梁未改。古人姑、瓜音近相通；而王瓜之爲赤雹，以色、形證之，殆無疑義。馬雹見救荒本草。至土瓜之名，則經傳已非一物。菟瓜、菲、芴，蘇頌已謂

王瓜

同名異類。今俗間所謂土瓜，南北各別，不可悉數，故以土瓜釋王瓜，而不具述形狀，則眯瞢不知何物矣。鄭注以爲菝葜，必有所承。王菩、王萯，字異物同。秀葽之說，以四月孟夏時令相符，强爲牽合；不知葽繞爾雅具載，乃是遠志。草木蟲魚疏以爲栝樓；栝樓，爾雅已前見，郭景純何故以王瓜釋鉤、藈姑，而不以釋栝樓？且謂栝樓形狀藤葉與土瓜相類，不知所云土瓜又何物也？唐本草注：王瓜葉如栝樓而無叉缺，有毛刺。無叉缺，則亦不甚相肖。蔓生之葉，非以花叉、齒缺分別，則相同者多矣。明人說部乃以黃瓜爲王瓜，蹲鴟之羊，形諸簡牘，不經實甚。小臣侍直，曾蒙天語詢及王瓜何物，因以所聞見具對。上復問黃瓜始於何時？具以始於前漢，改名原委對。上曰：諸瓜多始於後世，古人無此多品，俗人乃以王瓜爲黃瓜，失之不考。九重宵旰，於一草一木，無不洞燭根原。仰見雨露鴻鈞，不私一物，亦不

遺一物，彼訓詁考訂家，何能上測高深？

百部

百部，別錄中品。本草拾遺云：人多以門冬當百部。今江西所產，苗、葉正如圖經所述。鄭樵所云葉如薯蕷，亦相近。李時珍以爲有如茴香葉者，恐誤以天門冬當之，以駁鄭說，過矣。秋開四尖瓣青白花，蓺花者以末浸水去蟲。

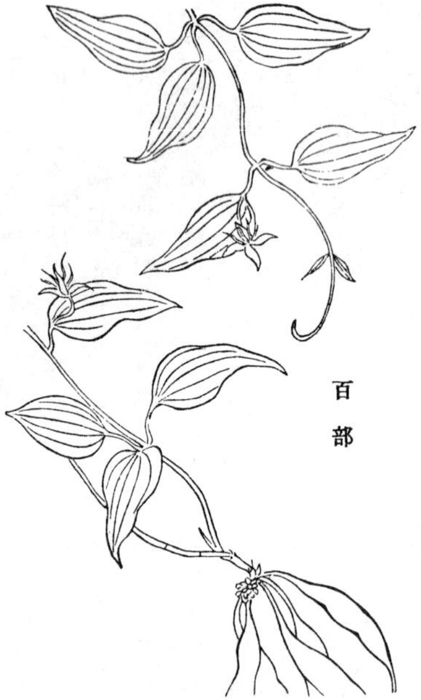

百部

葛

葛，本經中品。今之織絺綌者，有種生、野生二種。救荒本草：花可煠食，根可爲粉，其蕈爲葛花菜。贛南以根爲果，曰葛瓜，宴客必設之。爾雅翼以爲食葛名雞齊，非爲絺綌者，蓋園圃所種，非野生有毛者耳。周詩咏葛覃，周官列掌葛。今則嶺南重之，吳越亦尠。無論燕、豫、江西、湖廣，皆產葛。凡採葛，夏月葛成，嫩而短者留之；一丈上下者，連根取，謂之頭葛。如太長，看近根有白點者，不堪用。無白點者，可截七八尺，謂之二葛。凡湅葛，採後即挽成網，緊火煮爛熟；指甲剝看，麻白不粘青即剝下，就流水捶洗淨；風乾露一宿，尤白。安陰處，忌日色。紡以織。凡洗葛衣，清水揉，梅葉洗滿，夏不脃。或用梅樹搗碎，泡湯入瓷盆內洗之，忌用木器則黑。然嶺北女工多事苧。南昌惟西山葛著稱，贛州則信豐、會昌、安遠諸處，皆治葛。有家園種植者，亦有野生者，而葛布多雜蕉絲，乍看鮮亮悅目，入水變色，質亦脃薄。用純葛絲則韌而耐久，沾汗不污。會昌之精者，緕績更艱。葛一斤，擇絲十兩績之，半年治成一端。會昌、安遠有以湖絲配入者，謂之絲葛。湖南舊時潭州、永州皆貢葛，今惟永州有上供葛。葛生祁陽之白鶴觀、太白嶺諸高峯，芒種時採，煮以灰，而濯之，而曝之，白而擘爲絲，紡以爲布，如方目紗，製爲衫不可

葛（一）

浣，污則灑以水，垢逐水溜無痕也。興寧縣亦蒔之。里老云，葛有二種：遍體皆細毛者可績布，曰毛葛；遍體無毛者，曰青葛，不可績。惟以爲束縛，則又毛葛所不逮。又毛葛亦有二種：蔓延於草上者，多枝節而易斷，成布不耐久；惟緣地而生者，有葉無枝，成布較勝於苧。廣西葛以賓州貴縣者佳；鬱林葛尤珍，明內監敎之織爲龍鳳文也。粤之葛以增城女葛爲上，然不鬻於市。彼中女子，終歲乃成一疋，以衣其夫而已。其重三四兩者，未字少女乃能織，已字則不能，故名女兒葛。所謂北有姑絨，南有女葛也。其葛產竹絲溪、百花林二處者良，采必以女。一女之力，日采衹得數兩，絲縷以鍼不以手，細入毫芒，視若無有，卷其一端，可以出入筆管。以銀條紗襯之，霏微蕩漾，有如蜩蟬之翼。然日曬則縩，水浸則蹙縮，其微弱不可恆服。惟雷葛之精者，細滑而堅，色若象牙，名錦囊葛，裁以爲袍、直裰，

稱大雅矣，故今雷葛盛行天下。雷人善織葛，其葛產高涼、硇洲，而織於雷。爲絺、爲綌者，分村而居，地出葛種不同，故女手良與楛功異焉。其出博羅者，曰善政葛；出潮陽者，曰鳳葛，以絲爲緯，亦名黃絲布。出瓊山、澄邁、臨高、樂會，輕而細，名美人葛。出陽春者，曰春葛，然皆不及廣之龍江葛堅而有肉，耐風日也。詩正義

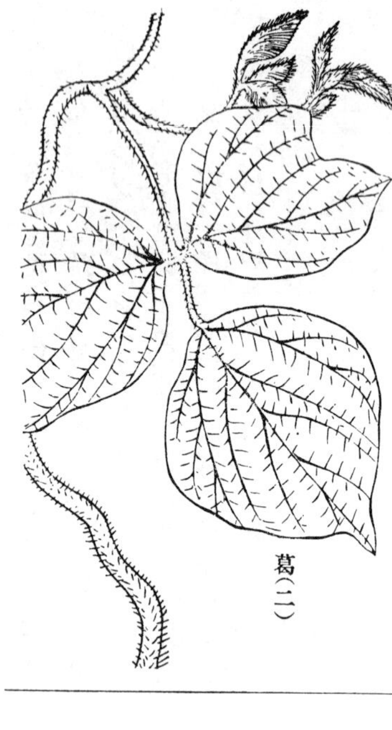

葛（二）

云：葛者、婦人之所有事，雷州以之，增城亦然。其治葛無分精粗，女子皆以鍼絲之乾撚成縷，不以水績，恐其有痕迹也。織工皆東莞人，與尋常織苧蔴者不同。織葛者名爲細工，織成弱如蟬翅，重僅數銖，皆純葛無絲。其以蠶絲緯之者，浣之則葛自葛，絲自絲，兩者不相聯屬。純葛則否。葛產綏（寧）福都山中，采者日得觔，城中人買而績之，分上、中、下三等爲布。陽春亦然，其細葛不減增城，亦以紡緝精而葛眞云。

雩婁農曰：葛者、上古之衣也，質重不易輕，吳蠶盛而重者賤矣；質韌不易柔，木棉興而韌者賤矣；質黃不易白，苧蔴繁而黃者賤矣。乃治葛者與絲爭輕，與棉爭軟，與苧爭潔，一疋之功，十倍於絲與棉、與苧，其直則倍於絲，而五倍棉與苧，於是治葛者能事畢而技盡矣，而受治者力亦盡矣。禍之壽以世，帛之壽以歲，麻之壽以月，今是葛也，日之焦，風之脃，浣之懈，藏之折，

其壽幾何？聖人盡物之性，而不盡物之力；因其重與韌、與黄，而葛之壽於是次於褐、均於帛、逾於麻。

通草

今木通 通草，本經中品。舊說皆云燕覆子。藤中空，一枝五葉，子如小木瓜，食之甘美。今江湘所用，皆非結實者。滇本草以爲野葡萄藤。此藥習用，而異物非一種，蓋以藤蔓中空，皆主通利關竅，故有效也。

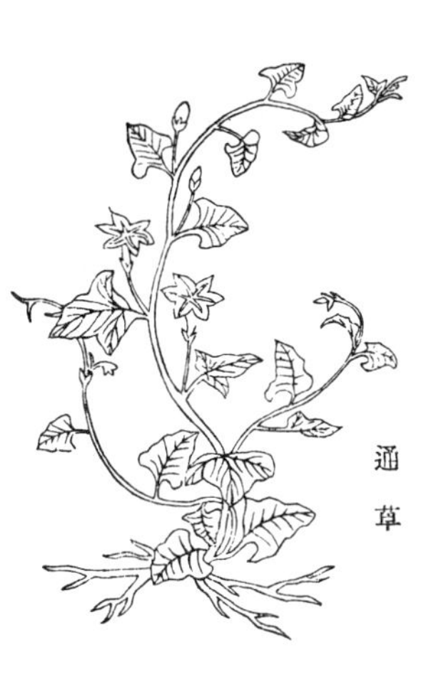

通草

防己

防己，本經中品。李當之云：莖如葛根，外白內黄，如桔梗。今藥肆所用殊不類。

雩婁農曰：李杲以防己險而健，能爲亂階，聞其臭則可惡，下咽則令人身心煩亂，飲食減少，至於去十二經濕熱、壅塞，非此藥不可，其與大黄匹敵可矣。甄權亦云有小毒。李時珍以入蔓草，而本經無毒、中品，豈古人精神强固，不畏洩利，而後人柔弱，不能勝其苦寒，而乃以爲毒耶？夫藥力平者，不能去病；而猛者性必有所偏。元氣已虧，根本漸撥，勝病之藥既不支，而苟且塞責之品，何裨毫末？兩漢循吏，多在承平，至於繡衣持斧，殺馬埋輪，其時紀綱未紊，民氣恬熙，故武健者得行其志，而一時亦收火烈之效。至其季也，雖有戡平盜賊之績，不旋而復熾；火燎於原，一杯曷濟？故治病、治民，不先審其根本，而恃藥力之投，頭有蝨而剃之，蝨則盡矣，髮於何有？

防己

黃環

黃環，本經下品。其子名狼跋子，別錄下品。據唐本草注及沈括補筆談，即今之朱藤也。其南北園庭多種之，山中有紅紫者，色更嬌豔。其花作苞，有微毛。作蔬、案酒極鮮香。救荒本草藤花菜即此。李時珍以爲唐、宋本草不收，殆未深考。又陶隱居云：狼跋子能毒魚。今朱藤角，經霜迸裂，聲厲甚，子往往墜入園池，未見魚有死者。又南方草木狀有紫藤，云根極堅實，重重有皮，莖香可降神。本草拾遺以爲長安人亦種飾庭院，似即以朱藤、紫藤爲一種。今湖南春掘其根以烘茶葉，云能助茶氣味。其根色黃，亦呼小黃藤云。

黃環

羊桃

羊桃，本經下品。詩萇楚；爾雅銚、弋，皆此草也。今江西建昌造紙處種之，取其涎滑以揭紙。葉似桃葉，而光澤如冬青。湖南新化亦植之。黔中以其汁黏石不斷，黔書、滇黔紀游皆載之。光州造冢，以其條浸水，和土捶之，乾則堅如石，不受斧鑿，以火溫之則解。

雩婁農曰：天下之至小，能制天下之至大；天下之至柔，能制天下之至剛；天下之至輕，能制天下之至重；天下之至易，能制天下之至難。莫堅於石，椿以鹽麩之木而立坼；莫脃於石，錮以羊桃之汁而無隙。彼人氣之碎犀，翡翠之屑金，羚角之破金剛，衣袽之固漏，舫艪之辟塵，膠之止濁，木賊之軟牙，戎鹽之累卵，物性之相感而相制，殆有不可窮詰者。吾以爲人主操尺寸之柄以制天下，亦猶是矣。干羽非征苗之兵而蠢茲格，關雎非翦商之謀而王業基。聖人操其至小、至柔、至輕、至易者，謹之於廟堂，而賞不恃爵祿而勸，罰不恃斧鉞而懲，神禹之平成，孟子曰：行所無事。周家之艱難，周公曰：能知小人之依。

羊桃（一）

羊桃（二）

天下固有自然相通相及之理，而無事竭智而遑力者。彼衡石稱書，豈天下之書遂盡此乎？鹽、鐵榷利，豈天下之利遂盡此乎？申、韓煩刑，豈天下之獄訟皆刑所及，而無能遁者乎？孫、吳治兵，豈天下之强梗皆兵所威，而無能抗者乎？以大制大，以剛制剛，以重制重，以難制難，竭其智而智有所不能周，遑其力而力有所不能敵。故用智

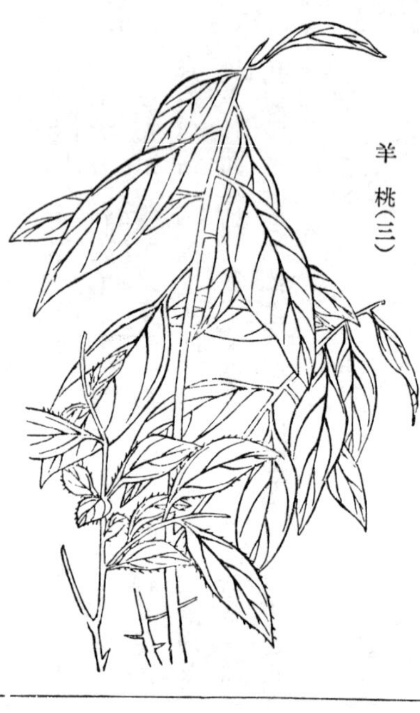

羊　桃(三)

者必歸於愚，而用力者必至於弱。秦皇、漢武不能終於富强，而況其他乎？抑又有一說焉。人主驅遣大將如使嬰兒，而往往制於寺宦、宮妾。如秦之苻堅，唐之玄宗，後唐之莊宗，則歐陽子所謂禍患生於所忽，智勇困於所溺。譬如千金之隄，潰於蟻穴；合抱之木，斃于桂屑；雉之介誘於媒；熊之勇呢於夾。物固不可以小大、剛柔、輕重、難易之相形，而毅然可以自恃。聖人之道，亦唯於至小、至柔、至輕、至易者慎之而已。若其所以相制，則亦無所用心也。

白斂

白斂，本經下品。爲瘡毒調敷之藥。赤斂花

白　斂

實，功用皆同，惟根表裏俱赤。

赭魁

赭魁，別錄下品，根形詳沈括筆談。校注：赭魁，別錄下品，原誤本經下品，今改。

赭魁

忍冬

忍冬，別錄上品。俗呼金銀花，亦曰鷺鷥花，又名左纏藤。陶隱居云：忍冬酒補虛、療風，世人不肯爲之，更求難得者。近時爲解毒、治痢要藥。吾太夫人嘗患痢甚亟，禱於神得方，以忍冬五錢煎濃汁呷之，不及半日卽安，其效神速如此。吳中暑月，以花入茶飲之，茶肆以新販到金銀花爲貴，皆中州產也。

雩婁農曰：忍冬，古方罕用，至宋而大顯。金段克己詩云：「作詩與題評，使異凡草木。」蓋未知近時吳中盛以爲飲，沁薌吸露，歲縻萬餘緡也。夫物盛衰固自有時，而醫者云，誰知至賤之中，乃有殊常之效。噫，何所見之陋也！凡物之利益於人，孰非賤者？穀蔬之於珍錯也，金錫之於珠玉也，陶匏之於髹刻也，布綿之於錦繡也，茅茨、闔廬之於衣綈、錦被、朱紫也；若者易，若者難，若者爲民利，若者爲民病，不待智者而知也。且畎畝版築，漁鹽販豎，人之賤者，而聖賢出焉。漢之盛也，販繒吹簫，位兼將相；而編蒲牧豕者，亦以經術顯。得時則駕，不得時則蓬藁而行，人亦何賤之有？且賤者貴之基，貴者賤之伏，彼害人家國事者，亦豈限貴賤哉！漢之江充、息夫躬、孔僅、桑宏羊，非高門也。王鳳、王莽、梁冀、袁紹，非下僚也。司馬氏之東遷也，以王謝爲晉鄭，而傾王室者，豈少烏衣子弟哉！蘇峻平而懲

忍冬

折翼之夢，封坩之小吏也。盧循滅而符射蛇之讖，伐狄之擔夫也。唐重世閥，以門第高下相夸，亦以相軋；至牛、李黨，一貴一賤，終唐之亡而不解。北宋之弱，始以新法者。疎遠之囚首垢面，繼以紹聖者。渺茫之方丈仙人；而終以花石綱之市井無賴，亡南宋者，則又貴介椒戚之韓、賈也。嗚呼！參朮至貴，能生人，亦能殺人；戟陸至賤，能殺人，亦能生人。莊子之言曰，藥也，其實菫也，桔梗也，雞壅也，豕零也，是時爲帝者也。郭曰：物當其所須則無賤，非其時則無貴。故曰禮時爲大，然聖人不能爲時。

千歲藟

千歲藟，別錄上品。陳藏器以爲卽葛藟。本草衍義引甘守誠，以爲卽姜撫所進長春藤，飲其酒多暴死。今俚醫以爲治跌損要藥，其力極猛，不得過劑。吉安人有患跌折者，誤以數劑併服，遂暴卒。鞫獄者取其莖，研入肉以試犬，犬食之，頃刻間腹膨脝矣。

雩婁農曰：甚矣不學無術而惑邪說者之害之鉅也。詩之咏葛藟者多矣，無言采采者。傳曰：葛藟能庇其本根。今山林中，貫木絡石，條蔓蔚密，材不可薪，不任縛，實不中啖，而爲鳥雀啅啄者，雖婦稚皆識之。乃姜撫一妄男子，詫爲仙藥，舉朝信之，或以致斃，惟一衛士甘守誠破其狂誕，豈彼時朝右皆伏獵弄麞之庸豎，而無一通知經術者哉？蓋誦其名，眯其物，摭撦風月虛幻之詞，而不究其所用。蔡謨讀爾雅不熟，幾爲勤學死，良可哂矣。夫良工度木，非徒爲大小、曲直也，必審其剛柔、燥濕之性，而後爲室則正，爲器則固。其編蒲、織柳、漚麻、擣楮，無有不識物性而能成一藝者。況醫者以藥投人腹中，而不知其有毒與否，而受者乃貿貿然而試之，是輕千金之軀於鴻毛矣。夫驅使草木而不知其性情，尚不能得其利而無害，然則人主用人，將舉家國人民而聽之，乃不能灼知其賢不肖，其利害不亦大哉！漢之言占候者，欲以日辰之善惡，決所見之邪正，舉進退、黜陟之權，寄之於孤虛旺相，其與術士以舉世不用之藥而詭言長生者，皆不求之於可知，而求之於所不可知。禮曰：百工之事，皆聖人所作。又曰：夫婦之愚，可以與知。彼聖人所不言，愚夫愚婦所不知，皆妄而已矣。

千歲蘽

萆薢

萆薢，别録中品。宋圖經列數種。李時珍云，葉大如盌。今人皆以土茯苓爲萆薢，誤矣。其實今人乃以萆薢爲土茯苓耳。南安謂之硬飯團，屑粉食之。茲從李説，而别存原圖。

雩婁農曰：余按試贛，聞山中人有掘硬飯團爲糧者，令人採視之，則卽藥肆所收以代土茯苓，而李時珍以爲萆薢者。堅强如木石。山人之言曰，贛山瘠田少，苦耕穀不蓄，雖中人産，不能終歲粒食，則仰給於薯；薯不足則糜草木之根荄而粉餘之。若葛、若厥及此物，皆貧民果腹是賴。余觀范文正公使江淮，取民所食烏昧草以進，乞宣示六宮戚里，以抑奢靡，前賢欲朝廷知民間艱難如此。然此猶值儉歲耳。若贛之民，雖豐歲亦與上古食草木之實同，而不獲奏庶艱食，比之豳地苦寒，穫稻烹葵，其苦樂爲何如耶？世有抱痌瘝者，取瘠土之民之生計，講求訪咨，繪爲圖說，使爲民上者，知風雨時節，而無告窮黎，尙有藜

萆薢（一）

萆薢（二）

藿不糝，茹草嚙木而甘如黍稷者，一遇亢暵螟螣，稭葉皆盡，顛連離散，計惟有塡溝壑而入盜賊，得不蹙蹙然預計綢繆，爲鳩形鵠面者蓄升斗之儲，而一切偷安縱欲坐待流民之圖，於心忍乎？求牧與芻而不得，立而視其死，距心亦知罪矣。善將者，士先食而後食，豈守令而不然哉！

菝葜

菝葜，別錄中品。江西、湖廣皆曰鐵菱角，

亦曰金剛根。葉可作飲。救荒本草謂之山藜兒。實熟紅時，味甘酸可食。其根有刺甚厲，俚醫多用之。

雩婁農曰：菝葜，山中多有之。根多刺如釘，似非善草。然葉可飲，子可食，根可染，治脚弱痺，滿釀酒飲之，幾無剩物。而張耒有菝葜詩云：「江鄉有奇蔬，本草寄菝葜。驅風利頑痺，解疫補體節。春深土膏肥，紫筍迸土裂。烹之苹藿橘，盡取無可掇。」則此草乃又堪蔬矣。吾於此見造物之愛人甚矣。山氓營窟林箐中，寒而瘦，濕而痺，炙而暑，刺而風，惡蟲、怪鳥洩其毒而爲瘴癘、瘍癰，人非木石，何以堪此？乃使之日飲啜於良藥嘉草之中，潛消其疹戾而不之覺。不識不知，順帝之則，聖人之於民也，亦猶是矣。養生送死，救災弭患，其事必極於纖微瑣屑，其功乃盡於裁成輔相。周官於絲枲、荼葛、果蓏、漆林之類，無不臚舉；而庶氏、蟈氏所以攻烏獸毒蟲者，其官亦皆備焉。後世輒曰大臣不親庶事，夫不親者委任庶官而已。然其於民之一飲食、一疾痛，無不默默爲之籌畫憂勞。康誥曰：如保赤子。方其保抱攜持，無所不至，彼赤子烏知之而感之？漢之榷鹽、鐵也，以賈人富，而重租稅以困之；宋之行新法也，比之祈寒暑雨，怨咨而不顧。夫君之於民，猶父之於子，豈有以子富而困使貧，且

使之怨咨無聊而以爲快哉。水旱疾疫，厄運所極，造物已早爲生聚百物，以待人主之措施。彼以陽九委之於天者，蓋眞視天夢夢也。天不虛生一物，聖人不虛靡一物。樹木不以時伐，曾子謂之不孝。天德王道，何事不該；疏節闊目，其學曰粗。

鉤藤

鉤藤，別錄下品。江西、湖南山中多有之。插莖即生，莖、葉俱綠。本草綱目云：藤有鉤，紫色，乃枯藤也。

雩婁農曰：鉤藤或作釣藤，以其鉤曲如釣針也。滇志：咂酒出鎮雄州。陸次雲峒谿纖志：咂酒一名鉤藤酒，以米雜草子爲之，以火釀成，不篘不酢，以藤吸取。多有以鼻飲者，謂由鼻入喉，更有異趣。鎮雄直滇東北，千里而遙，鼻飲之風，今無聞焉。考鎮雄爲芒部地，舊隸烏蒙。雍正八年，改昭通府，以鎮雄爲州。其屬有威信、牛街、母亨、彝良，皆設吏分治；其人則有苗、沙二種。蓋地曠嶺奧，舊俗猶有存焉。然其植物，昔有五加、方竹、龍眼、荔支諸物；今志不載龍眼、荔支，而謂採筍蹂躪，方竹殆盡，五加已絕種。又謂有海竹，空中爲咂酒竿，則咂酒亦不盡用鉤藤。今昔殊風，大都皆然。而舊諺所謂烏蒙與天通者，今已爲運銅孔道，馱負侁侁，流人占籍，宜其濡染華風，非復峒谿故狀。抑土著性愫而土地磽确，一草一木輒惜之，或以易食物，而畏官之需索尤甚，志蓋因其俗而杜誅求云爾。然以方竹爲守土

鉤藤

累者，實有之矣，務奇詭而不恤艱難，烏可以長民哉！

蛇莓

蛇莓，別錄下品。多生園野中。南安人以莖、葉擣敷疔瘡，隱其名爲疔瘡藥，試之神效。自淮而南，謂之蛇蛋果；江漢間或謂之地錦。雩婁農曰：蛇莓多生階砌下，結紅實，色至鮮，故名以錦。雖爲莓，然第供鳥雀螻蟻耳。顧其塗敷疔毒，效甚捷而力至猛，寸草有心，烏可忽乎哉。夫德無小，翳桑一飯而倒戟，執炙一臠而救危，飲食之施，適得國士；咫尺階前，乃有大藥。否則門左千人，門右千人，碌碌者黍不爲黍，稷不爲稷，求其非荆棘之刺足矣，尚能獲其報乎？

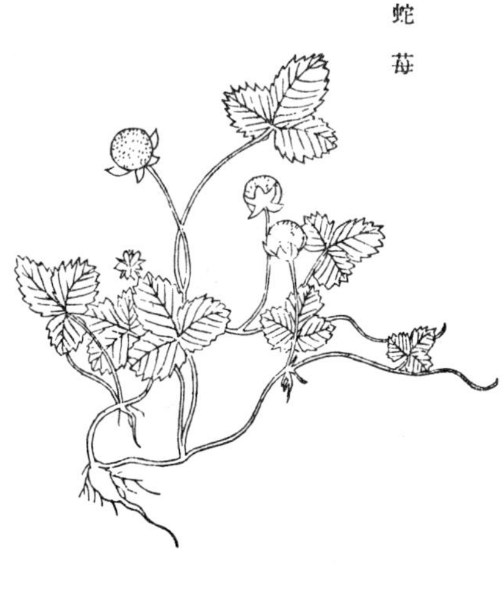
蛇莓

牽牛子

牽牛子，別錄下品，今園圃中植之。酉陽雜俎謂之盆甑草。自河以北，謂之黑丑、白丑；又謂之勤娘子。其花色藍，以漬薑，色如丹。南方以作紅薑，故又名薑花。又一種子可蜜煎，俗謂之天茄。救荒本草謂之丁香茄。李時珍以爲卽牽牛子之白者，花、葉固無異也。另入果類。

雩婁農曰：俗以牽牛花同薑作蜜餞，紅鮮可愛，而理不可曉。梅聖俞詩：「持置梅窗間，染薑奉盤饈；爛如珊瑚枝，惱翁牙齒柔。」文與可詩：「只解冰盤染紫薑」，此法自宋始矣。邵子詩：「雕零在槿先」，言其日出卽收也。司馬溫公獨樂園有花庵，

牽牛子

以牽牛瓜豆爲之，東坡以此非佳花，而前賢多賞之。觀邵子所謂長是廢朝眠者，卽此，亦見賢者斷無三宴起時也。黃綾被裏放衙，終身不見此花矣。俗呼此花爲勤娘子，亦有味。

女萎

女萎，見李當之藥錄。諸家誤以解委萎。唐本草以爲似白蘞，主治痢洩。觀王羲之女萎丸帖云，腹痛小差，須用女萎丸，得應甚速，則必非今玉竹矣。原出荆襄。又曰：魯國女萎。近世方中無用者，存原圖以俟訪。

女萎

地不容

地不容，一名解毒子，唐本草始著錄。南嶽總勝集：軫宿峯北多生地不容草，取汁同雄黃末調服之，大解蛇毒。以其滓敷傷處，雖蝮蛇五步至毒，亦不加害，其效至速。

雩婁農曰：余在湘中，按志求所謂地不容者，不可得。及來滇，有以何首烏售者；或云滇人多以地不容僞爲何首烏，宜辨之。余喜得地不容甚於何首烏也，遂博訪而獲焉。其根、苗大致似交藤，而根扁而瘠，葉厚而圓，開小紫花。詢諸土人，則曰其葉易衍，其根易碩，殆無隙地能容也，故名。

或以其葉團似荷錢，而易爲地芙蓉，失其意矣。考圖經生戎州，今爲安順府，與滇接。宋版輿不及滇，故不以爲滇産。滇本草曰，味苦、性溫，有毒，治一切瘧吐倒食氣吐痰，甚於常山，虛者忌之。常山有轉達之功，地不容無轉達之功，故禁用。其説與圖經異而詳。滇黔之藥，多出於夷峒。然世之好奇者，不求之烏滸猔㺜，則求之

地不容

番舶鬼市，輒曰藥之來者遠，則其爲效也捷。嗚呼！病非夷之病，而藥夷之藥，則必衣夷之衣，而後知其藥之舒斂；食夷之食，而後知其藥之補伐；身體心腹無不變而爲夷，而後藥之入其肺腑而達於毛髮者，乃無一不相淪浹瞑眩焉，而後知夷醫爲和緩，夷藥爲參苓矣。否則不乃之羹，古刺之酒，且有呃於喉、刺於鼻，而不能一咽者。況此苦辛劇毒之品，而謂五行無偏勝之臟腑，可以相容莫逆，如石投水哉！滇地今益闢，負藥入市者，惟薰洗瘡痍，瘍醫實取資焉，駸駸乎胥百夷而冠帶之、酸鹹之，且將以治民者治夷矣。如滇本草，誠不以良民試夷法，滇亦多賢人哉。

白藥

白藥，唐本草始著錄。圖經有數種。本草拾遺又有陳家白藥、甘家白藥、會州白藥，有方無圖。今滇南亦有白藥，主治馬病，未知是圖經何種，不敢併入。兹從圖書集成繪存原圖一種，其治證各方，錄於編中以備考。

白藥

落鴈木

落鴈木，唐本草始著錄。海藥謂鴈過皆綴其中，故名。生南海山中，代州、雅州皆有之。治風痛、腳氣、產後血氣痛。

落鴈木

解毒子

解毒子，唐本草以爲生川西，即地不容。圖經所云生戎州者，與滇南地不容雖相類，而云無花實。李時珍以四川志苦藥子即解毒子，又或謂即黃藥子，皆出懸揣。今以滇南地不容別爲一圖，而存解毒子原圖以備考。世之用地不容者，當依滇本草爲確；其舊說解蠱毒、消痰、降火，

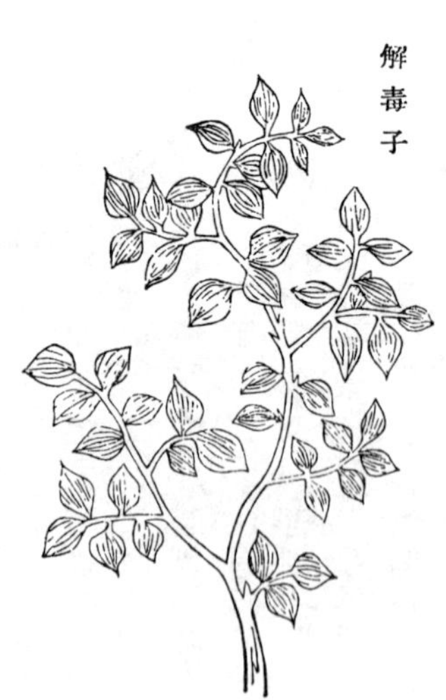
解毒子

雖具藥性而不可輕試。若川中苦藥子，亦恐非唐本草之解毒子也。

蘿藦 蘿藦卽藿蘭，見詩疏。唐本草始著録。拾遺曰斫合子。救荒本草曰羊角科。今自河以北，皆曰羊角；江淮之間曰婆婆針線包，或曰羊婆奶。湖南曰斑風藤。

雩婁農曰：芄蘭，衞詩也，故中原極多，江湘間偶逢之。淳于髡曰：求柴胡、桔梗於沮澤，累世不得一焉。地利有宜，信矣。沈存中謂芄蘭生莢，支出於葉間，垂之如觿，其葉如佩韘之狀。按芄蘭之角如觿，尙得形似；其葉如王瓜、牽牛等，安得有佩韘狀？詩人觸物起興，矢口成音，豈與夫訓詁之學，拘文牽義，强爲組織哉！漢儒格物，非得之目覩，卽師承有緒，非妄造無稽之談以爲標新領異。始作俑者，王安石之新學，而陸佃爲之推波助瀾也。陳瑩中云：王氏之學，廢絶史學而咀嚼虛無之言，其事與晉無異。其彈蔡京疏云：絶滅史學，一似王衍斥新經者，以此爲梟蘇折獄矣。夫憑虛臆説，何所不至？極其量，雖伏獵弄麞，無難曲解旁證以伸其説。今王氏之學，澌滅殆盡；而埤雅以草木鳥獸而存。毛晉以陸佃釋采苻，采蘩，采蘋、藻爲后妃、諸侯夫人、大夫妻之次第；王安石釋苻、接余，謂可以妾餘草爲可笑而近於戲。嗚呼！王氏之學，天變不足畏，祖宗

蘿藦

不足法，人言不足恤，尙何有於經而不敢侮？觀其制置條例，乃以蒼生、宗社爲戲，經營祖述，卒傾宋京。由今而觀，豈堪一噱哉！沈存中博物者，而不免汨新學之餘波，甚矣邪說之害，同於洪水猛獸也。

赤地利　赤地利，唐本草始著錄。李時珍以爲即本草拾遺之五毒草。江西、湖南通呼爲天蕎麥，亦曰金喬麥。莖柔披靡，不纏繞，莖赤葉青，花葉俱如蕎麥，長根赭硬，與唐本草說符。爲治跌打要藥，竊賊多蓄之，故俚醫呼賊骨頭。

雩婁農曰：天之生斯草也，以矜折損也；乃宵小恃之以扞敲扑而遁法網，豈天之助兇人歟？易曰：惡不積不足以滅身。傳曰：淫人富謂之殃。夫盜賊穿窬胠篋，得而縶之，法止鞭扑及荷校耳。乃祕此方藥，絶者續，腐者新，頑而無忌，屢觸法而益狠戾，其究不至殺越人于貨不止，則斷剄之戮及之矣。昔有囚將伏法，語獄卒曰：「某爲賊，冒法多矣，每受責必餌白及，故無苦，死後可取肺視之，必有異。」獄卒如言審其肺，已潰敗，皆白及所補綴云。然則盜賊得祕藥而無所苦者，乃俾之愍不畏死而終服上刑也。則天之生此草，將以積其惡而滅之、殃之也。然盜賊終恃此而不悟也。

赤地利

紫葛　紫葛，唐本草始著錄。湖南謂之赤葛藤。葉似野葡萄，而根長如葛，色紫，蓋卽葛之別種。主治金瘡傷損，俗方多用之。原圖葉甚相類；又一圖殆其枯蔓，姑仍之。

紫葛

烏蘞苺

烏蘞苺卽五葉苺，唐本草始著錄。按詩經「蘞蔓於野」，陸疏：形狀正同烏蘞。毛晉廣要亦云蘞有赤、白、黑，疑此卽黑蘞云。今俗通呼曰五爪龍。

烏蘞苺

葎草

葎草，唐本草始著錄，處處有之。救荒本草謂之葛勒子，秧、苗、葉可煠食。本草綱目併入別錄有名未用勒草。南方呼刺皆曰勒，未可以葎、勒音轉，定爲一物。

雩婁農曰：湘中葎草極繁，廢圃中往往茀不可行。迷陽傷足，罥挈縭衣，其流輩也。調以酸鹹，乃不戟喉，花芥、刺薊，又其亞矣。蓋造物之養

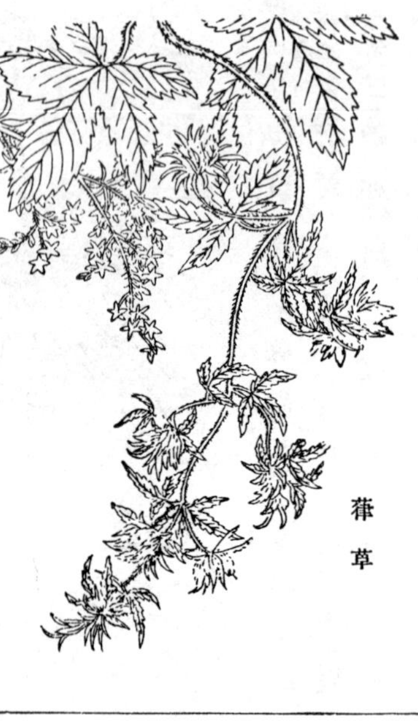

葎草

人也，唯恐其獲之也艱，而生之也蹙。故凡婦稚之擷捋，牛羊之踐履，無不可以適口腹而備緩急。然則人力之所極，而化工之所惬者，其皆非養人者歟？余以世之疾夫此草也，因歌以誡之。其詞曰：相彼滋蔓，浸淫堂隅。鋤而去之，乃益繁蕪。孰遣不憎？孰忤不誅？勿憎勿誅，代匱庶乎。嗚呼饉歲，恃此而餔。饘斯粥斯，不螫乃腴。何惜咫尺，廣莳此徒。吾言曷徵，曰救荒書。

植物名實圖考卷之二十三

蔓草類

芳草類

老虎刺　土荊芥

滇南薄荷　滇藁本

野草香　地笋

滇瑞香　滇芎

東紫蘇

香科科　白草果

毒草類

小黑牛　野棉花

月下參　小草烏

滇常山　羊肝狼頭草

野煙　雞骨常山

象頭花　金剛纂

紫背天葵

四喜牡丹

卽追風藤　四喜牡丹生雲南山中。長莖如蔓，附莖生葉。三葉同柄，復多花叉，微似牡丹，長五六分。春開四瓣白花，色如梔子，瓣齊有直紋。黃蕊綠心，楚楚有致；惟莖長花少，頗形寂寞。

四喜牡丹

刺天茄

刺天茄，滇、黔山坡皆有之。長條叢蔓，細刺甚利。葉長有缺，微似茄葉，然無定形。花亦似茄，尖瓣黃蕊，粉、紫、淡白，新舊相間。花罷結圓實，大者如彈。熟紅，久則褪黃。自春及冬，花實不斷。滇本草：刺天茄味苦甘，性寒，治牙疼，爲末搽之卽愈。療腦漏、鼻淵，却風、止頭痛、除風邪。

刺天茄

刀瘡藥

刀瘡藥生雲南。藤本蔓生，赭綠莖。葉似何首烏，色綠，微寬，無白脈。葉間開花，五瓣，外白，內紫，紋如荆葵，數十朵簇聚爲毬。又名貫筋藤，殆能入筋絡之品。

刀瘡藥

紫地榆

紫地榆生雲南山中，非地榆類也。圓根

紫地榆

横紋，赭褐色。細蔓繚繞，一莖一葉。葉如五葉草而杈歧不匀，多鋸齒。蔓梢開五瓣粉白花，微紅，本尖末齊。綠萼五出，長於花瓣，托襯瓣隙。結角長寸許，甚細而彎如牛角。考滇本草有赤地榆，與本草治症同；又有白地榆，味苦濇，性溫，與地榆頗異。此又一種。按名而求，則懸牛首市馬肉，不相應者多矣。

滇白藥子　滇白藥子，蔓生，根如卵，多鬚。一枝五葉，似木通而微小，梢端三葉。夏開花作穗，如白花何首烏。結實如珠。考白藥有數種，而說皆不晰。滇本草謂只可醫馬，不可吃，而又載與陽道諸方。其說兩歧，殆不可信。

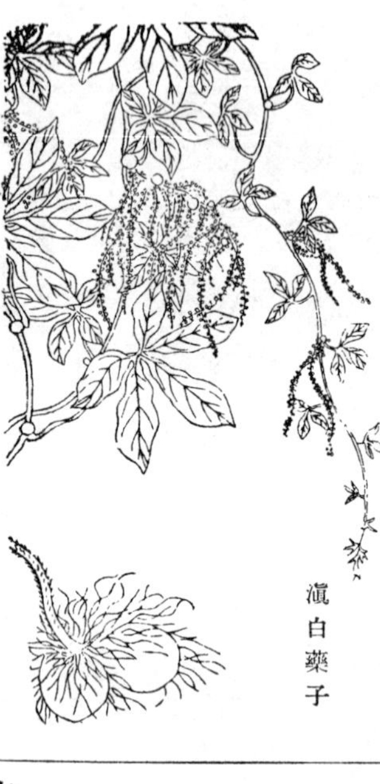
滇白藥子

葉上花　葉上花生雲南。蔓生綠莖，一葉一鬚。葉或五尖、或三尖，大如眉豆葉。花生葉筋脈上，作小尖蕾葖，上紅下淡。花密則葉枯，其筋脈即成小莖。結實如珠，色紫黑。廣西通志：紅果草小者圓葉邊，花莖有軟刺，可治牙痛。疑即此類。

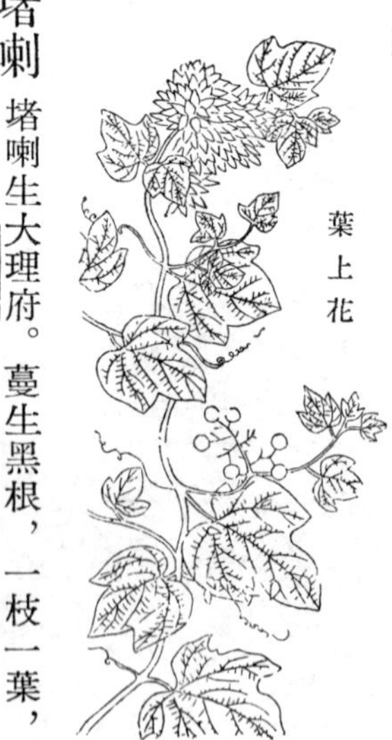
葉上花

堵喇　堵喇生大理府。蔓生黑根，一枝一葉，似五

堵喇

葉草，大如掌。俚醫云：性寒，解草烏毒，產緬地者能解百毒。

土餘瓜 滇本草：土餘瓜味甘，無毒，生於山中。倒挂，綠葉，開黃花。按一年開一朵，結一薹，梗藤綿軟。至十二年根成人形，夜有白光，屬陽氣。採取同雲茯苓膏服之，黑髮延年，百病不生；若單服無益。茯苓亦夜有白光，陰也，須得土餘瓜配合爲妙。余遣人採得，根如何首烏大小，磦砢相屬不絕。色黃如土，細蔓絲裊，拳附下垂。一葉一鬚，似王瓜葉而光，有細紋，亦如瓜葉。人形、白光之説，蓋如枸杞、人薓，以意測度。東坡謂五月五日採艾如人形者，艾豈似人？萬法皆妄出於意想，讀醫書者當知之。

土餘瓜

滇土瓜 土瓜生滇、黔山中。細蔓，長葉微團，秋開如鼓子花，色淡黃，根以爲果食。桂馥札璞：土瓜形似萊菔之扁者，色正白，食之脆美。案即爾雅蕢，菟瓜，譌為土瓜。滇本草，味甘平，一本數枝，葉似胡蘆，根下結瓜，紅、白二色。紅者治紅白帶下，通經、解熱；白者治婦人陰陽不分、子宮虛冷、男子精寒。生喫有止嘔、療饑之妙。遵義府志：俗呼土蛋，歲可助糧。按此草有花，一開卽斂，滇本草以為無花，殆未細審。

按黔西山坂中極多，北人見者，皆以為燕葍。其花初黃後白。按爾雅：菲，芴。郭注：土瓜也。孫炎曰：葍類也。此草形既如葍，名同土瓜，或是一物。但本草所述土瓜卽是王瓜，而說經者皆不詳土瓜花、實，引證極博，究無的解。北地亦未見有此草，不敢遽謂葑菲之菲卽此矣。若李時珍謂江西土瓜粉卽王瓜根，恐贛南之土瓜亦卽此物。唯彼人云，味麤惡，此根味甘，有藥氣，不至辣喉，或以地氣而異。若王瓜根則未聞可粉也。

滇土瓜

昆明雞血藤

昆明雞血藤，大致卽朱藤，而花如

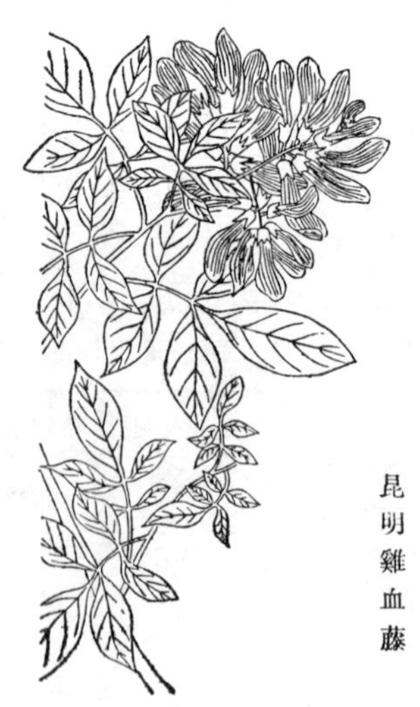

昆明雞血藤

刀豆花，嬌紫密簇，豔於朱藤，卽紫藤耶？褐蔓瘦勁，與順寧雞血藤異，浸酒亦主和血絡。

繡毬藤

繡毬藤生雲南。亘蔓逾丈，一枝三葉。葉似榆而深齒。葉際抽葶，開花如絲，長寸許，糾結成毬，色黃綠。滇本草亦有此藤，而圖說皆異，蓋又一種。此藤開四瓣紫花，心皆粉蕊，老則迸爲白絲，微黃。土醫或謂爲木通，以爲薰洗之藥，主治全別。

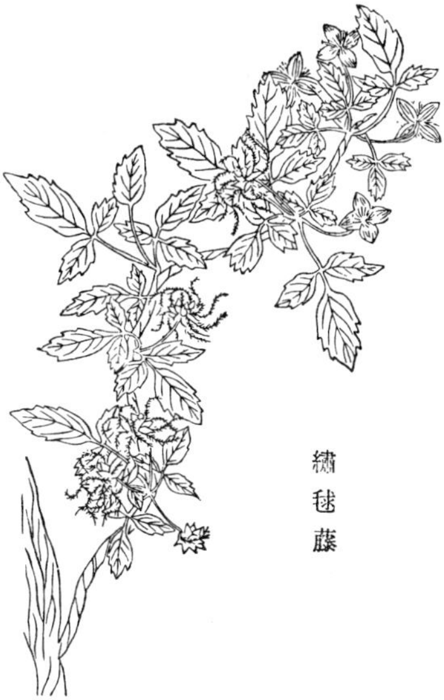

繡毬藤

扒毒散

扒毒散生雲南圃中，插枝卽活；以能治毒瘡，故名。大致類斑莊根而無斑點，葉亦尖長，秋深開小白花如蓼，而不作穗簇簇枝頭。尤耐霜寒。

扒毒散

崖石榴

崖石榴盤生石上，卽木蓮一類，而實大僅如龍眼。滇俗亦以爲粉。葉澀，亦微異。

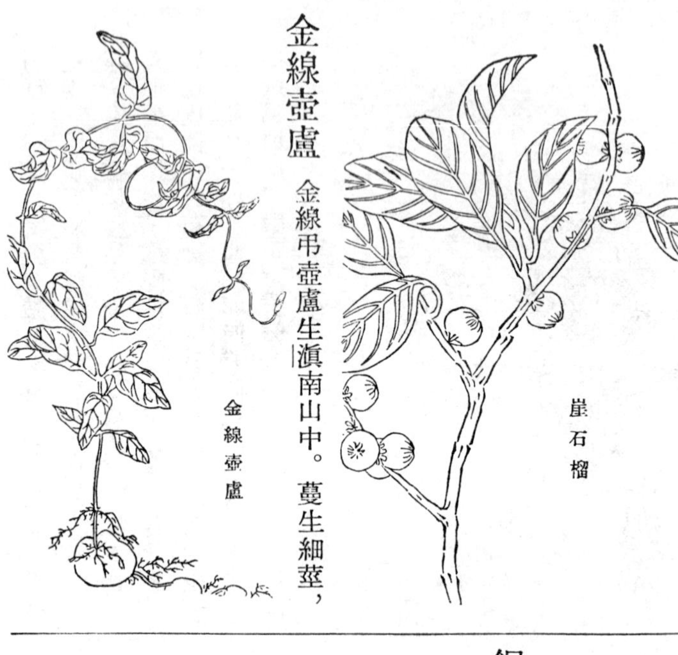

金線壺盧

金線弔壺盧生滇南山中。蔓生細莖，葉似何首烏而瘦。根相連綴，大者如拳，小者如雀卵，皮黃肉白。以煮雞肉，味甘而清，美於山藷。滇中秋時，粥於市，不知者或以爲芋。俗云性能滋補，故嗜之。

銅錘玉帶草

銅錘玉帶草生雲南坡阜。綠蔓拖地，葉圓有尖，細齒疎紋。葉際開小紫白花；結長實如蓮子，色紫深，長柄擎之。帶以肖蔓，錘以肖實也。

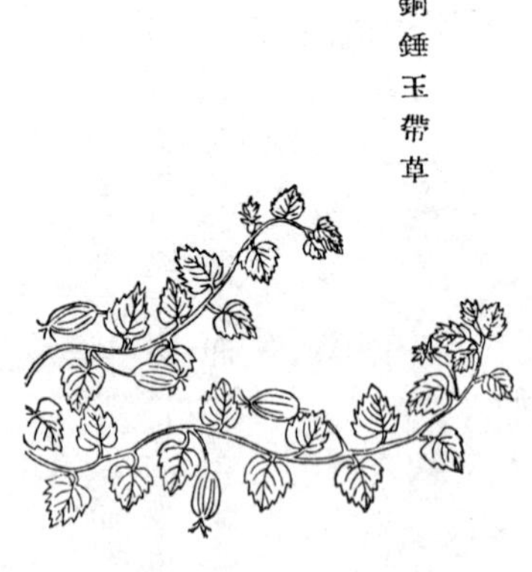
銅錘玉帶草

鐵馬鞭

鐵馬鞭生雲南山中。粗蔓色黑，短枝密葉，攢簇無隙。葉際結實，紫黑斑斕，大如小豆。土醫云，浸酒能治浮腫。

鐵馬鞭

黃龍藤

黃龍藤生雲南山中。藤亘如臂，紋裂成鱗。細蔓紫色，長葉綠潤。開五瓣圜花，中含圓珠，殷紅一色，珠老則青。

白龍藤

白龍藤生雲南山中。粗藤如樹，亘齒森

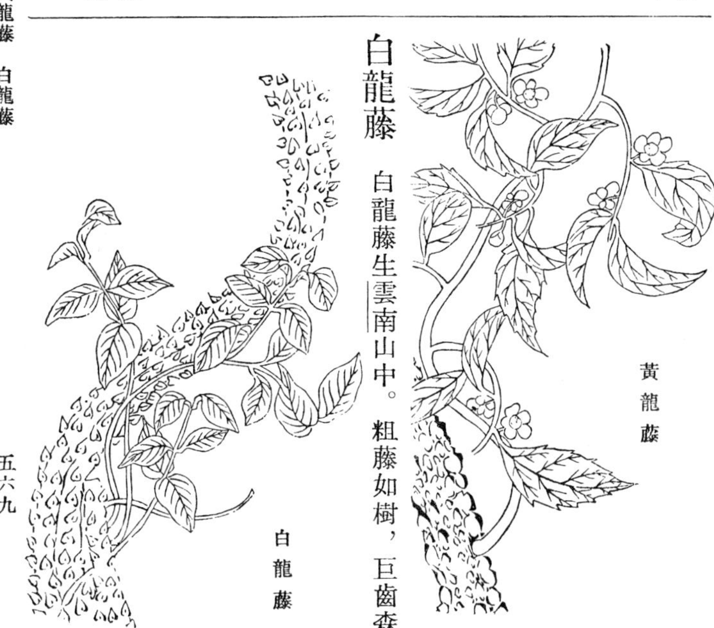

黃龍藤

白龍藤

森，細枝小葉，亦絡石之類。土醫云，能舒筋骨。

地棠草 地棠草生雲南山阜。細蔓綠圓，葉大如錢，深齒齟齬，三以爲簇。花開葉際。土醫云，能散小兒風寒。

地棠草

鞭打繡毬 鞭打繡毬生大理府。細葉，莖如水藻。近根處有葉大如指，梢端開淡紫花，尖圓如小毬。俚醫用之，云性溫，味微甘，治一切齒痛，煎湯含口吐之。

鞭打繡毬

漢葒魚腥草 漢葒魚腥草生雲南太華山麓。紅莖裊娜，似立似欹；對生横枝，細長下俛。枝頭三杈，生葉宛如青蒿。葉際小葶，細如朱絲。花苞

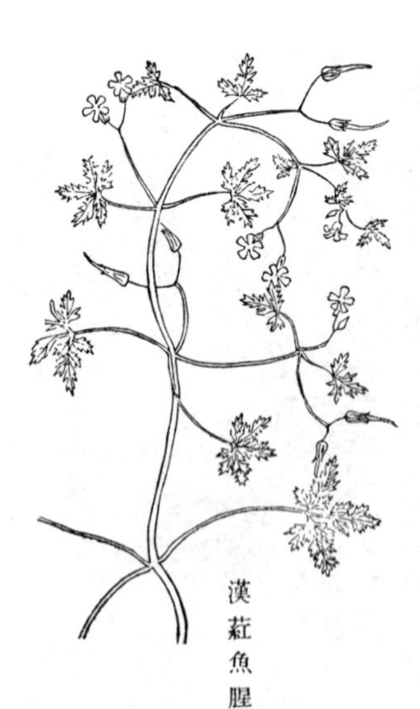
漢葒魚腥草

作小筩子，開五瓣粉紅花，似梅花而小，瓣上有紅縷，殊媚。按宋圖經有水英，又名牛葒魚津，而不著其形狀、氣味，難以臆定。

大汗藤

大發汗藤生雲南山中。蔓生勁挺，莖色淡綠。每節結一綠片，圓長寸許。片端發兩枝，横亘下垂。長莖中穿，宛如十字。附枝生葉，葉如苦瓜葉而少花叉，有鋸齒。土人以其藤發汗，故名。

大發汗藤

昆明沙參

即金鐵鎖

金鐵鎖生昆明山中。柔蔓拖地，對葉如指厚肥，僅露直紋一縷。夏開小淡紅花五瓣，極細。獨根横紋，頗似沙參，壯大或如蘿蔔，亦有數根攢生者。滇本草，味辛辣，性大温，有小毒，吃之令人多吐。專治面寒痛、胃氣、心氣疼，攻瘡癰、排膿，爲末五分，酒服。寨谷水寒多毒，辛温之藥，或有所宜。與南安以仙茅

昆明沙參

爲茶，皆因地而用，不可以例他方。扁鵲之爲醫也，以秦、趙爲別；尹趙王韓之治京兆也，寬嚴異轍，地與時殊，治無膠理。麗江府志，土人參性燥。在滇而燥，移之北，不幾烏頭、天雄之烈燄耶？

飛仙藤　飛仙藤生雲南石巖上。柔蔓細枝，長葉如柳，而瘦勁下垂，叢雜蒙茸，遠視不見；柯條移植，輒不得生。滇本草，味甘無毒，綠葉白花，採服益壽延年，若花更妙。此草鹿多食之，鹿交多輒斃，牝鹿銜以食之卽活，又名還陽草。按此草亦活鹿草之類。劉憕殪鹿得草，而起用以爲藥，僅同豨薟。牛之性猶人之性，與鼠食巴豆，羊食斷腸草，移之於人烏乎可？

飛仙藤

鞭繡毬　鞭繡毬生昆明山中。蔓生，細根黑鬚，綠莖對葉。葉似薯蕷而末團，疎紋圓齒。夏開五瓣黃花，頗似迎春花。

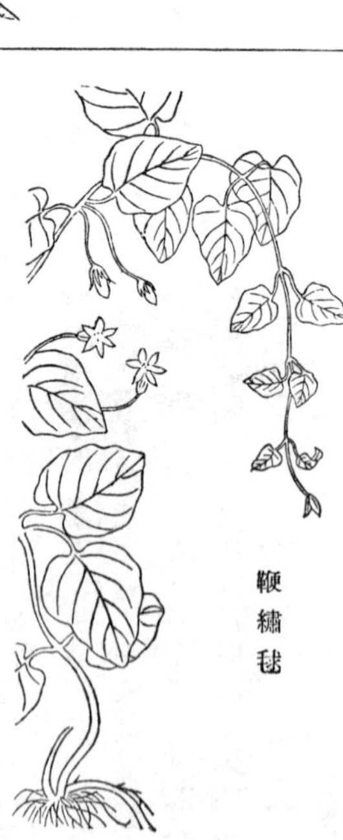

鞭繡毬

薑黃草　薑黃草生滇南。蔓、葉俱如牽牛，根如薑而黃，極硬，以形得名。

金雀馬尾參

金雀馬尾參生雲南山中。綠蔓柔長，根赭白色，一叢數百條。葉際開花作壺盧形，長四五分，細腰、色紫，上坼五瓣而尖復合，茸毛外森彎翹，別致。

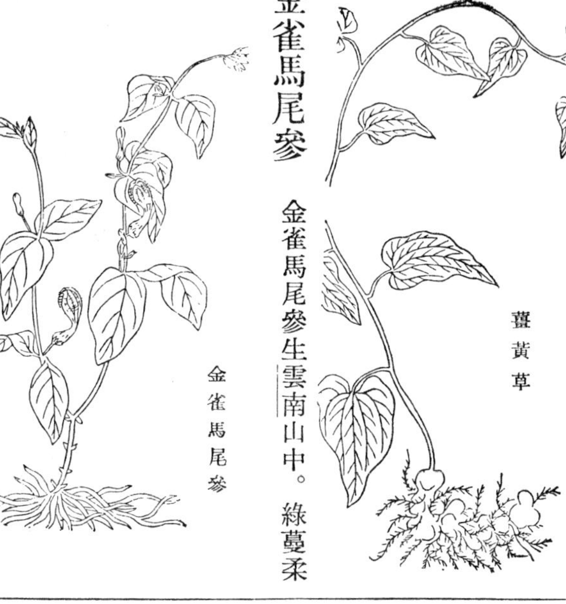

雞血藤

雞血藤，順寧府志：枝榦年久者周圍四五寸，少者亦二三寸。葉類桂葉而大，纏附樹間，伐其枝，津液滴出，入水煮之色微紅。佐以紅花、當歸、糯米熬膏，爲血分之聖藥。滇南惟順寧有之，産阿度吾里者尤佳。今省會亦有販者，服之亦有效。人或取其藤以爲杖，屈拏古勁，色淡紅，

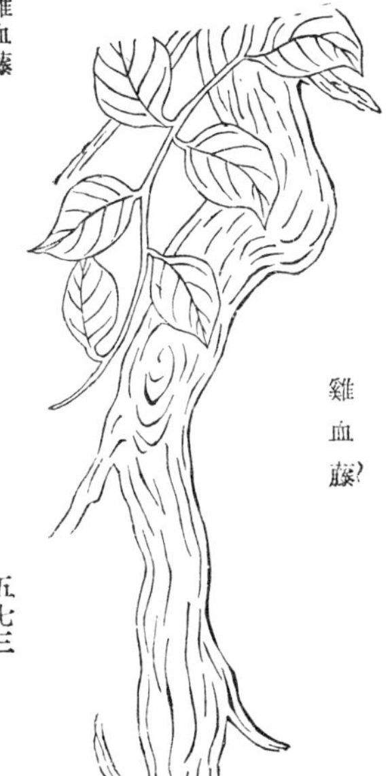

其舊時赤藤杖之類乎？

碗花草　碗花草生雲南。蔓生如旋花，葉似鬼目草葉無毛，花出苞中，色白五瓣，作箭子形，無心。臨安土醫云，治九子痒，以根泡酒敷自消。昆明謂之鐵貫藤。

碗花草

紫參　滇紫參即茜草之小者，四葉攢生而無柄，與此稍異。

紫參

青羊參　青羊參生雲南山中。似何首烏，長根，

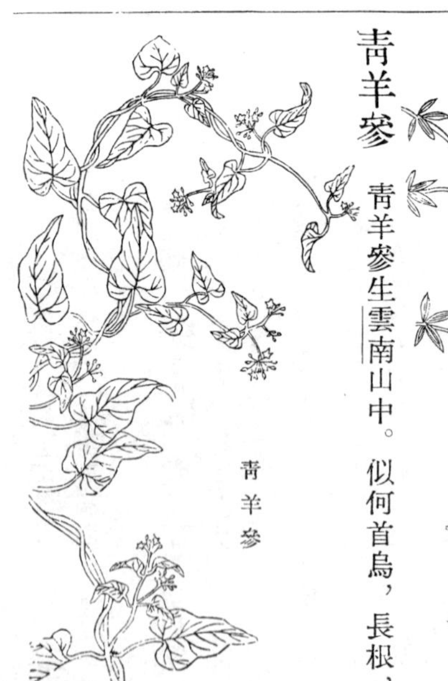
青羊參

開五瓣小白花成攢，摘之有白汁。

滇紅萆薢

滇紅萆薢，長蔓，葉光潤綠厚有直勒道，花紫紅，如粟米作毬。

滇紅萆薢

架豆參

架豆參生雲南。短蔓，葉如藿，二四對生，如架十字，根大如薯。

架豆參

山苦瓜

山苦瓜生雲南。蔓長拕地，莖葉俱澀，或二葉、三葉、四葉爲一枝，長葉多鬚。

山苦瓜

青刺尖　滇本草，青刺尖味苦性寒，主攻一切癰疽、毒瘡，有膿者出頭，無膿者立消散結核。按此草長莖如蔓，莖刺俱綠，春結實如蓮子，生青熟紫。

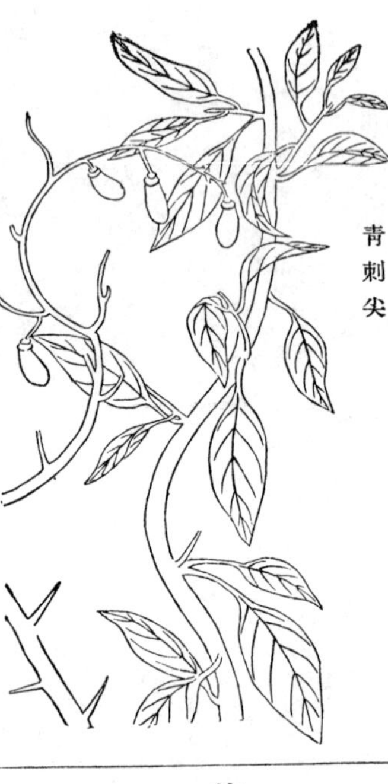
青刺尖

染銅皮　染銅皮生雲南。蔓生無枝，三葉攢生一處，有白縷，結實如粟。

染銅皮

紫羅花　紫羅花生滇南。蔓生，葉澀如豆葉，子

紫羅花

如枸杞作毬，俗醫謂之蛇藤，

過溝藤 過溝藤生雲南。長蔓，一枝三葉，結實如栗，味臭。

過溝藤

馬尿藤 馬尿藤生雲南。一枝三葉，光滑如竹葉，開花作角，紅紫色，如小角花。

巴豆藤 巴豆藤生雲南。巨藤類木，新蔓繚繞，一枝三葉。名以巴豆，蓋性相近。

馬尿藤

巴豆藤

滇防己 滇防己，緑蔓細鬚，一葉五歧，黑根麄硬，切之作車輻紋。

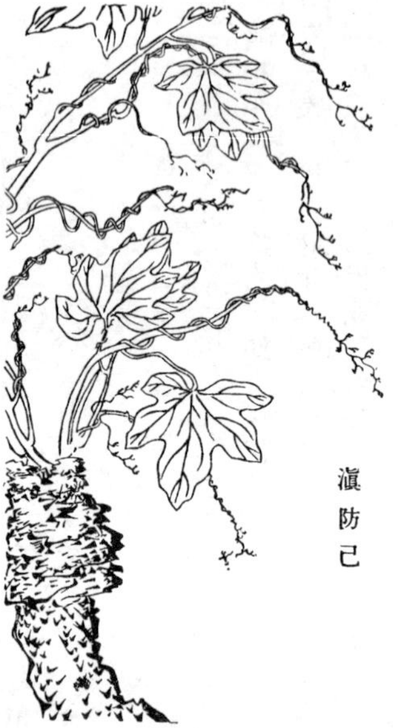

滇防己

滇淮木通

滇淮木通，毛藤如葛，一枝三葉、或五葉，粗澀縐紋，亦有毛；莖中空，通氣。

滇淮木通

滇兔絲子

滇兔絲，細莖極柔，對葉如落花生葉微團，莖端開紫萹子花，雙朵並頭，旋結細子。

滇兔絲子

飛龍掌血

飛龍掌血生滇南。粗蔓巨刺，森如

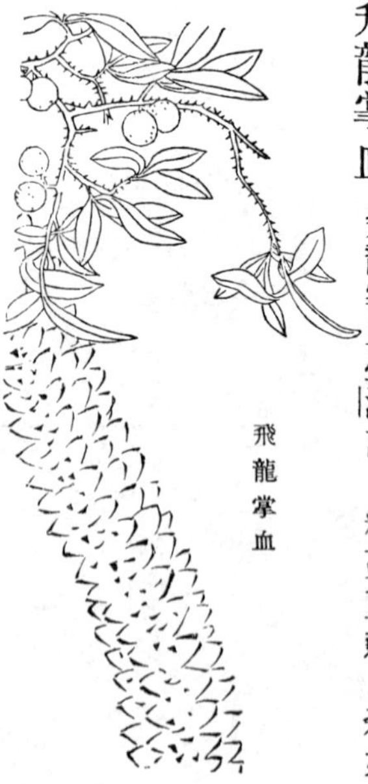

飛龍掌血

鱗甲，新蔓密刺，葉如橘葉，結圓實如枸橘微小。

小雞藤

校注：原本有圖無文。

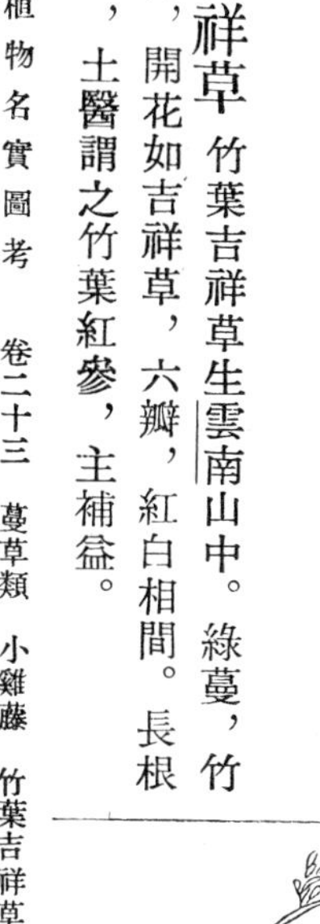

小雞藤

竹葉吉祥草

竹葉吉祥草生雲南山中。綠蔓，竹葉垂條，開花如吉祥草，六瓣，紅白相間。長根色微紅，土醫謂之竹葉紅參，主補益。

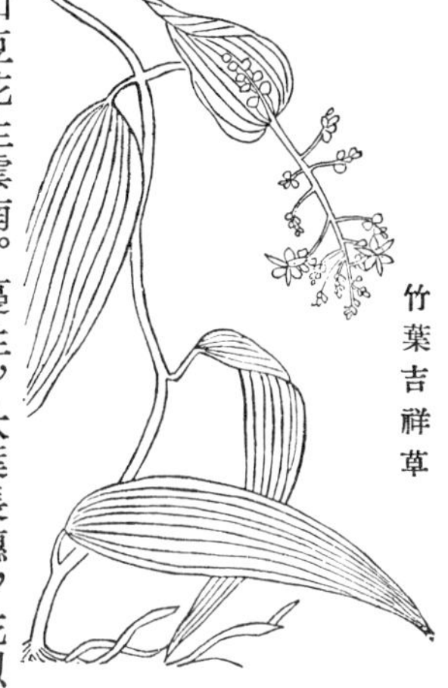

竹葉吉祥草

山豆花

山豆花生雲南。蔓生，大葉長穗，花似紫藤花。

山豆花

山紅豆花　山紅豆花生雲南山中。葉蔓如紫藤而細，小花如豆花，色紅。

山紅豆花

野山葛　野山葛，山中有之。一枝三葉，如大豆葉，開紫花作角，如葛花而小。

野山葛

象鼻藤　象鼻藤生雲南。對葉如槐，亦夜合，結

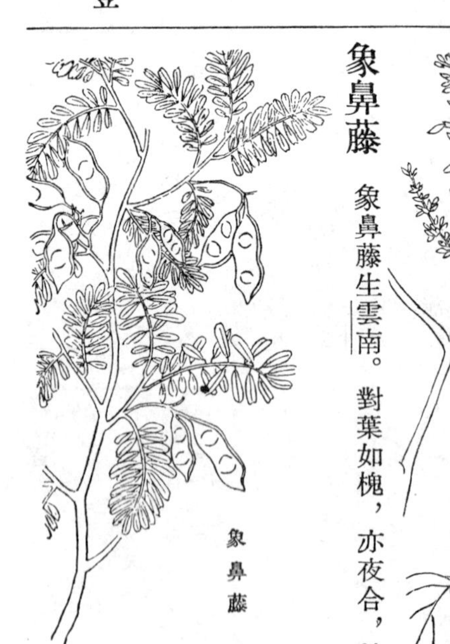

象鼻藤

角如椿角，一一下垂。

透骨鑽

校注：原本有圖無文。

珠子參

校注：原本有圖無文。

珠子參

土黨參

土黨參生雲南。根如參，色紫，花蔓生，葉莖有白汁，花似奶樹花而白，蓋一類。

土黨參

山土瓜

山土瓜蔓生。一枝三葉，花紫，角細如豆，根味如雞腿光根，土人食之。

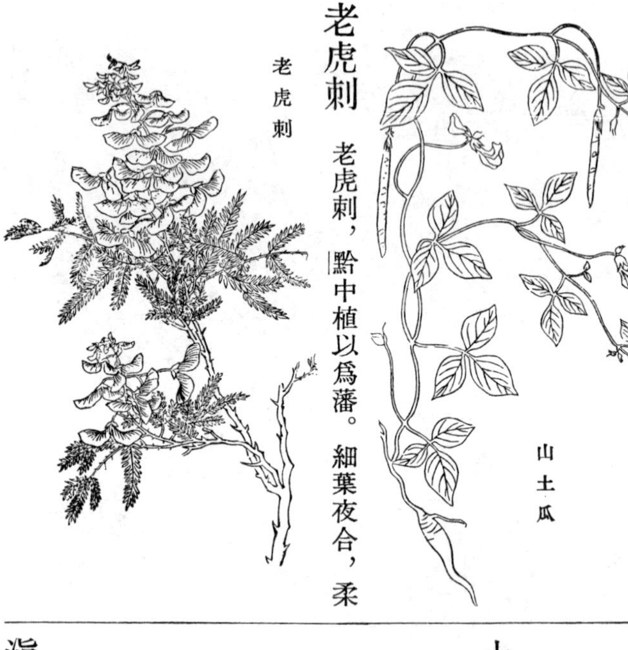

老虎刺

老虎刺，黔中植以爲藩。細葉夜合，柔枝蓋偃，秋時結實若豆而扁，下垂片角，薄於蟬翼，淡紅明透，光映叢薄，緣石蓋瓦，樊圃護門。每當斜陽灑灑，輕飈漾漾，便如朱蜓欲飛，丹鱗出泳，田家雜興，描畫爲難矣。

土荆芥

土荆芥生昆明山中。綠莖有棱，葉似香薷，葉間開粉紅花。花罷結簫子，三尖微紅，似紫蘇蒴子而稀疏。土人以代假蘇。

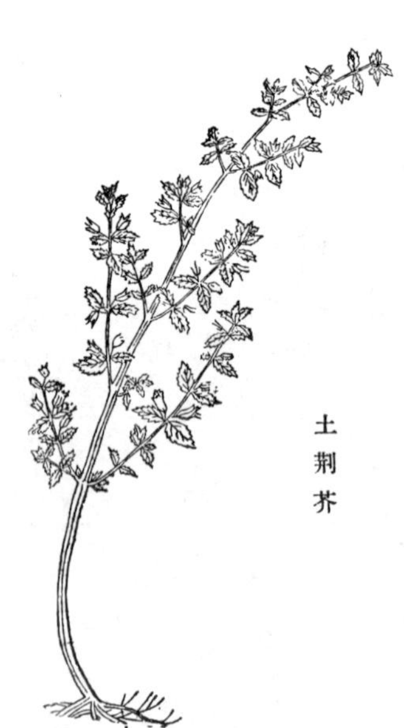

滇南薄荷

滇南薄荷與中州無異，而莖方亦硬，

葉厚短，氣味微淡。滇本草謂作菜食，返白髮爲黑，與他省不同。又治癧疽、疥、癬及漆瘡有神效云。

滇南薄荷

滇藁本

滇藁本葉極細碎，比野胡蘿蔔葉更細而密，餘同救荒本草。滇本草治症無異。

滇藁本

野草香

野草香，雲南徧地有之，牆瓦上亦自生。莖葉微類荆芥，頗有香氣。秋作穗如狗尾草而無毛，開淡紅白花，滇俗中元盂蘭，必以爲供，蓋藒車、胡繩之類，而失其名。

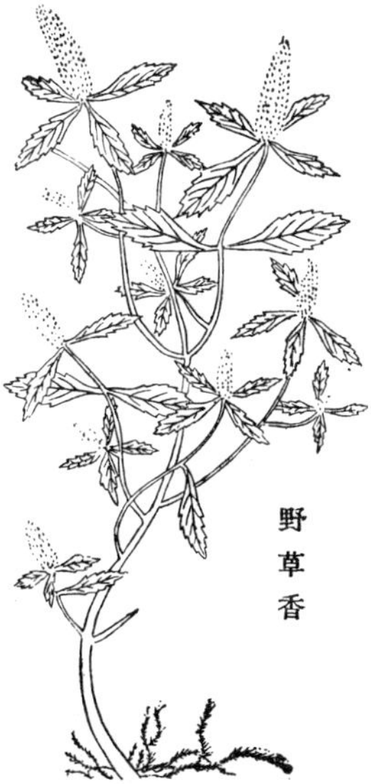

野草香

地筍

地筍生雲南山阜。根有横紋如蠶，傍多細鬚，綠莖紅節，長葉深齒。

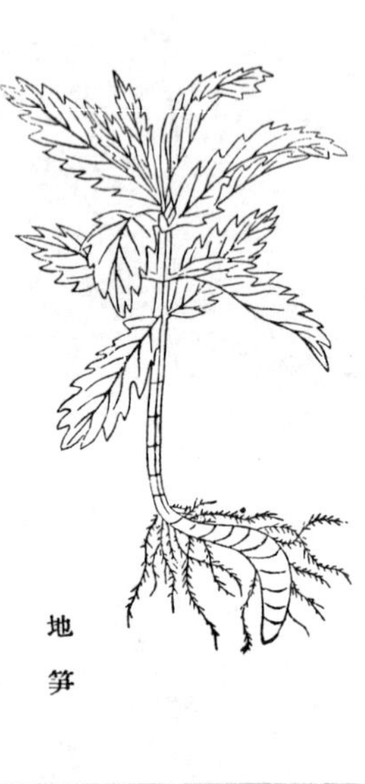
地筍

滇瑞香

瑞香，本草綱目始著錄，蓋即圃中所植，所謂麝囊花紫風流者，不聞入藥。滇南山中有一種白花者，的的枝頭，殊無態度，而葉極光潤。南越筆記：白瑞香多生乳源山中，冬月盛開如雪，名雪花。刈以爲薪，雜山蘭、芎藭之屬燒之，比屋皆香。其種以攣枝爲上，有紫色者香尤烈，雜衆花中，衆花往往無香，皆爲所奪。一名奪香花，乾者可以稀痘。當亦用白花者耳。

滇瑞香

滇芎

滇芎野生，全如芹，土人亦呼爲山芹。根長大粗糙，頗香。滇本草：味辛性溫，發散癰疽，

滇芎

治溼熱，止頭痛，食之發病。

東紫蘇

東紫蘇生昆明山野。叢生，細葉深齒，穗如夏枯草，蓋石香薷之類。

東紫蘇

白草果

白草果與草果同，而花白瓣肥，中唯一縷微黃。土醫以爲此眞草果。

白草果

香科科

香科科生雲南。細莖，高五六寸，對葉如薄荷葉，亦微有香。梢開白花如豆花，層層開放。

香科科

小黑牛

小黑牛生大理府，莖、葉俱同草烏頭，根黑糙微異。俚醫云：味苦寒，有大毒，治跌打

小黑牛

損傷擦敷用。殆卽烏頭一類。

野棉花　野棉花，滇本草，味苦性寒，有毒，下氣、殺蟲：小兒寸白蟲、蚘蟲，犯胃用，良。此草初生，一莖一葉，葉大如掌多尖叉，面深綠，背白如積粉，有毛。莖亦白毛茸茸，夏抽葶，頗似罌粟，開五團瓣白花，綠心黃蕊，楚楚獨立。花罷蕊擎如毬，老則飛絮，隨風彌漫，故有棉之名。

野棉花

月下參　月下參生雲南山中。細莖柔綠，葉花叉似蓬蒿、蔞蒿輩；又似益母草而小。發細葶，擎膏葖宛如飛鳥昂首翹尾，登枝欲鳴。開五瓣藍花，上三勻排，下二尖並，內又有五茄紫瓣，藏於花腹，上一下四，微吐黃蕊，一柄翻翹，色亦藍紫，蓋卽菊譜雙鸞菊、烏頭一類。滇人以根圓白多細鬚，爲月下參。滇本草：味苦平，性溫熱，治九種胃寒，氣痛；健脾、消食、治噎、寬中、痞滿、肝積、左右肋痛、吐酸。其性亦與烏頭相近。

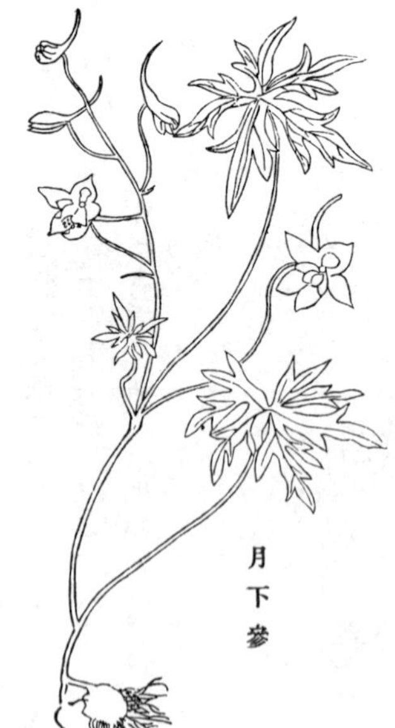
月下參

小草烏

小草烏生雲南山中，與月下參同。無大根，有毒，外科用之。

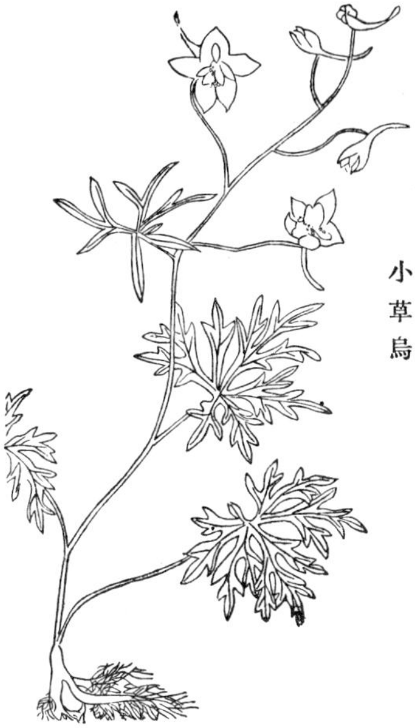

小草烏

滇常山

滇常山生雲南府山中。叢生，高三四尺，葉莖俱如大本。葉厚韌，面深緑，背淡青，茸茸如毛。夏秋間莖端開花，三萼並擢，一毬數十朵，花如杯而有五尖瓣，翻卷内向，中擎圓珠，生青熟碧，蓋花實並綴也。花厚勁，色紫紅，微似單瓣紅山茶花，但小如大拇指，不易落。宋圖經，海州常山，八月花紅白色，子碧色，似山楝子而小，微相彷彿。

滇常山

羊肝狼頭草

羊肝狼頭草生雲南太華山。細根獨莖，如拇指粗，淡黄色，有直筋。每節四枝，節如牛膝而大，有深窩。枝生膝上，四杈平分，莖如穿心而出，就枝生葉，如蒿而細，平匀如齒。花生窩中，左右各一，如豆花，黄色上矗，草中具奇詭者。本草，狼毒以性如狼，故名。滇中毒

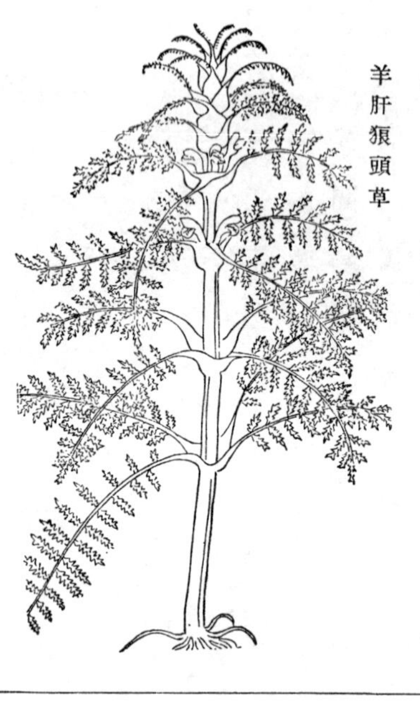
羊肝狼頭草

草，亦多與以狼名，觀其名與形，知非佳草矣。

野煙　野煙卽菸，處處皆種爲業。滇南多野生者，園圃中亦自生，葉黏人衣，辛氣射鼻。滇本草：味辛麻，性溫，有大毒。治疔瘡、癰疽發背已見死症，煎服或酒合爲丸，名青龍丸；又名氣死名醫草。服之令人煩，不知人事，發暈；走動一二

野煙

時辰後出汗，發背未出頭者卽出頭。此藥之惡烈也。昔時謂吸多煙者，或吐黃水而死。殆皆野生，錄此以志其原。

雞骨常山　雞骨常山生昆明山阜，弱莖如蔓，高二三尺。長葉似桃葉，光韌蹙紋。開五尖瓣粉紅花，灼灼簇聚，自春徂秋，相代不絕。結實作角，翹聚梢頭。圃中亦植以爲玩。

雞骨常山

象頭花

象頭花生雲南。紫根長鬚，根傍生枝，一枝三葉，如半夏而大，厚而澀。一枝一花，花似南星，其包下垂，長尖幾二寸餘，宛如屈腕。又似象垂頭伸鼻，其色紫黑，白筋凸起，絛縷明匀，極似夷錦。南星、蒟蒻，花狀已奇，此殆其族，而尤詭異。土人以藥畜之，主治同天南星，即由跋之別種。亦有綠花者，結實亦如南星，而色殷紅。

象頭花

金剛纂

金剛纂，雲南通志：花黃而細，土人植以爲籬；又一種形類雞冠。談叢：滇中有草名金剛纂，其幹如珊瑚多刺，色深碧，小民多樹之門屏間。此草性甚毒，犯之或至殺人。余問滇人，植此何爲？曰以辟邪耳。唐綿夢餘錄：金剛纂狀如機欄，枝榦屈曲無葉，剉以漬水暴，牛羊渴甚而飲之，食其肉必死。滇本草：金剛杵味苦，性

金剛纂

寒，有毒，色青。質脆如仙人掌而似杵形，故名。治一切丹毒、腹瘴、水氣、血腫之症，燒灰爲末，用冷水下，一服卽消，不可多服。若生用，性烈於大黄、芒硝，欲止其毒，以手浸冷水中卽解，夷人呼爲冷水金丹。滇記：金剛纂碧榦而蝟刺，孔雀食之，其漿殺人。臨安府志：狀如刺桐，最毒，土人種作籬，人不敢觸。按此草强直如木，有花有葉而無枝條，葉厚綠無紋，形如勺。花生榦上，五瓣色紫，扁闊内翕。中露圓心，黄綠點點，遙望如苔蘚。嶺南附海船致京師，植以爲玩，不知其毒，呼曰霸王鞭。

紫背天葵

紫背天葵，滇本草：味辛，有毒，形似蒲公英，綠葉紫背，爲末敷大惡瘡，神效。人悞服，汗出不止，速飲菉豆、甘草卽解。按此草，昆明寺院亦間植之。横根叢莖，長葉深齒，正似鳳仙花葉，面綠背紫，與初生蒲公英微肖耳。夏開黄花，細如金線，與土三七花同，蓋一類也。

紫背天葵

植物名實圖考卷之二十四

大黃 大黃，本經下品，別錄謂之將軍，今以產四川者良。西南、西北諸國，皆恃此爲盪滌要藥，市販甚廣，北地亦多有之。春時佩之，以辟時疫。

雩婁農曰：燕薊地苦寒，人湊理密而內實，冬冽輒吸燒酒、圍煖爐，與風雪鬥勝；春氣萌動，亢燥不雨，陽伏而不能出，陰遁而不能滲，於是乎有昏狂鬱塞之病。醫者以法解之，强者病不損，弱者或以亡陽。有予以攻滌者，內熱下而神明生，或起生死於頃刻，其處方者不知其所以然。凡

大黃

爲痁、爲癘、爲鬱、爲伏熱、爲飲食之毒、爲浮游之火，一切以大黃爲秘妙丹藥，病者不卽登鬼籙，十失一，十失二三四，方詡詡然自命爲良。其不知醫者，亦爭以時醫奉之，卒之技窮術竭，刺人而殺人，不咎其醫之無本，咸以爲時命之不可假易也。故諺曰：「趁我十年運，有病早來醫。」昔錢景諶與王安石論新法不合，遂相絶，有答人書云：「安石穿鑿不經，牽合臆說，作爲字解，謂之時學；又以荒唐怪誕，非昔是今，無所統紀，謂之時文；傾險趍利，殘民無恥，謂之時官。驅

天下之人務時學，以時文邀時官。」然則時醫者，其時學、時官之類乎？嗚呼！時乎泰而君子進，時乎否而小人興，時之爲義大矣哉！朝時而市，時也；日中而市，時也；夕時而市，亦時也。不召自來，不麾自去，市盈而盈，市虛而虛，孰令令之，孰禁禁之？盈而不盈，虛而不虛，知進退存亡而不失其正者，其誰乎？吾願世之有疾病者，忍痛藏垢以待良醫，探囊一試黃昏湯，而不汲汲焉捐其軀，以聽時醫生之死之於攻伐之劑，而卒不悟其所以然，其可謂知時而不隨時者歟！

商陸

商陸，本經下品。爾雅：蓫薚，馬尾。注：廣雅曰，馬尾，蔏陸。或曰，易莧陸也。今處處有之，有紅花、白花兩種，結實大如豆而扁有棱，生紅熟黑。江南卑濕，易患水腫，俚醫多種之，以爲療水、貼腫要藥。其數十年者，根圍尺餘，長三四尺，堅如木，習邪術者，刻爲人形以驅鬼，小說家多載之。救荒本草謂之章柳子，根、

商陸（一）

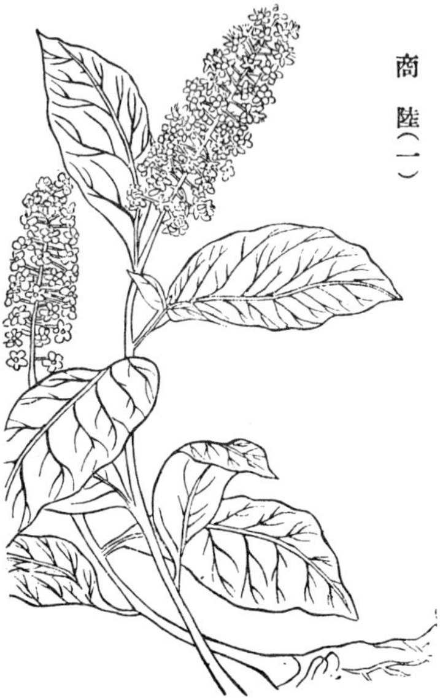

苗、莖並可蒸食云。按商陸初生，莖肥嫩，葉攢密，秋開花結實，粒小，宿根莖硬，葉稀，春花夏實，秋時已枯。江西上高謂之香母豆，云婦人食之宜子，蓋難憑信。

雩婁農曰：此草非難識者，通志乃並葍及蓫薚、藑茅而爲一物。葍卽旋花，蓫薚，藜類，藑茅，葍華之赤者，以意併合，乃至雜糅。毛晉以蓫薚之名謂卽詩「言采其蓫」，前人亦無及者。蓫爲羊蹄；圖經述之如繪，毛謂不甚合，何也？子夏易傳，木根草莖，體物盡致，而或者又以千歲穀當之，則但見其葉相似耳。本經置之下品。其仙人作脯之說，可謂杳冥，誰則見之？救荒本草雖云可食，亦爲本草所拘。鄉人皆知其有毒，士醫以治水蠱，有隨手見效者，其峻利可知，方書中

商陸（二）

久爲禁藥。其子老則色黑如豆，婦人服之宜子，此與芣苢宜子之説相類。南方卑濕，俚婦力作水田中，其受濕深矣，去濕則脾健，故能宜子，若以爲祈子靈丹則悖甚。古讚曰：其味酸辛，其形類人；療水貼腫，其效如神。按夜呼之名，殆假托鬼神之隱語。毛晉據荆楚歲時記，三月三日杜鵑初鳴，晝夜口赤，上天乞恩，至章陸子熟乃止。以爲章陸子未熟以前，爲杜鵑鳴之候，故稱夜呼，亦務爲博奥。

狼毒

狼毒，本經下品，形狀詳宋圖經，今俗以紫莖南星根充之。抱朴子：狼毒合野葛納耳中，治聾。王羲之有求狼毒帖，豈亦取其能治耳聾如天鼠膏耶？

雩婁農曰：本草書於狼毒皆不甚晰，方家亦憚用之。滇南有土瓜狼毒，以其根大如土瓜，故名，按形與圖經頗肖。又有雞腸狼毒，性同。滇本草亦云，猛勇之性，眞虎狼也。兵法曰：猛如虎，很如羊，貪如狼，强不可使者，皆勿遣。不然病弱而劑强，是以狼牧羊也。又不然，則秦虎狼之國也，楚懷王入關不返矣，將若何？

狼毒

狼牙

狼牙，本經下品，詳吳普本草及蜀本草。

狼牙

藜蘆　藜蘆，本經下品。宋圖經云：葉如初生椶，莖似葱白，有黑皮裹之如椶皮，其花肉紅色，有山生、溪生二種，溪生者不入藥。均州謂之鹿葱。此藥吐人，方家禁用，而滇醫蓄之，其根白膜層層，俗亦呼爲千張紙，有瘋痰症則煮食之，使盡吐其痰。若虚症者，殆哉岌岌矣！

雩婁農曰：藜蘆吐藥吐法，醫者不復輕用此藥，遂無識者。余至滇，見有市此藥者，始識之。李時珍紀一婦人瘋癇數十年，以饑歲採草若葱狀，飽食吐涎，三日而病去。此草大致如葱，而圖經乃云又似車前，按圖而索，不大誤耶？世之患痰癇者多矣，姑息而予以清解之劑，甚或謂補其不足，則體健而痰自消，卒之胸滿氣塞，奄奄無知以沒，又或狂發殺人。豈其病終不可醫，抑醫者之養之以貽患耶？古昔盜賊之發，有識者絕其奔竄，窮其巢穴，撿渠矜脅，無俾遺種，此即藜蘆傾吐之法，故病一去而無傷。若不量賊强弱，防賊奔突，輕奇單兵，姑與嘗試，一遇挫衂，賊勢益熾，藥不勝病，杯水車薪之喻矣。宋襄公曰：「君子不重傷，不禽二毛，」子魚謂之不知戰，遵養時賊姑息者，後將噬臍耳。其有臨敵而誦孝經者，不猶治瘋而用滋劑乎？至楊武陵以招撫之策，縱已禽之寇，發狂殺人，非醫者之罪而誰罪？不知病而醫曰瞽；知病而不知藥曰庸；知病知藥，不即力除，輒曰：「吾縱之，吾能收之，」則

藜蘆

曰狂。以狂醫治狂疾，則狂與治狂者皆殺人而已。

常山

常山，本經下品，苗曰蜀漆。宋圖經有茗葉、楸葉二種，皆爲治瘧之要藥。今俚醫所用，乃有數種，俱以治瘧，殊未敢信，以入草藥。

雩婁農曰：常山以治瘧著，鄉曲作勞，寒暑饑飽之不時，或侮以邪與祟，於是有寒熱往來之疾。而賣藥逐利之徒，乃爭言截瘧方矣。醫者之言曰，瘧生於痰，常山能刼痰，然必察其受病之源，而引以入經之佐使，乃有效。今土常山以十數，既非本經眞品，即眞矣，而第恃此以圖勝，譬如飛將行沙漠中，迷惑失道，果能與敵遇乎？夫搏牛之蝱，不可以破蟣蝨，富厚之家，非鬼非食，惑以喪志，陰陽失和，寒熱迭至。若誤診爲痁，投以悍藥，是以空虛柔脆之府，臨以披甲執鋭之兵，牛雖瘠，僨於豚上，其畏不死。故常山僞者宜愼。眞者尤宜愼，古之用君子者，必辨眞僞；若小人則唯防微杜漸，勿輕試而已。

常山

藺茹

藺茹，本經下品。根長如蘿蔔、蔓菁，葉如

藺茹

大戟。滇南呼土瓜狠毒，卽李時珍謂今人往往誤以其根爲狠毒者也。

大戟 大戟，本經下品。爾雅：蕎，邛鉅。注：今藥草大戟也。救荒本草承舊說，以澤漆爲大戟，苗、葉可煠熟，亦可曬乾爲茶，其味苦，回甘。

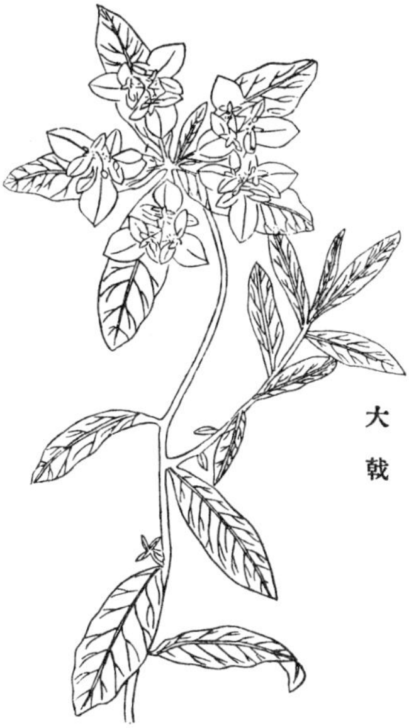

大戟

乳漿草 附 乳漿草，江湘山坡間多有之。以莖有白汁，故名，土醫以治乳癰。按大戟有紫綿數種，此其類也。

澤漆 澤漆，本經下品。相承以爲大戟苗，李時珍訂以爲卽貓兒眼睛草，今處處有之。北地謂之打碗科，只取一種煎熬爲膏，傅無名腫毒極效。雩婁農曰：澤漆、大戟，漢以來皆以爲一物，李時珍據土宿本草，以爲卽貓兒眼睛草。此草於端午熬膏，敷百疾皆效，非碌碌無短長者。諺曰：「誤食貓眼，活不能晚，」殊不然，然亦無入飲

乳漿草

澤漆

劑者。觀其花葉俱綠，不處污穢，生先衆草，收共來牟，雖賦性非純，而飾貌殊雅。夫伯趙以知時而司至，桑扈以驅雀而正農，非美鳥也；迎貓爲其食田鼠，迎虎爲其食田豕，非仁獸也。有益於民，則紀之耳。聖人論人之功無貶詞，論人之過無恕詞，於其所不知，蓋闕如也。

雲實 雲實，本經上品，江西、湖南山坡極多，俗呼水皁角，本草綱目所述形狀甚晰。陶隱居云，子細如葶藶子而小黑，不知是何草。

雲實

雩婁農曰：雲實，實甚惡而花豔如金氣近烈，倮儸以爲香草，摘而售之闤闠，雲茶插髻滿頭。明靳學顏撫莽草而狎之，知其毒，委諸壑，以不厚誅爲悔。如滇之同車者，可謂玩虺蜴而昵蜂蠆矣。戶服艾以盈要，薋菉葹以盈室，流俗無知，誠無足怪。夫紫宮雙飛，無色何以爲悅？迷樓諸客，無才何以取容？臭味相投，情志斯惑，美先盡矣，蠱卽生之。毒在手而脫腕，痏在身而炷膚，自非壯士，烏能絶決哉！

校注：雲實，本經上品，原誤下品，今改。

羊躑躅

羊躑躅，本經下品，南北通呼鬧羊花，湖南謂之老虎花，俚醫謂之搜山虎。種蔬者漬其花以殺蟲。又有一種大葉者附後。

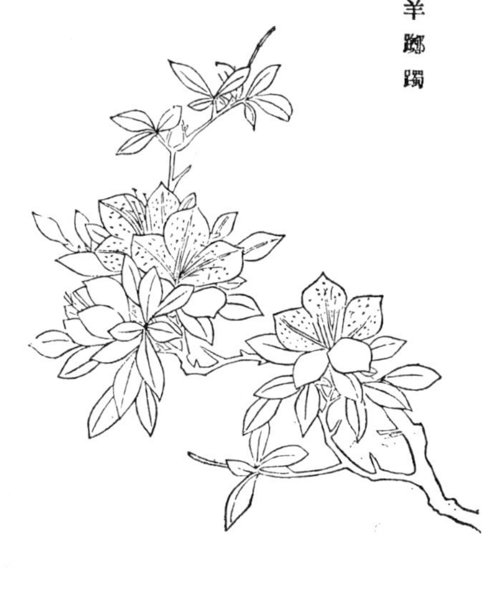

羊躑躅

搜山虎 附

搜山虎即羊躑躅，一名老虎花，古方多用，今湯頭中無之，具詳本草綱目。按羅思舉草藥圖，搜山虎春日發黄花，青葉，能治跌打損傷，内傷要藥。重者一錢半，輕者一錢，不可多用。霜後葉落，但存枯根，湖南俚醫以爲發表入陽明經之藥是此藥，俗方中仍用之。中州呼鬧羊花，取其花研末，水浸殺菜蔬蟲，老圃多蓄之。

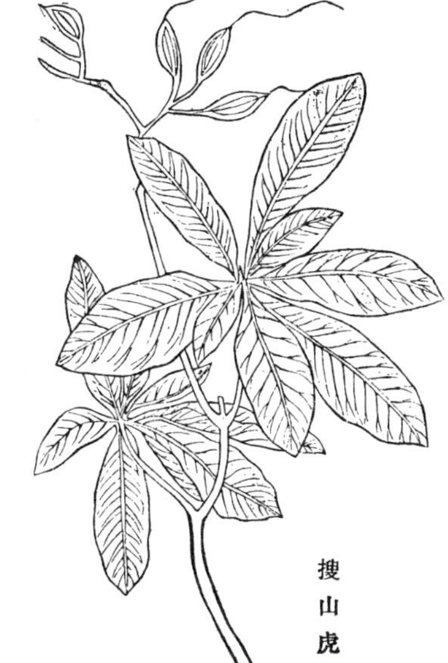

搜山虎

其葉稍瘦，產長沙者葉闊厚，不似桃葉，花罷結實有棱。

附子

附子，本經下品。有烏頭、烏喙、天雄、側子、漏藍子諸名，詳本草綱目所引附子記。今時所用，皆種生者，南人製爲溫補要藥。其野生者爲射罔，製爲膏以淬箭，所中立斃，俗謂見血封喉，得油則解，製膏者見油則不成。其花色碧，殊嬌纖，名鴛鴦菊，花鏡謂之雙鸞菊，朵頭如比邱帽，帽拆，內露雙鸞並首，形似無二，外分二翼、一尾。凡花詭異者多有毒，甚美、甚惡，物亦有然。

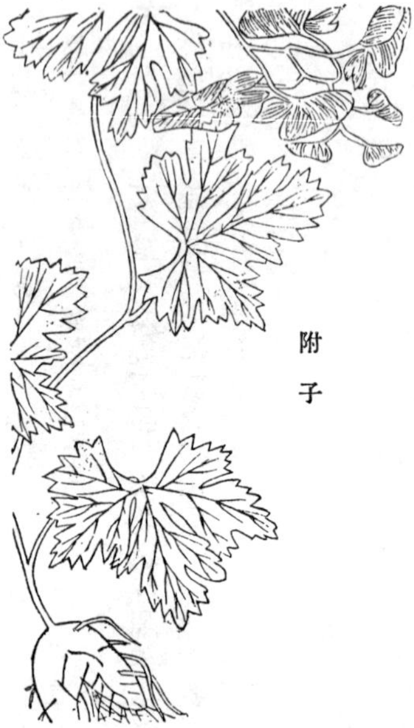

雩婁農曰：楊天惠著附子記綦詳，且謂盡信書則不如無書，目覩手記，蓋實錄矣。但古人所用皆野生，川中所產皆種生，野生者得天全，種生者假人力，栽培滋灌，久之與果蔬同，性移而形亦變矣。泮林桑黮，鴞鳥革音，禿髮之後爲劉，拓跋之後爲元，唐之蕃將多賜姓李，謂重瞳之苗裔皆重瞳，豈有是哉！土沃者花重，地坳者根瘦，東人不信西方有容狐之瓜，北人不信南粵有扛輿之蕎，然謂天下之瓜皆可容狐，天下之蕎皆可扛輿，則著述者實誑汝矣。近時山居泉寒，餌附子以兩計，其毒箭以射禽者，則取野生射罔用之，大者無毒，而小者毒烈，是豈物之本性哉。黃山谷嘗畫大壺盧，人問之，則曰：「有背大壺盧者賣其子，種之仍小壺盧，不知種大壺盧自有法，非別種也。」附子一物，而有天雄、烏頭、側子、漏藍諸形，則肥磽雨露，人事不同所致歟？彼一歲、二歲、三歲之說，其亦未可盡廢也。

天南星

天南星，本經下品。昔人皆以南星、蒻頭，往往誤采，不可不辨。江西荒阜廢圃，率多南星，湖南長沙產南星，俗呼蛇芋；衡山產蒻頭，俗呼磨芋，亦曰鬼芋。滇南圃中，蒻頭林立，南星絕少，藥肆所用，皆由跋也。由跋自是一種，唐本草謂南星是由跋宿根所生，驗之亦殊不然。而南星與蒻頭，根雖類，莖、葉、花、實絕不相同，半夏、由跋，花似南星，而皆三葉，由跋又有六七葉者，俗皆呼小南星。但南星生葉，亦有兩種，一種葉抱如環，一種周圍生葉，長如芍藥，開花有如海芋者，即圖經所云：花似蛇頭，黃色。一種開花有長梢寸餘，結實作紅藍色，大如石榴

天南星(一)

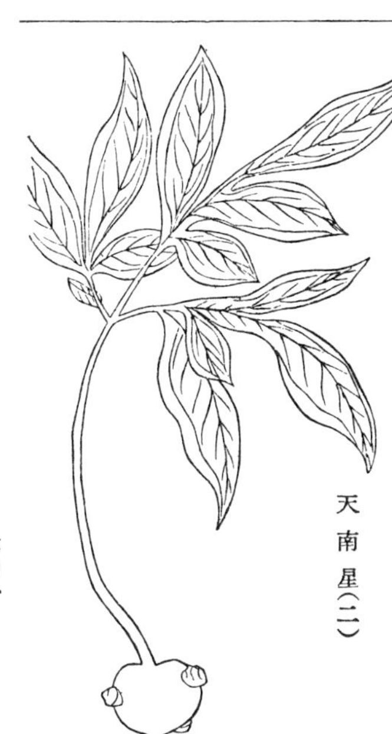

天南星(二)

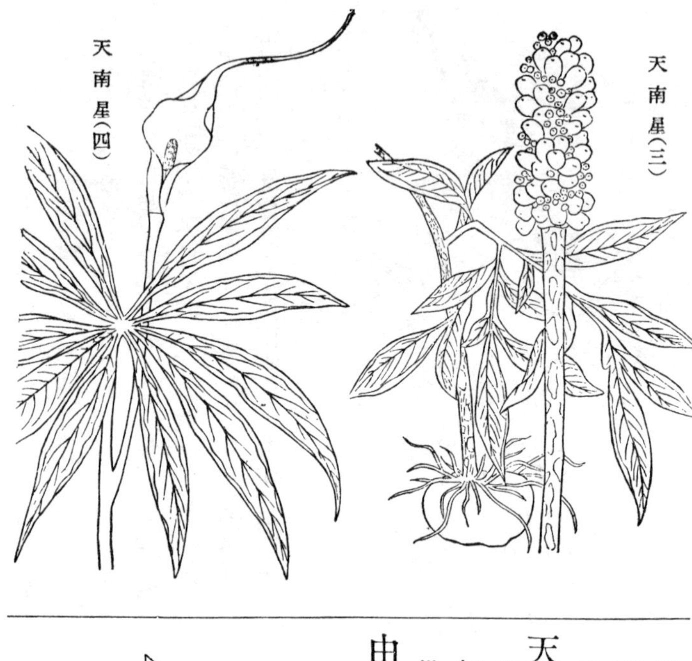

子，又似玉蜀黍形而梢微齊。明王佐詩：「君看天南星，處處入本草；夫何生海南，而能濟饑飽？」蓋誤以蒻頭爲南星也。

天南星

即虎掌　天南星，本經下品。江西、湖廣山坡廢圃多有之，俗呼蛇芋，與蒟蒻相類，惟葉初生，相抱如環，開花頂上有長梢寸餘爲異。不僅以莖之有斑、無斑可辨。

由跋

由跋，本經下品。蜀本草，一莖八九葉，最

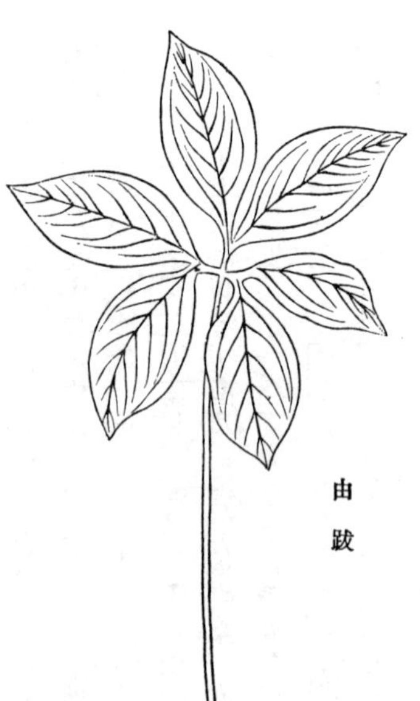

晰。俗皆呼小南星，別是一種，非南星之新根也。陳藏器所述不誤。

半夏

半夏，本經下品。所在皆有，有長葉、圓葉二種，同生一處，夏亦開花，如南星而小，其梢上翹似蝎尾。固始呼爲蝎子草，凡蝎螫，以根傅之能止痛。錢相公篋中方亦載之。諸家本草，俱未及此。本草會編謂俗以半夏性燥，多以貝母代之，不知痰火上攻，昏憒口噤，自非半夏、南星，曷可治乎？半夏一莖三葉，諸書無異詞，而原圖一莖一葉，前尖後歧，乃似茨菇葉。余曾遣人繪川貝母圖，正與此合，豈互相舛誤耶？抑俗方只此一物而兩用耶？二者皆與圖說不相應，非書不備，則別一物。

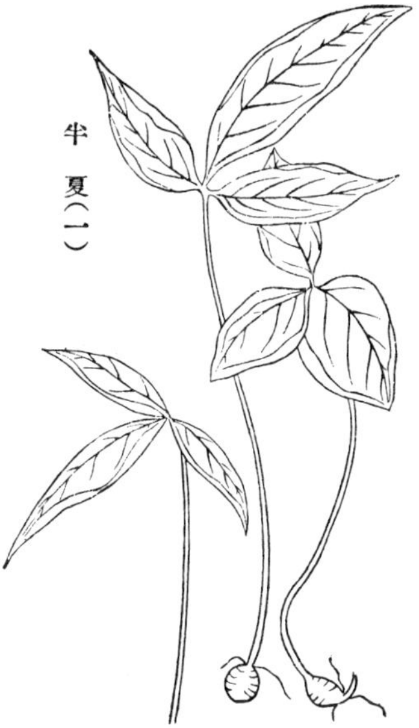

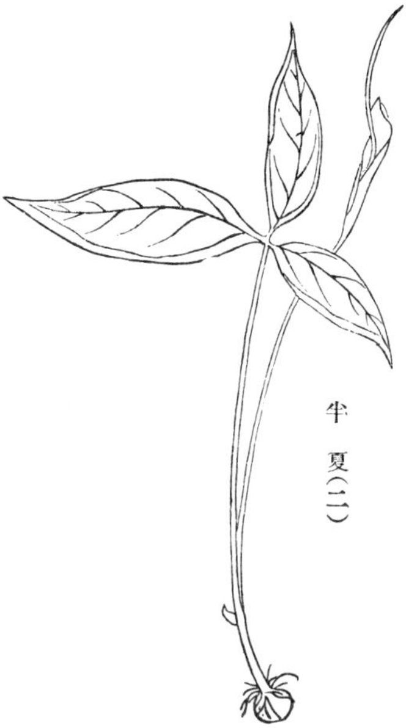

雩婁農曰：半夏處處有之，乃以鵲山爲佳，余讀孔平仲詩而啞然也。藥物雖已法製，非棗栗之覓可比，何至據攫代攘，辛螫啼噪耶？其末云：

半夏（一）

半夏（二）

「老兄好服食，似此亦可防；急難我輩事，感惕成此章。」始知婉言以諷，非眞實耳。昔人好食竹雞，尙能中毒，況服半夏過度，豈不爲害？

甘遂 甘遂，本經下品。宋圖經云：苗似大戟，莖短小而有汁，根皮赤，肉白，作連珠。又一種草甘遂，即蚤休也。俗多呼爲芫花，山西交城產者黃紅花，根甚細。

雩婁農曰：方以類聚，物以羣分，君子小人不並立固矣。然唐虞命百工而投四凶，以禦魑魅；神

甘遂

農嘗百草而收毒藥，以除痼疾，凡物之生，有粹有駁。荀子云：粹而王，駁而霸，天不能有粹而無駁，世不能有王而無霸。醫者用毒草也，曰以毒攻毒；聖人之用惡人也，亦曰以惡攻惡而已。惡人者，能生災患者也，而古之禦災捍患者，亦多出於惡人。惡人竭其力以去惡，惡去而惡人之狠傲強固之氣，亦潛消於無形，而後賢人君子得以從容敷治而無所難。稷、契、皐、夔處於廟堂，而四裔之獸蹄鳥跡，雖窮奇渾敦，亦有勞焉。參苓朮草，用以滋培，而無名之癰疽毒腫，雖烏頭、鉤吻，亦著效焉。顧惡人得其用而世治，惡人不能得其用則大亂生。公孫述不遇新室，漢之良吏也；曹瞞不丁炎季，漢之能臣也；石勒自謂逢漢高祖當北面臣之。吾嘗謂聖賢能用惡人，必不肯輕信去惡人，若欲去惡人，則必假惡人之手而後可。石守道作聖德詩，范公拊股謂韓公曰：爲「此怪鬼輩壞了。」韓公曰：「天下事不可如此，如

此必壞。」韓、范皆能用惡人者也，惡人希其用，則將自奮其所長。石守道但知去惡人者也，惡人畏其去，則將大肆其所短，黨錮東林，亦石守道之褊見耳。醫者以甘遂、甘草並用，以去留飲、脚氣、腫毒，皆有奇效，釋之者云，二物相反，而立成功。夫既相反矣，何成功之有？共工、驩兜與岳牧同官堯舜，能治天下乎？良醫之用甘遂也，遂其病也；其用甘草也，化其病也。故甘遂敷於外，而甘草服於內，此黔、彭斬搴於邊陲，而蕭、張燮和於廷陛也，黔、彭、蕭、張各用其長，豈云相反哉！嗚呼！以善人而去惡人，其力常不能敵；唯以惡去惡，而以善人繼其後，此世之所以治也；以惡去惡，而仍以惡人繼其後，此世之所以亂也。隗囂、更始，皆有除莽賊之功，而建武中興，遂致承平；董卓、郭傕，亦有去漢賊之力，而當塗接踵，卒覆劉祚。觀於兩漢之興亡，非前轍哉！世之醫者，專於攻擊與專於調和者，熟覩古今，亦可微會矣。善乎王彥霖之言曰：「君子在內、小人在外爲泰；小人在內、君子在外爲否。君子小人競進，則危亂之機也。」明乎此，則傾險忠良，無調停參用之說；溫補寒瀉，無和同並進之理。

蚤休

蚤休，本經下品。江西、湖南山中多有，人家亦種之，通呼爲草河車，亦曰七葉一枝花，爲

蚤休

外科要藥。滇南謂之重樓一枝箭，以其根老橫紋粗皺如蟲形，乃作蟲蔞字。亦有一層六葉者，花僅數縷，不甚可觀，名逾其實，子色殷紅。滇南土醫云，味、性大苦大寒，入足太陰，治濕熱、瘴、瘧、下痢，與本草書微異。滇多瘴，當是習用藥也。

鬼臼

鬼臼，本經下品。江西、湖南山中多有，人家亦種之，通呼爲獨腳蓮。其葉有角不圓，或曰八角蓮。高至四五尺，就莖開花，紅紫嬌嫩，下垂成簇，外科蓄之。鄭漁仲謂葉如荷葉，形如鳥掌，年長一莖，莖枯則爲一臼，亦名八角盤，其形容極確。原圖仍爲鬼燈檠，宜山谷詩注之斥排也。但此物辟穀，未見他說，子瞻以詩記璠田芝，山谷亦有璠芝仙詩云：「但告渠是唐婆鏡」，與本經有毒、別錄不入湯者異矣。下死胎、治射工中人，其力猛峻可知。此草生深山中，北人見者甚少，江西雖植之圃中爲玩，大者不易得。余於

鬼臼

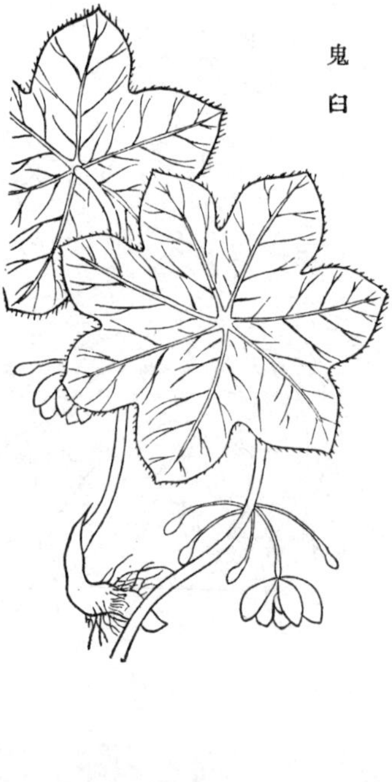

途中，適遇山民擔以入市，花葉高大，遂亟圖之。此草一莖一葉，李時珍云一莖七葉，或別一種，余未之見。

射干

射干，本經下品。蜀本草，花黃實黑者是。陳藏器謂秋生紅花，赤點。按此草，北地謂之馬鯽花，江南亦多，六月開花，形狀如蜀本草。拾遺以其點赤，誤認爲紅花耳。其根如竹而扁，俗亦呼扁竹。

雩婁農曰：荀子云，西方有木焉，名曰射干，莖

長四寸，生於高山之上，而臨百仞之淵。其莖非能長也，所立者然也。嗚呼！以彼徑寸莖，蔭此百尺條，此之謂矣。不材之木，托根得地，斧斤瘡痍之不及，陰陽雨露之所偏，而琪花玉樹，或蕪沒於叢莽而無人知，吾烏知其所以然哉？乃長言以誶之曰：播青曾之淑朗兮，謂誕育其必公；何陽材屯於巔窔兮，陰敷茉聳而蒙茸。櫟連蜷以依祉兮，五柞何爲而冠乎離宮？門驕驕其忽有莠兮，屋沉沉而蔆乎瓦松；苕華施柏而旖旎兮，葛藟虆樛以隆崇。罯老楮其不可宥兮，蕭斧乃獨赦夫樝榕；鴞既據夫泮之沃若兮，鼠又室乎堂之美樅；掩菌桂而宂蕭艾兮，吾烏知鴆媒之所從。追虞舜於大麓兮，別風淮雨而不蒙；神刊隨而底績兮，梔榦栝栢惟喬乎雲中；鷴懼秕莠於有夏兮，景山丸丸斲度而奏功；柞棫佩於昆夷兮，檻化梓而姬隆。嬴無道而兀蜀山兮，靈訶怒而捐五大夫之封；武囿四海於上林兮，柏梁災而更營。車蓋雄夫白水兮，氣佳哉而鬱葱葱；杉葉御颷而抵洛陽兮，閱萬里而排九重。檜恥綱而淪汩波兮；義不辱夫勔黼之闍瞢。偉貞木其若有知兮，趦舍時而莫同。萬牛迴首於巉巇兮，豈大材之難庸也！巖崢嶸其將宴兮，冰霰曖曖而礉空。百卉腓而誰控兮，鄭哉巍巍萬盤之孤峯；翳薈蔚而蟄虎豹兮，抗扶疏而挐蛟龍；彼苕發而穎豎兮，噫乎何以禦風？

射干

白花射干

白花射干，江西、湖廣多有之。二月開花，白色有黃點，似蝴蝶花而小，葉光滑紛披，頗似知母，亦有誤爲知母者。結子亦小，與蝴蝶花共生一處，花罷蝴蝶花方開。俚醫謂之冷水丹，以爲行血、通關節之藥。宋圖經謂紅黃花有赤點者爲射干，白花者亦其類。陶隱居云，花白莖長，卽阮公詩：「射干臨層城」，不入藥用，皆此草也。惟此花二月開，黃花者六月開，莖、葉、花、實，都不甚類，俗方主治亦殊，似非一種。

白花射干

鳶尾

鳶尾，本經下品。唐本草：花紫碧色，根似高良薑。此卽今之紫蝴蝶也。三月開花，俗亦呼扁竹。誤以其根爲卽高良薑。花鏡謂之紫羅欄，李時珍以爲射干之苗，今俗醫多仍之。

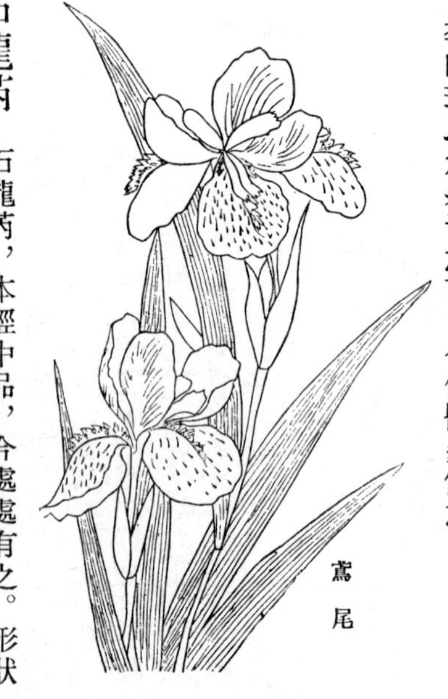

鳶尾

石龍芮

石龍芮，本經中品，今處處有之。形狀正如水堇，生水邊者肥大，平原者瘦小，其實亦

石龍芮

能灸瘧，固始呼爲鬼見愁。

茵芋

茵芋，本經下品。陶隱居云，方用甚稀。圖經備載其形狀、功用。李時珍云，近世罕知，蓋俚醫用藥，多爲異名，或實用之而不識其本名也。

雩婁農曰：茵芋有毒，李時珍以爲古方有茵蕷丸，治瘋癎，又有酒與膏，爲治風妙品，近世罕知，爲醫家疎缺，蓋深惜之。吾謂今之俚醫治風之藥，不可殫述，安知無茵蕷者？特其名因地而異，古今之不同耳。史傳中惟功業道德，婦孺知名者，謂之不朽；其他或一事而兩載，或兩傳而一人，所聞異詞。如鳥戾於天，越人以爲鳦，楚人以爲鳧，各因所疑而爲之名，孰知其是耶、非耶？揚雄持三尺縹素，訪絕域方言，其草木諸物，異名多矣，又烏料其一人之身爲漢郎中，又爲莽大夫耶？黑頭尚書、白頭尚書，何異昔日之芳草，今直爲此蕭艾也。嗚呼！在山爲小草，出山爲遠志，以出處而異名，賢者愧之矣。彼上車不落則著作，體中何如則祕書，用之則榮，舍則已焉。

茵芋

束芻以爲狗，棄狗豈有惜其芻者？茵蕷之用，適承其乏，有勝於茵蕷者，而茵蕷爲狗之芻矣。故曰腹背之毳，益一把不加多，損一把不加少，始則碌碌而因人，繼則汶汶以沒世，吾欲求其名而紀之，吾又烏能勝紀之？

芫花

芫花，本經下品。淮南、北極多，通呼爲頭痛花，以嗅其氣頭卽涔涔作痛，故名。又曰老鼠花，以其花作穗如鼠尾也。此是草本，本草綱目引芫木藏果卵者。考爾雅：杬，魚毒。注：杬，大木，子似栗，生南方，皮厚汁赤，中藏果卵，絕不相類。

雩婁農曰：余初歸里時，清明上壟，見有臥地作花如穗，色紫黯者。詢之土人，曰：「此老鼠花也。」其形如鼠拖尾，嗅之頭痛，蓋色、臭俱惡。及閱本草，知爲芫花。淳于意用以治蟯瘕，雖惡是其可云乎？匡廬間花葉俱發，且有實，味甘，然食之頭亦痛，烏之南徙，音未變也。洪容齋謂小人爭鬥不勝，取葉挼膚，輒作赤腫以誣人，譸張爲幻，乃有此助之厲耶？山人採藥，皆以口授，自賊賊人，案牘壘積。宋時以斷腸草之害，著令燒薙。但盡敵而返，敵可盡乎？良有司各訪其地之所產，根株性味，著之志乘，民不能欺，其亦可矣。

芫花

金腰帶

金腰帶，江西山中多有之。其莖花皆如芫花，根極長，有長數尺者，土人以爲帶，束腰可治腰痛，其實白如米而大，味甘。土人云，食多頭痛，或卽以爲頭痛花，但本草綱目未詳其結實形狀。而此草葉光滑，花心有鬚 亦微異，或

芫草同類。

牛扁

牛扁，本經下品。陶隱居云，今人不復識此。唐本草、宋圖經俱載其形狀、功用。

牛扁

蕘花

蕘花，本經下品。別錄云，生咸陽及河南中牟。李時珍以爲卽芫花黃色者，方書不復用。

莨菪

莨菪，本經下品。一名天仙子。圖經著其形狀、功用，且引史記淳于意以莨菪酒飲王夫人事。別說謂功未見如所說，而其毒有甚，蓋見鬼拾針性近邪魔，而古方以治癲狂。豈不癲狂者服之而狂，癲狂者服之而止，亦從治之義耶？舊時白蓮敎以藥飲所掠民，使之殺人爲快，與李時珍所紀妖僧迷人事相類，疑卽雜用此藥。

雩婁農曰：史記太倉公傳，菑川王美人，懷子而不乳，召意，意飲以莨礍藥一撮，以酒飲之，旋乳。本草，莨菪無催生之說，其爲一物否，未可知也。炮炙論以莨菪爲有大毒，金匱要略言水莨菪，葉圓有光，誤食令人狂亂，狀如中風。觀淳于意以莨礍藥令人乳，則斷非發狂之藥無疑。李時珍明著安祿山飲奚契丹莨菪酒，醉而坑之；又紀妖僧迷藥事，以爲是莨菪之流。則一杯入吻，狂惑見鬼，尚可留著腸胃中耶？乃所錄小品，必效諸方，或丸、或煎，豈有病雖大毒亦能受耶？然吾不敢信也。君子小人，辨之必明；既辨矣，則放流迸逐，不可使其乘隙而復起。若已榜其罪於朝廷，而復記其小忠小信，曲留一綫之機，則子尾所謂「髮短而心長」，其或寢處我矣。盧杞不似奸邪，惠卿亦似美才，彼毒藥之攻癰疽，誠有速效，然豈可引之根本之地，而望其調和陰陽、不傷元氣乎？故吾以爲凡藥之有毒者，必著其外治之功，伐性之害，凡一切服餌之方，皆删削務盡，勿使後人迷於去留，舉軀而試其狂惑，其亦春秋之律也乎？

莨菪

山西通志：莨菪子始生海濱川谷及雍州，今寧武多有之。莖高二三尺，葉似地黃、王不留行、紅藍等，花紫色，莖有白毛，結實如小石榴，最有毒，服之令人狂浪，故名莨菪。按太原山中亦多產，其莖挺勁，對葉密排，花生葉隙，重疊直上如地黃。花色紫白，多赭縷，花罷即結實，其子味甜，小兒誤食輒瘋，俗亦不甚怪。

經一兩月藥性解，則瘋已如平人云。

莽草 莽草，本經下品。江西、湖南極多，通呼爲水莽子，根尤毒，長至尺餘。俗曰水莽兜，亦曰黃藤，浸水如雄黃色，氣極臭。園圃中漬以殺蟲，用之頗亟，其葉亦毒。南贛呼爲大茶葉，與斷腸草無異，夢溪筆談所述甚詳。宋圖經云無花實，未之深考。

雩婁農曰：余所至章、貢、衡、澧山中，皆多莽草，而按其形狀，與筆談花如杏花可玩，李德裕所謂紅桂，靳學顏所謂丹蓼素蕾者，都不全肖，蓋沈存中所云種類最多者耶？江右產者，其葉如茶，故俗云大茶葉。湘中用其根以毒蟲，根長數尺，故謂之黃藤，而水莽則通呼也。豈與鼠莽有異同耶？詩人多用莔露，陶隱居以爲莽，本作莔，按山中多以黃茅之類爲莔子草。郭璞注，弭春草，一名芒草。孫炎注，俗呼莔草，莔草刺人衣而彌阬塡谷，故以爲晨行之詩，亦夙夜厭浥之意。莽草雖多，殊非荆榛之比。或謂弭爲白薇，以弭、薇音近，春草同名，難爲確詁。邢疏以本草莽草，郭引作芒草，爲所見本異。然則本草經傳寫訛誤多，烏可不愼。而圖經云，煎湯熱含少頃，治牙齒風蟲、喉痺甚效，此豈可輕試耶？按周禮：翦氏除蠹物，以莽草熏之。方言：芔，莽草也。東越、揚州之間曰芔，南楚曰莽。說文芔，草總名，

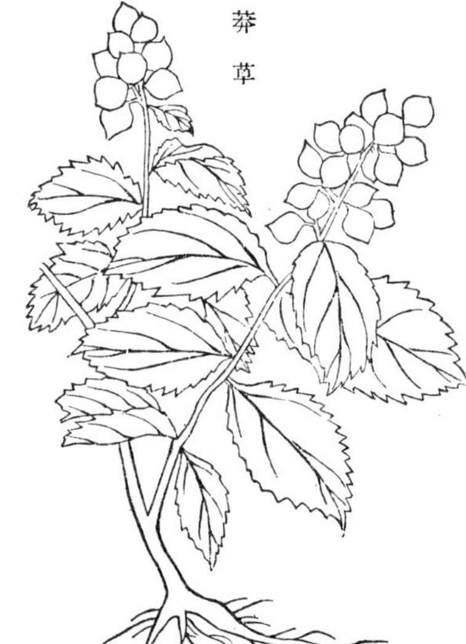

則非毒草之莽矣。今人以草燒煙熏蟲，亦不需用毒莽。又説文：犬善逐兔草中爲莽。孟子「草莽之臣」，趙岐注：莽，亦草也。莽、蕣、艸、䒑同義。楚詞：「攬中洲之宿莽」，注謂草冬生不死，此亦但詁宿字耳。唯山海經朝歌之山有莽草，可以毒魚，此或是水莽類。而爾雅莽，數節，郭注云竹類，則竹亦有名莽者。本草之莽草，或爲芒、或爲竹類之莽，皆未可定。若以毒魚爲毒草，則近世有以莪麥制魚者矣，豈得謂莪麥爲毒草耶？余恐人誤以莽草爲可服，故詳辨之。

鉤吻

鉤吻，本經下品。相承以爲卽冶葛，今之斷腸草也。詢之閩、廣人，云有大、小二種，大者如夜來香葉，蔓生植立，近人輒動，擣爛置猪腸中，上下奔竄，必破腸而出；小葉者如馬蘭，性尤烈。李時珍所謂黄藤，乃莽草根也。又云：滇人謂之火把花。蓋卽黔書所云花赤如桑椹者。同爲惡草，非止一種，今以蜀產圖之。

鉤吻

滇鉤吻

太陽之草曰黄精，太陰之草曰鉤吻。博物志云：鉤吻，盧氏曰陰地黄精不相連、根苗獨生者是也。陶隱居云：葉似黄精而莖紫，當心抽花，黄色，初生極類黄精。雷斆曰：使黄精勿用鉤吻，眞相似，只是葉有毛鉤子二個，黄精葉如竹葉。蘇頌曰：江南説黄精莖苗，稍類鉤吻。自古言鉤吻、黄精相似，瞭然如此，無有指爲斷腸草者。本經一名冶葛。冶葛，後人以爲斷腸草。毒草斷腸，品非一種。南方草木狀：冶葛一名胡蔓草。

不言即鉤吻。自蘇恭始以苗爲鉤吻，根爲野葛，深斥陶說之非，謂其葉如柿、如鳧葵，則即今嶺南之大葉斷腸草矣。其云黃精葉似柳及龍膽草，乃玉竹也。古人於黃精、玉竹，不甚分別。雷說葉如竹，則今黃精也。沈存中藥議，亦以鉤吻爲即斷腸草，然又云斷腸草人間至毒之物，不入藥用，恐本草所出，別是一物，非此鉤吻。則存中未敢以鉤吻黃精相似之說，確然斷爲誤也。本草綱目臚引斷腸草以實鉤吻，大抵皆集衆說，非惟未見鉤吻，蓋亦未見斷腸，憑臆訂訛，遂以草之至毒者惟嶺南胡蔓一物矣。考吳普本草，鉤吻或出益州。碧雞、金馬，開元後已淪南詔，蘇恭諸人，不識益州之鉤吻固宜，醫家於毒草不曾試用，展轉致舛，亦無足怪。惟鉤吻既似黃精，采鉤吻而得黃精，不能爲害誠妙，采黃精而誤得鉤吻，所關豈淺鮮哉？余至滇，遣人入山採藥，得似黃精、玉竹者二草，其標識則曰鉤吻、漢鉤吻。鉤吻葉如竹，與黃精同而矮小，葉生一面，花、實生一面，棄擲皆活，殆即雷斅所謂地精？俗云偏精，

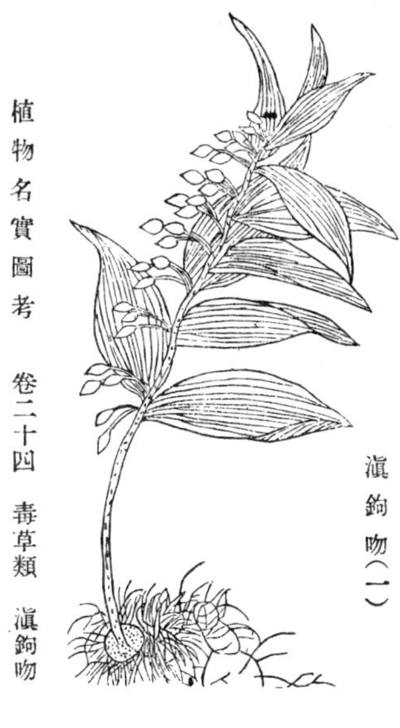
滇鉤吻（一）

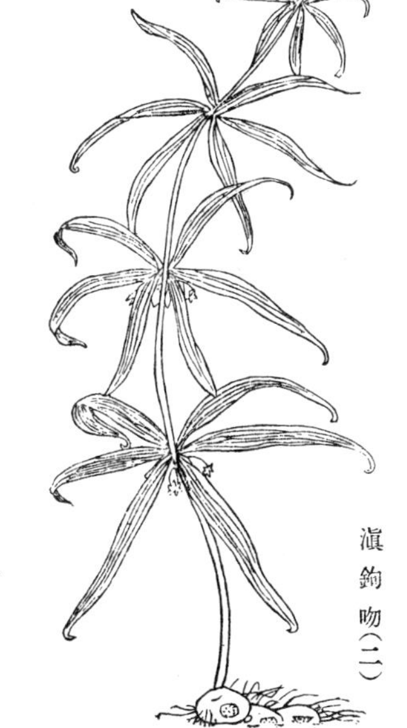
滇鉤吻（二）

其偏者不止葉不相當而已。漢鈎吻似玉竹，葉如柳、如龍膽草，而葉端皆反鈎，四面層層舒葉開花，花有黄白者，亦有紅者，蓋陶說所謂當心開花，而雷說所謂毛鈎也。滇之山岷蚩蚩者，豈能杜撰此名？蓋相承指呼久矣。余審是再三，而知太陽、太陰之說，傳於上古，不可妄訾。後人少見，反肆雌黄，而未及料其貽害無窮也。禮失求野，其言猶信。乃召土醫而詢之，云黄精、鈎吻，山中皆產，採者須辨别之，其葉鈎者有大毒。然則鈎之得名，非以其葉如鈎耶？偏精有毒稍輕，形偏，則性亦偏矣。考南嶽記，謂黄精多山藚僞製；桂馥札璞謂滇多毒草。然則服黄精者，宜如本草採嵩山生者，庶不至以豨薟、引年而棄昌陽乎？夫天地乖戾之氣，所鍾非一，鈎吻、胡蔓，無妨並馳。譬如四凶列於禹鼎，非止渾敦一形；五鬼登於唐廷，未必盧杞同貌。山有陰陽，則氣秉舒慘，處至陰之地，而具至陽之性，則爲毒尤甚。宦寺、婦人，陰陽異用，而大亂生矣。抑又聞之，虎賁甚似中郎，桓魋乃肖至聖，甚惡、甚美，眞賢、眞奸，此亦造物之樞鈐，而待人以決擇。余檢自儷之牘，湘中則黄藤，豫章則水莽、博落迴，粤閩則大、小葉斷腸草，滇則草烏、火把花，又有蟲如草長寸許，亦名斷腸草，牛馬食之立斃。黔書又有一種斷腸。惡直醜正，實繁有徒，豈得謂共、兜去而無餘凶，廉來除而並及異獸乎？余以舊說入鈎吻下，别錄斷腸草數種，而特著滇鈎吻二物，或可正李時珍之正誤。本草鈎吻有主治，滇醫亦用以洗惡毒瘡。以盜捕盜，或亦收效，而斷腸草則未聞有用者。巧令孔壬，遇之立敗耳！唐以前言冶葛者，或即是此草。草木狀，冶葛既不云鈎吻，當是同名異物。相如无咎，不疑萬年，其爲賢不肖也多矣。

鈎吻，滇人以蝕毒瘡惡，刺字犯雜他藥以爛滅刺字，俗所謂爛藥也。

植物名實圖考卷之二十五

芳草類

蘭草　芎藭
隔山香　蛇牀子
白芷　杜若
木香　澤蘭
當歸　土當歸
芍藥　牡丹
藁本　水蘇
假蘇　爵牀 附赤車使者
積雪草　荏
蘇 二圖　豆蔻 即草果
香薷　大葉香薷
石香薷　莎草
鬱金　鬱金香

高良薑　薑黃
薄荷　大葉薄荷
蒟醬　蔞葉
馬蘭　薺薴
石薺薴　山薑
廉薑　荊三稜
蓬莪朮　藿香
野藿香　零陵香
白茅香　肉豆蔻
白豆蔻　補骨脂
蓽撥　益智子
畢澄茄　甘松香
茅香花　縮砂蔤
福州香麻　排草

蘭香草　芸

辟汗草　小葉薄荷

元寶草　三柰

蘭草

蘭草，本經上品。詩經「方秉蕑兮」，陸疏：即蘭香草也，古人謂蘭多曰澤蘭。李時珍集諸家之說，以爲一類二種，極確。今依其說，以有歧者爲蘭，無歧者爲澤蘭。宋人踵梁時以似茅之燕草爲蕙，聚訟紛紛，不知草木同名甚多，總以見用於人爲貴。此草竟體芬芳，與澤蘭同功並用，湖南俚人有受風病寒者，摘葉煎服即愈。香能去穢，辛可散鬱，較之甌蘭諸品，爲益孰多？彼一莖一花、數花者，露珠一乾，清香頓歇，茅葉肉根，都無氣味，歸之羣芳，以悅目鼻。

雩婁農曰：夫暴得大名不祥，人固有之，物亦宜然。蘭於農經，不爲靈藥，溱洧秉蕑，士女贈謔之野卉耳。燕姞錫夢，寵以國香，聖人猗蘭之操，忠臣畹蘭之託，厥後文人，賦之、詠之，比以君子，儷以美人，赫赫之名，衆莩莫能景其光，羣榮不能企其影矣。夫盛名之下，實多冒竊，孩兒菊曰馬蘭，以其花紫莖歧而竊之；天名精曰蟾蜍蘭，以其葉長幹疎而竊之。形骸彷彿，臭味參差，易位者非同華泉之取飲，正座者不如床前之捉刀，其竊之也庸何傷？不知何時有山間牛喫之草，俗謂草蘭爲牛喫花，以牛食其葉也。甌東魚魫之花，徒以異馥，篡此香名。涪翁倡爲一花爲蘭、數花爲蕙之說，後人領其新異，競爲標題，蜩螗羹沸。唯澤蘭一種，尙容於養性採藥之客，而眞蘭之名，假而不歸。夫非蘭之名著，而蘭之實遂湮沒而不彰哉！謂之不祥，蘭亦何辭？朱子詩注，兩蘭瞭列，楚辭辨證，曲爲疏剔，一賢之論，不敵舉世之紛，良可悼矣！當爲王者香，乃與衆草伍，蘭不逢時，與人何異？余嘗取唐以前之詠蘭者而紀之，嵇侍中詩：「麗蕊濃繁」，陳子昂詩：「朱蕤冒紫莖」，蘭之花繁蕊密如此，今之蘭有之乎？謝康樂詩：

「清露灑蘭藻」，許渾詩：「露曉紅蘭重」，今蘭葉如薤，涓滴難留，若謂花跗之露，則何灑何重。蘇頲詩：「御杯蘭薦葉」，今之蘭葉豈堪薦酒？又詩人多言蘭池，今之蘭乃畏濕；本草亦載蘭湯，今之蘭豈能浴？紫蘭、紅蘭，蘭之色也，今蘭紅、紫，乃非常品。蘭橘、蘭椒，蘭之味也，今蘭咀嚼，殊無微馨，抑與蘭爭名者唯桂耳。絕域瑤崗，價重如金，中華之金粟丹黃者，豈眞桂耶？嗚呼！造物最忌者名，草猶如此，人何以任？昔呂大防作辨蘭亭記云：蜀有草如蘐，紫莖黃葉，謂之石蟬，而楚人皆以爲蘭，蘭、蟬聲近之誤。宋景文益部方物略記：石蟬若長二三尺，葉如菖蒲，紫蕚五出，與蟬甚類。宋公博物，不以爲蘭，然則今之蘭，其蜀之石蟬耶？冒他名而自失其名，石蟬有知，豈肯呼牛牛應、呼馬馬應耶？呂公乃著辨以爲識眞蘭。昔有不狂之人入狂國者，爭以不狂爲狂，今以眞蘭入盜蘭之叢，固當以不眞爲眞。

蘭草

芎藭

芎藭，本經上品。左氏傳山鞠窮卽此。益部方物記謂葉落時，可用作羹。救荒本草：葉可調食、煮飲。今江西種之爲蔬，曰藭菜；廣西謂之坎菜，其葉謂之江蘺，亦曰蘼蕪。李時珍謂大葉者爲茳蘺，細葉者爲蘼蕪，說亦辨。

雩婁農曰：申叔展曰，有山鞠藭乎？注謂所以禦溼，疏云賈逵有此言，則相傳爲此說，但不知若爲用之。考本草，芎藭主中風、寒痺、筋攣、緩急，蓋風、溼相爲表裏，去風卽以去溼也。苗曰蘼蕪，爾雅翼辨證甚核，然古昔草木之名，軼者多矣，楚詞香草，注者亦唯以本草、爾雅爲據。其習用如江蘺、白芷、杜衡、留夷藋，讀本草者皆知之，而杜若已無的識。若楬車、胡繩，則本草不載，無有訂爲何物者矣。太史公曰：巖穴之士，趨舍有時，若此類堙滅而不稱，悲夫！夫以在山小草，爲忠臣志士寄慨流連，其志潔，故其稱物芳，謂非無知者之至幸，乃或傳、或不傳如此。然則士不能與日月爭光，而但托大賢之門，冀附驥尾而致千重，則漢之黨錮，宋之黨人，載其名而不信其人者有之矣。載其名，幸也；不信其人，豈不幸歟？

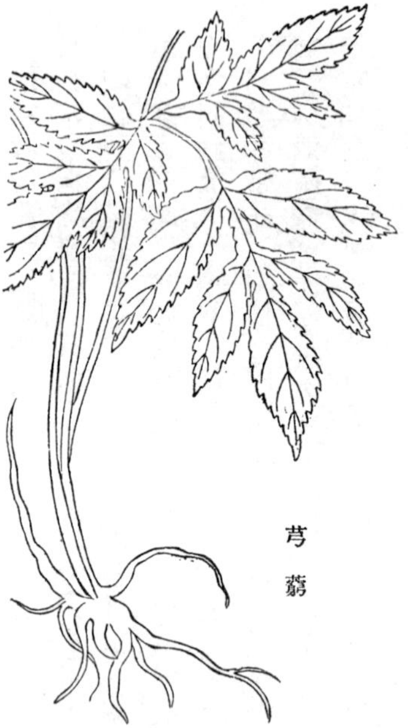

芎藭

隔山香

卽雞山香，方言，無正字。

隔山香生衡山，白

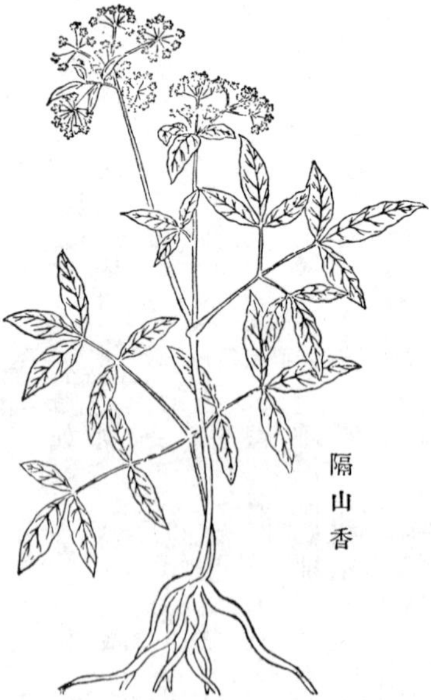

隔山香

根潤脆，枝莖挺疎，長葉光綠，三五勻秀，花如當歸、白芷，竟體皆芳，與風俱發。湘沅香草，宗生族茂，箋騷注經，不能繹贍。遂致遇物難名，倚席不講。萋萋嘉卉，見賞俚醫，幸乎不幸？

蛇牀子

蛇牀子，本經上品。爾雅：盱，虺牀。注：蛇牀也。救荒本草：葉可煠食。

蛇牀子

白芷

白芷，本經中品。滇南生者，肥莖綠縷，頗似茴香，抱莖生枝，長尺有咫，對葉密擠，鋸齒槎枒，齟齬翹起，澀紋深刻，梢開五瓣白花，黄蕊外湧，千百爲族，間以綠苞，根肥白如大拇指，香味尤竄。

校注：白芷，本經中品，原誤上品，今改。

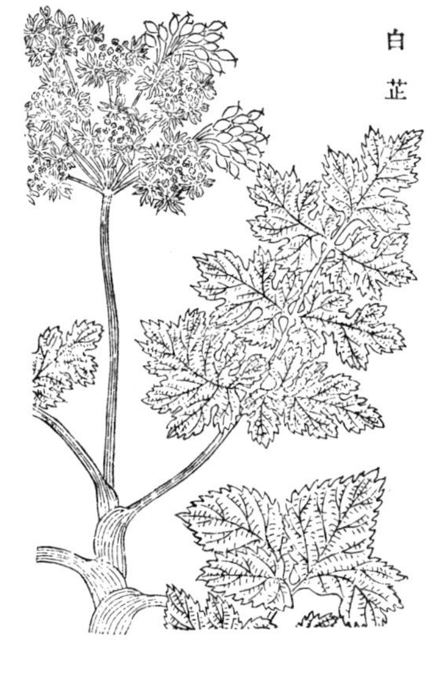
白芷

杜若

杜若，本經上品。按芳洲杜若，九歌疊詠，而醫書以爲少有識者。考郭璞有贊，謝朓有賦，江淹有頌，沈約有詩，豈皆未覩其物而空託采擷耶？韓保昇云，苗似山薑，花黃子赤，大如棘子，中似豆蔻。細審其說，乃卽滇中豆蔻耳。蘇恭以爲似高良薑，全少辛味。陶云，似旋葍根者卽眞杜若。李時珍以爲楚山中時有之，山人亦呼爲良薑。甄權所云獛子薑，圖經所云山薑，皆是物也。沇存中以爲卽高良薑，以生高良而名。余於廣信山中採得之，俗名連環薑，以其根瘦細有節 故名。有土醫云，卽良薑也，根少味，不入藥用。其花出籜中，纍纍下垂，色紅嬌可愛，與前人所謂豆蔻花同，與良薑花微異，殆卽圖經所云山薑也。余取以入杜若，以符大者爲良薑，小者爲杜若之說。但深山中似此者，尙不知幾許，姑以備考云爾。若劉圻父采杜若詩：「素英綠葉紛可喜」，又云：「餐花嚼蕊有眞樂」，則亦韓保昇所云花黃一種。草豆蔻，花帶紅、白二色，非同良薑花紅紫灼灼也。至藝花之書，有以雞冠當之者，可謂刻畫無鹽，唐突西施。

杜若

雩婁農曰：昔人戲爲杜仲作杜處士傳，若杜若者，顯於古而晦於今，其今之逸民歟？膏以明自煎，蘭以香自爇，杜若非所謂遺其身而身存者耶？

木香

木香，本經上品。宋圖經著其形狀，云出永昌山谷。今惟舶上來者，他無所出。 按本經所載，無外番所產，或古今異物。近時用木香治氣極效，蓋諸蕃志所謂如絲瓜者。凡番產皆不繪，茲從本草衍義圖之。然皆類馬兜鈴蔓生者，恐非西南徼所產。

雩婁農曰：木香舊出雲南，蠻書云，永昌山在府南三日程，多青木香。雲南志，車里土司出，或謂即古產里。又西木香出老撾，皆不著形狀。大抵深塹絕巖，老木多香，種種殊名，亦難盡憑。夷儸負販，多集大理，粵人裒載，輒云海藥，惟皆枯槎，難譯其柯條花實。

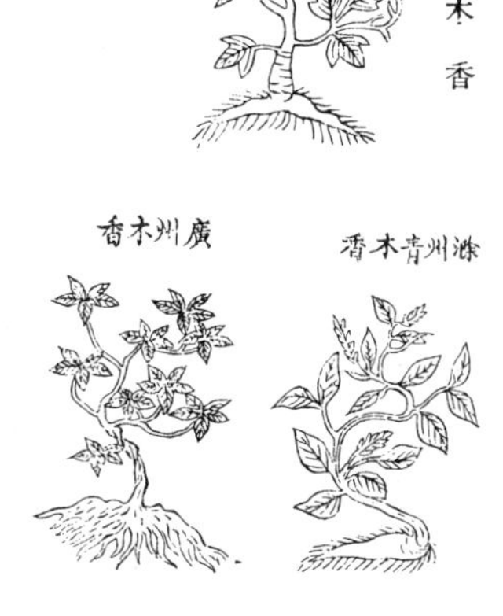

澤蘭 澤蘭，本經中品，爲婦科要藥。根名地笋，亦爲金瘡、腫毒良劑。安徽志：都梁山產澤蘭，故名都梁香云。

雩婁農曰：淮南子云，男子樹蘭而不芳，藥錄亦專供帶下醫；豈賜蘭徵夢，遂永爲女子之祥乎？士女秉蕑，祓除不祥，殆無異芣苢宜子耶？余過溱洧，秋蘭被坂，紫蕚雜遝，如蒙絳雪，固知詩人紀實，不類賦客子虛；而鄰鄰周道，塵漲三尺，

湑露灑芬，西風度馥，不以穢濁減其臭味，其斯爲幽芳歟？

當歸　當歸，本經中品。唐本草注：有大葉、細葉二種。宋圖經云：開花似蒔蘿，淺紫色。李時珍謂花似蛇床，今時所用者皆白花，其紫花者葉大，俗呼土當歸。考爾雅：薜，山蘄；又薜，白蘄。是當歸本有紫、白二種。今以土當歸附於後，大約藥肆皆通用也。

當歸

土當歸　土當歸，江西、湖南山中多有之，形狀詳救荒本草。惟江湖產者花紫。李時珍以入山草，未述厥狀；但於獨活下謂之水白芷，亦以充獨活。今江西土醫猶以爲獨活用之。

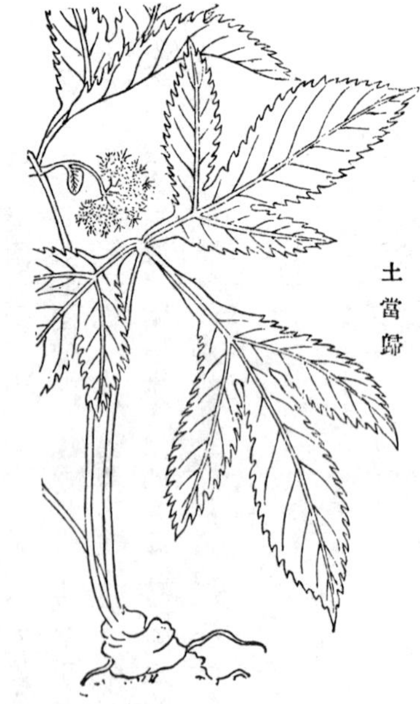
土當歸

芎藭　芎藭，本經中品。古以爲和，今入藥用單瓣者。

雩婁農曰：詩「贈之以勺藥」，陸疏云：今藥草。

芍藥無香氣，非是也，爾雅翼以陸未識其華。蓋芍藥盛於西北，維揚諸花，始於宋世，故陸元恪僅見藥裹之根荄，而未覩金帶之綺麗，羅氏之言是矣。然古時香草，必以莖葉俱香而後名，如蘭、如蘇、如芷，皆竟體芬芳，不以花著。芍藥奇馥，都恃繁英，氣不勝色，時過即弛，與霜露飄零而臭味彌烈者，蓋未可伯仲也。陸氏之疑，其或以此。若以調和爲據，則古今食饌，嗜好全殊，即所謂食馬肝、馬腸，猶合芍藥而鬻之者。士大夫久無此憲章，安得尋裂駃騠而沃苦酒者一問之耶？

芍藥

牡丹

牡丹，本經中品，入藥亦用單瓣者。其芽肥嫩，可醬食。種牡丹者必剔其嫩芽，則精脈聚於老榦，故有「芍藥打頭，牡丹修腳」之諺。

雩婁農曰：永叔敍牡丹譜，好事者屢踵之，可謂富矣。然蕃變無常，非譜所能盡，亦非譜所能留

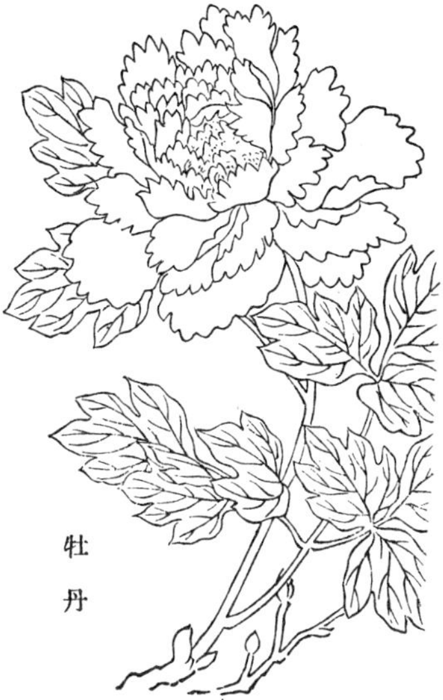

牡丹

也。但西京置驛，奇卉露生，今則洛花如舊，而異蕚絕稀，豈人工之勤，地利之厚，不如故耶？抑造物者觀人之精神所注與否，而爲之盛衰耶？漢之經學，六朝駢麗，三唐詩詞碑碣，亦猶是矣，况乎有關於家國之廢興，世道之升降，而造物獨不視人所欲與之聚之，吾何敢信？

藁本　本經中品。宋圖經：似芎藭而葉細。救荒本草謂之山園荽，苗可煠食。

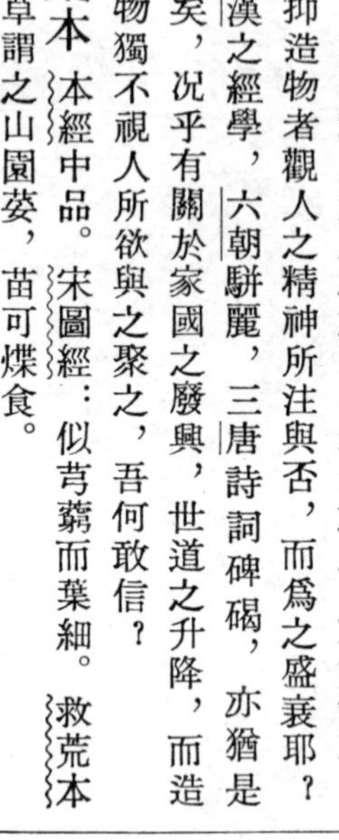
藁本

水蘇　水蘇，本經中品。即雞蘇，澤地多有之。李時珍辨別水蘇、薺薴，一類二種，極確。昔人煎雞蘇爲飲，今則紫蘇盛行，而菜與飲皆不復用雞蘇矣。

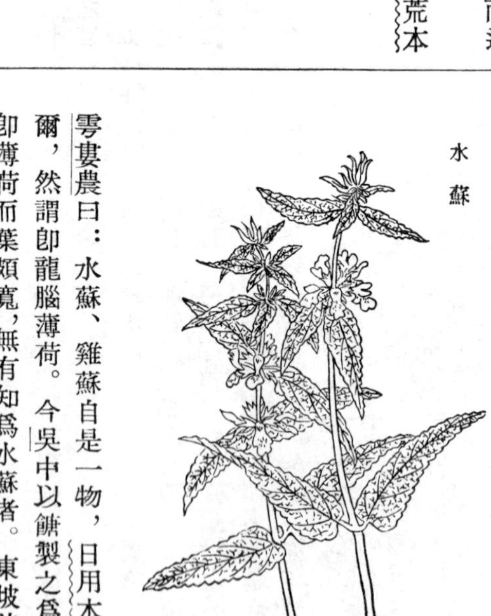
水蘇

雩婁農曰：水蘇、雞蘇自是一物，日用本草亦云爾，然謂即龍腦薄荷。今吳中以餹製之爲餌，味即薄荷而葉頗寬，無有知爲水蘇者。東坡詩：「道

人解作雞蘇水　稚子能煎鷄粟湯。」本草衍義：紫蘇氣香，味辛甘，能散，今人朝暮飲紫蘇湯，甚無益。醫家謂芳草致豪貴之疾，此有一焉。水蘇氣薄味平，何堪作飲？或取屬對之工。

假蘇．假蘇，本經中品。卽荆芥也，固始種之爲蔬，其氣清芳，形狀與醒頭草無異。唯梢頭不紅，氣味不烈爲別。野生者葉尖瘦，色深綠，不中啖，與黃顙魚相反。南方魚鄉，故鮮有以作葅者。

假蘇

野菜贊云：荆芥苗煠作蔬，魚肉忌之，犯無鱗魚卽死，與鯉犯紫荆、食鱓飲燒酒殺人等疾。鼠蓂辛苦，命之曰芥，荆則云矜，芥爲言介。肉食斯仇，君子攸戒，我食無魚，咀嚼何害？

爵牀 附赤車使者。爵牀，本經中品。唐本草注謂之赤眼老母草，南方陰溼處極多，似香薷而不香。又唐本草有赤車使者，莖赤，根紫如蒨，一類二種。

爵牀

積雪草

積雪草，本經中品。唐本草注以爲卽地錢草，今江西、湖南陰濕地極多。圓如五銖錢，引蔓鋪地，與本草衍義、庚辛玉册所述極肖。或謂以數枚煎水，清晨服之，能祛百病者，此蓋陽强氣壯，藉此清寒之品，以除浮熱，故有功效，虚寒者恐不宜爾。又一種相似而有鋸齒，名破銅錢，辛烈如胡荽，不可服。

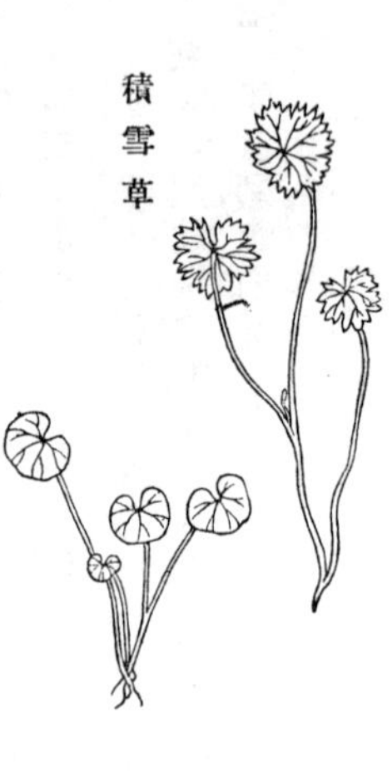
積雪草

荏

荏，別錄中品，白蘇也。南方野生，北地多種之，謂之家蘇子，可作糜、作油。齊民要術謂雀嗜食之；益部方物記略有荏雀，謂荏熟而雀肥也。

李時珍合蘇荏爲一。但紫者入藥、作飲，白者充飢、供用，性雖同而用異。

雩婁農曰：荏之利溥矣，種於塍，防牛馬之踐五穀；子爲油，牕壁皆煤，則織紝之賴以足於夜也。魏書，乙弗勿國與吐谷渾同不識五穀，惟食魚及蘇子，狀若中國枸杞；梁沈約有謝賜北蘇啓，則蘇重於北地久矣。湘中蒔路芰夷之，勿使滋蔓，物固有用有不用。

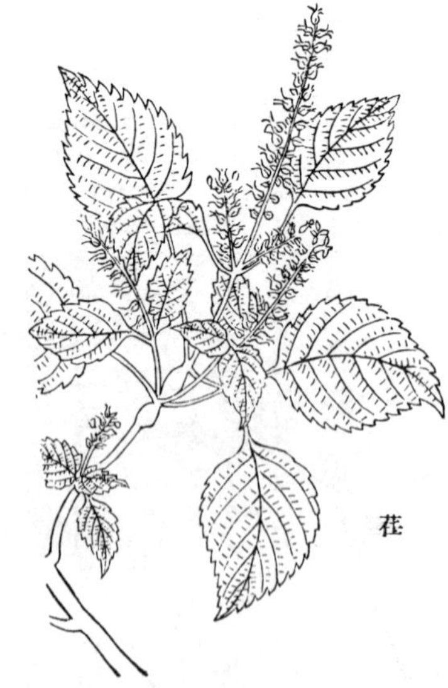
荏

蘇 蘇，別錄中品，爾雅：蘇，桂荏。注：蘇，荏類。圖經：紫蘇也。今處處有之，有面背俱紫、面紫背青二種，湖南以爲常茹，謂之紫菜，以烹魚尤美。有戲謂蘇字從魚以此者，亦水骨水皮之謔耳。又以薑梅同餹製之。暑月解渴，行旅尤宜。

零婁農曰：劉原父採紫蘇詩云：「只以營一飲，形骸如此劬。」宋時重飲子，以紫蘇熟水爲第一，甚矣昔人之好服食也。蘇性辛竄，能損眞氣，製爲蔬果，稍就平和。飲子則風淫者宜之，無病而

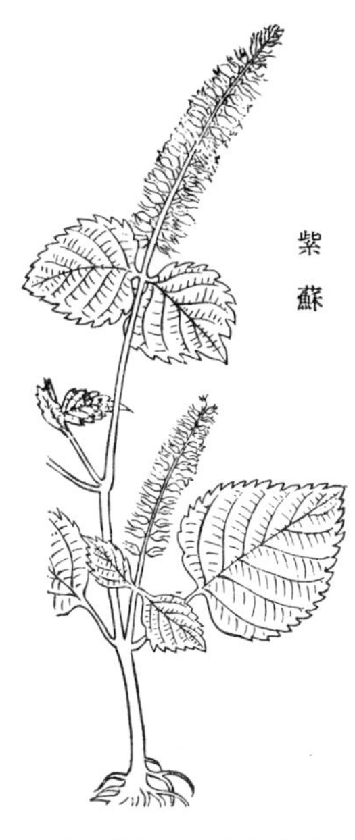
紫蘇

爲吳越吟，是不可以已乎？或謂客來奉湯，是飲人以藥，人之面不如吾之面，其賦質不爾殊耶？草茶不知盛於何時，近則華夷同沃之，無有以藥物爲敬者。草木廢興，亦復難測。

野菜贊云：紫蘇，本草曰苴，紫者入藥，白者湯中薄煮之，煠食。荊芥則宜生食。苴曰紫蘇，本入芼品，蕩鬱散寒，性溫且緊，湯液得之，

回回蘇

薑桂可屏，起懵之功，令人猛省。

豆蔻　即草果。豆蔻，別錄上品，即草果。桂海虞衡志諸書，詳晰如繪，嶺南尙以爲食料。唯南越筆記以爲根葉辛溫，能除瘴氣。雲南山中多有之，根苗與高良薑相類而根肥，苗高三四尺。高良薑根瘦苗短，數十莖叢生，葉短，面背光潤，紋細，葉淡綠。草果莖或靑、或紫，葉長紋粗，色深綠，夏從葉中抽葶卷籜，綠苞漸舒，長葶分綻，尖杪淡黃，近跗紅赭，坼作三瓣白花，兩瓣細長，翻飛欲舞，一瓣圓肥，中裂爲兩，黃鬚三莖，縈繞相糾，紅蕊一縷，未開如鉗，一花之中，備紅、黃、白、赭四色。圖經諸說既不詳臚，而含胎充果，又與良薑之紅豆蔻、獠子薑之輭紅麥粒互相膠轕。若以三種並列，則花實幾無一肖。余就滇人所指名而名之，不識嶺外所產，與此同異？滇南本草：性溫，味辛，無毒，生山野中或蔬圃地。葉似蘆，開白花，結果內含瓤，藏子如豆蔻而粒大，能消食積，解冷宿結滯之鬱，開通胃脾，快利中鬲，令人多進飲食。今人多用爲香料，調劑飲食甚良，又能祛除蠱毒，辟夷人藥毒，佩之能遠患也。

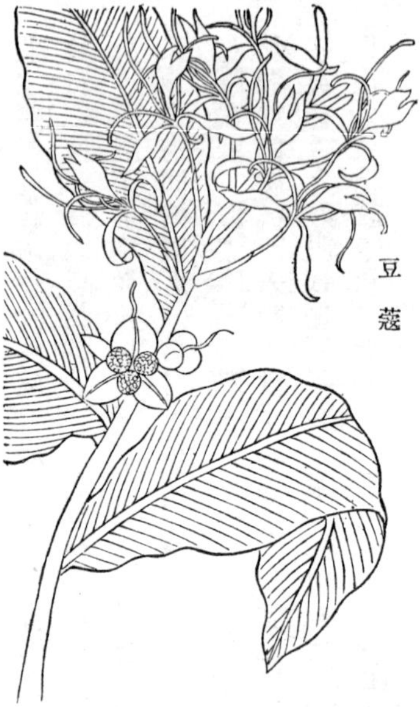

豆蔻

香薷　香薷，別錄中品，江西亦種以爲蔬，凡霍亂及胃氣痛，皆煎服之。

香薷

大葉香薷

大葉香薷

大葉香薷生湖南園圃，葉有圓齒，開花逐層如節，花極小，氣味芳沁。蓋香草之族，而軼其眞名。

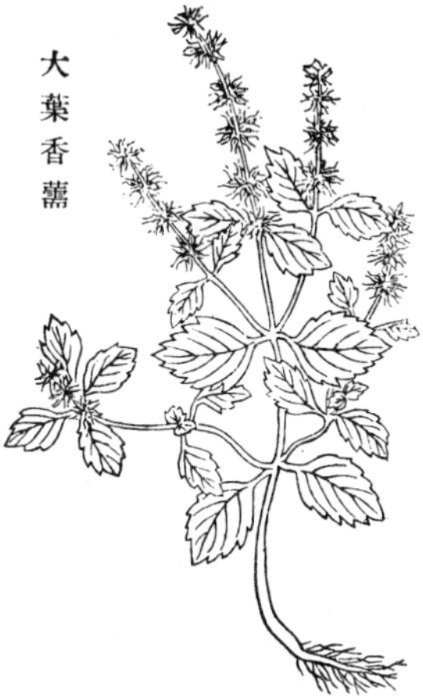

石香薷

石香薷 附

石香薷，開寶本草始附入。今湖南陰溼處卽有，不必山厓。葉尤細瘦，氣更芳香。

莎草

莎草，別錄中品。爾雅：薃，侯莎。其實媞卽香附子也。唐本草始著其形狀、功用。今爲要藥，與三棱極相類。唯淮南、北產者子小而堅，俗謂之香附米者佳。

雩婁農曰：香附，莎根也，陶隱居以爲無識者，唐本草始明著之，近時乃爲要藥。考宋史莎衣道人傳，道人衣緻，以莎緝之。有瘵者求醫，命持一草去，旬日而愈，衆翕然傳莎草可以愈疾。莎根之用，其盛於此乎？圯上老人取履授書，其事甚怪，然無疑其僞者。蓋抱道德、明術數之士，遯世無悶，偶露端倪以救世而濟衆，固非鬼神幻化比也。雖然，古人主之用人也，有得於夢與卜者矣；世人之遇藥也，亦有得於神與禱者矣。精誠之極，肸蠁潛通，豈徒徵於鬼以警俗聽哉？且天之生物，皆以爲人，然天不能以筆舌示人，則生聖人制作，以前民用；聖人亦不能徧觀而盡識也，時時見於鬼神寤寐而流傳焉。劉涓子鬼遺方，其最多者，其餘悉數之不能終。夫非盡假托也；且不獨鬼神矣，含生負氣之倫，有知覺則有疾苦，有疾苦則有拯濟。鹿得草而蹶起，蛇擣藥而傅瘡，黄鼠以豆葉愈虺毒，蜘蛛以芋根塗蜂螫，凡此皆天之所爲，非物之能自爲也。是以聖人觀蛛螯而結網，見飛蓬而製車，其師萬物也，乃師造物也。故曰：天時有生，地利有宜，人官有能，物曲有利。

莎草

鬱金

鬱金，唐本草始著錄。今廣西羅城縣出。其生蜀地者爲川鬱金，以根如螳螂肚者爲眞。其用以染黄者則薑黄也。考古鬱鬯用鬱釀酒，蓋取其氣芳而色黄，故曰黄流在中。若如嘉祐本草所引魏

略生秦國，及異物志生罽賓，唐書生伽毘，則皆上古不賓之地，何由貢以供祭？爾雅翼考據甚博，李時珍分根、花爲二條，亦騁辯耳。外裔所產，皆是夷言，鬱金之名，自是當時譯者夸飾假附。以之釋經，豈爲典要？今皆附錄，以資考辨。

鬱金

鬱金香

鬱金香，此嶺南所繪，殆李時珍所謂鬱金花耶？

鬱金香

高良薑

高良薑，滇生者葉潤根肥，破莖生葶，先作紅苞，光燄炫目。苞分兩層，中吐黄花，亦兩長瓣相抱。復突出尖，黄心長半寸許，有黑紋一縷，上綴金黄蕊如半米。另有長鬚一縷，尖擎小綠珠。俗以上元摘爲盂蘭供養，故圃中多植之。按良薑、山薑、杜若、草果，葉皆相類，方書所載，多相合併。嶺南諸紀，述形則是，稱名亦無

高良薑

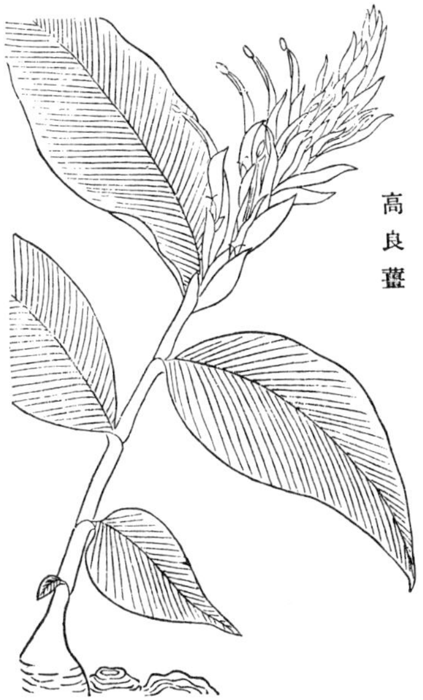

確詁，蓋方言侏㒧，難爲譯也。唯南越筆記，目覩手訂，又復博雅有稽。余使粤，僅寳山一過，未能貯籠。頃以滇南之卉與南越筆記相比附，大率可識。其云高良薑出於高涼，故名根爲薑，子爲紅豆蔻，子未坼曰含胎，鹽糟經冬味辛香，入饌。又云，凡物盛多謂之蔻，是子如紅豆而叢生，故名紅豆蔻。今驗此花，深紅灼灼，與圖經花紅紫色相照合。花罷結實，大如白果有棱，嫩時色紅綠，子細似橘瓤，無慮數百，香清微辛，殆所謂含胎也，老則色紅。滇之婦稚，皆識爲良薑花。李雨村所述，雖刺取嶺表錄異中語，然彼以爲山薑，且云花吐穗如麥粒，嫩紅色，則是廣饒所產，與桂海虞衡志紅豆蔻同。志云此花無實，則所云爲膾者，乃是花，非子也。余則以滇人所呼爲定，而折中以李說。范云紅豆蔻，蓋即草木狀之山薑，而楚詞之杜若也。

薑黃　薑黃，唐本草始著錄。今江西南城縣裏鳳都種之成田，以販他處染黃。其形狀全似美人蕉而根如薑，色極黃，氣亦微辛。圖經所云，葉有斜紋如紅蕉葉而小，根類生薑，圓而有節，極確，乃又引拾遺老薑之說，殊爲龐雜。陳藏器謂性大熱，蓋因老薑致誤。今薑黃染餻，食多則腹痛，豈非寒苦之證？近時亦不入藥用。

雩婁農曰：閩書，薑黃出邵武仙亭山，建昌與閩接，故宜。建昌之民曰：始業薑黃者贏十倍，今滯而不售，不究所以。考唐時色重黃，詩人之詠，曰杏黃、曰鬱金，誠豔之也。唐本草，薑黃作之方法與鬱金同，則以鬱金、薑黃染者，其勝於支與槐也遠矣。夫尙黃者非唯正色，亦與金爲近耳。昔時泥金、鏤金，唯掖庭用之，宋嚴銷金之禁，罰至重，元以降，金箔、金絲，煩費無等，凡繪畫撚織之屬，無物不具。其始以來自蕃舶，不之禁也。日新月異，其耗中國之金也，有紀極乎？然則中央之色，不爲世俗所艷，非金飾之奪之也

薑黃

而何？

薄荷　薄荷，唐本草始著錄，或謂即菝閜、茇葀之訛，中州亦蒔以爲蔬。有二種，形狀同而氣味異，俗亦謂之臭薄荷。蓋野生者氣烈近臭，移蒔則氣味薄而清，可啜，亦可入藥也。吳中種之，謂之龍腦薄荷，因地得名，非有異也。肆中以糖煎之爲飴，又薄荷醉貓，貓咬以汁塗之。

大葉薄荷　薄荷葉背皆青，江西有一種葉背甚白，

薄荷

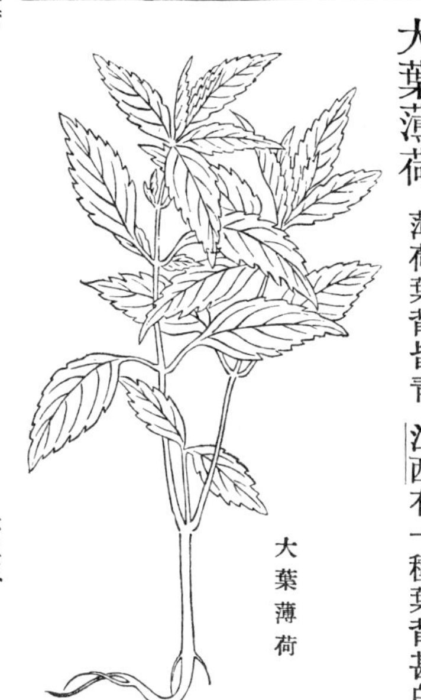
大葉薄荷

呼爲大葉薄荷，亦有呼爲茵陳者。燒以去瘟，氣辛烈，蓋卽江南所謂茵陳者。詳茵陳下。

蒟醬　蒟醬，唐本草始著錄。按漢書西南夷傳：南粵食唐蒙蜀枸醬，蒙歸問蜀賈人，獨蜀出枸醬。顏師古注：子形如桑椹，緣木而生，味尤辛，今石渠則有之。此蜀枸醬見傳紀之始。南方草木狀則以生番國爲蓽茇，生番禺者謂之蒟，交趾、九眞人家多種，蔓生，此交滇之蒟見於紀載者也。齊民要術引廣志、劉淵林蜀都賦注，皆與師古說同，而鄭樵通志乃云狀似蓽撥，故有土蓽撥之號。今嶺南人但取其葉食之，謂之蔞，而不用其實，此則以蒟子及蔞葉爲一物矣。考齊民要術扶留所引吳錄、蜀記、交州記，皆無卽蒟之語，唯廣州記云，扶留藤，緣樹生，其花實卽蒟也，可以爲醬，始以扶留爲蒟。但交州記扶留有三種，一名南扶留，葉青味辛，應卽今之蔞葉。其二種曰穫扶留，根香美；曰扶留藤，味亦辛。廣州記所謂花實卽

蒟醬

蒟者，不知其葉青味辛者耶？抑藤根香辛者耶？是蒟子卽可名扶留，而與蔞葉一物與否，未可知也。諸家所述蒟子形味極詳，而究未言蒟葉之狀。又云，或言卽南方扶留藤，取葉合檳榔食之。玩宋景文益部方物略記蒟贊云，葉如王瓜，厚而澤。贊詞並未及葉，而或謂云云，蓋闕疑也。唐蘇恭說與鄭漁仲同，蘇頌則以淵林之說爲蜀產，蘇恭之說爲海南產，李時珍則直斷蒟、蔞一物無疑矣。夫枸獨出蜀一語，已斷定所產。流味番禺，乃自

蜀而粤，故云流味，非粤中所有明矣。余使嶺南及江右，其賨灰、蔞葉、檳榔三物，既合食之矣。撫湖南，則長沙不能得生蔞，以乾者裹食之；求所謂蘆子者，烏有也。及來滇，則省垣茶肆之累累如桑椹者，殆欲卻車而載，而蔞葉又烏有也。考雲南舊志，元江產蘆子，山谷中蔓延叢生，夏花秋實，土人採之，日乾收貨。蔞葉，元江家園遍植，葉大如掌，纍藤於樹，無花無實，冬夏長青，採葉合檳榔食之，味香美。一則云夏花秋實，一則云無花無實，二物判然，以土人而紀所產，固應无妄。余遣人至彼，生致蔞葉數叢，葉比嶺南稍瘦，辛味無別，時方五月，無花跗也。得蘆子數握，土人云，四五月放花，即似蘆子形，七月漸成實。蓋蔞葉園種，可栽以餉；而蘆子產深山老林中，蔓長故但摘其實。景東廳志，蘆子葉青花綠，長數十丈，每節輒結子，條長四五寸，與蔞葉長僅數尺者異矣。偏考他府州志，產蘆子者，如緬寧、思茅等處頗多，而蔞葉則唯元江及永昌有之，故滇南蘆多而蔞少。獨怪滇之紀載，皆狃於鄭漁仲諸說，信耳而不信目爲可異也。滇海虞衡志謂滇俗重檳榔茶，無蔞葉則翦蔞子合灰食之。此吳人之食法，夫吳人所食乃桂子，非蘆子也。又以元江分而二之爲蒟有兩種：一結子以爲醬，一發葉以食檳榔。夫物一類而分雌雄多矣，其調停今古之說，亦是考據家調人媒氏。然又謂海濱有葉，滇、黔無葉，以子代之，不知冬夏長青者，又何物耶？蓋元江地熱，物不蛀則枯葉，行數百里，肉瘠而香味淡矣。蘆子苞苴能致遠，乾則逾辣，滇多瘴，取其便而味重者餌之，其植蔞則食蔞耳。嶺南之蔞走千里，而近至贛州，色味如新，利在而爭逐，亦無足異。蘆子爲醬，亦芥醬類耳，近俗多以番椒、木櫃子爲和，此製便少，亦今古之變食也。本草綱目引嵇氏之言，本草以蒟爲蔞子，非矣，其說確甚，後人輒易之，故詳著其別。蓋蒟與蓽茇爲類，不與蔞爲類。朱子詠扶留詩：「根節含露辛，苕穎扶援綠；蠻中靈草多，夏永淸陰足，」形容如繪。曰根節、曰苕穎、曰淸陰，獨不及其花實，亦可爲雲南志之一證。赤雅，蒟醬以蓽茇爲之，雜以香草；蓽菝，蛤蔞也。蛤蔞何物也？豈以蔞同蜃灰合食，故名耶？抑別一種耶？滇黔紀遊，蒟醬乃蔞蒻所造，蔞蒻則非子矣，蔞故不妨爲醬。又李時珍引南方草木狀云，本草以蒟爲蔞子，非矣。蔞子一名扶留草，形全不同。今本並無此數語。唐本草始著蒟醬，嵇氏所謂本草，當在晉以前，抑時珍誤引他人語耶？染阜者以盧子爲上色，本草亦所未及。

蔞葉　蔞葉生蜀、粵及滇之元江諸熱地。蔓生有節，葉圓長光厚，味辛香，翦以包檳榔食之。南越筆記謂遇霜雪則萎，故昆明以東不植。古有扶留藤，扶留急呼則爲蔞，殆一物也。醫書及傳紀，皆以爲即蒟，說見彼。滇之蔞，種於園，與粵同，重盧而不重蔞，故志蔞不及粵之詳。交州記云：藤味皆美。莖味同葉，

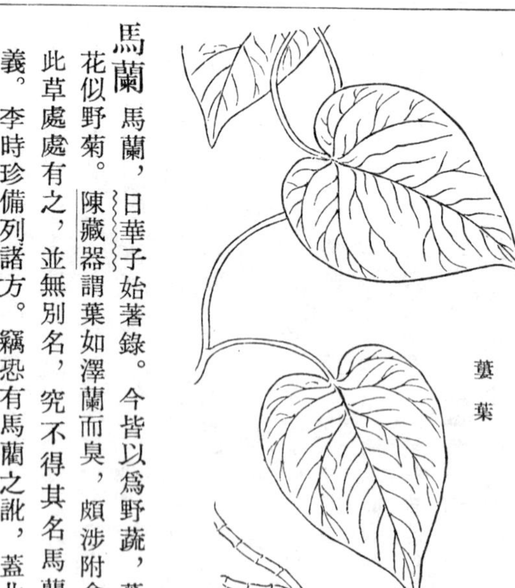

蔞葉

馬蘭　馬蘭，日華子始著錄。今皆以爲野蔬，葉與花似野菊。陳藏器謂葉如澤蘭而臭，頗涉附會。此草處處有之，並無別名，究不得其名馬蘭之義。李時珍備列諸方。竊恐有馬藺之訛，蓋北人

呼馬練如馬蘭也。

野菜贊云：馬蘭丹多澤生，葉如菊而尖長，左右齒各五，花亦如菊而單瓣，青色。鹽湯汋過，乾藏蒸食，又可作饅餡。生擣治蛇咬。馬蘭不馨，名列香草；蛇菌或中，利用生搗。大哉帝德，鼓腹告飽；虺毒不逢，行吟用老。

馬蘭

薺薴

薺薴，本草拾遺始著錄。今河壖平野多有之。形狀如拾遺及李時珍所述。

石薺薴

石薺薴，本草拾遺始著錄。方莖對節，

薺薴

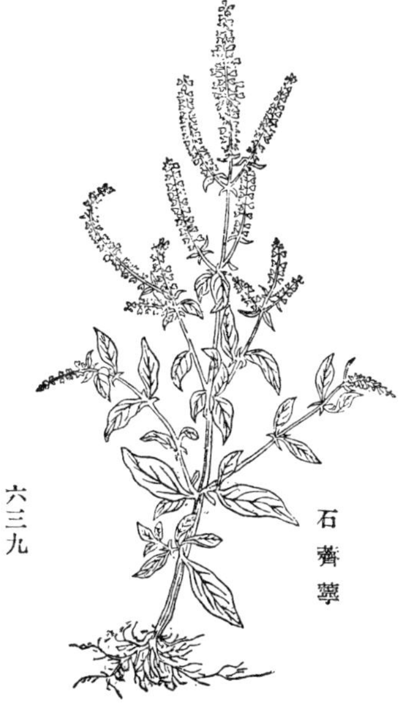

石薺薴

正似水蘇，高僅尺餘，葉大如指甲，有小毛，滇南呼爲小魚仙草。或以其似蘇而小，因蘇字從魚而爲隱語耶？

山薑 山薑，本草拾遺始著錄。江西、湖南山中多有之，與陽藿、茈薑無別。惟根如嫩薑，而味不甚辛，頗似黃精，衡山所售黃精，多以此僞爲之。宋圖經山薑乃是高良薑。李時珍謂子似草豆蔻，甚猛烈，良是；而謂花赤色，則未確，乃子赤色耳。

山薑

廉薑 廉薑，齊民要術引據甚詳，本草拾遺始著錄。南贛多有之。似山薑而高大，土人不甚食，以治胃痛甚效云。

廉薑

荆三棱 荆三棱，開寶本草始著錄，處處有之。雞爪三棱、黑三棱、石三棱，皆一物而分大、小。救荒本草：黑三棱葶味甜，根味苦，皆可食。今湖南至多，擇其小者以爲香附子。

荆三棱

雩婁農曰：三棱，茅屬也。生於山澤者苗肥而根碩，名之曰荆，非所謂江淮之間一茅三脊耶？世以封禪包匭，疑爲瑞草，不知禹貢厥篚，多爲祭物；纖縞橘柚，豈皆爲非常之珍？後世儀物煩多，不給於供，至爲三年一郊天，六年一祭地之説，侈備物而闊享祀，豈非議禮者務爲浮夸之過哉？

蓬莪朮

蓬莪朮，嘉祐本草始著録。宋圖經：浙江或有之。頗類蘘荷，莪在根下，如鴨、雞卵，今所用者即此。昔人謂鬱金、薑黄、莪朮三物相近，其實性不同，形亦全別。

蓬莪朮

藿香

藿香，南方草木狀有之，嘉祐本草始著録。今江西、湖南人家多種之，爲辟暑良藥。蓋以其能治脾胃，吐逆，故霍亂必用之。別録有藿香，不著形狀。圖經云，舊附五香条，疑其以爲扶南之香木也。

雩婁農曰：山海經謂薰草，其葉如麻，今觀此草，

藿香

非類麻者歟？別錄藿香舊載木類，宋圖經據草木狀諸說；以爲草本，其即別錄之藿香與否，未可知也。薰、藿一聲之轉，海上之藥，都出後世，余疑藿香即古薰草。若零陵香則葉圓小，殊不類麻。以藿爲薰，雖屬剏說；然其功用、氣味，實爲蘭匹，不猶愈於以一枝數花之葉如茅者，强名曰蕙，而不可服食者乎？

野藿香

野藿香，南安山中多有之。形如藿香，葉色深綠，花色微紫，氣味極香，疑即古所謂薰草葉如麻者。蓋自蘭草今古殊名，而蕙亦無確物矣。

野藿香

零陵香

零陵香，嘉祐本草始著錄，即別錄之薰草也。宋圖經：零陵，湖嶺諸州皆有之。余至湖南，遍訪無知有零陵香者，以狀求之，則即醒頭香，京師呼爲矮糠；亦名香草，摘其尖梢置髮中者也。補筆談，買零陵香擇有鈴子者，乃其花也。此草葉莖無香，其尖乃花所聚，今之以尖爲

零陵香

貴，卽擇有鈴子之意。嶺外代答謂可爲褥薦，未知卽此否？贛南十月中，山坡尚有開花者，高至四五尺，宋圖經謂十月中旬開花，當卽指此。實則秋開，至冬未枯。李時珍以醒頭香屬蘭草，不知南方凡可以置髮中辟穢氣，皆呼爲醒頭，無專屬也。

白茅香

白茅香，本草拾遺始著錄，但云如茅根，是未見其莖、葉也。今湖南有一種小茅香，俚醫用之，根亦如茅，疑卽其類，附以俟考。

白茅香

肉豆蔻

肉豆蔻，開寶本草始著錄。今爲治洩泄

肉豆蔻

要藥。李時珍云，花實如豆蔻而無核，故名。

白豆蔻

白豆蔻，酉陽雜俎載之，開寶本草始著錄。今廣州有之，形如圖經。

白豆蔻

補骨脂

補骨脂，開寶本草始著錄，即破故紙，形狀具圖經，今醫者多以代桂。

補骨脂

蓽撥

蓽撥，南方草木狀、酉陽雜俎皆載之，開寶本草始著錄。叢生，子亦如桑椹，近時暖胃方多用之。酉陽雜俎謂葉似蕺葉，則與蔞葉相類。

雩婁農曰：據南方草木狀，蒟醬、蓽茇一物也，以生於蕃國、番禺而異。酉陽雜組亦云葉似蕺，子似桑葚。圖經則大同小異。唐本草注云，似蒟醬子，味辛烈於蒟醬。凡物因地輒異，況隔瀛海萬里耶？而嶺南時有之，何以復有異同？然則一

蓽撥

類二種，非必中外之分矣。乳煎蓽茇治痢，傳信方紀唐太宗患痢事；太宗實錄亦云，有衞士進黃牛乳煎蓽茇方，御用有效；而獨異志神其說，謂金吾長史張寶藏遇異僧，謂六十日當登三品，尋以方進，授鴻臚卿。太宗英主，卽以重賞旌其治痢之功，獨不可以尙藥等官授之，而乃使爲臚句傳以率蠻夷長耶？憲宗以術人柳泌爲台州刺史；敬宗以道士劉從政爲光祿少卿；至文宗以鄭注進藥方，漸至預政；甘露之變，實爲戎首。若貞觀中卽有予三品文職故事，則元和以後之政，爲憲章祖述，而太宗乃作法於涼矣。李藩對憲宗曰，文皇帝服胡僧長生藥，遂致暴疾不救，誠可鑒矣。嗚呼！人主當疾痛難堪之時，得一良醫，驟起沉痾，其所以酬之者，烏得不厚？然爵人衆共，既未可豐於所私，而天命所在，必有鬼神呵護而陰導之者，彼扁鵲太倉公，亦安能生必死之人哉。且以方愈疾，私喜而賞之優，必以方不讐，私怒而罰之重。文成五利，寵以將軍、通侯，而卒不免於誅。侯生、盧生，相謀亡去，遂致坑儒。然則摻術與用摻術者，可不儆懼乎？

益智子

益智子，詳南方草木狀，開寶本草始著錄，今廬山亦有之。盧循遺劉裕益智粽，粽卽醬類，非角黍也。段玉裁辨之極精核，可以訂訛。

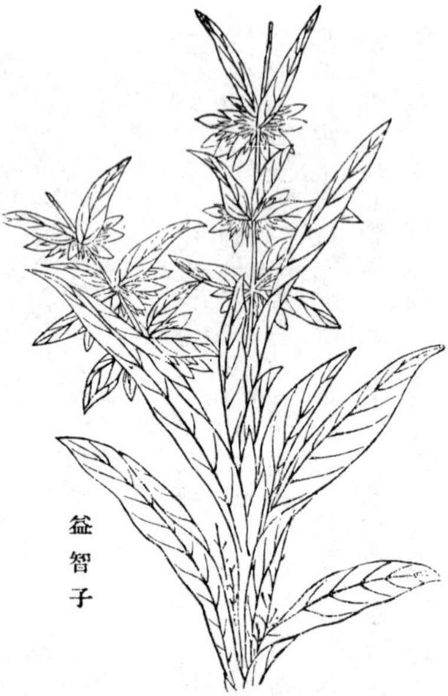

益智子

畢澄茄

畢澄茄

畢澄茄，開寶本草始著錄，圖經云，廣東亦有之。葉清滑，子似梧桐子，海藥以爲卽胡椒之嫩者。廣西志有山胡椒，或謂卽畢澄茄也。

甘松香

甘松香

甘松香，開寶本草始著錄。圖經，葉細如茅草，根極繁密，生黔、蜀、遼州。李時珍以壽禪師作五香飲，其甘松飲卽此。滇南同三柰等爲食料用，昆明山中亦產之。高僅五六寸，似初生茆而勁，根大如拇指，長寸餘，鮮時無香，乾乃有臭。

茅香花

茅香花，嘉祐本草始著錄。宋圖經，苗似大麥，五月開白花，亦有黃花，生劍南。海藥本草云，生廣南山谷。

潤州香茅

丹州香茅

岢嵐軍香茅

縮砂蔤

縮砂蔤，嘉祐本草始著錄。圖經，苗莖似高良薑。今陽江產者，形狀殊異，俗呼草砂仁。

縮砂蔤

福州香麻

宋圖經：香麻生福州，四季常有苗葉而無花，不拘時月採之。彼土人以煎作浴湯，去風甚佳。

福州香麻

排草

排草生湖南永昌府，獨莖，長葉，長根，葉參差生，淡綠，與莖同色，偏反下垂，微似鳳仙花葉，光澤無鋸齒。夏時開細柄黃花，五瓣尖長，有淡黃蕊一簇，花罷結細角，長二寸許。枯時束以爲把，售之婦女，浸油刡髮，根莖香味與元寶草相類。考本草拾遺，白茅香生嶺南，如茅根，道家用以作浴湯。李時珍以爲今排香之類。此草乾時，花葉脫盡，宛如茅根，殆卽此歟？諸家皆

排草

未究其花實，故無確訓。廣西志，排草屢載所出，亦無形狀。南越筆記以爲莖穿葉心，則似元寶草也。

元寶草

元寶草，江西、湖南山原、園圃皆有之。獨莖細綠，長葉上翹，莖穿葉心，分杈復生小葉，春開小黃花五瓣，花罷結實。根香清馥。土醫以葉異狀，故有相思、燈臺、雙合合諸名。或云患乳癰，取懸置胸間，左乳懸右，右乳懸左，卽愈。簡易草藥有茅草香子，治痧症極效，按其形狀，亦卽此。

元寶草

三柰

三柰，本草綱目始錄入芳草。按救荒本

三柰

草，草三柰，葉似蕘草而狹長，開小淡紅花，根香，味甘微辛，可煮食，葉亦可煠食。核其形狀，與今廣中所產無小異。蓋香草多以嶺南爲地道，其實各處亦間有之，採求不及耳。

辟汗草

辟汗草，處處有之。叢生高尺餘，一枝三葉，如小豆葉，夏開小黃花如水桂花，人多摘置髮中辟汗氣。按夢溪筆談，芸香葉類豌豆，秋間葉上微白如粉汚。說文，芸似苜蓿，或謂卽此草，形狀極肖，可備一說。

辟汗草

小葉薄荷

小葉薄荷生建昌。細莖小葉，葉如枸杞葉而圓，數葉攢生一處，梢開小黃花如粟。俚醫用以散寒、發表，勝於薄荷。

小葉薄荷

蘭香草

蘭香草，湖南、南贛皆有之。叢生，高四五尺，細莖對葉，葉長寸餘，本寬末尖，深齒濃紋，梢葉小圓，逐節開花，如丹參、紫菀而作小筩子，尖瓣外出，中吐細鬚，淡紫嬌媚，秋深

蘭香草

始開，莖葉俱有香氣。南安呼爲婆絨花，以其瓣尖柔細如翦絨，故云。或云以燖肉可治嗽。衡山俚醫亦用之。

芸　爾雅：權，黃華。注：今謂牛芸草爲黃華，華黃，葉似菽蓿。疏：權一名黃華。郭云，今謂牛芸草爲黃華，華黃，葉似菽蓿。說文亦云：芸草也，似苜蓿。淮南子說，芸草可以死復生。月令註云：芸，香草也。雜禮圖曰：芸，蒿也，葉似邪蒿，香美可食。然則牛芸者，亦芸類也。郭以時驗而言之，故云今謂牛芸草爲黃華也。

爾雅翼：仲冬之月，芸始生；芸，香草也，謂之芸蒿，似邪蒿而香可食；其莖幹婀娜可愛，世人種之中庭。故成公綏賦云：「莖類秋竹，葉象春檉」是也。沈括曰：芸類豌豆，作小叢生，其葉極芳香，秋後葉間微白如粉汙，南人採寘席下，能去蚤虱，今謂之七里香。老子曰：夫物芸芸，各歸其根。芸當一陽初起，復卦之時，於是而生。又淮南說，芸可以死而復生。此則歸根復命，取之於芸，雖卷施拔心不死，蓋不足貴也。洛陽宮殿簿曰：顯陽、徽音、含章殿前，各芸香一二株

芸

而已。而晉宮闕名曰，太極殿前芸香四畦，式乾殿前芸香八畦。乃知離騷所謂蘭九畹，蕙百畮，畦留夷與揭車，蓋有之也。采茹爲生菜甚香。古者祕閣載書，置芸以辟蠹，故號芸閣。夏小正曰：正月采芸，二月榮芸。

宋梅堯臣書局一本詩：有芸如苜蓿，生在蓬藋中，草盛芸不長，馥烈隨微風。我來偶見之，乃穉彼蘙蒙；上當百雉城，南接文昌宮。借問此何地，删修多鉅公。天喜書將成，不欲有蠹蟲。是產茲弱本，蒨爾發荒叢；黃花三四穗，結實植無窮；豈料鳳閣人，偏憐葵藥紅。

洛陽宮殿簿：顯陽殿前芸香一株，徽音殿前芸香二株，含章殿前芸香二株。

晉宮闕名：太極殿前芸香四畦，式乾殿前芸香八畦，徽音殿前芸香雜花十二畦，明光殿前芸香雜花八畦，顯陽殿前芸香二畦。

墨莊漫錄：文潞公爲相日，赴祕書省曝書宴，令堂吏視閣下芸草，乃公往守蜀日以此草寄植館中也。因問蠹出何書，一座默然。蘇子容對以魚豢典略，公喜甚，卽借以歸。

王氏談錄：芸，香草也。舊說謂可食，今人皆不識。文丞相自秦亭得其種分遺，公歲種之。公家庭砌下，有草如苜蓿，摘之尤香，公曰：「此乃牛芸，爾雅所謂權，黃華者。」校之香烈於芸，食與否，皆未試也。

夢溪筆談：古人藏書辟蠹用芸，芸，香草也，今人謂之七里香者是也。葉類豌豆，作小叢生，其葉極芬香，秋後葉間微白如粉汚，辟蠹殊驗。南人採置席下，能去蚤蝨。予判昭文館時，曾得數株於潞公家，移植祕閣後，今不復有存者。香草之類，大率多異名，所謂蘭蓀，蓀，卽今菖蒲是也；蕙，今零陵香是也；茝，今白芷是也。

聞見後錄：芸草古人用以藏書，曰芸香是也。置書帙中卽無蠹，置席下卽去蚤蝨。葉類豌豆，作小叢，遇秋則葉上微白如粉汚，南人謂之七里香。大率香草，花過即無香，縱葉有香，亦須采掇嗅之方覺。此草遠在數十步外已聞香，自春至冬不歇，絶可翫也。

説文解字注：芸，草也，似目宿。夏小正：正月采芸，爲廟采也；二月榮芸。月令：仲冬芸始生。注：芸，香草。高注淮南、呂覽，皆曰芸，芸蒿，菜名也。呂覽曰：菜之美者，陽華之芸。注：芸，芳菜也。賈思勰引倉頡解詁曰：芸蒿似斜蒿，可食。沈括曰：今謂之七里香者是也，葉類豌豆，其葉極芬香，古人用以藏書辟蠹，採置席下能去蚤蝨。從草，云聲，王分切，十三部。淮南王説，芸草可以死復生。淮南王，劉安也；可以死復生，謂可以使死者復生，蓋出萬畢術、鴻寳等書，今失其傳矣。

植物名實圖考卷之二十六

羣芳類

龍頭木樨

紫薇 曲洧舊聞：紅薇花，或曰便是不耐癢樹也。其花夏開，秋猶不落，世呼百日紅。

紫薇

南天竹 夢溪筆談：南燭，草木記傳、本草所說多端，今少有識者。爲其作青精飯，色黑，乃誤用烏臼爲之，全非也。此木類也，又似草類，故謂之南燭草木，今人謂之南天燭者是也。南人多植於庭檻之間，莖如蒴藋，有節，高三四尺，廬山有盈丈者。葉微似楝而小，至秋則實赤如丹，南方至多。按所述乃天竹，非南燭。

李衎竹譜：藍田竹，在處有之，人家喜栽花圃中。木身上生小枝，葉葉相對，而頗類竹。春花穗生，色白微紅，結子如豌豆，正碧色，至冬色漸變如紅豆顆，圓正可愛，臘後始凋。世傳以爲子碧如玉，取藍田種玉之義，故名。或云，此本是南天竺國來，自爲南天竺，人訛爲藍天竺。人取此木置鳥籠中作架，最宜禽鳥。

甕牖閒評：或云人家種南天竹，則婦人多妒，余聞之舊矣，未知其果然否？向在江陰時，有一曹檢法者，其妻悍甚，蓋非止妒也。曹嘗建一新第，求所謂南天竺者，將植於堂之東偏。余是時偶到彼，姑以所聞告之。曹愯然應曰：「其果然耶？余家今無是尙不能安帖，況復植此感動之物乎？」余曰：「事未可知，聊爲耳目之玩，亦自不惡也。」曹曰：「耳目未必得玩，而先潰我心腹矣，則不如其已。」遽命撤去，坐客無不笑之。南天竹以其有節似竹，故亦謂之竹，而沈存中筆談乃用此燭字，不知何謂。

南天竹

梁程詧天竹賦序曰：中大同二年秋，河東柳惲爲祕書監，詧以散騎爲之貳。讎校之暇，情甚相狎。監署西廡，有異草數本，綠莖疎節，葉膏如翦，朱實離離，炳如渥丹。惲爲詧言，西眞書號此爲東天竺，其說曰：軒轅帝鑄鼎南湖，百神受職，東海少君以是爲獻，且白帝云，女媧用以鍊石補天，試以拂水，水爲中斷；試以御風，風爲之息，金石水火，洞達無閡。帝異焉，命植於蓬壺之圃。此其遺狀也，然不如向時之驗矣。詧怪斯言誕而不經，因竊歎曰，物故有弱而剛、微而彰，當其時也，雷轟而騎翔；非其時也，穴蟠而泥藏，豈特斯草也！感而作賦。

萬壽子

萬壽子，湖北園圃中種之。葉聚枝梢，子垂葉下，宛似天竹子，爲冬月盆玩。

春桂

春桂卽山礬，本名椩花，黄山谷以其葉可

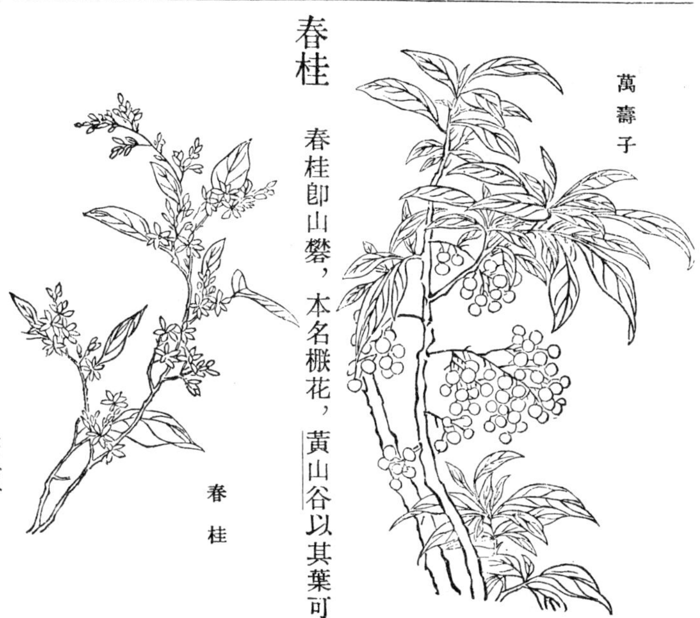
萬壽子

春桂

染，不假礬而成色，故更名山礬。或以爲瑒花，殊誤，宋人已辨之。

蘭花

蘭花即陶隱居所謂燕草，李時珍以爲土續斷，遯齋閑覽以爲幽蘭，其種亦多。山中春時，一莖一花，一莖數花者，所在皆有，閩產以素心爲貴。俗以蜜漬其花入茶。其根有毒，食之悶絕。茲圖不悉列。

雩婁農曰：離騷草木疏謂蘭可浴，不可食，聞蜀士云，屢見人醉渴，飲瓶中蘭華水吐利而卒者。又峽中儲毒以藥人，蘭華爲第一。乃知甚美必有甚惡，蘭爲國香，人服媚之，又當愛而知其惡也。嗚呼！蘭爲上藥，豈毒草哉！不識眞蘭，徒爲謗書，皆緣以葉似麥門冬者爲蘭，而終不自知其誤，誰實倡此讆言耶？洪慶善云：「蘭草生水傍；澤蘭生水澤中；山蘭生山側，似劉寄奴而葉無椏，不對生，花心微黃赤。」格物洵微矣。在山則山，在澤則澤，易地皆然，豈殊臭味？無稽之說，舍旃，舍旃！

蘭花

紅蘭

邵陽縣志：紅蘭生谷中，每經野燒，葉盡而花獨發，俗稱火燒蘭。花微赭，瓣有紅絲，心有紅點，惟香淡而不能久。按紅蘭，長沙山中皆有之。葉厚勁而闊，有光，與春蘭異。開花亦小，都無香氣。攷粵西偶記，全州有赤蘭亭，亭左右前後，皆大松千章，獨二松高大倍常。松上生赤蘭如寄生，葉似建蘭，花開赤色，香聞數里。聞

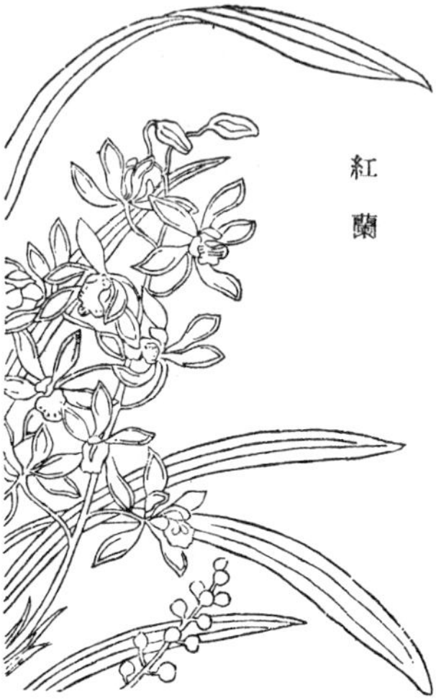

紅蘭

有上樹分其種者，雷震而死，其言近誕。雖不知其色香何似，然既有紅蘭一種，則亦非曇花可比。古木常爲神據，粤俗尚鬼，似此良多。又南越筆記有朱蘭，葉如百合，開只一朵，朵六出，別一種也。

丁香花

山堂肆考：江南人謂丁香爲百結花。草花譜：紫丁香，花如細小丁香而瓣柔，色紫，蓓蕾而生。　按丁香北地極多。樹高丈餘，葉如茉莉而色深綠，二月開小喇叭花，有紫、白兩種，百十朵攢簇，白者香清，花罷結實如連翹。

丁香花

棣棠

花鏡：棣棠花藤本，叢生，葉如荼蘼多尖

棣棠

而小，邊如鋸齒。三月開花金黃色，圓若小毬，一葉一蕊，但繁而不香。其枝比薔薇更弱，必延蔓屏樹間，與薔薇同架，可助一色。春分翦嫩枝，扦於肥地卽活。其本妙在不生蟲蟜。按棣棠有花無實，不知其名何取。其莖中瓤白如通草，但細小不堪翦製。

白棣棠　白棣棠比黄棣棠花瓣寬肥，葉少鋸齒，又別一種。

白棣棠

繡毬　羣芳譜：繡毬，木本。皴體葉青，微帶黑，春開花五瓣，百花成一朵，團圞如毬滿樹，有紅、白二種。

武林舊事：禁中賞花非一，鍾美堂花爲極盛。堂前三面，皆以花石爲臺三層，臺後分植玉繡毬數百株，儼如鏤玉屏。

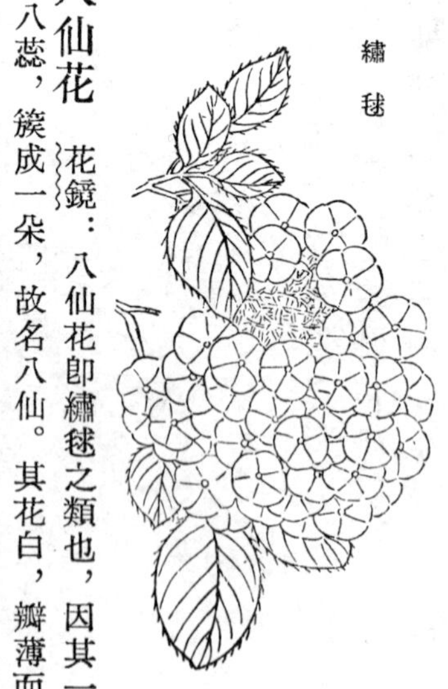

繡毬

八仙花　花鏡：八仙花卽繡毬之類也，因其一蒂八蕊，簇成一朵，故名八仙。其花白，瓣薄而不香。蜀中紫繡毬卽八仙花。如欲過貼，將八仙移就粉團樹畔，經年性定，離根七八寸許，如法貼

八仙花

縛水澆。至十月，候皮生截斷，次年開花必盛。昔日瓊花，至元時已朽，後人遂將八仙花補之，亦八仙之幸也。

錦團團

錦團團花如丁香，數百朵成簇如繡毬。

按廣西通志，繡毬花獨梧郡色猩紅如錦，團簇整齊，瓣落而絳跗如珠，尚可觀，疑即此。

粉團

花鏡：粉團一名繡毬。樹皮體皺，葉青而微黑，有大小二種。麻葉小花，一蒂而衆花攢簇，圓白如流蘇，初青後白，儼然一毬，其花邊有紫暈者爲最。俗以大者爲粉團，小者爲繡毬。閩中有一種紅繡毬，但與粉團之名不相侔耳。蔴毬、海桐俱可接繡毬。　按粉團出於閩，故俗呼洋繡毬。其花初青，後粉紅，又有變爲碧藍色者，末復變青。一花可經數月，見日即萎，遇麝即殞，置陰溼穢溷，則花大且久，登之盆盎，違其性矣。

錦團團

粉團

錦帶

益部方物記：苒苒其條，若不自持，綠葉丹

錦帶

英，蔓衍分垂。右錦帶花，蜀山中處處有之。長蔓柔纖，花葉間側如藻帶然，因象作名。花開者形似飛鳥，里人亦號鬢邊嬌。

澠水燕談錄：朐山有花類海棠而枝長，花尤密，惜其不香無子。既開繁麗，嫋嫋如曳錦帶，故淮南人以錦帶目之。王元之以其名俚，命之曰海仙。

珍珠繡毬

珍珠繡毬，黑莖瘦硬，葉有歧，似魚兒牡丹葉而小，開五瓣小白花，攢簇如毬。

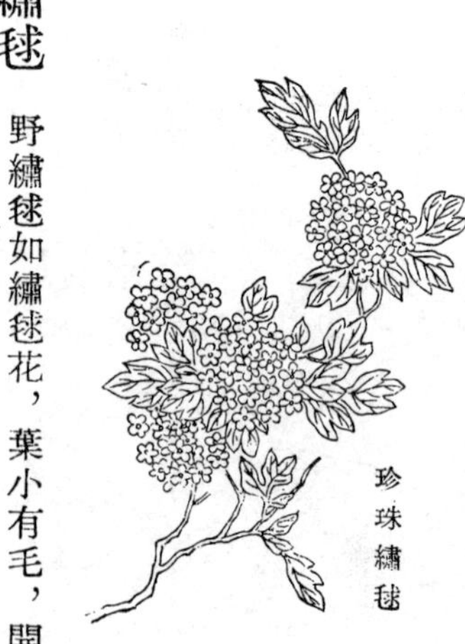

珍珠繡毬

野繡毬

野繡毬如繡毬花，葉小有毛，開五瓣小

白花，攢簇極密而不圓。

野繡毬

美人蕉 楓窗小牘：廣中美人蕉大都不能過霜節，惟鄭皇后宅中鮮茂倍常，盆盎溢坐，不獨過冬，更能作花。

羣芳譜：美人蕉產福建福州府者，其花四時皆開，深紅照眼，經月不謝，中心一朵，曉生甘露。又有一種，葉與他蕉同，中出紅葉一片者。一種葉瘦類蘆箬，花正紅如榴花，日拆一兩葉，其端一點鮮綠可愛者，俱亦有美人蕉之名。按閩、廣紅蕉，並非北地所生美人蕉，但同名耳，余在廣東見之。北地生者，結黑子如豆極堅，種之即生。

美人蕉

鐵線海棠 鐵線海棠，花葉細莖似虞美人，開花似秋海棠而大，黃蕊綠心，狀極柔媚。

鐵線海棠

翠梅

翠梅，矮科柔蔓，開四瓣翠藍花，而背粉紅如紅梅。

翠梅

金燈

金燈，細莖裊娜，葉如萬壽菊葉而細，開五小瓣黃花，圓扁，頭有小缺，如三葉酸葉。

金燈

獅子頭

獅子頭即千葉石竹，花瓣極多，開放不

獅子頭

蕋，初開之瓣已披，後開之瓣方長，一花之上，仰垂各異，徒有縟麗，殊乏整齊。

晚香玉　晚香玉，北地極多，南方間種之。葉梗俱似萱草，莖梢夏發膏葖數十枚，旋開旋生長，開五瓣尖花，如石榴花蒂而長，晚時香濃。

晚香玉

小翠　小翠，柔莖長葉，如初生柳葉，開茄紫花如蠶豆花。

小翠

長春花　長春花，柔莖，葉如指，頗光潤。六月中開五瓣小紫花，背白。逐葉發小莖，開花極繁，

長春花

結長角有細黑子。自秋至冬，開放不輟，不經霜雪不萎，故名。

罌子粟

開寶本草：罌子粟味甘平無毒，主丹石發動不下食，和竹瀝煮作粥食之，極美。一名象穀，一名米囊，一名御米。花紅白色，似髇箭頭，中有米，亦名囊子。罌粟殼去穰蔕，醋炒，入痢藥用。

圖經：罌子粟，舊不著所出州土，今處處有之，人家園庭多蒔以爲飾。花有紅、白二種，微腥氣。其實作瓶子，似髇箭頭，中有米極細，種之甚難。圃人隔年糞地，九月布子，涉冬至春始生苗，極繁茂矣。不爾，種之多不出，出亦不茂。俟其瓶焦黄則採之，主行風氣、驅逐邪熱，治反胃、胸中痰滯及丹石發動亦可，合竹瀝作粥大佳。然性寒，利大小腸，不宜多食，食過度則動膀胱氣耳。南唐食醫方，療反胃不下飲食。罌粟粥法：白罌粟米二合，人參末三大錢，生山芋五寸長，細切，研三物。以水一升二合，煮取六合，入生薑汁及鹽花少許攪匀。分二服，不計早晚。食之亦不妨别服湯丸。按罌粟花，唐以前不著錄。開寶本草收入米穀下品。宋時尚罌粟湯，但其穀粟功用僅止濇斂，爲洩痢之藥。明時一粒金丹多服爲害。近來阿芙蓉流毒天下，與斷腸草無異，然其罪不在花也。列之羣芳。

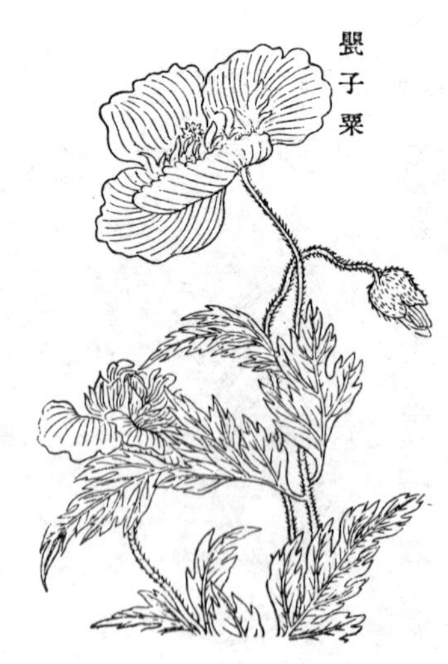
罌子粟

野鳳仙花

野鳳仙花，生廬山寺庵砌石間，莖葉

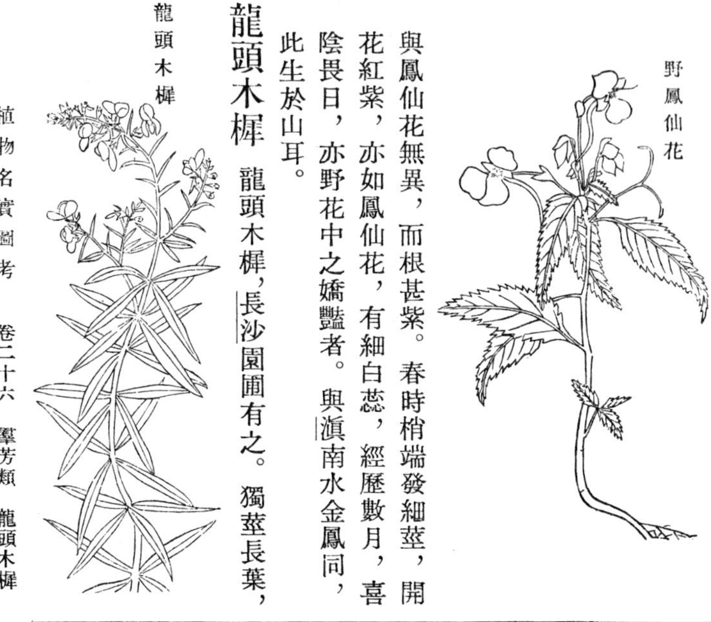

與鳳仙花無異，而根甚紫。春時梢端發細莖，開花紅紫，亦如鳳仙花，有細白蕊，經歷數月，喜陰畏日，亦野花中之嬌豔者。與滇南水金鳳同，此生於山耳。

龍頭木樨 龍頭木樨，長沙園圃有之。獨莖長葉，附莖攢生，似初生百合葉而柔。秋開黃花如豆花，有柄橫翹。香如木樨，故名。

植物名實圖考卷之二十七

羣芳類

藍菊　半邊月

藍菊，蒿莖菊葉，先菊開花，亦如千瓣菊。有紅、白、藍三色，種亦有粗細。以藍色爲秋菊所無，故獨以藍著。其早者，六月中開，故又呼六月菊。花鏡：藍菊，翠藍黃心，似單葉菊，

藍菊

但葉尖長，邊如鋸齒，不與菊同。

玉桃 玉桃，葉如芭蕉，抽長莖，開花成串，花苞如小綠桃。花開露瓣，如黃蝴蝶花稍大。偶一有之，故人罕見。花鏡有地湧金蓮，差相彷彿。

玉桃

蜜萱 蜜萱、萱之蜜色者，花葉俱細弱，不易植。

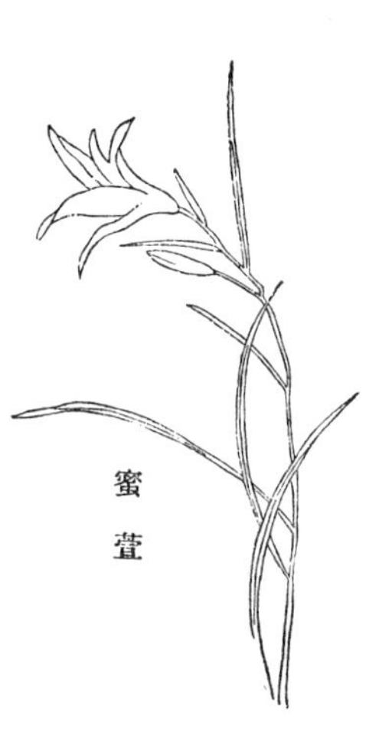

蜜萱

滿天星 滿天星，野菊中之別種，密瓣無數，大於野菊。或謂黃菊不摘頭，則瓣小花多；然菊中自有一種千瓣小菊，雖摘頭亦如此。

滿天星

淨瓶

淨瓶，細莖長葉如石竹；開五瓣粉紫花如洋長春；而花跗如小瓶甚長，故名。

淨瓶

蔦蘿松

蔦蘿松，蔓生，細葉如松鍼。開小筩子花似丁香而瓣長，色殷紅可愛。結實如牽牛子而小。

蔦蘿松

如意草

如意草，鋪地生如車前。開四瓣翠藍花，有柄橫翹，如翠雀而小。

如意草

金箴

金箴，細莖，長葉如指甲。開五瓣小黄花，比金雀稍大。

金箴

鐵線蓮

花鏡：鐵線蓮一名番蓮，或云即威靈仙，以其本細似鐵線也。苗出後即當用竹架扶持之，使盤旋其上。葉類木香，每枝三葉，對節生。一朵千瓣，先有包葉六瓣似蓮，先開內花，以漸而舒，有似鵝毛菊。性喜燥，宜鵝鴨毛水澆。其瓣最緊而多，每開不能到心即謝，亦一悶事。春開壓土移栽。

鐵線蓮

金絲桃

花鏡：金絲桃一名桃金孃，出桂林郡。花似桃而大，其色更頳。中莖純紫，心吐黃鬚，鋪散花外，儼若金絲。八九月實熟，青紺若牛乳

金絲桃

狀，其味甘，可入藥用。如分種，當從根下劈開，仍以土覆之，至來年移植便活。

水木樨 花鏡：水木樨一名指甲，枝軟葉細。五六月開細黄花，頗類木樨，中多細鬚，香亦微似。其本叢生，仲春分種。

水木樨

千日紅 花鏡：千日紅，本高二三尺，莖淡紫色，枝葉婆娑，夏開深紫色花，千瓣細碎，圓整如球，生於枝杪，至冬，葉雖萎而花不蔫。婦女採簪於鬢，最能耐久。略用淡礬水浸過，晾乾藏於盒，來年猶然鮮麗。子生瓣內，最細而黑，春間下種即生。喜肥。

千日紅

萬壽菊 花鏡：萬壽菊不從根發，春間下子。花

萬壽菊

開黃金色，繁而且久，性極喜肥。按萬壽菊有二種：小者色豔，日照有光如倭段；大者名臭芙蓉，皆有臭氣。

虎掌花

虎掌花，襄陽山中有之。草本綠莖，葉如牡丹葉，紫花似千瓣萱花而瓣稍短，中吐粗紫心一莖。他處尠見。

虎掌花

野茉莉

野茉莉，處處有之，極易繁衍。高二三尺，枝葉紛披，肥者可蔭五六尺。花如茉莉而長大，其色多種易變。子如豆，深黑有細紋。中有瓤，白色，可作粉，故又名粉豆花。曝乾作蔬，與馬蘭頭相類。根大者如拳，黑硬，俚醫以治吐血。

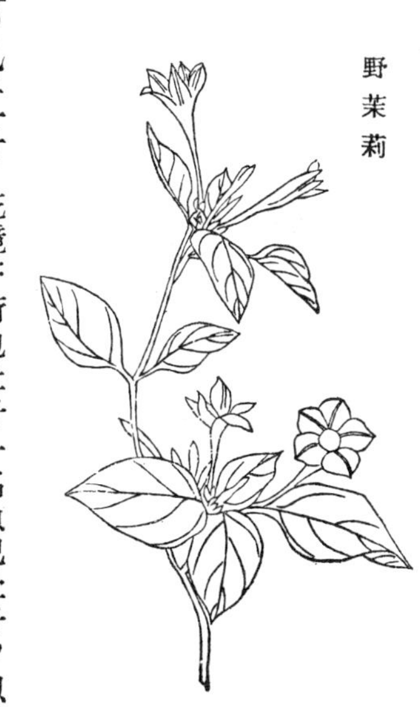
野茉莉

荷包牡丹

花鏡：荷包牡丹一名魚兒牡丹，以其葉類牡丹，花似荷包，亦以二月開，因是得名。一幹十餘朵，纍纍相比，枝不能勝壓，而下垂若俛首然，以次而開，色最嬌豔。根可分栽，若肥多則花更茂而鮮。黃梅雨時，亦可扦活。按此花北地極繁，過江漸稀，或以爲卽當歸，誤。

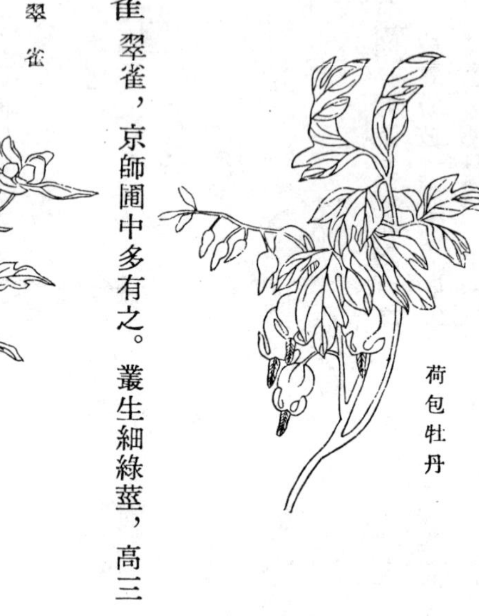

荷包牡丹

翠雀　翠雀，京師圃中多有之。叢生細綠莖，高三四尺，葉多花叉，如芹葉而細柔。梢端開長柄翠藍花，橫翹如雀登枝，故名。

翠雀

秋海棠　羣芳譜：秋海棠一名八月春，草本，花色粉紅，甚嬌豔，葉綠色。此花有二種：葉下紅筋者爲常品，綠筋者有雅趣。枝上有種落地，明年自生，夏便開。黔醫云，根治婦科血證。

秋海棠

金雀　羣芳譜曰叢生，莖褐色，高數尺，有柔刺，一簇數葉。花生葉旁，色黃形尖，旁開兩瓣，勢

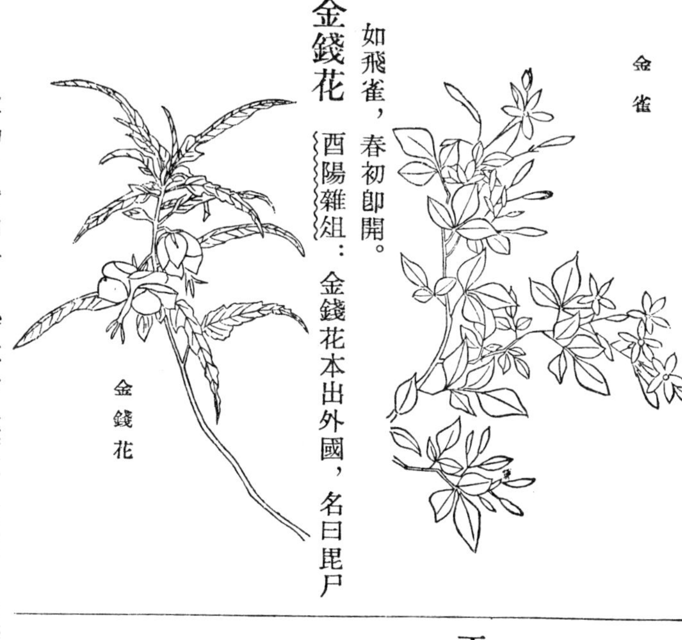

如飛雀，春初卽開。

金錢花

酉陽雜俎：金錢花本出外國，名曰毘尸沙，一名日中金錢，俗名翦金花。梁大同二年，進來中土。豫州掾屬以雙陸賭金錢，金錢盡，以金錢花相足。魚洪謂得花勝得錢。羣芳譜：一名子午花，一名夜落金錢，又有一種銀錢。

玉蝶梅

玉蝶梅產贛州，蔓生，紫藤厚葉，面青有肋紋，背白光滑如紙，圃中多植之。贛州志作玉疊梅，云各邑皆花白色，藤本。

玉蝶梅

吉祥草

談薈：吉祥草蒼翠如建蘭而無花，不藉土而能活，涉冬不枯，遇大吉事則花開。

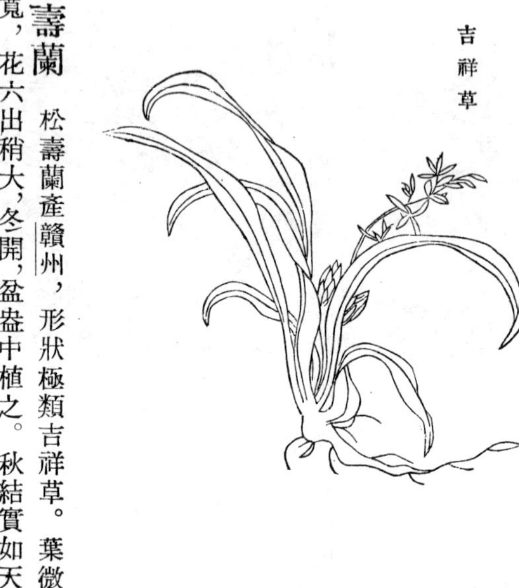

吉祥草

松壽蘭

松壽蘭產贛州，形狀極類吉祥草。葉微寬，花六出稍大，冬開，盆盎中植之。秋結實如天門冬，實色紅紫有尖。滇南謂之結實蘭。土醫云：味甘辛，治筋骨痿，用根浸酒，加虎骨膠。治遺精，加骨碎補。

松壽蘭

貼梗海棠

貼梗海棠，叢生單葉。綴枝作花，磬口，深紅無香。新正即開，田塍間最宜種之。花鏡云：有四季花者，滇南結實與木瓜同，俗呼木瓜花，其瓜入藥用。春間漬以糖或鹽，以充果實，蓋取其酸澀，以資收斂也。

貼梗海棠

望江南

望江南

望江南生分宜山麓、田塍，叢生，一莖一葉，葉如蓖麻而大，多花叉，深鋸齒，糙綠有微毛。抽葶發叉，開黃花如長瓣細菊花；綠蒂長半寸許，如萬壽菊。野花大朵，此爲碩豔。

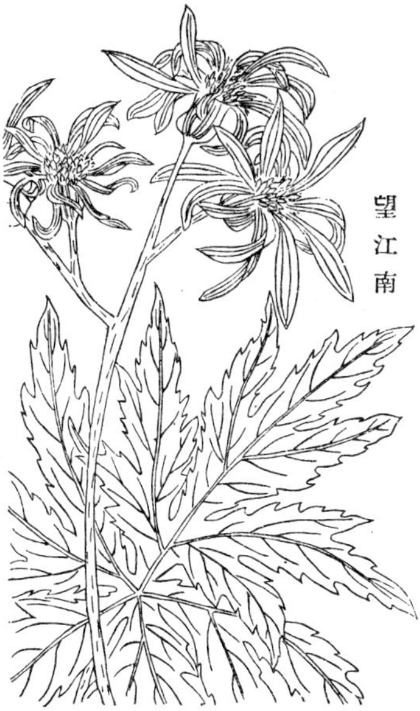

盤內珠

盤內珠

盤內珠生廬山，褐莖叢生，對節發枝。葉似橘葉，梢端抽莖，結青蓇葖，如茉莉而白，圓如珠，層層攢綴下垂，開五尖瓣花，黃心數點。土人以其白苞勻圓，故名。

半邊月

半邊月生廬山小樹枝，攢生梢頭，葉似

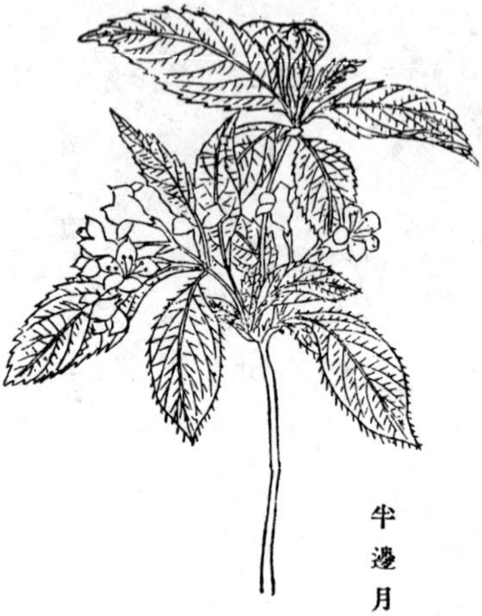

半邊月

繡毬花葉而窄，粗紋極類。春開五瓣短筩子花，外白內紅，似杏花而尖，多蕊。

植物名實圖考卷之二十八

羣芳類

風蘭

[一]風蘭生雲南，作叢，望之如碧蘆。葉微苞莖，潤肥對排。花與淨瓶無異。此種植之盆缶亦茂。

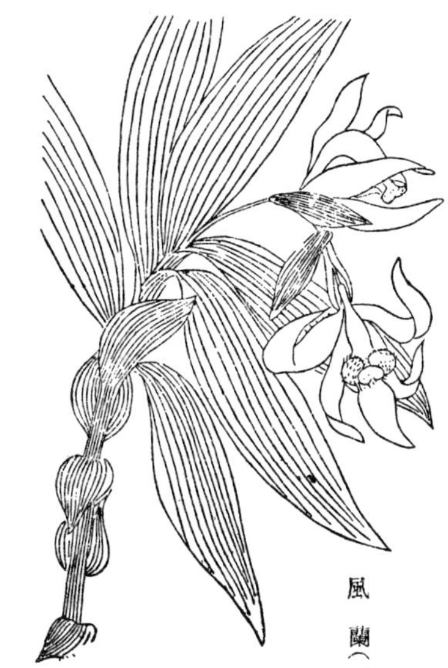

風蘭（一）

〔二〕一名淨瓶。風蘭生雲南臨安，橫根，根上先生綠實，大如甜瓜有棱，形似田家礴碌。實上生長柄二葉，葉闊寸許，光潤無瑕，中抽莖開花，先有黃籜，籜坼落而花見，色皓潔如雪蘭。中二瓣窄細，舌有黃粉，邊茸茸如翦絨。莖花欹弱，翩反欲舞，懸之風中不萎。桂馥札樸：五月開曰淨瓶，似瓜生石上；兩葉一大、一小，廣寸許。花如雪蘭而小。即此。

風蘭（二）

獨占春

獨占春與虎頭蘭花同，而色白潤潔無纖縷，心有稀疎褐點。開久，近蒂處微赬。幽香雖乏，靜趣彌長。一莖一花，葉細柔同素心蘭，其兩三花者爲雪蘭。

獨占春

雪蕙

雪蕙生雲南，一枝數花，秋末開。

朱蘭 朱蘭，雲南山中有之，葉光潤，似銅紫蘭而寬。冬間初紅，漸淡有香。

春蘭 春蘭，葉如甌蘭，直勁不欹，一枝數花，有淡紅、淡綠者，皆有紅縷，瓣薄而肥，異於他處，亦具香味。

雪蕙

虎頭蘭　虎頭蘭，碩大多紅絲，心尤斑斕。有色無香，能耐霜雪。又一種色綠無紅縷者，名碧玉蘭，將殘始露赤脈。

虎頭蘭

朵朵香　朵朵香，細葉柔韌，一箭一花。綠者團肥，宛如撚蠟；黃者瘦長，縷以朱絲，皆饒清馥。又有一箭兩花者，名雙飛燕。

朵朵香

雪蘭
㊀雪蘭大如虎頭蘭，色白微頳，心如渥丹。一枝或一花、或兩花，無香。
㊁雪蘭，此又一種。細瓣繚繞，中心似甯，紅黄渲染，亦乏香氣。

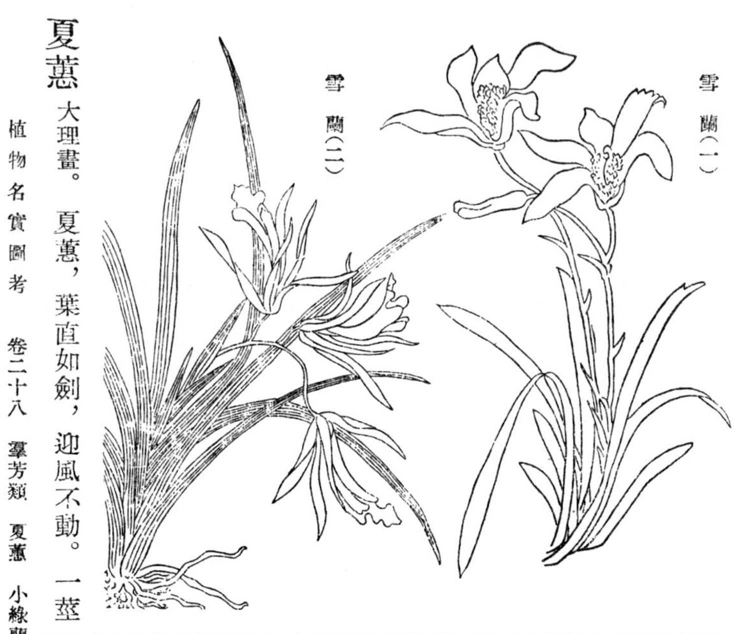

夏蕙

大理畫。夏蕙，葉直如劍，迎風不動。一莖數花，鵝黃色，五六月開，幽香不減素蘭。

小綠蘭

小綠蘭，葉柔綠幹，綠花白舌，一莖四

品最貴，常在雲氣中也。香幽和，五花，名春綠，又名雲蘭，出蒼山石壁。

大綠蘭 大理畫。大綠蘭，一本十餘葉，一幹十餘花，花綠舌紅，高出葉外，名冬綠。

大綠蘭

蓮瓣蘭 蓮瓣蘭有紅、綠、白、黃各色，白者香尤烈。

蓮瓣蘭

元旦蘭 元旦蘭即蓮瓣之一種，葉瘦如韭，花白如玉，元旦開。

元旦蘭

火燒蘭 火燒蘭，滇山皆有之。葉粗黃花，背黑

火燒蘭

似火燒者，花碧香烈，春杪盛開。

大理風蘭　風蘭，葉短幹長，花碧，生石厓古木上，挂檐間即活。

大理風蘭

五色蘭　大理。五色蘭，葉柔小，一枝十餘花，紅、黃、紫、綠，互相間雜，滇南蘭之最異者，士女珍佩之。

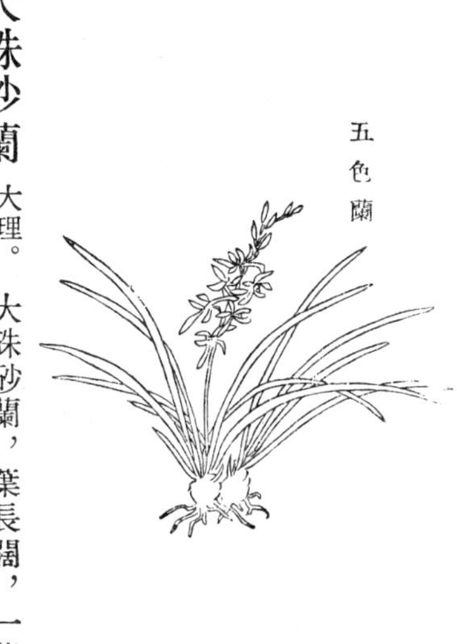

五色蘭

大株砂蘭　大理。大株砂蘭，葉長闊，一莖數十

大株砂蘭

花，朱色，秋開。

小硃砂蘭 大理。小硃砂蘭，葉短，一莖數花，尤韻。

小硃砂蘭

佛手蘭 佛手蘭，生雲南。根如蒜，大於蔓菁，環生，衆根如九子芋；葉長二三尺，似蕿草，寬寸餘，光滑細膩，同文殊蘭而根色深紫，突出土上。葉傍迸莖，扁闊挺立。發苞孕蕾，花在苞中，鉤屈如佛手柑，故名。花形開放，逼似玉簪，紫豔照耀。內外六瓣，瓣外紫、內白，中亦紫、稍淡，五六長鬚黑紫，端有橫蕊深黃。一苞五六花，先後參差，可半月餘。然老本亦僅一箭，新莢未易有花也。

佛手蘭

天蒜 天蒜，雲南圃中植之，根葉與佛手蘭無異，唯花色純白，紫鬚繚繞，橫綴黃蕊。按閩中金燈花，亦名天蒜，未知與此同異。

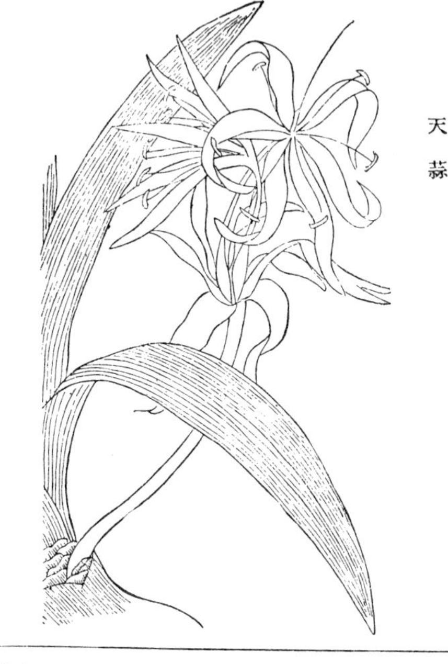

天蒜

蘭花雙葉草

蘭花雙葉草生滇南山中，雙葉似初生玉簪葉，微有紫點，抽短莖開花如蘭，上一大瓣，下瓣微小，兩瓣傍抱，中舌厚三四分如人舌，正圓，色黃白，中凹，嵌一小舌，如人咽，色深紫，花瓣皆紫點極濃。土醫云，此眞蘭花雙葉草也。滇本草所載即此。

蘭花雙葉草

紅花小獨蒜

紅花小獨蒜，根如小蒜，大如指，

紅花小獨蒜

葉如初生茅草，高五六寸，傍發紫箭，開小紫紅花，五瓣微尖，亦似蘭花而極小，心尤嬌豔。土人云與黃花者一類，大小二種。

黃花獨蒜 一名老鴉蒜。　黃花獨蒜生雲南山中，根如小蒜，葉似初生稷葉而窄，又似虎頭蘭葉而短，有皺。傍發箭，開五瓣黃花，紫紅心似蘭花、白及輩，而瓣圓短。

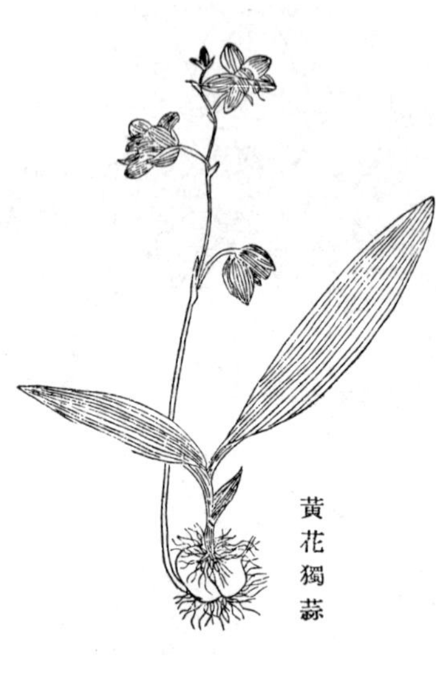

黃花獨蒜

羊耳蒜 羊耳蒜生滇南山中。獨根大如蒜，赭色。初生一葉如玉簪葉，即從葉中發葶，開褐色花，中一瓣大如小指甲，夾以二尖瓣，又有三尖鬚翹起，蓋黃花小獨蒜之種族。

羊耳蒜

鴨頭蘭花草 鴨頭蘭花草生雲南太華諸山。黑根細短，尖葉內翕，抱莖齊生似玉簪，抽葶葉而長又肥，內綠外淡，有直勒道。莖梢發叉，開白綠花，微似蘭花，有柄長幾及寸。三瓣品列，中瓣後復有一大瓣，色淡，花心有紫暈，微凸。心下近莖出雙尾，白縷如鬚，燕尾分翹，野卉中具纖

鴨頭蘭花草

巧之致。

鷺鷥蘭

鷺鷥蘭，雲南圃中多有之。葉如蘐草，

鷺鷥蘭

翕而皺。夏抽葶，開花六瓣六蕊，瓣白蕊黃，間以細鬚，志謂之鷺鷥毛，以其潔白纖細如執鷺羽。舒苞襯葶，沐露刷風，佇立階墀，靜態彌永。桂馥札樸謂爲蘭之別派。無香有韻，覺虎頭碩大，神意皆癡。

象牙參

象牙參生滇南山中。初茁芽即作苞，開花如白及花而多窄瓣。一苞四五朵，陸續開放，

象牙參

花罷生葉，似吉祥草而闊，根如麥門冬。土醫云，治半身不遂，痿痺弱證。

小紫含笑

小紫含笑生雲南山中。紫莖抱葉，梢垂紫苞，開口如笑，內露黃白瓣，掩映參差，難爲形擬，一名青竹蘭。

小紫含笑

植物名實圖考卷之二十九

羣芳類

佛桑

佛桑一名花上花，雲南有之。嶺南雜記，佛桑與扶桑正相似，中心起樓，多一層花瓣。南越筆記，佛桑一名花上花，花上複花重臺也，即扶桑，蓋一類二種。又楊愼外集，朱槿之紅鮮重臺者，永昌名之曰花上花。徐霞客遊記，永昌花上花者，葉與枝似木槿，而花正紅。閩中扶桑相類，但扶桑六七朵竝攢爲一花，此花一朵四瓣，從心中又抽出疊其上，殷紅而開久，自春至秋猶開，雖插地輒活，如柳然。然植庭左則活，右則否，亦甚奇也。檀萃虞衡志謂佛桑不應改爲扶桑，殊欠考詢。

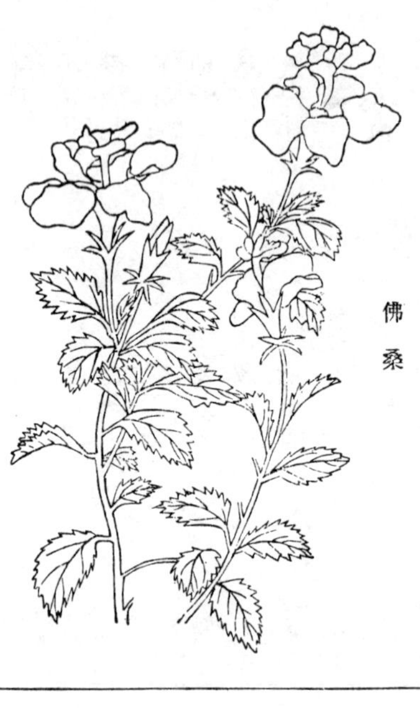

佛桑

蓮生桂子花

蓮生桂子花，雲南園圃有之。細根叢茁，青莖對葉，葉似桃葉微闊。夏初葉際抽枝，參差互發，一枝蓓蕾十數，長柄柔綠，圓苞搖丹，頗似垂絲海棠。初開五尖瓣紅花，起臺生小黃筒子，五枝簇如金粟。筒中復有黃鬚一縷，內嵌淡黃心微突。此花大僅如五銖錢，朱英下揭，黈蕊上擎，宛似別樣蓮花中撐出丹桂也。結角如婆婆針線包而上矗，絨白子紅，老即迸飛。

蓮生桂子花

金蝴蝶

金蝴蝶生雲南圃中，細莖如蔓，葉對生如石竹而長，色綠微勁。夏開五瓣紅花似翦秋羅，初開每瓣有一缺，饒裊娜之致。

黄連花

黄連花，獨莖亭亭，對葉尖長，四月中梢開五瓣黄花如迎春花，繁密微馨。昆明鄉人，擫售於市，因其色黄，强爲之名。

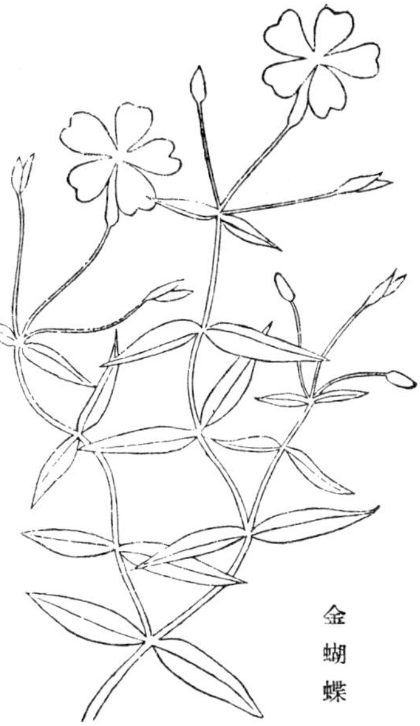

黄連花

金蝴蝶

野丁香

野丁香生雲南山坡。高尺許，赭莖甚勁。數葉攢簇，層層生發，花開葉間，宛似丁香，亦有紫、白二種。

野丁香

牛角花

牛角花生雲南平野。鋪地叢生，綠莖纖弱。發叉處生二小葉，又附生短枝三葉。莖梢開花如小豆花，又似槐花，有黄、紫、白三種，春疇匝隴，燦如雜錦。土人以小葩上翹，結角尖

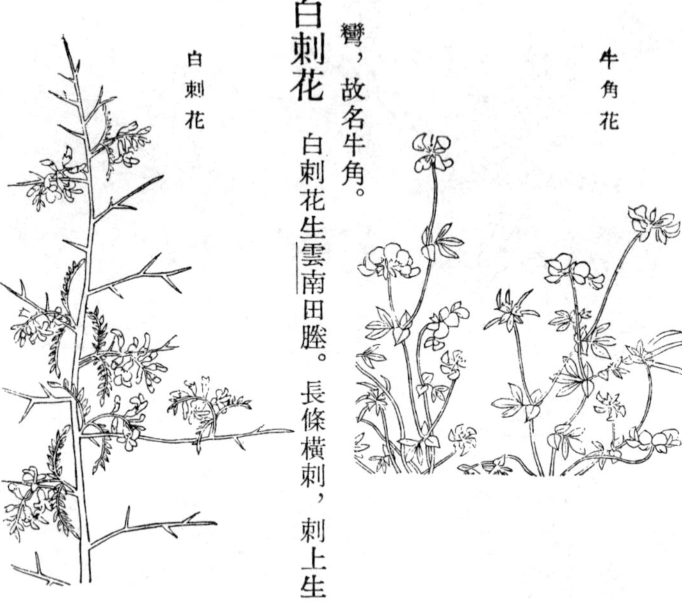

彎，故名牛角。

白刺花

白刺花生雲南田塍。長條横刺，刺上生刺，就刺發莖，如初生槐葉。春開花似金雀而小，色白，裊裊下垂，瓣皆上翹，園田以爲樊。

報春花

報春花生雲南。鋪地生葉如小葵，一莖一葉。立春前抽細葶，發杈開小筩子五瓣粉紅花。瓣圓中有小缺，無心。盆盎山石間，簇簇遞開，小草中頗有綽約之致。按傅元紫華賦序，紫

華一名長樂，生於蜀。蘇頌亦有長樂花賦。遵義府志引益部談資云，長樂花枝葉皆如虎耳草，秋後叢生盆盎間，開紫色小花，冬末轉盛，鮮麗可愛。居人獻歲，以此爲餽，名曰時花。核其形狀，當卽此花。今滇俗亦以歲晚盆景。

小雀花

小雀花生雲南山坡。小樹高數尺，瘦榦細覈。春開小粉紅花，附枝攢簇，形如豆花而小，瓣皆雙合，上覆下仰，色極嬌韻。花罷生葉。

小雀花

素興花

素興花生雲南。蔓生，藤葉俱如金銀花，花亦相類。初生細柄如絲，長苞深紫，裊裊滿架。漸開五瓣圓長白花，淡黃細蕊，一縷外吐，香濃近濁，亦有四季開者。滇略云，南詔段素興好之，故名。志謂卽素馨，殊與粤產不類。蒙化廳有紅素興，又有雞爪花，相類而香遜。檀萃滇海虞衡志，以爲卽與茉莉爲儔，同出番禺之素馨，未免刻畫無鹽，唐突西施。

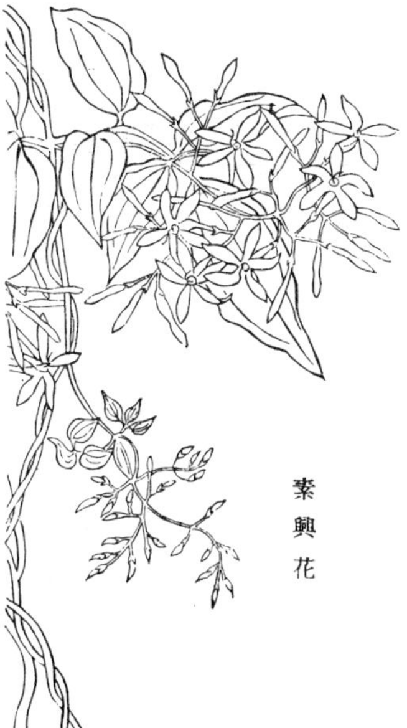

素興花

燈籠花

燈籠花，昆明僧寺中有之。藤老蔓雜，

燈籠花

小葉密排，糙澀無紋，俱如絡石。春開五棱紅筩子花，長幾徑寸，五尖翻翹，色獨新綠，黃鬚數莖，如鈴下垂。僧云移自騰越，余以爲山中石血之別派耳。

荷苞山桂花

荷包山桂花生雲南山中。小木綠枝，葉如橘葉，翩反下垂。葉間出小枝，開花作穗，淡黃長瓣，類小豆花。花未開時，綠蔕扁苞，纍纍滿樹，宛如荷包形，故名。近之亦有微馨。

荷包山桂花

滇丁香

丁香生雲南圃中。大本如藤，葉如枇杷葉，微尖而光。夏開長柄筩子花，如北地丁香成簇，而五瓣團團，大逾紅梅，柔厚嬌嫩，又似秋海棠。中有黃心兩三點，有色鮮香，故不甚重。

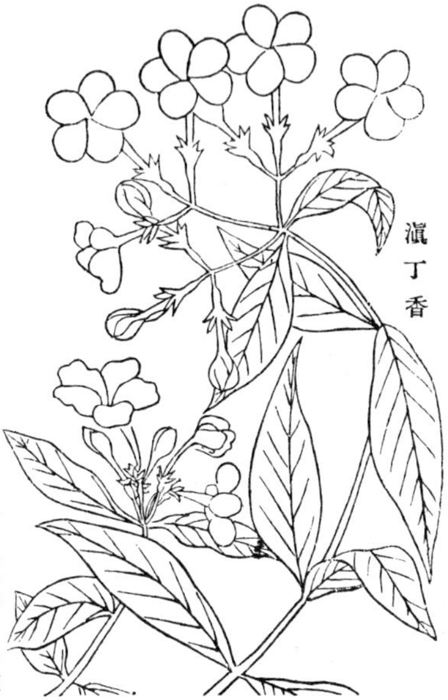

藏丁香

藏丁香，或云種自西藏來，枝幹同滇丁香，葉糙有毛。開花白色有香，故勝。

藏丁香

滇丁香

地湧金蓮

地湧金蓮生雲南山中。如芭蕉而葉短，中心突出一花，如蓮色黄，日坼一二瓣，瓣中有蕊，與甘露同。新苞抽長，舊瓣相仍，層層堆積，宛如雕刻佛座。王世懋花疏有一種金蓮寶相，不知所從來，葉尖小如美人蕉，三四歲或七八歲始一花，黄紅色而瓣大於蓮。按此卽廣中紅蕉，但色黄爲别。滇本草：味苦濇，性寒，治婦

地湧金蓮

人白帶、久崩、大腸下血，亦可固脱。

丈菊

羣芳譜：丈菊一名迎陽花，莖長丈餘，幹堅粗如竹，葉類麻多直生，雖有傍枝，只生一花，大如盤盂，單瓣色黄，心皆作窠如蜂房狀，至秋漸紫黑而堅。取其子種之，甚易生花，有毒能墮胎云。　按此花向陽，俗間遂通呼向日葵，其子可炒食，微香，多食頭暈。滇、黔與南瓜子、西瓜子同售於市。

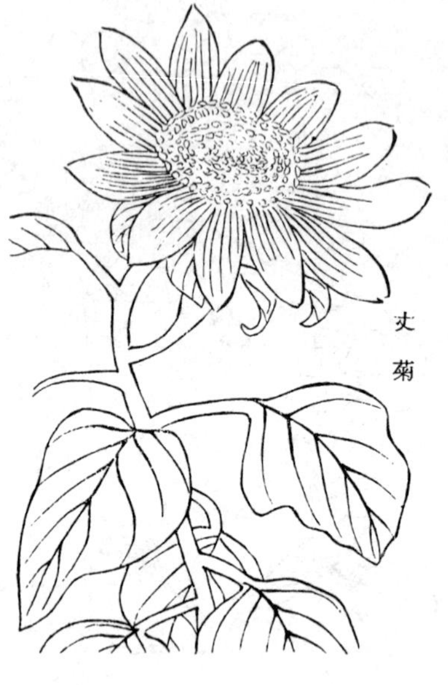
丈菊

壓竹花

壓竹花一名秋牡丹，雲南園圃植之。初生一莖一葉，如牡丹葉，濃綠糙澀，抽葶高二尺許，附葶葉微似菊葉，尖長多叉。葶端分叉。又抽細葶打苞，宛如罌粟。秋開花如千層菊，深紫緟豔，大徑寸餘，綠心黄暈，蕊擎金粟，一本可開月餘。

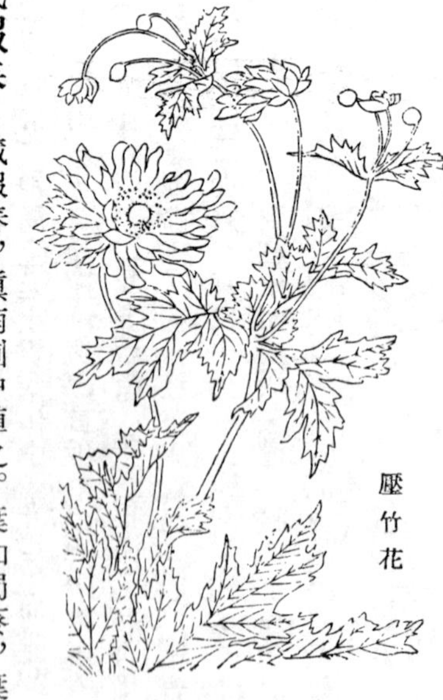
壓竹花

藏報春

藏報春，滇南園中植之。葉如蜀葵，葉

多尖叉，就根生葉，長柄肥柔。春初抽葶開花，如報春稍大。跗下作苞，花出苞上，一葶數層，一層四五苞，與報春同時，而不如報春繁缛耐久。滇近藏，凡花以藏名者，異之也。

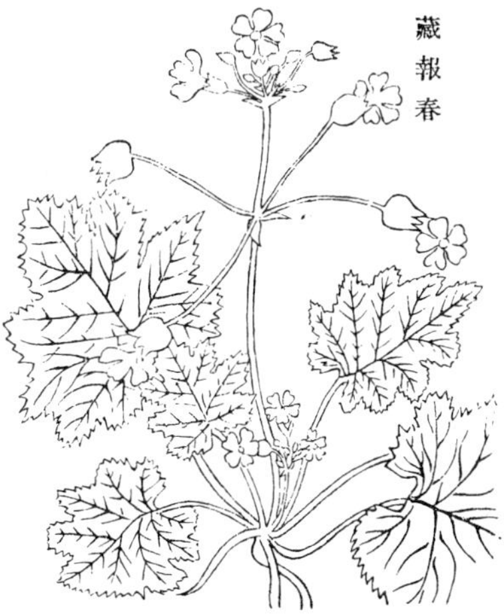

藏報春

鐵線牡丹

鐵線牡丹生雲南圃中，大致類罌粟花。土醫云，性溫能散，暖筋骨，除風濕，治跌打損傷。搗細入無灰酒煮熱，包敷患處。

七里香

七里香生雲南，開小白花，長穗如蓼，近之始香。

鐵線牡丹

七里香

草葵

草葵生雲南。黄花五出，而三二瓣分開，形

幾近方。

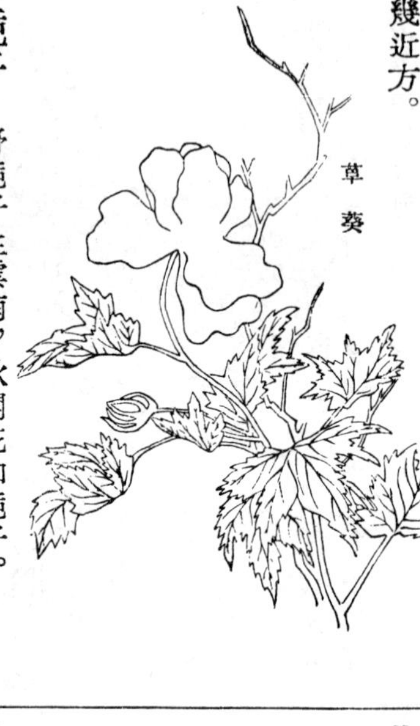

野梔子

野梔子生雲南，秋開花如梔子。

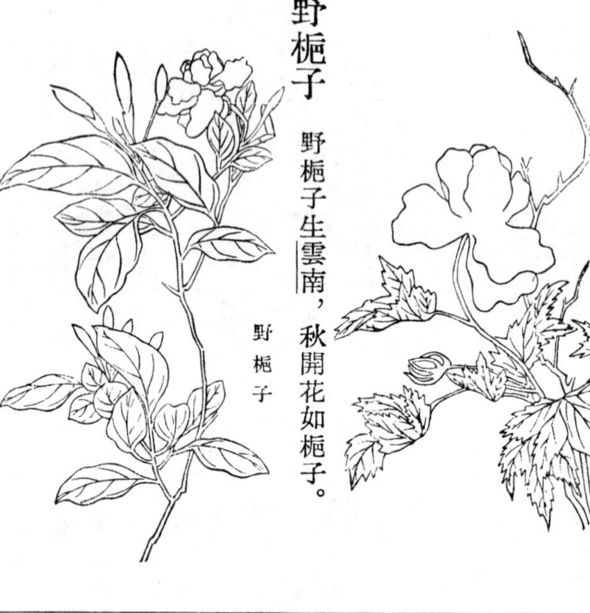

草玉梅

草玉梅生雲南。鋪地生葉，抽葶開尖瓣白花如積粉。

草玉梅

白薔薇

白薔薇，滇南有之。五瓣黃蕊，莖紫，

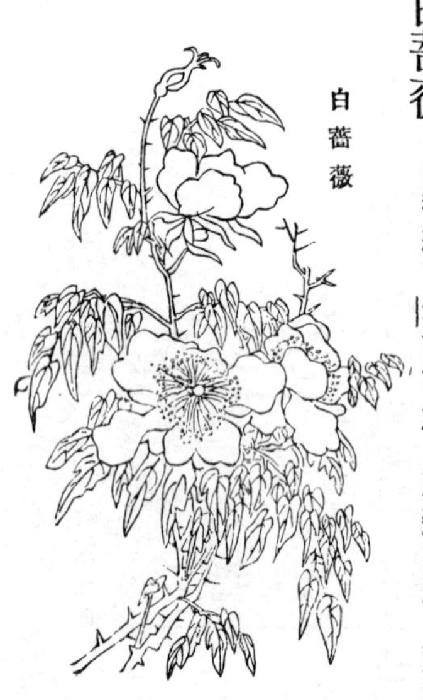

葉如荼蘼，香達數里。

黐花

黐花生雲南。黃花四出如桂葉，在頂上者，獨白如雪，蓋初生者根可黏物，故名。

黐花

野蘿蔔花

野蘿蔔花生雲南。細莖長葉，秋開花五瓣，色如靛。

珍珠梅

珍珠梅，白花數十朵爲毬，春開。

緬梔子

緬梔子，臨安有之。綠幹如桐，葉如瑞香葉，凸脈勁峭，矗生幹上。葉脫處有痕，斑斑如蘚紋。

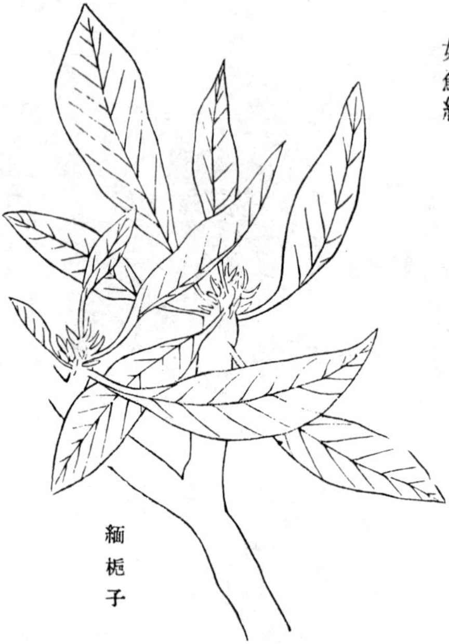

緬梔子

海仙花

海仙花生雲南海邊。紫莖獨挺，繁花層綴，五瓣缺脣，嬌紅奪目。土人夏日持售於市，曰三台花，以花作三層也。其葉如萵苣。

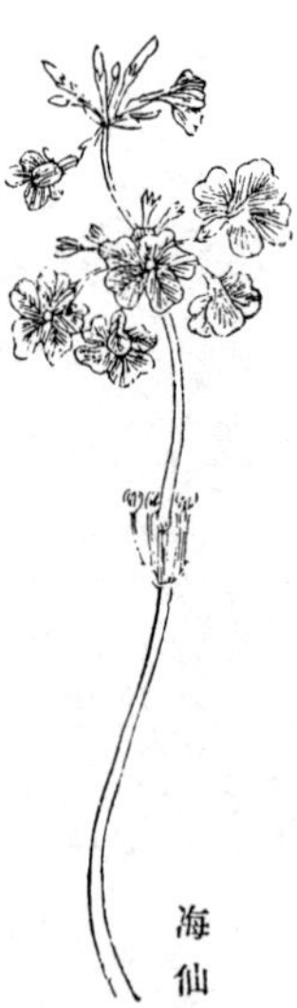

海仙花

白蝶花

白蝶花生雲南山中。長葉抱莖，開大白花，三瓣品列，內復擎出白瓣，形如蜂蝶，雙翅首尾，宛然具足。大瓣下又出一尾，長三寸許，質既皓潔，形復詭異，秋風披拂，栩栩欲活。

白蝶花

綠葉綠花

綠葉綠花生雲南山中。綠葉對莖，如白及而短。抽矮莖，梢端開花，如羣蛙據草，綠背白足，裊裊欲墜，亦可名綠蟾蜍花。

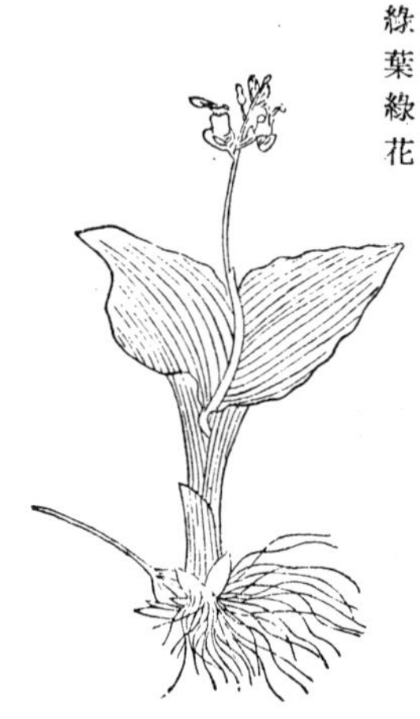
綠葉綠花

植物名實圖考卷之三十

頳桐　南方草木狀，頳桐花，嶺南處處有，自初夏生至秋，蓋草也。葉如桐，其花連枝萼，皆深紅之極者，俗呼貞桐花。貞、音訛也。按頳桐，

頳桐

廣東徧地生，移植北地，亦易繁衍。京師以其長鬚下垂，如垂絲海棠，呼爲洋海棠。其莖中空，冬月密室藏之，春深生葉。插枝亦活。

夾竹桃

又名拘拏兒。李衎竹譜，夾竹桃自南方來，名拘那夷，花紅類桃，其根葉似竹而不勁，足供盆檻之玩。閩小記，曾師建閩中記，南方花有北地所無者，闍提、茉莉、俱那異，皆出西域。盛傳閩中枸那衞卽枸那異，夾竹桃也。

夾竹桃

木棉

本草綱目李時珍曰，交廣木棉，樹大如抱，其枝似桐，其葉大如胡桃葉。入秋開花，紅如山茶花，黄蕊，花片極厚，爲房甚繁，短側相比。結實大如拳實，中有白棉，棉中有子，今人謂之斑枝花，訛爲攀枝花。李延壽南史所謂林邑諸國出古貝花，中有鵝毳，抽其緒，紡爲布。張勃吳錄所謂交州永昌木棉樹高過屋，有十餘年不換者，實大如盃，花中棉軟白，可爲緼絮及毛布者。皆指似木之木棉也。

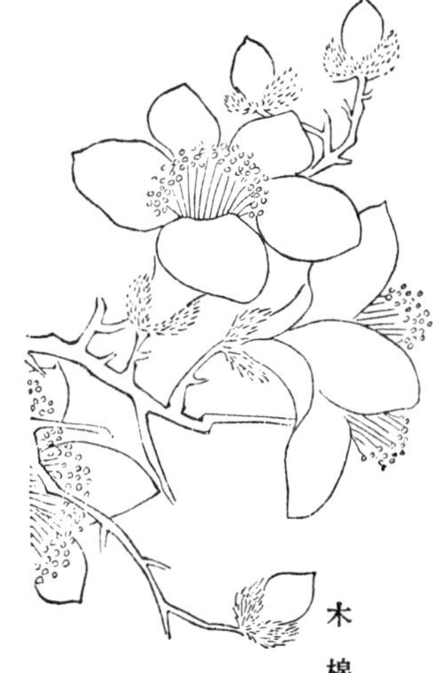

木棉

嶺南雜記，木棉樹大可合抱，高者數丈，葉如香樟，瓣極厚，一條五六葉。正二月開大紅花如山茶，而蕊黄色，結子如酒盃。老則拆裂，有絮茸茸，與蘆花相似。花開時無葉，花落後半月，始有新緑葉。其絮土人取以作裀褥，海南人織以爲巾，上出細字，花卉尤工，乃名曰吉貝，卽古所謂白疊布。今詢之粵人，亦無有織作者，或别是一種耳。廣州閲武廳前與南海廟，各一株甚大，開時赤光照耀，坐其下如入朱明之洞也。按廣西通志，木棉嶺西最易生，或取以作衣被，輒致不仁之疾。以爲吉貝，誤之甚矣。李時珍以木棉與棉花並入隰草，亦攷之未審。

含笑

捫蝨新話，含笑有大、小，小含笑香尤酷烈；又有紫含笑。予山居無事，每晚涼坐山亭中，忽聞香一陣，滿室郁然，知是含笑開矣。南越筆記，含笑與夜合相類，大含笑則大半開，小含笑則小半開，半開多於曉。一名朝合。小含笑白色，開時蓓蕾微展，若菡萏之未敷，香尤酷烈。古詩云：大笑何如小笑香，紫花那似白花粧。又有紫含笑，初開亦香，是子瞻所稱涓涓泣露、暗麝著人者。羅浮夜合含笑，其大至合抱，開時一谷皆香，亦異事也。

藝花譜，含笑花產廣東，花如蘭，開時常不滿，若含笑然，隨卽凋落。

含笑

夜合花

夜合花產廣東，木本長葉，花青白色，

曉開夜合。

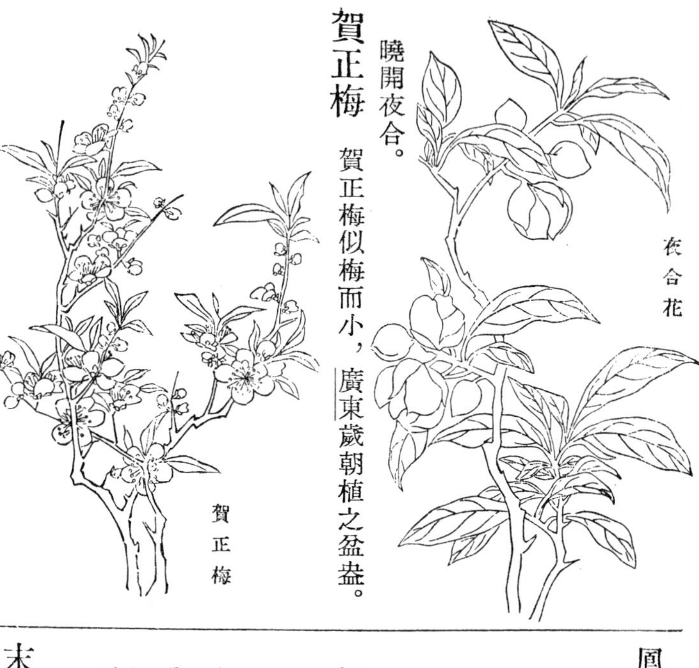

賀正梅

賀正梅似梅而小，廣東歲朝植之盆盎。

鳳皇花

鳳皇花，樹葉似槐，生於澳門之鳳皇山，開黃花，經年不歇，與葉相埒。深冬換葉時，花少減，結角子如豇豆，今園林多植之，或云洋種也。按嶺南雜記，金鳳花色如鳳，心吐黃絲，葉類槐。余在七星巖見之，從僧乞歸其子，種之不生。

鳳皇花

末利

末利見南方草木狀。本草綱目列於芳草。此

末利

草花雖芬馥，而莖葉皆無氣味。又其根磨汁，可以迷人，未可與芷、蘭爲伍。退入羣芳，秖供簪髻。

素馨 南方草木狀，耶悉茗花、末利花皆胡人自西國移植於南海，南人愛其芳香，競植之。陸賈南越行紀曰，南越之境，五穀無味，百花不香。此二花特芳香者，緣自別國移至，不隨水土而變，與夫橘北爲枳異矣。彼之女子，以綵線穿花心，以爲首飾。

桂海虞衡志，素馨花比番禺所出爲少，當有風土差宜故也。

龜山志，素馨舊名耶悉茗，一名野悉蜜。昔劉王有侍女名素馨，其家上生此花，因名。

嶺外代答，素馨花番禺甚多，廣右絕少，土人尤貴重。開時旋掇花頭，裝於他枝，或以竹絲貫之，賣於市，一枝二文，人競買戴。

素馨

嶺南雜記，素馨較茉莉更大，香最芬烈，廣城河南花田多種之。每日貨於城中，不下數百擔，以穿花鐙、綴紅黄佛桑。其中婦女，以綵線穿花繞髻，而花田婦人則不簪一蕊也。

南越筆記，素馨本名耶悉茗。珠江南岸有村曰莊頭，周里許，悉種素馨，亦曰花田。婦女率以昧爽往摘，以天未明，見花而不見葉，其梢白者，則是其日當開者也。既摘，覆以溼布，毋使見日，其已開者則置之。花客涉江買以歸，列於九門，一時穿燈者、作串與瓔珞者數百人，城內外買者萬家，富者以斗斛，貧者以升，其量花若量珠。然花宜夜，乘夜乃開，上人頭髻乃開，見月而益光豔，得人氣而益馥，竟夕氤氳，至曉猶有餘香，懷之辟暑，吸之清肺氣。花又宜作燈，雕玉鏤冰，玲瓏四照，遊冶者以導車馬。楊用修稱粤中素香燈爲天下之絕豔，信然。兒女以花蒸油，取液爲面脂、頭澤，謂能長髮、潤肌。或取蓓蕾，雜佳茗貯之；或帶露置瓶中，經信宿以其水點茗；或作格懸繫甕口，離酒一指許，以紙封之，旬日而酒香徹。其爲龍涎香餅、香串者，治以素馨，則韻味愈遠。隆冬花少，曰雪花，摘經數日仍開。夏月多花，瓊英狼藉，入夜滿城如雪，觸處皆香，信粤中之清麗物也。

夜來香

夜來香産閩、廣，蔓生，葉如山藥葉而寬，皆仰合，不平展。秋開碧玉五瓣花，夜深香發，清味如茶，北地亦植之。頗畏寒，廣中以其

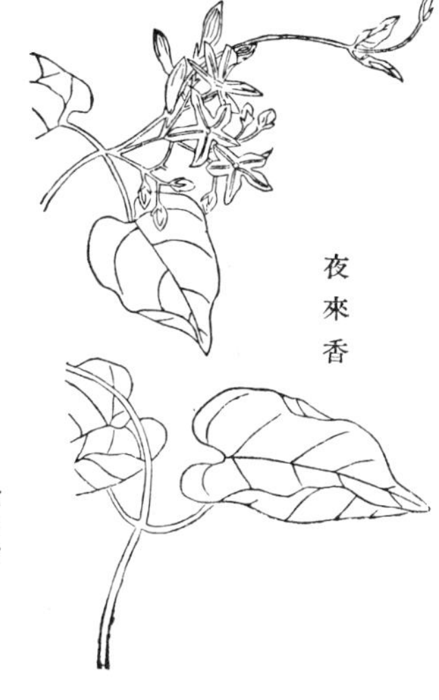
夜來香

多陰藏蛇，委之籬落。閩人云，斷腸草經野燒三次，即變此花，猶有毒云。

文蘭樹　文蘭樹產廣東。葉如萱草而闊長，白花似玉簪而小，園亭石畔多栽之。按此草近從洋舶運至北地，亦以秋開。南越筆記，文殊蘭葉長四五尺，大二三寸而寬，花如玉簪、如百合而長大，色白甚香，夏間始開，是皆蘭之屬。江西、湖南間有之，多不花。土醫以其汁治腫毒。因有秦瓊劍諸俚名。

文蘭樹

黃蘭　黃蘭產廣東，或云洋種，今徧有之。叢生硬莖，葉似茉莉。花如蘭而黃，極芳烈。

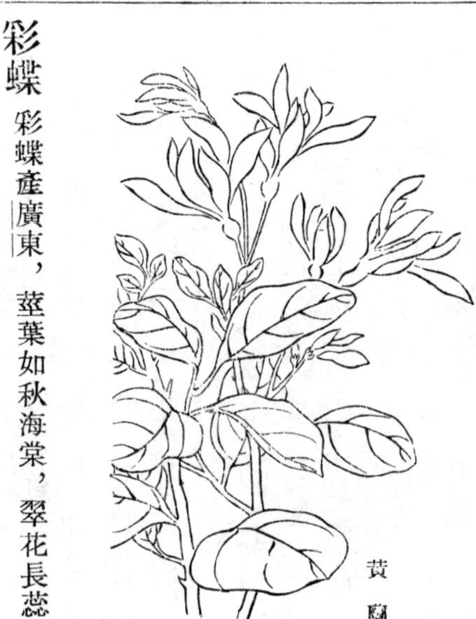

黃蘭

彩蝶　彩蝶產廣東，莖葉如秋海棠，翠花長蕊，野生山間，種不常見。

彩蝶

馬纓丹

南越筆記，馬纓丹一名山大丹，花大如盤，蕊時凡數十百朵，每朵攢集成毬，與白繡毬花相類。首夏時開，初黃色，蕊鬚如丹砂，將落復黃，黃紅相間，光豔炫目，開最盛、最久，八月又開。有以大紅繡毬名之者。又以其瓣落而枝矗起槎枒，甚與珊瑚柯條相似，又名珊瑚毬。言大紅繡毬者，以開時也；言珊瑚毬者，以落時也。按馬纓丹又名龍船花，以花盛開時值競渡，故名。

鴨子花

鴨子花產廣東，似蓼而大，葉長數尺，

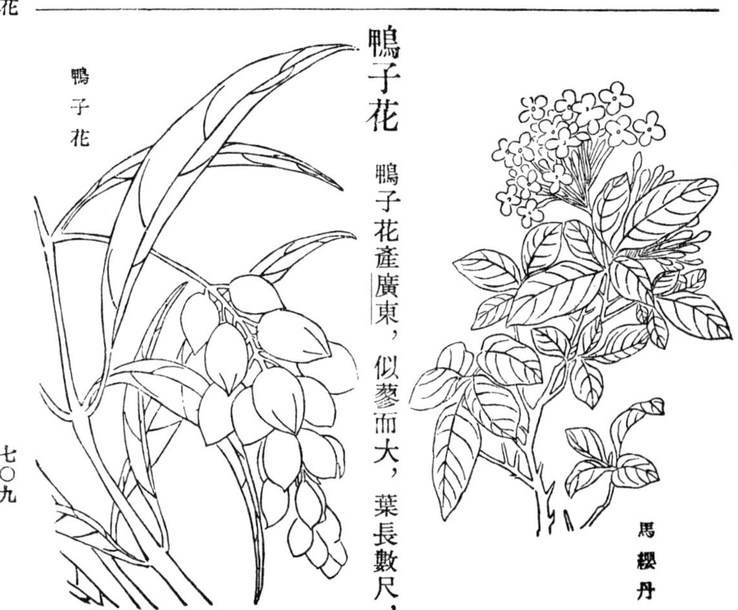

以其花如小鴨，故名。

鶴頂 鶴頂產廣東，又名呂宋玉簪，葉如射干葉，花六瓣，深紅黃蕊，似山丹而瓣圓大。

鶴頂

朱錦 朱錦產廣東，叢生，林麓極易繁衍，葉如月季花葉。花有紅、黃二種，如小牡丹，苞如木芙蓉，婦女常簪之。

西番蓮 即轉心蓮。南越筆記，西番蓮，其種來自西洋，蔓細如絲，朱色繚繞籬間。花初開如黃白

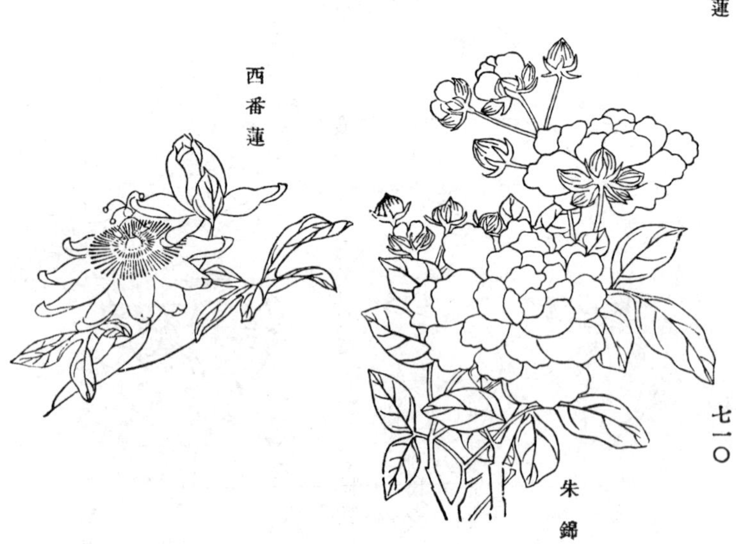

蓮，十餘出。久之十餘出者皆落，其蕊復變而爲鞠。瓣爲蓮而蕊爲鞠，以蓮始而以鞠終，故又名西洋鞠。

百子蓮

百子蓮產廣東，或云洋種，廿年前不知其異也。色極嬌麗，一花經數日不蔫，婦女競簪之，價始高，近日種植較多矣。

百子蓮

珊瑚枝

珊瑚枝產廣東，或云番種，不知其名，花圃以形似名之。按南越筆記謂馬纓丹花落而生槎杈，人呼爲珊瑚毬，或誤以爲一種。

珊瑚枝

穟冠花

穟冠花如雞冠之尖穟者，高六七尺，每

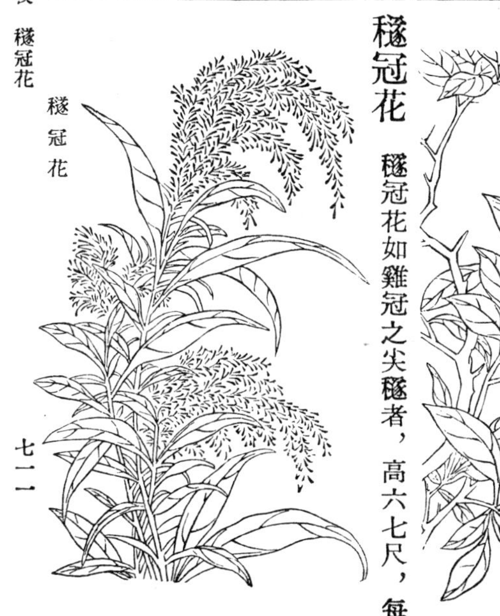

穟冠花

葉發杈開花，秋時百穗俱垂，宛如纓珞。移植湖湘，亦易繁衍。惟旁莖大肥，經風輒折，必作架護持之，稍寒卽瘁，不如雞冠耐久也。

換錦花　南越筆記，脫紅換錦，脫綠換錦，此換錦之所以名也。葉似水仙，冬生，至夏而落。獨抽一莖二尺許，作十餘花，花比鹿葱而大，或紅、或綠。葉落而花，故曰脫紅、脫綠；花落而葉，故曰換錦，花與葉兩不相見也。　按此卽石蒜一類。惟花肥多、莖粗稍異。

換錦花

鈴兒花　鈴兒花一名弔鐘花，生廣東山澤間，歲暮葉脫始蕾，樵人折以入市，插置膽瓶。春初花開，狀如小鈴，花落葉發，不宜栽蒔。

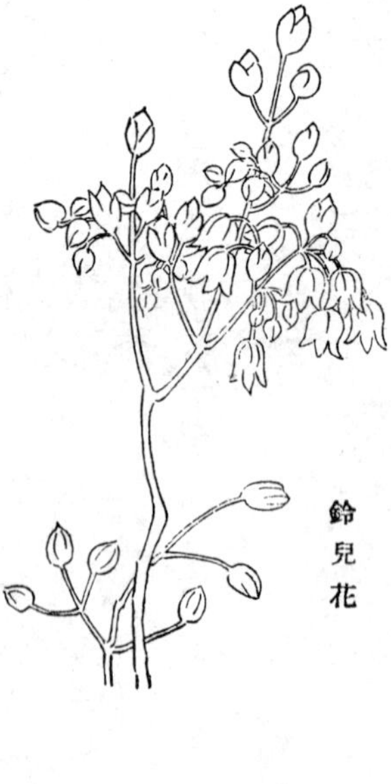

鈴兒花

華蓋花　華蓋花產廣東，或云番舶攜種種生者。葉如秋葵，花似木芙蓉，未曉而開，清晨卽落，良夜秉燭，始見其花，皆戲呼爲曇花。植者亦罕。

玲甲花

玲甲花，番種也，花如杜鵑，葉作兩歧，樹高丈餘，濃陰茂密，經冬不凋，夷人喜植之。

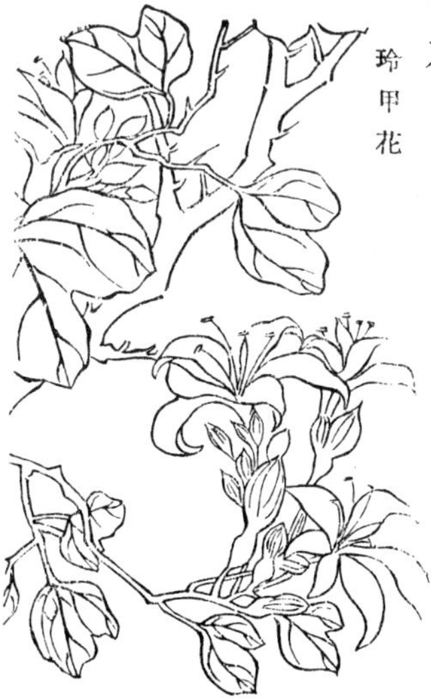

玲甲花

華蓋花

水蠟燭

南越筆記，水蠟燭草本，生野塘間，秋杪結實，宛與蠟燭相似。

水蠟燭

油葱

卽羅幃草。嶺南雜記，油葱形如水仙葉，葉厚一指，而邊有刺。不開花結子，從根發生，長者尺餘。破其葉，中有膏，婦人塗掌中以澤髮代油，貧家婦多種之屋頭。問之則怒，以爲笑其貧也。　按油葱，粵西人以其膏治湯火灼傷有效。又名羅幃花，如山丹，以爲婦女所植，故名。

油葱

鐵樹　嶺南雜記，鐵樹高數尺，葉紫如老少年，開花如桂而不香。南越筆記，朱蕉，葉芭蕉而幹棕竹，亦名朱竹。以枝柔不甚直挺，故以爲蕉。葉組色生於幹上，幹有節，自根至杪，一寸三四節、或六七節甚密，然多一幹獨出，無傍枝者。通體鐵色微朱，以其難長，故又名鐵樹。　按鐵樹治痢證有神效，廣西士醫用之。

喝呼草　廣西通志，喝呼草幹小而直上，高可四五寸，頂上生梢，横列如傘蓋，葉細生梢，兩旁有花盤上。每逢人大聲喝之，則旁葉下翕，故曰喝呼草。然隨翕隨開，或以指點之亦翕，前翕後開，草木中之靈異者也。俗名懼內草。

鐵樹

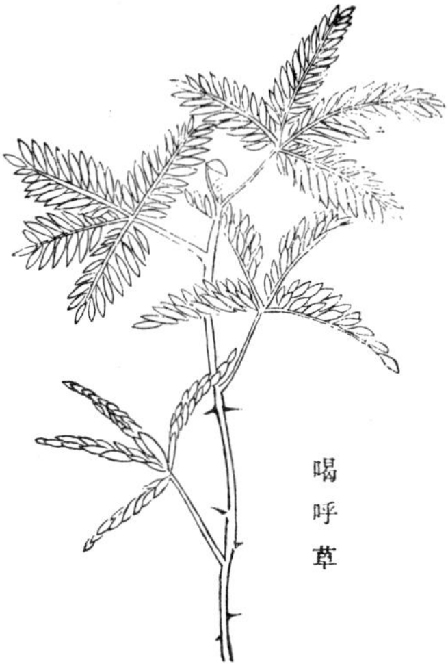

喝呼草

南越筆記，知羞草葉似豆瓣相向，人以口吹之，其葉自合，名知羞草。按此草生於兩粵，今好事者攜至中原，種之皆生。秋開花茸茸成團，大如牽牛子，粉紅嬌嫩，宛似小兒帽上所飾絨毬。結小角成簇，大約與夜合花性形俱肖，但草本細小，高不數尺。手拂氣噓，似皆知覺；大聲呵喝，即時俯伏。草木無知，觀此莫測。唐階指佞，應非誣言；蜀州舞草，或與同彙。彼占閨傾陽，轉爲數見。

植物名實圖考卷之三十一

果類

木桃兒樹　文冠果

樝子樹

林檎 林檎，開寶本草始著錄，即沙果。李時珍以爲文林郎果即此。

林檎

榲桲 榲桲，開寶本草始著錄，今惟產陝西。形似木瓜又似梨，多以飣盤。有攜至京師者，取其香氣置盤筲中，以薰鼻煙，不復供食。

胡桃 胡桃，開寶本草始著錄，北方多有之，唯永

榲桲

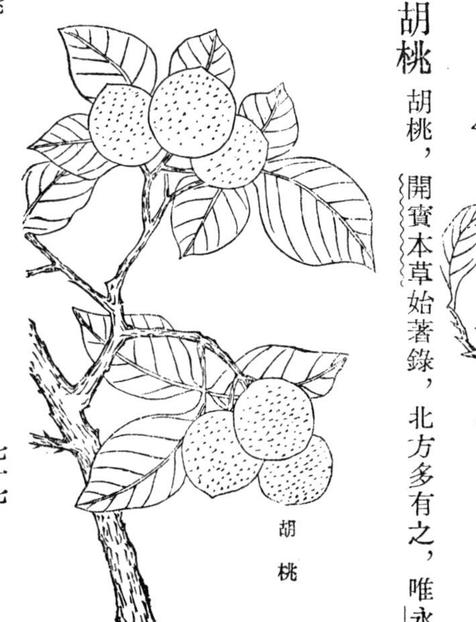

胡桃

平府所產皮薄，謂之露穰核桃。木堅，作器物良。

榛

榛，開寶本草始著錄。禮記女贄榛栗，說文作亲。詩義疏謂有二種，遼東、上黨皆饒。鄭注禮云：關中鄜坊甚多。今直隸東北所產極多，販市天下。山西志，出長治、壺關、潞城，而大同屬之廣靈與宣化界產尤美。太原山阜間叢生，樹高丈餘，俱如李時珍所述。其實周匝有圓蘂，似畫家作雲托日狀。殼甚堅，多不實，十榛九空，非虛語也。爾雅翼以鄜坊多產，遂謂其字從秦以此，不知說文本作亲，假借作榛；而燕、晉皆饒，何獨秦也。北人謂有鼠如鼦，聚榛爲糧，貯之穴中，山氓多掘取之，其即鼠果之類歟？

榛

菴羅果

菴羅果，開寶本草始著錄，蓋即今之沙

菴羅果

果棃，色黃如棃，味如頻果而酥，爲果中佳品，亦不能久留，殆以沙果與棃樹相接而成。

雩婁農曰：菴羅果昔人皆謂產西洛，而李時珍獨引梵語爲證。夫西方當天地之遒斂，少雨多風，故果碩而味雋。漢都長安，距玉門近，多致異域種。今則北達幽薊，南抵宛洛，數千里移植幾徧，蓋江淮以北，地脈同也。橘不踰淮，著於考工記；禹貢獨以橘柚爲荆州厥包，一果實之微，前後聖人皆致意焉，此豈以奉口腹哉。蓋熟觀於天時地利，明著其土物之不宜，而杜後世侈心之萌也。夫麻麥荏菽，奏庶艱食，瓜蓏之屬，園圃所亟。惟橘柚有不可遷之性而能致遠，書曰厥包，明乎非黍、稷、蕡、棗可以徙移種藝；而江南佳實，橘柚外殆皆未可包致矣。漢之上林，晉之華林，務求奇詭。道君艮嶽，乃僦南海荔支而花實之，蔡絛誇載於叢談，蓋深謂前人拙耳。嗚呼！一簞食，一千乘，雖愚者亦知其輕重，獨奈何置安盂於不顧，珍朵頤而菅民力，致使高臺廣陛，蕪沒荆棘，豈不大可喟哉！昔人有射猿靡而投弓者，謂違物性必有大咎。草木無知，亦稟自然，彼陳唐之檜，一碎於雷，一汩於海，豈有感於盛衰之機，甘爲枯槎泛梗，而不願與艮嶽之石相隨北去耶？噫，其違物性也亦甚矣！

柑

柑，開寶本草始著錄，南方種類極多。其獅頭柑則唯皮可啖，皮、核、葉皆入藥。

柑

橙　橙，開寶本草始著録，今以產廣東新會者爲天下冠。湖南有數種，味甘酸不同。

橙

新會橙　廣東新會縣橙爲嶺南佳品，皮薄緊，味甜如蜜，走數千里不變形狀，與他亦稍異。食橙而不及此，蓋不知橙味。

新會橙

荔支　荔支，開寶本草始著録，以閩產者佳。江西贛州所屬定南等處，與粵接界，亦有之。其核入藥。

雩婁農曰：吾至滇，閱元江志，有荔支。適粵中門生權牧其地，訪之，則曰邑舊產此果，以誅求爲吏民累，並其樹刈之，今無矣。余謂之曰：粵人聞人言荔支，輒津津作大嚼狀。今元江物土既宜，足下何不致南海嘉種，令民以法種之，俟其實而嘗焉。其日曝火烘者，走黔、湘以博利，浸假而爲安邑棗、武陵橘，非勸民樹藝之一端乎？則應曰：元江地熱瘴甚，牧以三年代，率不及期而請病。其僕傔以熱往，以襯歸者相繼也，亦何暇作十年計乎？且滇亦大矣，他郡皆無，此郡獨有，園成而賦什一，民即不病，而筐篚之費，馱負之費，供億餽問無虚日，不厲民將焉取之！余恍然曰：一騎紅塵，詩人刺焉，爲民上者，乃以

荔支

一味之甘，致令草木不得遂其生乎。噫！

海松子

海松子，開寶本草始著錄，生關東及永平等府。樹碧實大，淩冬不凋。

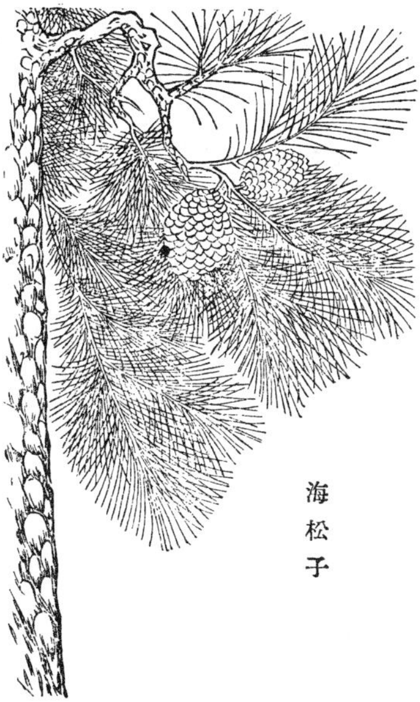

海松子

水松 附

水松產粵東下關，種植水邊，株多排種，水浸易長，葉碧花小，如柏葉狀。樹高數丈，葉清甜可食，子甚香美。按南方草木狀，水松葉如檜而細長，出南海。土產衆香，而此木不大香，

水松

故彼人無佩服者。嶺北人極愛之，然其香殊勝在南方時。植物無情者也，不香於彼而香於此者，豈屈於不知己而伸於知己者歟？物理之難窮如此。蓋卽此松。又南越筆記，水松者、櫻也，喜生水旁。其幹也，得杉十之六，其枝葉得松十之四，故一名水杉。言其枝葉，則曰水松也。東粵之松，以山松爲牡，水松爲牝。水松性宜水，蓋松喜乾，故生於山；檜喜濕，故生於水。水松、檜之屬也，故宜水。廣中凡平隄曲岸，皆列植以爲觀美。歲久蒼皮玉骨，礧砢而多瘦節，高者坒骿，低者蓋漫。其根漬水，輒生鬚鬣，嬝娜下垂。葉淸甜可食，子甚香。

楊梅

楊梅，開寶本草始著錄，吳中產者佳。可爲粽，卽醬也。廣信以釀酒。汀州志，鹽藏可治傷破。

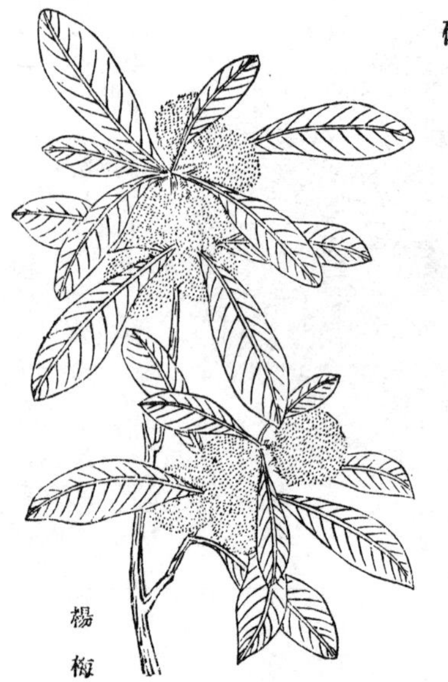

楊梅

橄欖 橄欖，開寶本草始著錄。湖南及江西建昌府亦間有之，有尖、圓各種。

橄欖

烏欖 烏欖，嶺南種之。其核中仁長寸許，味如松子，亦多油，過嶺以鹽糖炒食甚香。嶺南雜記以爲卽木威子，從之。廣東志，粤中多種烏欖，其利多；白欖種者少，號曰青子。番禺婦女，多以斲烏欖核爲務，核以炊，仁以油，及爲禮果。

椰子 椰子，開寶本草始著錄，瓊州有之。羊城夏

椰子

烏欖

飲其汁，云能解暑，度嶺則汁漸乾，味變矣。

桄榔子　桄榔子，開寶本草始著録，一名麪木，廣中有之。木爲車輮不易折；以爲箭鏃，中人則血沸。

桄榔子

椑柹　椑柹，開寶本草始著録。色青，以作漆。

椑柹

獼猴桃　獼猴桃，開寶本草始著録，本草衍義述

獼猴桃

形尤詳，今江西、湖廣、河南山中皆有之，鄉人或持入城市以售。安徽志，獼猴桃，黟縣出，一名陽桃，九十月間熟。李時珍解羊桃云，葉大如掌，上綠下白，有毛，似苧蔴而圓。此正是獼猴桃，非羊桃也。枝條有液，亦極黏。

甜瓜

甜瓜，嘉祐本草始著錄。北方多種，暑月食之。瓜蔕，本經上品。圖經云，瓜蔕卽甜瓜蔕，能吐人；瓜子仁，別錄爲腸、胃、脾內壅要藥。雩婁農曰：余觀聞見前錄，謂呂文穆公行伊水上，見賣瓜者，意欲得之，無錢可買。其人偶遺一枚於地，悵然食之。後臨水起亭，以饐瓜爲名，不忘貧賤之意。喟然嘆曰：無主之李，志士不食，文穆雖貧，何至爲東郭之乞餘哉？吾嘗過瓜疇矣，河南、北善種瓜，瓜將熟，結廬以守。中田有廬，疆埸有瓜，猶古制也。瓜成，集婦子而并手摘之。其晚實者，瓜小味劣，俗名拉秧瓜，棄而不顧，行者居者，斷其蔓而得之，無過問者。

甜瓜

或旅人道暍，不能度阡越陌，有就而餽之者。若種西瓜而取其子，則陳於康衢，以待食者而留子焉，有茶社或並設瓜飲。必伯夷之粟而後食，賢者無取乎其矯。文穆貧時不能得美瓜；饐、訓傷熱濕，亦通噎，或得病瓜及瓜之噎人者歟？否則字當作饁，野人之饋，抑哀王孫而進食者歟？吾慮後人以文穆不避瓜田納履之嫌者，故辨之。

枸櫞 枸櫞，詳草本狀，宋圖經始著錄，即佛手。

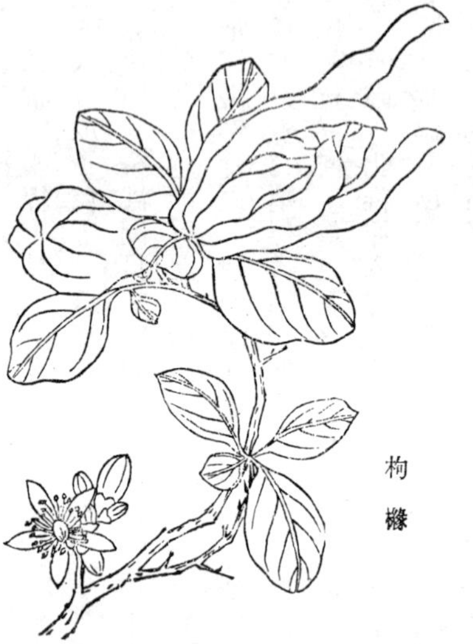

枸櫞

金橘 金橘，歸田錄云：產於江西。今江南亦多有之，唯寧都產者瓤甜如柑。冬時色黃，經春復青。或即以爲盧橘。又一種小者爲金豆，味烈，贛南糖煎之。本草綱目收入果部。辰谿志，橘小而長者爲牛嬭橘，四季可花，隨花隨實，皮甘可食，即此。

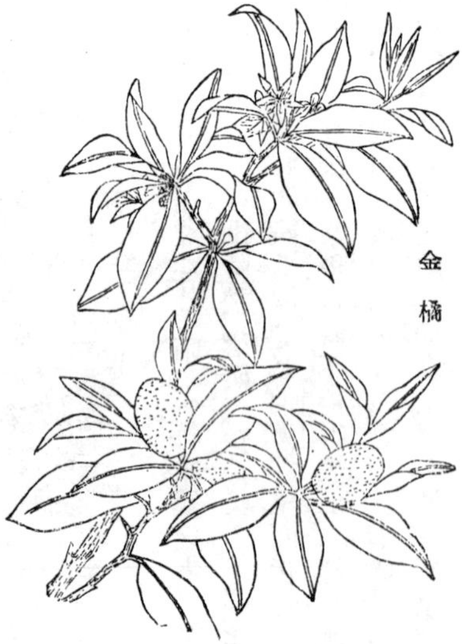

公孫桔 公孫桔產粵東，樹高丈餘，枝葉繁茂，花果層次駢綴，自下熟上，由紅至青。尖頂尚花，下已紅熟，香甜適口，味帶微酸，皮可化痰，經冬不凋。辰州諸屬，橘類有公引孫，即此。附金橘後，以備一種。

金橘

公孫桔

銀杏 銀杏，日用本草始著錄，即白果，一名鴨腳

銀杏

子。或云即平仲。木理堅重，製器不裂，匠人重之。

西瓜 西瓜，日用本草始著錄。謂契丹破回紇，始得此種，疑即今之哈蜜瓜之類，入中國而形味變成此瓜。夏小正：「五月乃瓜」，乃者急辭。八月剝瓜、畜瓜之時，瓜兼果蔬，故授時重之。近世供果，惟甜瓜、西瓜二種。本草瓜蒂，陶隱居以爲甜瓜蒂，瓜以供食，不入藥。王世懋以邵平五色子母瓜當即甜瓜。考廣志貍頭、蜜筩、女臂諸名，惟甜瓜種多色異，足以當之。而所謂瓜州瓜大如斛，青、登瓜大如三斗魁，則非西瓜無此巨觀，但無西瓜名耳。昔賢詩多云甘瓜，字爲雅馴，而張載瓜賦：「元表丹裏，呈素含紅」，甜瓜鮮丹紅瓤者，故以爲仙品。劉楨瓜賦，「厥初作苦，終然无甘」，甜瓜未甚熟及近蒂時有苦者，西瓜無是也。楊誠齋詩：「風露盈籃至，甘香隔壁聞，綠團罌一捏，白裂玉中分。」花蘂夫人宮詞：「玉人手裏剖銀瓜」。五代宋時，西瓜已入中國，所咏乃以白色爲上，則仍是甜瓜也。西瓜雖有白瓤而味佳者，其種後出，亦希有。墨莊漫錄：襄邑出一種瓜，大者如拳，破之色如黛，甘如蜜，餘瓜莫及。此甜瓜之美者。吾鄉名曰酥瓜，握之輒碎。一種黄者，大而易種，甘而不肥，俗曰噎瓜，言其速食則噎也。又古之言瓜者，皆云削瓜，乃食其膚。周王羆性儉率，有客食瓜，侵膚稍厚，羆及瓜皮落地，引手就地，取而食之。食西瓜者反此。昌平州志，物產香瓜，皮青子細，瓤甘肉肥，氣香味美，絶勝甜瓜。甜瓜類最繁，有圓、有長，有尖、有匾，大或徑尺，小或一捻。其棱或有、或無，其色或青、或綠，或黄斑、糝斑，或白路、黄路。其瓤或白、或紅。其子或黄、或赤，或白、或黑，要之味不出乎甘香而已。瓜種蓋盡於此。余嘗取種，種於湘中，味變爲越瓜。南方志有謂甜瓜皮質堅老，入醬爲葅者，毋亦類是。山西通志，西瓜今出榆次中郝、東郝、西郝三村。一種黑皮、黄瓤、絳子；一種綠皮、紅瓤、黑子，子有文。名刺麻瓜；一種綠皮、紅瓤、紅子，名蜜瓜，味殊甘美，今以入貢。市廛售者，有一種三白瓜，皮、瓤、子白，味絶美，但未熟則淡，既熟易瓤，俗謂瓜漸腐曰瓤。言如絲絡之縷也。種者亦不繁。圃人云，每一科得兩瓜，即稱稔歲也。江以南業瓜者蓋尠。余所至如湖廣之襄

西瓜

陽、長沙，皆有瓜疇。江西贛州，瓜美而子赤，豐城瀕江亦種之。滇南武定州瓜，以正月熟，上元饌瓜，鏤皮爲燈。物既非時，味亦迥別，亦可覘物候之不齊矣。

人面子　人面子見南方草木狀，紀載亦多及之。葉濃，果出枝頭，形如李大，凸凹不正，生青熟黃，味酸，一瓜五六枚、七八枚不等。核如人面，故名。內有仁三粒，必經鹽醋浸過，其仁方甘可食。又其核生則白，熟則色微黑，點茶如梅花片，光澤可愛。此樹最宜沙土，數歲即婆娑偃地。

人面子

蘋婆　蘋婆，詳嶺外代答。如皂莢子，皮黑肉白，味如栗，俗呼鳳眼果。

蘋婆

黃皮果　黃皮果，詳嶺外代答。能消食，桂林以爲醬，其漿酸甘似葡萄。食荔支饜飫，以此解之。諺曰：飢食荔支，飽食黃皮。又有白蠟與相似，

黃皮果

諺曰：黃皮白蠟，酸甘相雜。

羊矢果

羊矢果生廣東山野間，味微酸，人鮮食之，唯以飼羊，故名。按桂海虞衡志，羊矢子，色狀全似羊矢，味亦不佳。形不甚肖，或乾時黑如羊矢耶？又南越筆記，羊齒子一曰羊矢，如石蓮而小，色青味甘，當卽此。

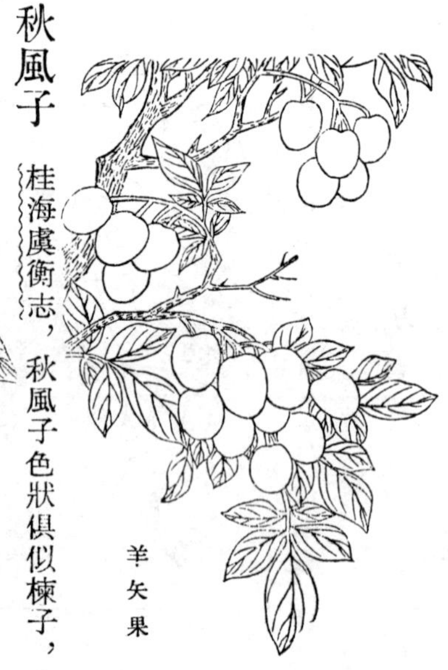

羊矢果

秋風子

桂海虞衡志，秋風子色狀俱似楝子，今

秋風子

廣東多有之。其葉本青，經霜則紅。果似棃而小，先青後黄，味酸澀，熟乃可食。

密羅

即蜜筩。　蜜羅生閩、廣，南安、施南亦有之。與佛手柑同類，無指爪。廣東又有榛果，形差類。

雩婁農曰：吾少時侍先大夫於楚北，學使署中有幕客自施南回，攜一果見啖，如橘柚而形不正圓，肉白柔厚如佛手柑，以爲卽佛手柑不具指爪者。越廿餘年，備直南齋，歲臘賜果一筩，題曰蜜羅，蓋閩中畺吏所進。時大寒，瓤作堅冰，以溫水漬之，剖置茶甌，一室盡香，亦內臣所授也。尋使湖北，按試施州，飣之核，盤之供，皆是物也。竊以形味都非珍品，而厥包作貢，因爲賦詩，有方朔老醜，待詔金門之誚。後使豫章，至贛南，於市中粥一果，形正同而瓤如橘，味殊酢，又以爲朱欒之異種。及莅滇，則園中植之樹與花皆佛手柑也，土人名曰香櫞。始知有指爪者爲枸櫞，無指爪者爲香櫞；又或一枝之上，兩者俱擎。古人有以香櫞爲佛手柑者，洵非耳食。按黔書蜜筩柑，或曰卽南海之紫羅橘，蓄之樹以浹歲，薦之槃以彌月。滇曰蜜筩，黔曰香櫞，誠一物矣。而興義府志，紫羅橘出安南，俗名蜜筩，香色似蜜羅而小，皮薄有穰。思南府志，香櫞卽蜜羅柑，氣芬肉厚，點茶釀酒俱宜。然則蜜羅、蜜筩爲二物；而余在贛南所啖者乃蜜筩也。黔書述之未晰。貴州志有謂作藤生者，亦誤矣。夫一物不知，

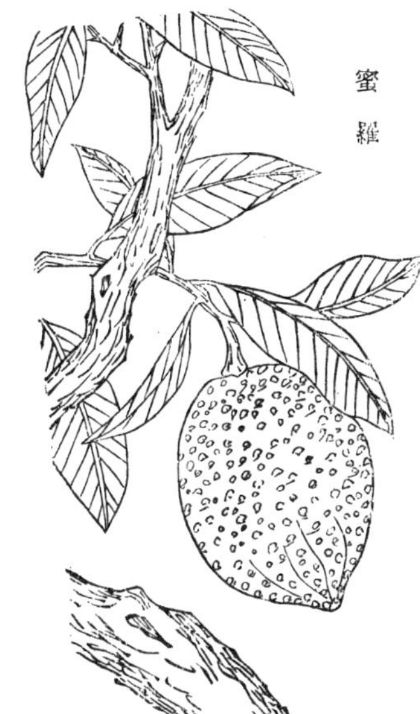

蜜羅

以爲深恥，余非仰叨恩澤，屢使南中，亦僅嘗遠方之殊味，考傳紀之異名，烏能覼其根葉，薰其花實，而一一辨别之哉？

槤果

槤果生廣東，與蜜羅同而皮有黑斑，不光潤。此果花多實少，方言謂詎爲槤，言少實也，猶北地謂瓜花之不結實者曰謊花耳。核最大，五月熟，色黄，味亦甜。

槤果

葧臍

葧臍，爾雅芍、鳧茈，卽此，諸家多誤以爲烏芋。宋圖經所述形狀，正是今葧臍。

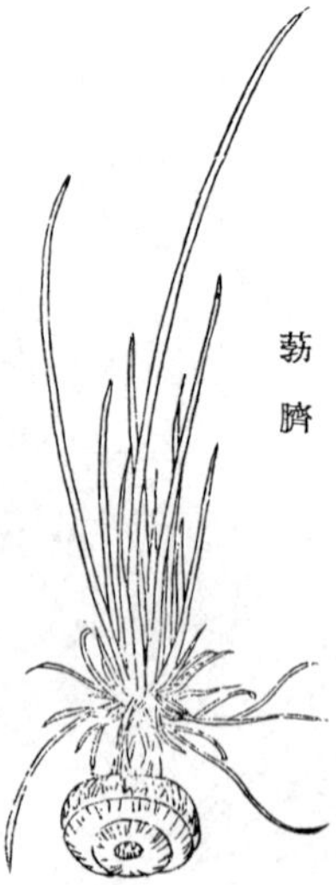

葧臍

棠棃

棠棃，爾雅杜、赤棠，白者棠。本草綱目始

棠棃

收入果部。救荒本草，葉、花皆可食。

天茄子　天茄子，救荒本草謂之丁香茄。茄作蜜煎，葉可作蔬，其形狀絕類牽牛子，或卽以爲牽牛花，殊誤。

天茄子

無花果　無花果，救荒本草錄之，本草綱目引據頗晰。

海紅　海紅卽海棠花實，本草綱目始收入果部。京

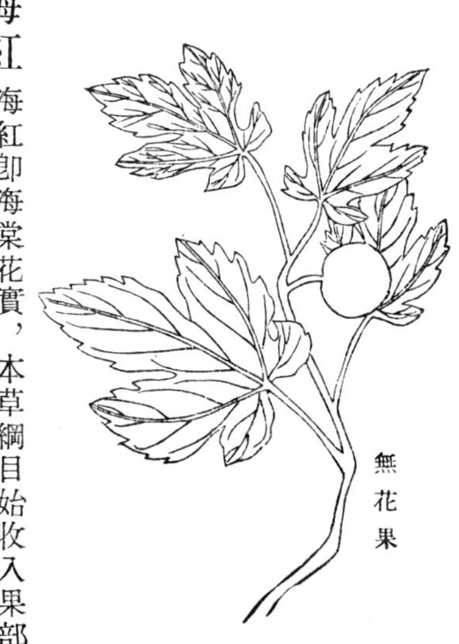

無花果

海紅

師以糖裹食之。

波羅蜜　波羅蜜詳桂海虞衡志，本草綱目始收入果部。不花而實，兩廣皆有之。核中仁如栗，亦可炒食，滇南元江州產之，三五日即腐，昆明僅得食其仁，其餘多同名異物。粵志謂無花結果，或生一花，花甚難得，即優鉢曇花。可備一說。

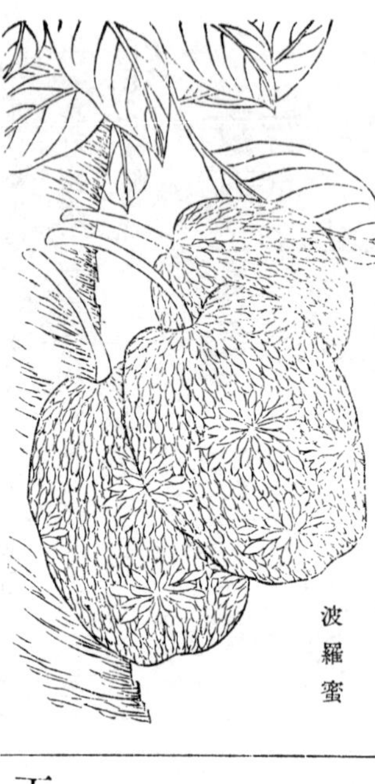
波羅蜜

五斂子　五斂子即楊桃，詳草木狀。本草綱目始收入果部。能消猪肉毒，其味酸淡，或謂以糯米澆之則甜；又可以蜜漬之；蘇長公詩：「恣傾白蜜收五棱」是也。廣人以爲蔬，能辟嵐瘴，其汁能吐蠱毒。

五斂子

天師栗　天師栗，益部方物記載之。李時珍以爲武當山所產娑羅子即此，通志從之。湖北園圃有種植者，亦呼娑羅果。

天師栗

露兜子

露兜子產廣東，一名波羅，生山野間，實如蘿蔔，上生葉一簇，尖長深齒，味、色、香俱佳，性熱。　按嶺南雜記，番荔支大如桃，色青，皮似荔支殼而非殼也；頭上有葉一宗，擘開白穰黑子，味似波羅蜜，卽此也。又名番婁子。形如蘭，葉密長大，抽莖結子，其葉去皮存筋，卽波羅麻布也。果熟金黃色，皮堅如魚鱗狀，去皮食肉，香甜無渣。六月熟。

露兜子

槤子

槤子產廣州，亦柑桔之類。陳皮本以柑皮製者爲最，市間亦有以槤皮爲之者，質稍薄，而味亦遜。

槤子

雞矢果

雞矢果

雞矢果產廣東，葉似女貞葉而有鋸齒，果如小石榴，一名番石榴。味香甜，極賤，故以雞矢名之。按南越筆記，番石榴又名秋果。嶺外代答，黄肚子如小石榴，皮乾硬如沒石子，枯莖如棘，其上點綴布生，不甚噉食。當卽此。樹小花黄白，果如梨大，生青熟黄，連皮食香甜，六月熟。

落花生

落花生詳本草從新，處處沙地種之。南城縣志，俗呼番豆，又曰及地果。贛州志，落花

落花生

生一名長生菜，花落時根下結實如豆。性與王瓜相反，不可同食。

糖刺果

糖刺果生江西籬落間，蔓葉如薔薇，白花有深缺，黃蘂。土人以其果熬糖，故名。

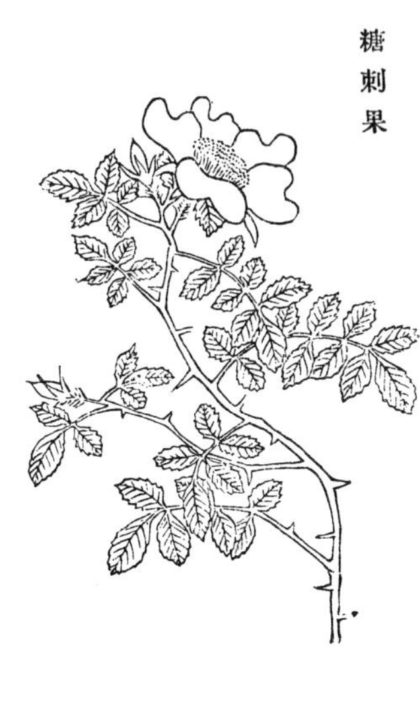
糖刺果

番荔枝

番荔枝産粵東，樹高丈餘，葉碧，葉如梨式，色綠，外膚礧砢如佛髻。一果內有數十包，每包有一小子如黑豆大，味甘美。花微白。按麻姑山亦有番荔枝，據寺僧所述，亦甚相類，惟未見其結實；而僧言實不可食。故附繪備考。

雩婁農曰：余使粵時，尙未聞有番荔支。頃有粵人官湘中者爲余畫荔支圖，而幷及之。夫似荔者有山韶子，一曰毛荔支。又有龍荔，介乎二果之間，其形與味，皆有微類者。若此果則但以磥砢目之耳。麻姑山之樹，未見其實，而綠心突起，已具全形。及至滇，乃知其爲雞嗉子。滇志以入果品，而人不甚食，其膚亦肖荔也。昔人作同名

番荔枝

錄，大抵皆慕古人之人，而以其名爲名；有名其名而類其人者，有絕不類其人者。志同名者，蓋深求其同、不同，而恐人之誤於同也。若斯果及雞嗉子之微相肖者，雖欲附端明諸公之譜，以幸存其名，烏可得耶？

番瓜　番瓜產粵東，海南家園種植。樹直高二三丈，枝直上，葉柄旁出，花黃。果生如木瓜大，生青熟黃，中空有子，黑如椒粒，經冬不凋，無毒，香甜可食。按益部方物記，脩幹澤葉，結實如綴膚，解核零可用治痺，其形狀亦頗類。但謂葉甚似桑，而不云子可食，姑附識備考。又羅江縣志，石瓜一名冬瓜樹，可治心痛云。

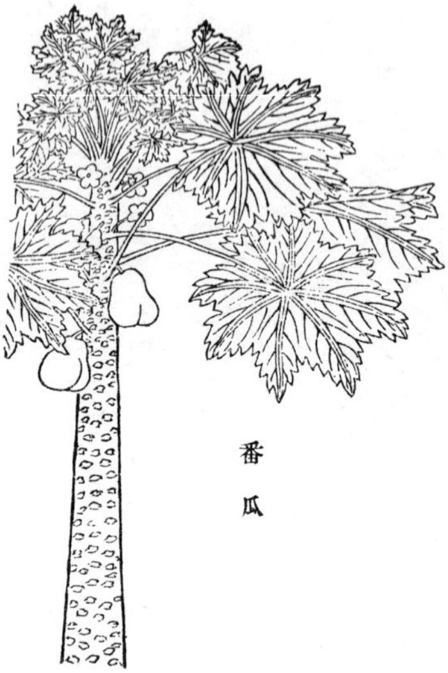

番瓜

佛桃　佛桃，湖南圃中間有之，木葉俱如佛手柑。實如橙而長，色尤鮮潤。瓤如橙，極酢，不可入口，而香氣勝於佛手柑。

佛桃

岡拈子　岡拈子生廣東山野間，形如葡萄，內多核，味酸微甜。牧豎採食，不登於肆。

岡拈子

山橙　山橙生廣東山野間，實堅如鐵，不可食。土醫治膈證，煎其皮作飲服之，良效。販藥者多蓄之。

黎檬子　黎檬子詳嶺外代答，一名宜母子。味酸，

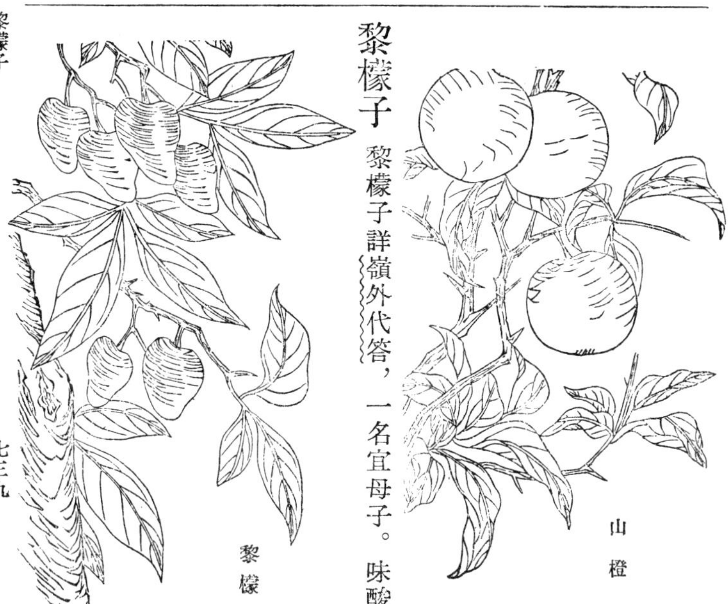

婦子懷姙食之良，故名。又名宜濛子。廣州下茅香檬，蓋元時栽種者，尤香馥云。

瓦瓜 瓦瓜產廣東，類南瓜。葉小，採置盤中，經歲不壞，日久肉乾，外殼如瓦缶。

瓦瓜

哈蜜瓜 哈蜜瓜，西域聞見錄有十數種，綠皮綠瓤而清肥如梨，甘芳似醴者爲最上，圓扁如阿渾帽形。白瓤者次之，綠者爲上。皮淡白多綠斑

點，瓤紅黃色者爲下，然可致遠久藏。回人謂之冬瓜，可收至次年二月，餘皆旋摘旋食，不能久留云。余儤直禁近，歲蒙賞果，出莅滇南，仍邀驛賜。蓋瓜之貢者，瓤皆紅黃色，取其致遠，不責以美尚。邊圉賞賚，則有瓜乾；卽明王世懋所謂乾以爲條，味極甘，而誤以爲甜瓜者也。陝甘人云，種之中土，皆紅瓤小犀，一年卽變。非我國家恩威西被，此瓜亦烏能與天馬、葡萄同來闕

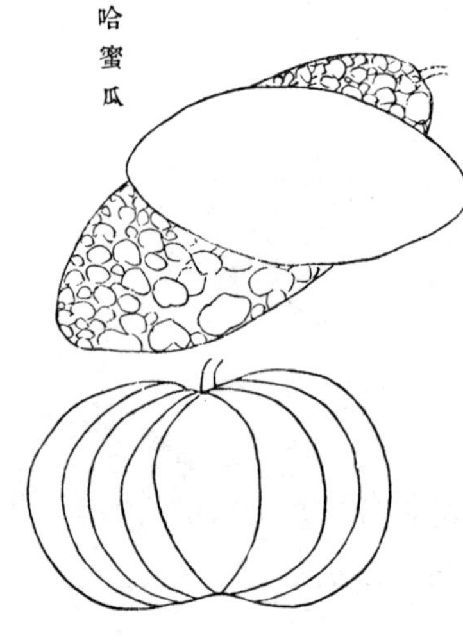

哈蜜瓜

下，便番錫賚，所以示文德武功加於無外也。洪忠宣萬里羈留，卒能攜種南還。臣子幸際大一統之盛，得嘗前賢所未嘗，若以黃瓤少師，適從何來，何以讀忠宣書？

野木瓜

救荒本草，野木瓜一名八月櫨，又名杵瓜，出新鄭縣山野中。蔓延而生，妥附草木上。葉似黑豆，葉微小光澤，四五葉攢生一處。結瓜如肥皂大，味甜。採嫩瓜換水煮食，樹熟者亦可摘食。

野木瓜

水茶臼

救荒本草，水茶臼生密縣山谷中。科條高四五尺，莖上有小刺，葉似大葉胡枝子葉而有尖，又似黑豆葉而光厚亦尖。開黃白花，結果如杏大，狀似甜瓜瓣而色紅，味甜酸。果熟紅時，摘取食之。

水茶臼

木桃兒樹

救荒本草，木桃兒樹生中牟土山間。樹高五尺餘，枝條上氣脈積聚爲疙瘩狀，類小桃兒，極堅實，故名木桃。其葉似楮葉而狹小，無花叉，卻有細鋸齒，又似青檀葉。梢間另又開淡紫花，結子似梧桐子而大，熟則淡銀褐色，味甜

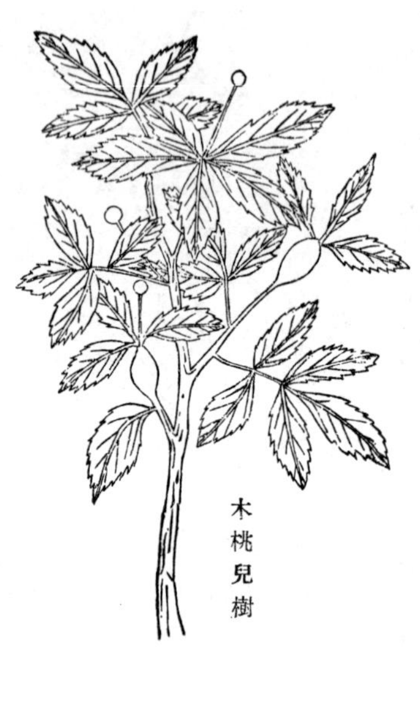

木桃兒樹

可食，採取其子熟者食之。

文冠果

救荒本草，文冠果生鄭州南荒野間，陝西人呼爲崖木瓜。樹高丈許，葉似榆樹葉而狹小，又似山茱萸葉亦細短。開花彷彿似藤花而色白，穗長四五寸，結實狀似枳殼而三瓣，中有子二十餘顆，如肥皁角子。子中瓤如栗子，味微淡，又似米麪，味甘可食。其花味甜，其葉味苦。採花煠熟，油鹽調食；或採葉煠熟，水浸淘去苦味，亦用油鹽調食。及摘實取子，煮熟食。

文冠果

櫨子樹

救荒本草，櫨子樹，舊不著所出州土，今鞏縣趙峯山野中多有之。樹高丈許，葉似冬青樹葉稍闊厚，背色微黃。葉形又類棠棃葉，但厚。

結果似木瓜稍團，味酸甜、微澀，性平，果熟時採摘食之。多食損齒及筋。

櫨子樹

植物名實圖考卷之三十二

果類

棗

棗，本經上品。爾雅詳列數種。乾者爲大棗，入藥；核中仁、木心、葉、根、樹皮皆有主治。

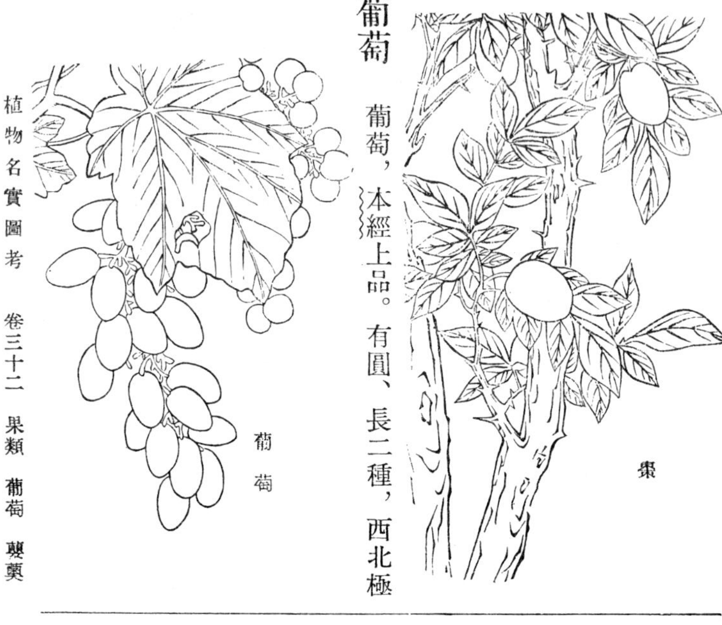

棗

葡萄

葡萄

葡萄，本經上品。有圓、長二種，西北極多，江南亦間有之。實多圓而色紫，味亦遜。

蘡薁 附

蘡薁即野葡萄，李時珍收入果部，以爲詩「六月食薁」即此。舊附葡萄下，從之。

雩婁農曰：江南少蒲萄，而蘡薁極賤。但不食西域馬乳，亦烏知蒲萄野生外尚有異種乎？陶隱居以蒲萄即當是蘡薁，正緣未見西園佳實，解渴消餶也。今北種漸徙於南，或飛騎致之，不比荔支色香易變，富貴者望西風而大嚼。彼大如豆而色紫黑者，牧豎與烏雀口就而齧啄之矣。雲南所出

蘡薁

大如棗，不能乾而貨於遠；地接西藏，故應佳。又有一種石蒲萄，生於石壁，能發痘瘡，疑卽野蒲萄，而回回所謂瑣瑣者歟。

橘　橘柚，本經上品。別錄諸說，皆合橘、柚爲一類。本草衍義以爲柚字誤衍。考橘皮用甚廣，本經又云，一名橘皮；寇說爲的。今以橘入本經，而以柚別爲一條附後。

橘

柚附　柚，爾雅櫾條，日華子始著其功用。主治消食、解酒毒，治飲酒人口氣，去腸胃中惡氣，療姙婦不思食、口淡。南方極多，以紅囊者爲佳。李時珍以朱欒、蜜筩倂爲一種，殊未的。又爾雅櫠椵，注、柚屬，大如盂。正義謂范成大所謂廣南臭柚，大如瓜，其皮甚厚者。按此卽閩中所謂泡子，味極酢，亦有可食者，多以爲盤供，與紅

柚

囊柚一類二種。

橘紅

橘紅産廣東化州，大如柚，肉甜，刮製其皮爲橘紅。以城內産者爲佳，然眞者極難得。俗謂化州出滑石，樹生石間，故化痰有殊功。贗者皆以柚皮就化州作之。昔人謂陳皮必須橘皮，橙尚可用，柚則性味皆異，而化州所産則形狀殊非橘也。

橘紅

附擘經室化州橘記。按志，橘紅出化州者佳。化州四鄉多橘，以城內者爲佳。城內多橘矣，以及聞州衙譙鼓者爲致佳。及聞鼓之橘多矣，以衙內蘇澤堂前者爲致佳。蘇澤堂，堂祇兩樹矣，尤推賴氏園中老樹一株爲致佳。老樹久枯，其根下生新樹，今數十年，高丈許，故復稱老樹。賴氏守此世爲業，買者就樹摘之，以示其眞。花多實少之年，一枚享千錢，雖官不能攫之。園中近老樹者數十株，亦佳，然惟老樹皮紅，有白毛戟手，香烈而味辛，識者入手能辨之。夫蘇澤堂橘、官物也，徵之者多則州牧不暇給。長官若買之，則官不受價，否則攫而已。予于庚辰十一月過州，知賴園之橘可買也，命僕人入園訪老樹。賴叟曰：老橘賣已盡，惟零丁數枚矣，即以數千錢摘之。賴叟其古橘中人歟？或云化城多蒙石，蘇澤堂當石上；而賴園老樹根下，蒙石之力或更巨，物性所秉，或亦然歟？

蓮藕 蓮藕，本經上品。實、薏、蕊、鬚、花房、葉、鼻皆入藥。

蓮藕

芡 芡，本經上品，卽雞頭子。嫩莖可爲蔬。䓈也，蔿也，雞壅也，雁頭也，烏頭也，雁喙也，一物而數名也。莖之嫩者曰蔿。菆葉蹙衄如沸而大，曰芡盤。梂苞吐葩有喙，曰芡嘴。唐人詩：「紫羅小囊光緊蹙，一掬珍珠藏蝟腹」，言其實也。

粥之、粉之、咀嚼之；根味如芋，煮食之，竟體芬芳，無剩物矣。歐陽文忠公詩：「爭先園客采新苞，剖蚌得珠從海底。都城百物貴新鮮，厥價難酬與珠比。」又云：「卻思年少在江湖，野艇高歌菱荇裏。香新味全手自摘，玉潔沙磨輭還美。」身近魏闕，心遊江湖，長安居不易，古與今如一邱之貉。其詩末云：「何時遂買潁東田」，今新鄭有文忠墓道，然則文忠並未復泛章江。志云衣冠葬者，未可信也。兒童不識字，耕稼鄭公

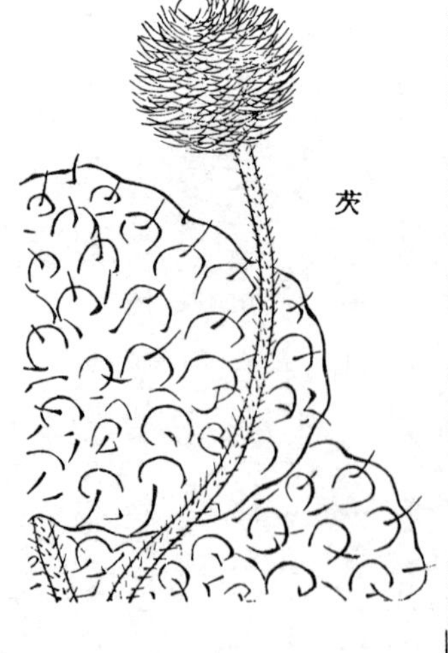

芡

莊，數百年來，頗能副文忠之屬。山谷云：建州絕無茨，頗思之。滇南百果盈衢，聞亦少此。徐勉戒子書，中年聊於東田開營小園，瀆中並饒荷蕟，湖裏殊富芰蓮。雖云人外，城闕密邇，如此佳致，消受良難。

梅

梅，本經中品。烏梅以突烟薰造，白梅以鹽汁漬晒，皆入藥，核仁、根、葉亦皆主治。

梅

桃

桃，本經下品。桃花、桃葉、莖皮、核仁、桃毛皆入藥。實在樹經冬不落者爲桃梟，一曰桃奴。汁流出爲桃膠。以木爲橛、爲符，皆辟鬼氣。

桃

杏

杏，本經下品。核仁入藥。回部關東出者，仁大充果實，即巴旦杏仁也。

杏

栗 栗，別錄上品。一梂三顆，中扁者爲栗楔，栗內薄皮爲栗荴。花爲栗線。樹皮、根、殼、梂、彙皆入藥。

茅栗 茅栗野生山中。爾雅栵栭，注、樹似槲樕而卑小，子如細栗可食，今江東亦呼爲栭栗。詩，其灌其栵。陸璣疏，木理堅韌而赤，可爲車轅，即此。

栗　茅栗

櫻桃

櫻桃，別錄上品。爾雅謂之楔，即含桃也。有紅、白數種。潁州以爲脯。

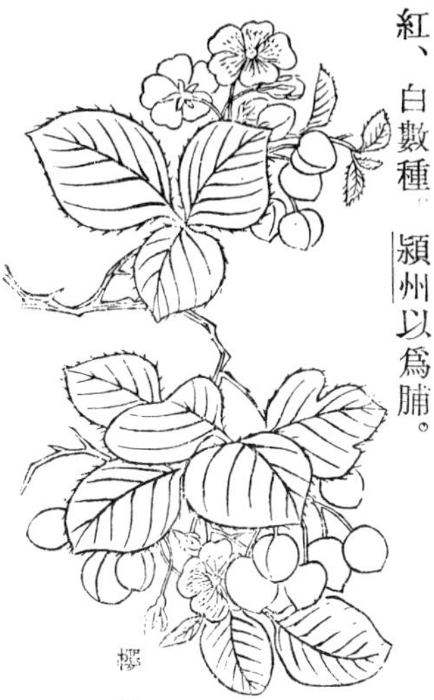

櫻桃

山櫻桃

山櫻桃，別錄上品。野生，子小不堪食。

山櫻桃

芰

芰，別錄上品，三角、四角爲芰，兩角爲蔆。爾雅蔆、蕨攈，又薢茩。注、或曰蔆也。郭氏兩存其說，遂啓後人疑誤。楚人謂蔆爲芰。國語曰：屈到嗜芰，將死，屬其宗老曰：「祭我必以芰」。及祥，宗老將薦芰，屈建命去之。孫子荆、柳子厚皆以屈建忘親違命爲非。蘇長公以屈到亂命不可爲訓，建能據典抑情爲知禮。議者以爲辨，余竊以爲尙有未盡者焉。屈到之死及祥，有日月矣。宗老以遂命爲忠，何必及祥而始薦？子木數典而忘，何待及祥而後止？宗老之薦，子木之止，殷祭也，非時薦也。古者大夫士宗廟之祭，有田則祭，無田則薦。釋者云，祭有常禮，有常時。薦非正祭，但遇時物即薦。夫國之大事，在祀與戎。大夫三廟，祭有常經，其敢干大典以取戾？考士祭三鼎，大夫祭五鼎；上大夫八豆，下大夫六豆。少牢、饋食、籩豆、鼎俎，有其數矣，有其實矣，多一芰則非其數，易一芰則非其實，非數非實，謂之亂常。孔子簿正祭器，不以四方之食供簿正，不可多也，不可易也，禮在則然。至於春韭、夏麥、秋黍、冬稻，四時薦新，庶人之禮，可通大夫。然薦其時食，禮文不具，非闕文也，蓋無常品也。後世祭法不古若，然大夫之祭，則以羔豚，雖有僭竊，無敢以太牢祭者。而歲時伏臘，各循其俗之所尚。盧氏之法，則有環餅、

芰

牢丸；曾氏之法，則有節羹、剧粥，言禮者未或非之。子木守祀典以奉般祭，而思所嗜以薦時食，其誰曰不宜？若常祭而責以薦其所嗜，然則其父有嗜牛炙者，其子將遂用牛享乎？時薦而必準以韭、麥、黍、稻，則貉之國，五穀不生，唯黍生之，將一薦黍而已乎？江以南不蓺黍，將無所薦而遂已乎？禮又曰：所以交於神明者，非食味之道也。魂氣歸天，形魄歸地，尚聲尚臭，求諸陰陽，豈以一物之薦而神來格，一物不薦而神其吐之乎？且謂人子之於親，可同於鬼鬽之求食乎？竈神之索黃羊，蠶神之求膏粥，故鬼之乞甌犧，神豈能食或憑焉。赫赫楚國，而到相之，生之日無偉烈可銘，死之日乃以口腹之細、而縱欲以敗禮度，使子木徇其屬而不違，則是死其父以爲鬼物，而不以毀譽爲心，抑亦忍矣！楚茨之詩曰，神嗜飲食，乃一曰黍稷，再曰牛羊，三曰燔炙。梁武帝祀宗廟用菜果，去犧牲，識者以爲

是不血食。故禮莫重於祭，祭莫大於用牲。蘋、蘩、薀、藻，季女尸之，禮之微者。爾雅翼以爲菱芡加籩之實，非屈到所得薦，其持論亦過拘。夫事死如事生，天子饗太牢，故諸侯大夫而祭以牛則僭；天子籩有菱芡，將遂禁人之食菱芡乎？是不然矣。羅氏又曰：吳越俗采菱時，士女皆集，故有采菱曲，爲游蕩之極。夫采菱艷曲，自爲樂府遺音，後人倚之，同於鄭衛耳。余嘗過邗溝，達苕霅，陂塘水滿，菱科漾溢，寶鏡花搖，橐鞱紅絢，牽荇帶而通舟，裹荷葉而作飯，烏覩所謂白足女郎踏槳倚柁，曼聲煙波間乎？

柿

柿，別錄中品，有烘柿、醂柿、白柿、柿霜、柿餻，皆以法製成。

木瓜

木瓜，別錄中品。爾雅謂之楙。味不木者爲木瓜，圓小味澀爲木桃，一曰和圓子，大於木桃，爲木李，一曰榠樝。今皆蜜煎方可食，花入餹爲醬尤美。歸德以上供。

柿

木瓜

枇杷

枇杷，別錄中品。葉爲嗽藥。浙江產者，實大核少。

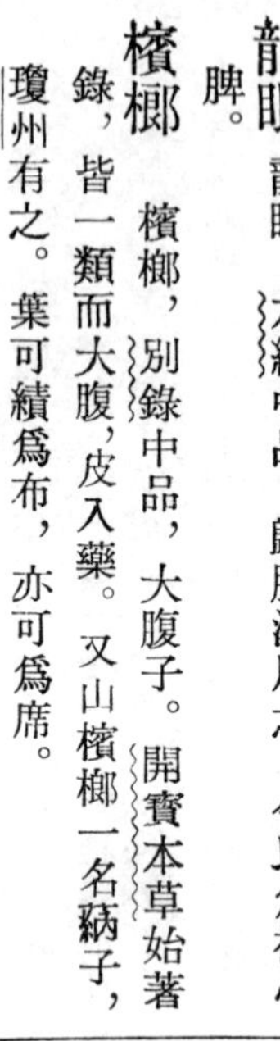

枇杷

龍眼

龍眼，本經中品。歸脾湯用之，今以爲補心脾。

檳榔

檳榔，別錄中品，大腹子。開寶本草始著錄，皆一類而大腹，皮入藥。又山檳榔一名蒳子，瓊州有之。葉可績爲布，亦可爲席。

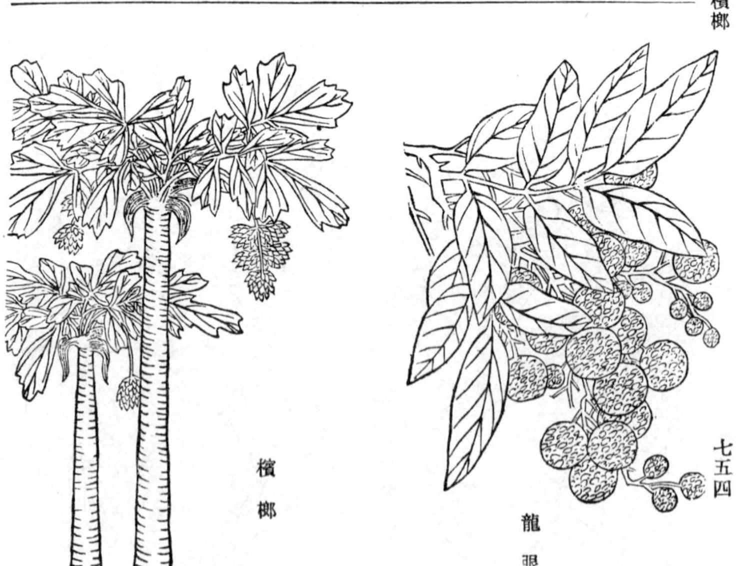

龍眼

檳榔

甘蔗 甘蔗，別錄中品。糖霜譜博核，錄以資考。

雩婁農曰：⿰甘干⿰甘庶、南產也。閩、粵河畔，沙礫不穀，種之彌望，行者拔以療渴，不較也。章貢間，閩人僑居者業之，就其地置竈與磨以煎餹，必主人先芟刈，而後里鄰得取其遺秉滯穗焉，否則罰；利重故稍吝之矣，而邑人亦以擅其邑利爲嫉。余嘗以訊其邑子，皆以不善植爲詞，頗詫之。頃過汝南郾許，時見薄冰，而原野有青蔥林立如叢篁密篠，滿畦被隴者，就視之，乃⿰甘庶也。衣稍赤，味甘而多汁，不似橘枳，畫淮爲限也。魏太武至鼓城，遣人求蔗於武陵王。唐代宗賜郭汾陽王甘蔗二十條。昔時異物見重，今則與柤梨棗栗，同爲河洛華實之毛，豈地氣漸移，抑趨利多致其種與法，而人力獨至耶？但閩、粵植於棄地，中原植於良田。紅藍徧畦，昔賢所唏；棄本逐末，開其源尤當節其流也。

甘蔗

烏芋 烏芋，別錄中品，卽慈姑。

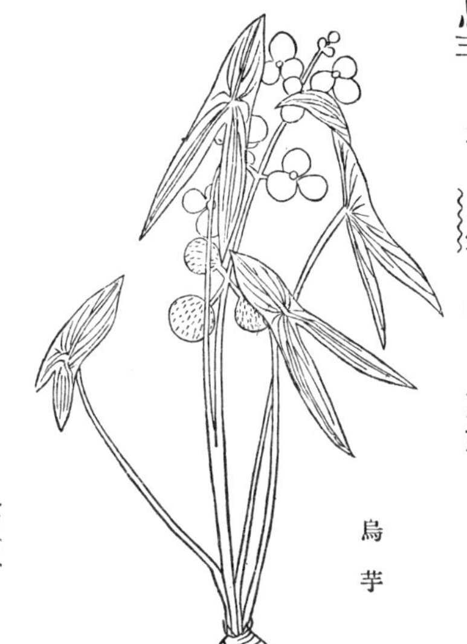

烏芋

慈姑　又一種。慈姑，廣東產者葉圓肥，開花藍白色。考花鏡，雨久花苗生水中，葉似茈菰；夏開花如牽牛而色深藍，或即此類。

慈姑

梨　梨，別錄下品。北夢瑣言著其治風疾之功。今亦以爲膏治咳，北地宜之。

淡水梨　淡水梨產廣東淡水鄉，色青黑，與奉天所產香水梨相類。南方梨絕少佳品，土人云此梨可匹北產。姑繪以備考。

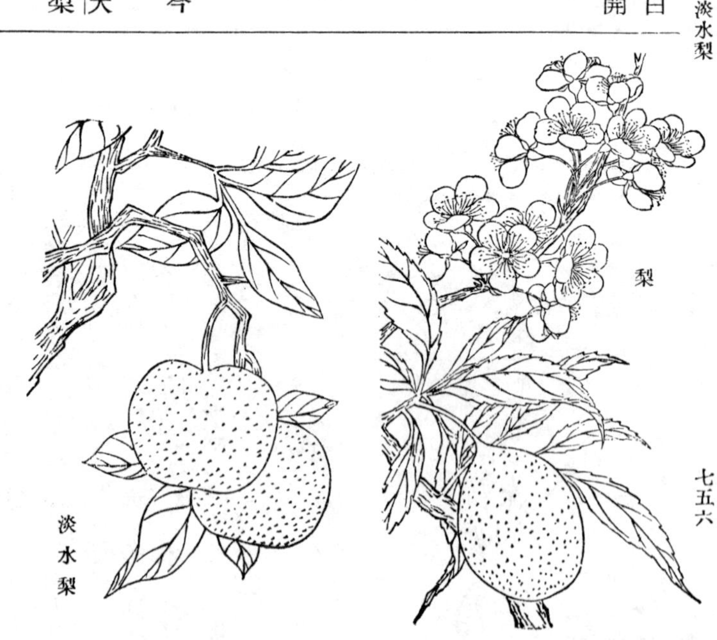

梨

淡水梨

李

李，別錄下品。種類極多。別錄有名未用。有徐李，李時珍以爲即無核李云。

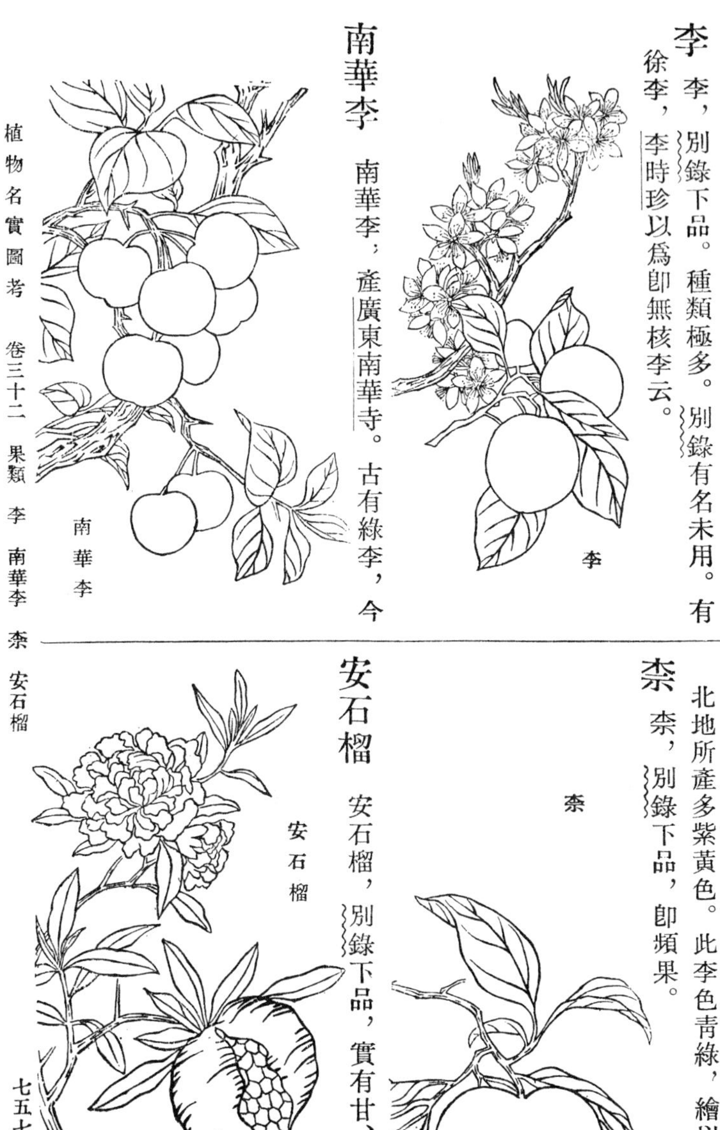

南華李

南華李，產廣東南華寺。古有綠李，今北地所產多紫黃色。此李色青綠，繪以備一種。

柰

柰，別錄下品，即頻果。

安石榴

安石榴，別錄下品，實有甘、酸、紅、

白、瑪瑙數種。

榧實　榧實，別錄下品。樹似杉，實青時如橄欖，老則黑。玉山與浙江交界處多種之。

榧實

枳椇　枳椇，唐本草始著錄，即枸也，詳詩疏。能敗酒。俗呼雞距，亦名拐棗，山中皆有之。本草拾遺木蜜，即此。

枳椇

山樝　山樝，唐本草始著錄，即赤瓜子。李時珍以

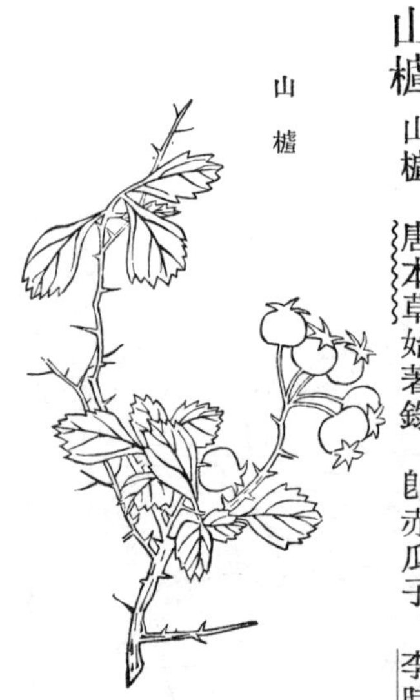

山樝

爲爾雅朹繫梅即此。北地大者味佳，製爲糕；小者唯入藥用。齊民要術引廣志云，朹木易種，多種之爲薪。又以肥田。郭注山海經亦云，朹可燒糞田。蓋此木與槲栩同生山萊，落實取材，薪槱是賴。郭注爾雅，但云可食，尚未標以爲果，而入藥則盛於近世也。

槲實

槲實，唐本草始著錄。似橡栗而圓斗亦小，其葉爲槲若。

槲實

橡實

橡實，唐本草始著錄，即橡栗也。曰柞，曰櫟，曰芧，曰栩，皆異名同物。其實曰皁斗，以染皁。說文，栩、柔也。其實皁，一曰樣。又樣，栩實。繫傳云：今俗書作橡。狙公賦之，鵾雛集之，山人饑歲，拾以爲糧。或云葉之柔，可代茗飲。然則染之、食之、飲之、薪之，橡之爲用大矣。

橡實

菴摩勒

菴摩勒，唐本附即餘甘子。生閩、粵及四川。

菴摩勒

錐栗

錐栗　錐栗，長沙山岡多有之。大樹，葉細而厚，面緑有光，背黄白而澀。結實作梂，數十梂攢聚一枝，一梂一實，似栗而圓大如芡實，内仁兩瓣，味淡微澀。按本草拾遺，鉤栗生江南山谷，大木數圍，冬月不凋。其子似栗而圓小；又有雀子相似而圓黑，久食不飢，蓋卽此種。與栗相類，非櫧類也。葉擣汁可成膠，油雨傘者用之。又一種栗，大如橡栗，味甘，煼食尤美，蓋卽鉤栗。其小如芡實者，當卽雀子，湖南通呼錐栗，一類有大小耳。

苦櫧子　苦櫧子，本草拾遺始著錄。苦者實圓、葉寬。雩婁農曰：櫧之名見山海經。余過章貢間，聞輿人之誦曰，苦櫧豆腐配鹽幽菽，豆豉也。皆俗所嗜

苦櫧子

尙者。得其腐而烹之，至舌而澀，至咽而饜，津津焉有味回於齒頰。蓋不肉食之氓，得苦甘者而咀吮之，不似淡食同嚼蠟矣。郭注謂櫧似柞。夫柞一物而數名：栩也，杼也，櫟也，櫪也，橡也，樣也。其實曰梂，曰斗。櫧之葉醜栗，實醜橡，固橡屬也。與橡實同而長者，别名槲，又曰樸樕。其不結實而中繭絲者爲青棡；青棡亦有數種，飼蠶者能辨之。陸疏，徐州人謂櫟爲杼，秦人謂柞櫟爲櫟。説文以樣爲栩實。小學家展轉訓詁，但指其類耳。上林賦沙棠櫟櫧，沙棠爲一物，櫟櫧亦應爲一物。櫧、杼聲音輕重，鴇羽所集，其此實耶？長沙秋時，傾筐入市，浸浸以腐供賓筵，北地不聞此製也。汝南有一種黄栗樹，與櫟頗類，而中棟梁，非不材之木。櫧木爲柱不腐，亦有紅、白二種：白者理疎，紅者理密，中什器，誠非橡槲伍，其亦如樗、檫之别乎？

麪櫧

麪櫧與櫧苦同，葉長而狹，實尖。

麪櫧

韶子

韶子，本草拾遺始著錄，虞衡志謂之山韶子。俗呼毛荔支，謂荔支子變種，味酸。

韶子

都角子

都角子，本草拾遺始著錄。似木瓜，味酢。

石都念子

石都念子，本草拾遺始著錄，即倒捻子。東坡名爲海漆，亦名胭脂子。

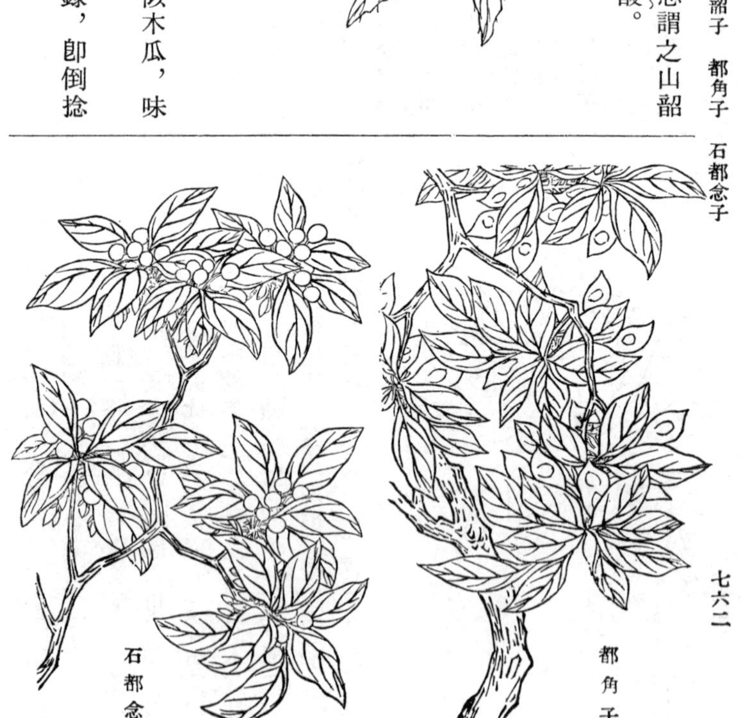

都角子

石都念子

軟棗

軟棗卽牛奶柹，救荒本草以爲卽羊矢棗。段玉裁說文解從之。名苑云卽君遷子，本草綱目從之，引本草拾遺云生海南。今嶺南有羊矢棗，南越筆記述之甚詳，蓋同名異物也。禮記內則芝栭蔆椇，疏引賀氏說，以栭爲軟棗。爾雅注以栭爲栭栗。釋經者多以郭說爲長。郭注遵羊棗，云實小而圓，紫黑色，俗呼羊矢棗，狀與軟棗符。

軟棗

椖子

椖子，本草拾遺始著錄。甕牖閒評以爲梨類。

椖子

無漏子

無漏子，本草拾遺始著錄，卽海棗也，廣中有之。

無漏子

植物名實圖考卷之三十三

木類

柏

柏，本經上品，葉、脂、實俱入藥用。有圓柏、側柏；圓柏即栝有赤心者，俗名血柏。

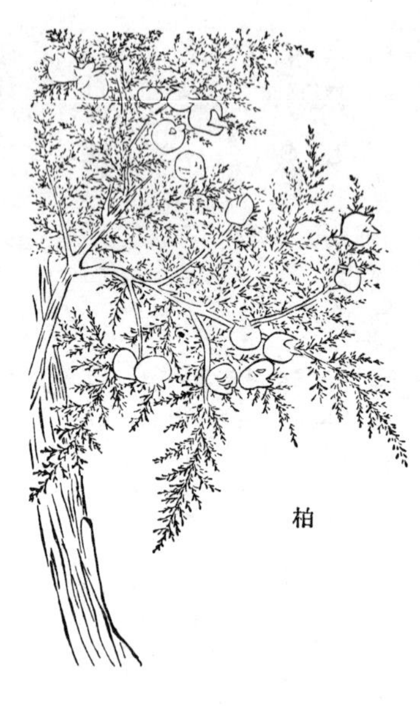
柏

檜

檜即栝，書疏，栝、柏葉松身，與爾雅檜同。爾雅翼，今人謂之圓柏，以別於側柏。其一種刺柏，木理亦相類。老學菴筆記謂有海檜、土檜二種；海檜難致，不知其葉有別否。檜、柏一枝之間，或檜或柏，庭院多植之爲玩。又有三友柏，一株而葉有圓、側、刺三種。

檜

刺柏

刺柏，葉如針刺人。圃人多翦其葉、揉其幹爲盆玩，或亦曰刺松。說文樅，細理木也。段氏注，樅見西山經、南都賦。郭曰：樅似松有刺，細理。劉淵林注蜀都賦，楔似松，有刺；楔蓋樅之譌。按此木理極堅緻，但葉如刺耳。五臺有落葉松，有刺能毒人肉；今志中失載。

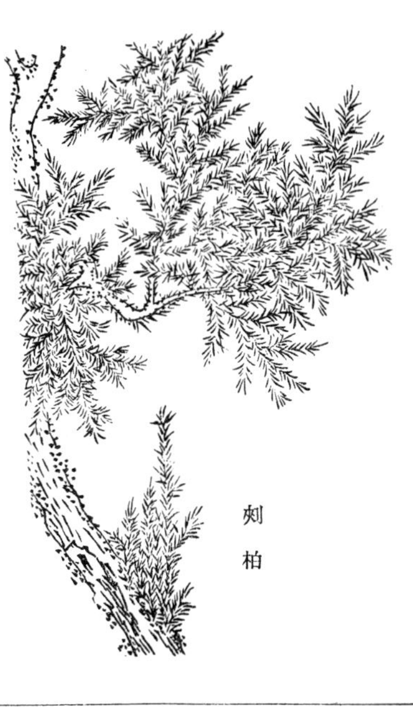
刺柏

松

松脂，本經上品。花爲松黄，樹皮綠衣爲艾蒳，燒汁爲松滀；松節、松心皆入藥。關東松枝幹凌冬翠碧，結實香美，子爲珍果。永平亦有之。凡北地松難長，多節質堅，材任棟梁，通呼油松。盛夏節間汁卽溢出。南方松僅供樵薪，易生白蟻。惟水中椿，年久不腐。

雩婁農曰：爾雅樅、松葉柏身。注。今大廟梁材，尸子所謂松柏之鼠，不知堂密之有美樅；樅蓋松類而異質耳。今匠氏攻木者，有灰松、黄松二種。灰松易生，質輕速腐，爲藉爲薪，皆是物也。黄松亦曰油松，多脂，木理堅，多生山石間。北地巨室，非此不能勝任。余常至盧龍試院，觀所謂古松者，皆數百年物，竦身矗幹，碧潤多節，與老松龍鱗，渺不相屬。而長風謖謖，巨浪撼空，審其釵股，則皆七鬣，意謂卽美樅也。湘中方言，謂松爲叢，簡牘中或作樅，則松、樅果一類歟。結實之松，葉同而木駁，凸凹如刻畫，惟燕、遼及滇有之。滇繁露以樅爲絲杉。松、杉葉迥異，爾雅兩載，恐非類也。園庭古寺有塵尾松、栝子松、（卽剔牙松。）金錢松、鵝毛松，皆盆几之玩，非棟梁之用，五大夫之庶孽耳。塞外五臺有落葉松，蒙古取其皮以代茶。高寒落木，異乎後凋，又其木堅有刺毒，能腐人肉。寄生白脂厚五六寸，光潔似玉，徽軟而堅，或有用爲鞾底。又有白松，

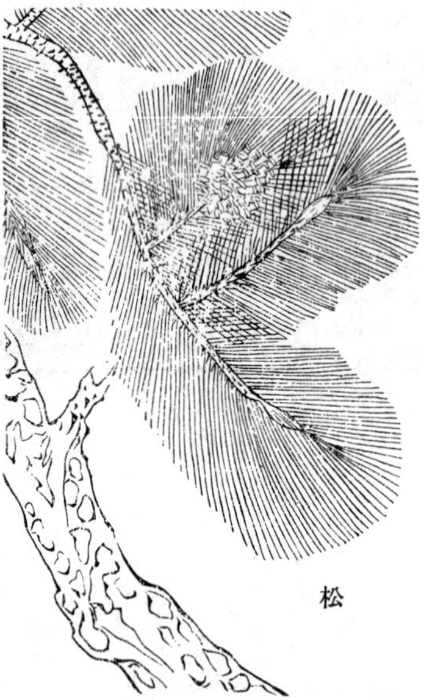

松

直榦盤枝，上短下長，望如浮圖，質體獨輕，非木公之別族，則因地而異其形性矣。

茯苓

茯苓，本經上品，附松根而生，今以滇產爲上。歲貢僅二枚，重二十餘斤，皮潤細，作水波紋，極堅實。他處皆以松截斷，埋於山中，經三載，木腐而茯成，皮糙黑而質鬆，用之無力。然山木皆以此翦薙，尤能竭地力，故種茯苓之山，多變童阜，而沙崩石隕，阻遏溪流，其害在遠。聞新安人禁之。

茯苓

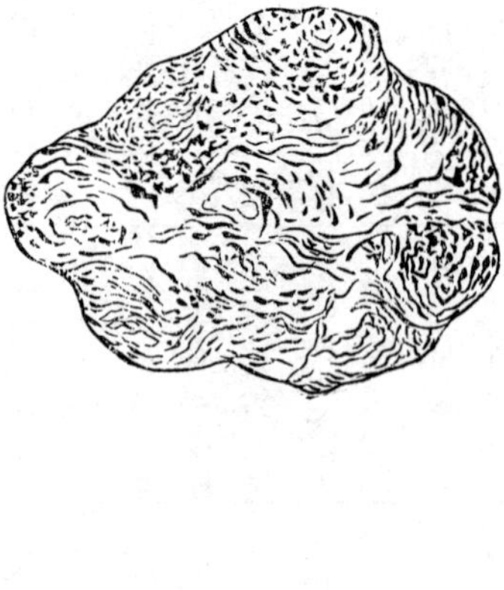

桂

菌桂，本經上品。牡桂，本經上品。別錄又出桂一條。牡桂卽肉桂，菌桂卽箘桂，因字形而誤，今以交趾產爲上，湖南瑤峝亦多，不堪服食。桂子如蓮實，生青老黑。

桂

蒙自桂樹

桂之產曰安邊，曰清化，皆交趾境。其產中華者，獨蒙自桂耳；亦產逢春里土司地。余求得一本，高六七尺，枝幹與木樨全不相類。皮肌潤澤，對發枝條，綠葉光勁，僅三直勒道，面凹背凸，無細紋，尖方如圭。始知古人桂以圭名之説，的實有據；而後來辨別者，皆就論其皮肉之腊，而並未目覩桂爲何樹也。其未成肉桂時，微有辛氣。沉檀之香，歲久而結；桂老逾辣，亦俟其時，故桂林數千里，而肉桂之成如麟角焉。江南山中如此樹者，殆未必乏，惜無識其爲桂者。爨下榾柮，馨氣滿坳，安知非留人餘叢，同泣萁豆間耶？玉蘭著而木蓮微，木犀詠而山桂歇，古之賞者其性，後之賞者其華，草木名實之淆，亦世變風移之一端也。雖然人不至滇，亦烏知桂之爲桂哉！

蒙自桂樹

巖桂

巖桂卽木犀。墨莊漫錄謂古人殊無題咏，不知舊何名。李時珍謂卽菌桂之類而稍異，皮薄不

巖桂

辣，不堪入藥。

桂寄生　桂寄生一名骨牌草，生杭州三百年老桂上。大致如車前草，而葉厚如桂。三十二色骨牌，無一不具，奇偶相對，巧非意想所及。點子黃圓，生於葉背，皆一一突出似金星草，蓋其子也。余至杭，曾取玩之。或云治吐血有殊功。雩婁農曰：古者烏曹作博。説文博局戲六箸十二

棊。方言博或謂之棊；所以投博謂之枰，或謂之廣平；所以行棊謂之局，或謂之曲道。顔氏家訓，古爲大博則六箸，小博則二焭，今無曉者。鮑弘博經博局之戲，各投六箸，行六棊，故曰六博用十二棊。六白六黑所擲骰謂之瓊。瓊有五采刻：一畫者曰塞刻，二畫者曰白刻，三畫者曰黑，一邊不刻在五塞之間，謂之五塞。博戲之法，今皆不傳。曰棊、曰枰，則與奕類。廣韻博攬一曰投子。則瓊也，焭也，骰也，投也，一物也；蓋今骰子所自昉也。然其采有梟盧雉犢爲勝負，其法用骰子五枚，分上爲黑，下爲白。黑者刻二爲犢，白者刻二爲雉。全黑爲盧，采十六；二雉三黑爲雉，采十四；二犢三白爲犢，采十；全白爲白，采八；倘黑而下白，非今采也。潘氏紀聞始有重四賜緋之説。南唐劉信，一擲六骰皆赤。宋王昭遠一擲六齒皆赤。其製與今骰子微相類。然古骰子唯刻木，故名五木。後世用石，用玉，漸用象、

用骨，故骰字從骨。骨牌者，蓋自骰子出；而三十二具之采色，究不知始於何時。歸田錄載葉子戲，或謂卽今以紙爲牌所由昉。然游戲之具，與世推移，執今證古，多不相師。彼桂樹之寄生，必不始生於近世，豈此三十二具之奇偶，乃造物機械，偶露於小草，而爲人所窺尋耶？抑人世既有此戲，而草木乃賦形而維肖耶？夫寄生多種，何獨異於桂？嶺南、北之桂寄生，與他木同，

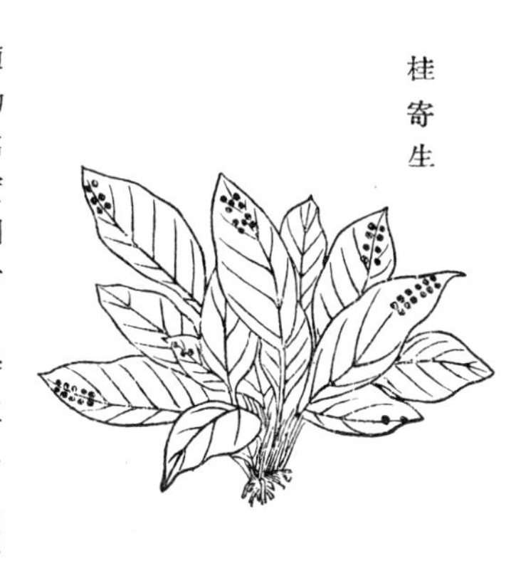

桂寄生

何獨異於餘杭之桂？豈小說家所謂浙江爲月路所經，故月桂之子，獨落於靈隱、天竺；其所產之桂，特鍾神奇耶？夫草木之異，非祥則妖。合朔連理，以符聖世；而戈甲人物之象，爲兵禍先兆。彼牧猪奴之戲，何關休咎，而乃刻畫點染，瑣瑣焉而不憚煩耶？抑又聞之，人心所屬，物卽應之。鄭氏書帶之草，應著述之勞也；田氏復生之荆，應友于之義也；湘妃之竹有淚，哀之極也；男子樹蘭不芳，情之異也。易道闡幽，而蓍草獨盛於太皞之墟；象敎盛行，而木理始有菩薩之像。金石之堅，能昭誠格，卉木無知，尤徵蓄變。然則寄生之有骨牌也，非以示摴蒱投瓊之易其術，卽人事游戲，沉溺忘返，而小草乃爲之效尤而極巧也。滇之夷，重女而賤男。永昌之裔，有低頭草焉，見婦人則低其頭。婦以饋夫，卽制其夫。人之所忌，其氣燄足以取之。妖由人興，不從其所好，卽伺其所畏，理固然也。彼竹葉之

符，艾葉之人，徒以意造想象者，又非此類矣。又按宋圖經，樗葉脫處有痕，如樗蒱子，又似眼目。則古骰子亦不似今之骰子，形方而點正圓也。

木蘭 木蘭，本經上品。李時珍以爲卽白香山所謂木蓮生巴峽山谷間，俗呼黃心樹者，疏證甚核。余尋藥至廬山，一寺門有大樹合抱，葉似玉蘭而大於掌。僧云：此厚朴樹也。掐其皮，香而辛。

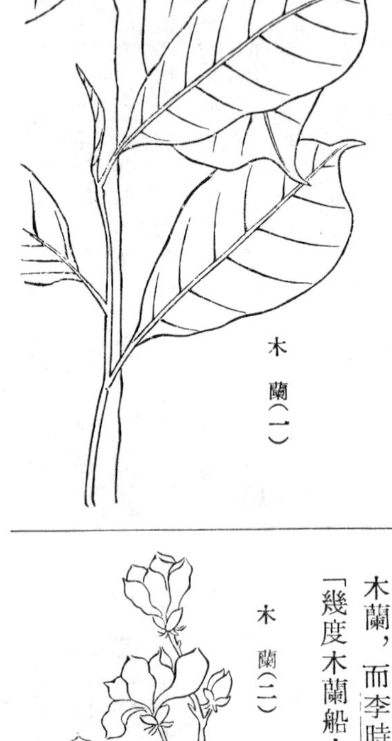

木蘭（一）

考陶隱居木蘭注，謂皮厚狀如厚朴，而氣味爲勝。宋圖經謂韶州取外皮爲木蘭，肉爲桂心。李華賦序亦云似桂而香。則廬山僧以爲厚朴，與韶州以爲桂，皆以臭味形似名之，而轉失其嘉名。張山人石樵僑居於黔，語余曰：彼處多木蘭樹，極大，開花如玉蘭而小，土人斲之以接玉蘭則易茂。木質似柏而微疎，俗呼泡柏木。川中柏木船，皆此木耳。因爲作圖。余繹其說，始信廬山所見者卽木蘭，而李時珍之解亦未的。輒憶天隨子詩曰：「幾度木蘭船上望，不知原是此花身」，蓋實錄，

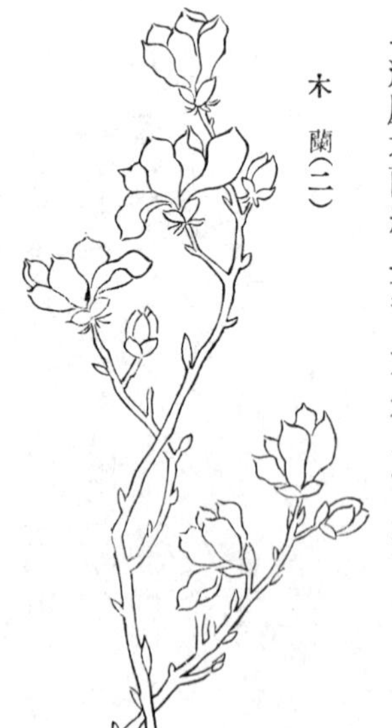

木蘭（二）

非綺詞也。然是木也，功列桐君之書，形載騷人之詞，刳舟送遠，假名汎彼；而擷華者又復以李代桃，用其身而易其謚，遂使注書者泛引而失眞，求材者炫名而遺實。宜乎李華有感而賦，謂自昔「淪芳於朝市，墜實於林邱；徒鬱咽而無聲，可勝言計籌」也。

木蓮花見黃海山花圖，全似蓮花，不類辛夷。

辛夷 辛夷，本經上品，即木筆花。又有玉蘭花，可食，分紫瓣、白瓣二種。

雩婁農曰：王世懋花疏，據苕溪漁隱謂玉蘭爲宋之迎春花，今廣中尚仍此名。又云玉蘭花古不經見。余謂木蘭、玉蘭，一類二種。唐宋以前，但賞木蘭。自玉蘭以花色香勝，而騷客詞人競以玉雪霓裳描寫姑射，而絨舌不與木蘭一字矣。余由豫章泝湘，經黔、抵滇，所見茶花多矣。譜滇茶花者，幾及百種。庭廡間位置，爭以深紅軟枝、分心卷瓣爲上品。舊時圖畫冊子，濃鬆闊瓣，濡染綺麗者，已棄擲山阿，付與樵豎；而白花黑果，塡溢於湘、黔、章貢山谷中，落實而焚膏者，滇中固無此利，即江湘間士大夫，相燕賞於玉茗寶珠間者，亦不盡知其爲族類也。按此敍茶花，疑原書誤入。玉蘭雅潔，芳樹名園，非是不稱，正如芝蘭玉樹，欲生階前。彼山鬼朝搴，子規夜上，托根亂石間者，非澤畔羈人，澗阿孤寺，烏能見而憐之。離騷而降，遷客淹留，雲埋水隔，愁落恨生，祇是故矣。宋景文贊曰：

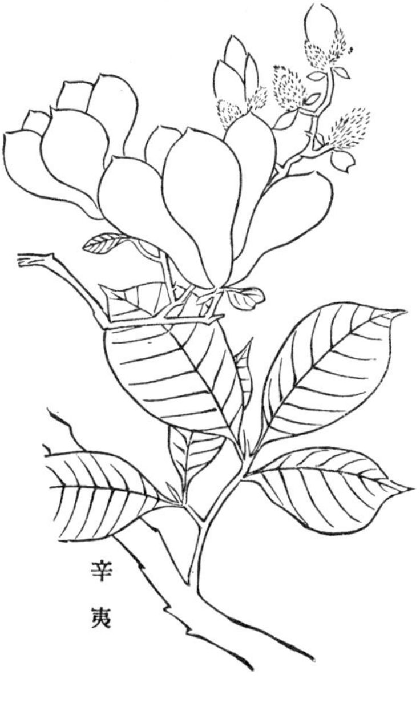

辛夷

木蓮生峨眉山中，不爲園圃所蒔，日涉者尙不得一逢，況不窺園者耶？雖然，日食五穀，不辨黍稷亦多矣，又何論深山古木？

杜仲

杜仲，本經上品。一名木棉。樹皮中有白絲如膠芽，葉可食，花實苦澀，亦入藥。湘陰志，杜仲皮粗如川產，而肌理極細膩，有黃白斑文。

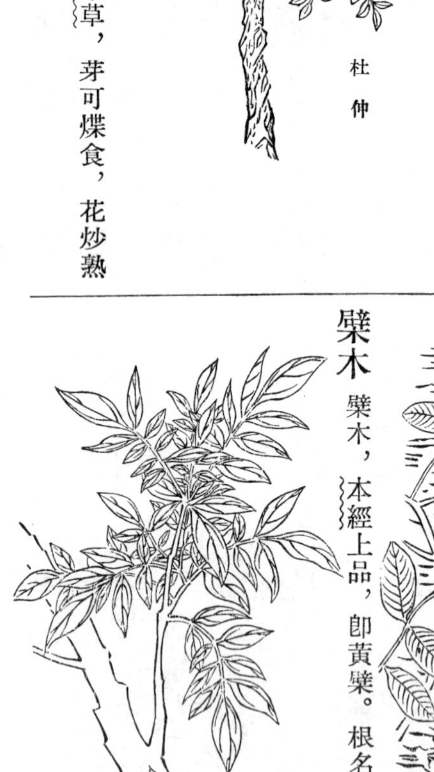

杜仲

槐

槐，本經上品。救荒本草，芽可煠食，花炒熟亦可食。

檗木

檗木，本經上品，卽黃檗。根名檀桓。湖南

槐

檗木

辰沅山中所產極多，染肆用之。

榆

榆，本經上品，種甚多。今以有莢者爲姑榆，無莢者爲郎榆。南方榆秋深始結莢，不可食，即拾遺之榔榆也。其有刺者爲刺榆，質堅；其皮白者爲粉榆，北方食之。又別錄中品，有蕪荑。說者謂即榆莢仁醞爲醬者。李時珍又云：有大蕪荑，別有種，不知何物。

榆

漆

漆，本經上品，山中多種之，斧其木以蛤盛之，經夜則汁出。

漆

女貞

女貞，本經上品，今俗通呼冬青。李時珍以實紫黑者爲女貞，實紅者爲冬青，極確。湖南通謂之蠟樹，放蠟之利甚溥。又有小蠟樹，枝葉花實皆同，而高不過四五尺。救荒本草凍青芽，葉可食，即此。

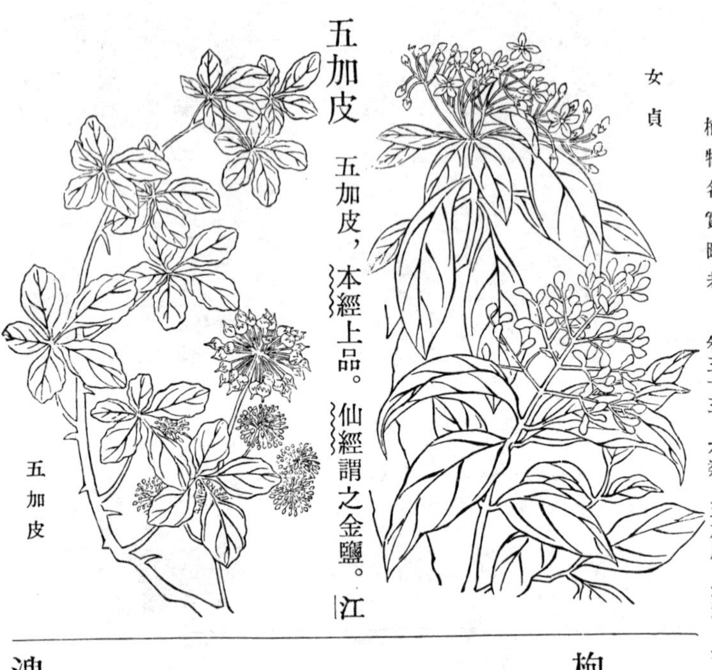

五加皮

五加皮，本經上品。仙經謂之金鹽。江西種以爲籬，其葉作蔬，俗呼五加蕻。京師燒酒，亦有五加之名，殆染色爲之。

枸杞

枸杞，本經上品，根名地骨皮。陸璣詩疏，苞杞一名地骨是也。嫩葉作蔬，根實入服食家用，故有仙人杖之名。又溲疏，本經下品，代無識者。唐本草注，子似枸杞。

溲疏 附

溲疏，前人無確解。蘇恭云：子八九月

熟，色似枸杞，必兩兩相對。今江西山野中亦有之，葉似枸杞，有微齒。圖以備考。

蔓荆

蔓荆，本經上品。又牡荆，別錄上品，即黄荆也。子大者爲蔓荆，有青、赤二種：青者爲荆，赤者爲楛，北方以製莒筐籬笆，用之甚廣，沙地亦種之。江南器多用竹，故荆條叢生，無復採織。

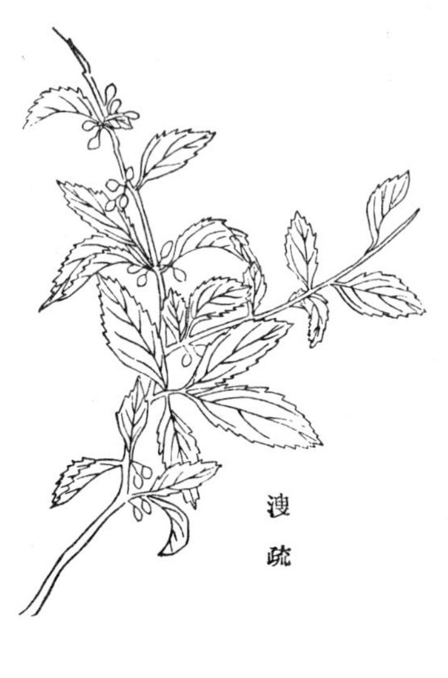

酸棗

酸棗，本經上品。爾雅樲、酸棗，注、以爲

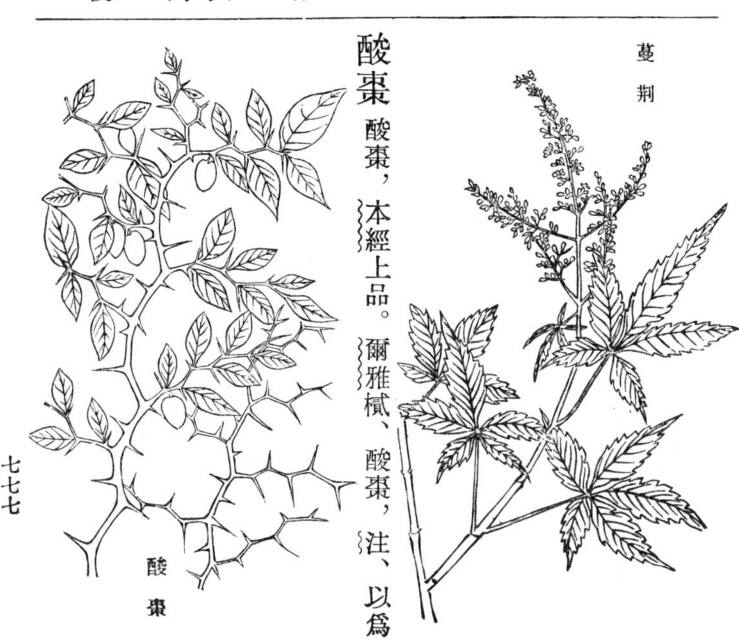

即棫棶。又白棶，本經中品。李當之云：白棶是酸棗樹鍼。又別錄，有刺棶花，亦即棶花也。

蕤核

蕤核，本經上品。傳信方，治眼風淚痒，用之得效。救荒本草，俗名蕤李子，果可食。本草綱目以爲郭注爾雅棫、白桵即此，亦可備一說。

蕤核

厚朴

厚朴，本經中品。唐書龍州土貢厚朴。本草綱目謂葉如槲葉，開細花，結實如冬青子，生青熟赤，有核，味甘美。滇南生者葉如楮葉，亂紋深齒，實大如豌豆，謂之雲朴，亦以冒川產。川中人云，凡得朴樹，輒掘窖以火煨逼，名曰出汗，必以黃葛樹同納窖中。及出汗後，則二物氣味糅雜，不能辨矣。說文朴、木皮也。段氏注，洞簫賦秋蜩不食，抱朴以長吟。顏注急就篇上林賦厚朴曰，朴木皮也。此樹以皮厚得名。廣雅，重皮厚朴也。今朴皮重卷如筒，厚者難致。滇南呼朴爲婆。桂馥札璞以爲駁樹，殊欠考詢。

厚朴

秦皮

秦皮，本經中品。樹似檀，取皮漬水便碧色，書紙看之皆青。湖南呼爲稱星樹，以其皮有白點如稱星，故名。

秦皮

合歡

合歡，本經中品，即馬纓花。京師呼爲絨樹，以其花似絨線，故名。救荒本草，夜合樹嫩葉味甘，可煠食。

合歡

皁莢

皁莢，本經下品。有肥皁莢、猪牙皁莢剌，爲癰疽要藥。救荒本草，嫩芽可煠食，子去皮糖漬之，亦可食。滇南皁角樹至多，角長尺餘。秋時懸垂樹末，如結組綸。每塑廟像將成，必焚皁角以除穢，歲首亦或爇於門外。考五國故事，蜀王衍好燒沉檀、蘭麝之類，芬馥氤氳，晝夜不息，既而厭之，乃取皁角燒之。則以皁角爲香者，蓋

皁莢

始於蜀，而滇亦染其俗耳。又湖南志謂無論諸惡瘡，但以皁角末醋調敷卽愈云。

校注：皁莢，本經下品，原誤中品今改。

桑 桑，本經中品。爾雅女桑、桋桑。注，今俗呼桑樹小而條長者爲女桑樹。檿桑、山桑，注：似桑，材中作弓及車轅。今吳中桑矮而葉肥，蓋卽女桑。江北桑皆自生，材中什器，蓋卽檿桑。蠶絲勁黃，所謂檿絲矣。桑枝、根、白皮、皮中汁、霜後葉及葚耳、蘚花、柴灰、蠹蟲皆入藥。

桑

桑上寄生 桑上寄生，本經上品。葉圓，微尖厚而柔，面青光澤，背淡紫有茸，子黃色如小棗，汁甚黏，核如小豆，諸書悉同。惟圖經云，三四月花，黃白色。余所見冬開花，色黃紅，殘則淺黃耳。後人執蔦女蘿之說，強爲糾紛。若如陸疏所云，乃是蔓生，何能併合？南方毛薑、石斛、風蘭寄生，亦非一種。本草衍義謂有服他木寄生而死者，用寄生者，烏可不慎？廣西所產。多榕寄生；或云桑寄生於榕；又謂有桑寄桑者，尤謬。吾未見有服此藥而效者，緣少眞者耳。

雩婁農曰：蔦與女蘿，傳曰：蔦、寄生也。陸疏以爲子如覆盆子，赤黑，甜美。今寄生子既不可食，形亦不類；或云鳥銜樹子遺樹上而生。余以十月後莅贛南，羣木多隕，有鬱葱者如花、如果，遣人折枝視之，皆寄生也。所托樹非一，而葉厚毛背，紅花黃子，無異形，信乎感氣而生，別是一物也。桑寄生以去風保產，見重於世。桂椒生者，土人云性與桂椒同。桃柳所生，俗方亦取用之。蓋皆盜本木之精華，而奪其雨露之施，假而不歸，如借叢者，久而叢枯而亡矣。讀郁離子伐桑寄生賦序云，如「瘡痍脱身，大奸去國」，有會余心者焉。其賦有曰：農植嘉穀，惡草是芟，物猶如此，人何以堪。獨不聞三桓競爽，魯君如寄；田氏厚施，姜陳易位。大賈入秦，伯翳以亡；園謀既售，芈化爲黃。蠹憑木以槁木，姦憑國以盜國，鬼居肓而人隕，梟寄巢而母食。故曰非其種者，鋤而去之，信斯言之可則。

桑上寄生

校注：桑上寄生，本經上品，原誤別錄中品，今改。

吳茱萸

吳茱萸，本經中品。爾雅椒樧、醜莍。禮記作藙。又食茱萸，唐本草始著錄。宋圖經，

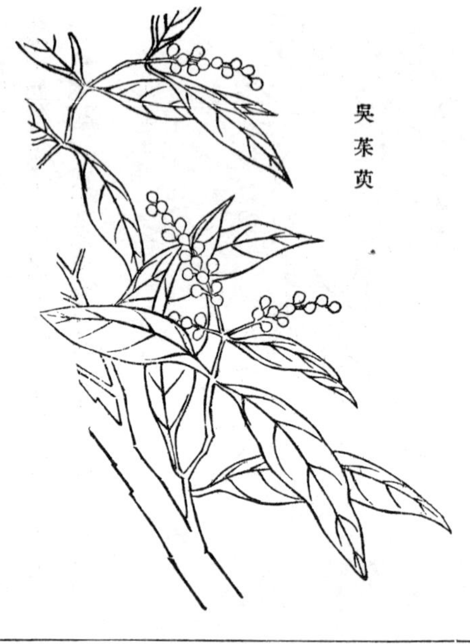

或云卽茱萸，粒大堪噉者，蜀人呼爲艾子。益部方物記，藙、艾同字，云又名欓子。

山茱萸　山茱萸，本經中品。陶隱居云，子如胡頹子，可噉；合核爲用。救荒本草謂之實棗兒。

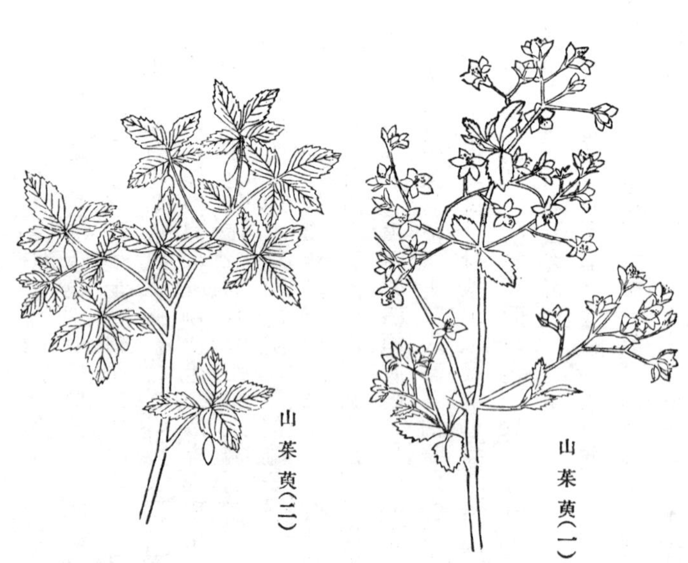

秦椒 蜀椒

秦椒，本經下品。爾雅檓、大椒。又蜀椒，本經中品。今處處有之，以蜀產赤色者佳。川中用絲結爲念珠等物是也。

校注：秦椒，本經下品，原誤中品，今改。

秦椒 蜀椒

崖椒

崖椒，宋圖經收之。李時珍以爲卽椒之野生者。

衞矛

衞矛，本經中品，卽鬼箭羽。湖南俚醫謂之

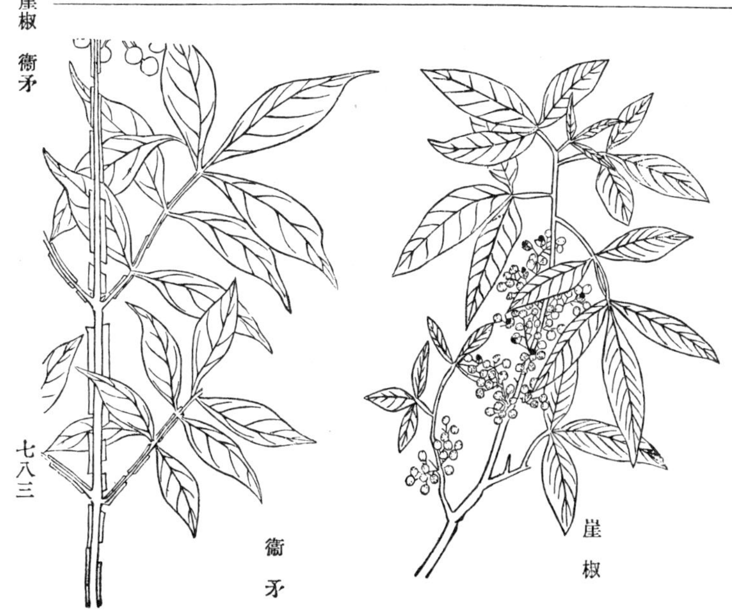

崖椒

衞矛

六月淩，用治腫毒。按圖經，曲節草有六月淩、綠豆青諸名。此木春時，枝葉極嫩，結實如冬青而色綠，性味苦寒，殆卽一物。

梔子

梔子，本經中品。卽山梔子，以染黃者；以七棱至九棱者爲佳。

枳實

枳實，本經中品。橘踰淮而化爲枳，或云江南亦別有枳，蓋卽橘之酸酢者，以別枸橘耳。補筆談辨別枳實、枳殼極晰。

梔子

楝

楝，本經下品，處處有之。四月開花，紅紫可

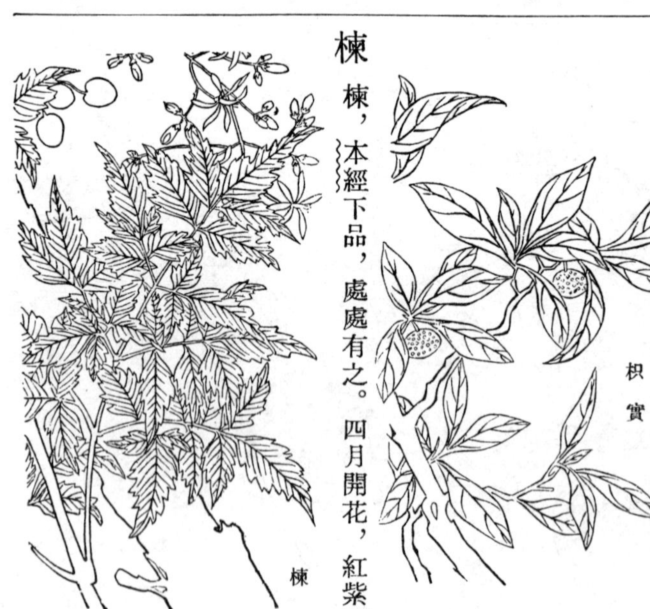
枳實

楝

愛，故花信有楝花風。湘陰志，苦楝掘溝埋之。可成楝城。植當風處。可辟白蟻。

桐

桐，本經下品，卽俗呼泡桐。開花如牽牛花，色白，結實如皁莢子，輕如楡錢，其木輕虛，作器不裂，作琴瑟者卽此。其花紫者爲岡桐。

桐

梓

梓，本經下品。有角長尺餘，如箸而黏，餘皆如楸。

柳

柳，本經下品。華如黃蕊，子爲飛絮，前人以

梓

柳

絮爲花，殊誤。陳藏器已辨之。但絮有飛揚者，亦有就枝團簇者，俗以爲雌雄。又種生與插枝生者，莖幹亦不同云。

欒華

欒華，本經下品，子可爲念珠。救荒本草，木欒葉味淡甜，可煠食。

欒華

石南

石南，本經下品。詳本草衍義。毛文錫茶譜，湘人四月採石南芽爲茶，去風，暑月尤宜。桂陽呼爲風藥，充茗、浸酒，能愈頭風。

石南

郁李

郁李，本經下品。即唐棣，實如櫻桃而赤，

郁李

吳中謂之爵梅，固始謂之秧李。有單瓣、千葉二種：單瓣者多實，生於田塍；千葉者花濃，而中心一縷連於蔕，俗呼爲穿心梅。花落心蔕猶懸枝間，故程子以爲棣。蕚甚牢，圖經合常棣爲一，未可據。

鼠李 鼠李，本經下品。宋圖經，即烏巢子。本草衍義以爲即牛李子，敘述綦詳。李時珍云取汁刷染綠色。此即江西俗呼凍綠柴，一名羊史子。救荒本草，女兒茶一名牛李子，一名牛筋子。葉味淡，微苦，可食，亦可作茶飲，即此。唯江西別有牛金子，子黑色，與此異。

鼠李

蔓椒 蔓椒，本經下品。枝軟如蔓，葉上有刺，林麓中多有之。

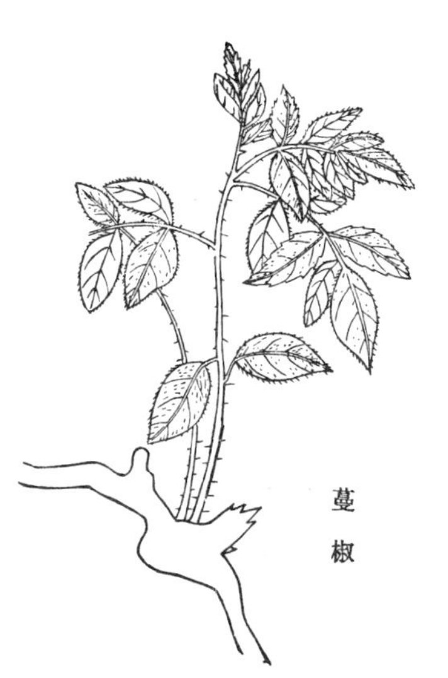

蔓椒

巴豆 巴豆，本經下品。生四川。

巴豆

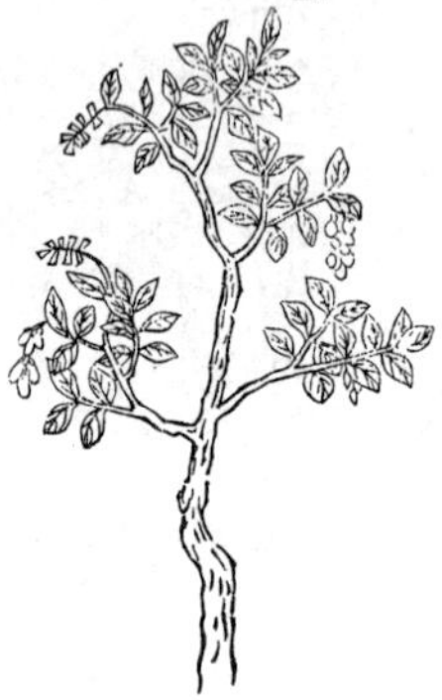

豬苓

豬苓，本經中品。舊說是楓樹苓，今則不必楓根下乃有。莊子謂之豕橐，功專利水。

豬苓

詹糖香

詹糖香，別錄上品。唐本草云，出晉安。葉似橘，煎枝爲香，似沙糖而黑。今寧都州香樹形狀正同，俗亦採枝葉爲香料。開花如桂，結紅實如天竹子而長圓，圖以備考。湖南有一種野樟，葉極香，甚相類；夏時結子稍異。

詹糖香

楮

楮實，別錄上品。詩疏，幽州謂之穀桑；荆揚交廣謂之穀。酉陽雜俎，葉有瓣曰楮，無曰構。

按穀、構一聲之轉，楚人謂乳穀亦讀如構也。皮爲紙，亦可爲布；葉實可食。皮中白汁以代膠。救荒本草謂之楮桃。

杉

杉，別錄中品。爾雅被煔。疏：俗作杉。結實如楓松梂而小，色綠有油，杉可入藥。胡杉性辛，不宜作櫬。又沙木亦其類。有赤心者，本草拾遺謂之丹桱木。

雩婁農曰：吾行南贛山阿中，嶇嶔蒙密，如薺、如簪而丁丁者，衆峯皆答，蓋不及合抱而縱尋斧矣。按志皆曰杉，而土語則曰沙，疑俚音之轉也。閱嶺外代答，知杉與沙爲一類而異物。南城縣志謂杉有數種，有自麻姑山來者，持山僧所折杉枝，似榧似松，葉細潤而披拂。余始識杉與沙果有異，然江湘率皆沙也。及莅滇，夾道巨木，森森竦擢，絲葉如翼，苔膚無鱗，蓋蔭暍而中櫂傍題湊者，皆百餘年物。視彼瘦幹短蹩，亂葉攫挐，如尋人而刺者，眞有雞冠佩劍未遊聖門時氣象。夫物有類，而一類中又有鉅細精粗。孔翠鶬鷁，五采煥矣，見鳳皇而闇然無文也。駃騠騊駼，四蹄輕矣，遇騕褭而瞠乎其後也。史之傳儒林、文學、隱逸、循吏者，一傳十數，其品詣獨無異乎？服虔聞崔烈講春秋，知其不踰己。李謐師孔璠，而璠後復就謐請業。同遊培婁，烏覩松柏？荀淑有重名，遇黃憲孺子而以爲師表。文中子年

十五，而王孝逸白首北面。豫章生七日，而有干霄之勢，天姿之異，有獨鍾焉。韓昌黎云：世無孔子，不當在弟子之列。然則昔之結廬敎授，開門成市者，設遇聖賢大儒，不猶去社叢而入鄧林，含檮木而仰拒格哉！

沙木

沙木，嶺外代答謂與杉同類，尤高大成叢，穗小與杉異。今湖南辰沅瑤峒，亦多種之。大約牌筏商販皆沙木，其木理稍異者則杉木耳。

沙木

樟

附樟寄生。釣樟，別錄下品。本草拾遺有樟材。江西極多，豫章以木得名，南過吉安則不植。李時珍以豫爲釣樟，卽樟之小者。又有赤、白二種，作器不蠹。滇南樟尤香，而木質堅緻。

雩婁農曰：豫章以木名郡，今江西寺觀、叢祠及衙署，婆娑垂蔭者，皆豫章也。明興雜記謂神木廠有樟扁頭者，圍二丈，長臥四丈餘。騎而過其下，高可以隱，雖不易覩，而合抱參天，萬牛迴首，則村墟道塗間皆遇之，不足異也。顧南至章貢，北抵彭蠡，湯沐之邑方千里，踰境則淮與濟、汝矣。其質有赤白，不知何者爲豫，何者爲樟。師古謂豫卽枕木，今亦無是名也。爲器、爲舟、爲鼓額、爲几面；煎汁爲腦，熬子爲油，江右賴之。祠其巨者爲神，無敢烹彭侯者。見搜神記。

樟（一）

樟（二）

樟公之壽，幾閱大椿。見花木考。社而稷之，洵其宜也。其寄生曰占斯，别入藥。顧桑、柳、諸蔦，皆葉瘁而獨榮。豫章之木，冬不改柯，鬱鬱葱葱。惟見骨碎補一物，長葉赭茭，浸淫其上，不及尋其皮如厚朴、而色似桂者，良足惜已。

檀香

檀香，别錄下品。廣西通志考據明晰。嶺南有之。

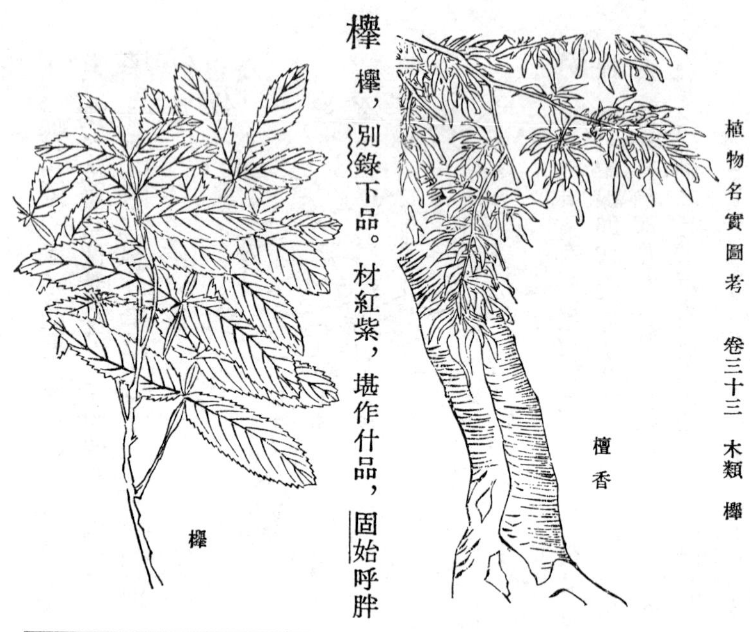

欅

欅，別錄下品。材紅紫，堪作什品，固始呼胖柳。

植物名實圖考卷之三十四

雲葉 救荒本草，雲葉生密縣山野中。其樹枝葉皆類桑，但其葉如雲頭花叉；又似木欒樹葉微闊。開細青黃花，其葉味微苦，採嫩葉煠熟，換水浸淘去苦味，油鹽調食。或蒸晒作茶尤佳。

雲葉

黄楝樹

救荒本草，黄楝樹生鄭州南山野中，葉似初生椿樹葉而極小；又似楝葉，色微帶黄，開花紫赤色，結子如豌豆大，生青，熟亦紫赤色。葉味苦，採嫩芽葉煠熟，換水浸去苦味，油鹽調食。蒸芽曝乾，亦可作茶煮飲。

黄楝樹

穇芽樹

救荒本草，穇芽樹生輝縣山野中。科條似槐條，葉似冬青葉微長。開白花，結青白子。其葉味甜，採嫩葉煠熟，水淘淨，油鹽調食。

穇芽樹

月芽樹

救荒本草，月芽樹又名芀芽，生田野中。

月芽樹

莖似槐條，葉似歪頭菜葉，微短稍硬；又似穁芽葉頗長艄，其葉兩兩對生。味甘微苦，採嫩葉煠熟。水浸淘淨，油鹽調食。

回回醋 救荒本草，回回醋一名淋樸樕，生密縣韶華山山野中。樹高丈餘，葉似兜櫨樹葉而厚大，邊有大鋸齒；又似厚椿葉而亦大，或三葉、或五葉排生一莖。開白花，結子大如豌豆，熟則紅紫色，味酸。葉味微酸，採葉煠熟，水浸去酸味，淘淨，油鹽調食。其子調和湯味如醋。

回回醋

白槿樹 救荒本草，白槿樹生密縣梁家衝山谷中。樹高五七尺，葉似茶葉，而其闊大光潤；又似初生青岡葉而無花叉；又似山格刺樹葉亦大。開白花。其葉味苦，採葉煠熟，水浸淘淨，油鹽調食。

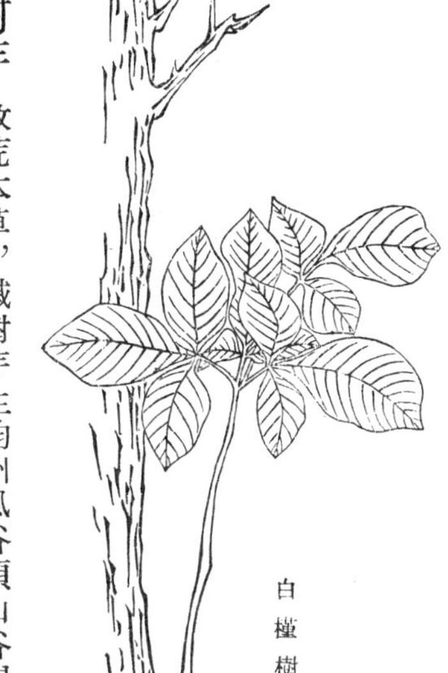

白槿樹

椷樹芽 救荒本草，椷樹芽生鈞州風谷頂山谷間。木高一二丈，其葉狀類野蘿蔔葉五花尖叉；亦似棉花葉而薄小；又似絲瓜葉，卻甚小而淡黃綠

槭樹芽

色。開白花。葉味甜，採葉煠熟，以水浸，作成黄色，換水淘淨，油鹽調食。按說文，槭木可作大車輮，蓋卽此樹。許叔重、汝南人，固應識其土所宜木也。

老葉兒樹

救荒本草，老葉兒樹生密縣山野中。樹高六七尺，葉似茶葉而窄瘦尖艄；又似李子葉而長。其葉味甘微澀，採葉煠熟，水浸去澀味，淘洗，油鹽調食。

老葉兒樹

龍柏芽

救荒本草，龍柏芽出南陽府，馬鞍山中。

龍柏芽

此木久則亦大。葉似初生橡櫟小葉而短，味微苦，採芽葉煠熟，换水浸淘淨，油鹽調食。

兜櫨樹 即檴

救荒本草，兜櫨樹生密縣梁家衝山谷中。樹甚高大，其木枯朽極透，可作香焚，俗名檴香。葉似回回醋樹葉而薄窄；又似花楸樹葉却少花叉。葉皆對生，味苦，採嫩芽、葉煠熟，水浸去苦味，淘洗淨，油鹽調食。按本草綱目，檴香、江淮湖嶺山中有之。木大者近丈許，小者多被樵采。葉青而長，有鋸齒，狀如小蘇葉而香。

兜櫨樹

對節生。其根狀如枸杞根而大，煨之甚香。楞嚴經云，壇前安一小爐，以兜婁婆香煎水沐浴，即此香也。根氣味苦澀，平無毒，主治頭瘡腫毒，碾末麻脂調塗，七日腐落。

山茶科

救荒本草，山茶科生中牟土山田野中。科條高四五尺，枝梗灰白色。葉似皁莢葉而團；又似槐葉亦團。四五葉攢一處，葉甚稠密。味苦，採嫩葉煠熟，水淘洗淨，油鹽調食。

山茶科

木葛

救荒本草，木葛生新鄭縣山野中。樹高丈餘，枝似杏枝。葉似杏葉而團，又似葛根葉而小，味微甜。採葉煠熟，水浸淘淨，油鹽調食。

木葛

花楸樹

救荒本草，花楸樹生密縣山野中。其樹高大，葉似回回醋葉微薄；又似兜櫨樹葉，邊有鋸齒叉。其葉味苦，採嫩芽葉煠熟，換水浸去苦味，淘洗淨，油鹽調食。

花楸樹

白辛樹

救荒本草，白辛樹生滎陽塔兒山岡野間。

白辛樹

樹高丈許，葉似青檀樹葉，頗長而薄，色微淡綠；又似月芽樹葉而大，色亦差淡。其葉味甘，微澀，採葉煠熟，水浸，淘去澀味，油鹽調食。

烏棱樹

救荒本草，烏棱樹生密縣梁家衝山谷中。樹高丈餘，葉似省沽油樹葉而背白；又似老婆布黏葉微小而艄開白花。結子如梧桐子大，生青，熟則烏黑。其葉味苦，採葉煠熟，換水浸去苦味，作過淘洗淨，油鹽調食。

烏棱樹

刺楸樹

救荒本草，刺楸樹生密縣山谷中。其樹高大，皮色蒼白，上有黃白斑文，枝梗間多有大刺。葉似楸葉而薄，味甘，採嫩芽、葉煠熟，水浸淘洗淨，油鹽調食。

刺楸樹

黃絲藤

救荒本草，黃絲藤生輝縣太行山山谷中。條類葛條，葉似山格刺葉而小；又似婆婆枕頭葉頗硬，背微白，邊有細鋸齒，味甜。採葉煠熟，水浸淘淨，油鹽調食。

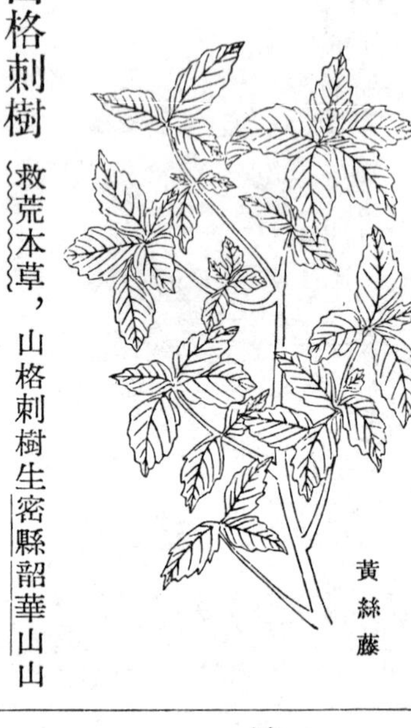
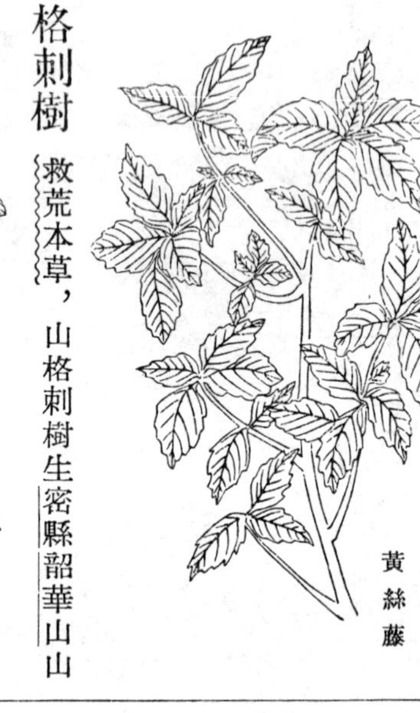

山格刺樹　救荒本草，山格刺樹生密縣韶華山山野中，作科條生。葉似白槿樹葉，頗短而尖艄；又似茶樹葉而闊大，又似老婆布黏葉亦大，味甘，採葉煠熟，水浸作成黃色，淘洗淨，油鹽調食。

統樹　救荒本草，統樹生輝縣太行山山谷中。其樹高丈餘。葉似槐葉而大，卻頗軟薄；又似檀樹葉而薄小。開淡紅色花，結子如菉豆大，熟則黃茶褐色。其葉味甘，採葉煠熟，水浸淘淨，油鹽調食。

報馬樹

救荒本草，報馬樹生輝縣太行山山谷間。枝條似桑條色。葉似青檀葉而大，邊有花叉；又似白卒葉，頗大而長硬。葉味甜，採嫩葉煠熟，水淘淨，油鹽調食。硬葉煠熟，水浸作成黃色，淘去涎沫，油鹽調食。

報馬樹

椴樹

救荒本草，椴樹生輝縣太行山山谷間。樹甚高大，其木細膩，可爲卓器。枝叉對生。葉似木槿葉，而長大微薄，色頗淡綠，皆作五花椏叉，邊有鋸齒。開黃花。結子如豆粒大，色青白。葉味苦，採嫩葉煠熟，水浸去苦味，淘洗淨，油鹽調食。爾雅正義，椴、柂。註，白椴也。樹似白楊。正義，椴一名柂。檀弓云，杝棺一。鄭註云，所謂椑棺也。凡棺因能溼之物。又云椑，謂杝棺椑堅著之言也。鄭君所見爾雅本柂作杝。註、白椴。至白楊，正義，玉篇云椴木似白楊。

椴樹

釋文引字林云，木似白楊，一名栕。今白楊木高大，葉圓似梨，面青而背白。肌細性堅，用爲梁栱，久而不橈；椵木與白楊相似也。

按椵木質白而少文，微似楊木，風雨燥濕，不易其性，北方以作門扇板壁。其樹枝葉不似白楊。說文解字注，椵、椵木，可作牀几。牀、鍇本作伏，疑誤。釋木曰櫰、椵。本草，陶隱居說人參曰：高麗人作人參讚曰，三椏五葉，背陽向陰，欲來求我，椵樹相尋。椵樹葉似桐甚大，陰廣。圖經亦言人參春生苗，多於深山背陰，近椵漆下潤溼處。是則椵爲大木，故材可牀几。郭云子大如盂者，未知是不也？從木、叚聲，讀若賈，古雅切，五部。

臭蕻

救荒本草，臭蕻生密縣楊家衝山谷中。科條高四五尺。葉似杵瓜葉而尖艄；又似金銀花葉亦尖艄，五葉攢生如一葉。開花白色。其葉味甜，採葉煠熟，水浸淘淨，油鹽調食。

臭蕻

堅莢樹

救荒本草，堅莢樹生輝縣太行山山谷中。

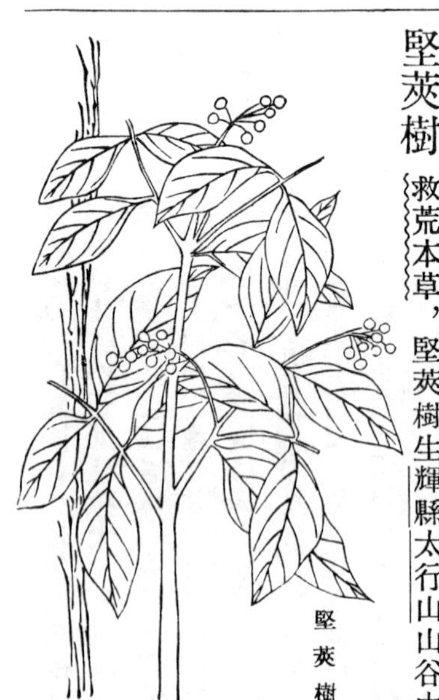

堅莢樹

其樹枝幹堅勁，可以作棒。皮色烏黑，對分枝叉。葉亦對生。葉似拐棗葉而大、微薄，其色淡綠；又似土欒樹葉，極大而光潤。開黃花，結小紅子。其葉味苦，採嫩葉煠熟，水浸去苦味，淘淨，油鹽調食。

臭竹樹

救荒本草，臭竹樹生輝縣太行山山野中。樹甚高大，葉似楸葉而厚，頗艄、卻少花叉；又似拐棗葉亦大。其葉面青背白，味甜，採葉煠熟，水浸去邪臭氣味，油鹽調食。

臭竹樹

馬魚兒條

救荒本草，馬魚兒條俗名山皁角，生荒野中。葉似初生刺蘼花葉而小，枝梗色紅，有刺似棘鍼微小。葉味甘微酸，採葉煠熟，水浸淘淨，油鹽調食。

馬魚兒條

老婆布黏

救荒本草，老婆布黏生鈞州風谷頂山野間。科條淡蒼黃色，葉似匙頭樣，色嫩綠而光俊；又似山格刺葉卻小。味甘性平，採葉煠熟，

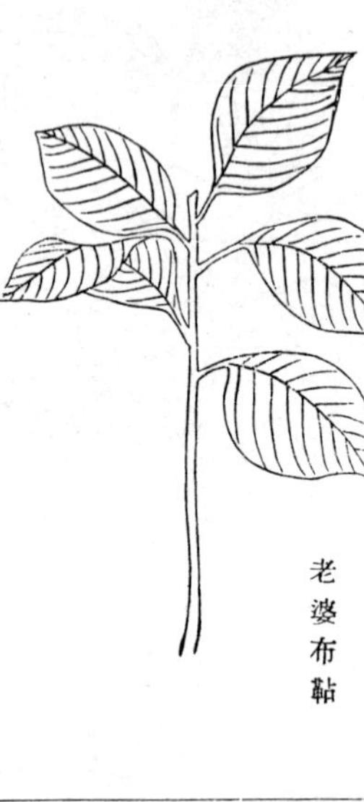

水浸作過，淘淨，油鹽調食。

青舍子條

救荒本草，青舍子條生密縣山谷間。科條微帶柿黃色，葉似胡枝子葉而光俊微尖。枝條梢間，開淡粉紫花。結子似枸杞子微小，生則青，而後變紅，熟則紫黑色，味甜，採摘其子紫熟者食之。

青舍子條

驢駝布袋

救荒本草，驢駝布袋生鄭州沙岡間。科條高四五尺。枝梗微帶赤黃色。葉似郁李子葉，頗大而光；又似省沽油葉而尖頗齊，其葉對生，開花色白。結子如菉豆大，兩兩並生，熟則

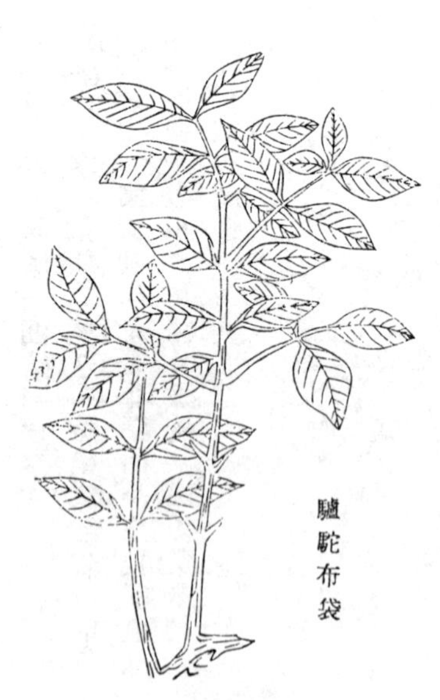

色紅，味甜，採紅熟子食之。

婆婆枕頭

救荒本草，婆婆枕頭生鈞州密縣山坡中。科條高三四尺。葉似櫻桃葉而長艄，開黃花。結子如菉豆大，生則青，熟紅色，味甜，採熟紅子食之。

婆婆枕頭

青檀樹

救荒本草，青檀樹生中牟南沙崗間。其樹枝條紋細薄，葉形類棗，微尖艄，背白而澀；又似白辛樹葉微小。開白花，結青子如梧桐子大。葉味酸澀，實味甘酸。採葉煠熟，水浸淘去酸味，油鹽調食。其實成熟，亦可摘食。

青檀樹

植物名實圖考卷之三十五

木類

楓

楓，爾雅楓、欇欇。楓，香脂。唐本草始著錄。楓子如梂。南方草木狀謂楓實有神，乃難得之物，恐涉附會。江南凡樹葉有叉歧者，多呼爲楓，不盡同類。

楓

椿

椿，唐本草始著錄，即香椿。葉甘可茹，木理紅實，俗名紅椿。

椿

樗

樗，唐本草始著錄。即椿之氣臭者，根莢皆入藥。木理虛白，生山中者名栲。爾雅栲、山樗。陸璣詩疏，山栲與下田樗無異。其木稍堅，可作器。

欏

白楊 白楊，唐本草始著錄。北地極多，以爲梁棟，俗呼大葉楊。救荒本草，嫩葉可煠食。又本草拾遺有枎栘，卽此。

青楊 青楊，救荒本草。葉似白楊葉而狹小，色青，皮亦青，故名青楊。葉可煠食，味苦，今北地呼小葉楊。

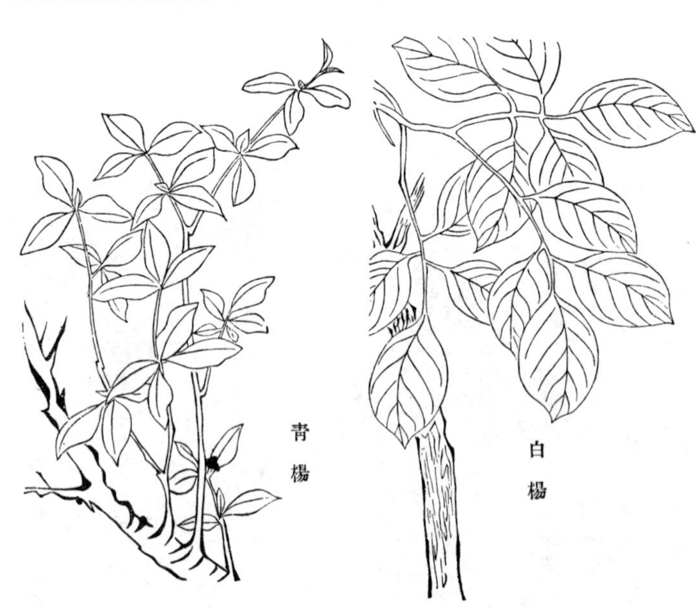

白楊

青楊

莢蒾

莢蒾，唐本草始著録。陳藏器云，皮可爲索。救荒本草謂之孩兒拳頭，子紅熟可食。又煮枝汁，少加米爲粥，甚美。

莢蒾

水楊

水楊，唐本草始著録。與柳同而葉圓闊，枝條短硬。

胡桐淚

胡桐淚見漢書西域傳。唐本草始著録。爲口齒要藥。今阿克蘇之西，地名樹窩子，行數日程，尚在林内，皆胡桐也。葉微似桐，樹本流膏如膠。

蘇方木

蘇方木，唐本草始著錄。廣西亦有之，染絳用極廣，亦爲行血要藥。

雩婁農曰：蘇方木，元江州有之。南方草木狀謂葉如槐，出九眞。則昔時所用，皆滇產矣。顧滇山路嶇水險不可舟，致遠費貲。近時率皆來自海舶，逾嶺而順流達江南、北。滇產不出境，培蒔者亦少。其葉極細，枝亦柔，微類槐耳。諺云：能行十日舟，不行一日陸。明時由滇至川，航金沙江中，後塞，屢議疏鑿，無成功。其有一二程可通舟檝者，伏秋江漲，亦絕行旅。故滇產與滇所資，其價皆十倍。民呰窳偷生，無商賈之利，山木入市，跬步皆艱，況其他哉。

蘇方木

烏臼木

烏臼木，唐本草始著錄。俗呼木子樹，子榨油，利甚溥。根解水莽毒，效。

烏臼木

欒荆

欒荆，唐本草始著錄。諸家皆無的解。救荒本草有土欒樹，姑圖之以備考。

欒荆

茶

茶，唐本草始著録。爾雅檟、苦荼。注，早采爲茶，晚爲茗。陸羽茶經，源委朗晰，故備載之。

椋子木

椋子木，爾雅椋卽來。注，材中車輞。唐本草始著録。救荒本草，椋子木樹有大者，木則堅重，葉似柿葉而薄小。結子如牛李子，大如豌豆，生青熟黑，味甘鹹。葉味苦，亦可食，此卽江西俗呼冬青果也。李時珍併入松楊木；新化縣志非之。然所謂椋子木，皮澀有刺，不知係枯枝，非刺也。又云，子如羊矢棗而小，則亦未識

軟棗本形耳。

接骨木

接骨木，唐本草始著錄。花葉都類蒴藋，但作樹高一二丈，木體輕虛，無心，斫枝扦之便生云。

接骨木

賣子木

賣子木，唐本草始著錄。生嶺南邛州。其葉如柿。宋川西渠州歲貢。四五月開碎花百十枝，團攢作大朵，焦紅色。子如椒目，在花瓣中，黑而光潔。主折傷血內溜，續絕、補骨髓、止痛、安胎。按湘中土醫，習用鴉椿子，形狀頗肖，而主治異，別圖之。

賣子木

毘黎勒

毘黎勒，唐本草始著錄。生嶺南交、愛

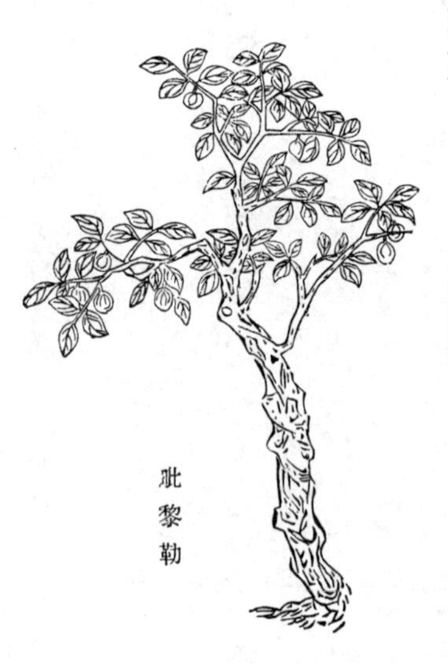
毗黎勒

諸州。核似訶黎勒而圓短無棱，苦寒，主治風虛熱氣，功用同菴摩勒。李時珍以爲餘甘之類。按滇南有松橄欖，與餘甘同而圓無棱，以治喉痛，與唐本合。海藥云，同訶黎勒，性溫。疑又一種。

訶黎勒

訶黎勒，唐本草始著錄。生嶺南，以六路者佳。

訶黎勒

騏驎竭

騏驎竭，唐本草始著錄。生南越、廣州。主治血痛，爲和血聖藥。南越志以爲紫鉚樹脂。唐本以爲與紫鉚大同小異。舊雲南志，樹高數丈，葉類櫻桃，脂流樹中，凝紅如血，爲木血竭；又有白竭，今俱無。余訪求之，得如磨姑者數枚，色白質輕，蓋未必眞。

騏驎竭

阿魏

阿魏，唐本草始著錄。酉陽雜俎作阿虞，波斯樹汁凝成。觚賸云，滇中蜂形甚巨，結窩多在絕壁，垂如雨蓋。人於其下，掘一深坎，置肥羊於內。令善射者飛騎發矢，落其窩，急覆其坎，二物合化，是名阿魏。按巖蜂在九龍外，螫人至

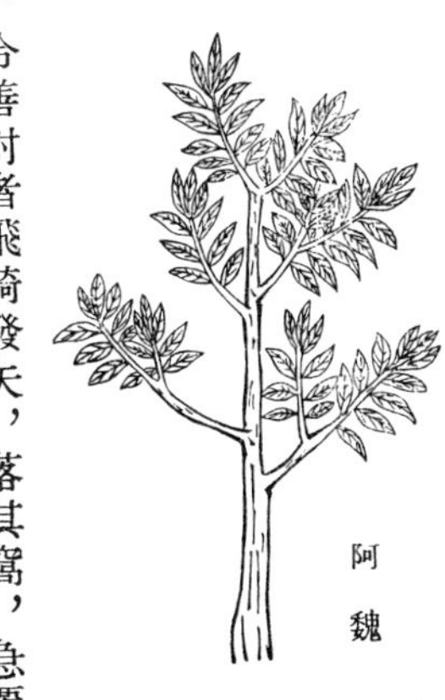

阿魏

氀，則此物亦非內地所產。

無食子 無食子，唐本草始著錄。生西戎沙磧地。樹似檉，主治赤白痢、腸滑、生肌肉；一作沒石子。

無食子

大空 大空，唐本草始著錄。生襄州，所在山谷亦有之。小樹，大葉似桐而不尖，主殺蟲蠡。

大空

木天蓼 木天蓼，唐本草始著錄。生信陽。花似柘花，子作毬形，似檾麻子，可藏作果食；又可爲燭，釀酒，治風。

木天蓼

檀 檀，本草拾遺始著錄。皮和榆皮爲粉食，可斷

檀

穀。救荒本草，葉味苦，芽可煠食。

梓楡

梓楡卽駮馬，又名六駮。皮色青白，多癬駮，詳詩疏。

梓楡

罌子桐

罌子桐，本草拾遺始著錄。卽油桐，一名荏桐。湖南、江西山中種之取油，其利甚饒。俗呼木油。

奴柘

奴柘，本草拾遺始著錄。似柘有刺，高數

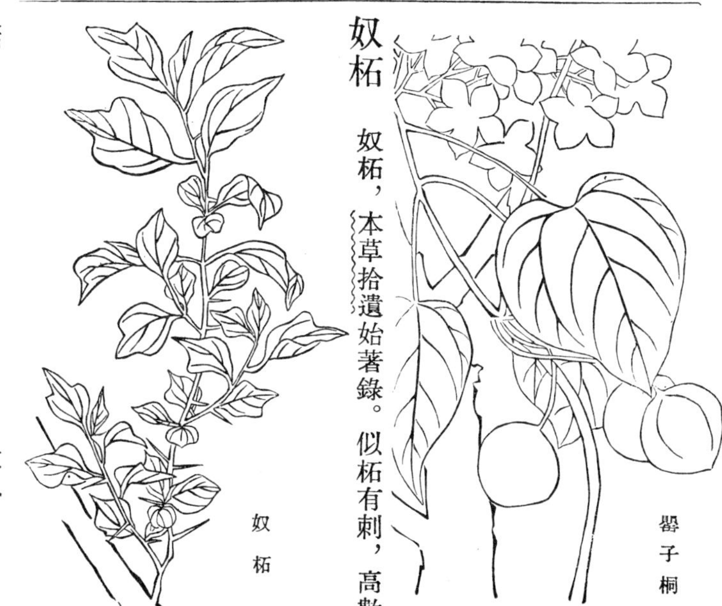

罌子桐

奴柘

尺，江西有之。湘陰志，灰桑樹，葉大，有刺三角，亦桑類，卽此。

櫚木　櫚木，本草拾遺始著錄。俗呼花梨木。南城縣志，東西鄉間有之，不宜爲枕，令人頭痛。

櫚木

莎木　莎木，本草拾遺始著錄。木皮內出黃色麪，生嶺南，具詳海藥。字本作䔢，李時珍據唐韻作莎，以爲卽欀木。又以交州記都句樹出屑如桄榔麪、可作餅餌，恐卽此。欀木，今瓊州謂之南榔。

莎木

石刺木　石刺木，一名勒樹。葉圓如杏而大，有

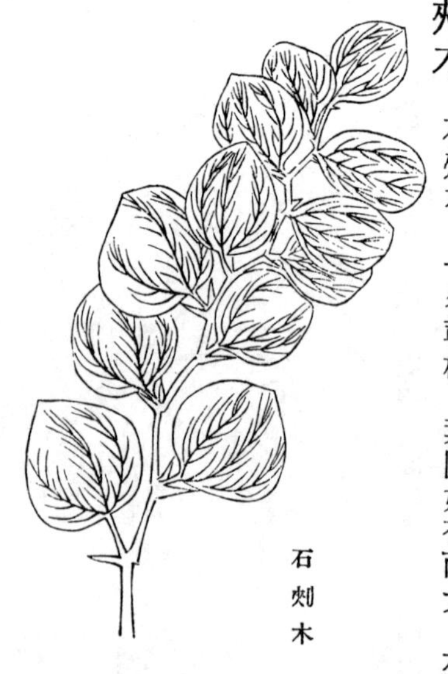

石刺木

光澤，枝莖多刺。本草拾遺，生南方林莨間。江西呼爲勒刺，亦種爲籬院。樹似棘而大枝，上有逆鉤，即此。然謂木上寄生，則未之見。

盧會

盧會，本草拾遺始著錄。木脂似黑錫，主治殺蟲、拭癬。舊雲南志，蘆薈出普洱。

盧會

放杖木

放杖木，本草拾遺始著錄。生溫括睦婺諸州。主治風血，理腰腳、輕身，故名。浸酒服之。

楤木

楤木，本草拾遺始著錄。生江南山谷。直上無枝，莖上有刺，山人折取頭食之，謂之吻頭。主治水癮、蟲牙。

放杖木

楤木

木槿

木槿，爾雅櫬、木槿。日華子始著錄。今惟用皮治癬。江西湖南種之，以白花者爲蔬，滑美。

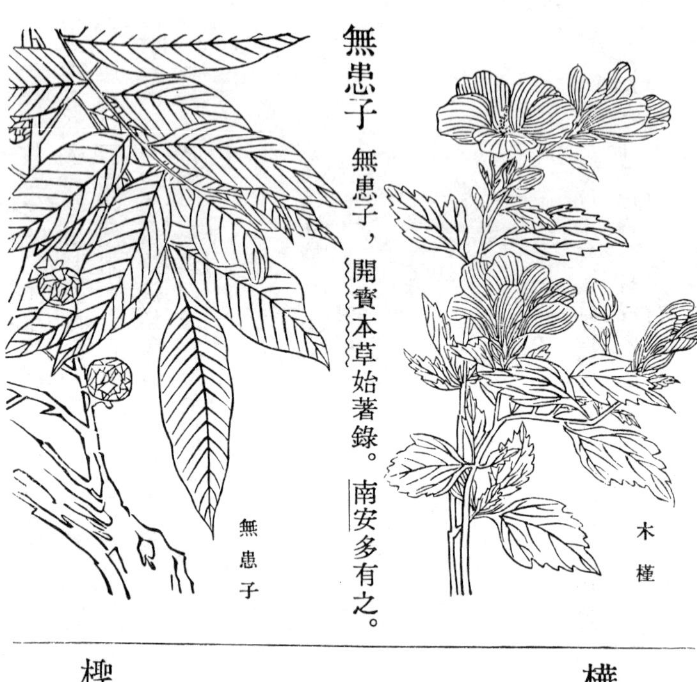

無患子

無患子，開寶本草始著錄。南安多有之。

本草拾遺、酉陽雜俎所述詳明。

樺木

樺木，開寶本草始著錄。施南山中極多，以木皮爲屋；關東亦饒。皮燒灰入藥。

樺木

檉柳

檉柳，開寶本草始著錄。俗呼觀音柳，亦云三春柳。

檉柳

鹽麩子

鹽麩子，開寶本草始著錄。江西、湖南山坡多有之，俗呼枯鹽萁。俚方習用其蟲，謂之伍倍子。

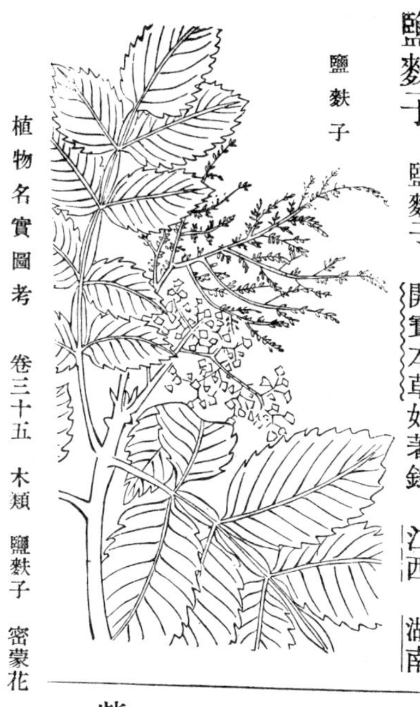
鹽麩子

密蒙花

密蒙花，開寶本草始著錄。詳本草衍義。湖南山中多有，人皆識之。開花黃白色，茸茸如鬚。

密蒙花

紫荊

紫荊，開寶本草始著錄。處處有之。又本草拾遺有紫荊子，圓紫如珠，別是一種。湖南亦呼

紫荆

爲紫荆。夢溪筆談未能博考；李時珍併爲一條，亦踵誤。

南燭

南燭，開寶本草始著録。道家以葉染米爲青䭀飯。陶隱居登眞隱訣已載之。開花如米粒，歷歷下垂，湖南謂之飽飯花。四月八日，俚俗寺廟，染飯饋問，其風猶古。夢溪筆談誤以爲南天竹，且謂人少識者，殊欠訪詢。

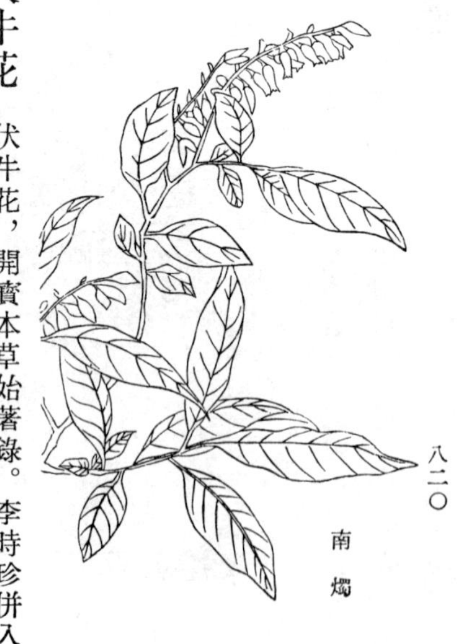
南燭

伏牛花

伏牛花，開寶本草始著録。李時珍併入

伏牛花

虎刺。今虎刺生山中林木下，葉似黃楊，層層如盤。開小白花，結紅實，凌冬不凋。俚醫亦用治風腫，未知即此木否？圖以備考。

烏蘗

烏蘗，嘉祐本草始著錄。山中極多，俗以根形如連珠、有車轂紋者爲佳，開花如桂。

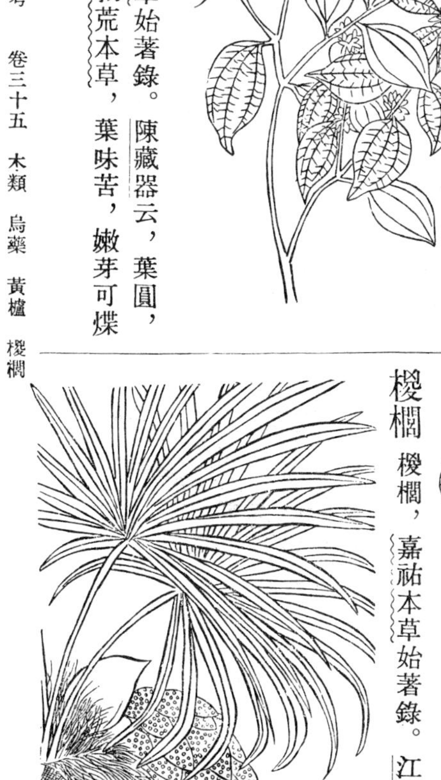

烏蘗

黃櫨

黃櫨，嘉祐本草始著錄。陳藏器云，葉圓，木黃，可染黃色。救荒本草，葉味苦，嫩芽可煠食。

椶櫚

椶櫚，嘉祐本草始著錄。江西、湖南極多，

黃櫨

椶櫚

用亦極廣。花苞爲糉魚可食。子落地即生。燒糉灰爲止血要藥。

柘 柘，嘉祐本草始著錄。葉可飼蠶，木染黃。救荒本草，葉實可食，野生小樹爲奴柘。本草拾遺載之。

柞木 柞木，嘉祐本草始著錄。江西、湖南皆有之。又有一種相類，而結黑實。

柞樹 又一種。柞樹，江西山坡有之。黑莖長刺，

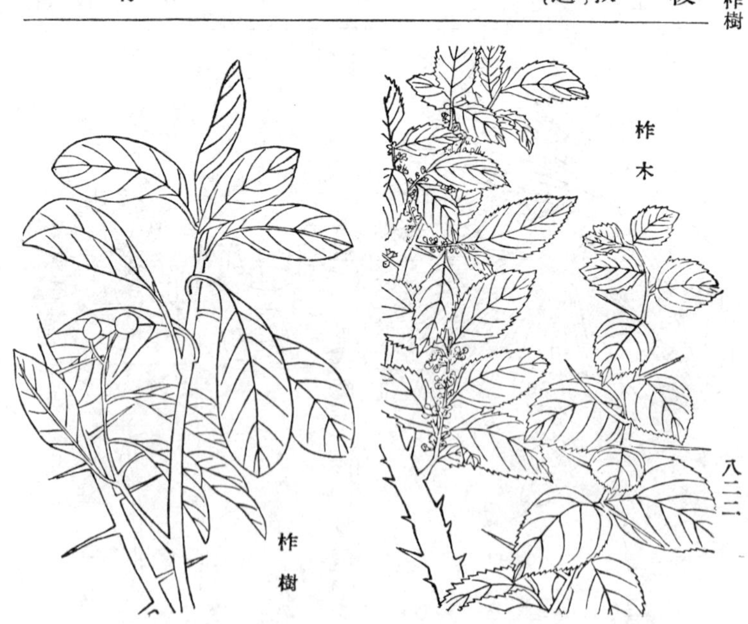

葉長而圓，秋結紫黑實，圓如大豆，俗呼爲柞，以爲藩籬。

金櫻子 併入圖經棠毬子。金櫻子，嘉祐本草始著錄。一名刺梨，生黔中者可充果實。饒州呼爲棠毬子。字或作餹，即圖經滁州棠毬子也。

金櫻子

枸骨 枸骨，宋圖經女貞下載之。本草綱目始別出，即俗呼貓兒刺。

冬青 冬青，宋圖經女貞下載之。本草綱目始別

枸骨　冬青

出。葉微團，子紅色，俗以接木樨花者；亦可放蠟。

醋林子　醋林子，宋圖經收之。廣西志，似櫻桃而細。

醋林子

海紅豆　海紅豆詳益部方物記略及海藥本草，爲面藥。

大風子　大風子，本草補遺始著録。治大風病，性熱，傷血、攻毒、殺蟲，外塗良，海南有之。狀如椰子而圓，其中有核十數枚，仁色白，久則黄而油。

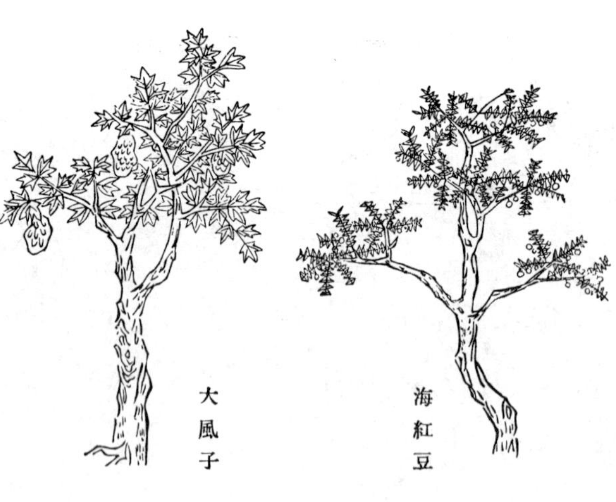
海紅豆　大風子

櫰香　櫰香，救荒本草謂之兜櫨樹，葉可煠食。本草綱目始收入香木。

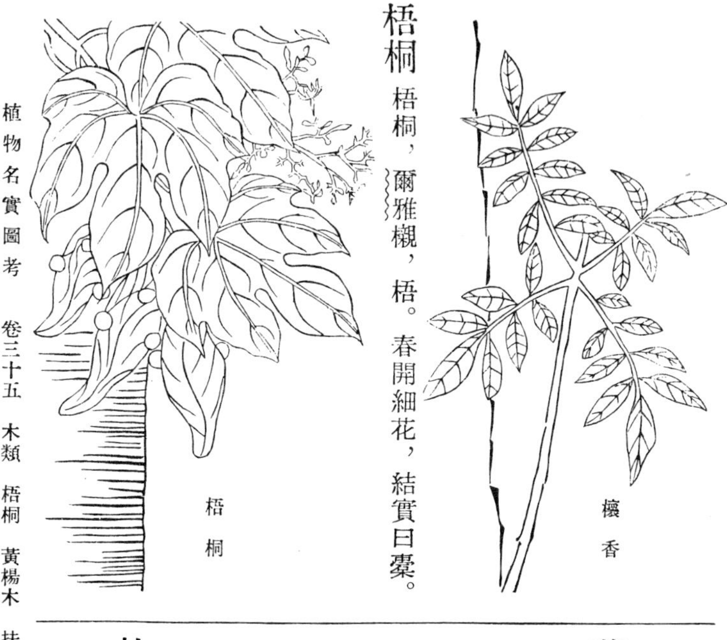

梧桐

梧桐，爾雅櫬，梧。春開細花，結實曰橐。鄂以爲果。本草綱目始收入喬木。俗亦取其初落葉，煎飲催生；又煮葉薰治白帶。

黃楊木

黃楊木，酉陽雜俎云；世重黃楊，以其無火。本草綱目始收入灌木。治婦人難產及暑癤，又有一種水黃楊，山坡甚多。

黃楊木

扶桑

扶桑，南方草木狀載之。本草綱目始收入灌木。江西贛州亦有之；過吉安則畏寒，不能植矣。

扶桑

木芙蓉　木芙蓉即拒霜花，桂海虞衡志載之。本草綱目始收入灌木。河以南皆有之，皮任織緝，花葉爲治腫毒良藥。

山茶　山茶，本草綱目始著錄。救荒本草，葉可食，及作茶飲。其單瓣結實者，用以擣油。山地種之。花治血證。

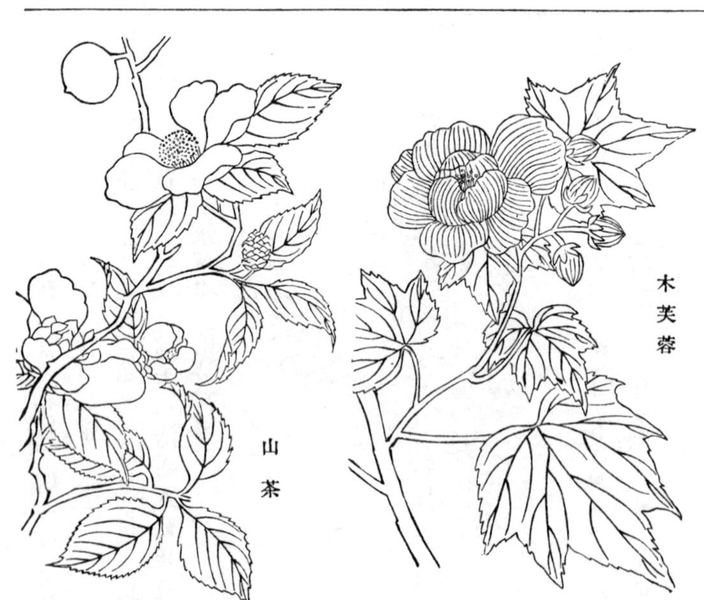

木芙蓉

山茶

枸橘

枸橘，詳本草綱目。園圃種以爲樊，刺硬莖堅，愈於杞柳。其橘氣臭，亦呼臭橘。鄉人云，有毒不可食；而市醫或以充枳實。亦治跌打，隱其名曰鐵篱笆。初發嫩芽摘之，浸以沸湯，去其苦味，曝乾爲蔬，曰橘苗菜。以肉煨食，清香撲鼻，亦山家清供云。

枸橘

胡頽子

胡頽子，陶隱居、陳藏器注山茱萸，皆著之。本草綱目形狀、功用尤爲詳晰。湖北俗呼甜棒槌。湖南地暖，秋末著花，葉長而厚，俗呼牛春子。

胡頽子

蠟梅

蠟梅，本草綱目收之。俗傳浸蠟梅花瓶水，飲之能毒人；其實謂之土巴豆，有大毒。救荒本草云，花可食。李時珍亦云，花解暑生津。殊未敢信。

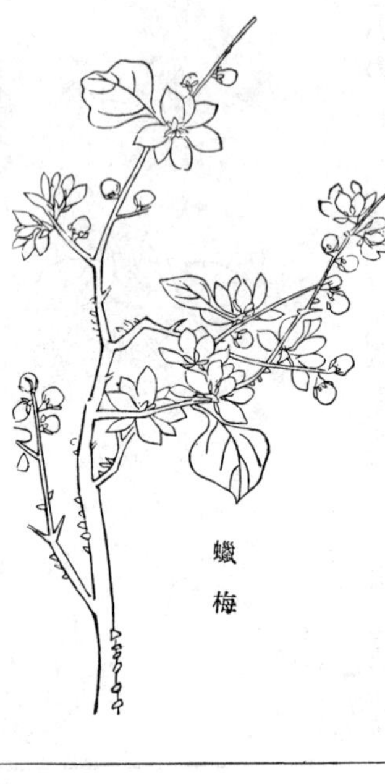

蠟梅

烏木　烏木，本草綱目始著錄。主解毒、霍亂、吐利；屑研酒服。博物要覽，葉似椶櫚，僞者多是檕木染成。滇海虞衡志謂元江州產者是櫨木。眞烏木當出海南。

烏木

石瓜　石瓜詳益部方物記略。本草綱目始收入喬木類。治心痛。

石瓜

相思子　相思子卽紅豆，詩人多詠之。本草綱目

相思子

始收入喬木類，爲吐藥。今多以充赤小豆。

竹花

竹花，湖南圃中細竹。秋時矮笋不能成竹，梢頭葉卷成長苞，層層密抱，從葉隙出一長鬚，端有黃點，大如粟米而長，纍纍下垂，每歲爲常。乃知開花之竹，自有一種，非盡老瘁。昔人議竹華實，所見皆殊，别爲竹實考，雜緝各説焉。

竹花

植物名實圖考卷之三十六

木類

優曇花

優曇花生雲南，大樹蒼鬱，幹如木犀，

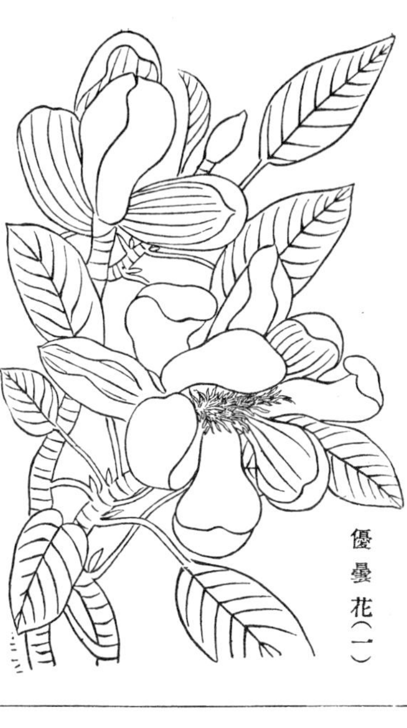
優曇花（一）

葉似枇杷，光澤無毛，附幹四面錯生。春開花如蓮，有十二瓣，閏月則增一瓣；色白，亦有紅者，一開即斂，故名。按滇志所紀，大率相同；或有謂花開七瓣者。撫衙東偏有一樹，百餘年物也，枝葉皆類辛夷花，祇六瓣，似玉蘭而有黃蕊；外有苞，與花俱放如瓣三，色綠，人皆呼波羅花。考白香山集，木蓮生巴峽山谷，花如蓮，色香豔膩皆同，獨房蕊異。四月始開，二十日即謝，不結實。其形狀、氣候皆相類，此豈即木蓮耶？滇近西藏，花果名多西方語，紀載從而飾之，遂近夸誕。許纘曾東還紀程，謂優曇和山娑羅皆一物，而云花葉無異載乘。今此花祇及一歲之半，又園圃分植，輒生鄉間，摘葉以爲雨笠，非復靈光巋存，豈曇花終非可移，而姑以木蓮冒之耶？抑此花本六瓣，閏月增一爲七，而紀乘誤耶？否則和山等同爲一種，以肥瘠、靈俗而有千層、單瓣耶？又滇花瓣數，一樹之上，多寡常殊；應月之瓣，或偶值之耶？余以所見繪之圖，而錄東還紀程於後以備考，其餘耳食之談，皆不具。

東還紀程：大理府山爲靈鷲，水爲西洱。靈鷲之旁爲和山，樹生和山之麓。高六七丈，其幹似桂，其花白，每花十二瓣，遇閏則多一瓣。佛日盛開，異香芬馥，非凡臭味。中出一蕊如稗穗，俗以爲仙人遺種。主僧惡人剝啄，佯置火樹下成灰燼。

雲南府志，優曇花在城中土主廟內，高二十丈，枝葉扶茂。每歲四月，花開如蓮，有十二瓣，閏歲則多一瓣，亦名娑羅樹。昔蒙氏樂誠魁時，有神僧菩提巴波自天竺至，以所攜念珠分其一手植之，久沒兵燹中。謝肇淛滇略，安寧過泉西岸有寺，曰曹溪，其中有曇花樹一株，相傳自西域來者。綠葉白花，移蘖他種，終不復活。余謂安寧之優曇，大理之和山，土主廟之娑羅，其花同，

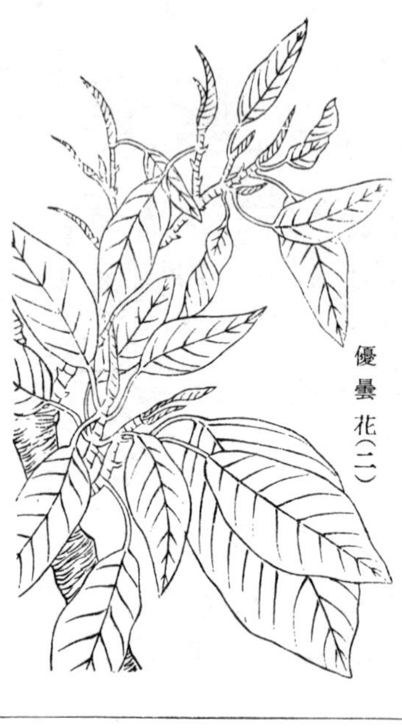
優曇花(二)

其色同，其枝幹亦同，特異地而異名耳。壬子夏，曇花盛開，州守馳使折一枝以贈，其花葉枝幹，合之載乘，果無異也。太守乃採柔條，徧插於大樹之旁。三月後報曰：一枝已萌蘖矣。余喜甚，乃移置盆盎，碧葉爛然，一根五幹，士人驚詡以爲奇瑞。

又雲南通志稿載郎中阮福木蓮花說，與鄙見合。惟雲南督署舊有紅優曇，說中以爲皆是白花，余訪之信。偶買花擔上折枝，得紫苞者，疑爲紅花也。及苞坼則綠白瓣，無少異。豈制府中之殷紅者亦此類耶？李時珍以木蓮初作紫苞，似辛夷，尤相脗合；而又以眞木蘭卽此。然則虬幹婆娑者，其卽征帆送遠之花身耶？阮說尙未之及。昔人有謂木蘭與桂爲一種者。此樹葉皮味皆辛，微似桂。

緬樹

緬樹生昆明人家。樹高逾人，春時發葉，先茁紅苞長數寸，苞坼葉見，俱似優曇。苞不遽

脫，鬖鬖紛披，如曳丹羽，遥望者皆誤認朱英倒垂也。此樹未訪得眞名，滇人以物之罕尠者，皆呼曰緬，言其來從異域耳。有採藥者曰：此紅優曇也。花紅瓣多，居人畏攀折，故匿其名；省城亦止此一樹。按滇志，督署有紅優曇一株，形諸紀詠，然第苞紅耳，花固白色。市中折以售，不爲異也。此花既未早知名，瓜期已屆，忽忽不復索觀，略紀數語，以示東土好事者，不免爲優曇添一重疑案。

緬樹

龍女花

雲南志，龍女花太和縣感通寺一株，樹高數丈，花類白茶，相傳爲龍女所種。余訪得繪本，其花正白八出，黄蕊中有緑心一縷，俗謂緑如意花。謝時收弃，可以催生云。又徐霞客遊記，感通寺龍女花樹，從根分挺，三四大株，各

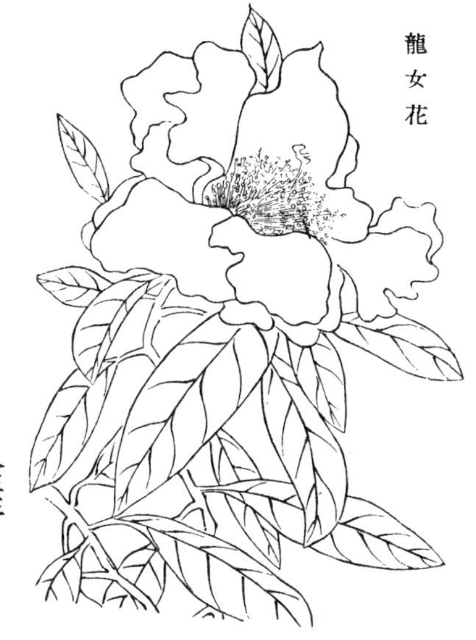

龍女花

高三四丈，葉長二寸半，闊半之，綠潤有光。花白大於玉蘭。亦木蓮之類，而異其名。

山梅花

山梅花生昆明山中，樹高丈餘，葉如梅而長。橫紋排生，微似麻葉。夏開四團瓣白花，極肖梨花而香，昔人謂梨花溶溶，無香爲憾，此花兼之矣。

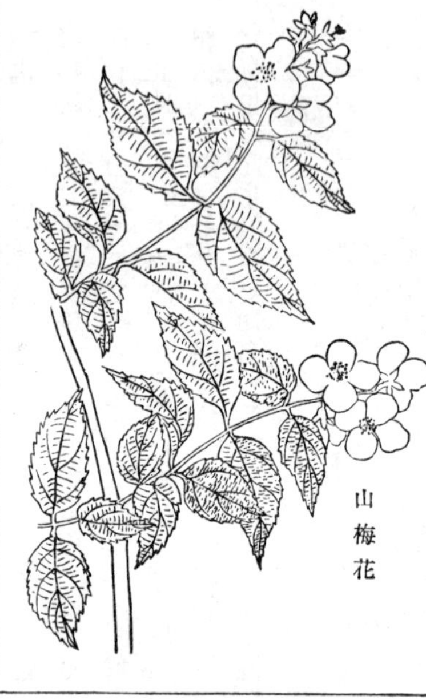
山梅花

蝴蝶戲珠花

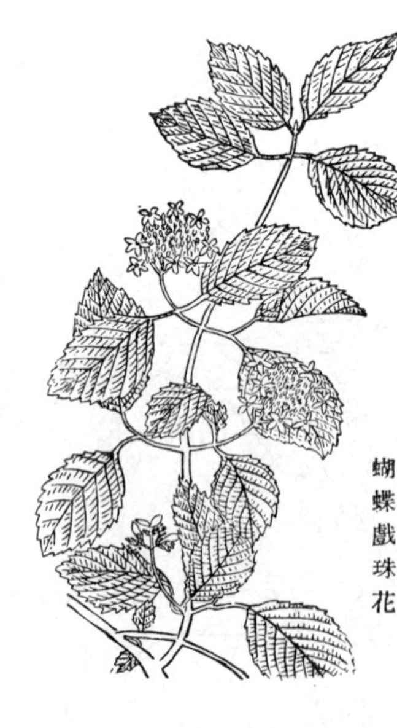
蝴蝶戲珠花

蝴蝶戲珠花即繡毬之別種。桂馥札樸，繡毬花周圍先開，其瓣五出，酷似小白蝶，俗呼蝴蝶花。中心別有數十蕊，小如粟米。按此花五瓣，三大兩小，形微似蝶。中心綠蓓蕾，圓如碧珠，開不成瓣，白英點點，非蕊也。

雪柳

昆明縣採訪，會城城隍廟雪柳已數百年物。

按樹已半枯，葉如冬青大小，疏密無定。春深開花，一枝數朵，長筒長瓣，似素馨而色白。雪柳之名，或以此。插枝就接皆不生。

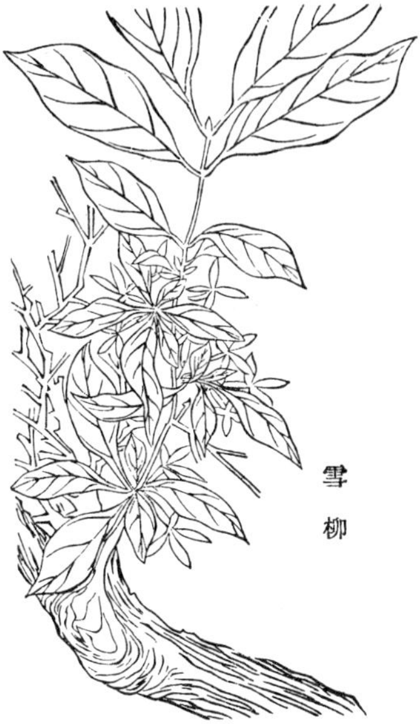

大毛毛花

大毛毛花卽夜合樹，有二種。一種葉大，花如馬纓，初開色白，漸黄。一種葉小，花如毬，色淡綠，有微香近甜。滇俗四月八日，婦女無不插簪盈髻以花，似佛髻云。陳鼎滇黔紀遊，夜合樹高廣數十畝，枝幹扶疏曲折，開花如小山覆錦被，絶非江浙馬纓之比。宜其攀折不盡，足供茶雲壓鬟顫釵矣。

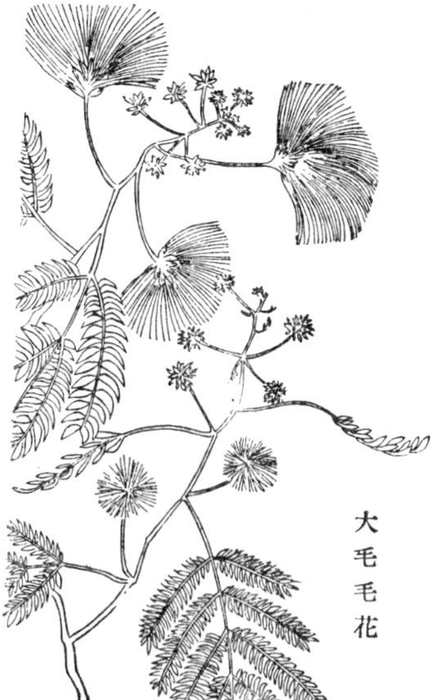

雪柳

皮袋香

皮袋香一名山枝子，生雲南山中。樹高數尺，葉長半寸許，本小末奓，深綠厚硬。春發紫苞，苞坼蓇葖，潔白如玉，微似玉蘭而小。開花五出，細膩有光，黄蕊茸茸，中吐綠鬚一縷，質既縞潔，香尤清馝。薝蔔對此，色香俱粗。山人擔以入市，以爲瓶供。俗以花苞久含，故有皮袋之目。檀萃滇海虞衡志，含笑花俗名羊皮袋，花如山梔子，開時滿樹，香滿一院，卽此。但含

大毛毛花

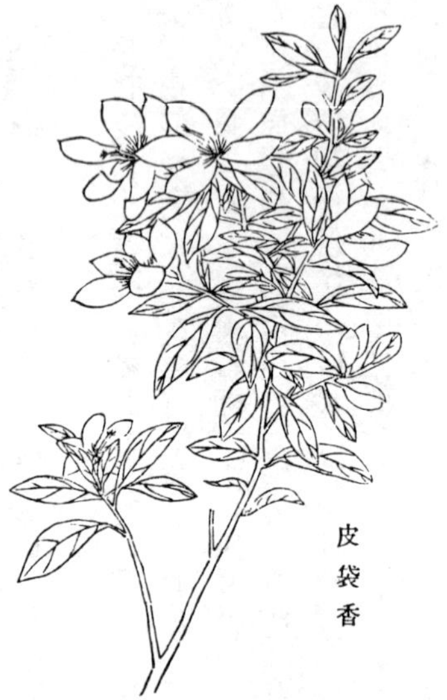

皮袋香

笑以花不甚開放，故名；此花瓣少，全坼，非大小含笑也。

珍珠花 珍珠花一名米飯花，生雲南山坡。叢生，高三二尺，長葉攢莖勁垂，無偏反之態。春初梢端白簕子花，本大末收，一一下懸，儼如貫珠，又似糯米。一條百數，映日生光。土人折賣，擔頭千琲，可稱富潔。此樹大致如南燭，而花極繁，葉少光潤。土人云，未見結實，未審一種否？

珍珠花

滇桂 滇桂生雲南人家。樹高近丈，赭幹綠枝，春生葉如初發小橘葉。葉間對茁長柄蓇葖，圓如菉豆，開四團瓣白綠花，瓣厚多縐，中央綠蔕，大如小錢。有蕊五點，外瓣附之，如排棋子狀，頗俶詭。

滇桂

野李花

野李花一名山末利，生雲南山中。樹高

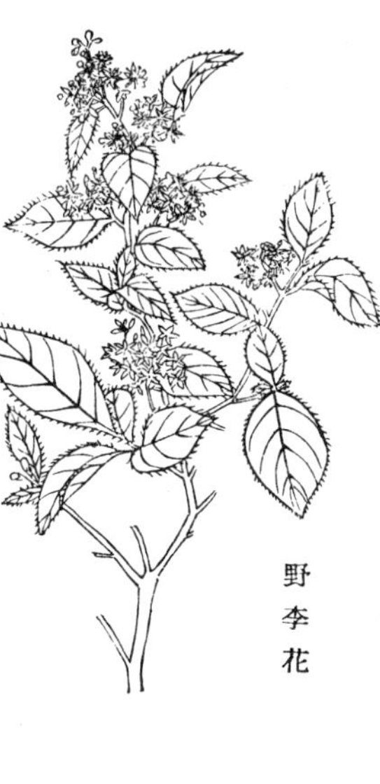

野李花

五六尺，赭幹如桃枝。葉本小末團有尖，柔厚不澤，深紋微齒，淡綠色。春開五瓣小白花，如李花而更小，蕊繁如毬，清香淡遠，故有末利之目。

昆明山海棠

山海棠生昆明山中。樹高丈餘，大葉如紫荊而粗紋，夏開五瓣小白花，綠心黃蕊，密簇成攢。旋結實如風車，形與山藥子相類，色嫩紅可愛，山人折以售爲瓶供。按形頗似湘中水莽，疑非嘉卉。

昆明山海棠

野櫻桃

野櫻桃生雲南。樹紋如桃，葉類朱櫻，

野櫻桃

春開長柄粉紅花，似垂絲海棠；瓣微長，多少無定，內淡外深，附幹攢開，朵朵下垂。田塍籬落，絳霞彌望，園丁種以接櫻桃。滇志云，紅花者謂之苦櫻，或云此卽山海棠。阮相國所謂富民縣多有者。俗以接櫻桃樹，故名。其苦櫻以小雪節開。諺云；櫻桃花開治年酒，蓋滇櫻以春初熟也。

山桂花

山桂花生雲南山坡。樹高丈餘，新柯似桃，膩葉如橘。春作小苞，迸開五出，長柄裊絲，繁蕊聚縷，色侔金粟、香越、木犀。每當散蕁幽崖，擔花春市，翠綠靡肩，鵝黃壓髻，通衢溢馥，比戶收香。甚至碎葉斷條，亦且椒芬蘭臭，固非留馨於一山，或亦分宗於八桂。但以錦囊缺詠，藥裹失收，聽攀折於他人，任點汚於廁溷；姑爲膽瓶之玩，聊代心字之香。

山桂花

馬銀花

馬銀花

馬銀花生雲南山坡。枝幹虬拏，樹高丈許，枝端生葉，頗似瑞香，柔厚光潤，背有黃毛。花苞作毬，擎於葉際，宛如泡桐，一苞開花十餘朵，圓筩四瓣或五瓣，長幾盈寸，似單瓣茶花微小，白鬚褐點，有朱紅、粉紅、深紫、黃、白各種。紅者葉瘦，餘者葉闊。春飈煦景，與杜鵑同時盛開，茶火綺繡，彌罩林崖，有色無香，炫晃目睫。其殷紅者，灼灼有燄，或誤以爲木棉。鄉人採其花，煠熟食之。檀萃滇海虞衡志，馬纓花冬春徧山，山氓折而入市，深紅不下山茶；製其根以爲羹匙，堅緻。又有白馬纓，亦可玩。似未全覩。

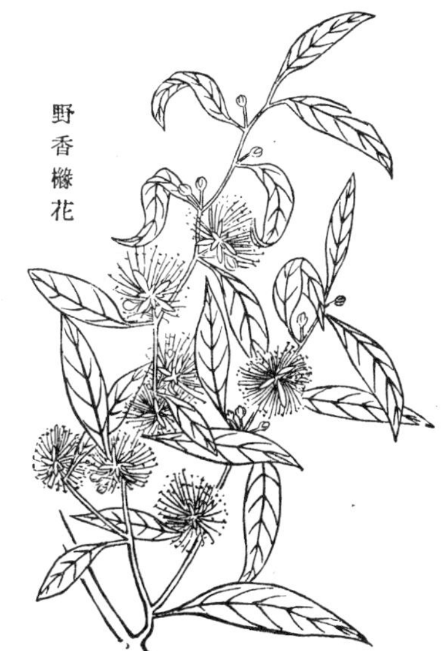

野香櫞花

野香櫞花

野香櫞花一名小毛毛花，生雲南五華山麓。樹高近尋，長葉如夾竹桃葉，綠潤柔膩，映日有光。春開四尖瓣白花，間以綠蔕，徑不逾半寸。長蕊茸茸，密似馬纓，上綴褐點，花瘦蕊繁，隨風紛靡，頗有姿度，亦具清香。惟玉縷冰絲，離枝易瘁，不堪摧折，難供嗅玩耳。

象牙樹

象牙樹生元江州。樹高丈餘，竟體黯白，微似紫薇，細枝竦上。葉似烏臼樹葉而薄。木色似象牙而質重。新平志出魯魁山，可代象牙作筯云。

象牙樹

山海棠

（一）山海棠生雲南山中，園圃亦植之。樹如山桃，葉似櫻桃而長。冬初開五瓣桃紅花，瓣長而圓，中有一缺，繁蕊中突出綠心一縷，與海棠、櫻桃諸花皆不相類。春結紅實，長圓大如小指，極酸，不可食。阮儀徵相國有咏山海棠詩，序謂花似梅棠，蒂亦垂絲者，則土人謂爲山櫻桃；以其樹可接櫻桃，故名。若以花名，則此當曰山櫻，

山海棠（一）

彼當曰山棠也。

㊁山海棠生雲南山中。樹莖葉俱似海棠，春開尖瓣白花，似桃花而白膩有光，瓣或五、或六。長柄綠蒂，裊裊下垂，繁雪壓枝，淸香溢谷。花開足則上翹，金粟團簇，玉線一絲，第其姿格，則海棠饒粉，梨雲無香，未可儕也。幽谷自賞，筠籃折贈，偶獲於賣菜之傭，遂以登列瓶之史。

山海棠(二)

金絲杜仲

金絲杜仲一名石小豆，生雲南山中。小木，葉長末團。夏抽細柄開花，旋結實，殼色粉紅，老則四裂，宛似海棠花。內含紅子，大如小豆，朱皮黑質，的皪不隕。

金絲杜仲

栗寄生

栗寄生雲南，栗樹上有之。長條下垂，扁莖密節，一平一側，參差互生，極類雕刻。每節左右，嵌以圓珠，與諸木寄生不同，而狀頗奇

栗寄生

巧。

炭栗樹 炭栗樹生雲南荒山。高七八尺，葉似橘葉而闊短，柔滑嫩潤。春開四長瓣白花，細如翦紙，類紙末花而稀疏。秋時黃葉彌谷，伐薪爲炭，輕而耐火，山農利之。

水東瓜木 水東瓜木，湘中、滇、黔皆有之。綠樹如桐，葉似芙蓉，數莖同生一處，易長而質軟。順寧府志以爲卽榿木，可以刻字。

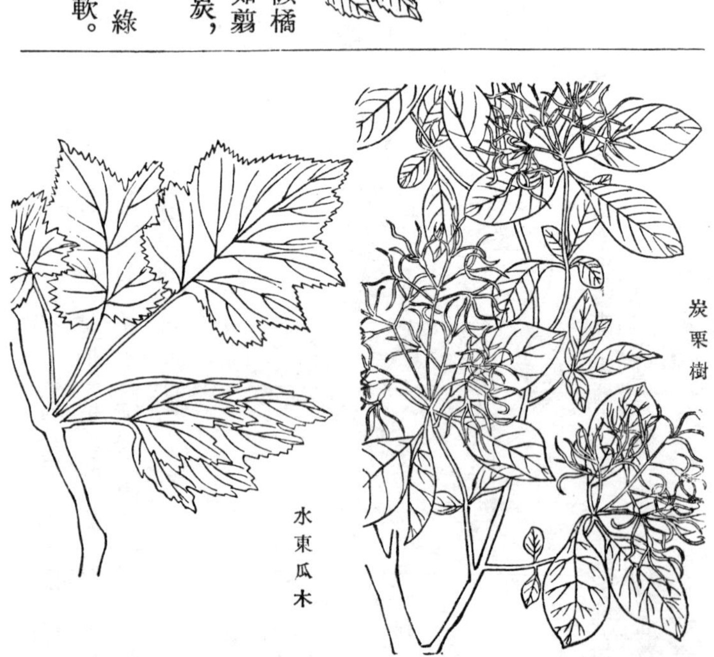

炭栗樹

水東瓜木

野春桂 野春桂花倮儸持售於市，見其折枝，紅幹獨勁，綠葉未生，擎來圓紫苞，迸出金粟。滇俗佞佛，供養無虚，但有新蕚，俱作天花也。

衣白皮 衣白皮生昆明，矮木。葉如桃葉小而勁，花亦如桃五瓣，外赤内白，簇簇枝頭。其大者材中弓幹。

棉柘 棉柘見救荒本草，爲柘之一種，滇南有之。葉如桑而厚，實如椹而圓。織機無事，嘉樹空生，自缺婦功，何關地利哉！

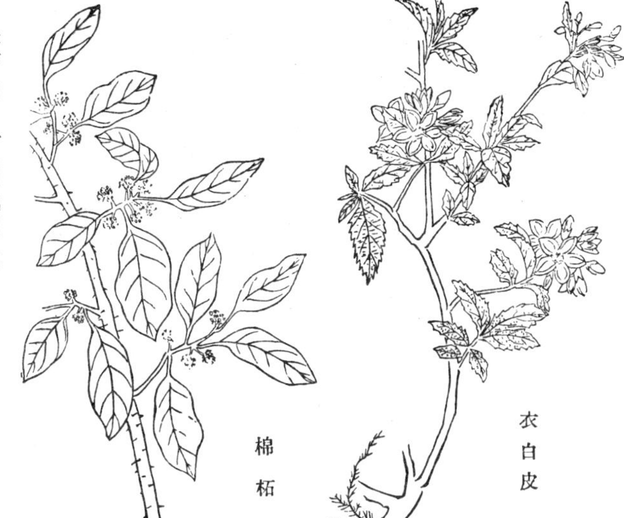

樹頭菜

樹頭菜，滇志石屏者佳。樹色灰赭，一枝三葉，微似楷木葉。初生如紅椿芽而瘦，味苦。臨安人鹽漬之以爲虀。與黃連茶，即楷樹芽。皆取木葉作蔬，咀其回味，如食諫果也。

樹頭菜

昆明烏木

烏木舊傳出海南。雲南葉似椶櫚，僞者多是檕木染成，滇海虞衡志謂恐是櫨木。今昆明土人所謂烏木，葉似槐而厚勁，大如指頂，極光潤，嫩條色紫，與舊說異。其卽檕木或櫨木歟？

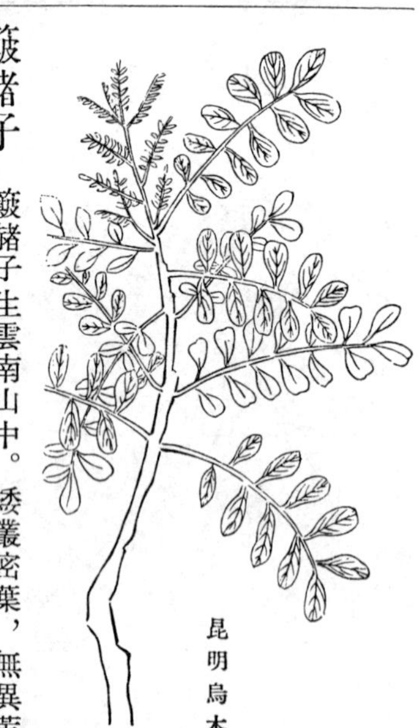

昆明烏木

簸赭子

簸赭子生雲南山中。矮叢密葉，無異黃

簸赭子

楊，附莖紫實，不光不圓，攢簇無隙，有如篩簸。

馬藤 馬藤生雲南山中。大本大葉，面綠背紫，紅脈交絡，直是秋海棠葉，非特似之。

馬藤

金剛刺 金剛刺生雲南山中，木皮綠紫，巨刺對生，鞘銳如杷，槎枒可怖。疎葉垂垂，似麻葉而尖長，蓋樊圃之良材也。

金剛刺

千張紙 千張紙生廣西，雲南、景東、廣南皆有之。大樹，對葉如枇杷葉，亦有毛，面綠背微紫。結角長二尺許，挺直有脊如劍，色紫黑，老則迸裂。子薄如榆莢而大，色白，形如豬腰，層疊甚厚，與風飄蕩，無慮萬千。雲南志云，形如扁豆，其中片片如蟬翼，焚爲灰，可治心氣痛。滇本草，此木實似扁豆而大；中實如積紙，薄似蟬

千張紙

翼，片片滿中，故有兜鈴、千張紙之名。入肺經，定喘、消痰；入脾胃經，破蠱積；通行十二經氣血，除血蠱、氣蠱之毒。又能補虛、寬中、進食，人呼爲三百兩銀藥者，蓋其治蠱得效也。按此木實與蔓生之土青木香，同有馬兜鈴之名。醫家以三百兩銀藥屬之土青木香下，皆緣未見此品而誤併也。

雪柳　雪柳生雲南山阜。小木紫幹，全似水柳，而葉小柔韌，黃花作穗。老則爲絮，羃樹浮波，吹風落毿。滇南有柳少花，得此矮柯，但見毿徑鋪氈，不能漫天作雪矣。

雪柳

滇厚朴　滇厚朴生雲南山中。大樹粗葉，結實如豆，蓋卽川厚朴樹，而特以地道異。滇醫皆用之。

山梔子

滇山梔子生雲南山中。小木硬葉，結綠實成串，形似小桃，大如豆，三棱。

山梔子

老虎刺寄生

老虎刺生雲南山中。樹高丈許，細葉如夜合而光潤密勁，開花作白綠絨毬，通體針刺。土醫以治瘡毒。寄生葉長圓、背紅，與他寄生微異，亦治腫毒。

老虎刺寄生

柏寄生

柏寄生生滇南柏樹上。葉小而厚，主舒筋骨。蓋寄生雖別一種，必因其所寄之木而奪其性。滇多寄生，皆連其本。木折取本，木瘁則寄

柏寄生

生亦瘁，足知其性體聯屬；如人有癭瘤煩毫，非由外致。倘不知木之性而用之，其誤多矣。

厚皮香

厚皮香生雲南山中。小樹滑葉，如山梔子。開五瓣白花，團團微缺，攢聚枝間，略有香氣。紅蕚似梅，厚瓣如蠟，開於三伏。滇南夏月，肆中有賣蠟梅花者卽此。然滇之狗牙蠟梅，已於此時含苞如蠟珠矣。

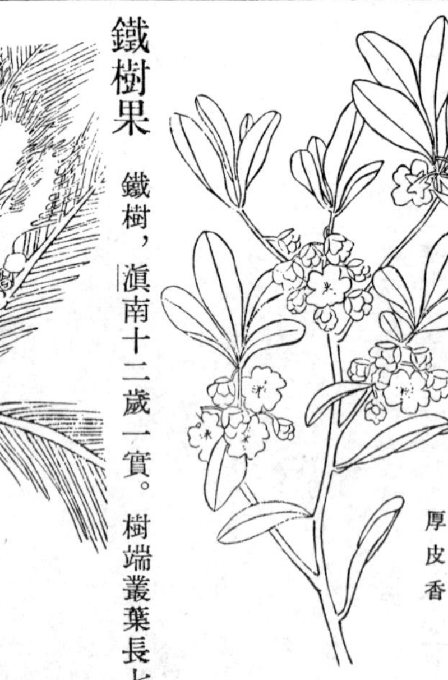

厚皮香

鐵樹果

鐵樹，滇南十二歲一實。樹端叢葉長七

鐵樹果

八寸，形如長柄勺，四旁細縷，正如俗畫鳳尾。色黃，果生柄傍，扁圓，中凹有核，滇人呼爲鳳皇蛋，蓋本草綱目所謂波斯棗。然嚼之無味，滇圃但以罕實爲異，不入果品也。

滇山茶葉

滇山茶葉，葉勁滑類茶，味辛，開黃白花作穗，滇山人以其葉爲飲。

滇山茶葉

滇大葉柳

滇大葉柳，枝葉卽柳，惟從幹傍發條，開白花，穗長寸許，亦作絮。

滇大葉柳

鴉蛋子

鴉蛋子生雲南，小樹圓葉，結實三粒相併，中有一棱。土醫云，能治痔。

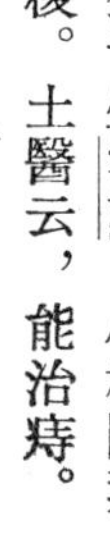

鴉蛋子

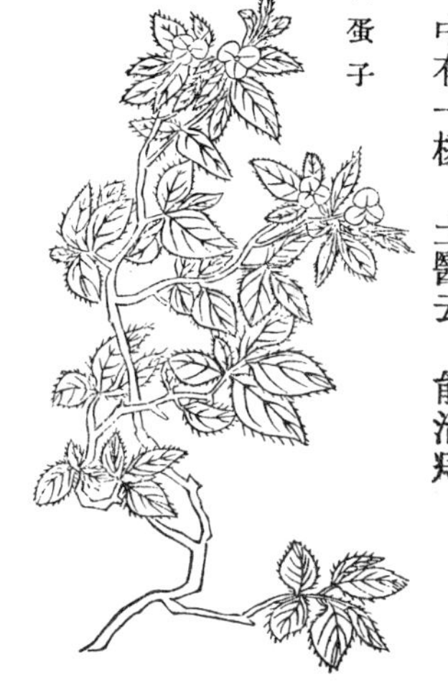

金絲杜仲 金絲杜仲一名石小豆，生雲南。矮木厚葉，葉長寸許，本瘦末團，面青背黄，結實如棠梨而小。實裂各銜紅豆，不脱。

金絲杜仲

紅木 紅木，雲南有之。質堅色紅，開白花五瓣，微赭。

蠟樹 蠟樹，貴州貴定縣種之爲林，放蠟取利。皃其枝葉，叢條萌芽，屢翦益茂，道傍伍列，儼如官柳。葉稍團，秋結細角，似椿莢而薄小，懸於葉際。癸辛雜識載放蠟法，用盆栓樹，葉似茱萸

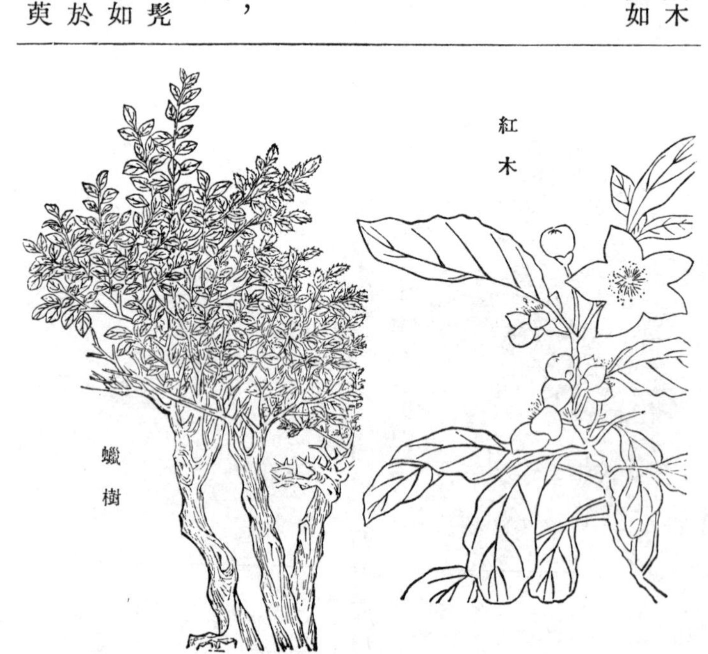

紅木

蠟樹

葉，或卽此。

𣐊樹

𣐊樹，滇、黔有之，湖南辰沅山中尤多。木性堅重，造船者取以爲柁。葉如檀，秋時梢端結實，如紅姑孃而長，三棱，中凹有縐，色殷紅，內含子數粒如橘核。絳霞燭天，丹纈照岫，先於霜葉，可增秋譜，惟字書無𣐊字。

𣐊樹

紫羅花

紫羅花生雲南。子如枸杞。土醫云，産婦煎浴，卻筋骨痛。一名蛇藤。

狗椒

狗椒生雲南。莖葉俱有細刺，高二三尺，結

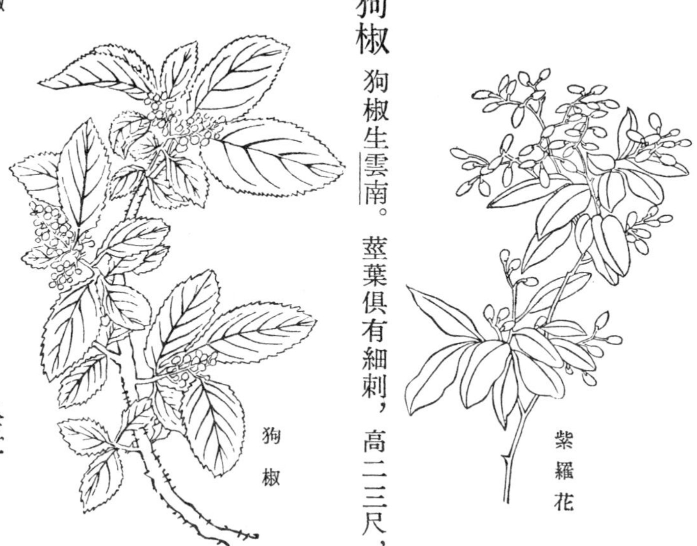

狗椒

紫羅花

實如椒，味亦辛烈，殆兓椒之類。

馬椒 馬椒生雲南。如狗椒，而長條對葉如初生槐葉，結實作梂。

馬椒

大黃連 大黃連生雲南。大樹，枝多長刺，刺必三以爲族。小葉如指甲，亦攢生。結青白實，木心黃如黃柏。味苦，土人云可以代黃連，故名。

寄母 寄母，寄生各樹上。長葉，秋結紅實如珠，鳥食其實，遺於樹上卽生。

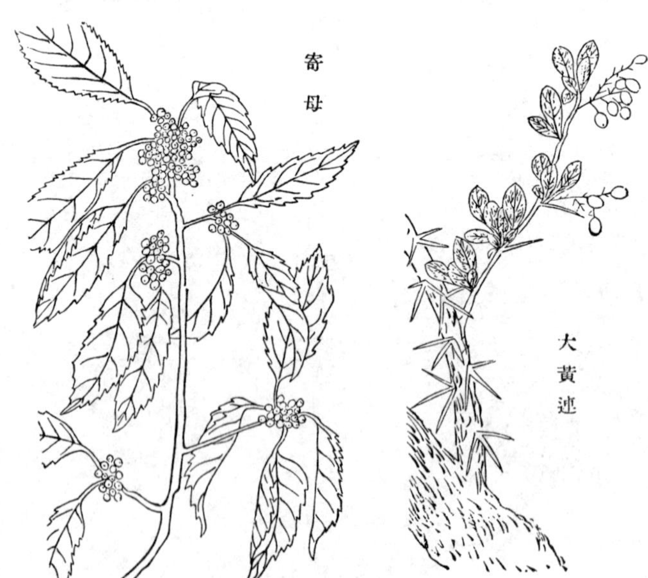
寄母　大黃連

刺緑皮

刺緑皮生雲南。樹高丈餘，長條短枝，枝梢作刺。細葉蒙密，結小青黑實，簇簇滿枝。樹皮緑厚，土人以染緑。

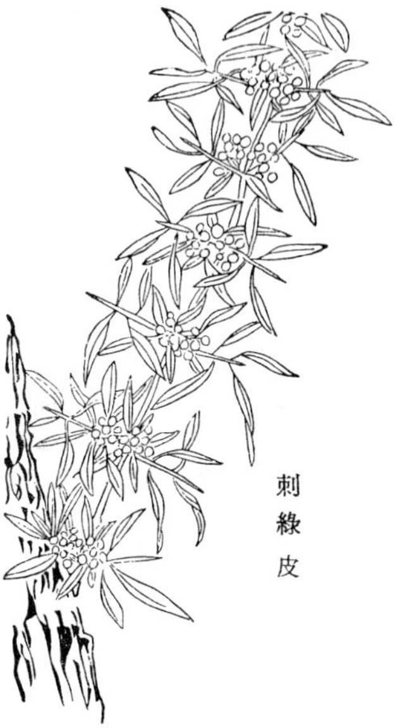

刺緑皮

植物名實圖考卷之三十七

棡

新化縣志，棡、山經虎首山多棡。說文，木也。類篇，寒而不凋。今俗名梁山樹。多枝葉，亭亭如蓋，葉青黑，冬榮。邵陽縣志，棡有紅、白二種：紅爲上，白次之。質堅而性柔，作器須浸水，經歲方堅實；否則移時卽裂而翹。辰谿縣志，檮有紅、白二種。白者呼蒿荆檮，紅者爲巖檮。性直而堅，可扛輿，大者可作油榨。按江西之樟，湖南之棡，所爲什器，幾徧遐邇。然樟木江南多有，惟不踰嶺而南；棡木則湖南而外無聞焉。字或作檮。新化縣志據山經作棡，較爲確晰。其木質重而堅，耐久不蛀。葉亦似樟稍小，

椆

亦似山茶。枝幹皮光而灰黑，木紋似栗而斜。邵陽縣志謂必浸水經歲而後堅實。不知凡竹木作器，皆宜浸之以水，使其生氣盡而汁液洩，然後可任斧鑿；否則風燥而生蟲，濕蒸而生菌，植物皆然，不獨椆也。

永順府志，土紙四縣皆出，檮樹皮爲之，佳者稍白，然粗澀不中書。則檮亦可爲紙。

黃連木

黃連木，江西、湖廣多有之。大合抱，高數丈，葉似椿而小。春時新芽微紅黃色，人競採取醃食，曝以爲飲，味苦回甘如橄欖，暑月可清熱生津。杭人以甘草、青梅同煮啖之，則五味備矣。故救荒本草，黃楝樹生鄭州南山野中，葉如初生椿葉而極小，又似楝葉色微黃。開花紫赤色，結子如豌豆大，生青熟紅，亦紫色。葉味苦，

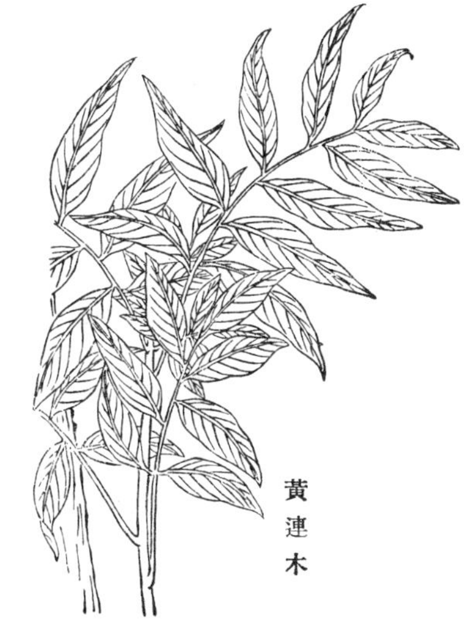
黃連木

採嫩芽葉煠熟，水浸去苦味，油鹽調食；蒸芽曝乾，亦可作茶煮飲。形狀、功用正同。唯南方未見其花實爲異。其木理堅實。廣西通志，黃連木各州縣出，最能經久，卽嶠南瑣記所謂勝鐵力木者。唯湘潭縣志以爲卽楷木，未知所本。楚人呼連與栗同音，字或作槤，或作鸝。春時鄉人有摘芽售於城市者，呼爲黃鸝芽。五雜組，曲阜孔林有楷木，相傳子貢手植者，其樹十餘圍，今已枯死。其遺種延生甚蕃，其芽香苦，可烹以代茶，亦可乾而茹之。其木可爲笏枕及棋枰，云敲之聲甚響而不裂，故宜棋也；枕之無惡夢，故宜枕也。此木聖賢之遺跡，而守土之官，日逐採伐制器，以充饋遺，今其所存寥寥，反不及商邱之木，以不才終天年，不亦可恨之甚哉。　按所述芽味香苦，似卽黃連木。或作湘潭志者爲魯人，故識之。

青岡樹

救荒本草，青岡樹舊不載所出州土，今處處有之。其木大而結橡斗者爲橡櫟，小而不結橡斗者爲青岡。其青岡樹枝葉條幹皆類橡櫟，但葉色頗青而少，花又味苦，性平無毒。採嫩葉煠熟，以水浸漬，作成黃色，換水淘淨，油鹽調食。　按青岡樹與橡櫟雜生岡阜，蓋一類而無花實者，其梢頭往往結一綠毬，細如椶絲頗硬。貴州土綢，卽此樹蠶繭也，其利溥矣。桑有葚，橡有栗，皆不宜蠶，一理耳。今以橡譜附於後。湖南俚醫呼爲白栗毬；又呼矮腳栗，以其絲毬至秋圓白，如去殼之栗。用治紅痢、白濁。

橡繭識語

雩婁農曰：黔山瘠民，草服不給，陳府君被以綈綺而有羸焉，俎豆報之，宜也。原標橡繭，鄭君譜之，易曰樗，一字之師辨矣，然非以通俗。夫蟲食樹吐絲以爲巢，必樹美者絲美。桑葉沃若，繭之上也。柘汁黃。豫之商城，荊之荊門、辰谿，其土絹皆柘汁也。贛之信豐、安遠，以烏臼飼蠶則絲暗，以蠟樹飼蠶則絲鮮。嘉應之程鄉，畦樹而蠶，食某葉者爲某繭；瓊之文章蠶食山栗，服之不敝，新興繭亦然。楝之絲，湖人以織裹巾。楓之絲，粤人以爲緣，且紘琴瑟。樟之絲，湘人以爲釣緡。徐元扈曰：樹皆可蠶，其信然歟。然槐蠶大如蟻，楡之蛾如蚱蜢，繭皆如蛛網，弗任織。樗之蠖，以少絲糾數木葉爲穴而跧焉，摘而擲之，曳其穴以行。是蠢蠢者，烏能爲此梟梟也。橡之樹堅，其色褐，葉勁而澤，其無實者曰青岡，葉愈厚且大，柘之次也。蠶食焉而肖，故絲勁而色亦褐。陸元恪曰：山樗與下田樗無異，不以爲栲。其釋栲也，曰似櫟，不以爲樗。若宗陸說，則宜曰栲而後可。

青岡樹

寶樹

寶樹生廬山佛寺。亭亭直立，葉如松杉而有歧枝，相傳明時開一花如蓮。考酉陽雜俎，巴陵僧房忽生一木，外國僧見曰：此婆羅也。元嘉初開一花如蓮，或即此類。華夷花木考，婆羅樹每

寶樹

枝生葉七片，有花穗甚長，而黄如栗花，秋後結實如栗，可食。此乃天師栗，非婆羅樹，李時珍亦云然。

羅漢松　羅漢松，繁葉長潤，如竹而團，多植盆玩，實如羅漢形，故名。或云實可食。又有以爲卽竹柏者。考益部方物記，竹柏葉繁長而籜似竹。如以籜爲落葉則甚肖，若以爲笋籜則絶不類，存以俟考。滇南羅漢松，實大如拇指，綠首絳跗，形狀端好，跗嫩味甜，飣盤尤雅。俗云食之能益心氣，蓋與松柏子同功。

羅漢松

何樹　何樹，江西多有之。材中棟梁。本草拾遺有柯樹，或卽此。

雩婁農曰：何樹、巨木也，宫室器具之用，益於民大矣。然志書或曰柯，或曰椈，或曰和。南城以木名其山，而不知於古爲何木。無名之樸，木

何樹

之不幸歟。以無名而爲求木者所不及，山徑之蹊，扶疎蔭塗，其視松杉不拱把而尋斧者，又非至幸歟！昔有僧氏何，問其里，亦曰何國人。然則何樹者，其何國之木，而何氏之僧所手植歟？

榕

榕樹，兩廣極多，不材之木。然其葉可蔭行人，可肥田畝；木歲久則成伽南香，根大如屋。江西南贛皆有之，稍北遇寒卽枯，故有榕不過吉之諺。或以爲卽蜀之榿木。但蘇子瞻蜀人，在惠在瓊，無一語及之。李調元南越筆記敍榕木甚詳，亦不謂卽榿。李亦蜀人也。

榕

桹木

寧鄉縣志，榔質堅而綿，作器具良；浸水有膏黏，婦人以沐髮。有沙榔、蝱榔，葉間結包生蚊。衡山縣志，根結實如衣扣。破之有數蚊飛出。龍山縣志，樠、左傳正義木有榆者，俗呼爲榔榆，蓋爲樠也。有紅、白二種，大樹，皮厚寸許者，性膠可和香料。葉圓而淡黃。俗作桹與榔者，皆誤。俗有杉樠、郁樠、柏樠、硬殼樠之名，杉樠爲佳。　按桹木，湖南、贛南多有之，非珍木也。作志者多以榔榆爲說，其實南方榔榆，秋結莢者，亦間有之。陳藏器謂南方有刺榆，無大榆。今榔木無刺、無莢，非榔榆也。寧鄉、衡山縣志，皆謂有蚊蝱生於實內。余考北戶錄蝱母木，卽南越志所云古度樹，一呼郍子，南人號曰柁實，從木皮中出，如綴珠璫，大如櫻桃，黃卽可食。過則實中化蛾飛出，亦有爲蚊子者。其說與寧鄉、衡山縣志合。則蝱桹卽蝱母無疑。又攸縣志，有一種柁樹，幹甚端偉，四時常青，當卽北戶錄所謂南人號曰柁矣。此樹葉青黑，比楡樹葉肥澀，搓之亦黏。贛南並其葉合香，不獨皮也。其實初熟時，小兒亦取食之。惟實從皮中出，則未敢信。南方濕熱，凡樹木葉莖間，忽結紅綠小實，色甚鮮明，摘置案間，俄卽蠕動，或飛或伸，爲蛾爲蠖，土人皆曰蟲果。余在廣東，見大樹如椿，枝幹礧砢，隱隱隆起。侵曉則有無數蒼蠅飛出，或蝱母所結之實，老則化蚊；而葉間所結之包，亦卽蚊蝱所蘊，北戶錄合而爲一歟？又廣西通志，蚊子樹如冬青，實如枇杷。子熟坼裂，有蚊子飛出，或卽此木。但嶺南愈熱，樹木生蝱，恐尚不止一二種。又格古要論，欐木出湖廣。棆木，欐、柁聲近，蓋卽一木。滇南呼婆樹。則語有輕重耳，實榔木之一種也。

桹木

蝱榔

蝱榔，湖南多有之，說具榔樹下。樹與各種

蝱榔

榔同，惟結實如小豆，生青熟黃，內有子一粒極硬。其葉多黑斑，隆起如沙，莖間亦有小苞。土人云、化蚊者卽葉上之沙與莖間之苞，非實中化出。蓋其葉上黑斑，已微具蚊形，而莖上之苞，則遺種所孕，理可信也。俚醫以爲跌打損傷之藥。

蚊榔樹　蚊榔爲榔樹一種；而蚊榔生蚊，又有從實中生者。其實初青有尖，如毛桃而小如豆，剝

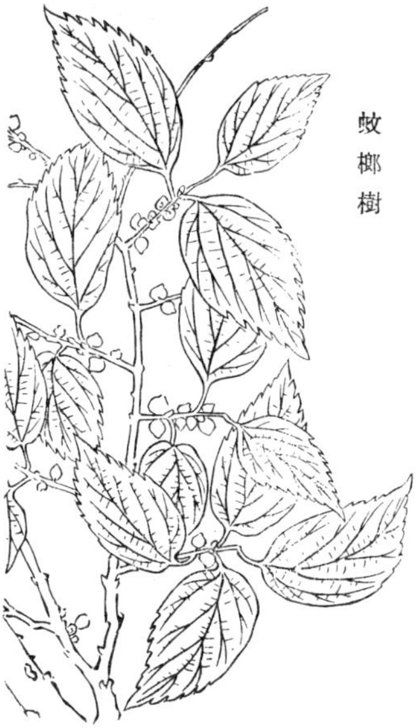

蚊榔樹

開有蟲如孑孓。老則實黑而枯，蟲化蚊而實成灰矣。葉化蚊者，葉盡而實存；實化蚊者，實盡而葉存，以此別之。

蚊子樹　蚊子樹生南安，與廣西志葉似冬青微相類，而色黃綠，不光潤。余再至南安，時已冬深，未得見其結實。如枇杷生蚊，樵薪所餘，嫩葉復萌，土人皆呼爲門子樹。蚊、門土音無別，湘南亦然。

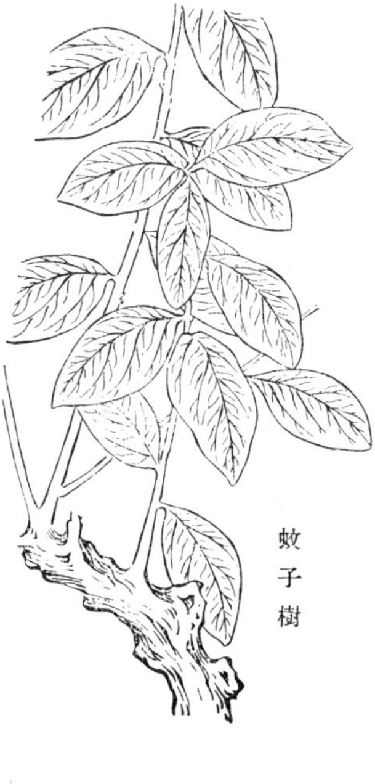

蚊子樹

八角楓　簡易草藥，八角楓其葉八角，故名。八

角楓五角卽五角楓。有花者，其根亦名白龍鬚；無花者卽名八角楓。二樹一樣，花葉八角，味溫無毒，能治筋骨中諸病。按本草從新，八角金盤苦辛溫，毒烈，治痲痺、風毒、打撲、瘀血、停積，其氣猛悍，能開通壅塞，痛淋立止，虛人愼之。植高二三尺，葉如臭梧桐而八角，秋開白花細簇，取近根皮用，卽此樹也。江西、湖南極多，不經樵採，高至丈餘。其葉角甚多，八角言其大者耳。

八角楓

野檀

野檀生袁州，大樹亭亭，與檀無異。土人云：秋時結實如梨，不可食。色黃可染。檀類多種，其黃檀耶？

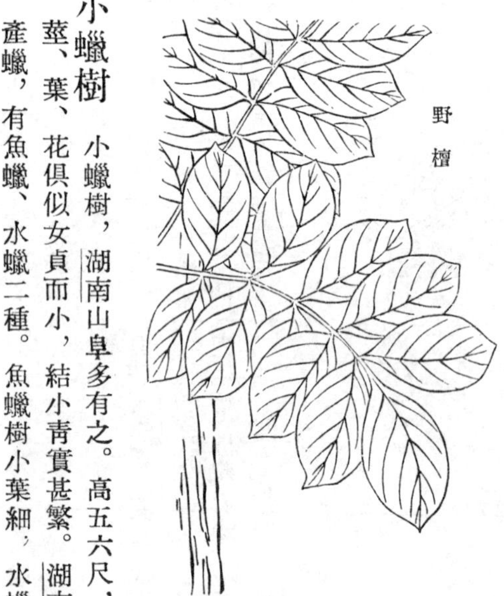

野檀

小蠟樹

小蠟樹，湖南山阜多有之。高五六尺，莖、葉、花俱似女貞而小，結小青實甚繁。湖南產蠟，有魚蠟、水蠟二種。魚蠟樹小葉細，水蠟樹高葉肥；水蠟樹卽女貞，此卽魚蠟也。或又謂水冬青葉細嫩，與冬青無大異，可放蠟。此是就人家種蒔之樹與野生者而言，亦强爲分別耳。宋氏雜部所云，水冬青葉細，利於養蠟子，亦卽指此。李時珍謂有水蠟樹，葉微似榆，亦可放蟲生蠟，與此異種。

小蠟樹

牛嬭子

㈠牛嬭子樹，長沙山阜多有之。叢生褐幹，葉如橘葉，有微齒。夏間結實，狀如衣扣，纍纍下垂。外有青褐皮，裂殼見黑光如龍眼核，殼內青皮白仁，味苦澀，頗似橡栗。可研粉救饑，俚醫取枝莖以爲散血之藥。

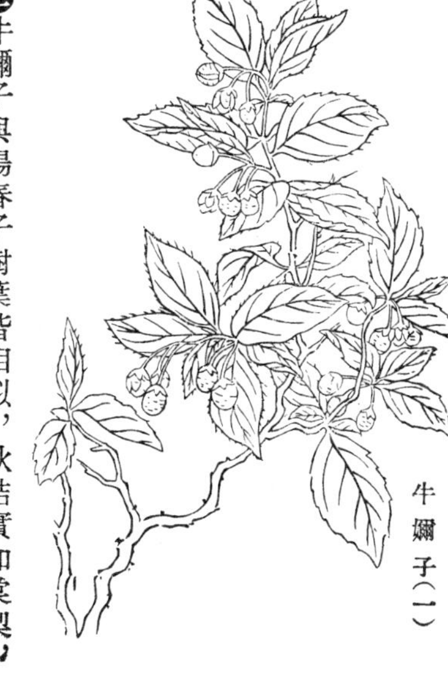
牛嬭子（一）

㈡牛嬭子與陽春子樹葉皆相似，秋結實如棠梨，

牛嬭子（二）

色紅紫，味微甘而澀，童豎食之。

羊嬭子

㊀羊嬭子，湖南山阜多有之。辰谿縣志，羊嬭子莖有小刺，葉如桂而小，上青下白，開小白花，實如羊嬭，味甘可食。又羊春子，同類異種。按救荒本草，白棠子樹亦名羊嬭子樹，形狀略同。

㊁羊嬭子生長沙山岡，叢樹無刺，葉如榆葉，光

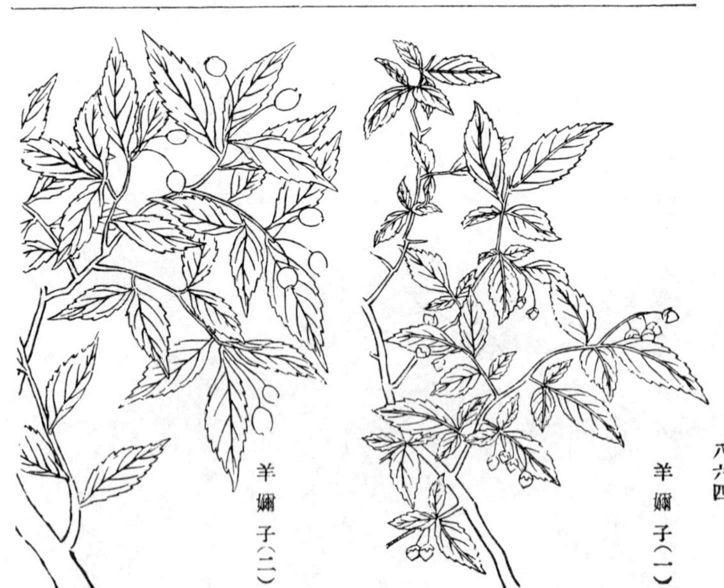

羊嬭子（一）

羊嬭子（二）

澤而薄。秋結實如海棠果而小、亦長，經霜色紅，味酸澀。

陽春子

陽春子，湖南處處有之。叢生，赭莖有硬刺，長葉如橘葉而不尖，面綠背白。又一種葉稍大，亦寬，土名面內金。俱結紅實，土醫以治喉熱。

陽春子

野胡椒

野胡椒，湖南長沙山阜間有之。樹高丈餘，褐幹密葉，幹上發小短莖，大小葉排生如簇，葉微似橘葉，面綠背青灰色，皆有細毛，捫之滑軟。附莖春開白花，結長柄小圓實如椒，攢簇葉間，青時氣已香馥。土人研以治氣痛，酒沖服。又一種枝幹全同，葉微小無實，俗呼見風消。

按唐本草，山胡椒所在有之，似胡椒色黑，顆粒大如黑豆，味辛，大熱無毒。主心腹冷痛，破滯氣，俗用有效。廣西通志，山胡椒，夏月全州人

野胡椒

以代茗飲，大能清暑益氣；或以爲卽畢澄茄。有一種野生，不堪食。皆未述其形狀，未審是否一物。長沙別有一種山胡椒，大葉，秋深結實，與此異種。

樹腰子　樹腰子一名紅花樹，長沙山阜多有之。樹高丈餘，黑幹綠枝，對葉排生，葉如橘葉而寬、亦柔。中紋一縷稍偏，夏開尖瓣銀褐花，攢密如穗。秋結紅實，如椒顆而小，三四顆共蒂，老則

樹腰子

迸裂，子綴殼上，黑光亦如椒目。長而不圓，形微似豬腰子，故名。味辛溫，土人以治心痛、滯氣。

菩提樹　菩提樹產粵東莞縣，只一株。樹身數圍，形狀如桑，葉蓊翳似蓋，色青。採葉用水浸數日，去青成紗，畫工取之繪佛像。南越筆記，菩提樹子可作念珠。廣州志云，訶林有菩提樹，梁智藥三藏攜種。樹大十餘圍，根株無數。通志謂葉似

菩提樹

桑，寺僧採之，浸以寒泉，歷四旬浣去渣滓，惟餘細筋如絲，可作燈帷、笠帽。瓊州志又稱金剛子，產瓊州。圓如彈，堅實不朽，可爲數珠。按菩提子，每顆面有大圈文如月，周羅細點如星，謂之星月菩提。又有木槵子，色較黑而質更堅結，亦可爲念珠。大姚諸處，俗亦呼爲菩提子。

鳳尾蕉

鳳尾蕉，南方有之，南安尤多。樹如鱗甲，葉如椶櫚，尖硬光澤，經冬不凋。欲萎時燒鐵釘烙之，則復茂。本草綱目併海椶、波斯棗、無漏子爲一種，未敢據信；或同名異物，尚俟訪求。

鳳尾蕉

椶櫚竹

李衎竹譜，椶櫚竹兩浙、兩廣、安南、七閩皆有之。高七八尺，葉似椶櫚而尖，小如竹葉。自地而生，每一葉脫落，即成一節。膚色青青，一如竹枝。十道志曰，巴蜀紙惟十色，竹則九種，椶竹其一，椶身而竹葉。宋景文公益部方

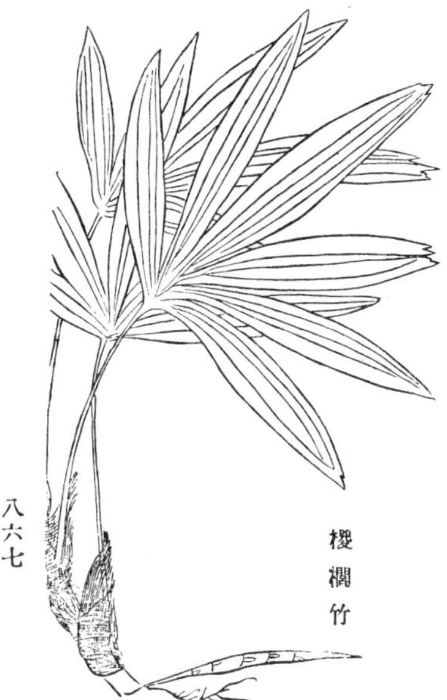
椶櫚竹

物贊曰，葉椶身竹，族生不漫，有皮無枝，實中而幹。註云：叢產，葉似椶有刺。陸務觀有占城椶竹拄杖詩。

水楊柳　水楊柳，叢生水瀕，高二三尺，長葉對生，似柳而細。莖柔可編筐筥。光州謂之簸箕柳，水農種之。

水楊柳

蔡木　蔡木生山西五臺山，志書載之。枝葉全類槲櫟，疑卽橡栗之屬。考段氏說文解字注，蔡、草丰也。丰，讀若介。丰字本無，今補。四篇曰，丰，艸蔡也，此曰蔡，艸丰也，是爲轉注。艸生之散亂也，丰蔡疊韻，此木葉密枝料。或以此得名爲蔡歟？集韻有櫒字，云木名，梓屬。蔡與櫒或音形相近而訛，但此木殊不類梓。又古人作字，或訓爲柞櫟，或祇訓柞木，橡醜實繁，多供薪槱。柞、蔡一聲之轉，西音呼蔡爲詫，柞亦爲槎之假借，殆作志者就土音書爲蔡，而不知其卽柞木耳。

蔡木

霍州志，柞新葉生，故葉落，堅忍之木，可爲車軸。則柞亦晉材。

櫱木

櫱木，本經上品，根名檀桓。別錄謂生漢中永昌山谷。今山西、湖南山中至多，俗以染黃。說文櫱、黃木也。俗加艸作蘗，誤。

櫱木

雩婁農曰：小說家有謂投黃櫱水中能毒蛟龍者。溫嶠然犀，鬼神惡之，但深山中忽遭沸流，俗曰蛟水，當其衝者，山裂木拔，豈無一櫱木隨流而泛者哉。夫洚水離析，害難言矣，近世有桀伐蛟說者，其意甚壯，然不聞有試之者。周禮壺涿氏掌除水蟲。若欲殺其神，則以牡橭午貫象齒沈之；其神死，淵爲陵，與後世禁祝何異？然則捍大患、禦大災、而有益於民，雖巫覡小術，亦聖人之所作也。櫱木殺蛟，其說若信，則依澗負崖之氓，家置戶蓄；或遇一綫逆湍，爭相迎擲，獨非臨時救恤之一法乎？

蕤核

（一）蕤核，本經上品。爾雅棫、白桵。注，小木叢生有刺，實如耳璫，紫赤可食。注本草者，以爲即蕤核。圖經謂葉細如枸杞而狹長，花白，子附莖生，紫赤色。按其形狀，正相肖也。救荒本草，俗名蕤李子，果可食。今山西山坡極多，俗呼蕤棫，彌坑堙塹，蓬勃苯䔿。詩人芃芃薪槱，體物瀏亮，亦自述其物宜耳。霍州志，棫一名桵，即

蕤核(一)

棫樸也，小枝而叢生，中空。州人飲煙者，取爲飲具。按陸璣詩疏，棫卽柞，其材理全白，無赤心者，爲白桵。是棫有赤、白二種。今霍州產者有赤紋如繡，心似通草，以物穿之卽空，詩人棫、樸連詠，應是一類二種。召南詩，林有樸樕。毛傳，樸樕、小木也。疏引爾雅作樸樕心。則樸樕一名心。古人多反語，以亂爲治，苦爲甘；此木

心柔，可中通，故亦名爲心歟？陶隱居注云，蕤核大如烏豆，形圓而扁，有文理，狀似胡桃。此種山西亦多，與郭注異，具別圖。小木相似而異者甚繁，大要皆一類也。

㊁蕤核，陶隱居注。形如烏豆大，圓而扁，有文理，狀似胡桃桃核。此種山西山阜極多，俱如陶說。圖經蕤核，狀如五味，此實多皺，中有裂紋，如桃李、不正圓。按諸書言溲疏，皆云似枸杞有刺，子兩兩相比。此木叢生，葉極似枸杞而多刺，如棘子，必駢生，殆溲疏也。土人既不知其名，

蕤核(二)

而方書無用者；本經上品，其爲逸民久矣。本貫熊耳，毘接中條，族姓繁衍，雜處棫樸，圖而識之，俾不堙没。若陶隱居之併入蕤核，蓋知己而非知己也。

桋樹

桋樹

桋樹生山西霍州。大樹亭亭，斜紋糾錯，枝柯柔敷，葉如人舌駢生，長柄裊裊下垂。寺院陰清，與風搖蕩，可謂嘉植。按詩隰有杞桋，陸疏，楝葉如柞，皮薄而白。其木理赤者爲赤楝，一名桋；白者爲楝。其木皆堅韌，今人以爲車轂。爾雅桋、赤楝，白者楝。郭注，赤楝、樹葉細而歧銳，皮理錯戾，好叢生山中；中爲車輞。白楝葉圓而歧，爲大木。按其形狀不甚合，或别一木。

杄

杄

杄木，山西山中極多。樹亭亭直上，葉如栝松而肥軟，又似杉木而葉短柔。山西架木皆用之，與南方杉木同。按杄卽欆字，桾欆見吳都賦注，子如瓠形。今廣東有之。一名羊矢棗，非軟棗也。此木結實與松實同而小，絕非桾櫏。櫏木、字書不載。考說文樠字下云，松心木。馬融廣成頌，陵喬松。履脩樠。漢書烏孫國多松樠。松、樠並稱，自是一類。小顏注，樠、木名，其心似松。今杆木有赤、白二種，土人亦云松杆；杆、樠音近，或卽樠木也。水經注，武陵有樠溪，俗作朗溪。廣韻有柄字。今湘中榔木，應作柄；作志者或作樠。其樹非松類，誤合樠、柄爲一字耳。樠溪字亦當作柄；彼處榔木最繁，應卽以此名溪也。左傳正義，木有榆者，俗呼榔榆，蓋爲樠也。以樠爲榔榆，未見所出。郎榆、姑榆，俗或作榔榆。段氏說文注謂認樠爲柄；未別其字，而強說其音也。

樺木

樺木，開寶本草始著錄。山西各屬山中皆產，關東亦饒。湖北施南山中，剝其皮爲屋。古有樺燭，今罕用。考說文檴、或從蒦；段氏注云，俗作樺。爾雅檴落郭注，可以爲杯器素。詩經無浸檴薪。今五臺人車其木以爲椀盤，色白無紋，且易受采，雁門人斧其枝以爲柴。則杯器素及檴薪之用，今猶古矣。詩疏引陸璣疏以爲梛榆，云其葉如榆。按此木葉圓如杏，密齒，殊不類榆。陸蓋不以檴爲樺，與說文異。爾雅正義引說文以檴爲樗之或體，且云樗爲散木，雜於薪蘇，非所見說文本異，卽是誤記。樗皮及木，其用皆與樺不類。

樺木

黃蘆木

黃蘆木生山西五臺山。木皮灰褐色，肌理皆黃，多刺三角，如蒺藜。四五葉附枝攢生，長柄有細齒，俗以染黃，訛曰黃姑。按說文桴字下云，桴、木也，出橐山。段氏注引廣韻黃桴木可染黃，疑爲周禮注之橐盧。又櫨字下云，一曰宅櫨木，出宏農山。段氏注亦疑爲橐盧。考桴、櫨二篆，說文分廁，異物無疑。嘉祐本草有黃櫨，云生商洛。救荒本草圖圓葉如杏，與此木迴別；而商洛接近宏農，則說文宅櫨木，其卽救荒本草之黃櫨矣。此木亦染黃，西音姑、桴、蘆，驟聽無別。癸辛雜識謂長城傍得古木，謂名黃蘆，蓋昔築城以爲幹者，字正作蘆。五臺在長城內，木名黃蘆，其來舊矣。蘆爲葦草，不可通木，盧上加艸，俗書之誤，此木殆卽橐盧，而說文所說桴木歟？又圖經謂有一種刺蘗，多刺可染，不入藥用，或卽此木。蓋不知其名，姑以色黃而名曰蘗。

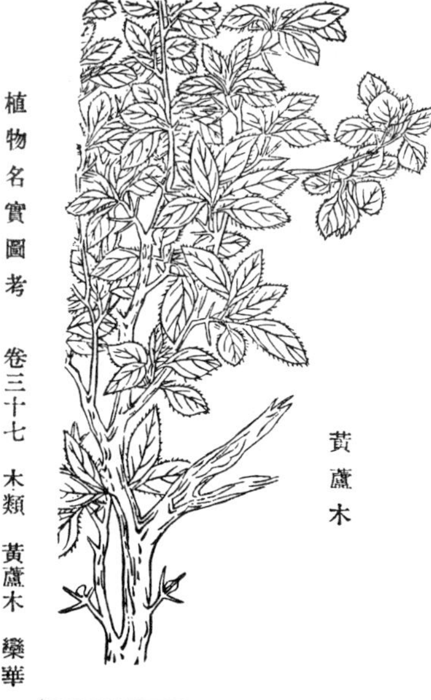

欒華

欒華，本經下品。救荒本草，木欒生密縣山谷中。樹高丈餘，葉似楝葉而寬大、稍薄，開淡黃花，結薄殼。中有子如豌豆，烏黑色，人多摘取作數珠。葉味淡甜，採嫩芽煠熟，換水浸淘淨，油鹽調食。按山西亦多有之，俗訛作木蘭。通志，木蘭叢生谷岸，葉可染皁，晉人名黑葉子；春初採芽作茹，名木蘭芽。又長治縣志，梾卽木蘭。考集韻，梾、木名，可爲笏。此木皮赭、質白，自可作笏；而黑葉子則染肆用之如皁斗。說文欒木似欄。段氏注，欄、今之楝字。欒之似楝，其說古矣；西音爲蘭，亦古韻也。

欒華

植物名實圖考卷之三十八

木類

野鴉椿

野鴉椿生長沙山阜。叢生，高可盈丈，綠條對節，節上發小枝，對葉密排，似椿而短、亦圓；似檀而有尖，細齒踈紋，赭根旁出，略有短鬚。俚醫以爲達表之藥。秋結紅實，殼似赭桐花而微硬，迸裂時，子著殼邊如梧桐子，遥望似花瓣上粘黑子。按唐本草賣子木，形狀極肖，亦云子如椒目在花瓣中，則焦紅者其花耶？附以

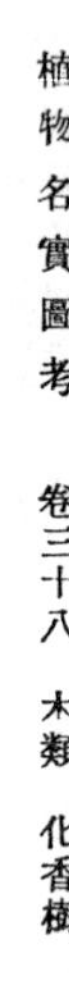

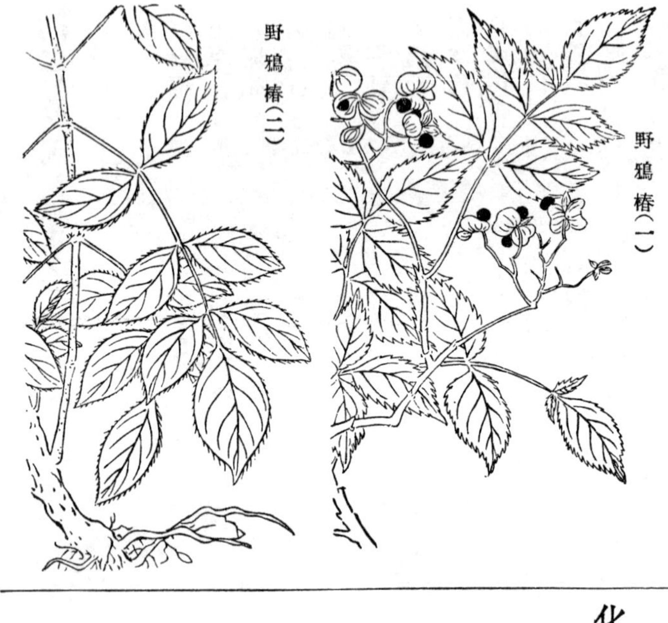
野鴉椿（一）

野鴉椿（二）

備考。

化香樹

化香樹，湖南處處有之。高丈餘，葉微似椿，有圓齒，如橡葉而薄柔。結實如松毬刺，扁亦薄。子在刺中，似蜀葵子。破其毬，香氣芬烈，土人取其實以染黑色。按本草拾遺，必栗香，味辛溫、無毒，主鬼氣；煮服之，幷燒爲香，殺蟲魚。葉搗碎置上流水，魚悉暴鰓。一名化木香，詹香也。葉如椿，生高山，堪爲書軸，白魚

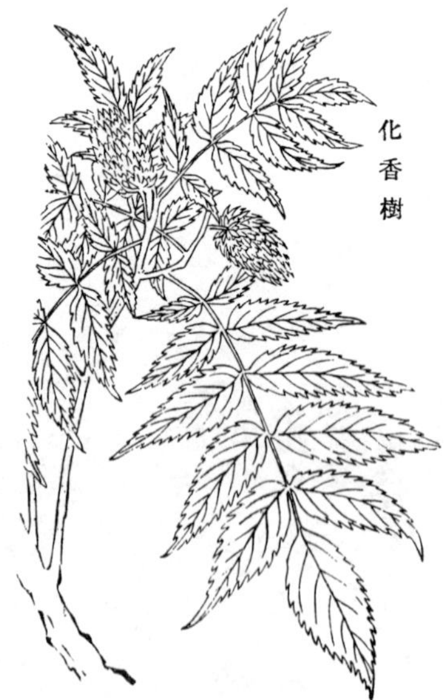
化香樹

不損書也。又海藥本草，主鬼疰、心氣，斷一切惡氣。葉落水中，魚當暴死。核其形狀，頗相彷彿，名亦近是。惟此樹之用在毬，染肆浸曬，盈筐累簭，而拾遺不及之，以此爲疑。俚醫以爲順氣、散痰之藥。

土厚朴

土厚朴生建昌，亦大樹也。葉對生，粗柄，長幾盈尺，面綠背白，頗肥。枝頭嫩葉，卷如木筆。味辛，氣香，土人以代厚朴，亦效。

土厚朴

酒藥子樹

酒藥子樹生湖南岡阜，高丈餘。皮紫微似桃樹，葉如初生油桐葉而有長尖，面青背白，皆有柔毛；葉心亦白茸茸如燈心草。五月間梢開小黃白花，如粟粒成穗，長五六寸。葉微香，土人以製酒麴，故名。

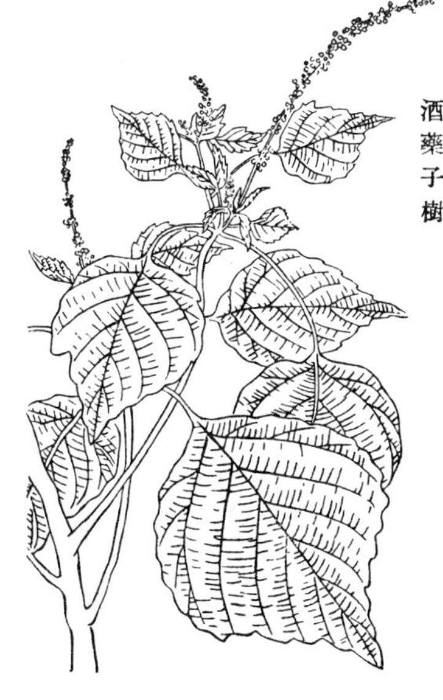

酒藥子樹

苦茶樹

苦茶樹生長沙岡阜，高丈餘。枝葉蒙密，紫莖細勁，多杈枒，附莖生葉，長寸餘，微似臘

苦茶樹

梅葉光鮹而皺，面濃綠，背淡青，深紋稀齒。葉間附莖結實，圓長有直紋，大如梧桐子，生青熟黑。葉味苦，回甘生液，土人採以爲茗。

吉利子樹

救荒本草，吉利子樹一名急藨子科，荒野有之。科條高五六尺，葉似野桑葉而小；又似櫻桃葉亦小。枝葉間開五瓣小尖花，碧玉色，其心黃色。結子如椒粒大，兩兩並生，熟則紅，味甜，其子熟時，採摘食之。　按此樹湖南山阜有之，俗呼銅箍散。

萬年青

萬年青，生長沙山中。叢生長條，附莖

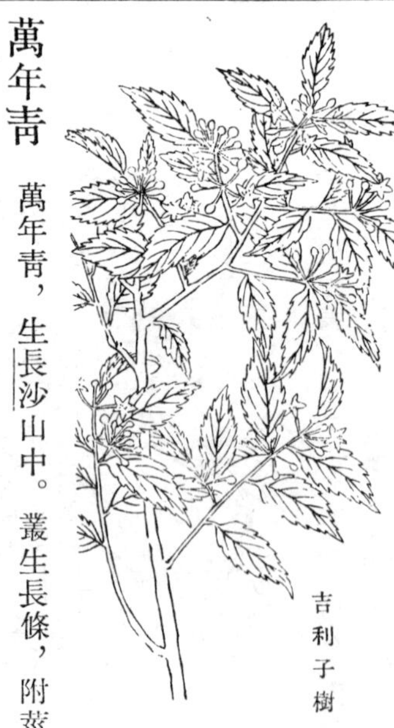
吉利子樹

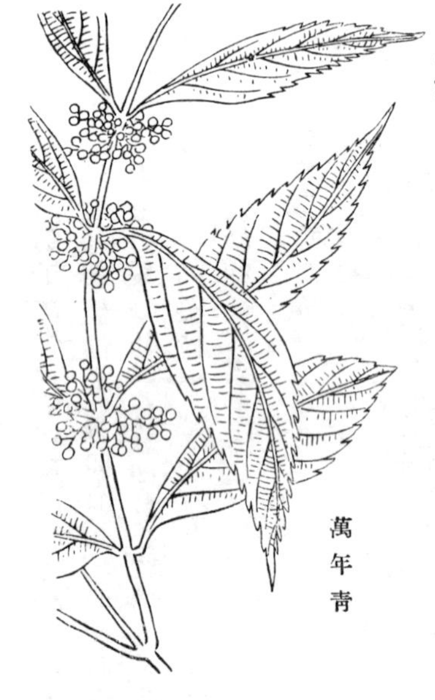
萬年青

對葉，葉長三寸餘，似大青葉，有鋸齒細紋，中有赭縷一道。附莖生小實如青珠，數十攢簇，俚醫以截瘧。

繡花鋮

繡花鋮

繡花鋮，江西、湖南皆有之。小樹細莖，對發槎杈，葉亦附枝對生，似石榴花葉微小，面濃綠，背淡青，光潤柔膩，中唯直文一縷。近莖葉小如指甲，枝端葉亦小，距梢寸許無葉，細如鋮刺。春夏時亦柔軟，秋老即硬。江西或呼爲雀不踏，俚醫以爲補氣血之藥。本草綱目以楤木一名鵲不踏；不知南方有刺之木與草，皆呼爲雀不踏，不可爲定名也。

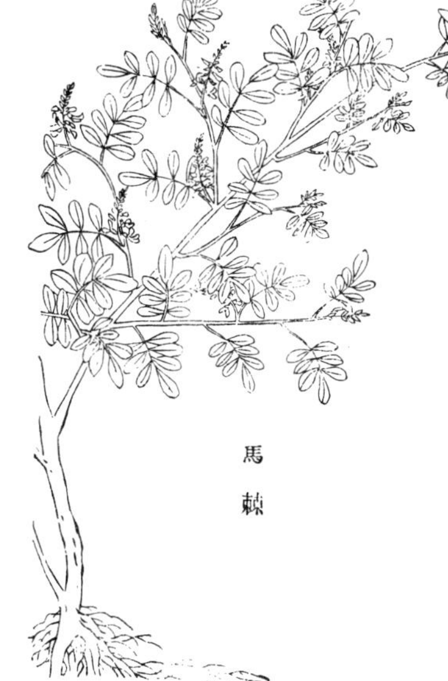

馬棘

馬棘

救荒本草，馬棘生滎陽岡阜間。科條高四五尺，葉似夜合樹葉而小，又似蒺藜葉而硬，又似新生皁莢科葉亦小。梢間開粉紫花，形狀似錦雞兒花微小，味甜，採花煠熟，水浸淘淨，油鹽調食。按馬棘，江西廣饒河濱有之，土人無識之者。或呼爲野槐樹，其莖亦甜。

賭博賴　賭博賴，江西、湖南水濱多有之。叢生，樹高六七尺，與水柳叢廁。就莖結櫧實，熟時小兒食之，味淡多子。葉如柳而勁，無鋸齒，頗似竆成，有毛而光，能粘人衣。故南安土呼賭博賴云。

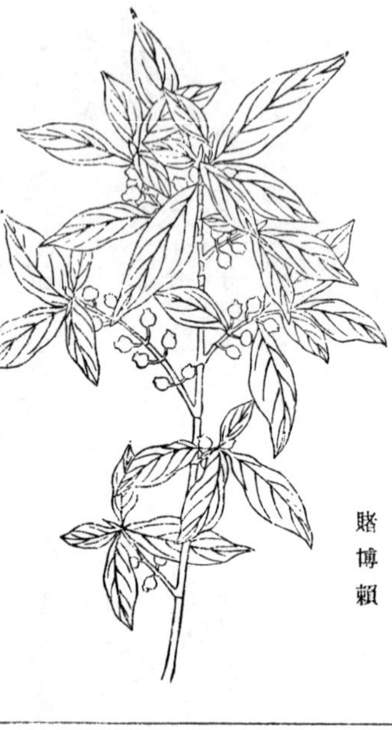

賭博賴

萬年紅　萬年紅，江西處處有之。大可合抱，葉如橘柚，冬時實紅如豆，纍纍滿枝。俗以新年插置瓶中爲吉，故名。

萬年紅

野樟樹　野樟樹生長沙嶽麓。叢生小木，高尺餘，葉極似樟，面綠背淡。夏結紅實，纍纍可翫，惟移植卽枯。圃崙弗錄，僅供樵薪。

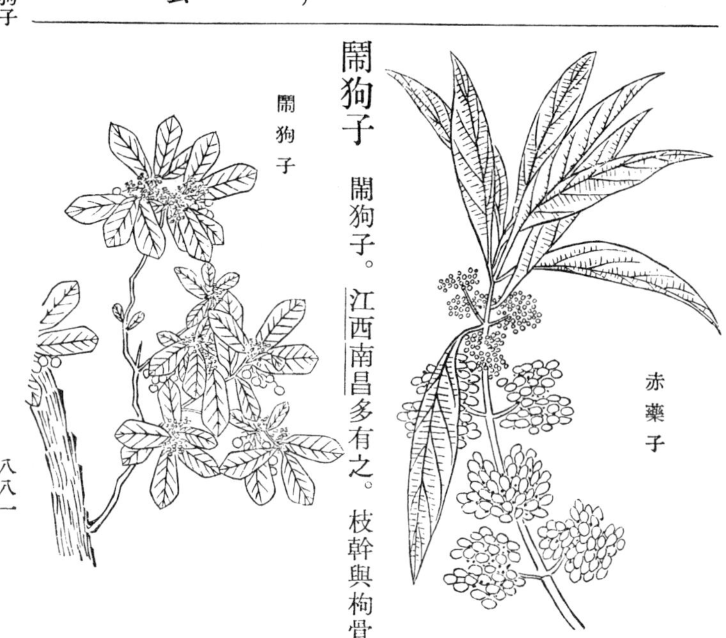

赤藥子

赤藥子生南安。樹高二三丈，赤條聳密，長葉相對，葉似桃葉，色黄緑，淡赭紋，有横縐。冬結實初如椒而小，攢聚繁碎，熟時長白如糯米，味甜有汁。子細如粟，味辛，土人以餔小兒，云能消積。按唐本草，白藥子葉似苦苣，赤莖。宋圖經，子如菉豆，至六月變成赤色。皆微相類，但非蔓生耳。

鬧狗子

鬧狗子。江西南昌多有之。枝幹與枸骨

無異，花實亦同，惟葉作方棱無刺。臘時折置花尊，紅珠的皪。或云狗食其子即斃。

野漆樹

野漆樹，山中多有之。枝幹俱如漆，霜後葉紅如烏臼葉，俗亦謂之染山紅。結黑實，亦如漆子。按爾雅注，櫄、楆、栲、漆，相似如一，或即櫄樹耶？字亦作杶、作櫄。野人樵採之。

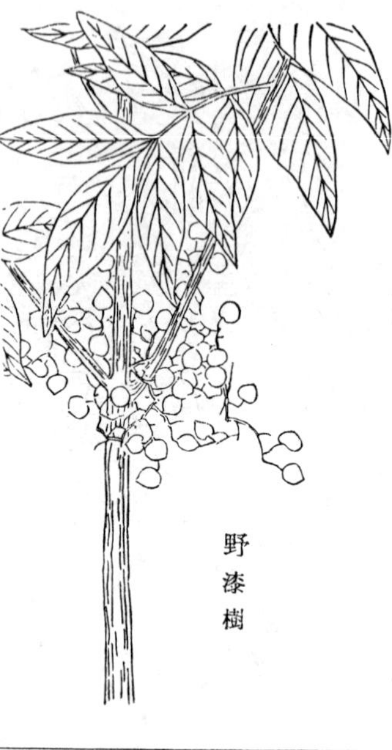

野漆樹

山桂花

山桂花，長沙嶽麓極多。春時開小黃花如桂，故名。叢生小木，高二尺餘，褐莖勁細，葉微似榆而疎齒。面綠潤，背淡白，土人以治氣脹。按宋氏雜部，水槿樹可放蠟，春開黃花，形頗相類。

山桂花

見風消

見風消生長沙山阜。長葉排生，極似櫸柳，高僅二三尺，叢條葱茂。葉面青背白，似野胡椒而窄。俚醫以爲消風、敗毒之藥，故名。

見風消

紫荆花

紫荆花

紫荆花生長沙山阜間。小科長條，高三四尺。莖如荆，色褐紫；葉如柳而長。俚醫以爲敗毒、行血之藥。按本草拾遺，紫珠味苦寒，無毒，解諸毒物；癰疽、喉痺、飛尸、蠱毒、毒腫、下瘻、蛇虺蟲螫、狂犬毒，並煮汁服，亦煮汁洗瘡腫；除血、長膚。一名紫荆，樹似黄荆，葉小無椏，非田氏之荆也。至秋子熟，正紫，圓如小珠，生江東林澤間。形狀極肖，治證亦同。又按補筆談以拾遺紫荆爲誤，不知其同名異物，原書已云非田氏之荆，亦晰矣。

檵花

檵花一名紙末花，江西、湖南山岡多有之。叢生細莖，葉似榆而小，厚澀無齒。春開細白花，長寸餘，如翦素紙，一朵數十條，紛披下垂，凡有映山紅處即有之，紅白齊炫，如火如荼。其葉

檵花

嚼爛，敷刀刺傷，能止血。鄱陽縣志作檵，未知所本。土音則作雞寄，紙末則因形而名。

拘那花

桂海虞衡志，拘那花葉瘦長，略似楊柳。夏開淡紅花，一朵數十蕚，至秋深猶有之。嶺外代答：拘那花葉瘦長，略似楊柳。夏開淡紅花，一朵數十蕚，繁如紫薇。花瓣有鋸紋如翦金，至秋深猶有之。

拘那花

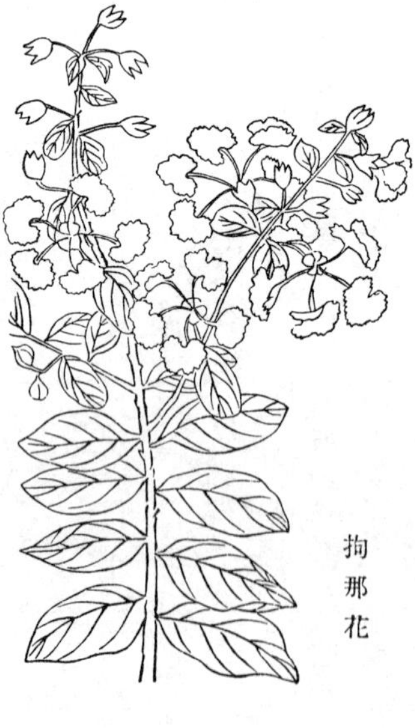

按此花江西、湖南山岡多有之，花、葉、莖俱同紫薇，唯色淡紅。叢生小科，高不過二三尺，山中小兒取其花苞食之。味淡微苦，有清香，故名苞飯花。俚醫以爲敗毒、散淤之藥。

寶碗花

寶碗花樹生長沙岡阜。高丈許，紫莖長條，柔直似木槿，附莖生葉如海棠，葉面青、背淡，光潤柔膩。二月間開大紫花。

倒掛金鉤

倒掛金鉤生長沙山阜。小木黑莖，葉如棠梨，葉光潤無齒，梢端結實，圓扁有青毛，仍從梢傍發枝生葉。

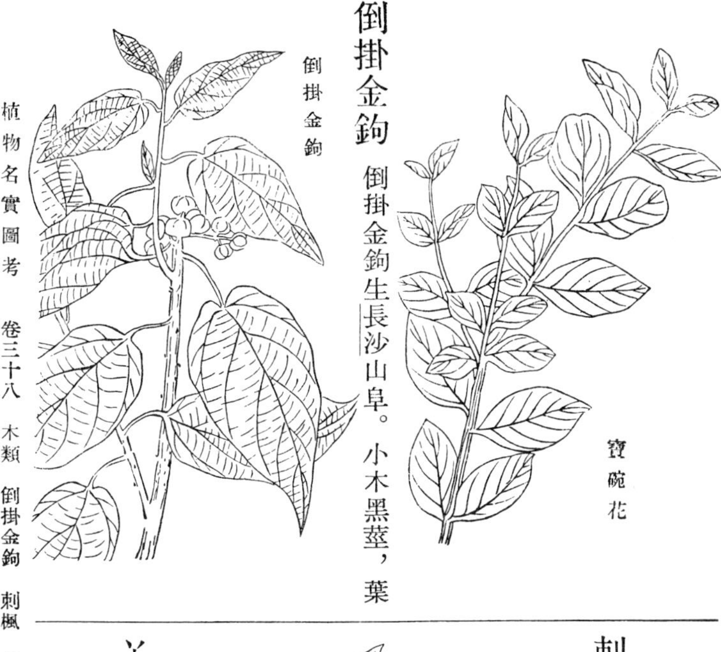

刺楓

刺楓一名八角楓，圓莖密刺，葉生莖端，形如椶櫚，葉如楓而多岐，至七八叉；又似黃蜀葵葉而短肥。江西山坡有之。

刺楓

丫楓小樹

丫楓小樹，江西處處有之。綠莖有節，密刺如毛，色如虎不挨。長葉微似梧桐葉，或有三叉，横紋糙澀。進賢縣志作鴉楓。俚醫以治風

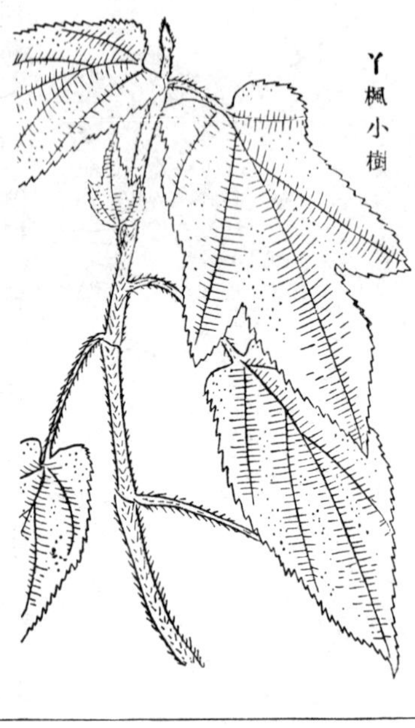
丫楓小樹

氣、去紅腫。

三角楓

㊀三角楓一名三合楓，生建昌。粗根褐黑，叢生綠莖，葉如花楮樹葉而小，老者五叉，嫩者三缺，面綠背淡，筋脈粗澀，土醫以治風損。按本草綱目有名未用，三角楓一名三角尖，生石上者尤良。主風溼、流注、疼痛及癰疽、腫毒，未述形狀，治證頗同。

三角楓（一）

㊁三角楓，江西山坡多有之。樹高七八尺，葉似楓，三角而窄，面青背淡。秋時結子作排，如椿樹角長，而子在角下。與前一種同名異物。

三角楓（二）

十大功勞

〔一〕十大功勞生廣信。叢生，硬莖直黑，對葉排比，光澤而勁，鋸齒如刺。梢端生長鬚數莖，結小實似魚子蘭。土醫以治吐血，擣根取漿含口中，治牙痛。

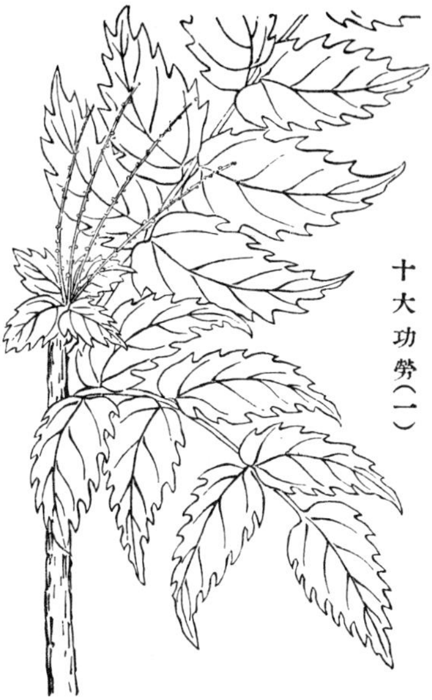

十大功勞（一）

〔二〕十大功勞又一種，葉細長，齒短無刺，開花成簇，亦如魚子蘭。

十大功勞（二）

望水檀

望水檀　望水檀生廬山。莖直勁，色赤褐，嫩枝赤潤，對發條葉，葉似檀而尖，皆仰翕，不平展。枝梢開小黃花，如粟米攢密。按唐本草注謂檀葉有不生者，忽然葉開，當大水；農人候之，號爲水檀。語殊未了徹，或卽此。樹葉皆翕皺，忽然開展，主水候耶？凡喜陰溼之草木，亢久則葉卷合，遇雨則舒，木根入土深，泉脈動而先知，亦物理之常。

望水檀

烏口樹

烏口樹，江西坡阜多有之。高丈餘，對節生葉，長柄尖葉，似柳而寬。梢端結實如天竹子大，上有兩叉，如烏之口。土人云，葉實可通筋骨，起勞傷，蓋薪材也。

旱蓮

旱蓮生南昌西山。赭幹綠枝，葉如楮葉之無花杈者。秋結實作齊頭筩子，百十攢聚如毬，大如蓮實。

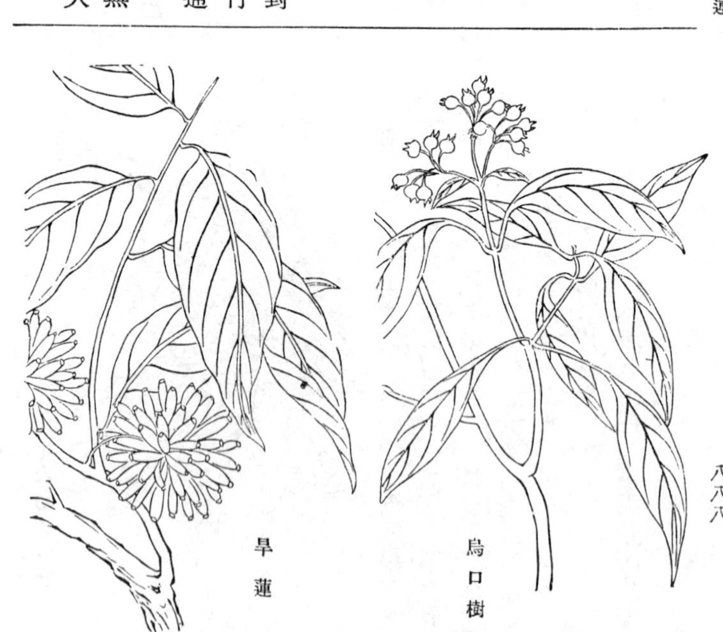

烏口樹

旱蓮

水楊梅

水楊梅生寧都。高丈餘，葉如小桑，赭紋有齒。冬時附莖結實，紫黑勻圓，大如菉豆。土人云，果葉可退熱，根可治遺精。一名水痲。

水楊梅

香花樹

香花樹生饒州平野。叢生，樹高丈餘，枝葉相當。葉似梅而窄長有細齒，春開四瓣小白花，綠蘂綠蕚，蓇葖圓白如珠，繁密如星。土人呼爲豆腐樹。或云可治氣痛。

接骨木

接骨木，江西廣信有之。綠莖圓節，頗

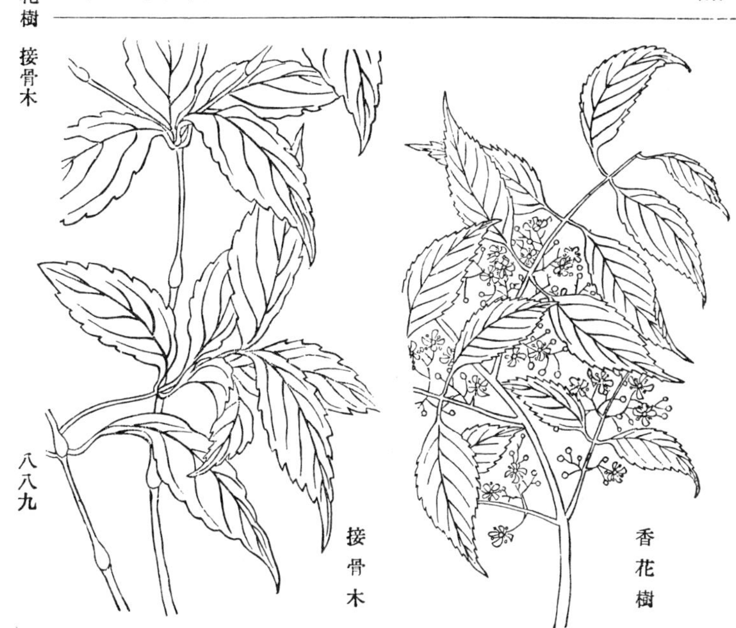

似牛膝。葉生節間，長幾二寸，圓齒稀紋，末有尖。以有接骨之效，故名。唐本草有接骨木，形狀與此異。

野紅花　野紅花生廬山，赭莖綠枝，對葉紅花，與朱藤相類，唯葉短微團有微毛，花皆倒垂爲異。春時長條朱蕤，映發叢薄，惟牧豎樵子，攀枝賞歎耳。

野紅花

虎刺樹　虎刺樹，江西南昌西山有之。叢生黑幹，

虎刺樹

就莖生枝，作苞如椿樹馬蹄而大，有疎刺。開碎白花，結紫實，圓扁如豆，樹葉如桑葉微小。凡俗呼老虎刺、虎不挨，皆以橫枝得名。

半邊風　半邊風一名鵝掌風，撫建山坡有之。硬莖長葉，中寬、本末尖瘦，裊裊下垂。秋結小實如蓮子之半，外褐黃，內白，中吐一鬚。土醫以治風損、散血，煎酒服。

小銀茶匙

小銀茶匙，贛南田塍上多有之。葉本細，末大如勺，土人以其形呼之。供樵蘇。

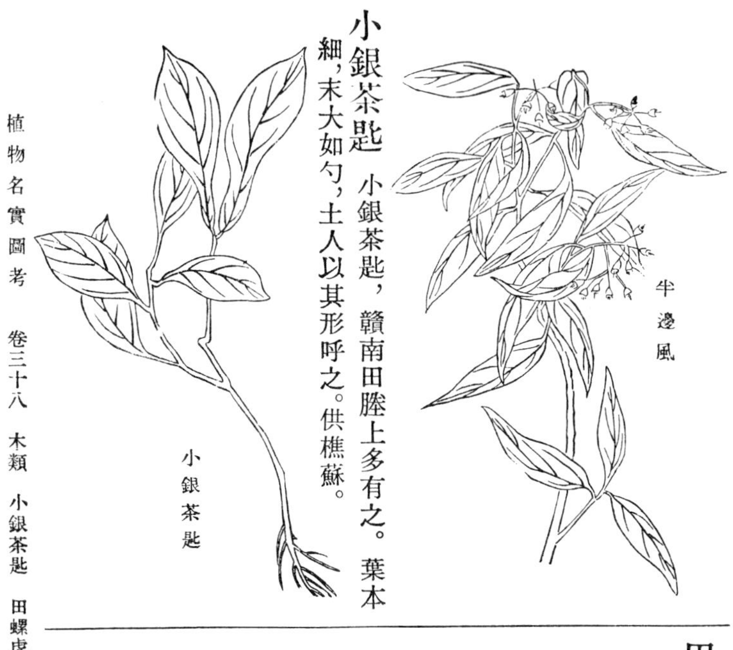

田螺虎樹

田螺虎樹，小樹生田塍上。葉似金剛

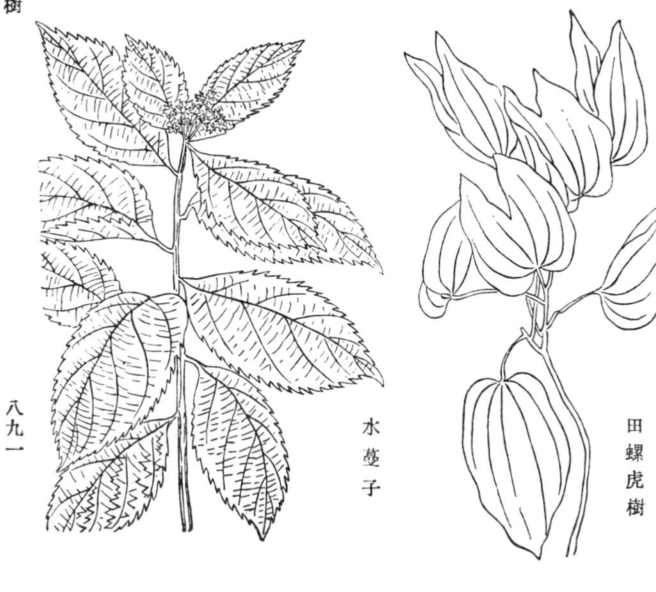

葉，上分兩叉，土人薪之。

水蔓子　水蔓子生湖南山阜。赭莖直細，葉薄如桑而無光澤，密齒赭紋，梢端開五尖瓣小白花成簇。

白花樹　白花樹，江西山坡有之。樹高七八尺，柔條如蔓，春開四瓣長白花，頗似石斛花。黄蘂數點，綠蒂如豆，彌望滿枝，葉略似榆而寬。

白花樹

植物名稱、人名、地名、書名四種索引
綜合說明

I. 內容說明

1. 植物名稱索引包括本書所述及的植物本名、異名和俗名。凡書內列有專條的，都在頁碼前用＊號標出。凡泛稱或與植物的分析考證無關的地方，一律不註頁碼。例如："葉似滴滴金葉而窄小"，此處滴滴金即不採入。
2. 人名索引包括本書所涉及的人名，但議論部分或詩賦中所提到的，與植物本身無關的，不予列入。本索引中人名都以名爲主，書中用號、别號或謚法的，也别列一條，括弧內註明見某條。如"陸務觀（見陸游）"。
3. 地名索引以通用的全名爲主，簡稱、異稱也别列一條，括弧內註明見某條。如"粤(見廣東)"。凡泛稱或地區範圍不確定的如江南、江右、江外等，不予列入。
4. 引書索引以全名爲主，簡稱也别列一條，括弧內註明見某條。如"詩疏(見毛詩草木鳥獸蟲魚疏)"。一般書名之後，都加括弧，註出作者，以供讀者參考(少數未能確定或查明作者的不註)。

II. 排列方法

1. 四種索引，都按四角號碼順序排列。
2. 每條第一字，註明四角號碼及附角。

   (例) 0010_4 童

3. 每條第二字取第一、二角的號碼，列於本條之前；第二字相同或第二字第一、二角號碼相同的條目，僅在第一條註明第一、二角號碼，以下不註。

   (例) 1. 六面珠　　10～面珠

   (第一字"六"四角號碼已見本條上面的單字，用～號代替。)

   2. 豆瓣綠　　00～瓣綠

   豆瓣菜　　～瓣菜

4. 每條第三字以下，仍按四角號碼順序排列，但不註號碼。
5. 名詞右方的數字，代表書內頁數。有＊號的在書內有專條說明。
6. 四角號碼檢字法的應用方法詳見次頁。

四角號碼檢字法

第一條　筆畫分為十種，用0到9十個號碼來代表：

號碼	筆名	筆　形	舉　　例	說　　明	注　　意
0	頭	亠	言主广疒	獨立的點和獨立的橫相結合	1 2 3 都是單筆，0 4 5 6 7 8 9 都由二以上的單筆合為一複筆。凡能成為複筆的，切勿誤作單筆；如亠應作0不作3，扌應作4不作2，厂應作7不作2，ㄩ應作8不作3、2，小應作9不作3、3．
1	橫	一㇀乚㇂	天土地江元風	包括橫、挑(趯)和右鈎	
2	垂	丨丿亅	山月千則	包括直撇和左鈎	
3	點	丶㇏	宀礻冖厶之衣	包括點和捺	
4	叉	十乂	草杏皮刈大對	兩筆相交	
5	插	扌	扌戈申史	一筆通過兩筆以上	
6	方	口	國鳴目四甲由	四邊齊整的方形	
7	角	㇇厂亅乚𠂆㇖	羽門灰陰雪衣學罕	橫和垂的鋒頭相接處	
8	八	八丷人𠆢	分頁羊余災氽足午	八字形和它的變形	
9	小	小⺌⺍忄	尖絲粦呆惟	小字形和它的變形	

第二條　每字只取四角的筆形，順序如下：

(一)左上角　(二)右上角　(三)左下角　(四)右下角

(例)　(一)左上角……端……(二)右上角

　　　(三)左下角……端……(四)右下角

檢查時照四角的筆形和順序，每字得四碼：

(例) 顏=0128 截=4325 烙=9786

第三條 字的上部或下部，只有一筆或一複筆時，無論在何地位，都作左角，它的右角作0。

(例) 宣 直 首 冬 軍 宗 母

每筆用過後，如再充他角，也作 。

(例) 干 之 持 掛 大 十 車 時

第四條 由整個口門鬥行所成的字，它們的下角改取內部的筆形，但上下左右有其它的筆形時，不在此例。

(例) 因=6043 閉=7724 鬭=7712 衡=2143

菌=4460 瀾=3712 荇=4422

附 則

Ⅰ字體寫法都照楷書如下表：

正	亠住匕反ネ户安心卜斤刃业亦草真執禺衣
誤	亠住匕反ネ户安心卜斤刃业亦草真執禺衣

Ⅱ取筆形時應注意的幾點：

(1)宀户等字，凡點下的橫，右方和它筆相連的，都作3，不作0。

(2)尸皿門等字，方形的筆頭延長在外的，都作7，不作6。

(3)角筆起落的兩頭，不作7，如ㄱ

(4)筆形"八"和它筆交叉時不作8，如美

(5)业业中有二筆，水小旁有二筆，都不作小形。

Ⅲ 取角時應注意的幾點：

(1)獨立或平行的筆，不問高低，一律以最左或最右的筆形作角

(例) 非 肯 疾 浦 帝

(2)最左或最右的筆形，有它筆蓋在上面或托在下面時，取蓋在上面的一筆作上角，托在下面的一筆作下角·

(例) 宗 幸 寧 共

(3)有兩複筆可取時，在上角應取較高的複筆，在下角應取較低的複筆·

(例) 功 盛 頗 鴨 奄

(4)撇為下面它筆所托時，取它筆作下角·

(例) 春 奎 碎 衣 辟 石

(5)左上的撇作左角，它的右角取作右筆·

(例) 勾 鈎 侔 鳴

Ⅳ 四角同碼字較多時，以右下角上方最貼近而露鋒芒的一筆作附角，如該筆已經用過，便將附角作0·

(例) 芒=44710 元 拼 是 疝 歆 畜 殘 儀
難 達 毯 禧 繕 蠻 軍 覽 功 郭
瘦 癥 愁 金 速 仁 見

附角仍有同碼字時，再照各該字所含橫筆(即第一種筆形，包括橫挑(𧾷)和右鈎)的數目順序排列·

例如"市""帝"二字的四角和附角都相同，但市字含有二橫，帝字含有三橫，所以市字在前，帝字在後·

漢語拼音與四角號碼對照表

A

阿 7122_0
哀 0073_2
矮 8244_4
艾 4440_0
愛 2024_7
安 3040_4
蔜 4424_8
澳 3613_4

B

八 8000_0
巴 7771_7
扒 5800_0
芭 4471_7
茇 4444_7
菝 4454_7
霸 1052_7
壩 4112_7
白 2600_0
百 1060_0
柏 4690_0
拜 2155_0
敗 6884_0
稗 2694_0
扳 5204_7
班 1111_4
斑 1110_4
板 4294_7
半 9050_0
絆 2995_0
包 2771_2
苞 4471_2
薄 4414_2
保 2629_4
飽 8771_2
寶 3080_6
抱 5701_2
報 4744_7
鮑 2731_2
麭 2711_2
爆 9683_2
北 1111_0
孛 4040_7
貝 6080_0
賁 4080_6
本 5023_0
柀 4494_7
筆 8850_7
必 3300_0
畢 6050_4
閉 7724_7
蓽 4450_4
碧 1660_1
薜 4464_1
壁 7010_4
避 3030_4
貏 2614_0
萹 4422_7
蝙 5312_7
鞭 4154_6
扁 3022_7
稨 2392_7
藊 4492_7
苄 4423_1
汴 3013_0
辨 0044_1
變 2224_7
麃 0023_1
藨 4423_1
虌 4471_7
別 6240_0
彬 4292_2
賓 3080_6
豳 2277_0
檳 4398_6
鬢 7280_6
冰 3213_0
冰 3213_2
并 8044_1
波 3414_7
菠 4414_7
鉢 8513_0
亳 0071_4
博 4304_2
葧 4442_7
渤 3412_7
猼 4324_2
駁 7034_8
檗 7090_4
擘 7050_2
簸 8884_7
蘗 4490_4
補 3322_7
不 1090_0
布 4022_7
抪 5402_7

C

彩 2292_2
菜 4490_4
蔡 4490_1
蠶 7113_6
倉 8026_7
蒼 4426_7
蒼 4460_7
藏 4425_3
曹 5560_6
草 4440_6
側 2220_0
岑 2220_7
插 5207_7
茶 4490_4
檫 4399_1
柴 2190_4
棎 4799_4
蟾 5716_1
纏 2091_4
昌 6060_0
菖 4460_6
長 7173_2
常 9022_7
朝 4742_0
潮 3712_0
車 5000_6
扯 5101_0
郴 4792_7
辰 7123_2
莐 4411_2
陳 7529_6
櫬 4691_0
稱 2194_7
赬 4138_6
檉 4691_4
成 5320_0
承 1723_2
程 2691_4
澄 3211_8
橙 4291_8
黐 2012_7
池 3411_2
荎 4410_4
赤 4033_1
茺 4421_3
蟲 5013_6
椆 4792_0
醜 1661_3
臭 2643_0
樗 4192_7

枹 4791_2
莩 4440_7
桴 4294_7
蔔 4460_6
鳧 2721_7
福 3126_6
⿰黍畐 2116_6
撫 5803_1
附 7420_0
傅 2324_2
復 2824_7
富 3060_6
蕧 4424_7
覆 1024_7

G

伽 2620_0
甘 4477_0
柑 4497_0
杆 4294_0
⿰甘干 4174_0
感 5320_0
⿰米感 9395_0
橄 4894_0
贛 0748_6
岡 7722_0
高 0022_7
藁 4490_4
茖 4460_4
格 4796_4
隔 7122_7
葛 4472_7
虼 5811_7
根 4793_2
庚 0023_7
公 8073_2
恭 4433_8
龔 0180_1
鞏 1750_6
貢 1080_6
鉤 8712_0
狗 4722_0
枸 4792_0
構 4594_7
姑 4446_0
菰 4443_2
觚 2223_0
古 4060_0
骨 7722_7
鼓 4414_7
穀 4794_7
固 6060_4
瓜 7223_0
苽 4423_2
拐 5602_7
關 7777_2
觀 4621_0
管 8877_7
貫 7780_6
藋 4421_4
光 9021_1
廣 0028_6
桄 4991_1
茥 4410_4
嶲 2222_7
龜 2711_7
歸 2712_7
鬼 2621_3
癸 1243_0
桂 4491_4
貴 5080_6
郭 0742_7
國 6013_5
過 3730_2

H

哈 6806_1
蛤 5816_1
孩 1048_2
還 3630_3
海 3815_7
邗 1742_7
含 8060_7
寒 3030_3
韓 4445_6
蔊 4484_1
旱 6040_1
漢 3413_4
杭 4091_7
⿱竹絎 8891_7
蒿 4422_7
郝 4732_7
⿱艹滈 4412_7
喝 6602_7
訶 0162_0
禾 2090_4
合 8060_1
何 2122_0
和 2690_0
河 3112_0
荷 4422_1
⿰木何 4192_0
賀 4680_6
鶴 4722_0
黑 6033_1
衡 2143_0
宏 3043_2
洪 3418_1
紅 2191_0
葒 4491_1
鴻 3712_7
⿰阝虫 7523_6
侯 2723_4
猴 4723_4
厚 7124_7
後 2224_7
候 2723_4
滹 3114_9
胡 4762_0
壺 4010_7
葫 4462_7
湖 3712_0
蔛 4424_0
槲 4490_0
蝴 5712_0
虎 2121_7
瓠 4223_0
花 4421_4
華 4450_4
滑 3712_7
化 2421_0
畫 5010_6
樺 4495_4
淮 3011_4
槐 4691_3
懷 9003_2
櫰 4093_2
蘹 4493_2
獾 4421_4
荁 4410_6
萑 4421_4
寰 3023_2
⿱艹睘 4473_2
換 5703_4
浣 3311_1
荒 4421_1
黃 4480_6
灰 4008_9
虺 1521_3
輝 9725_6
回 6060_0
椢 4690_0
檓 4794_7
晦 6805_7
惠 5033_3
會 8060_6
慧 5533_7
蕙 4433_3
澮 3816_6
檜 4896_6
渾 3715_6
活 3216_4
火 9080_0
霍 1021_4
⿰木虖 4194_9
檴 4494_7
穫 4494_7
藿 4421_4

J

K

L

喇	6200_0	犁	2250_0	梁	3390_4	龍	0121_1	驢	7131_7
辣	0549_6	犂	2750_2	椋	4099_6	蘢	4421_1	吕	6060_0
蠟	5211_6	貍	2621_4	粱	3390_4	蔞	4440_4	葎	4425_7
萊	4490_8	黎	2713_2	糧	9691_4	甊	5243_0	綠	2793_2
賴	5798_6	釐	5821_4	兩	1022_7	樓	4594_4		
藾	4498_6	藜	4413_2	[illegible]	4192_7	耬	5594_4	**M**	
癩	0018_6	離	0041_4	遼	3430_9	漏	3712_7	麻	0029_4
藍	4410_7	蠡	2713_6	蓼	4420_2	盧	2121_7	蔴	4429_4
蘭	4422_7	籬	8841_4	列	1220_0	蘆	4421_7	馬	7132_7
欄	4792_0	纚	2191_1	[illegible]	1290_4	廬	0021_7	螞	5112_7
嬾	4748_6	李	4040_7	茢	4422_0	櫨	4191_7	麥	4020_7
濫	3811_7	澧	3511_8	烈	1233_0	桴	4294_9	賣	4080_6
爛	9782_0	禮	3521_8	[illegible]	4291_6	魯	2760_3	樠	4492_7
郎	3772_7	醴	1561_8	林	4499_0	陸	7421_4	蠻	2213_6
狼	4323_2	鱧	2531_8	淋	3419_0	菉	4413_2	滿	3412_7
琅	1313_2	[illegible]	4423_4	臨	7876_6	鹿	0021_1	蔓	4440_7
桹	4393_2	荔	4442_7	[illegible]	4429_4	路	6716_4	芒	4471_0
嫏	4742_7	栵	4290_0	苓	4430_7	錄	8713_2	牻	2351_2
榔	4792_7	栗	1090_4	玲	1813_7	潞	3716_4	[illegible]	4494_3
朗	3772_0	瘌	0012_0	凌	3414_7	露	1016_4	莽	4444_3
樃	4792_0	蒚	4422_7	陵	7424_7	鷺	6732_7	貓	2426_0
浪	3313_2	歷	7121_1	菱	4424_7	欒	2290_4	毛	2071_4
[illegible]	9910_8	櫟	4299_4	零	1030_7	螺	5619_3	茆	4472_7
磱	1912_7	麗	1121_1	鈴	8813_7	羅	6091_5	茅	4422_2
老	4471_1	連	3530_0	蔆	4414_7	蘿	4491_4	[illegible]	4424_8
勒	4452_7	蓮	4430_5	蓤	4424_7	欏	4691_4	茂	4425_3
了	1720_0	廉	0023_7	蘦	4466_3	蓏	4423_2	帽	4626_0
雷	1060_3	鰱	2533_0	靈	1010_8	洛	3716_4	楙	4499_0
蕌	4466_6	槤	4593_0	嶺	2238_6	落	4416_4	玫	1814_0
類	9148_6	蘞	4488_2	留	7760_2	絡	2796_4	莓	4450_7
楞	4692_7	楝	4599_6	劉	7210_0	雒	2061_4	梅	4895_7
冷	3813_7	良	3073_2	瀏	3210_0	濼	3219_4	美	8043_0
狸	4621_4	莨	4473_2	柳	4792_0	櫚	4792_0	門	7777_7
梨	2290_4	涼	3019_6	六	0080_0	藺	4422_7	捫	5702_0

字	四角號碼
苘	4422_7
檾	9999_4
慶	0024_7
邛	1712_7
窮	3022_7
藑	4424_7
瓊	1714_7
藭	4422_7
秋	2998_0
萩	4498_9
楸	4998_0
朹	4491_7
求	4313_2
屈	7727_2
麯	4524_6
朐	7722_0
渠	3190_0
瞿	6621_4
蘧	4430_3
藘	4423_2
曲	5560_0
全	8010_4
泉	2623_2
權	4491_4
缺	8573_0
雀	9021_4
鵲	4762_7
羣	1750_1
R	
染	3490_4
饒	8471_1
繞	2491_1
熱	4433_1
人	8000_0
忍	1733_2
荏	4421_4
稔	2893_2
芿	4422_7
日	6010_0
戎	5340_0
戎	4345_0
絨	2395_0
榕	4396_8
穁	2494_1
榮	9990_4
肉	4022_7
如	4640_0
茹	4446_0
挐	4650_2
汝	3414_0
乳	2241_0
蓐	4434_3
阮	7121_1
軟	5708_2
蕤	4523_1
桵	4294_4
瑞	1212_7
蒻	4412_7
箬	8860_4
S	
灑	3111_1
三	1010_1
桑	7790_4
𤢟	4229_4
繅	2299_4
掃	5702_7
葰	4444_7
沙	3912_0
翜	2612_7
山	2277_0
杉	4292_2
珊	1714_0
穇	2392_2
陝	7423_8
商	0022_7
蔏	4422_7
上	2110_0
芍	4432_7
杓	4792_0
韶	0766_2
邵	1762_7
舌	2060_4
蛇	5311_1
射	2420_0
歙	8718_2
欇	4194_1
申	5000_6
神	3520_6
沈	3411_2
慎	9408_1
升	2440_0
生	2510_0
澠	3711_7
繩	2791_7
省	9060_2
盛	5320_0
聖	1610_4
施	0821_2
蓍	4460_1
獅	4122_7
詩	0464_1
十	4000_0
石	1060_0
拾	5806_1
食	8073_2
時	6404_1
蒔	4464_1
實	3080_6
史	5000_6
豕	1023_2
使	2524_6
始	4346_0
士	4010_0
似	2820_0
事	5000_7
柹	4092_0
試	0364_0
釋	2694_1
匙	6180_1
首	8060_1
壽	4064_1
叔	2794_0
菽	4494_7
淑	3714_0
舒	8762_7
蔬	4411_3
秫	2391_4
黍	2013_2
蜀	6012_7
鼠	7771_7
薯	4460_4
朮	4321_0
述	3330_9
樹	4490_0
雙	2040_7
水	1223_0
順	2108_6
說	0861_6
司	1762_0
思	6033_0
絲	2299_3
蕬	4493_2
四	6021_0
汜	3711_7
蕼	4475_7
松	4893_0
菘	4493_8
嵩	2222_7
宋	3090_4
搜	5704_7
溲	3714_7
嗽	6708_2
酥	1269_4
蘇	4439_4
素	5090_3
棟	4599_6
粟	1090_4
酸	1364_7
蒜	4499_1
算	8844_6
遂	3830_2
碎	1064_8
穟	2893_3
孫	1249_3
蓀	4449_3
蕵	4423_2
娑	3940_4
莎	4412_9

字	四角號碼
小	9000_0
孝	4440_7
楔	4793_4
蝎	5612_7
蠍	5718_2
邪	7722_7
挾	5403_8
斜	8490_0
薤	4421_1
觿	2781_1
薢	4425_2
薤	4430_5
謝	0460_0
心	3300_0
辛	0040_1
新	0292_1
信	2026_1
星	6010_4
邢	1742_7
醒	1661_4
杏	4060_9
荇	4422_1
莕	4460_9
興	7780_1
芎	4420_7
雄	4001_4
熊	2133_1
宿	3026_1
繡	2592_7
盱	6104_0
須	2128_6
徐	2829_4
栩	4792_0
許	0864_0
續	2498_6
宣	3010_6
軒	5104_0
萱	4410_6
藼	4464_7
旋	0828_1
懸	6233_9
薛	4474_1
雪	1017_7
血	2710_0
薰	4433_1
荀	4462_7
尋	1734_1
詢	0762_0
潯	3714_1

Y

字	四角號碼
丫	8020_7
鴉	7722_7
鴨	6752_7
壓	7121_4
鵶	1712_7
牙	7124_0
崖	2221_4
雅	7021_4
亞	1010_7
胭	7620_0
臙	7423_1
延	1240_1
揅	1150_2
顏	0128_6
巖	2224_8
鹽	7810_7
兗	0021_6
菴	4471_6
鄢	7772_7
演	3318_6
檿	7190_4
雁	7121_4
厭	7123_4
鴈	7122_7
燕	4433_1
鷰	4432_7
秧	2593_0
羊	8050_1
洋	3815_1
陽	7622_7
揚	5602_7
楊	4692_7
仰	2722_0
養	8073_2
樣	4893_2
葽	4440_4
姚	4241_3
搖	5707_2
銚	8211_3
蕘	4421_1
藥	4490_4
耶	1712_0
椰	4792_7
梛	4792_7
噎	6401_8
冶	3316_0
野	6712_2
夜	0024_7
葉	4490_4
一	1000_0
伊	2725_7
衣	0073_2
黟	6733_2
夷	5003_2
宜	3010_7
荑	4453_2
柂	4891_2
姨	4543_2
桋	4593_2
儀	2825_3
乙	1771_0
弋	4300_0
易	6022_7
益	8010_7
萟	4491_7
異	6080_1
逸	3730_1
薏	4433_6
藝	4473_1
藙	4424_7
葰	4424_7
饐	8471_8
因	6043_0
茵	4460_0
陰	7823_1
淫	3211_4
黃	4480_6
銀	8713_2
嚚	6671_7
蘡	4440_4
罌	6677_2
櫻	4694_4
鷹	0022_7
迎	3730_2
滎	9923_2
熒	9980_9
營	9960_6
穎	2128_6
硬	1164_6
邕	2271_7
雍	0071_4
永	3023_2
栐	4393_2
攸	2824_0
幽	2277_0
優	2124_7
由	5060_0
油	3516_0
莤	4460_1
莜	4424_8
游	3814_7
蕕	4426_0
櫾	4299_3
有	4022_7
酉	1060_0
莠	4422_7
柚	4596_0
余	8090_4
盂	1010_7
雩	1020_7
魚	2733_6
榆	4892_1
虞	2123_4
餘	8879_4
雨	1022_7
禹	2042_7
庾	0023_7
玉	1010_3
芋	4440_0

Z

筆畫與四角號碼對照表

一畫

一	1000_0
乙	1771_0

二畫

二	1010_0
丁	1020_0
十	4000_0
七	4071_0
人	8000_0
八	8000_0
九	4001_7
了	1720_0
刀	1722_0

三畫

三	1010_1
土	4010_0
士	4010_0
下	1023_0
丈	5000_0
大	4003_0
弋	4300_0
上	2110_0
小	9000_0
口	6000_0
山	2277_0
千	2040_0
乞	8071_7
川	2200_0
及	1724_7
夕	2720_0
丫	8020_7
子	1740_7
女	4040_0

四畫

王	1010_4
井	5500_0
天	1043_0
元	1021_1
木	4090_0
五	1010_7
支	4040_7
不	1090_0
太	4003_0
巨	7171_7
牙	7124_0
瓦	1071_7
日	6010_0
中	5000_6
內	4022_7
水	1223_0
牛	2500_0
毛	2071_4
升	2440_0
化	2421_0
分	8022_7
公	8073_2
月	7722_0
丹	7744_0
六	0080_0
文	0040_0
方	0022_7
火	9080_0
心	3300_0
弔	1752_7
卍	1221_7
孔	1241_0
巴	7771_7

五畫

玉	1010_3
末	5090_0
邗	1742_7
打	5102_0
正	1010_1
扒	5800_0
邛	1712_7
甘	4477_0
艾	4440_0
古	4060_0
本	5023_0
札	4291_0
朮	4321_0
左	4001_1
丕	1010_9
石	1060_0
布	4022_7
平	1040_9
北	1111_0
占	2160_0
申	5000_6
田	6040_0
由	5060_0
史	5000_6
四	6021_0
生	2510_0
禾	2090_4
代	2324_0
仙	2227_0
白	2600_0
瓜	7223_0
句	2762_0
冬	2730_3
包	2771_2
半	9050_0
汀	3112_0
氾	3711_2
必	3300_0
永	3023_2
司	1762_0
奶	4742_7
奴	4744_0
加	4600_0
皮	4024_7
台	2360_0

六畫

匡	7171_1
邢	1742_7
戎	5340_0
戎	4345_0
吉	4060_1
扣	5600_0
托	5201_4
考	4420_7
老	4471_1
地	4411_2
芋	4440_0
芃	4441_7
芍	4432_7
芒	4471_0
芝	4430_7
芎	4420_7
芑	4471_7
朹	4491_7
西	1060_0
有	4022_7
百	1060_0
灰	4008_9
列	1220_0
成	5320_0
夷	5003_2
邪	7722_7
光	9021_1
早	6040_0

七畫

八畫

字	號碼
林	4499_0
杶	4591_7
枇	4191_0
杵	4894_0
板	4294_7
枌	4892_7
松	4893_0
杭	4091_7
述	3330_9
杼	4792_2
東	5090_6
事	5000_7
刺	5290_0
兩	1022_7
雨	1022_7
郁	4722_7
叔	2794_0
虎	2121_7
盱	6104_0
具	7780_1
昆	6071_1
昌	6060_0
門	7777_7
明	6702_0
易	6022_7
典	5580_1
固	6060_4
忠	5033_6
岡	7722_0
咼	7722_7
并	8044_1
知	8640_0
垂	2010_4
牧	2854_0
物	2752_0
和	2690_0
秈	2297_0
委	2040_4
岳	7277_2
使	2524_6
兒	7721_7
金	8010_9
乳	2241_0
肺	7022_7
肥	7721_7
服	7724_7
周	7722_0
兔	1741_3
狗	4722_0
京	0090_6
夜	0024_7
庚	0023_7
放	0824_0
卷	9071_2
法	3413_1
河	3112_0
油	3516_0
泡	3711_2
泥	3711_1
波	3414_7
治	3316_0
定	3080_1
宜	3010_7
空	3010_1
郎	3772_7
房	3032_7
建	1540_0
屈	7727_2
承	1723_2
盂	1710_7
⿰阝虫	7523_6
降	7725_4
姑	4446_0
始	4346_0

九畫

字	號碼
契	5743_0
春	5060_3
珍	1812_2
玲	1813_7
珊	1714_0
封	4410_0
垣	4111_6
括	5206_4
郝	4732_7
拾	5806_1
指	5106_1
荆	4240_0
茥	4410_4
荁	4410_6
茜	4460_1
茢	4422_0
荑	4453_2
荎	4410_4
茈	4411_1
草	4440_6
苘	4422_7
茵	4460_0
茯	4423_4
荏	4421_4
荇	4422_1
茶	4490_4
荀	4462_7
荅	4460_4
茗	4460_7
茭	4440_8
荒	4421_1
茪	4421_3
荓	4444_0
茳	4411_1
胡	4762_0
荍	4474_8
茹	4446_0
荔	4442_7
南	4022_7
柰	4090_1
柑	4497_0
枯	4496_0
柯	4192_0
柘	4196_0
相	4690_0
柚	4596_0
枳	4698_0
柞	4891_1
柂	4891_2
柏	4690_0
桴	4294_9
枸	4792_0
柳	4792_0
柊	4793_3
枹	4791_2
柱	4091_4
柿	4092_0
柁	4391_1
栐	4393_2
柀	4494_7
咸	5320_0
威	5320_0
歪	1010_1
厚	7124_7
斫	1262_1
面	1060_0
耐	1420_0
剌	4200_0
虺	1521_3
勁	1412_7
韭	1110_1
貞	2180_6
省	9060_2
星	6010_4
昨	6801_1
毘	6071_1
虼	5811_7
思	6033_0
哈	6806_1
炭	2228_9
峒	2222_7
骨	7722_7
幽	2277_0
拜	2155_0
秬	2191_7
香	2060_9
秭	2592_0
秔	2091_7
秋	2998_0
重	2010_4
段	7744_7
保	2629_4
信	2026_1
泉	2623_2

十畫

陶 7722_0
挐 4650_2
通 3730_2
桑 7790_4
純 2591_7
紙 2294_0
紐 2791_5
邕 2271_7

十一畫

琅 1313_2
堵 4416_0
排 5101_1
捫 5702_0
埤 4614_0
掐 5707_7
接 5004_4
掃 5702_7
菁 4422_7
菾 4433_3
菝 4454_7
菱 4424_7
萁 4480_1
菥 4492_1
萊 4490_8
菘 4493_8
菫 4410_4
勒 4452_7
菴 4471_6
菲 4411_1
菽 4494_7
菋 4469_4
菖 4460_6
菌 4460_0
莔 4422_7
萵 4422_7
莛 4430_3
萟 4491_7
萋 4440_4
萑 4421_4
菜 4490_4
菍 4433_2
萉 4421_7
菟 4444_1
菊 4492_7
菧 4424_2
菩 4460_1
萍 4414_9
菠 4414_7
菅 4477_7
萷 4422_7
[illegible] 4423_4
乾 4841_7
菉 4413_2
菰 4443_2
彬 4292_2
梀 4599_6
梧 4196_1
梅 4895_7
桐 4192_0
梔 4291_7
梌 4899_4
麥 4020_7
桴 4294_7
桵 4294_4
梓 4094_1
桹 4393_2
梮 4796_7
救 4814_0
斬 5202_1
軟 5708_2
郾 7772_7
曹 5560_6
堅 7710_4
硃 1569_0
瓠 4223_0
梨 1290_4
盛 5320_0
雩 1020_7
雪 1017_7
雀 9021_4
常 9022_7
匙 6180_1
敗 6884_0
野 6712_2
閉 7724_7
晦 6805_7
晚 6701_6
異 6080_1
蚵 5112_0
蛇 5311_1
鄂 6722_7
國 6013_5
崖 2221_4
崑 2271_1
崔 2221_4
過 3730_2
牻 2351_2
甜 2467_0
梨 2290_4
犁 2250_0
笪 8810_6
側 2220_0
進 3030_1
偏 2322_7
鳥 2732_7
兜 7721_7
假 2724_7
徘 2121_1
斜 8490_0
釣 8712_0
彩 2292_2
脚 7722_0
脫 7821_6
彫 7222_2
魚 2733_6
象 2723_2
逸 3730_1
猪 4426_0
許 0864_0
麻 0029_4
庚 0023_7
鹿 0021_1
亲 0090_4
章 0040_6
商 0022_7
旌 0821_4
旋 0828_1
望 0710_4
牽 0050_3
剪 8022_7
清 3512_7
淇 3418_1
淋 3419_0
渠 3190_0
淑 3714_0
淮 3011_4
淫 3211_4
淨 3215_7
涼 3019_6
淳 3014_7
淡 3918_9
婆 3440_4
梁 3390_4
淄 3216_3
寇 3021_4
寄 3062_1
宿 3026_1
密 3077_2
屠 7726_4
張 1123_2
階 7126_1
陽 7622_7
娜 4742_7
貫 7780_6
細 2690_0
終 2793_3
絆 2995_0
紵 2392_1

十二畫

斑 1110_4
款 4798_2
塔 4416_1
項 1118_6
越 4380_5
賁 4080_6
揚 5602_7
博 4304_2
喜 4060_0

十三畫

蒨 4422_7
葸 4433_6
蓏 4423_2
蒼 4426_7
蒼 4460_7
蓬 4430_5
蒿 4422_7
蒺 4413_4
蒟 4412_7
蒲 4412_7
蒢 4419_4
蒙 4423_2
萑 4421_4
蒻 4412_7
蔆 4424_7
蓀 4449_3
莎 4492_9
蒳 4492_7
楔 4793_4
椿 4596_3
楚 4480_1
楝 4599_6
楷 4196_1
楊 4692_7
榅 4691_7
楞 4692_7
楸 4998_0
椴 4794_7
槐 4691_3
榆 4892_1
椶 4294_7
楓 4791_0
楤 4793_2
棘 4499_0
跭 1715_4
甄 1111_7
賈 1080_6
感 5320_0
犟 1150_2
碎 1064_8
碗 1361_2
雷 1060_3
零 1030_7
虞 2123_4
當 9060_6
睦 6401_4
賊 6385_0
路 6716_4
蜈 5613_4
蛾 5315_0
農 5523_2
蜀 6012_7
嵩 2222_7
圓 6080_6
矮 8244_4
稞 2699_4
稗 2694_0
稔 2893_2
筠 8812_7
節 8872_7
筩 8822_7
傳 2524_3
鼠 7771_7
催 2221_4
皃 2721_7
鉢 8513_0
鈴 8813_7
鉤 8712_0
會 8060_6
愛 2024_7
飽 8771_2
詹 2726_1
猼 4324_2
獅 4122_7
解 2725_2
試 0364_0
詩 0464_1
詢 0762_0
廉 0023_7
鄘 0722_7
資 3780_6
新 0292_1
雍 0071_4
粳 9194_6
慈 8033_3
滇 3418_1
溪 3213_4
粱 3390_4
慎 9408_1
福 3126_6
羣 1750_1
辟 7064_1
預 1128_6
經 2191_1

十四畫

瑣 1918_6
碧 1660_1
趙 4980_2
嘉 4040_5
撤 5804_0
壽 4064_1
聚 1723_2
蓷 4451_4
蓴 4434_3
蔞 4440_4
蔓 4440_7
蔨 4460_0
蔦 4432_7
蔥 4433_6
蔛 4424_0
蔡 4490_1
蔗 4423_7
蔴 4429_4
蔏 4422_7
蔊 4484_1
蔆 4414_7
蔩 4480_6
蔚 4424_0
蔣 4424_2
蓼 4420_2
蔀 4472_7
蔠 4493_3
榛 4599_4
構 4594_7
榧 4191_1
榼 4491_7
樺 4495_4
榜 4494_3
槤 4593_0
樱 4694_2
榿 4291_8
槑 4893_4
榕 4396_8
椥 4792_0
榠 4798_0
塹 5210_4
酴 1869_4
酸 1364_7
厭 7123_4
爾 1022_7
奪 4034_1
鳶 4332_7
翡 1112_7
對 3410_0
聞 7740_1
閩 7713_6
嗽 6708_2
蜘 5610_0
圖 6060_4
稭 2494_1
稱 2194_7
稨 2392_7
箬 8860_4
算 8844_6
管 8877_7
銅 8712_0
銚 8211_3
銀 8713_2
鄱 2762_7
筦 8891_7
貍 2621_4
遯 3130_3
鳳 7721_0
獐 4024_6
獠 4229_4
雒 2061_4
說 0861_6
廣 0028_6
辣 0549_6

十五畫

十六畫

字	號碼
糞	1180_1
頻	2128_6
盧	2121_7
曇	6073_1
瓢	5243_0
鴨	6752_7
閻	7760_4
螞	5112_7
還	3630_3
黔	6832_7
積	2598_6
穄	2799_1
穇	2392_2
興	7780_1
衡	2143_0
衛	2122_7
錢	8315_3
錐	8011_4
錦	8612_7
鋸	8716_4
錄	8713_2
歙	8718_2
鮎	2136_0
鮑	2731_2
獨	4622_7
鴛	2732_7
磨	0026_1
塵	0021_4
辨	0044_1
龍	0121_1
糖	9096_7
營	9960_6
燈	9281_8
燙	3680_9
澠	3711_7
潞	3716_4
澧	3511_8
澤	3614_1
澮	3816_6
澹	371_6
寰	3023_2
壁	7010_4
避	3030_4

十七畫

字	號碼
耬	5594_4
薹	4410_4
蓁	4490_3
鞠	4752_0
藍	4410_7
藏	4425_3
藺	4422_7
藈	4463_4
藋	4421_4
藕	4492_7
薰	4433_1
舊	4477_7
藐	4421_6
藑	4424_7
薺	4422_3
韓	4445_6
藎	4410_7
藬	4428_6
蘿	4421_4
檉	4691_4
檴	4494_7
檟	4198_6
檓	4794_7
檜	4896_6
麯	4524_6
檀	4091_6
檕	5790_4
臨	7876_6
壓	7121_4
豳	2277_0
顆	6198_6
螺	5619_3
罽	6022_1
嶺	2238_6
嶽	2223_4
點	6136_0
黏	2116_0
黐	2711_2
毿	2893_3
魏	2641_3
繁	8890_3
優	2124_7
龜	2711_7
爵	2074_6
谿	2846_8
謝	0460_0
襄	0073_2
甕	0071_7
甇	9910_8
鴻	3712_7
濫	3811_7
禮	3521_8
檗	7090_4
甓	7050_2
縮	2396_1
纅	2299_4

十八畫

字	號碼
瓊	1714_7
鼇	5821_4
翹	4721_2
騏	7438_1
藝	4473_1
鞭	4154_6
藜	4413_2
藥	4490_4
藤	4423_2
藷	4466_4
藁	4490_4
藨	4423_1
藙	4424_7
藭	4422_7
檮	4494_1
櫚	4792_0
櫄	4293_1
檳	4398_6
檫	4399_1
檵	4291_3
轉	5504_3
覆	1024_7
檿	7190_4
豐	2210_8
叢	3214_7
瞿	6621_4
罌	6671_7
蟲	5013_6
黟	6733_2
鵝	2752_7
穫	4494_7
簡	8822_7
雙	2040_7
歸	2712_7
鎮	8418_1
鎖	8918_6
翻	2762_0
雞	2041_4
餹	8076_7
鯽	2732_0
顏	0128_6
雜	0091_4
離	0041_4
糧	9691_4
縈	9999_4
濼	3219_4
瀏	3210_0
醬	2760_1
繞	2491_1
斷	2272_1

十九畫

字	號碼
鵶	1712_7
鵲	4762_7
藾	4498_6
藿	4421_4
蘋	4428_6
蘧	4430_3
蘆	4421_7
蘄	4452_1
蘄	4252_1
蘛	4444_1
蘜	4484_1
蘇	4439_4
蘚	4430_5
蘐	4464_7

一、植物名稱索引

二、人名索引

三、地名索引

四、引書索引